国外电子与通信教材系列

信号完整性与电源完整性分析
（第三版）

Signal and Power Integrity － Simplified
Third Edition

〔美〕 Eric Bogatin 著

李玉山 刘 洋 等译
初秀琴 路建民

电子工業出版社
Publishing House of Electronics Industry
北京·BEIJING

内 容 简 介

本书全面论述了信号完整性与电源完整性问题。主要讲述信号与电源完整性分析及物理设计概论，4 类信号与电源完整性问题的实质含义，物理互连设计对信号完整性的影响，电容、电感、电阻和电导的特性分析，求解信号与电源完整性问题的 4 种实用技术途径，推导和仿真背后隐藏的解决方案，以及改进信号与电源完整性的推荐设计准则等。本书还讨论了信号与电源完整性中 S 参数的应用问题，并给出了电源分配网络的设计实例。书中每章都添加了复习题，并在附录 D 中给出了答案。

本书强调直觉理解、实用工具和工程素养。作者以实践专家的视角指出造成信号与电源完整性问题的根源，并特别给出了设计阶段前期的问题解决方案。

本书是面向电子行业设计工程师和产品负责人的一本具有实用价值的参考书，研读此书有助于在信号与电源完整性问题出现之前提前发现并及早加以解决。同时，本书也可作为相关专业本科生及研究生的教学用书。

版权贸易合同登记号　图字：01-2018-7255

图书在版编目(CIP)数据

信号完整性与电源完整性分析：第三版/(美)埃里克·伯格丁(Eric Bogatin)著；李玉山等译.
北京：电子工业出版社，2019.4
书名原文：Signal and Power Integrity — Simplified, Third Edition
国外电子与通信教材系列
ISBN 978-7-121-35931-6

Ⅰ.①信… Ⅱ.①埃… ②李… Ⅲ.①信号分析-高等学校-教材 ②电源电路-电路分析-高等学校-教材
Ⅳ.①TN911.6 ②TN710

中国版本图书馆 CIP 数据核字(2019)第 014618 号

策划编辑：马　岚
责任编辑：马　岚　　　特约编辑：马爱文
印　　刷：涿州市京南印刷厂
装　　订：涿州市京南印刷厂
出版发行：电子工业出版社
　　　　　北京市海淀区万寿路 173 信箱　邮编　100036
开　　本：787×1092　1/16　　印张：32.5　　字数：832 千字
版　　次：2005 年 4 月第 1 版
　　　　　2019 年 4 月第 3 版
印　　次：2022 年 4 月第 5 次印刷
定　　价：129.00 元

凡所购买电子工业出版社图书有缺损问题，请向购买书店调换。若书店售缺，请与本社发行部联系，联系及邮购电话：(010)88254888，88258888。

质量投诉请发邮件至 zlts@phei.com.cn，盗版侵权举报请发邮件至 dbqq@phei.com.cn。

本书咨询联系方式：classic-series-info@phei.com.cn。

奉献一部书之所以称为"奉献"，是因为这是一项需要作者奉献才能完成的工作。每一位作者都会告诉你，写作是鲜有社交的寂寞之道。埋头写作和研究的人，很容易将自己置身于尘世之外。成功的作者或者不结婚，或者与一位理解并支持自己的配偶结婚。这些配偶倾其所能为对方提供了能让创新种子萌芽的环境。

我的夫人苏姗就是这样一位耐心地承受孤寂的人，使我有足够的时间奉献给这本书的第一版、第二版和第三版的写作。同时，她也是我停泊真实世界的港湾，使我在寂寞写作和社交活动之间找到一个健康的平衡点。第三版是她和我共同努力的成果。因此，我要说的话就是：将这第三版奉献给她！

译 者 序

广义信号完整性，又称为电气完整性(Electrical Integrity)，是指所有与数字信号完整性相关的分析与设计技术，其中包括信号的波形噪声和时序抖动，电源的地弹和纹波，以及场与路之间的干扰和抗干扰等。

2003年9月，Eric Bogatin所著的本书第一版问世，其深入浅出、雅俗共赏的大家风范得到读者的一致好评。其中译本自2005年出版后，深受中国广大工程技术人员的普遍欢迎。

当前，国内对信号完整性的研究开发堪称斗转星移，读者对国外著作的需求也已今非昔比。因此，我们依然珍惜这次第三版中译本的出版契机。本着为读者呈现精品的宗旨，结合译者15年间采用本书前两版的教学体验，推敲琢磨，竭力使译文更好地贴近"信、达、雅"的准则，少留缺憾。

与本书第一版相比，第二版新增了第12章和第13章，将信号完整性拓展到电源完整性领域。第三版除了对正文的斟酌更新、补充完善和拓展延伸，在每章的末尾都添加了复习题，并在附录D中给出了复习题的参考答案。这样，读者在学习时可以加入考查环节，以厘清对内容的理解，并尝试采用分析技术有针对性地解决工程问题。目前，广义信号完整性分析与设计技术已被国内业界掌握并应用，然而这一研发领域仍有不断深化的空间和提升的前景。

第三版的翻译工作仍由西安电子科技大学电路CAD研究所里研究信号完整性的教师和部分博士生、硕士生共同完成，并由李玉山统稿、审校和定稿。参与翻译的人员有：刘洋、初秀琴、路建民、王君、李先锐、尚玉玲、董巧玲等。另外，索之玲、寻建晖、辛东金、戴翔宇、张超余、张文博、赵国荣等参加了部分相关工作，在此一并表示感谢。电子工业出版社马岚编辑的使命感和敬业风范是本书出版的品质保障。

本书的出版得到国家自然科学基金(No. 61871453、No. 61501345、No. 61301067、No. 61102012、No. 60871072 和 No. 60672027)、教育部博士点基金(No. 20050701002)、教育部"超高速电路设计与电磁兼容"重点实验室基金、西电-是德(Keysight)高速电路信号完整性联合实验室，以及西安电子科技大学研究生院的立项资助。恳切希望读者在学习及使用中予以检视和指正！

本书适合作为电子通信类学科专业博士生、硕士生或本科生的"信号完整性分析"课程的教材。此外，本书也适合作为电子系统与电路设计工程师解决电气完整性问题的技术参考书。

李玉山

2019年1月于西安电子科技大学

第三版前言

与本书第二版相比，第三版有一个非常重要的增补：在每一章末尾都附上一批重点考查题，籍以加深读者对本书知识的理解。

大学生和工程师将受益于这个契机，认真查看自己是否掌握了每一章的重要信息，并学会运用这些原理去解决实际问题。

自从本书第二版出版以来，信号完整性和电源完整性的原理及应用并未改变。当我在世界各地对这些主题发表演讲时，我发现其中的基本原理比以往任何时候都更重要。

我常常惊讶地发现，即使实际问题很复杂，也能采用基本的工程原理和简单的评判方法加以解决，并获得更升华的新见解。这就是本书的重点和特点。

本书的第一版和第二版是以为世界各地成千上万工程师们开设的"信号完整性与电源完整性"课程的教案为蓝本的。第三版则基于科罗拉多大学博尔德分校130多名选课研究生的实践演练素材，并新增了几个采用高速串行链路的最新实例。学生们反馈给我的建议是，希望通过实践演练能够考核并加深自己的理解能力。当我向专业工程师咨询是否在每章结尾添加复习题时，也得到了他们的强力支持。

工程师们都愿意正视自己所面对的难题和挑战。每当遇到难题，总是要设法解决问题，从而把绊脚石变为垫脚石。

有人认为经由实践途径的学习效果最好。我认为并非完全正确。我认为实践演练能加强对所学基本原理的理解，但并不见得必须从实践中才能学习得到。在我们把基本原理应用到真实世界时，无论是在实验室中进行测量解释及模拟仿真，还是在面对实际问题时，我们在脑海中都会尝试如何应用基本原理这一过程。工程师们已告诉我，在解决问题时"终会产生共鸣"。

在本书每一章的末尾附有20~35个复习题，这些复习题会迫使读者思考一些原理，借用它们叩击读者的思维。附录D汇总了所有复习题并给出了答案。其他补充资料还可以通过网站 www.beTheSignal.com 获取。

Eric Bogatin
2017 年 9 月

第二版前言

从本书第一版出版至今，信号完整性的原理并未发生改变。发生变化的是随着高速链路的大量应用，电源完整性正在成为开发新产品能够成功还是失败的关键角色。

除了在大多数章节，尤其是在差分对和损耗章节中充实了许多内容和示例，第二版新增了两章，目的是针对当今的工程师和设计师们的实际需求提供一个坚实的基础。

第 12 章是新增的一章，深入介绍了在信号完整性中如何使用 S 参数。只要你遇到的是高速链路问题，就会接触到 S 参数。由于采用的是高速数字设计师们所不熟悉的频域语言表示，常常令人望而生畏。正如本书的所有章节，第 12 章提供了理解这一格式的坚实基础，以便让所有工程师可以充分利用 S 参数的强大功能。

新增的另一章是关于电源完整性的第 13 章。这一问题不断进入设计工程师的视野。对于高速应用，电源分配路径的互连不仅影响着电源配送，还影响着信号的返回路径，以及电磁兼容测试认证能否通过。

我们从最基本的内容出发，讨论电源分配互连的角色，分析不同的设计和工艺如何影响电源分配网络性能的优劣。介绍平面阻抗的基本原理、扩散电感、去耦电容器、电容器的回路电感等。这些有价值的感悟将有助于培养工程师的直觉，从而使他们能够运用自己的创造力去综合出新的设计。在实现一个新创意的过程中，与设计密不可分的工作是性能分析。通过分析，可以找出性能与价格的折中方案，修整出完美的电源分配网络阻抗曲线。

如果你是信号完整性方面的一位新手，那么本书将是你的入门教材。借此奠定一个坚实的基础，从此可以使你的信号完整性设计做到首次成功！次次成功！

第一版前言

"一切都应该尽可能简单，而不只是简单一点。"

——阿尔伯特·爱因斯坦

通常，人们一提到印制电路板和集成电路封装设计，常常会想到电路设计、版图设计、CAD 工具、热传导、机械工程和可靠性分析等。随着现代数字电子系统突破 1 GHz 的壁垒，PCB 板级设计和集成电路封装设计必须考虑信号完整性(SI)和电气性能问题。

凡是介入物理设计的人都会不同程度地左右产品的性能。所有的设计师都应该了解自己的设计如何影响信号完整性，至少可以做到与信号完整性专业的工程师进行技术上的沟通。

传统的设计方法学是：根据要求研制产品样机，然后进行测试和调试。如今，产品的上市时间和产品的成本、性能同等重要，采用传统做法的效率将很低。因为，一个设计如果在开始阶段不考虑信号完整性，就很难做到首件产品一次成功。

在当今的"高速"世界里，从电气性能的角度看，封装和互连对于信号不再是畅通和透明的，因此需要新的设计方法学，以保证产品设计的一次成功率。这种新设计方法学的本质是立足于可预见性的。为此，首先要尽量应用已经成熟的来自工程经验积累的设计规则，其次要用量化的手段对期望的产品性能进行预估。这种工程设计途径与猜测途径不同，工程途径中要充分利用 4 种重要的技术工具：经验法则、解析近似、数值仿真和实际测量。在设计仿真过程中，还要尽可能早一点对产品的性能和成本进行评估和折中。设计早期进行分析和折中处理，对上市时间、产品成本和风险的影响最大。解决问题的途径可以归结为：首先分析信号完整性问题的起源，然后利用教材提供的工具找出最优的解决方案，并加以验证。

设计过程是充满直觉的过程，解决问题的灵感源自想象力和创造性的神秘世界。人们头脑中首先涌现出一个好主意，然后凭借技术训练中提供的分析能力，就能进一步将这个好主意变成解决问题的实际方案。方案的最终验证肯定要进行计算机仿真，但它毕竟代替不了我们的直觉能力。相反，只有对工作机理、原理、定义和各种可能性的深入掌握，才可能涌现好的问题解决方案。所以，为了做到能通过直觉推断去寻找问题答案，需要不断地提高理解力和想象力。

本书强调的是培养解决问题的直觉途径。全书内容的安排就是为了使读者能掌握从芯片、封装、电路板、连接器到连线电缆的所有互连设计及所用材料对电气特性的影响。

商业报道中不完整甚至矛盾的描述使不少人感到困惑，这些人可把本书当成学习的入门起点。而那些对电子设计比较有经验的人，也可以通过本书的学习，最终理解数学公式的真正物理含义。

本书从最基本的参数术语出发进行论述。例如，传输线阻抗是一段互连的基本电气特征，它描述了信号感受到的互连电气特征及信号与互连之间的相互作用。大多数信号完整性问题来自对 3 个参数之间的混淆：阻抗、特性阻抗及信号所遇到的瞬时阻抗。甚至对于有经验的工程师而言，这三者的区别也很重要。本书没有使用复杂的数学描述，而是直接将这些概念及其含义介绍给读者。

进一步，我们在基本层面上为读者介绍一些新的专题。在其他大多数信号完整性书籍中并不涉及这个层次。这些专题包括：局部电感(有别于回路电感)、地弹和电磁干扰起因、阻抗、传输线突变、差分阻抗、有损线衰减导致眼图塌陷等。关注这类研究对于新的高速互连方案是至关重要的。

工程师为了能尽快找到解决问题的最佳方案，除了深入掌握基本原理，还必须拥有实用的商业化技术工具。这些工具一般分为两类：分析型工具和测量型工具。分析型工具的基础是计算，测量型工具通过测量完成表征与描述。本书介绍了许多种这样的工具，给出它们的使用指南和具体参数值的示例。

目前有 3 类分析工具：经验法则、解析近似和数值仿真。它们的准确度和难度各不相同。每一个都很有用，适用于不同场合。每个工程师都应该将这些工具留存备用。

经验法则的例子包括"单位长度线段的自感约为 25 nH/in"。如果最需要的是快速求解而不是准确求解，这些经验法则就显得特别适用。绝大多数场合下，信号完整性中的公式只给出定义或近似表示。解析近似对于开拓设计空间、兼顾设计难度和性能指标是必要的。然而，随意过分的近似是有风险的。人们一般不会同意在近似程度未知的前提下，安排 1 个月的时间，冒险用 1 万美元的代价去制作印制电路板（PCB）。

如果设计签发（sign off）时要求给出准确的结果，就必须用到数值仿真工具。在过去的几年里已经研制成功一代全新的工具，这些新工具非常好用又很准确。它们可以预估特性阻抗、串扰和任意截面传输线的差分阻抗，也可以仿真出任意一种终端端接对信号的可能影响。使用新一代的工具不需要很高的学历，任何一个工程师都能从中受益。

数值仿真的质量唯一地取决于元器件电气描述的质量，即等效电路模型。工程师们都学过信号处理用的门电路模型，但是很少考虑过互连的电路模型。15 年前，互连对于信号还是畅通透明的，那时把互连看成理想的导线，既没有阻抗，也没有时延。考虑了这些参数项之后，就需要将它们表示成集总寄生参数。

目前高速数字系统的时钟已超过 100 MHz，信号完整性问题使首件产品很难做到一次成功。真实的导线，包括键合线、封装引线、芯片引脚、电路板走线、连接器、连线电缆等，都是造成信号完整性问题的根源。为此，必须充分理解这些"模拟电路"效应，通过针对性设计设定参数值，进行全面的系统级仿真，然后再制作硬件。这样就有可能制作出稳健性（robust）好的产品，并尽快推向市场。

本书从各种常见的系统中选取了一些示例，其内容涉及芯片内互连、键合线、倒装芯片装连、多层电路板、DIP、PGA、BGA、QFP、MCM 等接插件及电缆，书中介绍的工具有助于设计工程师和项目负责人了解包括它们在内的系统仿真技术，更好地理解芯片封装、电路板、连接器等无源元件对系统性能的影响。书中还给出了对重要电气参数及技术折中方案进行工程评估的方法。

大多数教材强调理论推导和数学上的严格，本书则侧重于直观的分析理解、实用技术及工程实践。我们把电子工程和物理学的基本原理应用于封装和互连问题，构建出理解的基本框架和解决问题的方法学。本书采用时/频域测量、二维和三维场求解器、传输线仿真、电路仿真器及解析近似等多种技术和工具，构造出经过验证的封装和互连等效电路模型。

这里着重关注模型的两个特征：它的准确度如何？它的带宽如何？回答这些问题的唯一途径是测量。只有通过测量才能极大地降低设计风险。

本书介绍了 3 类测量仪器，并对测量数据加以解释。这 3 类仪器是阻抗分析仪、矢量网络分析仪（VNA）及时域反射计（TDR）。书中通过对真实互连进行测量的示例，包括集成电路封装、印制电路板、电缆和连接器，阐明测量原理并对这类表征型工具的输出测量值加以解释。

本书面向具有不同专业技能和训练背景的人员，包括设计工程师、项目负责人、销售和市场部经理、工艺研发人员和科学家。书中阐述的要点是：高速数字系统的互连设计难点是什么，需要克服哪些技术障碍才能在高频时正常工作。

我们基于电子工程和物理学的原理，分析数字信号通过整个互连时引起的信号完整性问题。引入等效互连电路模型的概念，是为了预估出性能的量化指标。本教材的大量篇幅用这种电路模型分析互连对系统电气性能的影响。这些影响可以归结为 4 类噪声问题：反射、串扰、轨道塌陷及电磁干扰。

本书素材源自作者讲授短期和整学期系列课程的教材。授课对象是芯片封装、印制电路板组装和系统设计方面的工程师。这些人需要在设计时考虑互连对电气性能的影响。本书有助于理解物理几何结构和材料特性的设计如何影响电气性能。

关于信号完整性，至少应该记住下列一些重要原则。这里给出的是条目纲要，书中将陆续给出进一步的详尽论述。

信号完整性问题的 10 个基本原则

1. 提高高速产品设计效率的关键是：充分利用分析工具实现准确的性能预估，使用测量手段验证设计过程、降低风险，并提高所采用设计工具的可信度。
2. 将问题实质与表面现象剥离开的唯一可行途径是：采用经验法则、解析近似、数值仿真技术或测量工具获得数据，这是工程实践的本质要素。
3. 任何一段互连，无论线长和形状，也无论信号的上升边如何，都是一个由信号路径和返回路径构成的传输线。一个信号在沿着互连前进的每一步，都会感受到瞬时阻抗。若瞬时阻抗恒为常量，比如具有均匀横截面传输线的情况，其信号质量就会获得奇迹般的改善。
4. 把"接地"这一术语忘掉，由于它所造成的问题比用它解决的问题更多。每一路信号都有返回路径。抓住"返回路径"，像对待信号路径一样去寻找并仔细处理返回路径，这样有助于培养解决问题的直觉能力。
5. 当电压变化时，电容器上就有电流流动。对于快速变化的边沿，即使印制电路板边缘和悬空导线之间的空气隙形成的边缘线电容，都可能拥有很低的阻抗。
6. 电感与围绕电流周围的磁力线匝数有着本质的联系。只要电流或磁力线匝数发生改变，在导线的两端就会产生电压。这一电压是导致反射噪声、串扰、开关噪声、地弹、轨道塌陷及电磁干扰的根源之一。
7. 当流经接地回路电感上的电流变化时，在接地回路导线上产生的电压称为地弹。它是造成开关噪声和电磁干扰的内在机理。
8. 以同频率的方波作为参照，信号带宽是指有效正弦波分量的最高频率值。互连模型的带宽是指在这个最高的正弦频率上，模型仍能准确地预估互连的实际性能。在使用模型进行分析时，一定不要让信号的带宽超过模型的带宽。
9. 记住，除少数情况以外，信号完整性中的公式给出的是定义或近似。在特别需要准确的场合就不要使用近似。
10. 有损传输线引起的问题就是上升边退化。由于集肤深度和介质损耗，损耗随着频率的升高而增加。如果损耗随着频率的升高而保持不变，上升边就不会发生变化，这时的有损线只是增添了一些不便而已。
11. 影响研发进度并造成产品交货推迟，是企业付出的最昂贵代价。

致 谢

许多同事、朋友和学生影响并造就了我的许多观点,这些观点已写入本书第一版和第二版中。在英特尔、思科、摩托罗拉、阿尔特拉(Altera)、高通、雷声(Raytheon)和其他公司中,有几千位工程师参加过我的培训课程,他们给我提出了许多有益的反馈意见,指出什么样的解释是对的和不对的。

在第二版的出版过程中,我的审稿人 Greg Edlund、Tim Swettlen 和 Larry Smith 给出了非常出色的意见和建议,我从这些专家身上学到很多知识。我的出版策划 Bernard Goodwin 总是非常耐心并积极支持我,我超过了交稿期限也不曾抱怨过。

在第三版中,我的许多学生,包括科罗拉多大学的学生、Teledyne LeCroy 信号完整性学会的订阅者,以及工业界的专业工程师等,都鼓励我为本书添加些复习题及答案。为此我积极尝试收集在多次公共培训中被问及的问题,并将它们相应地添加到内容相关的章的末尾。感谢我所有的学生,无论年轻或年长,感谢你们忘我地去辨释难题并将意见反馈给我。

感谢你们所有的友情支持与鼓励!

作 者 简 介

Eric Bogatin(埃里克·伯格丁)于 1976 年获麻省理工学院物理学士学位,并于 1980 年获亚利桑那大学物理硕士和博士学位。从事信号完整性和互连设计领域的研究长达 30 多年。Eric 曾在 AT&T 贝尔实验室、Raychem 公司、Sun Microsystems、Interconnect Devices 公司和 Teledyne LeCroy 担任过高级研究员或管理职位。2011 年,Eric 的 Bogatin 公司被 Teledyne LeCroy 收购。

Eric 目前是 Teledyne LeCroy 的信号完整性理论实践方面的"传教布道师",一直在创建并展示着与高性能视野相关的最新应用教材。利用分析技术和测量工具,Eric 能够将复杂的问题转化为实用的设计与测量实践知识。

2012 年以后,Eric 一直担任科罗拉多大学博尔德分校的兼职教授,在信号完整性、互连设计和 PCB 设计等方面讲授研究生的课程。

Eric 为 *PCD&F Magazine*, *Semiconductor International*, *Electronic Packaging and Production*, Altera 公司, Mentor Graphics 公司, *EDN* 和 *EE Times* 等每月定期撰写技术专栏。目前,Eric 还是 *Signal Integrity Journal*(www. SignalIntegrityJournal. com)的编辑。

Eric 著作颇丰,他著有 300 多部作品,其中许多发表在网站 www.beTheSignal.com 上,可供大家下载。Eric 定期出席 DesignCon、IEEE EMC 研讨会、EDI 会议及 IPC 设计委员会的例会并发表讲演。

Eric 与 Larry Smith 合作撰写并出版了颇受欢迎的 *Principles of Power Integrity for PDN Design — Simplified*。

Eric 是 DesignCon 的 2016 Engineer of the Year Award(2016 年度工程师奖)的获得者。

如果需要,可以通过发邮件至 eric@ beTheSignal. com 与 Eric 联络。

目　　录

第1章 信号完整性分析概论

"设计师可以分成两类,一类已经遇到了信号完整性问题,另一类即将遇到信号完整性问题。"

——某公司的一条警句

当今,随着时钟频率的日益提高,信号完整性问题变得日趋严重。设计人员用以解决信号完整性问题和设计新产品的时间也日益缩短。产品设计人员将一个产品投入市场只有一次机会,所以该产品必须第一次就能成功运行。如果在产品设计周期中不能尽早确定和消除信号完整性问题,产品的研制就可能失败。

> **提示** 随着时钟频率的提高,发现并解决信号完整性问题成为产品开发的关键。成功的秘诀是精通信号完整性分析技术,并能采取高效设计过程以消除这些问题。只有娴熟地运用新的设计规则、新的技术和新的分析工具,才能实现高性能设计,并日益缩短研发周期。

在高速产品中,物理设计和机械设计都将导致信号完整性问题。图1.1表明了印制电路板(Printed Circuit Board, PCB)上一段简单的 2 in① 长的线条如何影响典型驱动器的信号完整性。

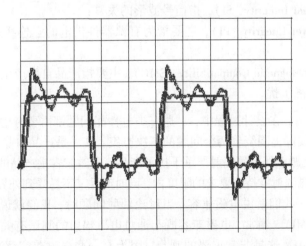

图1.1 100 MHz 时钟产生后,从信号驱动器芯片输出的两种波形:没有外加引出连线(平滑曲线)的情况和输出端连接一段2 in长的PCB线条(振铃曲线)的情况。其中,纵轴每格表示1 V,横轴每格表示2 ns。使用Mentor Graphics HyperLynx仿真

通常,设计过程是极富直觉和创造性的。要想尽快完成合格的设计,激发关于信号完整性的设计直觉是至关重要的。

---

① 1 in(英寸) = 2.54 cm。——编者注

所有涉及产品的设计师们都应该了解信号完整性如何影响整个产品的性能。通过在直觉和工程实践的层次上理解信号完整性的基本原理，参与设计过程的每个设计师就能体会到他们的决定对系统性能所产生的影响。本书主要介绍理解和解决信号完整性问题的基本原理，直观定量地给出信号完整性问题的工程背景知识。

1.1　信号完整性、电源完整性与电磁兼容的含义

在时钟频率只有 10 MHz 的年代，电路板或封装设计的主要挑战就是如何在双层板上布通所有信号线，以及如何在组装时不破坏封装。由于互连线并未影响过系统性能，所以互连线本身的电气特性并不重要。在这种意义下，可以说"对信号而言，过去的互连线是畅通透明的"。

例如，如果一个器件输出一个上升边约为 10 ns 且时钟频率为 10 MHz 的信号，那么即使是最粗糙的互连线，电路也可以正常工作。由手工连线而成的样机与最终规范布线的印制板产品一样都能正常工作。

但是，现在的时钟频率提高了，信号上升边也已普遍变短。对于大多数电子产品而言，当时钟频率超过 100 MHz 或上升边小于 1 ns 时，信号完整性效应就变得重要了，通常将这种情况称为高频领域或高速领域。这些术语意味着在互连线对信号不再透明的产品与系统中，如果不小心就可能出现一种或多种信号完整性问题。

从广义上讲，信号完整性指的是在高速产品中由互连线引起的所有问题。它主要研究当互连线与数字信号的电压、电流波形相互作用时，其电气特性如何影响产品的性能。

可以将所有这些问题归结为以下三类。在这三类问题之间也存在着相当大的重叠：

1. 信号完整性(Signal Integrity, SI)，指信号波形的失真；
2. 电源完整性(Power Integrity, PI)，主要指为有源器件供电的互连线及各相关元件上的噪声；
3. 电磁兼容(ElectroMagnetic Compatibility, EMC)，主要指产品自身产生的电磁辐射和由外场导入产品的电磁干扰。

对于一款合格的产品而言，在设计过程中，上述三类电性能问题都需要考虑。

整个电磁兼容领域实际上围绕着两个问题的解决方案：其一是产品自身产生了大量的电磁辐射，进入外界；其二是源于外界的辐射严重干扰了产品。电磁兼容是产品的工程解决方案，该方案要将产品对外的电磁辐射维持在要求的限度内，同时产品又不易受到外界电磁辐射的影响。

当讨论解决方案时，我们就说电磁兼容；当讨论辐射问题时，我们就说电磁干扰(Electro-Magnetic Interference, EMI)。通常，电磁兼容既与通过电磁辐射的测试有关，又与通过耐辐射敏感度的稳健性测试有关。这是非常重要的观点，因为有一些电磁兼容解决方案仅仅是为了通过认证测试才引入的。

> **提示**　通常情况下，产品能够通过所有的性能测试，并满足所有功能规范，然而仍然通不过电磁兼容认证测试。

除了需要考虑电缆、接插件和外壳设计，满足要求的电磁兼容设计还包括良好的信号完整性和电源完整性设计。通过调制时钟频率，扩频时钟(Spread Spectrum Clocking, SSC)故意将抖动加入时钟中，专门用于进行电磁兼容认证测试。

电源完整性是指与电源分配网络(Power Delivery Network，PDN)相关的问题。电源分配网络包括从稳压模块(Voltage Regulator Module，VRM)到片上电压分配轨道之间的所有互连线，例如板级和封装级的电源/地平面、连接到封装的板级过孔、连接到芯片焊盘上的互连线等，还包括与 PDN 相连的电容器等各种无源元件。

PDN 为片上内核的电源**轨道 V_{DD}** 馈电是一个专门的电源完整性问题，但是电源完整性问题和信号完整性问题之间存在很多重叠。这主要是因为信号的返回路径直接使用了 PDN 中的互连，影响这些结构的所有因素都将同时影响信号质量和电源质量。

> **提示**　电源完整性问题和信号完整性问题的重叠部分可能归于两类不同领域的工程师各自的问题，但当他们都认为是对方的责任时，就可能疏忽这些问题。因此对于工业界而言，电源完整性问题和信号完整性问题的重叠部分容易让人感到困惑。

在信号完整性领域中，通常信号完整性问题与噪声问题或者时序问题相关。这两类问题都可能引起接收端的误触发或误码。

时序本身就是一个复杂的研究领域。在一个时钟周期内，必然发生一定数量的操作，必须在预算中划分某段较短的时间，并分配给各种不同的操作。例如，分配一些时间给门翻转、将信号传送至输出门、等待时钟进入下一级门、等待门读出输入端的数据等。尽管互连线严重影响时序预算，但本书不讨论时序问题。本书将主要讨论由互连线产生的上升边失真对抖动的影响。

对于建立和管理时序预算的详细内容，感兴趣的读者可以参阅附录 C 精选的参考文献。本书主要讨论互连线对其他通用高速问题的影响：噪声太大了。

我们听到过许多信号完整性噪声问题，如振铃、反射、近端串扰、开关噪声、非单调性、地弹、电源弹、衰减和容性负载等。这些都是互连线的电气特性对数字信号波形造成的不同影响。

乍看起来，要考虑的新问题似乎无穷无尽，非常混乱，这一点反映在图 1.2 中。数字系统设计师或电路板设计师中很少有人熟悉所有这些术语，他们仅仅将这些问题标记为早期产品设计雷区中的弹坑，发现一个算一个。怎样才能弄清所有这些信号完整性问题呢？难道仅仅列一个不断增加的清单并定期进行补充吗？

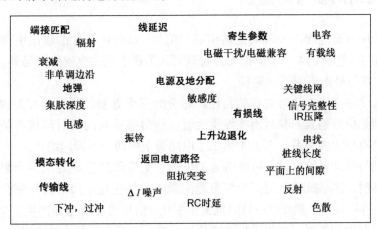

图 1.2　信号完整性效应的组合列表看似是由这些术语组成的随机集合，没有固定模式

以上列出的每一种效应，都与信号完整性/电源完整性/电磁兼容领域中如下所示的 6 种类型的问题之一有关：

1. 单一网络的信号失真；
2. 互连线中频率相关损耗引起的上升边退化；
3. 两个或多个网络之间的串扰；
4. 作为串扰特殊形式的地弹和电源弹；
5. 电源和地分配中的轨道塌陷；
6. 来自整个系统的电磁干扰和辐射。

这6种类型如图1.3所示。一旦知道与6种问题相关的根源，找出和解决这种问题的一般方案就显而易见了。这就是能把各种信号完整性/电源完整性/电磁兼容问题分为以上6种类型的原因。

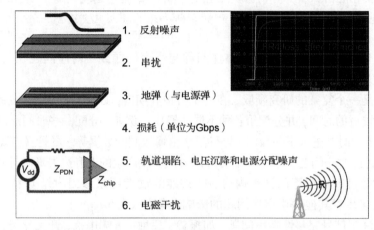

1. 反射噪声
2. 串扰
3. 地弹（与电源弹）
4. 损耗（单位为Gbps）
5. 轨道塌陷、电压沉降和电源分配噪声
6. 电磁干扰

图1.3　6种信号完整性/电源完整性/电磁兼容问题

这些问题在所有互连线中都起作用，小到芯片中的连线，大到板级连接电缆及任何位置之间的互连线。原理和效应是一样的，各个物理结构的不同之处是具体的几何特征尺寸和材料特性。

1.2　单一网络的信号完整性

网络由系统中所有连接在一起的金属组成。例如，从时钟芯片的输出引脚引出的线条与其他3个芯片相连，连接这4个引脚的每条金属可认为属于同一个网络。另外，网络不仅包括信号路径，还包括信号电流的返回路径。

互连线引起单一网络上信号失真的共性问题分为三个方面。第一个方面就是反射。引起反射的唯一原因是信号遇到的瞬时阻抗发生改变。信号感受到的瞬时阻抗与信号路径和返回路径的物理特性有很大的关系。图1.4给出了电路板上的两个不同网络。

当信号从信号驱动器输出时，构成信号的电流和电压将互连线看成一个阻抗网络。当信号沿着网络传播时，它不断感受到互连线引起的瞬时阻抗变化。如果信号感受到的阻抗保持不变，则信号保持不失真。然而，一旦阻抗发生变化，信号就在变化处产生反射，并在通过互连线的剩余部分时继续失真。如果阻抗改变程度足够大，那么失真将导致误触发。

任何改变横截面或网络几何结构的特征都会改变信号所感受到的阻抗。引起阻抗变化的所有特征称为**突变**，每个突变将导致信号原始的纯净形状在某种程度上发生失真。使信号所感受到的阻抗发生改变的情况来自以下几点：

1. 互连线末端；
2. 线宽变化；
3. 层转换；
4. 返回路径平面上的间隙；
5. 接插件；
6. 路由拓扑的改变，比如分支线、T 形线或桩线。

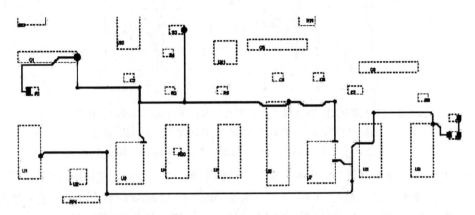

图 1.4　一块电路板上的两个网络。所有连接在一起的金属可看成一个网络。注意，其中一个网络有一个串联的贴片电阻器。使用 Mentor Graphics HyperLynx 布线

这些阻抗突变是由横截面、布线拓扑结构或附加元件产生的。最常见的突变发生在线条的末端处，通常遇到的是接收器的开路高输入阻抗或驱动器的低输出阻抗。

如果反射噪声的源头是瞬时阻抗的变化，那么解决这个问题的方法就是把互连线的阻抗设计成恒定的。

> **提示**　减小阻抗突变问题的方法是让整个网络中的信号所感受到的阻抗保持不变。

此策略通常通过以下 4 种最佳设计实践加以实现：

1. 使用线条阻抗为常量或所谓"可控的"电路板，这通常意味着使用均匀的传输线。
2. 为了控制末端的反射，采用电阻器的端接匹配策略去控制反射，让信号看不到阻抗有变化。
3. 使用沿线拓扑的阻抗维持恒定的布线规则。这就要采用点到点布线，最小化支路长度或短桩线。
4. 设计不均匀的传输线结构，以减轻线的不连续性。要对线的几何特征进行精细设计，以修整边缘场。

图 1.5 分别给出了同一网络中有阻抗突变时的信号质量（产生振铃）和使用端接电阻器控制阻抗突变时的信号质量（极佳）。通常认为"振铃现象"实际上是由阻抗突变产生的反射而引起的。

即使是端接完善的精密电路板布局，也能严重地影响信号质量。例如，当线条分成两路时，节点处的阻抗发生变化。一部分信号反射回信号源，另一部分信号继续沿着分支传播，但产生衰减和失真。如果以菊花链方式重新布线，则能使信号沿着路径所感受到的阻抗保持不变，信号质量也得以恢复。

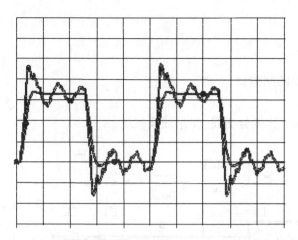

图1.5 当无端接时,互连线上出现振铃;当源端有串联端接时,互连线上的信号质量极好。在两种情况下,PCB线条仅2 in长。横轴每格表示2 ns,纵轴每格表示1 V。使用Mentor Graphics HyperLynx仿真

在电路中,任何突变对信号的影响取决于信号的上升边、突变的位置和电路中的其他反射源等。随着上升边变短,信号失真的幅度增大。也就是说,在33 MHz时钟设计中的上升边为3 ns,突变不算问题,但在100 MHz时钟设计中的上升边为1 ns就可能造成问题(见图1.6)。

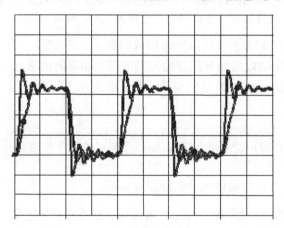

图1.6 PCB板上6 in长的无端接线条上的25 MHz时钟波形。较慢的上升边为3 ns,无振铃现象发生;振铃在上升边为1 ns的信号中发生。在某个上升边时不产生问题,但在较短上升边时可能造成问题。横轴每格表示5 ns,纵轴每格表示1 V。使用Mentor Graphics HyperLynx仿真

随着频率升高和上升边缩短,使信号所感受到的阻抗保持不变越来越重要。达到这一要求的一种方法是使用可控阻抗互连线,甚至在封装时也一样,如多层球栅阵列(Ball Grid Arrays, BGA)。当封装没有采用可控阻抗(如引线架)时,使引线尽量短也很有效,如使用芯片最小尺寸封装(Chip-Scale Package, CSP)。

单一网络中还存在第二个方面的信号质量问题。这就是导线和介质中与频率相关的损耗,所造成信号的高频损耗要比低频损耗更大,其结果是在传播中信号上升边将会被拉长。当这个上升边退化到接近信号的单位间隔(Unit Interval, UI)时,1 比特的信息将会泄漏到下一个甚至下下个比特,这种效应称为符号间干扰(Inter-Symbol Interference, ISI)。在数据率等于1 Gbps或更高的高速串行链路中,它将是引起问题的主要原因。

单一网络中影响信号质量的第三个方面就是时序。两个或者多个信号路径之间的时延差称为**错位**(skew)。当信号线和时钟线之间存在超出预期的错位时,就可能产生误触发和逻辑错误。当差分对的两条线之间存在错位时,部分差分信号会转变为共模信号,并造成差分信号失真。这是一种特殊的模式转换,并将引起符号间干扰或者误触发。

错位是一个时序问题,多数是由于互连线的电气特性引起的。互连线的总长度对错位影响最大,只要在版图设计时仔细匹配互连线之间的长度,就能比较容易地解决问题。然而,时延也与每个信号感受到的局部介电常数有关,这个问题通常比较难以解决。

> **提示**　错位是两条或者多条网络之间时延的差异。为了控制错位,主要依靠匹配网络之间的长度。另外,网络之间的介电常数发生局部变化(如叠层中的玻璃纤维分布)也会影响时延,这个问题比较难以控制。

1.3　串扰

当网络传播信号时,有些电压和电流能传递到邻近的静态网络上,而这个网络正在那里忙于自己的事务。即使第一个网络(动态网络)上的信号质量非常好,一些信号也会以有害噪声的形式耦合到第二个静态网络上。

> **提示**　正是网络之间的容性耦合和感性耦合,为有害噪声从一个网络到达另一个网络提供了路径。同时,也可以将其描述为从攻击网络到受害网络边缘电磁场的作用。

在两种不同的情况下会发生串扰。一种情况是互连线为均匀传输线,电路板上的大多数线条属于这种情况;另一种情况是互连线为非均匀传输线,如接插件和封装的场合。在可控阻抗传输线上,线条有很宽的均匀返回路径,其容性耦合与感性耦合的程度大致相当。在这种情况下,这两种效应在静态线的近端和远端的叠加方式是不一样的。图1.7为电路板上的两个网络之间的近端和远端的串扰。

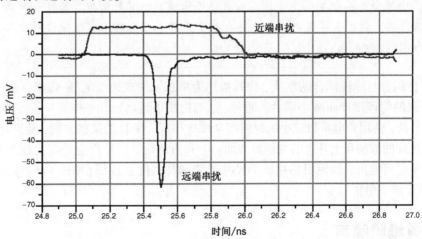

图 1.7　当动态线条上输入 200 mV 的信号时,在静态线近端和远端测得的电压噪声。注意,近端噪声约为信号的 7%,远端噪声几乎达到 30%。使用 Keysight 86100 DCA 和插入式时域反射计(Time Domain Reflectometer , TDR)测量

返回路径为均匀平面时的结构是实现最低串扰的结构,一旦使返回路径的均匀平面发生变化,就会增加两个传输线之间的耦合噪声。发生这种情况时,例如当信号经过接插件且多个信号共用的返回路径是一个引脚而不是一个平面时,感性耦合噪声比容性耦合噪声增加得更多。

当感性耦合噪声处于主导地位时,通常把这种串扰归为**开关噪声、Δ***I* **噪声、d***I*-d*t* **噪声、地弹、同时开关噪声**(Simultaneous Switching Noise,SSN)或**同时开关输出**(Simultaneous Switching Output,SSO)**噪声**。这类噪声是由耦合电感(即所谓的**互感**)产生的。开关噪声大多发生在接插件、封装和过孔处。在这些结构中,电流返回路径的导体不是一个大的均匀平面。本书后面将会讲到,地弹实际上是同一个导体上返回电流重叠而出现的一种特殊情况,这些路径之间的互感非常大。图1.8为封装中相邻线网的信号路径和返回路径之间的大互感产生的同时开关输出噪声。

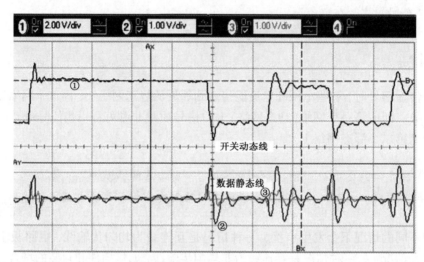

图1.8   上图为多总线中动态线上测得的电压。下图为两条静态线上测得的噪声,它给出了封装中的动态网络和静态网络之间的互感而产生的同时开关输出噪声

> **提示**   由耦合电感即互感主导的同时开关输出噪声,逐渐变为接插件和封装设计中最重要的问题之一,它在下一代产品中将会更严重。解决办法在于谨慎地设计路径的几何结构,使耦合电感(即互感)最小。

了解容性耦合与感性耦合的本质,将其描述为集总元件或边缘电场-磁场,就可以通过优化相邻信号线的物理设计而减小耦合。通常,这与把线条远远分开一样简单。另外,对于特性阻抗相同的导线,使用介电常数较小的材料将会减少串扰。串扰的某些方面,特别是开关噪声,随着互连线长度的增加和上升边的变短而增加。上升边越短,信号产生的串扰越严重。另一方面,使互连线尽可能短,如使用芯片最小尺寸封装和高密度互连线(High-Density Interconnect,HDI),有助于减小串扰。

1.4   轨道塌陷噪声

噪声这个问题不仅在信号路径中产生,而且它在电源分配网络和地分配网络(给芯片提供电源)中也是一个致命的问题。当通过电源路径和地路径的电流发生变化,如芯片输出翻转或内核中的门翻转时，在电源路径和地路径之间的阻抗上将产生一个压降。当电源分配网络中存在电抗元件，尤其是当其并联谐振时，电源开关电流会导致在电源轨道上出现更高的电压尖峰。

该电压噪声意味着供给芯片电源焊盘上的电压更低或更高。电源轨道上的电压变化可能会导致信号线上的电压噪声，进而又会造成误触发、误码或抖动加大。图1.9给出了微处理器电源轨道上的电压变化。

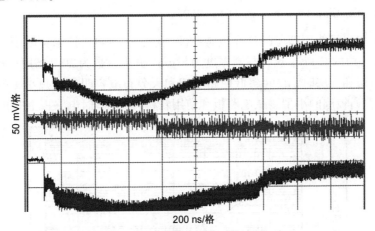

图 1.9　从"停止时钟"状态起始，在微处理器封装的 3 个引脚位置上测得的 V_{CC} 电压。正常电压应该为2.5 V，但是由于电源分配系统中的压降，配送电压的塌陷几乎达到125 mV

电源分配网络噪声也会引起抖动。一个门的导通传播时延与源极和漏极之间的电压有关。当电压噪声使轨道电压升高时，门切换得更快，时钟和数据边沿都更陡。当电压噪声使轨道电压降低时，门切换得更慢，时钟和数据边沿都更缓。这种对时钟和信号边沿的影响是抖动的主要源头。

高性能处理器和一些专用集成电路中的一种趋势是低电压源供电，高功率消耗。其内在原因是，每个门在每个周期都要消耗一定的能量，而芯片上的门数越来越多，开关切换速度又越来越快。假设每周期消耗同样的能量，如果切换变得更频繁，平均功率消耗就会变得更高。

这些因素结合起来就意味着在更短的时间内将有更大的开关电流，从而使可容忍的噪声量值变得更小。随着驱动电压减小和电流量级升高，任何与轨道塌陷有关的压降将成为一个越来越严重的问题。

当这些电源轨道电流流过电源分配网络互连线的阻抗时，它们在每个元件上都会产生电压降，这些压降就构成了电源轨道噪声。

> **提示**　为了能在开关电流切换时降低电源轨道上的电压噪声，最佳的设计方法就是将电源分配网络设计为低阻抗的。

在电源分配系统低阻抗的前提下，即使其中存在电流的开关和切换，较低阻抗上的压降也可以保持在能容忍的水平之内。电源分配系统的阻抗要求已被 Sun 公司评估为对高端处理器的要求。图1.10 显示了对电源分配系统所要求阻抗的评测结果，其中的低阻抗要求越来越重要，而实现却越来越难。

如果知道互连线的物理设计如何影响它们的阻抗，就能使低阻抗的电源分配系统设计更完善。设计一个低阻抗电源分配系统应考虑以下特性：

1. 相邻的电源和地分配层平面的介质应尽可能薄，以使它们更紧密贴近；
2. 加装多个低电感去耦电容器；
3. 封装时安排多个很短的电源和地引脚；
4. 低阻抗稳压模块(Voltage Regulator Module，VRM)；
5. 封装去耦(On-Package Decoupling，OPD)电容器；
6. 片内去耦(On-Chip Decoupling，ODC)电容。

　　电源层和地层之间使用超薄的高介电常数的叠层，这种创新技术有助于将轨道塌陷减到最小。例如3M公司的C-Ply，这种材料厚度为8 μm，介电常数为20。当用这种材料制作特殊电路板上的电源层和地层时，它的超低回路电感和大分布电容明显地减小了电源和地分配阻抗。图1.11为普通板层的小型测试电路板和使用新材料C-Ply时电路板上的轨道塌陷噪声。

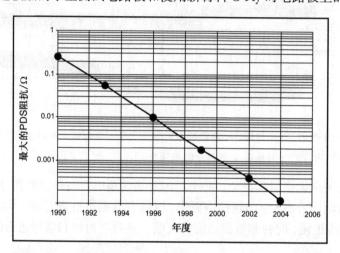

图1.10　高端处理器中电源分配系统的最大允许阻抗的趋势

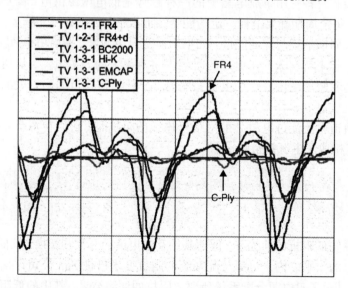

图1.11　在小型数字电路板上使用各种去耦方法后测得的轨道电压噪声。最坏情况是FR4板上没有去耦电容，最好的情况是3M C-Ply材料，几乎没有电压噪声。纵轴每格表示0.5 V，横轴每格表示5 ns。本图由National Center for Manufacturing Science提供

1.5 电磁干扰

当板级时钟频率在 100~500 MHz 范围内时，这一频段的前几次谐波在电视、调频广播、移动电话和个人通信服务（PCS）这些普通通信波段内。这就意味着电子产品极有可能干扰通信，所以这些电子产品的电磁辐射必须低于容许的程度。遗憾的是，如果不进行特殊设计，较高频率时的电磁干扰就会更严重。共模电流的辐射远场强度随着频率而线性增加，而差分电流的辐射远场强度与频率的平方成正比。随着时钟频率的提高，对辐射的要求必然也会提高。

电磁干扰问题包括 3 方面：噪声源、辐射传播路径和天线。前面提到的每个信号完整性问题的根源也是电磁干扰的根源。电磁干扰之所以这么复杂，是因为即使噪声远远低于信号完整性噪声预算，它仍然大到足以引起严重的辐射。

> **提示** 两种最常见的电磁干扰源如下所示。（1）一部分差分信号转换成共模信号，最终在外部的双绞电缆线上输出；（2）电路板上的地弹在外部单端屏蔽线上产生共模电流。附加的噪声可以由内部产生的辐射泄漏逸出屏蔽罩而引起。

产生辐射的大多数电压源来自电源和地分配网络。通常，减小轨道塌陷噪声的物理设计同时也能降低辐射。

虽然电压噪声源会产生辐射，但是可将电路板的高速部分与噪声可能要逃逸的路径加以隔断。屏蔽盒使泄漏到某天线上的噪声大为减少，许多设计较差的电路板可由一个良好的屏蔽来弥补。

为了与外部通信设施、外围设备或接口进行通信，屏蔽较好的产品仍需用电缆将它连到外面。通常，电缆延伸到屏蔽罩的外部，起到天线的作用，并能产生辐射。在所有连接电缆（特别是双绞线）上正确地使用铁氧体，将明显地减小天线效应。图 1.12 是包裹电缆的铁氧体扼流圈的剖视图。

I/O 接头的阻抗，特别是返回路径连接器的阻抗，会严重影响能产生辐射电流的噪声电压。使用低阻抗连接的屏蔽电缆将是减小电磁干扰问题的有效办法。

图 1.12 铁氧体扼流圈的剖视图。铁氧体通常用在电缆周围，以减小类似共模电流这种主要的辐射源。本图由 IM Intermark 公司（USA）提供

遗憾的是，对于同样的物理系统，提高时钟频率一般也会提高辐射等级，或者说随着时钟频率的提高，电磁干扰问题将更难解决。

1.6 信号完整性的两个重要推论

从前述 6 个信号完整性问题的讨论中，能够很清楚地得出两个重要推论。

第一个重要推论是，随着上升边的减小，这 6 种问题都会变得更严重。前述所有信号完整

性问题都是以电流或电压的变化速度来衡量的, 通常指的是 dI/dt 或 dV/dt, 上升边越短意味着dI/dt或 dV/dt 越大。

随着上升边缩短, 噪声问题必然增加, 并且更难以解决。而且, 所有电子产品中的上升边将持续缩短, 这是电子产业的一般趋势。当前没有问题的同一个设计, 在下一代设计中(例如采用下一代工艺的芯片, 其指令操作的上升边更短)就可能出现致命的问题。所以说"设计师可以分成两类, 一类已经遇到了信号完整性问题, 另一类即将遇到信号完整性问题。"

第二个重要推论是, 解决信号完整性的有效办法在很大程度上基于对互连线阻抗的理解。如果对阻抗有清晰的直觉认识, 而且能把互连线的物理设计与互连线阻抗联系起来, 在设计过程中就能消除许多信号完整性问题。

因此, 本书单辟一章, 重点从直觉的和工程的角度来理解阻抗的含义。还有许多其他章节讲述互连线的物理设计如何影响信号和电源分配系统感受到的阻抗。

1.7　电子产品的趋势

我们对更高密度、更低成本、更高性能等方面的永无止境的追求, 推动了电子行业的发展。这既包括视频类影像和游戏等相关的信息消费, 也包括像生物信息学和天气/气候预测等行业的信息处理和存储。

2015 年, 近50%的互联网流量出自 Netflix 和 YouTube 的视频图像。在互联网主干网上流动的信息码流几乎每年都要翻一番。

对以前的计算机销售情况加以调查, 就会对计算机性能的飞速进步有很深刻的印象。衡量性能的一个指标是处理器芯片的时钟频率。图 1.13 说明了 Intel 处理器芯片的发展趋势: 时钟频率大约每两年翻一番。

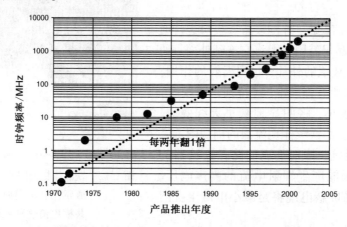

图 1.13　Intel 处理器时钟频率基于产品推出年度的历史趋势: 时钟频率每两年翻一番

有一些处理器系列的时钟频率已经封顶。但是, 在芯片到芯片之间, 以及板到板之间的通信信号的数据率, 仍然继续以稳定的速率提升。

与半导体革命的趋势一样, 时钟频率越来越高的趋势都是由同一种技术——光刻法所引起的。由于能够生产更小尺寸的晶体管门沟道长度, 晶体管的开关速度提高了。沟道长度越短, 电子与空穴移动距离就越短, 且能在更短时间内通过门并引起状态转变。

当提到 0.18 μm 或 0.13 μm 的技术阶段时, 实际上是指能够制造的最小沟道长度。晶体管沟道长度越小，开关时间就越短，这给信号完整性带来两个重要的影响。

一个时钟周期所需的最小时间受该周期内需要执行的所有操作的限制。通常制约最小时间的主要因素有 3 个：所有开关门必要的固有开关时间；信号经系统互连线传播到所有开关门的时间；所有门读取输入信号所需的建立和保持时间。

在基于单芯片微处理器的系统(如个人计算机)中，影响系统最小周期时间的主导因素是晶体管的开关速度。如果开关时间减小，最小周期就会减少。这是系统时钟频率随芯片特征尺寸的减小而不断提高的主要原因。

> **提示**　随着晶体管特征尺寸持续缩小，上升边必然持续减小，并且时钟频率也必然持续提高。

基于预计的特征尺寸缩减，从 2001 年起，半导体工业协会(Semiconductor Industry Association，SIA)对未来的片上时钟频率进行了规划，即半导体国际技术发展蓝图(International Technology Roadmap for Semiconductors，ITRS)，图 1.14 将这个蓝图与 Intel 处理器的发展趋势图进行了比较。从图中可以看出，15 年间，时钟频率的增长速率有轻微下降，但时钟频率仍持续增长。在近期和今后，尽管时钟频率在约 3 GHz 时饱和，但通信数据率仍将保持稳定于指数增长率，到 2020 年预计每通道的数据传输速率将超过 56 Gbps。

由于时钟频率的提高，信号的上升边必须减小。这是因为，读取数据线或时钟线的门，需要足够的时间读出信号，以正确判断信号处于高电平还是低电平状态。

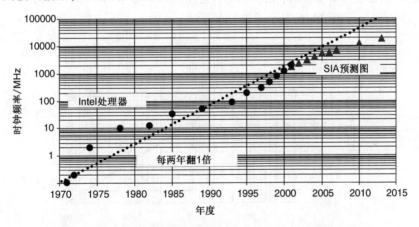

图 1.14　Intel 处理器时钟频率基于推出年度的历史趋势：时钟
频率每两年翻一番。图中也显示了 SIA 的发展蓝图

这就意味着只有很短的时间留给信号切换。无论是上升边还是下降边，通常测量的切换时间为终值的 10%~90% 这段时间，称为 10%~90% 上升边。一些定义中使用终值的 20%~80% 切换点，这个上升边称为 20%~80% 上升边。图 1.15 为典型的时钟波形和分配的切换时间。在大多数高速数字系统中，分配的上升边约为**时钟周期**的 10%。

这只是一个简单的经验法则，而不是一个基本条件。在一些传统的系统中，虽然拥有高端的专用集成电路(ASIC)或可编程门阵列(FPGA)，但其外设仍是旧的，其上升边可能是时钟周期的 1%。在高速串行链路中，数据率已被推到其可能的最高上限，这时其上升边可能就是单位间隔的 50%。

基于这一推论,上升边与时钟频率的关系近似为

$$RT = \frac{1}{10 \times F_{clock}} \tag{1.1}$$

其中,RT 表示上升边(单位为 ns),F_{clock} 表示时钟频率(单位为 GHz)。

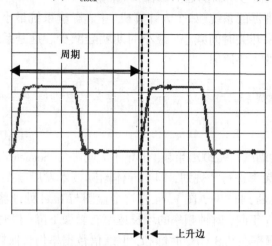

图 1.15　典型的时钟波形的 10%~90% 上升边大约为周期的 10%,横轴每格
表示2 ns,纵轴每格表示1 V。使用Mentor Graphics HyperLynx仿真

例如,当时钟频率为 1 GHz 时,信号的上升边约为 0.1 ns 或 100 ps;当时钟频率为 100 MHz 时,上升时间约为 1 ns,图 1.16 显示了这种关系。

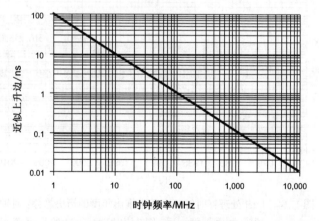

图 1.16　上升边随时钟频率的升高而降低。当上升边小于 1 ns 或
时钟频率高于100 MHz时,通常会出现信号完整性问题

> **提示**　时钟频率持续提高,意味着上升边不断下降,信号完整性问题变得难以解决。

当然,信号上升边和时钟频率之间的这种简单关系只是粗略的近似,它还取决于系统的细节。采用简单经验法则的价值在于它能够更快地给出答案,而无须顾及更多与准确答案相关的信息。它所基于的非常重要的工程原则是"有时候**现在**回答'OK!'比**之后**给出更优答案更重要。"要始终注意采用经验法则的这一基本假设。

即使产品的时钟频率很低,仍然存在芯片技术发展而导致的直接后果——更短的上升边

所带来的隐患。为了提高总产量，芯片制造厂（通常称为"fab"）正在努力使生产工艺中的所有硅圆片标准化。芯片尺寸越小，每个硅圆片上就能放下更多的芯片，从而使每个芯片的成本更低。即使这个芯片用于低速产品，它也可能是与先进的专用集成电路在一条生产线上制造的，与专用集成电路有同样小的特征尺寸。

这样，成本最低的芯片可能具有较短的上升边，即使芯片在具体应用中并不需要如此，这是一个出乎意料却又令人担忧的结果。假设设计了一个芯片，把它装在产品中，它的上升边为 2 ns，时钟频率为 50 MHz，这时也许没有信号完整性问题。如果芯片供应商更新芯片生产线，使生产工艺具有更好的特性，就可能给你提供成本较低的芯片。你可能认为这笔生意很合算，然而这些成本较低的芯片的上升边可能为 1 ns。这更短的上升边可能引起反射噪声、过量的串扰和轨道塌陷，这些问题可能通不过联邦通信委员会（Federal Communications Commission，FCC）的电磁干扰认证测试。虽然你的产品时钟频率没有变化，但你并不知道，由于特性更好的新的生产工艺，生产商提供的芯片的上升边已经减小了。

> **提示** 由于所有芯片制造厂商都转而采用成本更低、特性更好的生产工艺，生产出来的芯片的上升边更短了；尽管时钟频率低于 50 MHz，但产品中仍可能发生信号完整性问题。

不仅微处理器的时钟频率日益提高并且上升边日益减小，高速电信产品中的数据率和时钟频率也正在超过微处理器的时钟频率。

用来定义高速链路速度的最常见规范之一是光载波（Optical Carrier，OC）。这实际上是指数据率，即 OC-1 相当于 50 Mbps 的数据率。OC-48 相应的数据率为 2.5 Gbps，已得到了广泛应用。OC-192 相当于 10 Gbps 的数据率，正在推广中。在不久的将来，OC-768 即 40 Gbps 的数据率将得到广泛使用。

OC 标号是数据率而不是时钟频率的规范，系统的实际时钟频率可能高于或低于数据率，这取决于数据流中对每一位（比特，bit）的编码情况。

例如，如果每个时钟周期编码一位数据，那么实际的时钟频率等于数据率；如果在一个时钟周期可以编码 2 比特数据，那么用 1.25 GHz 的时钟就可以得到 2.5 Gbps 的数据率。对于同样的时钟频率，数据流中用在纠错和数据头中的比特数越多，数据率就越低。

常用的信令协议，如 PCIe，SATA 和千兆以太网，都采用非归零（Non-Return-to-Zero，NRZ）信令方案。该方案在每个时钟周期中编码 2 比特。这意味着具有最高信号切换密度，例如 1010101010 的基本时钟频率是数据率的一半。这一基本时钟频率称为**奈奎斯特频率**。

为了使信号完整性问题最小，应该使用最低的时钟频率和最长的上升边。当数据率增长超过 28 Gbps 之后，引发了人们尝试使用多层信令和多信号线并行，以便在每个时钟周期内编码 4~8 比特数据。这种根据幅度进行比特编码的技术称为脉冲幅度调制（Pulse Amplitude Modulation，PAM）。

非归零信令方案在每个时钟周期内编码 2 比特，称为 PAM2 信令方案。在一个单位间隔中使用 4 个电压电平则称为 PAM4 信令方案，它已经是用于 56 Gbps 信令的流行技术。

趋势明确地朝着更高数据率的方向发展。以太网系统常见的 10 Gbps 数据率具有 5 GHz 的奈奎斯特时钟频率。10 Gbps 信号的单位间隔仅为 100 ps。这意味着上升边必须小于 50 ps。这是一个很短的上升边，需要极其细心地设计操作。

在手机、计算机、大型主机和服务器等各种产品中，人们将高速串行链路用于芯片-芯片之间和板-板之间的通信。无论其起始的数据率是多少，它们都至少经历过一个三代的发展路线，其中每两代之间的数据率基本上是翻一番的关系，如下所示：

- PCI Express，从 2.5 Gbps 至 5 Gbps，8 Gbps 和 16 Gbps；
- 无限频段(InfiniBand)，从 2.5 Gbps 至 5 Gbps 和 10 Gbps；
- 串行 ATA(SATA)，从 1.25 Gbps 至 2.5 Gbps，6 Gbps 和 12 Gbps；
- XAUI，从 3.125 Gbps 至 6.25 Gbps 和 10 Gbps；
- 千兆比特以太网，从 1 Gbps 至 10 Gbps，25 Gbps，40 Gbps，直至 100 Gbps。

1.8 新设计方法学的必要性

这里已经描绘了一幅令人担扰的未来前景，其形势分析如下：

- 信号完整性问题会阻碍高速数字产品的正确操作；
- 这些问题由较短的上升边和较高的时钟频率直接引起；
- 上升边将不可避免地继续变短，时钟频率也将继续提高；
- 即使限制时钟频率，使用低成本进行芯片制造就意味着甚至是低速系统中也会有上升边非常短的芯片；
- 生产设计周期变短，产品上市时间更快，必须首件成功。

那么我们将能做些什么？在这个新时代，应如何有效地设计出高速产品？在过去 10 MHz 时钟系统的时代里，当互连线还是透明的时候，我们没必要担心信号完整性效应。即使忽略信号完整性，也可以侥幸成功地设计出可用的产品。但在如今的产品中，忽略信号完整性会引起进度表推迟、开发费用提高，并有可能永远无法制造出可用的产品。

设计一个产品，如果从一开始就有额外的投入，则往往比到后来试图修改它能有更多利润。在产品的生命周期中，在市场中的前 6 个月通常是最有利润的。如果你的产品上市比别人晚，就可能失去产品生命周期利润中很重要的那部分。时间就是金钱。

> **提示** 需要一种新的产品设计方法来确保在产品设计周期中尽早地确定并消除产品的信号完整性问题。为了满足越来越短的设计周期时间，产品必须一开始就符合性能指标。

1.9 一种新的产品设计方法学

新的产品设计方法学有以下 6 个关键组成部分：

1. 在这 6 个关键策略中，首先要确定产品中将出现哪些特定的信号完整性/电源完整性/电磁兼容问题，并应予以避免。
2. 找出每个问题的根本原因。
3. 应用杨曼(Youngman)准则，要将引发问题的根本原因转化为最佳设计实践。
4. 当情况是免费的且不增加任何成本时，应始终遵循以上可称为"**偏好**"的最佳设计实践。

5. 采用分析工具，包括经验法则、解析近似和数值仿真，去评估设计(虚拟原型)的利弊，以优化设计的性能、成本、风险和进度。

6. 在整个设计周期中，采用测量技术以降低风险，并提高预期质量的可信度。

以上基本策略不仅适用于在产品研发中解决信号完整性/电源完整性/电磁兼容问题，也适用于解决工程设计中的所有问题。解决问题的最有效方法是首先找到根本原因。如果你所谓的根本原因是错的，那么解决问题的可能性将纯粹基于运气。

> **提示**　任何设计或调试过程，都必须强调寻找和核查问题的真正的根本原因。

亨尼·杨曼(Henny Youngman，1906—1998)是著名的电视喜剧演员，被人称为"年轻人之王"。以其名字命名的准则是"将问题的根本原因转化为最佳设计实践"。他讲述过的一个故事阐明了一个非常重要的工程原理。他说："一个人走进医生的办公室，然后问医生，'医生，我抬起手臂时感到有点儿痛。我该怎么办?'医生说，'不要抬起你的手臂。'"

工程就像这个故事一样简单，它对于将根本原因转化为最佳设计实践具有深远的意义。如果你能确认在产品设计中是哪个特征导致出现问题并想消除这个问题，就"不要抬起你的手臂"，而是直接删除产品中的这个特征。例如，如果反射噪声是由阻抗不连续而引起的，就将所有的互连线设计成瞬时阻抗恒定的。如果地弹是由弄坏了返回路径和返回电流的重叠而引起的，就不要弄坏返回路径，也不要让返回电流重叠。

> **提示**　杨曼准则指出：要将引发问题的根本原因转化为最佳设计实践。

只要最佳设计实践并未增加产品的成本，即使它只提供了不多的性能收益，也应该这样去做。这样的最佳设计实践称为**准则**。

不要花费太多的成本将互连线设计为具有目标特性阻抗的均匀传输线。在产品设计中，不要为了使其阻抗很贴近 50 Ω 而花费太多的精力去优化过孔焊盘叠层等。

当它是免费的时，应该去做好。如果成本较高，就需要先回答下列问题："值得吗? 是花最少的钱得到最大的效果吗?"回答这些问题的正确方法是利用经验法则、解析近似和数值仿真去加以分析，然后再"输入数字"。为了提前预估性能，就要构建一个"虚拟原型"去探寻产品的预期性能。

仿真就是在制作硬件之前对系统性能进行预估，通常只仿真系统中那些对信号完整性效应敏感的网络。这些网络称为"关键网络"。一般来说，这些网络是时钟线，也可能是一些高速总线，分析常常是针对局部的。在 100 MHz 时钟频率产品中，可能仅有 5%～10% 的关键网络；在时钟频率为 200 MHz 或更高的产品中，关键网络可能超过 50%，这时整个系统都需要进行仿真。

> **提示**　目前的所有高速产品中都必须进行系统级仿真，以准确地预估在产品成型之前已消除了信号完整性问题。

为了预估电气性能(通常要给出各节点的实际电压和电流波形)，在仿真时必须将物理设计转换成电气描述。这可以通过 3 种途径之一加以实现：将物理设计转换成等价的电路模型，然后用电路仿真器来预估各节点的电压与电流。

另一种途径是基于物理设计和材料属性,使用电磁仿真器对各处的电场和磁场进行仿真。由电场和磁场可以得到互连线的行为模型。此模型通常采用 S 参数模型形式,可以在电路仿真器中使用。

最后,可以使用矢量网络分析仪(VNA)对互连线的 S 参数行为模型进行直接测量。就像用电磁仿真器仿真一样,这一测量所得的模型也可以直接加入仿真器的工具包中。

1.10　仿真

有如下 3 种电气仿真工具可用来预估互连线对信号行为造成的模拟效应。

1. 电磁仿真器或 3D 全波-场求解器。在时域或频域中,使用所设计的几何边界条件和材料属性对麦克斯韦方程组进行求解,并仿真出各个位置的电场和磁场。
2. 电路仿真器。在时域或频域中,对各种电路元件对应的微分方程进行求解,并运用基尔霍夫电流、电压关系来预估各个电路节点处的电压和电流。这些通常都是与 SPICE 兼容的仿真器。
3. 数值仿真工具。先综合输入波形,再依据互连线的 S 参数模型求解其冲激响应,然后采用卷积积分或其他数值方法计算每个端口的输出波形。

关于电磁仿真,应该把信号完整性问题归结为麦克斯韦方程组。这 4 个方程描述了导体和电介质与电场和磁场之间的相互作用。归根结底,信号只是在传播电场和磁场。当仿真电场和磁场本身时,互连线和所有无源元件必须转换为与其几何结构和材料特性相关的导体和介质。

将器件驱动器输出转换为入射电磁波,并用麦克斯韦方程组预估这个波如何与导体和介质相互作用,材料的几何结构和特性规定了求解麦克斯韦方程组的边界条件。

尽管图 1.17 列出了麦克斯韦方程组,但在实际工作中,工程师没有必要对其手工求解。列出方程只是作为参考,仅用来说明的确存在一些简单方程能够完全描述有关电磁场的所有方面。根据这些方程的求解,可以显示出在空间任何一点的入射电磁场如何与几何结构和材料相互作用。这些场可以在时域或频域进行仿真。

时　域	频　域
$\nabla \cdot \varepsilon E = \rho$	$\nabla \cdot \varepsilon E = \rho$
$\nabla \cdot B = 0$	$\nabla \cdot B = 0$
$\nabla \times E = -\dfrac{\partial B}{\partial t}$	$\nabla \times E = -j\omega B$
$\nabla \times \dfrac{1}{\mu} B = J + \varepsilon \dfrac{\partial E}{\partial t}$	$\nabla \times \dfrac{1}{\mu} B = J + j\omega \varepsilon E$

图 1.17　在时域和频域中的麦克斯韦方程组描述了在时间和
空间上电磁场如何与材料相互作用(仅作为参考)

图 1.18 为 208 引脚塑封扁平封装(Plastic Quad Flat Pack, PQFP)的一个引脚分别加上 2.0 GHz 和 2.3 GHz 的入射正弦电压时,在封装内部的电场强度。不同的阴影代表不同的电场强度。仿真结果表明,如果信号中有 2.3 GHz 的频率分量,那么它将在封装内引起很大的场分布,称

为**谐振**，对产品来说这是很糟糕的。这些谐振导致信号质量下降、串扰和电磁兼容增强，通常也限制了能利用的最高带宽。

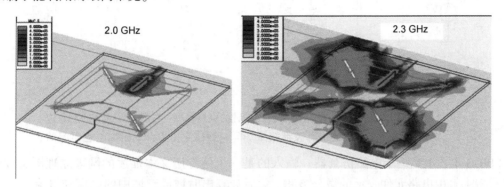

图 1.18　208 引脚的塑封扁平封装内电场的电磁仿真结果。左图：2.0 GHz 激励引起的谐振，右图：2.3 GHz 激励引起的谐振。使用Ansoft高频结构仿真器（HFSS）仿真

有些效应只能通过电磁仿真器仿真。通常，当互连线非常不均匀且很长（比如返回路径上跨越间隙的线条）、电磁耦合影响处于主导地位（比如封装和接插件内的谐振）或者有必要仿真电磁兼容影响时，就需要用到电磁仿真器。

> **提示**　为了能够准确预测互连线结构不均匀性的影响，例如封装走线、接插件、过孔，以及安装在焊盘上的分立元件等，三维全波电磁仿真器是必不可少的工具。

尽管采用麦克斯韦方程组和当今最好的软硬件工具相结合，允许考虑各种实际物理情况，但是除了一些最简单的结构，对一般大多数结构的电磁效应进行仿真是不切实际的。而且，目前许多工具都要求用户具有娴熟的电磁理论基础，也影响了应用的推广。

另外一类仿真工具即电路仿真器，它使用起来会更容易、更快。这种仿真工具用电压和电流来表示信号，将各种导体和电介质转换成电阻、电容、电感和传输线等基本电路元件及其之间的耦合关系。这种将物理结构转换为电路元件的过程称为**建模**。

互连线的电路模型是一种近似关系。当这种近似模型达到适当准确时，与采用电磁仿真器相比总能更快地获得答案。

将使用电路描述与使用电磁分析描述相比，会使信号完整性中的一些问题更容易理解，而且能更容易地确定解决问题的方法。但是，由于电路模型本质上是近似的，所以电路仿真器能仿真的范围有一些限制。

电路仿真器未能考虑电磁效应，如电磁兼容问题、谐振和非均匀波传播等。然而，集总电路模型和与 SPICE 兼容的仿真能准确地解释近场串扰、传输线传播、反射和开关噪声之类的效应。图 1.19 给出了一个电路模型和仿真波形结果。

包含基本电路元件组合的电路图称为**原理图**。如果绘制了原理图，电路仿真器就能计算出每个节点处的电压和电流。

最常用的电路仿真器为 SPICE（Simulation Program with Integrated Circuit Emphasis），其功能比较全面，其第一版早在 20 世纪 70 年代初于美国加州大学伯克利分校推出，它是一种基于晶体管的几何结构和材料特性来预估晶体管性能的工具。

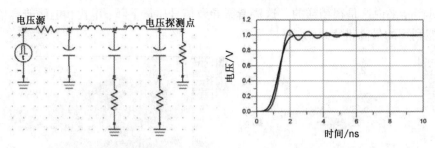

图 1.19　左图为长约 5 cm 的典型示波器探针的电路模型；右图为无杂波的上升边为 1 ns 的信号的仿真波形结果。其中，振荡是由探针的附加电感引起的

SPICE 本质上是一个电路仿真器。输入的是一个用专用文本描述的网表原理图文件，这个工具将求解由电路元件表示的微分方程，然后计算出时域或频域中的电压和电流。这一过程在时域中称为瞬态仿真，在频域中称为交流仿真。市场上有 30 多种版本的 SPICE，有些是可从网站下载的免费学生版/演示版。

> **提示**　通用电路仿真器 QUCS 是一款简单易用、功能齐全的 SPICE 兼容仿真器。其用户界面非常干净，其图形显示达到了可商用的级别。它是开源的，可从网站 www.QUCS.org 获取。

MATLAB，Python，Keysight PLTS，以及 Teledyne LeCroy SI Studio 等数值仿真器是仿真工具的示例，可以根据输入波形的综合来预估输出波形，分析它们如何与 S 参数互连线模型进行交互。与电路仿真器相比，它们的主要优点在于运算速度。许多这类仿真器使用专门的仿真引擎，并且针对特殊类型的波形，例如正弦波、时钟或非归零数据模式等，进行了优化。

1.11　模型与建模

建模是指为待仿真的元器件创建一种电气表征与描述模型。仿真器可以对它进行解释并用它来预估电压和电流波形。有源器件(如晶体管和输出驱动器)的模型与无源元件(如所有互连线和分立元件)的模型是完全不同的。有源器件的模型，通常是 SPICE 兼容模型，或者是输入/输出缓冲接口特性(Input/output Buffer Interface Specification，IBIS)兼容模型。

有源器件的 SPICE 模型要用到理想源和无源元件的组合，或基于晶体管几何结构的专用晶体管模型，所以当工艺技术改变时也能很容易地按比例改变晶体管的行为。SPICE 模型包含了驱动器的具体特征和工艺技术的有关信息。因为包含了这些颇有价值的信息，所以大多数厂商都不愿意给出芯片的 SPICE 模型。

IBIS 是定义输入或输出驱动器的 V-I 和 V-t 特性响应的一种格式。行为仿真器提取有源器件的 V-I 和 V-t 曲线，并仿真出这些曲线受传输线和表示互连线的集总元件电阻器(R)、电感器(L)、电容器(C)影响时的变化程度。有源器件 IBIS 模型的主要优点就是集成电路厂商提供器件驱动器的 IBIS 模型，可以不泄漏晶体管几何结构的技术产权信息。

因此，从集成电路供应商那里获得 IBIS 模型比获得 SPICE 模型容易得多。对于系统级仿真，可能需要同时仿真 1000 个网络和 100 个集成电路，所以通常使用 IBIS 模型和行为仿真器，因为它们不仅易于获得，而且一般比 SPICE 仿真器运行速度快。

任何仿真，无论是 SPICE 仿真还是行为仿真，模型的质量严重影响仿真的精确度。得到某一个驱动器的 IBIS 模型，其精确度与 SPICE 模型相当，而且此模型与器件的实际测量也非常一致，这是有可能的，但是通常很难得到每一个器件的优良精确模型。

> **提示**　通常，作为终端用户，必须坚持让厂商提供元件模型质量的某种确认。

器件模型的另一个问题是应用于这一代芯片的模型将会不符合下一代芯片。每过 6 ~ 9 个月，下一代芯片就会缩小，沟道长度变得更短，上升边也就更短，而且 V-I 曲线和驱动器的瞬态响应也会发生变化。因此旧模型会低估信号完整性效应。作为用户，必须一贯坚持让厂商为其供应的所有驱动器提供最新的、精确的、已通过验证的模型。

> **提示**　尽管所有 SPICE 或行为仿真器软件本身的固有精确度一般都非常好，但仿真的质量只能与被仿真模型的质量相当。人们用"垃圾进垃圾出(Garbage In, Garbage Out, GIGO)"这句话来生动地刻画电路仿真。

因此，验证所有器件驱动器、互连线和无源元件的模型精确度至关重要。只有这样，才能相信仿真的结果。尽管有源器件的模型至关重要，但本书只讲述无源元件和互连线的模型，而有源器件模型仅在参考文献中列出了参考书目。

获得组成系统的所有元件模型至关重要。仿真信号完整性效应的唯一方法就是包括互连线和无源元件的模型，如板级传输线、封装模型、接插件模型、去耦电容器和端接电阻器。

当然，电路模型只能使用那些仿真器能识别的基本元件模型。对于大多数行为仿真器，这就要求用电阻器、电容器、电感器和传输线来描述互连线。对于 SPICE 仿真器，可以用电阻器、电容器、电感器、互感器和传输线来描述互连线和无源元件。在一些 SPICE 和行为仿真器中，已经引入了一些新的理想电路元件，其中包括基本的理想元件：理想耦合传输线和理想有损传输线。

图 1.20 列出了两个贴片式电阻器及其等效电路模型。这个模型包括了引起开关噪声的电感耦合。这两个电阻器行为的各种电气性能都可由其电路模型来描述，这一原理图模型可用于准确预估任何可度量的效应。

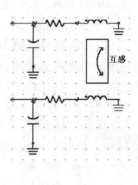

图 1.20　两个贴片式 0805 电阻器及其等效电路模型。此模型已在频率高达 5 GHz 时通过验证

创建互连线的精确电路模型有两种基本方法：计算和测量。通常，通过计算来创建模型称为分析，通过测量来创建模型称为表征。

1.12 通过计算创建电路模型

生活中的每件事，在付出(时间、资金、技能等)与收获之间都有一个长期的平衡。信号完整性分析与设计，与其他领域一样，毫无例外地也存在着付出与收获的平衡问题。例如，我们一直在权衡答案精确度与得出答案所花费的时间和代价。

> **提示** 实际上，在当今全球性的竞争市场中，所有产品开发项目的目标就是在时间、费用和风险预算内，完成符合性能指标的设计。

这是一个严峻的挑战。在信号完整性和互连线设计中，如果在设计周期中能尽早地选择最好的技术和建立最优的设计规则，工程师就能从中受益匪浅。

对于任何一个设计师，其工具箱中最重要的工具就是快速估算折中方案的灵活性。正如IBM Fellow、EMC工业界的偶像 Bruce Archambeault 所说："工程师就是折中分析的极客(或狂热者)。"实际上就是选择几何结构(包括版图设计)、材料特性和设计规则之间的折中，它直接影响到系统的性能。

> **提示** 在设计周期中，正确的折中方案确定得越早，开发时间就越短，开发费用也就越低。

为了分析折中，将预估性能或电气特性的近似方案分成如下3级：

1. 经验法则；
2. 解析近似；
3. 数值仿真。

每种方案表示出对现实情况的不同优化折中(包括所得答案的精确度、所需的时间和努力)，如图1.21所示。当然，这些方案并不能替代实际测量。然而，与基于创建/测试/重新设计的途径相比，恰当地使用正确的分析技术有时能将设计周期时间缩短至原来的10%。

经验法则是一些简单的关系，易于记忆且有助于激发直觉。例如，单位长度导线的自感约为25 nH/in。基于这一简单的经验法则，一条0.1 in长的键合线的自感约为2.5 nH。

在分析问题时，可以首选经验法则作为标尺来权衡每个答案的可信度。可以将经验法则当成仿真的初始期望值。许多一致性测试的首选是仿真，每个工程师经过仿真验证后，可以增强对经验法则的自信心。这就是伯格丁第9条规则的基础。

> **提示** 伯格丁第9条规则是："在没有事先对结果进行预测的情况下，绝不要进行测试和仿真。"若结果与预计的不一致，则要找到其原因。在没有找出不一致原因的情况下，绝不要继续做下一步。若结果的确与预计的一致，则会令人更加自信。

> **提示** 伯格丁第9条规则的推论是："在测量和仿真中有许多源头都可能产生误差，一致性检验不可能做得太多。"但是，基于经验法则的初始预测总是首要的和最重要的一致性检验参照。

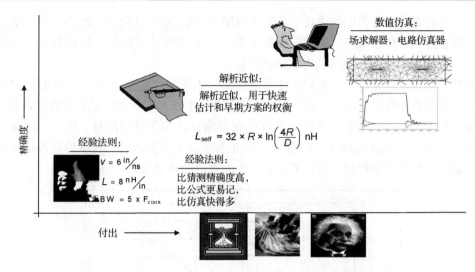

图 1.21　应用 3 种级别的方案时所需努力与得到的精确度之
间的权衡。每种工具都有自己适用的时间和场合

当你在策划新项目的设计/工艺方案,初评不同方案的优劣、成本和可行性时,运用经验法则能让你的过程加快 10 倍以上。归根结底,在产品开发周期中做出正确的设计和技术的决定越早,在工程中就越节约时间,节省费用。

经验法则并不十分准确,只能快速地给出答案,所以在设计完成阶段绝不应该再使用。它们应该用于校正你的直觉,引导做出高水平的折中方案。附录 B 总结了许多在信号完整性中使用的重要经验法则。

解析近似就是采用方程或者公式。例如,一个圆形线圈的回路自感近似为

$$L_{self} = 32 \times R \times \ln\left(\frac{4R}{D}\right) nH \tag{1.2}$$

其中,L_{self} 表示自感(单位为 nH),R 表示线圈半径(单位为 in),D 表示导线直径(单位为 in)。

例如,由 10 mil[①] 粗的导线绕成半径为 0.5 in(或直径为 1 in)的圆形线圈,则它的回路电感约为 85 nH。用食指和拇指围成一个圆,如果手指由线径为 30 号的铜导线构成,那么回路电感约为 85 nH。

近似手段的价值在于可以采用棋盘式对照表进行分析求解,而且能快速回答"如果……那么"之类的问题。近似给出了重要的一阶项及其关系式。前面举出的近似公式说明了电感比半径增加得稍快些。线圈半径越大,回路电感就越大。同理,导线线径越大,回路电感就越小。但是,由于回路电感与线径的自然对数成反比,这是个弱函数。所以导线线径增大时,回路电感仅有轻微的减小。

> **提示**　要特别注意除了极个别例外,在信号完整性分析中用到的方程或者是定义,或者是近似。

定义明确给出两项或多项之间的确切关系。例如,时钟频率与时钟周期的关系 $F = 1/T$ 就是一个定义。电压、电流和阻抗之间的关系 $Z = V/I$ 也是一个定义。

[①]　1 mil(密耳) = 25.4 × 10⁻⁶ m, 1 mil = 1 in/1000。——编者注

　　我们应该时常关心近似的精确度,其变化范围为1%~50%或更大。然而,若一个公式允许用计算器估算到5位小数位,并不能就此表明这个公式就是精确到5位小数位。仅仅考察近似的复杂性或普通性并不能辨别出它的精确度。

　　有些实际场合,当偏差大于5%时将会出现部分不正常。这时如果不知道近似到什么程度,那么一般不敢贸然完工设计。对于每次近似,首先要回答的就是:它的精确度能有多高?

　　验证近似准确性的一种方法是建立表征完善的测试结构并进行测量,然后与计算结果相比较。图1.22表明前面提到的回路电感的近似值和测量值非常吻合,其中后者根据所构造的线圈并用阻抗分析仪测量得到。可以看出,二者的吻合度高于2%。

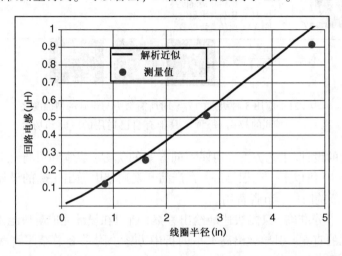

图1.22　对于各种圆形线圈的回路电感,用阻抗分析仪得到的测量
值与计算值之间的比较。可以看出近似的精确度约为2%

　　在研究设计空间或进行容差分析时,近似极其有用。如果能够实现折中平衡,近似就显得非常美妙。然而,对于有些实际场合,如果为了求解一个精确度为20%的折中优化方案,需要付出大量的时间、资金或资源的代价,就不要局限于精确度无法确定的解析近似层级。下面将重点推荐数值仿真技术。

　　根据几何结构和材料特性,可以使用一种非常精确的方法来计算互连线电路元件的参数值。此方法就是基于麦克斯韦方程组的数值计算。这些工具称为**场求解器**,因为它们运用导体和介质分布的边界条件,基于麦克斯韦方程组对电场和磁场求解。有种场求解器将计算出的场转换为等效电路模型元件的实际参数值,如电阻值、电感值和电容值,这种场求解器称为**寄生参数提取工具**。

　　如果整条互连线的几何结构是均匀的,就可以用横截面来描述它,并且可以用二维场求解器来提取它的传输线特性。二维是指另一维保持不变,是均匀传输线。图1.23为典型的微带传输线的横截面和仿真电力线及电场等电位线。对于这种结构,提取到的参数值为特性阻抗 $Z_0 = 50.3\ \Omega$,时延 $T_D = 142\ \text{ps}$。

　　如果横截面不均匀,如在接插件或集成电路封装中,则需要用三维场求解器来获得最精确的结果。

　　在使用任何数值仿真工具之前,要挑选一些与这次的设计对象相似的测试用例,先验证使用这一仿真工具对测试用例的问题设置、求解流程,以及给出仿真结果的准确性。这一步骤通常是很重要的。每个用户应该要求厂家验证这个工具是否满足典型应用所需的准确性。只有这样，仿真结果的质量才具有可信度。一些场求解器的准确性经验证已优于 1%。当然，不是所有的场求解器都有这样的准确性。

当精度要求较高时，例如在设计完成阶段，就应该用数值仿真工具，比如寄生参数提取工具。用数值仿真建立模型可能比用经验法则甚至解析近似占用更长的时间，它需要在时间和专门技能上有更大的投入。但是，它们能提供更高的精确度和可信度，制造的结果将会符合期望的性能。随着市场上新型数值仿真工具的发展，市场压力迫使它们趋于更容易使用。

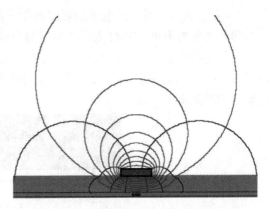

图 1.23 用二维场求解器计算微带传输线中电场的结果。使用 Mentor Graphics HyperLynx 寄生参数提取工具，其精度已经过验证，优于 2%

结合这三种分析技术，通过预估可能得到的性能，就可以权衡比较出各种时间、费用和风险的折中方案。

1.13 三种测量技术

> **提示** 在制造产品之前，计算对于产品性能的预估起着关键作用，而测量技术则对减少风险起着关键作用。对任何计算结果的最终测试就是测量。

对无源互连线的测量不同于有源器件，测量仪器必须先产生一个精确的参考信号，把它加到被测元器件中，然后测量响应。最终，这个响应与器件的阻抗有关系。相反，在有源器件测量中，器件自己可以产生信号，测量仪器可以是无源的，只需测量产生的电流或电压。测量无源元件的仪器主要有如下 3 种：

1. 阻抗分析仪；
2. 矢量网络分析仪（Vector-Network Analyzer, VNA）；
3. 时域反射计（Time-Domain Reflectometer, TDR）。

阻抗分析仪在频域中工作，一般有 4 个接头，其中第一对接头产生流过被测元器件（Device Under Test, DUT）的正弦波恒定电流，第二对接头测量被测元器件上的正弦电压。

测量电压与测量电流之比就是阻抗。测量频率范围一般从 100 Hz 逐步增加到 40 MHz。根据阻抗的定义，可以测量出阻抗在每个频率点的幅度与相位。

矢量网络分析仪也在频域中工作。每个接头或端口发出一个正弦电压，其频率范围从几 kHz 到 50 GHz，在每个频率点，测量入射电压的幅度与相位及反射电压的幅度和相位。

这里是对系统的散射参数（S 参数）进行测量，在第 12 章中将进行专题介绍。

反射信号取决于入射信号和从矢量网络分析仪到被测元器件的阻抗变化。矢量网络分析仪的输出阻抗一般为 50 Ω。通过测量反射信号，可以确定每个频率点上的被测元器件的阻抗，反射信号和被测元器件的阻抗之间的关系为

$$\frac{V_{\text{reflected}}}{V_{\text{incident}}} = \frac{Z_{\text{DUT}} - 50\ \Omega}{Z_{\text{DUT}} + 50\ \Omega} \tag{1.3}$$

其中, $V_{\text{reflected}}$ 表示反射正弦电压的幅度和相位; V_{incident} 表示入射正弦电压的幅度和相位; Z_{DUT} 表示被测元器件的阻抗; 50 Ω 表示矢量网络分析仪的阻抗。

在每个频率点, 反射电压与入射电压之比通常称为一个散射(S)参数, 记为 S_{11}。已知源阻抗为 50 Ω, 通过测量 S_{11} 就能在任何频率点提取被测元器件的阻抗。图 1.24 显示了一条短传输线的测量阻抗。

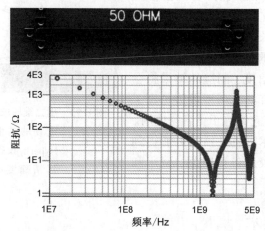

图 1.24　1 in 长的传输线的测量阻抗。矢量网络分析仪测量了传输线前端和过
　　　　　孔(穿过线条下方的平面)之间的反射正弦波信号, 并将这个反射
　　　　　信号转换为阻抗的幅度。同时也测量了阻抗的相位, 但此处不显示
　　　　　结果。频率范围为 12 MHz ~ 5 GHz。使用 GigaTest Labs 探针台测量

时域反射计与矢量网络分析仪相似, 但工作在时域中。它发射边沿快速上升的阶跃信号, 上升边一般为 35 ~ 150 ps, 然后测量反射的瞬时幅度。另外, 利用反射电压提取被测元器件的阻抗。在时域中, 测量的阻抗代表被测元器件的瞬时阻抗。对于电气长度较长的互连线, 如传输线, 时域反射计能够绘出其阻抗曲线。图 1.25 显示了 4 in 长的传输线的 TDR 曲线, 此传输线的返回平面上有一个小间隙, 从图中可以看出间隙处的阻抗较高。

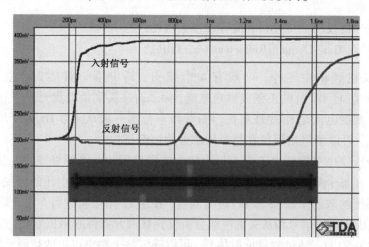

图 1.25　4 in 长的均匀传输线的 TDR 测量曲线, 传输线远端开路, 约在传输线返回路径
　　　　　的中间处有一间隙。这里的横轴是时间轴, 使用 Keysight 86100 DCA, TDR 和
　　　　　GigaTest Labs 探针台测量, 并用 TDA Systems IConnect 软件记录(横轴为时间 t)

有关时域反射计的工作原理，以及如何解释时域反射计测得的电压，详见第 8 章。对于从矢量网络分析仪测量获取的频域 S_{11} 响应，也可以进行数学变换而得到其时域的阶跃响应。无论是在时域还是频域测量，所测得的响应都可以在时域或频域中显示。这一重要的原则详见第 12 章。

> **提示**　尽管一个被测元器件的阻抗可以在频域或时域中显示，但在两种情况下它们是完全不同的两个阻抗。在频域中显示时，它是整个被测元器件在每个频率点的总阻抗。而在时域中显示时，它是在被测元器件上各个不同空间位置的点的瞬时阻抗。

1.14　测量的作用

假如能够计算出元件或系统预期的电气性能，为什么还要麻烦地进行测量？为什么不单单依靠建模和仿真工具？测量只能在实物上进行，难道也是为了避免"创建/测量/重新设计"这个迭代循环多次出现吗？

前面给出的那些测量在产品生命周期的各个阶段起着 6 个至关重要的基本作用，它们都关系到减小风险和建立对仿真精确度的更高可信度。测量为设计师做到以下几点：

1. 验证"设计/建模/仿真"过程的准确程度。避免由于使用未经验证的过程而浪费大量的资源。
2. 验证委托加工元器件是否满足性能指标。
3. 提取装连结构中的材料属性，作为模拟工具的输入参数。
4. 在设计周期的每个阶段，当元器件是现成的或可从经销商处外购时，应通过测量为器件创建模型。
5. 在设计周期的每个阶段，当元器件是从经销商处外购时，对元器件影响系统性能的情况进行实测。这是一种不需要建立模型而确定预期性能的快速方法。
6. 在设计周期的每个阶段，当元器件是从经销商处外购时，通过测试对功能模块或系统进行调试。

Delphi Electronics（简称 Delphi）提供的实例表明，综合使用测量手段验证"设计/建模/仿真"这一过程，具有难以置信的能力。Delphi 制造的其中一个产品就是特制易弯的接插件，用来连接两块传输高速信号的电路板，如图 1.26 所示，用于服务器、计算机和开关系统中。这个接插件的电气性能对系统的正确功能至关重要。

用户提出一系列性能指标，Delphi 就会交付符合这些指标的部件。采用传统的设计方法设计产品时采用如下过程：给出一个最好的猜测，生产部件，将部件拿回实验室进行测量，与指标进行比较，然后重新设计。这是"创建/测试/重新设计"的传统方法。在这种传统方法中，由于较长的 CAD 和制造周期，重复一次几乎需要 9 周时间。有时第一次设计达不到用户指标，就需要重新设计，这就意味着开发周期为 18 周！

为了缩短设计周期，Delphi 提供了一个二维建模工具，这个工具能够基于几何结构和材料特性来预估接插件的电气特性。使用时域反射计和矢量网络分析仪的测量作为验证过程，经过几个实验周期后，Delphi 就能微调建模过程，以确保产品的精确预估，随后将这个部件送去制造。图 1.27 所示为接插件建模工具的预估值和实际测量值与用户原始指标进行比较的结果。

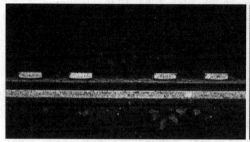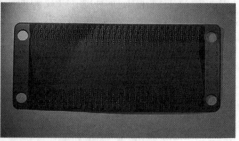

图 1.26　Delphi 提供的金手指接插件。左图为双金属层易弯底板的横截面，
右图为两块板的大量导线连接的顶视图，其中每条导线的电气性
能都是可控的。本图由 Delphi Electronics 的 Laurie Taira-Griffin 提供

参　数	仿　真	测　量	目　标
单终端阻抗	52.1 Ω	53 Ω	50 ±10% Ω
差分阻抗	95.2 Ω	98 Ω	100 ±10% Ω
衰减(5 GHz)	小于 0.44 dB/in	小于 0.44 dB/in	小于 0.5 dB/in
传播时延	152 ps/in	158 ps/in	170 ps/in
单终端近端串扰	小于 4.5%	小于 4.5%	小于 5%
差分近端串扰	小于 0.3%	小于 0.3%	小于 0.5%
数据率	大于 5 Gbps	大于 5 Gbps	5 Gbps

图 1.27　对有特殊要求的接插件的预估和测量的电气指标的总结表。
在优化建模/仿真过程之后，预估性能的能力变得十分突出

　　一旦有适当的建模/仿真过程，并且确保这一过程能够精确预估最后制造的接插件的性能，Delphi 就能将设计周期时间缩减至 4 小时以内。从 9 周到 4 小时，时间缩减了 90% 以上，测量为这一过程提供了很关键的验证步骤。

1.15　小结

1. 信号完整性问题关心的是用什么样的物理互连线才能确保芯片输出信号的原始质量。
2. 信号完整性问题一般分为 6 种：单一网络的信号质量、损耗引起上升边退化、相邻网络之间的串扰、地弹和电源弹、轨道塌陷和电磁干扰。
3. 随着上升边的减小或时钟频率的提高，各种信号完整性问题变得更严重，并且更难以解决。
4. 由于晶体管越来越小，它们的上升边越来越短，信号完整性已成为越来越大的问题，这是不可避免的。
5. 为了发现、修正和防止信号完整性问题，必须将物理设计转化为等效的电路模型，并用这个模型仿真出波形，以便在制造产品之前预估其性能。
6. 可以使用 3 种级别的分析来计算电气影响：经验法则、解析近似和数值仿真，这些分析可以应用于建模和仿真。
7. 测量无源元件和互连线的电气特性的仪器一般有 3 种：阻抗分析仪、网络分析仪和时域反射计。
8. 这些仪器对减小设计风险、提高建模和仿真过程精确度的可信度起着重要作用。

9. 理解这 6 种信号完整性问题可以得出消除这些问题的最重要的方法。图 1.28 总结了这 6 种信号完整性问题的一般解决方法。

噪声种类	设计原则
信号质量	所设计互连线的阻抗要可控，瞬时阻抗要恒定，线的两端要端接，要尽量按点到点拓扑去布线
损耗引起上升边退化	采用短互连线、宽线条和低耗散因子叠层板，以尽量降低与频率相关的损耗
串扰	保持线间距大于最小值
地弹和电源弹	不要弄坏返回路径，不要共享返回电流，尽量减小非理想返回路径之间的互感
轨道塌陷	使电源/地路径的阻抗和 $\triangle I$ 噪声最小
电磁干扰	使带宽和地阻抗最小，尽量减小外电缆和屏蔽线上的共模电流，采取屏蔽措施

图 1.28　6 种信号完整性问题和减弱这些问题的一般设计方法的总结。即使遵循了这些方针，仍然有必要建模和仿真系统，从而估计设计性能能否满足性能要求

本书后面各章将研讨大家普遍关注的信号完整性/电源完整性/电磁兼容问题，阐释问题的基本原理，给出最佳设计实践，并讨论在产品研发中的一些具体技术。

1.16　复习题

1.1　列举一个纯属于信号完整性类型的问题。

1.2　列举一个纯属于电源完整性类型的问题。

1.3　列举一个纯属于电磁兼容类型的问题。

1.4　列举一个同时属于信号完整性类型和电源完整性类型的问题。

1.5　是什么造成了阻抗的不连续？

1.6　当互连线具有频率相关损耗时，传输信号会发生什么变化？

1.7　引起串扰的两种机制是什么？

1.8　为了将串扰最低化，应该如何设置两个相邻信号路径的返回路径？

1.9　低阻抗电源分配网络降低了电源完整性问题。列出低阻抗电源分配网络的 3 个设计特征。

1.10　列出有助于降低电磁干扰的两个设计特征。

1.11　使用经验法则在什么时候是一个好主意？在什么时候不是一个好主意？

1.12　信号的哪种最重要的特征影响到信号是否会存在信号完整性问题？

1.13　为了解决问题，哪一点信息是最需要了解的？

1.14　最好的设计实例就是值得遵循的惯例。试给出几个最佳电路板互连设计的实例。

1.15　模型和仿真有什么区别？

1.16　最重要的分析工具是哪 3 类？

1.17　伯格丁第 9 条规则是什么？

1.18　在设计流程中加入测量环节的 3 个重要原因是什么？

1.19　一个 2 GHz 时钟信号的周期是多大？对其上升边的合理估计是多大？

1.20　SPICE 模型和 IBIS 模型有什么区别？

1.21　麦克斯韦方程组描述什么？

1.22　如果底层时钟的频率为 2 GHz，而数据以双倍速率计，那么信号的数据率是多少？

第 2 章　时域与频域

这一章研究信号的基本性质，以便进一步了解信号与互连之间的相互作用。分析信号有多种方式，每种方式都提供了不同的视角。解决问题的最快方式不一定是最明显的方式。用来分析信号的不同视角称为**域**，常用的是时域和频域两种。

通常大家对时域比较熟悉，而频域特有的洞悉力则有助于理解和掌握许多信号完整性效应，如阻抗、有损线、电源分配网络、测量及模型。

引入时域和频域之后，将研究两者之间在特殊情况下的变换。运用所学的知识联系两个重要的量：上升边和带宽。前者是时域中的术语，后者是频域中的术语。它们是紧密相联的。

最后，再将带宽这个概念应用到互连、模型和测量中。

2.1　时域

我们经常用到**时域**这一术语。但其真正的含义是什么？什么是时域？时域有什么特别的性质使得它运用得如此广泛？要回答这些问题非常困难。这些问题看似显而易见，但很少有人想过**时域**究竟意味着什么。

> **提示**　时域是真实世界，是唯一实际存在的域。

之所以这样认为，是因为从出生那一刻起，我们的经历都是在时域中发展和验证的，人们已经习惯于事件按时间的先后顺序发生。

时域就是我们经历的现实世界，高速数字产品运行于其中。当评估数字产品的性能时，通常在时域中进行分析。因为产品的性能最终要在时域中测量。

例如，时钟波形的两个重要参数是时钟周期和上升边。图 2.1 说明了这些特征。

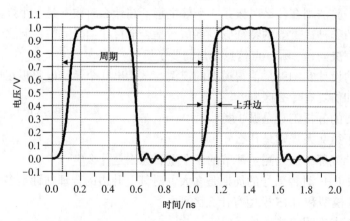

图 2.1　典型的时钟波形，图中标明了 1 GHz 时钟信号的时钟周期和 10% ~ 90%
上升边。下降边一般要比上升边短一些，有时还会引起更多的噪声

时钟周期就是时钟循环重复一次的时间间隔,通常用 ns(纳秒)度量。时钟频率 F_{clock} ,即 1 s 内时钟循环的次数,是时钟周期 T_{clock} 的倒数,即

$$F_{clock} = \frac{1}{T_{clock}} \qquad (2.1)$$

其中, F_{clock} 表示时钟频率(单位为 GHz), T_{clock} 表示时钟周期(单位为 ns)。

例如,一个周期为 10 ns 的时钟信号,其时钟频率是 1/10 ns = 0.1 GHz 或 100 MHz。

上升边与信号从低电平跳变到高电平所经历的时间有关,通常有两种定义。一种是 10% ~ 90% 上升边,指信号从终值的 10% 跳变到 90% 所经历的时间。这通常是一种默认的表达方式,可以从波形的时域图中直接读出。

第二种定义方式是 20% ~ 80% 上升边,这是指信号从终值的 20% 跳变到 80% 所经历的时间。当然,对于同一波形, 20% ~ 80% 上升边比 10% ~ 90% 上升边更短。当处理沿着有损互连线传输的信号时,上升边或下降边的形状都失真了,信号的拖尾较长。这时, 10% ~ 90% 上升边的意义不大,采用 20% ~ 80% 上升边作为品质因数可能更好一些。

一些实际器件的 IBIS 模型采用的是 20% ~ 80% 上升边定义,这样就可能造成混乱。为了解决这一问题,通常要明确指出是 10% ~ 90% 上升边,还是 20% ~ 80% 上升边。

时域波形的下降边也有一个相应的值。与逻辑器件系列有关,通常下降边要比上升边短一些。这是由典型 CMOS 输出驱动器设计造成的。在典型的输出驱动器中, p 管和 n 管在电源轨道 $V_{CC}(+)$ 和 $V_{SS}(-)$ 之间是串联的,输出连在这两个晶体管中间。在任一时间,只有一个晶体管导通,至于是哪个晶体管导通,取决于输出的是高或低状态。

当驱动器从低电平状态跳变到高电平状态时(如上升沿), n 管截止而 p 管导通。上升边与 p 管导通的速度有关。当驱动器由高电平状态跳变到低电平状态时(如下降沿), p 管截止而 n 管导通。

一般而言,对于相同特征尺寸的晶体管, n 管要比 p 管的导通速度快。这意味着,驱动器从高电平状态跳变到低电平状态,它的下降沿要比上升沿更短。总之,驱动器从高电平状态跳变到低电平状态的过程比相反的过程更有可能发生信号完整性问题。如果将 n 型晶体管的沟道做得比 p 型的沟道长,则可使上升沿与下降沿非常一致。

在介绍了分析事件的时域途径以后,下面重点关注分析世界的多种途径之一:频域。

2.2　频域中的正弦波

在射频或通信系统中,经常会提到**频域**这个词。在高速数字应用中也会遇到频域,每位工程师都会多次听到并用到这个术语。然而,当提到**频域**时,它究竟意味着什么?频域是什么?是什么使得它这么特别又这么好用?

> **提示**　频域最重要的性质是:它不是真实的,而是一个数学构造。时域是唯一客观存在的域,而频域是一个遵循特定规则的数学世界。

正弦波是频域中唯一存在的波形,这是频域中最重要的法则,即正弦波是频域的语言。

还有一些其他的域,使用的是其他特殊函数。如 JPEG 图像压缩算法采用的特殊波形为**小波**。小波变换是对包含了许多 x-y 幅值信息的空域进行变换,把它转化为不同的数学描述。这

样就能用不到10%的存储空间描述同样的信息。这是一种近似,但却非常有用。

工程师们通常选择在频域中使用正弦波,是因为时域中的任何波形都可用正弦波合成。这是正弦波的一个非常重要的性质。然而,它并不是正弦波的独有特性,还有许多其他的波形也有这样的性质。

事实上,正弦波有如下4个性质,使其能够很有效地描述其他任一波形:

1. 时域中的任何波形都由正弦波的组合完全且唯一地描述。
2. 任何两个频率不同的正弦波都是正交的。如果将两个正弦波相乘并在整个时间轴上求积分,则积分值为零。这说明可以将不同的频率分量相互分离开。
3. 正弦波有完美的数学定义。
4. 正弦波及其微分值处处存在,没有上下边界。现实世界是无穷的,因此可用正弦波描述现实中的波形。

这几条性质都是至关重要的,但并不是正弦波独有的。有一类函数集合称为**标准正交函数**,有时也称为**本征函数**或**基函数**,这类函数可用于描述任何时域波形。除正弦波以外的其他标准正交函数有:埃尔米特多项式、勒让德多项式、拉格朗日多项式和贝塞尔函数。

为什么选择正弦波作为频域中的函数形式呢?它有什么特别之处?问题的关键在于,如果使用正弦波,与互连的电气效应相关的一些问题就会变得更容易理解和解决。如果变换到频域并使用正弦波描述,有时就会比仅在时域中能更快地得到答案。

> **提示** 毕竟,时域是客观存在的,我们不能脱离这个基础,除非频域中有求解答案的捷径。

对于信号完整性中经常遇到的各种类型的电气问题,有时利用正弦波能够更快地得到满意的答案。看看表征互连的电路,会发现这些电路常常包括电阻器、电感器和电容器的组合。电路中的这些元件可以用二阶线性微分方程描述,而这类微分方程的解就是正弦波。在这类电路中,实际上产生的波形就是由上述微分方程解所对应的波形组合而成的。

在实际中,首先建立包含R、L和C的电路,并输入任意波形。很多情况下,会得到类似正弦波的波形。而且,用几个正弦波的组合就能很容易地描述这些波形,如图2.2所示。

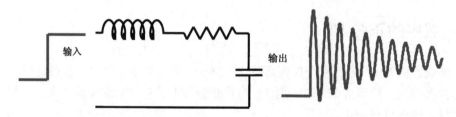

图2.2 快速边沿与理想 RLC 电路相互作用时的时域行为。当数字信号与互连(它常常可以描述成理想RLC电路元件的组合)相互作用时,就产生了正弦波

2.3 在频域解决问题

> **提示** 我们转向另一个域的唯一原因就是能更快地得到满足要求的答案。

许多情况下，如果使用频域中自然存在的正弦波，就可能比在时域中更简洁地描述问题，并更快地找到解决方案。

切记，频域中不可能产生新的信息。同一波形的时域或频域描述所包含的信息完全相同。

然而，在频域中理解和描述一些问题要比在时域中更容易。例如，带宽就是一个频域的概念，我们用它描述与信号、测量、模型或互连相关的最高有效正弦波频率分量。

阻抗在时域和频域中均有定义。然而，在频域中，理解、使用和应用这个概念则容易得多。应该在这两种域中理解阻抗，但在频域中分析阻抗问题是首选，这样就能更快地得到答案。

在频域中考虑电源和地分布的阻抗，可以对轨道塌陷问题提供更简单的解释和解决方法。正如读者将看到的，电源分配系统的设计目标就是使其阻抗从直流到典型信号的带宽内都能保持在目标值以下。

处理电磁干扰问题时，FCC 技术条件及产品的电磁兼容测量方法在频域中都更容易实施。

采用现今最好的软硬件工具，其测量质量和数值仿真工具的计算速度在频域中通常更好些。

仪器的信噪比（SNR）较高，则意味着测量质量较高。矢量网络分析仪（在频域中使用）的信噪比在其整个频率范围内是恒定的，从 10 MHz 到 50 GHz 或更高频率，信噪比均为 130 dB。对于时域反射计，它的有效带宽可高达 20 GHz，但信噪比从低频处的 70 dB 降至 20 GHz 处的 30 dB。

在频域中，分析、测量和仿真许多有损传输线效应变得更容易。传输线的串联电阻值随频率的平方根增加，介质内的并联交流漏电流也随频率线性增长。首先将信号变换到频域，分别考虑传输线如何影响每个频率分量，然后再将正弦波分量变换到时域中，这样获得有损线的瞬态（时域）性能就会更容易些。

> **提示** 由于频域非常有用，因此在有关时域和频域时，提高分析思考的能力都很有价值。成功的工程师应该是一位在时域和频域都能流畅操控的"双语人"。

2.4 正弦波的特征

从定义出发，可知正弦波是频域中唯一存在的波形。我们也清楚地了解正弦波在时域中的描述。这条有严格数学定义的曲线可以用 3 个量充分刻画它的一切特性。图 2.3 给出了这样的一个示例。

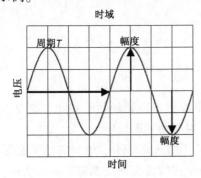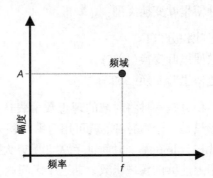

图 2.3 左图：时域中对正弦波的描述，它由 1000 多个电压-时间数据点组成。右图：频域中对正弦波的描述。时域中用3项可以定义一个正弦波，而在频域中只表示为一个点

用以下 3 项就可以充分描述正弦波:频率、幅度和相位。

频率通常用 f 来表示,指每秒中包含完整正弦波的周期数,单位是赫兹(Hz)。角频率以弧度每秒(rad/s)来度量。弧度与度数类似,等于一个周期的一部分,一个完整周期的弧度为 2π。希腊字母 ω 通常用来表示角频率,以 rad/s 度量。正弦波的频率与角频率的关系如下:

$$\omega = 2\pi f \tag{2.2}$$

其中,ω 表示角频率(单位为 rad/s),π 为常数(等于 3.141 59…),f 表示正弦波频率(单位为 Hz)。

例如,若正弦波的频率是 100 MHz,则它的角频率等于 $2 \times 3.141\ 59 \times 100$ MHz$\approx 6.3 \times 10^8$ rad/s。

幅度是中间值之上最大的波峰高度值。水平轴之下和水平轴之上的波峰值相等。对于理想的正弦波,直流值或平均值始终为零,这是一个重要的观察结果。这意味着,正弦波的组合不会产生平均值不为零的信号。为了描述直流值不为零的信号,需要明确地添加直流或偏移量,这通常就是存储在 0 Hz 的频率分量。

相位更复杂一些,它给出在时间轴起点的波的起始位置。相位以圆周、弧度(rad)或度(°)为单位,一个圆周有 360°。虽然相位在数学分析中很重要,但为了重点关注正弦波的更重要的方面,在大多数讨论中我们将减少相位的使用。

在时域中,描述正弦波需要标出许多电压-时间数据点,以画出完整的正弦波曲线。而在频域中,描绘正弦波就简单多了。

在频域中,唯一需要讨论的就是正弦波,需要识别的全部内容就是幅度、频率和相位。如果仅仅描述一个正弦波,只需这 3 个量就能将其完整地加以刻画。

当然,如果考虑相位,则要有第三个坐标轴。因为暂时忽略相位,所以实际上只需幅度和频率就能充分描述正弦波。如图 2.3 所示,在以频率和幅度为坐标轴的坐标系中画出了这两个值。

这样,在频域中绘制一个正弦波就只需一个数据点,这就是要在频域中研究问题的关键原因。在时域中可能要用上千个电压-时间数据点表示波形,在频域中则变换为一个幅度-频率数据点。

对于若干个频率点,其幅值的集合称为**频谱**。每个时域波形的频谱都有其独特的模式,计算时域波形频谱的唯一方法就是傅里叶变换。

2.5　傅里叶变换

运用频域的出发点就是能够将波形从时域变换到频域,用傅里叶变换可以做到这一点。有如下 3 种傅里叶变换类型:

1. 傅里叶积分(FI);
2. 离散傅里叶变换(DFT);
3. 快速傅里叶变换(FFT)。

傅里叶积分是一种将时域的理想数学表达变换成频域描述的数学技术。例如,若时域中的整个波形只是一个短脉冲,就可用傅里叶积分将它变换到频域中。

傅里叶积分是在整个时间轴上从负无穷大到正无穷大求积分,得到的结果是零频率到正无穷大频率上连续的频域函数。在这个区间内,每个连续的频率点都对应一个幅值。

实际上,时域波形是由一系列离散点组成的,且这些点是在有限的时间范围 T 内测量得到的。例如,一个时钟波形可能是从 0 V 到 1 V 的这样一个信号,其周期为 1 ns,即频率为 1 GHz。

为了表示时钟的一个周期,可能会用 1000 个离散的数据点,其中时间间隔为 1 ps。图 2.4 所示为时域中 1 GHz 的时钟波形。

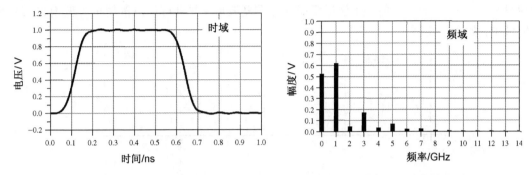

图 2.4 左图为 1 GHz 时钟信号在时域中的一个周期,右图为在频域中的表示

使用离散傅里叶变换可以将这个波形变换到频域中。其中基本的假设就是原始的时域波形是周期的,它每隔 T 秒重复一次。与积分不同,此处只用到求和,通过简单的数学方法就能将任意一组数据变换到频域中。

最后就是快速傅里叶变换。除了计算每个频率点幅度值的实际算法使用了快速矩阵代数学的技巧,它与离散傅里叶变换是完全一样的。这种快速算法只应用于时域中的数据点个数是 2 的整幂次的情况,如 256 点、512 点或 1024 点。根据所计算电压点个数的多少,快速傅里叶变换的计算速度比普通离散傅里叶变换可以快 100 ~ 10 000 倍。

一般而言,工业界中常常会同时使用傅里叶积分、离散傅里叶变换和快速傅里叶变换这 3 种方法。现在我们知道这 3 种算法之间是有区别的,但同时它们又有着同样的用途——将时域波形变换成频域频谱。

> **提示** 在频域中,对波形的描述变为不同频率正弦波的集合。每个频率分量都有相应的幅度及相位。所有这些频率点及其幅度值的全集称为波形的**频谱**。

图 2.4 所示就是一个简单的时域波形,以及用离散傅里叶变换计算得出的频谱图。

每个严肃认真的工程师都应该至少用手工计算一次傅里叶积分来观察它的细节。此后,就无须再手工计算了,可以使用许多商用软件工具完成傅里叶变换,从而更快地得到答案。

许多用法相对简单的商用软件工具都能对输入的任意波形进行离散傅里叶变换或快速傅里叶变换计算。SPICE 软件的每个版本都有一个称为 .FOUR 指令的函数,它可以生成任一个波形前 9 个频率分量的幅度。更先进的 SPICE 工具的大多数版本还能用离散傅里叶变换计算全套频率点和幅度值。Microsoft Excel 有 FFT 功能,通常可在"工程插件"中找到。

2.6 重复信号的频谱

实际上,离散傅里叶变换或快速傅里叶变换是用于将实际波形从时域变换到频域的。对测量得到的任意波形,都能使用离散傅里叶变换,关键条件就是该波形应是重复性的,通常用大写字母 F 表示时域波形的重复频率。

例如,一个理想方波可能是从 0 V 到 1 V 的,其重复周期是 1 ns,且占空比为 50%。由于是理想方波,所以从 0 V 跳变到 1 V 的上升边长应为 0 s,重复频率应为 1/1 ns = 1 GHz。

在时域中，一个信号是在时间间隔 $t=0$ 到 $t=T$ 内的一种任意波形，不能看成重复性的。然而，如果将信号以 T 为周期进行拓展，就可以把它变成重复信号。在这种情况下，重复频率就应是 $F=1/T$。这样，任何一个波形都能变为重复波形，并且可用离散傅里叶变换将其变换到频域中，如图 2.5 所示。

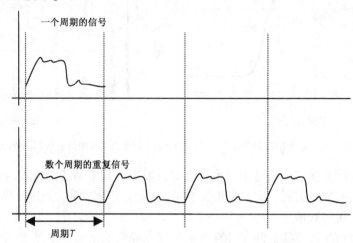

图 2.5　任何波形都可变成周期性的。快速傅里叶变换只能对周期波形进行运算

当人们试图将波形的一段转换为重复波形时，可能会出现拼接不连续的现象。这种在接头连续处出现的非自然跳变，也会在离散傅里叶变换中产生拼接不连续的现象。为了避免这个问题，通常采用加窗滤波器，以保证两头的电压在同一个值处接续。例如，汉明(Hamming)窗和汉宁(Hanning)窗就是实现这一功能的滤波器。

一个离散傅里叶变换的频谱中仅存在某些频率点值，这些值取决于时间间隔或重复频率的选择。若使用自动傅里叶变换工具，如 SPICE，则建议将周期的值选为等于时钟周期，这样会简化对结果的解释。

频谱中的正弦波频率应是重复频率的整倍数。若时钟频率为 1 GHz，离散傅里叶变换就只有 1 GHz，2 GHz，3 GHz 等正弦波分量。

第一个正弦波频率称为**1 次谐波**，第二个正弦波频率称为**2 次谐波**，以此类推。每个谐波都有不同的幅度和相位。所有谐波及其幅度的集合称为**频谱**。

每个谐波的实际幅度都由离散傅里叶变换计算的值加以确定，每个具体的波形都有其各自的频谱。

2.7　理想方波的频谱

定义理想方波的上升边为 0，它并不是真实的波形，只是对现实世界的近似而已。然而，观察理想方波的频谱可以得到有用的感悟，运用这些感悟可以估计实际波形。理想方波是对称的，其占空比是 50%，并且峰值为 1 V，如图 2.6 所示。

如果理想方波的重复频率为 1 GHz，其频谱中的正弦波频率就是 1 GHz 的整倍数。我们希望看到 $f=1$ GHz，2 GHz，3 GHz 等一些频率分量，但每个正弦波的幅度是多少呢？确定这些值的唯一方法就是对理想方波进行离散傅里叶变换。对于理想方波这种特殊情况，采用离散傅里叶变换就能精确地计算出各个频率分量的幅度，其结果相对比较简单。

所有偶次谐波(如 2 GHz，4 GHz 和 6 GHz)的幅度都为零，只有奇次谐波具有非零值。这是任何波形都具备的特征，其波形的后半部分恰好是前半部分求反的结果。我们将这些波形称为**反对称波形**或**奇对称波形**。奇次谐波的幅度 A_n 如下所示：

$$A_n = \frac{2}{n\pi} \qquad (2.3)$$

其中，A_n 表示 n 次谐波的幅度，π 为常数(等于 3.141 59…)，n 为谐波次数(为奇数)。

例如，占空比为 50% 并从 0 V 跳变到 1 V 的理想方波，其 1 次谐波的幅度为 0.63 V，3 次谐波的幅度为 0.21 V，1001 次谐波的幅度为 0.000 63 V。要注意，当频率提高时，其幅度随着 $1/f$ 的减小而减小。

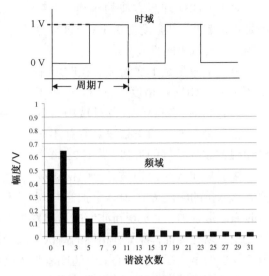

图 2.6　时域和频域中的理想方波

如果理想方波的电压跳变范围增大为原来的两倍，即从 0 V 到 2 V，那么各次谐波的幅度也加倍。

还有一个特殊的频率点：0 Hz。因为正弦波的均值为零，任何正弦波的组合也只能描述时域中均值为零的波形。如果容许一个直流偏移，即波形的均值为非零值，直流分量就在零频率点上。有时也称为 0 次谐波，其幅度与信号的均值相等。在方波占空比为 50% 的情况下，0 次谐波的幅度为 0.5 V。

当方波的直流值为 0 V 时，它从 −0.5 V 跳变到 +0.5 V。其振幅为 0.5 V；峰−峰值为 1 V。在其频谱中，因为没有直流值，所以 0 次谐波为 0 V，1 次谐波为 0.63 V。这是令人相当吃惊的。埋在方波中的 1 次谐波分量的幅度**大于**理想方波自身的幅度！这是傅里叶变换的重要特性。

如果能从理想方波中滤除所有高次谐波，信号的幅度就会**大于**原始信号！拿走高频成分，真的给你留下了一个更大的信号，这是违反直觉的。当研究信号处理和分析示波器接收信号时，如果信号的带宽接近示波器的带宽上限，上述概念就很有意义。

归纳起来如下：

1. 正弦波频率分量及其幅度的集合称为**频谱**，每一分量称为**谐波**；
2. 0 次谐波就是直流分量值；
3. 对于理想方波占空比为 50% 这一特殊情况，偶次谐波的幅度为零；
4. 任何谐波的幅度都可由 $2/(n\pi)$ 计算得出。

2.8　从频域逆变换到时域

在频域中，频谱表示时域波形包含的所有正弦波频率幅度。如果知道频谱，要想观察它的时域波形，则只需将每个频率分量逆变换成它的时域正弦波，再将其全部叠加即可。这个过程称为傅里叶逆变换，如图 2.7 所示。

频域中的每个分量都是时域中定义在 $t = -\infty$ 到 $+\infty$ 上的正弦波。为了重新生成时域波形，可以提取出频谱中描述的所有正弦波，并在时域中的每个时间点处把它们叠加。从低频端开始，把频谱中的各次谐波叠加，即可得到时域中的波形。

对于 1 GHz 理想方波的频谱,第一项是 0 次谐波,其幅度为 0.5 V。这个分量描述了时域中的直流常量。

第二个分量是 1 次谐波,在时域中是频率为 1 GHz 且幅度为 0.63 V 的正弦波。它与前一项叠加,在时域中得到均值偏移为 0.5 V 的正弦波。它并不是对理想方波的很好的近似(见图 2.8)。

接下来加入 3 次谐波。3 GHz 正弦波频率分量的幅度为 0.21 V,把它与现

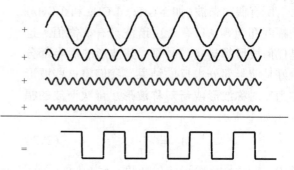

图 2.7　把以上每个正弦分量相叠加,
即可将频谱转化为时域波形

有时域波形叠加,会发现新波形的形状发生了细微变化:顶端更平滑,更接近于方波,且上升边更短。以此类推,将所有相继的高次谐波与已有波形相叠加,得出的结果会越来越像方波。值得注意的是,时域波形的上升边随着加入高次谐波而变化。

为了阐明更多细节,以周期的起始点为中心,将波形的上升边放大。先叠加至 7 次谐波,然后加到 19 次谐波,最终一直加到 31 次谐波,会发现上升边不断缩短,如图 2.9 所示。

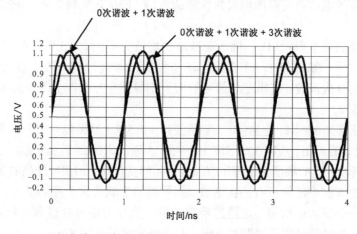

图 2.8　对于 1 GHz 理想方波,叠加 0 次谐波、1 次谐波,接着加入 3 次谐波时形成的时域波形

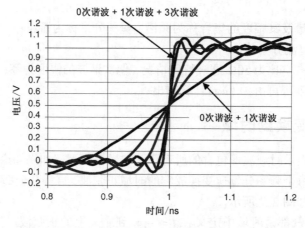

图 2.9　对于 1 GHz 理想方波,依次叠加各次谐波生成的时域波形:首先是 0 次谐波
和 1 次谐波,再加上 3 次谐波、7 次谐波、19 次谐波,最后一直加到 31 次谐波

根据离散傅里叶变换算法对离散点数的选择，频谱中可能会列出 100 多个不同的谐波分量。那么自然会提出一个问题：是把所有这些谐波分量都包括进去，还是仅用有限个谐波分量就能重新得到对原始时域波形"足够好"的表示？限制谐波的最高次谐波，对重新生成的时域波形到底有多大影响？是否存在最高的正弦波频率分量，而从此以后的谐波分量就能忽略？

2.9 带宽对上升边的影响

带宽用于表示频谱中最高的有效正弦波频率分量值。为了充分近似刻画时域波形的特征，这是需要包含的最高正弦波频率。所有高于带宽的频率分量都可忽略不计。值得注意的是，带宽的选择对时域波形的最短上升边有直接的影响。

带宽这一术语最初在射频领域中用于表示信号的频率范围。在射频应用中，以幅度和相位的形式来调制载波频率，是一种典型的方式。信号中的各频谱分量组成了一个频带。这种射频信号的频率范围就称为**带宽**。典型的射频信号可能是 1.8 GHz 的载波频率，其带宽约为 100 MHz。一个射频信号的带宽定义了不同的通道所能传输信号的密集程度。

对于数字信号，带宽同样指的是信号频谱中的频率范围。只不过对于数字信号而言，低频范围起始于直流分量并延伸到最高频率分量。在数字信号领域里，因为最低频率是直流，所以带宽总是对应于最高的有效正弦波频率分量值。

射频和高速数字应用之间信号带宽的这种差异，是这些应用中最重要的差异之一。

> **提示** 在设计射频产品的互连线时，重要的是要求其阻抗在一个相对较窄的带宽内受控。在设计高速数字产品的互连线时，重要的是要求其阻抗在一个很宽的带宽内受控，这通常更难做到。

如图 2.8 所示，如果只用 0 次、1 次和 3 次谐波合成时域波形，那么所得波形的带宽只达到 3 次谐波的值，即 3 GHz。设计时，这个波形的最高正弦波频率分量是 3 GHz，其他正弦波频率分量的幅度为零。

如果如图 2.9 那样增加更高次谐波用于生成波形，那么设计的带宽为 7 GHz，19 GHz 和 31 GHz。如果取出图 2.9 中上升边最短的波形，并把它变换到频域中，则其频谱就与图 2.6 所示非常相似，其中含有的谐波分量从 0 次谐波一直到 31 次谐波，超过 31 次谐波的所有分量都为零。这个波形中的最高有效正弦波频率分量就是 31 次谐波，即此波形的带宽为 31 GHz。

以理想方波的频谱为基准，每种情况下生成的波形的带宽越来越宽。波形的带宽值越大，10% ~ 90% 上升边就越短。上升边越短，与理想方波的波形就越接近。同理，若降低信号的带宽（如删除高频分量），则其上升边会变长。

例如，当信号沿 FR4 的有损传输线传播时，其时域响应就很难估算。正如我们知道的，有两种损耗的机理：导线损耗和介质损耗。如果每种损耗过程对低频分量和高频分量的衰减是一样的，则远端的信号仅仅是减小，输出的频谱模式与输入的频谱模式相同，对波形的上升边没有影响。

然而，这两种损耗对高频分量的衰减要大于对低频分量的衰减。当信号沿导线传播 4 in 长时，对低频分量的影响小得多。约从 8 GHz 开始，自此以上高频分量的功率衰减量大于

50%。图2.10中的上图是信号通过FR4板上4 in长的传输线时，测量的正弦波频率分量衰减。其中，传输线的特性阻抗为50 Ω，使用矢量网络分析仪对其进行测量。从图中可以看出，位于2 GHz以下频率分量的衰减不超过 – 1 dB，而10 GHz时的频率分量的衰减为 – 4 dB。

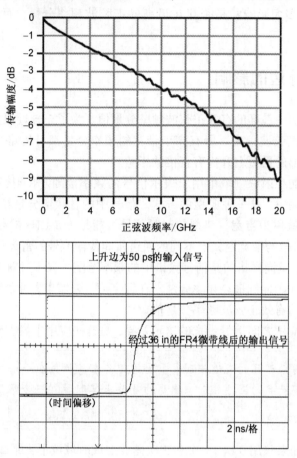

图2.10　上图：信号通过FR4板上50 Ω的4 in长的传输线时测量的衰减。可以看出，频率越高，衰减越大。下图：通过FR4板上50 Ω的36 in长的传输线时，测得的输入信号和传输信号。可以看出，上升边从50 ps退化到1.5 ns

　　这种选择性衰减使在互连中传播信号的带宽降低。图2.10中的下图为一个上升边为50 ps的信号进入FR4板上36 in长的传输线时，以及离开传输线时的波形。由于高频分量的衰减比较多，其上升边从50 ps加宽到近1.5 ns。36 in长的线条是常见的，如经过两个6 in长的插卡和24 in的背板，走线长度就是36 in。在超过1 GHz的高速链路中不能使用FR4叠层的主要制约因素就是上升边退化。

> **提示**　一般而言，时域中上升边越短的波形在频域中的带宽就越高。如果改变频谱使波形的带宽降低，那么波形的上升边就会随之变长。

　　频谱中最高的有效正弦波频率分量与时域中相应的上升边之间的相互关系是一个非常重要的特征。

2.10 上升边与带宽

在理想方波重新生成的过程中，所用带宽与其上升边之间的关系可以加以量化。在前面重新生成理想方波的示例中，每个合成波形对应的带宽是很明确的。因为每个波形都是通过加上某次谐波的正弦波频率分量而人为合成的。定义的10%~90%上升边，也可以从时域图中测量得到。

如果已知每个波形测量得到的10%~90%上升边和带宽，凭实验数据就能画出一个简单的关系。如图2.11所示，这给出了一个基本关系式，对所有信号均适用。

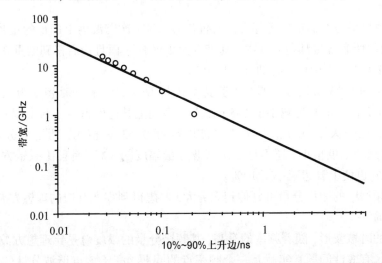

图2.11 信号带宽与10%~90%上升边之间的经验关系式，从重新生成的理想方波中测量得到（其中每次只加入一个谐波分量）。图中圆圈表示原始数据中的取值，直线表示带宽可近似为BW = 0.35/(上升边)

对于重新生成方波这一具体示例，不断添加一些高次谐波，可发现其带宽与上升边的倒数有关。我们将这些点用一条直线去拟合，可以得出带宽与上升边的关系为

$$BW = \frac{0.35}{RT} \tag{2.4}$$

其中，BW 表示带宽(单位为 GHz)，RT 表示10%~90%上升边(单位为 ns)。

例如，若信号的上升边为 1 ns，则其带宽约为 0.35 GHz 或 350 MHz。同理，若信号的带宽为 3 GHz，则上升边约为 0.1 ns。在基于双倍速率同步动态随机存储器(DDR3)的系统中，信号的上升边可能为 0.25 ns，则其带宽可能为 0.35/0.25 ns = 1.4 GHz。

对于其他波形，如高斯或指数边沿的波形，也可以用另一些方法得到这样的关系式。对于方波，采用的纯粹是实验途径，没有做任何假设。用这一实验公式表示的是一个非常有用的经验法则。

确保单位一致是非常重要的。如果上升边的单位是 μs(微秒)，那么带宽的单位就应是 MHz。例如，对于 10 μs 这样很长的上升边，带宽就是 0.35/10 μs = 0.035 MHz，即 35 kHz。

当上升边的单位为 ns 时，带宽的单位为 GHz。对于典型的 10 MHz 的时钟信号，上升边一般为 10 ns，其带宽约为 0.35/10 ns = 0.035 GHz，即 35 MHz。

2.11 "有效"的含义

信号的带宽定义为最高的有效正弦波频率分量。前面曾举过一个例子，其中以方波为出发点并限制其高频分量，这里的"**有效**"的含义是很清晰的。我们明确地把频域中更高的频率分量都去掉，所以最高有效分量就是频谱中的最高次谐波。

如果把带宽内的所有频率分量都包含在内，就可以重新生成其上升边有限的方波，这时上升边与带宽的关系为：上升边＝0.35/BW。但如果只考虑加入下一个分量，那么它的影响有多大呢？

例如，时钟频率为 1 GHz 的理想方波时钟信号，其 1 次谐波为 1 GHz 的正弦波频率，如果将 21 次谐波内的所有分量都包含在内，则带宽为 21 GHz，而且最后得到的重新生成信号的上升边为 0.35/21 GHz＝0.0167 ns，即 16.7 ps。

如果考虑再加入 23 次谐波，那么上升边会怎样改变呢？上升时将变为 0.35/23 GHz ＝ 0.0152 ns 或 15.2 ps。上升边减小了 1.5 ps，差不多是上升边的 10%，与带宽的增长幅度是一致的，因为带宽也增大了 10%。与 1 次谐波的幅度 0.63 V 相比，所增加分量的幅度只有 0.028 V。虽然这个幅度很小，还不足 1 次谐波分量幅度的 5%，而且比原始方波幅度峰值的 3% 还要小，但它也使上升边减小了 10%。

理想方波频谱中的频率分量可延伸到无穷大，要想得到零上升边的理想方波，每个分量都是必需和有效的。

对于实际的时域波形，随着频率的升高，其频谱分量的幅度总是比理想方波中相同频率的幅度下降得快。有效性问题其实就是一个频率点的问题，高于该点谐波分量的幅度比理想方波中相应频率分量的幅度要小。

所谓的"小"，通常指的是该分量的功率要小于理想方波中相应频率分量的功率的 50%，功率下降 50% 也就是幅度下降至 70%。这才是有效性的真正定义。若幅度高于理想方波中相同谐波幅度的 70% 以上，则称为有效。

> **提示**　对于上升边有限的任何波形，**有效**是指信号的谐波幅度仍然高于相同基频理想方波中相应谐波幅度 70% 时的那一点。

从另一个稍微不同的角度看，可以把**有效**定义为实际波形的谐波分量开始比 $1/f$ 下降得更快的那个频率点，该频率也称为**转折频率**。理想方波的谐波幅度下降速率近似于 $1/f$，所以实际波形的谐波幅度开始明显偏离理想方波时的频率，就是转折频率。

要估算时域波形的带宽，实际上是在问：刚刚超过理想方波中相应谐波幅度 70% 的最高频率分量是多少？当实际波形的谐波幅度已明显低于理想方波中的相应谐波幅度时，那些幅度更低的谐波对减小上升边已没有明显作用，于是这些分量就可以忽略了。

例如，在时域中，将频率为 1 GHz 的两个时钟波形进行比较：理想方波和理想梯形波，后者是上升边较长的非理想方波，如图 2.12 所示。在这个示例中，10%～90% 上升边约为 0.08 ns，是周期的 8%，这个比例在许多时钟波形中都是很常见的。

如果比较这两个波形的频率分量，那么是从哪个频率开始，理想梯形波的频谱明显不同于理想方波中的相应频谱呢？预计约从 0.35/0.08 ns≈5 GHz，即 5 次谐波以上，梯形波的更高频率分量是可忽略的。如前面所看到的,假设在理想方波的频谱中,去掉所有高于 5 次谐波的分量,就能得到一个这种上升边的非理想方波。

对照方波的频谱,再看看梯形波的实际频谱,可以看出两者的 1 次和 3 次谐波大致相同,梯形波的 5 次谐波约为方波的 70%,依然占了很大一部分。然而,梯形波的 7 次谐波只有理想方波的 30%,如图 2.12 所示。

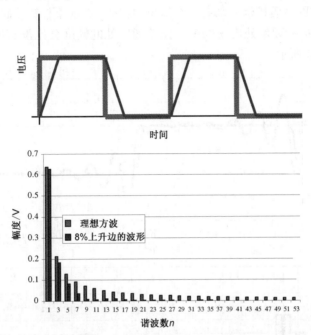

图 2.12　上图:频率为 1 GHz 的时域波形,理想方波和上升边为 0.08 ns 的理想梯形波;下图:
二者的频谱图,从图中看出,与理想方波相比,理想梯形波的较高次谐波急速下降

仅通过对梯形波谱的考察就可以得出结论:高于 5 次谐波分量(如 7 次谐波或更高)的幅值只相当于理想方波中电压总量的很小一部分。因此,它们对上升边的影响也是微乎其微的。**与理想方波相比较**,从频谱中可以看出梯形波中最高的有效正弦波频率分量为 5 次谐波,这是近似得出的。

在梯形波频谱中,还有高于 5 次谐波的频率分量,然而最大幅度仅是方波中相应谐波幅度的 30%,而且以后的谐波所占的百分比会更少。它们的幅度只是理想方波对应幅度的一个很小的比例,所以对减小上升边的影响也非常小,可以忽略不计。

任何波形的带宽总是频谱中的最高正弦波频率分量,其幅度与理想方波相应的谐波相当。使用离散傅里叶变换计算波形的频谱并与理想方波相比较,可以求得任何波形的带宽。因此,可以确定波形中小于理想方波谐波 70% 的那个频率分量,或者用前面导出的经验法则,即带宽是由 0.35/(上升边)求得的。

> **提示**　要注意带宽这个概念本身就是一个近似。它实际上是个经验法则,只是粗略地确定了实际波形中频率分量的幅度从哪一点开始比理想方波下降得更快。

如果在某个问题中,波形的带宽是 900 MHz 还是 950 MHz 非常重要,就不要使用**带宽**这个术语,而是应该看看**整个频谱图**。完整的频谱图才是对时域波形的准确表示。

2.12　实际信号的带宽

　　除了基于上升边去近似波形的带宽,其他计算基本上都不能用手工完成。任意波形的傅里叶变换只能由数值仿真加以实现。

　　接近于理想方波的高质量信号都有一个简单的特征,即如果传输线路的端接欠佳,则信号会发生振铃,频谱在振铃频率处出现峰值。振铃频率处的幅度会比没有振铃时的信号幅度高10倍以上,如图2.13所示。

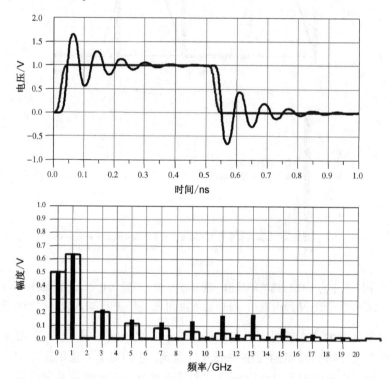

图2.13　上图:接近方波的时域波形和由于端接欠佳引起的振铃现象。下图:由
　　　　　离散傅里叶变换得出两个波形的频谱图,从图中可以看出振铃对频谱
　　　　　的影响。用宽条表示理想波形的频谱,用窄条表示振铃波形的频谱

　　有振铃时的带宽明显高于没有振铃时的带宽。当波形中出现振铃时,其带宽约等于振铃频率。但是,若仅用这个带宽去表征振铃信号,则可能会引起误导。比较好的做法是考虑整个频谱。

　　电磁干扰由电流中每个频率分量的辐射引起。最严重的辐射源是共模电流,其总辐射将随着频率而线性增加。这说明,如果电流有理想方波的特性,则尽管各次谐波的幅度都以$1/f$速率下降,但是辐射能力仍会以速率f上升,所以各次谐波对电磁干扰的影响都是相等的。为了减小电磁干扰,设计时应在所有信号中采用尽可能低的带宽。高于这个带宽时,谐波幅度就比$1/f$下降得快,对辐射的影响就会小一些。将带宽保持在最低值,辐射量就会保持在最小值。

　　电路中的振铃可能会使高频分量的幅度增大,并使其辐射的强度增大10倍。这就是为了减小电磁干扰,通常要从解决信号完整性问题入手的一个原因。

2.13　时钟频率与带宽

众所周知，带宽与信号的上升边直接有关。对于两个不同的波形，即使有相同的时钟频率，上升边和带宽也很可能不同。所以，只知道时钟的基频并不能得知带宽，图 2.14 展示了 4 种不同的波形，每个波形的时钟频率都是 1 GHz。然而，它们的上升边不同，因此带宽也不同。

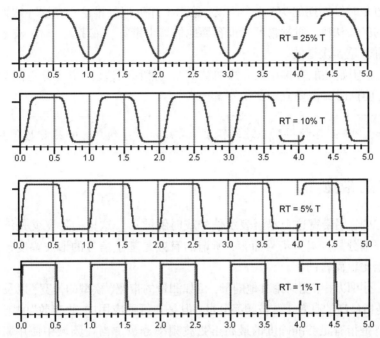

图 2.14　4 个不同的波形，每个波形都有 1 GHz 的相同时钟频率。各个信号的上升边不同，在周期中所占的比例不同，因此它们的带宽也不同

我们并非总能知道信号的上升边，但是却需要知道它的带宽。若给定一个简单的假设，就可以从信号的时钟频率估算出它的带宽。需要注意的是，不是时钟频率而是上升边决定带宽。如果只知道波形的时钟频率，无法确切知道其带宽，就只能算是猜测了。

为了通过信号的时钟频率估计它的带宽，必须做一个非常重要的假设，即首先估计出一个时钟波形典型的上升边。

在实际的时钟波形中，上升边与时钟周期有什么关系？原则上讲，两者之间的唯一约束是：上升边一定小于周期的 50%。除此之外没有任何限制，上升边可以是周期的任意百分比。当时钟频率达到器件工艺的极限，如 1 GHz 时，上升边可能是周期的 25%。在许多微处理器产品中，典型的上升边可能是周期的 10%。在高端 FPGA 驱动外部时钟频率较低的存储器总线时，上升边还可能是周期的 5%。当板级总线属于老式系统时，上升边甚至可能只有周期的 1%。

如果不知道上升边与周期的比值，则一个合理的概括是：上升边是时钟周期的 7%。这与许多微处理器板和 ASIC 驱动板级总线的情况接近。因此，可以据此估算时钟波形的带宽。

要记住，上升边是周期的 7% 的这个假设是具有挑战性的。许多系统更接近于 10%，所以我们对上升边的假设要短于那些典型的情况。这样，上升边就被估算得偏短了，带宽则被估算得偏高了，而这比带宽被估低要安全得多。

带宽近似为 0.35/（上升边），而上升边则是周期的 7%。又因为周期和频率互为倒数，所

以可以给出两者之间的关系式,即带宽是时钟频率的5倍:

$$\mathrm{BW}_{\mathrm{clock}} = 5 \times F_{\mathrm{clock}} \qquad (2.5)$$

其中,$\mathrm{BW}_{\mathrm{clock}}$表示时钟带宽的近似值(单位为 GHz),$F_{\mathrm{clock}}$表示时钟频率(单位为 GHz)。

例如,如果时钟频率是 100 MHz,信号带宽就是 500 MHz。如果时钟频率是 1 GHz,信号带宽就是5 GHz。

根据上升边是时钟周期的7%这个假设,给出上述近似的推论。在这一假设的前提下,它是一个很有用的经验法则,通过它可以很容易地估算出带宽。或者说,时钟波形中典型的最高正弦波频率分量就是 5 次谐波。

显然,还是希望始终能直接用上升边估算带宽。然而很遗憾,并不是总能知道某个波形的上升边,而且可能这时又需要立即获得答案!

> **提示**　许多时候,尽快得到合适的答案通常比以后得到更好的答案更重要。

2.14　测量的带宽

在以上论述中,用**带宽**这个术语表示信号或时钟波形。这里的带宽就是波形频谱中最高的有效正弦波频率分量。对于信号而言,所谓的**有效**是基于信号的谐波幅度与同频率理想方波的谐波幅度相比较而言的。

除此之外,还可以用**带宽**讨论其他的量,例如测量的带宽、模型的带宽,以及互连的带宽等。每种情况中都是指最高的有效正弦波频率分量,但是在每种应用中,"**有效**"的定义各不相同。

测量的带宽是指有足够准确度的最高正弦波频率分量。当在频域中使用阻抗分析仪或矢量网络分析仪进行测量时,很容易就能知道测量的带宽,这就是测量中的最高正弦波频率。

如图 2.15 所示,从 1 MHz 到 1 GHz 测量去耦电容器的阻抗,可以看出在 10 MHz 以下时,阻抗表现为理想电容器,但在 10 MHz 以上时,它就表现为理想电感器。在矢量网络分析仪的整个测量范围内(此例中达到 1 GHz),这些数据都很好、很准确。所以在这个示例中,测量的带宽为 1 GHz。测量的带宽不同于元器件本身的可用带宽。

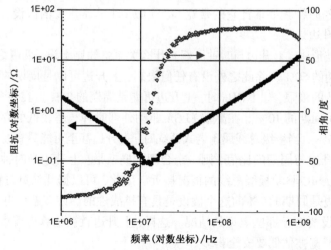

图 2.15　1206 陶瓷去耦电容器的阻抗测量,数据的测量带宽为 1 GHz

对于在时域工作的测量仪器，例如时域反射计（TDR），它的测量带宽取决于它能输出到被测元器件的信号的最快上升边。但由于高频分量总是比较小，所以这种度量就比较粗略。

常见的时域反射计产生一个快速阶跃边沿，此边沿与被测元器件相互作用时发生的变化可以加以测量。进入被测元器件的典型上升边可以是 35 ps 到 70 ps，这与使用的探针和电缆有关。在图 2.16 中，测量所得时域反射计的上升边约为 52 ps。边沿的带宽为 0.35/52 ps = 0.007 THz，即 7 GHz，这是时域反射计输出端信号的带宽，同时也是测量仪器带宽的一个很好的一阶度量。

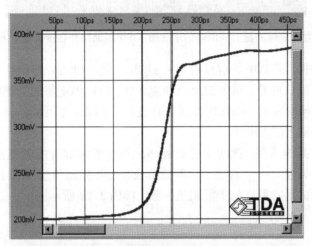

图 2.16　经过 1 m 长的末端开路的电缆，用微探头在输出端测得的时域反射计曲线。经过电缆及探针后，时域反射计上升边约为 52 ps，这样测量的带宽约为 0.35/52 ps = 7 GHz。使用 GigaTest Labs 探针台测量，并用 TDA Systems IConnect 软件记录

时域反射计的最高水平是采用校准技术，使测量的带宽可以超过信号的带宽。当某个频率分量的信噪比大于一个合理值，比如 10 时，就可以倍增测量的带宽。有些时域反射计的测量带宽能够超过信号带宽的 3 ~ 5 倍，从而使时域反射计的实际测量带宽可高达 30 GHz。

2.15　模型的带宽

> **提示**　**模型的带宽**是指模型能被准确地用于预估实际结构真实性能的最高正弦波频率分量。可以用一些诀窍确定出模型的带宽，但一般而言，只有与实际测量值相比较时，才能确保得到的模型带宽准确。

例如，表示键合线最简易的等效电路模型就是电感器。那么当带宽达到多大时，它仍是个良好的模型？获得此答案的唯一方法就是把模型的预估结果与实际测量相比较。当然，对于不同的键合线，答案也不同。

例如，假设有一条很长的键合线，如 300 mil 长，它连接了位于返回路径上方的两个焊盘。返回路径平面在其下方 10 mil 处，如图 2.17 所示。一个简单的初始电路模型由一个理想电感器和一个理想电阻器串联而成，如图 2.18 所示。直到 2 GHz 之前，采用合适的 L 和 R 参数预估出的阻抗与实际测量的阻抗非常一致，所以这个简易模型的带宽就是 2 GHz，如图 2.18 所示。

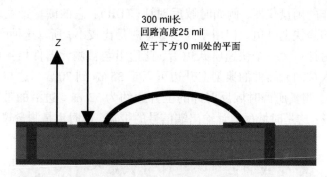

图 2.17　两焊盘之间的键合线回路的示意图,其中返回路径在键合线下方约 10 mil 处

　　对于这个物理结构,若其中的信号带宽为 2 GHz,就可以放心地用这个简易模型去预估物理结构的性能。不可思议的是,对于如此长的键合线,仅用固定值的理想电感器和理想电阻器构成的简易模型,在频率高至 2 GHz 时都能工作良好。2 GHz 很可能已超过了键合线的可用带宽,但此模型在该频率上仍很准确。

　　如果采用带宽更高的模型,就能在更高频率上预估实际键合线的阻抗。这时就要考虑焊盘电容的影响了。需要建立一个新模型,即二阶模型,并找到理想元件 R、L 和 C 的最优值,使得直到 4 GHz 时,仿真的阻抗与实际阻抗一致,如图 2.18 所示。

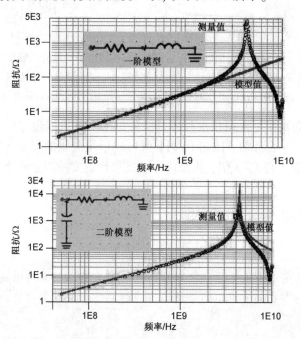

图 2.18　上图:测量的阻抗与一阶模型仿真结果的对比。直到带宽为 2 GHz 时,二者非常吻合。下图:测量的阻抗与二阶模型仿真结果的对比。直到带宽为 4 GHz 时,二者非常吻合。使用GigaTest Labs探针台测量,测量带宽为10 GHz

2.16　互连的带宽

　　互连的带宽是指能被互连传输且未造成有效损耗的最高正弦波频率分量。何谓"**有效**"?在一些应用中,若传输的信号小于入射信号的95%,就认为是太小而失效,没法用了。而在其

他情况中，传输的信号幅度小于入射信号的 10% 依然被认为是可用的。在远距离电视电缆系统中，接收端甚至可以使用仅有源端功率 1% 的信号。很明显，传输的信号为多大才算是有效这个概念，与具体应用的技术条件密切相关。实际上，互连的带宽是指互连能够传输的满足应用技术条件的最高正弦波频率分量。

> **提示**　一般而言，在实际中使用的"**有效**"指的是传输的频率分量幅度减小了 3 dB，也就是说幅度减小为入射值的 70%。这就是经常提到的互连的 3 dB 带宽。

互连的带宽既可以在时域中测量，也可以在频域中测量。一般而言，如果源阻抗与传输线的特性阻抗不相等，则会发生复杂的多次反射，这时就要认真地解释产生的结果了。

在频域中测量互连的带宽是非常直截了当的。矢量网络分析仪产生不同频率的正弦波，从互连的前端注入，然后测出远端输出正弦波的大小。它测量的基本上就是互连的传递函数，而互连就如同一个滤波器。有时这也被称为互连的**插入损耗**。如果互连的阻抗为 50 Ω，与矢量网络分析仪的阻抗相匹配，这时的解释就更简单了。

图 2.19 为正弦波通过 FR4 板上的 4 in 长的 50 Ω 传输线后测量的幅度值，这里的测量带宽为 20 GHz。互连的 3 dB 带宽约为 8 GHz，这意味着，如果输入一个 8 GHz 的正弦波，那么远端得到的信号幅度至多为原信号幅度的 70%。进一步讲，如果互连的带宽为 8 GHz，那么 1 GHz 的正弦波几乎 100% 传至互连的远端。

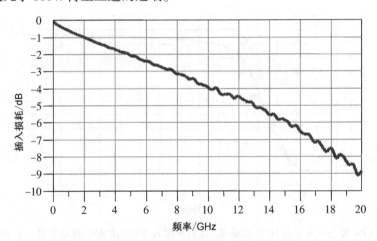

图 2.19　不同频率的正弦波信号通过 FR4 板上的 4 in 长的传输线时测量的幅度值。对于此例中的这种横截面和材料特性，3 dB 带宽约为 8 GHz。使用 GigaTest Labs 探针台测量

对于互连带宽可以近似用下述场景加以阐释：如果理想方波传输通过该互连，则低于 8 GHz 的各个正弦波分量都能被传输，传输前后的幅度大致相同；但高于 8 GHz 的分量的幅度就会变得不再有效。

一个上升边为 1 ps 的信号，在经过互连传输后，其上升边可能为 0.35/8 GHz = 0.043 ns，即 43 ps，这说明互连使上升边退化了。

> **提示**　互连的带宽是对互连所能传输信号的最短上升边的直接度量。

如果互连的带宽是 1 GHz，所能传输信号的最快边沿就是 350 ps，这就是互连的**本征**上升

边。如果一个边沿为 350 ps 的信号进入互连,那么它输出时的上升边是多少呢? 这是个很微妙的问题。输出后的上升边可近似为下式:

$$RT_{out}^2 = RT_{in}^2 + RT_{interconnect}^2 \qquad (2.6)$$

其中,RT_{out} 表示输出信号的 10% ~ 90% 上升边,RT_{in} 表示输入信号的 10% ~ 90% 上升边,$RT_{interconnect}$ 表示互连的本征 10% ~ 90% 上升边。这里假设入射频谱和互连的响应频谱都对应于高斯形状的上升边。

例如,在 4 in 长的互连中,输入上升边为 50 ps 的信号,经传输后信号的上升边则为

$$\text{sqrt}(50 \text{ ps}^2 + 43 \text{ ps}^2) = 67 \text{ ps} \qquad (2.7)$$

与入射波上升边相比,传输后波形的上升边增大了约 17 ps。

前面介绍的是在频域中的测量。图 2.20 所示为对于同一个 4 in 长的 50 Ω 互连,在时域中进行的测量。从图中可看出,与输入波形相比,输出波形从起点就有了时移,并一直延伸下去。

信号进入 PCB 走线时,波形的上升边是 50 ps,测量的输出波形 10% ~ 90% 上升边是 80 ps。需要指出,这时实测的输出波形有着有损传输线的特征,其顶部有很长的拖尾失真。如果仔细比较在幅度同为 70% 处的附加时延,则仍然约为 15 ps。这与前面预估的非常接近。

如果上升为 1 ns 的信号进入本征上升边为 0.1 ns 的互连,那么传输后的上升边约为(1 ns^2 + 0.1 ns^2)的平方根,即 1.005 ns,这基本上还是 1 ns,所以互连对上升边没有影响。然而,如果互连的本征上升边是 0.5 ns,则输出的上升边将是 1.1 ns,这时互连开始对上升边有明显的影响。

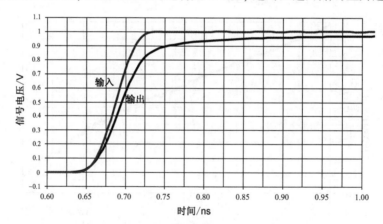

图 2.20　经过 FR4 板上 4 in 长的 50 Ω 传输线,测得的输入和传输信号。可以看出,上升边发生了退化。输入的上升边是 50 ps,由互连带宽预估的输出上升边是 67 ps。使用 GigaTest Labs 探针台测量

> **提示**　要使互连对信号上升边造成的附加量不超过 10% ,互连的本征上升边就要小于该信号上升边的 50% ,这是个简单的经验法则。

> **提示**　从频域角度讲,为了较好地传输带宽为 1 GHz 的信号,互连的带宽应至少为该信号带宽的 2 倍,即 2 GHz。

要记住,这是个经验法则,它不能用于设计签发,只能用于粗略地估计或确定一个设计目标。如果互连的带宽小于信号带宽的 2 倍,就需要分析互连对整个信号频谱的影响程度。

2.17 小结

1. 时域是真实世界，高速数字性能一般都在时域中测量。
2. 频域是个数学构造，其中拥有许多具体的特定规则。
3. 从时域转向频域去解决问题的唯一原因就是能够更快地得到答案。
4. 数字信号的上升边通常是指从终值的 10% 到 90% 的时间。
5. 正弦波是频域中唯一存在的波形。
6. 傅里叶变换是将时域波形变换成由多个正弦波频率分量组成的频谱。
7. 理想方波频谱的幅度以 $1/f$ 的速率下降。
8. 如果去掉方波中的高频率分量，上升边就会变长。
9. 与基频相同的理想方波的各个同次谐波相比，一般信号的带宽是指最高的有效正弦波频率分量。
10. 信号带宽是 0.35/(信号的上升边)，这是个很好的经验法则。
11. 只要信号的带宽减小，上升边就会变长。
12. 测量的带宽是指有良好测量准确度时的最高正弦波频率。
13. 模型的带宽是指模型的预估值与互连的真实性能能够很好地吻合时的最高正弦波频率。
14. 互连的带宽是指互连的性能依然满足技术条件要求时的最高正弦波频率。
15. 互连的 3 dB 带宽是指对信号的衰减小于 3 dB 的最高正弦波频率。

2.18 复习题

2.1 时域和频域的区别是什么？
2.2 频域的特性是什么？为什么它对于互连信号分析如此重要？
2.3 是什么理由让我们情愿离开真实的时域世界而进入频域？
2.4 具有什么特性的信号，其偶次谐波几乎为零？
2.5 什么是带宽？为什么说它只是一个近似的术语？
2.6 为了运行离散傅里叶变换，信号必须具有的最重要属性是什么？
2.7 为什么设计用于高速数字应用的互连比为射频应用设计互连更困难？
2.8 如果信号的带宽减小，那么信号中的哪些功能会改变？
2.9 如果互连中有 –10 dB 的衰减，但在频域中的衰减是平坦的，那么当信号通过互连传输时，上升边会如何表现？
2.10 当把带宽描述为最高有效频率分量时，"有效"一词意味着什么？
2.11 某些已发表的经验法则建议将信号带宽设置为 0.5/RT，到底应该是 0.35/RT 还是 0.5/RT？
2.12 测量的带宽是什么含义？
2.13 模型的带宽是什么含义？
2.14 互连的带宽是什么含义？
2.15 在测量互连带宽时，为什么源阻抗与接收阻抗都应与互连线的特性阻抗相匹配？

2.16　如果较高带宽的示波器引起的信号失真少于较低带宽的示波器引起的信号失真，那么为什么不应该只购买带宽为信号带宽 20 倍的示波器？

2.17　在高速串行链路中，–10 dB 互连带宽是指 1 次谐波衰减为 –10 dB 的频率点。在其 3 次谐波处有多大衰减？其幅度值是多大？

2.18　使用带宽低于信号带宽的模型有什么潜在危险？

2.19　如果采用矢量网络分析仪(VNA)测量互连模型的带宽，那么该仪器的带宽应该是多大？

2.20　若时钟频率为 2.5 GHz，则其周期是多大？它的 10%~90% 上升边估计为多大？

2.21　如果重复信号的周期为 500 MHz，那么前三次谐波的频率是多少？

2.22　如果一个占空比为 50% 的理想方波的峰–峰值为 1 V，那么它的 1 次谐波的峰–峰值是多少？这个结果为什么令人吃惊？

2.23　在理想方波的频谱中，1 次谐波的幅值是方波峰–峰值的 0.63 倍。什么谐波的幅值比 1 次谐波的低 3 dB？

2.24　理想方波的上升边是多少？与 1 次谐波相比，1001 次谐波的幅值是多大？如果它很小，在频谱中是否有必要包含它？

2.25　如果信号的 10%~90% 上升边是 1 ns，那么它的带宽是多大？如果其 20%~80% 上升边是 1 ns，那么这会增加还是减少信号的带宽？还是对带宽没有影响？

2.26　信号的时钟频率为 3 GHz。在不知道信号的上升边的情况下，它的带宽估计为多少？在估算时的基本假设是什么？

2.27　如果信号的上升边为 100 ps，那么应该用多大的最低带宽示波器去测量它？

2.28　如果互连的带宽是 5 GHz，那么从这一互连的输出处期望看到的最短上升边是多长？

2.29　如果时钟信号是 2.5 GHz，那么测量用的示波器的最低带宽是多大？传输用的互连的最低带宽是多大？用于仿真的互连模型的最低带宽是多大？

第3章　阻抗与电气模型

在信号完整性扮演重要角色的高速数字系统中，信号是指变化的电压或变化的电流。所有信号完整性的问题都是由模拟信号(那些变化的电压和电流)与互连电气特性之间的相互作用引起的，而影响信号的关键电气特性是互连的阻抗。

我们把**阻抗**定义为电压和电流之比，通常用大写字母 Z 表示。$Z = V/I$ 这个定义**始终**都是正确的。式中的电压、电流和互连阻抗这3个基本参量的相互作用，决定了所有的信号完整性效应。当信号沿互连传播时，它将不断地探测互连的阻抗，并做出相应的反应。

> **提示**　如果知道互连的阻抗，在产品制造前的设计阶段，就能准确地预估信号的失真程度，以及设计是否满足各种性能指标。

同理，如果知道对于性能的技术指标，并且知道对信号的要求，就能确定互连阻抗的技术规范。而如果知道几何结构和材料特性如何影响互连的阻抗，就能设计横截面、拓扑结构、材料和选择其他元件，以期满足阻抗的技术规范，并使产品的首次工作成功。

> **提示**　阻抗是描述互连的所有重要电气特性的关键术语，知道了互连的阻抗和传播时延，也就知道了它的几乎所有电气特性。

3.1　用阻抗描述信号完整性

以下4类基本信号完整性问题都可以用阻抗加以描述。

1. 任何阻抗突变都会引起电压信号的反射和失真，这会使信号质量出现问题。如果信号感受到的阻抗保持不变，就不会发生反射，信号也不会失真。衰减效应是由串联和并联阻性阻抗引起的。

2. 信号的串扰是由两条相邻信号线(当然还有它们的返回路径)之间电场和磁场的耦合引起的，信号线之间的互耦电容和互耦电感形成的阻抗决定了耦合电流和耦合电压的值。

3. 如果信号线之间的互感较高，就会产生地弹。当信号线之间的互容增加或者返回路径有损坏时，互感将显著增加。

4. 如果串联阻抗的电阻和并联导纳的电导都与频率相关，则其上升边将会被拉长。这些随着频率的升高而加大的损耗衰减，导致了上升边的拉长。

5. 电源供电轨道的塌陷实际上与电源分配网络(PDN)的阻抗有关。系统中必然流动着一定的电流量，以供给所有的芯片。当芯片的电流切换时，由于电源和地之间存在着阻抗，就会形成压降。这个压降意味着电源轨道和地轨道从标称值向下塌陷。

6. 最大的电磁干扰根源是流经外部电缆的共模电流，此电流由地平面上的电压引起。在地平面上，返回电流路径的阻抗越大，电压降即地弹就越大，由它再激起辐射电流。减少电缆电磁干扰的最常用方法是在电缆周围使用铁氧体扼流圈，这主要是为了增加共模电流所受到的阻抗，从而减少共模电流。

有许多设计规则和指南约束了互连的物理特性，例如"相邻信号线之间的间隔大于10 mil"这条设计规则可以使串扰最小化，"相邻的电源和地平面层的距离小于 5 mil"是电源和地平面分布的设计规则。

> **提示** 阻抗不仅可以用于描述与信号完整性相关的问题，而且还可以用于找到信号完整性的解决方案和设计方法。

这些规则给实际的互连确定了一个具体阻抗，而这个阻抗给信号提供了一个特定环境，由此产生所期望的性能。例如，使电源和地平面尽可能靠近放置，就能使电源分配系统的阻抗很小，于是对于给定的电源和地电流，压降也会降低，这有助于减小轨道塌陷和电磁干扰。

如果知道互连的物理设计怎样影响阻抗，就能解释它们如何与信号相互作用，以及可能会有怎样的性能。

> **提示** 阻抗是连接物理设计和电气性能的桥梁，我们的策略就是将期望的系统性能转化成需要的阻抗，并将物理设计转化成阻抗的特性。

阻抗是解决信号完整性问题方法学的核心。为了把物理系统设计成我们希望的最佳性能，就需要把所设计的物理结构转化为与之等效的电路模型。这个过程称为**建模**。

所建电路模型的阻抗决定了互连怎样影响电压和电流信号。只要建立了电路模型，就能使用电路仿真器(如SPICE)预估电压源受到互连阻抗影响后的新波形。或者，使用驱动器及互连行为模型预估信号与阻抗相互作用行为的性能。这个过程称为**仿真**。

最后，分析预估的波形以确定它们是否满足时序、失真或噪声指标，它们是否合格，或者物理设计是否需要修改。对于一个新的设计，其流程如图 3.1 所示。

建模和仿真这两个关键步骤的基础是：把物理特性转换成阻抗描述，分析阻抗对信号的影响。

如果知道电路图中每个电路元件的阻抗，并且知道如何计算组合电路元件的阻抗，**任何**模型和**任何**互连的电气特性就都能加以估算。所以，阻抗在信号完整性分析的各个方面都非常重要。

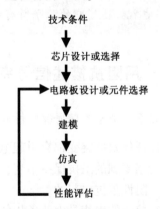

图 3.1 　硬件设计流程图。在设计周期中，应当尽早并尽多地进行建模、仿真和评估这些步骤

3.2 　阻抗的含义

在日常用语中，也会经常听到**阻抗**这个词，并且常常混淆电气定义和日常用语定义。如前所述，根据流经元件的电流和元件上的电压两者之间的关系，电气术语"**阻抗**"有非常明确的定义：$Z = V/I$。这个基本定义可用于任何两端元件，如贴片式电阻器、去耦电容器、封装中的引线，以及在 PCB 线条及其返回路径之间的连接。对于有两个引出端以上的元件，如耦合导

线或传输线的前端和后端之间，阻抗的定义也是一样的。只有考虑另外的引出端时，情况会复杂一些。

如图 3.2 所示，两端元件的阻抗定义如下：

$$Z = \frac{V}{I} \tag{3.1}$$

其中，Z 表示阻抗(单位为 Ω)，V 表示元件两端的电压(单位为 V)，I 表示流经元件的电流(单位为 A)。

例如，一个端接电阻器两端的电压是 5 V，流经的电流是 0.1 A，它的阻抗就一定是 5 V/0.1 A = 50 Ω。无论何种元件的阻抗，也不管是在时域还是在频域中，阻抗的单位都是 Ω。

> **提示**　阻抗的定义适用于所有场合，无论在时域还是在频域中，也不管是测量实际元件还是计算理想元件。

如果一直从这个最基本的定义出发，就不会出错，并能避免许多混淆。经常混淆的一点就是认为阻抗仅是电阻。我们将看到，阻值为 R 的理想电阻器电路元件的阻抗事实上就是 $Z = R$。

阻抗是一个通用术语，适用于时域和频域中的所有电路元件。电阻是**电阻器**这类理想电路元件的固有品质因数。阻抗又称为**交流(AC)电阻**，它适用于所有的电路元件，而不仅仅适用于电阻器。

一般对电阻器阻抗的直觉认识就是：对于固定的电压，阻抗越高，流过的电流越小；同理，对于同样的电压，阻抗越低，流过的电流越大。这与定义 $I = V/Z$ 是一致的，它也适用于电压和电流不是直流时的情况。

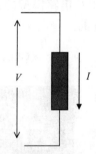

图 3.2　任何两端元件的阻抗定义，其中已给定流经元件的电流和引出线间的电压

除了适用于电阻器，阻抗的概念还适用于理想电容器、理想电感器、实际的键合线、PCB线条，甚至一对连接器引脚。

阻抗有两个极端的情况。一种是开路元件，没有电流流过。如果在元件两端加任意电压，而流过的电流是零，这个元件的阻抗就是 $Z = 1\ \text{V}/0\ \text{A} = \infty$ Ω，即开路元件的阻抗非常大；另一种是短路元件，无论流过它的电流有多大，其两端的电压都是零，所以短路元件的阻抗为 $Z = 0\ \text{V}/1\ \text{A} = 0$ Ω。

3.3　实际电路元件与理想电路元件

有两种电子元件：实际元件和理想元件。实际元件是可测的，是实际存在的事物，它们是构成现实硬件系统的互连或元件。实际元件包括板上的线条、封装中的引线，或装在板上的去耦电容器等。

理想元件是对具有特定精确定义的专用电路元件的数学描述。每个理想电路元件都具有非常特定的模型，或者说对相关行为的定义。模型是仿真器所能理解的语言。只要将理想电路元件加以组合，就可以构建出电路。

通常，仿真器只能仿真由理想电路元件描述的电路。理想元件的组合构成了模型。电路理论的形式和功能只适用于理想元件。

值得关注的是，这种对理想电路元件组合的仿真与对真实元件的测量，两者匹配得好不好。

近些年，一些仿真器已经考虑与实测相结合，基于对 S 参数的测量值去构建元件的行为模型。第 12 章将介绍这一专题。

大多数仿真器只能仿真理想元件的性能。将实际电路元件与理想电路元件区分清楚非常重要。任何实际的物理互连或无源元件的阻抗都是可测量的。对理想电路元件则无法加以测量。在计算无源互连的阻抗时，只能考虑 4 种有非常明确定义的理想无源电路元件的阻抗。人们可以计算理想电路元件的阻抗值。对于实际电路元件，除非先测得其 S 参数行为模型，否则无法计算其阻抗值。这就是一定要区分清楚实际电路元件和理想电路元件的原因。它们的区别如图 3.3 所示。

电路模型只能是实际结构的近似，但构造出的理想模型使仿真的阻抗与测量实际元件得出的阻抗非常一致。针对图 3.3 中的元件和模型，图 3.4 为实际去耦电容器的测量阻抗和基于 RLC 电路模型的仿真阻抗。可以看出，即使到了测量带宽 5 GHz 时，两者的吻合都是相当好的。

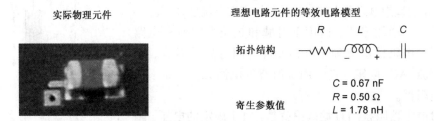

图 3.3　一个元件在两种世界里的表示。此例为电路板上的 1206
去耦电容器和由理想电路元件组合而成的等效电路模型

提示　我们的最终目的是建立由理想电路元件组成的等效电路模型，模型的阻抗与测量实际元件得出的阻抗非常接近。

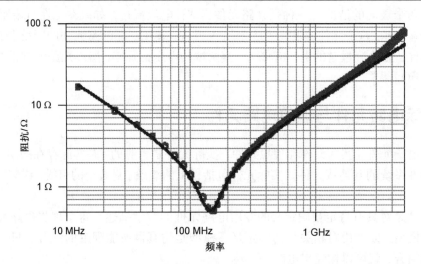

图 3.4　对标称值为 1 nF 的去耦电容器进行测量和仿真的结果对比，图中圆圈表示测得的
阻抗；细线表示仿真得到的阻抗。使用矢量网络分析仪和 GigaTest Labs 探针台测量

为了描述任何实际的互连，在建模时要用到如下 4 种理想的两端电路元件：

1. 理想电阻器；
2. 理想电容器；
3. 理想电感器；
4. 理想传输线。

前三种可归为一类，因为它们的特性可以集中到一个点上，所以把它们称为**集总电路元件**。它们与理想传输线的特性不同，后者的特性沿着传输线是"分布式的"。

这些理想的电路元件都有准确的定义，其定义描述了它们如何与电流、电压相互作用。必须记住，理想元件与实际元件，包括电阻器、电容器、电感器是不同的。一个是物理元件，一个是理想元件。

遗憾的是，在调用理想电路元件或实际电路元件时，我们选用了相同的名字。注意，理想电阻器与理想电阻器的电气模型也不一样。它们的行为可能非常相似，但并不是一回事。

为了最大限度地减少混淆，要养成一个好习惯——在引用元件前加上前缀"理想"或"实际"以示区分。这样做可以减少混淆，反复演练后就能养成区分元件类别的直觉。

例如，在理想电阻器的模型中，起初标注的是其阻值不随频率而改变。但是，如果仿真工具能够理解对模型的修正，就可以在理想电阻值模型中添加一些选项。例如，如果在模型中添加了与频率平方根成正比的阻值项，模型就变成了一个二阶的理想模型，它是对真实状况的更好逼近。

通常，在仿真器的工具箱中定义了各种可用的理想模型。不同仿真器的一个重要区别就在于此。例如，是德科技（Keysight）的高级系统设计器（ADS）就是一个先进的仿真器，拥有所有理想电路元件的非常复杂的模型。

传输线的特性刚开始很迷惑人并且不直观，但却非常重要。所以，后面我们将用一章讲解传输线和传输线的阻抗。本章中主要介绍元件 R、L 和 C 的阻抗。

> **提示**　只能测量实际元件，也只能计算和仿真理想元件。

等效的电路电气模型是对实际结构的理想化的电气描述，它是由理想元件组合成的对实际结构的一种近似。对互连阻抗建立的模型越好，就越能更准确地预估信号受互连作用的情况。

在处理有损线的高频效应时，需要创建一些新的理想电路元件，以使仿真性能与实测结果能够更贴切地匹配。令人惊讶的是，对理想电路元件有效组合后的仿真与真实互连的实测性能非常接近。

3.4　时域中理想电阻器的阻抗

4 个基本电路元件都有自己的定义，说明了它与电压和电流的相互关系。据此定义可导出各自的阻抗，但此定义并非阻抗。

理想电阻器两端的电压与流过电流的关系如下：

$$V = IR \tag{3.2}$$

其中，V 表示电阻器两端的电压，I 表示流过电阻器的电流，R 表示电阻值（单位为 Ω）。

理想电阻器两端的电压随着流过电流的增加而增加。理想电阻器的 *I-V* 特性的定义在时域和频域中都适用。这就是用于电阻器的欧姆定律。实际上,人们将一个遵从欧姆定律的元件定义为电阻器。

在时域中,运用阻抗和理想元件的定义,可以计算出一个理想电阻器的阻抗:

$$Z = \frac{V}{I} = \frac{IR}{I} = R \tag{3.3}$$

这就是说,理想电阻器的阻抗是恒定的,并且与电压和电流无关。电阻器的阻抗确实很简单。

3.5 时域中理想电容器的阻抗

在理想电容器中,两块极板之间存储的电荷和它们之间的电压差存在一定的关系。理想电容器的电容值定义如下:

$$C = \frac{Q}{V} \tag{3.4}$$

其中,*C* 表示电容(单位为 F), *V* 表示两极板之间的电压(单位为 V), *Q* 表示在极板之间存储的电荷(单位为库仑)。

电容器的电容值描述了它在一定电压下存储电荷的能力。如果电容值很大,那么在两端电压较低时也能存储大量电荷。

电容是当两个导体之间具有一定电压时,对其存储电荷**效率**的量度。一对导体可以有效地存储电荷,所谓大电容就是指当电压很低时却能存储大量的电荷。

电容器的阻抗只能由两端的电压和流过的电流求得。为了得到电压和电流的关系,需要弄清楚电流是如何流过电容器的。实际的电容器由中间填充了介质的两块导体组成。那么当两块导体之间是绝缘的介质时,电流是怎样从一块导体流到另一块导体的呢? 这是一个基本的问题,它在信号完整性应用中会一再出现。

实际上,电流并不是真正地流过电容器,只是在电容器两端的电压改变时看似有电流。设想增加电容器两端的电压,也就是说,上极板上增加了一些正电荷,同时下极板上增加了一些负电荷。而下极板上增加负电荷等同于推出一些正电荷,这就好像是把正电荷加到上极板,然后再把正电荷从下极板推出,如图 3.5 所示。当电容器两端之间的电压改变时,电容器的行为就像是有电流流过。

麦克斯韦(Maxwell)现在被称为"电磁学之父"。他意识到,如果只考虑传导电流,通过电容器的电流**连续性**就会遭到破坏。假设有一个传导电流流入和流出电容器,但是由于电容器两极板之间电介质的绝缘特性,根本不会有传导电流流过电容器的内部。必须有一种新形式的电流,才能保持电流连续通过两板之间的绝缘空间。

麦克斯韦把这段补缺用的电流设想成由于两板之间电介质**极化**的变化所引起的**束缚**电荷位移所致。随着板上电压的变化,电场发生变化,电容器内的材料变得更加极化。外加的电场导致了材料中

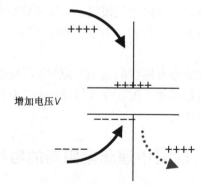

图 3.5 加大电容器两端的电压,使一个导体上的正电荷增加,而另一个导体上的负电荷增加。一个导体上增加负电荷相当于从其上取出正电荷。这看起来就像正电荷从一端进入,而从另一端流出

束缚电荷的**位移**。他将这种在极化电介质中由束缚电荷位移所形成的电流，称为**位移**电流。

这里的位移电流指的是，当电场发生改变而引起束缚电荷极化增大或减小时，出现的电荷移动。

虽然这种模型对于在两导体空间中存在可极化的电介质时是有意义的，但是对于板间间隙由真空充满的自由空间呢？麦克斯韦认为自由空间也存在一些极化，在 19 世纪 80 年代中期，他设想其中充满了**以太**。位移电流则是由以太束缚电荷发生的位移。

当然，今天我们没有证据支持以太的存在。如果没有束缚电荷发生"位移"，那么位移电流是指什么？这里不再将位移电流描述为束缚电荷的位移，而是将位移电流看成赋予电场的一个新属性——变化的电场就具有等效的电流属性，我们今天仍将其称为位移电流。

麦克斯韦方程组的基石就是认为在时空结构中变化的电场具有电流的属性。为了将该电流与自由电荷的传导电流或材料的极化变化加以区分，我们将这种由电场变化引起的电流称为**位移电流**。它与传导电流一样真实存在，只是源于不同的电场特性而已。

对式(3.4)中的 Q 求导，得到电容器的 I-V 特性新定义：

$$I = \frac{\mathrm{d}Q}{\mathrm{d}t} = C \frac{\mathrm{d}V}{\mathrm{d}t} \tag{3.5}$$

其中，I 表示流过电容器的电流，Q 表示电容器的一个极板上的电荷量，C 表示电容器的电容值，V 表示电容器两端的电压。

从上面的关系式可以看出，只有电容器两端的电压改变时才有电流流过。如果电压固定不变，就没有电流流过电容器。我们知道，当电阻器两端的电压增大为原来的两倍时，流过它的电流也增大为原来的两倍。然而，对于电容器而言，只有当电压的变化率增大为原来的两倍时，流过它的电流才会增大为原来的两倍。

这个定义和我们的直觉是一致的。如果电容器两端的电压变化很快，流过的电流就会很大。如果电压几乎不变，流过的电流也就接近于零。利用这个关系，可以在时域中计算出理想电容器的阻抗：

$$Z = \frac{V}{I} = \frac{V}{C \frac{\mathrm{d}V}{\mathrm{d}t}} \tag{3.6}$$

其中，V 表示电容器两端的电压，C 表示电容器的电容值，I 表示流过电容器的电流。

这是一个较复杂的表达式，它表明电容器的阻抗与它两端电压波形的确切形状有关。如果电压波形的斜率很大(即电压变化很快)，则流过的电流就很大，而且电容器的阻抗会很小。同样也表明，在电压信号的变化率相同时，电容器的电容值越大，它的阻抗就越小。

然而，电容器阻抗的精确值比较复杂。除了知道它与电压波形的形状有关，很难掌握和运用。所以在时域中使用电容器的阻抗并不容易。

3.6　时域中理想电感器的阻抗

对理想电感器行为的定义如下：

$$V = L \frac{\mathrm{d}I}{\mathrm{d}t} \tag{3.7}$$

其中，V 表示电感器两端的电压，L 表示电感器的电感值，I 表示流过电感器的电流。

上式表明，电感器两端的电压与流过电流的变化快慢有关。而流过电感器的电流的变化取决于它两端的电压差。这里,哪一个是原因?哪一个是响应?答案取决于哪一个是驱动源。

如果电流是个常数,那么电感器两端的电压就是零。同理,如果流过的电流迅速地变化,那么电感器两端的压降就很大。电感值是一个比例常数,它反映了电流变化时产生电压的敏感程度。所以,大电感意味着电流的小变化也能产生一个大电压。

电感器两端产生电压的方向很容易被弄错。如果电流变化的方向反转,则感应电压的极性也会反转。记住电压极性的一个简易方法就是将其基于电阻器的压降来记忆。

在电阻元件中,直流电流**总是**从元件的正极流向负极。电流流入的一端是正极,另一端是负极。同理,对于电感器而言,流进的电流持续增加的那一端是感应电压的正极,另一端是负极,如图 3.6 所示。

利用这个基本定义,可以计算出电感器的阻抗,即电感器两端的电压与流经电感器的电流之比:

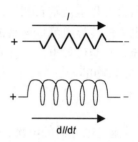

$$Z = \frac{V}{I} = L\frac{\frac{\mathrm{d}I}{\mathrm{d}t}}{I} \qquad (3.8)$$

其中,V 表示电感器两端的电压,L 表示电感器的电感,I 表示流过电感器的电流。

图 3.6　对于变化的电流,电感器两端的压降方向和直流电流流过电阻器时电阻器两端的压降方向是相同的

在时域中,电感器的阻抗虽然很好定义,但却难以使用。很容易看出电感器阻抗的一般规律:如果流过电感器的电流迅速地增加,阻抗就很大,也就是当电流突然变化时阻抗非常大;如果流过的电流只有很微弱的变化,电感器的阻抗就非常小。对于直流电流来说,电感器的阻抗近似为零。然而,除了这些简单的一般规律,电感器的实际阻抗与电流的确切波形有极其密切的关系。

> **提示**　在时域中,电感器和电容器的阻抗都不是简单的函数,而且在时域中用阻抗描述这些基本理想电路元件是一种非常复杂的方法。但它并不是错误的,仅是复杂而已。

对于这类重要场合,转换到频域中去分析问题会简单得多。

3.7　频域中的阻抗

频域的重要特征就是正弦波是其中唯一存在的波形。在频域中,只能通过研究理想电路元件怎样与正弦波(即包括正弦电压和正弦电流)相互作用,进而描述这些理想电路元件的行为。正弦波有且仅有 3 个特征:每个波形相应的频率、幅度和相位。

相位一般用弧度描述,而不用圆周和角度描述。一个圆周是 2π 弧度,所以 1 弧度(rad)约为 57°。以弧度每秒(rad/s)为单位的频率称为**角频率**,用希腊字母 ω 来表示。角频率 ω 和频率 f 的关系为

$$\omega = 2\pi f \qquad (3.9)$$

其中,ω 表示角频率(单位为 rad/s),f 表示频率(单位为 Hz)。

可以在电路元件两端加上正弦电压,然后观察流经这个电路元件的电流。这时仍采用阻抗的基本定义(即电压和电流之比),所不同的是采用了两个正弦波之比,即电压正弦波和电流正弦波之比。

必须清楚所有基本电路元件和互连都是线性元件。例如，若把 1 MHz 频率的正弦电压加到一种理想电路元件的两端，则电流波形中存在的唯一正弦频率分量也是 1 MHz 正弦波。电流正弦波的幅度是几安培，而且相对于电压波形可能会有一些相移，但它和电压有完全相同的频率，如图 3.7 所示。

> **提示**　计算两个正弦波的比值时，需要计算两波形的幅度之比和两者之间的相移。

采用正弦电压和正弦电流相比说明了什么呢？两个正弦波的比值不是正弦波，而是包含了每个频率点上的幅度比值和相移信息的数据。这个比值的幅值是两个正弦波幅度之比：

$$|Z| = \frac{|V|}{|I|} \tag{3.10}$$

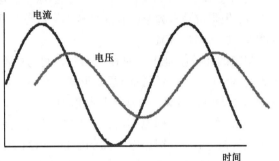

图 3.7　理想电路元件两端的电压和流经的电流之间有完全相同的频率，但是幅度不同，并且有些相移

电压幅度和电流幅度之比称为**阻抗的幅值**（单位为 Ω）。阻抗的相位就是两波形之间的相移，单位是度或弧度。在频域中，电路元件或电路元件组合的阻抗可以表示成：20 MHz 频率时，阻抗的幅值是 15 Ω，相位是 25°。也就是说，阻抗是 15 Ω，电压比电流超前 25°。

任何电路元件的阻抗由两个数组成：在每个频率点上的幅值和相位。阻抗的幅值和相位都与频率有关，它们都可能随频率的变化而变化。所以，在描述阻抗时，需要指出它是在哪个频率下的阻抗。

在频域中，阻抗也可以用复数来表示。例如，电路的阻抗可以表示成实部和虚部的形式。使用功能强大的复数形式，大大简化了较大电路中的阻抗计算。与前面的形式相比，复数形式中包含同样的阻抗幅值和相位信息。虽然描述阻抗的方式不同，但却是等价的。

在频域中仅需处理正弦电压和正弦电流。运用这个新观点，可以从另一角度来分析阻抗。

如果施加正弦电流使之流过电阻器，在电阻器两端就会得到一个正弦电压，它是 R 和正弦电流的乘积：

$$V = I_0 \sin(\omega t) R \tag{3.11}$$

正弦电流可以用正弦或余弦形式来表示，也可以用复指数形式表示。

若采用电压与电流的比值表示电阻器的阻抗，则会发现阻抗就是电阻值：

$$Z = \frac{V}{I} = \frac{I_0 \sin(\omega t) R}{I_0 \sin(\omega t)} = R \tag{3.12}$$

这个阻抗与频率无关，且相移为零。在任何频率上，理想电阻器的阻抗都是相等的。这和在时域中看到的结果完全一致。

在频域中分析理想电容器时，在电容器两端加上一个正弦电压，流经电容器的电流是电压的导数，即为余弦波：

$$I = C \frac{\mathrm{d}}{\mathrm{d}t} V_0 \sin(\omega t) = C\omega V_0 \cos(\omega t) \tag{3.13}$$

从上式可以看出，即使电压幅度不变，电流的幅度也会随着频率的升高而增加。频率越高，流经电容器的电流幅度就越大，这表明电容器的阻抗会随着频率的升高而减小。电容器的阻抗可由下式计算得到：

$$Z = \frac{V}{I} = \frac{V_0 \sin(\omega t)}{C\omega V_0 \cos(\omega t)} = \frac{1}{\omega C} \cdot \frac{\sin(\omega t)}{\cos(\omega t)} \qquad (3.14)$$

这个地方令人疑惑。这个比值用复数很容易描述，但是从正弦波、余弦波中也可以得出许多感悟。电容器阻抗的幅值就是 $1/\omega C$，它包含了所有重要信息。

当角频率增加时，电容器的阻抗就会减小。这就是说，虽然电容器的电容是个不随频率变化的常数，但阻抗随着频率的升高会减小。这是合理的，因为随着频率的升高，流经电容器的电流会增大，从而阻抗就减小了。

阻抗的相位就是正弦波和余弦波之间的相移，即 $-90°$。用复数形式描述，$-90°$ 相移就表示为复数 $-i$，电容器阻抗的复数形式就是 $-i/\omega C$。在下面的大部分讨论中，相位的意义不大，反而增加了很多麻烦，通常将其忽略掉。

10 nF 的实际去耦电容器，在 1 kHz 频率时的阻抗是多少呢？首先，假定这个电容器是理想的电容器。10 nF 理想电容器的阻抗是 $1/(2\pi \times 1 \text{ kHz} \times 10 \text{ nF}) = 1/(6 \times 10^3 \times 10 \times 10^{-9}) = 1/60 \approx 0.016 \text{ M}\Omega = 16 \text{ k}\Omega$。当然，频率越低，阻抗就越大。例如，在 1 Hz 时，它的阻抗约为 16 MΩ。

下面对电感器进行相同的频域分析。如果正弦电流流经电感器，则产生的电压为

$$V = L\frac{\mathrm{d}}{\mathrm{d}t}I_0 \sin(\omega t) = L\omega I_0 \cos(\omega t) \qquad (3.15)$$

上式表明，当电流的幅度固定不变时，频率越高，电感器两端的电压就越大。也就是说，频率升高时需要更高的电压，才能使相同幅度的电流流经电感器。可见，电感器的阻抗随着频率的升高而增大。

运用阻抗的基本定义，可推导出电感器的阻抗在频域中的表达式为

$$Z = \frac{V}{I} = \frac{L\omega I_0 \cos(\omega t)}{I_0 \sin(\omega t)} = \omega L\frac{\cos(\omega t)}{\sin(\omega t)} \qquad (3.16)$$

尽管电感值是个不随频率变化的常数，阻抗的幅值 ωL 却随着频率的升高而增大。所以频率越高，交流电流要流经电感器就越困难，这是电感器特性所产生的结果。

电感器阻抗的相位就是电压和电流之间的相移，即 $+90°$。$+90°$ 相移可以用复数 i 表示，所以电感器阻抗的复数形式就是 $Z = i\omega L$。

在实际的去耦电容器中，存在一个与电容器自身形状和封装相关的电感，这个固有电感粗略估计为 2 nH。很难使这个值再低了。将实际电容器中的串联电感模型化为 2 nH 的理想电感器，那么在 1 GHz 频率下，此电感的阻抗是多少呢？

其阻抗为 $Z = 2\pi \times 1 \text{ GHz} \times 2 \text{ nH} = 12 \text{ }\Omega$。当它与电源和地分布相串联时，我们希望阻抗尽可能小，如低于 0.1 Ω，所以 12 Ω 实在太大了。将这个阻抗和实际去耦电容器的理想电容器元件阻抗相比又会怎样呢？在上一个问题中，理想电容器元件在 1 GHz 频率的阻抗是 0.01 Ω。可见，理想电感器元件的阻抗比理想电容器元件的高 1000 多倍，所以电感器将对实际电容器的高频行为起主导作用。

在频域中，电容器和电感器的阻抗形式都很简单，并且很容易描述。这是频域的优点之一，也是经常需要转换到频域寻求帮助并求解问题的原因。

　　理想电阻器的电阻、理想电容器的电容和理想电感器的电感，都是不随频率变化的常数。对于理想电阻器，阻抗也是不随频率变化的常数。然而，对于电容器而言，阻抗随着频率的升高而减小，而电感器的阻抗随着频率的升高而增大。

> **提示**　必须清楚，即使理想电容器的电容值和理想电感器的电感值是绝对不随频率变化的常数，它们的阻抗也会随着频率的变化而变化。

3.8　等效电路模型

　　实际互连的阻抗行为可以通过对理想元件的组合得到非常好的近似。理想电路元件的组合称为**等效电气电路模型**，或简称为**模型**，电路模型图通常称为**原理图**。

　　等效的电路模型有两个特征：一是给出电路元件怎样连接在一起(称为**拓扑结构**)；二是确定每个电路元件的值(称为**参数值**或**寄生值**)。

　　芯片设计者喜欢将他们设计的驱动器看成无瑕的纯净波形，而把互连看成**寄生效应**，认为互连只会弄糟他们那极好的波形。对于他们来说，确定互连参数值的过程称为**寄生参数提取**(这个词已得到广泛使用)。

> **提示**　要记住，我们所画的电路元件都是理想的电路元件，只能用理想电路元件的组合去逼近真实互连的实际性能。

　　使用理想的等效电路模型预估实际互连的阻抗行为时，只在一定的限制下才是可信的。通过测量互连的实际阻抗，并把它与基于理想电路模型仿真的预估值相比较，才能真正了解这种限制。

　　对于每个模型，经常会提出两个重要的问题：它的优质度和带宽是多少？带宽是指按模型预估阻抗与真正实测阻抗非常吻合时的最高正弦波频率。为了使电路模型的预估值和实际测量的性能更接近，模型就会更复杂，这是一般规律。

> **提示**　通常从建立尽可能简单的模型开始，再逐渐增加它的复杂度，这是个很好的习惯。

　　例如前面图 3.3 所示的例子，从实际去耦电容器的一个焊盘开始，经过一个过孔到电容器下面的返回平面，然后再回到电容器的另一端，这样就能测出它的阻抗。我们希望这个实际元件能用一个理想电容器加以模拟。那么，究竟在多高频率时，它的行为仍与理想电容器相像呢？图 3.8 为从 10 MHz 到 5 GHz，测量这个实际元件得出的阻抗，与之相比较的是理想电容器的预估阻抗。

　　从图中可以很明显地看出，低频时的简单模型效果非常好，即一个 0.67 nF 的理想电容器就是个相当好的模型。然而，它只在 70 MHz 以下才能给出很好的吻合，所以它的带宽就是 70 MHz。

　　如果再多一些投入，则还能建立带宽更高的、更准确的电路模型。对于实际电容器而言，更准确的模型就是理想电容器、电感器和电阻器的串联。正如在图 3.8 中看到的，如果选择最优的参数值，则一直到测量带宽 5 GHz，这个模型的预估阻抗和实际元件的测量阻抗都会极其吻合。

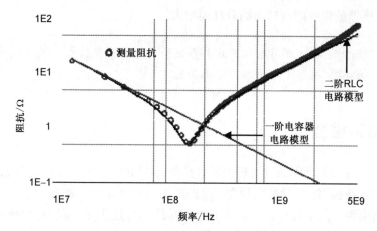

图 3.8　实际去耦电容器的测量阻抗与一阶模型、二阶模型的预估阻抗相比较，其中一阶模型为单个电容器元件，二阶模型使用RLC电路模型。使用GigaTest Labs探针台测量

　　通常把建立的最简单模型称为**一阶模型**，它作为起始的第一步。复杂度增加的模型与实际元件更加吻合，我们把以后相继建立的模型称为**二阶模型**、**三阶模型**等。

　　在应用带宽低于 5 GHz 的系统中，使用实际电容器的二阶模型就能很准确地预估这个电容器的所有重要电气特性。

　　提示　很明显，实际元件的复杂性能可以用理想电路元件的组合在很高的带宽以内准确地加以逼近。

3.9　电路理论和 SPICE

　　用一套严格定义又相对直接的公式描述理想电路元件组合的阻抗，这就是**电路理论**。其中，一个比较重要的规则就是两个或多个元件串联时的组合阻抗等于各个元件的阻抗之和。在频域中，阻抗是复数之间的相加，所以必须按照复数域的代数学去做，这使得组合阻抗的计算变得有些复杂。

　　如前所述，我们可以手工计算单个电路元件的阻抗。然而，对于这些电路元件的组合而言，计算就变得比较复杂。例如，用于逼近实际电容器的 RLC 串联电路模型的阻抗为

$$Z(\omega) = R + i\left(\omega L - \frac{1}{\omega C}\right) \tag{3.17}$$

　　利用上述解析表达式，对于任意选定的 R, L 和 C 的值，可以画出 RLC 电路的"阻抗-频率"曲线。当各个元件的值变化时，此表达式可以方便地用于制作电子表格。若电路模型中包含了 5 个或 10 个元件，那么虽然最终的阻抗仍能通过手工计算得到，但这将是非常复杂且乏味的工作。

　　SPICE 是使用最普遍的一种工具，它在计算和绘制任意电路的阻抗方面近乎是万能的。此工具非常常见，且操作简单，几乎每个电路工程师都在使用它。

SPICE 是侧重于**集成电路仿真程序**（Simulation Program with Integrated Circuit Emphasis）的简写，是在 20 世纪 70 年代早期由美国加州大学伯克利分校开发的。它基于制造尺寸预估晶体管的行为，实际上就是一个电路仿真器。对于各种电压和电流波形，只要是用 R，L，C 和 T（传输线）元件画出的电路，就能用 SPICE 仿真。在过去的 50 年中，SPICE 不停地改进并且趋于多样化，到现在已有 30 多个版本，每个版本都增加一些新的特点和功能。有一些免费版或 100 美元以下的学生版可从网络下载。其中一些免费版的功能是有限的，但对于学习电路而言，仍然是一种很好的工具。

QUCS 是个强大、易用、开源又免费的 SPICE 工具，是非常通用的电路仿真器，可从网站 www. QUCS. org 获取。SPICE 的另一个版本可以从 Linear Technologies 公司获得，其名称为 LTSpice。每个工程师的台面上都应该装有其中一个工具。

在 SPICE 中只能使用理想的电路元器件，而且每个电路元器件都有严格定义的精确行为。其中有 3 种基本元器件：有源器件、无源元件和非线性器件。

有源器件包括信号源（电流和电压波形）、实际晶体管模型或门模型。无源元件指的是 R，L，C 和 T 元件。非线性器件都是半导体器件，例如二极管和晶体管级模型。

各种 SPICE 之间的差异之一就是它们所提供的理想电路元件不同，但是 SPICE 的所有版本都至少提供 R，L，C 和 T 元件。

无论是在时域还是在频域中仿真，SPICE 仿真器都能预估出电路中任意一点处的电压和电流，其中时域仿真称为**瞬态仿真**，频域仿真称为**交流仿真**。SPICE 的某些版本，如 QUCS，也可以进行 S 参数仿真。总之，SPICE 是个非常强大的工具。

例如，驱动器与相距很近的两个接收器相连，可以用简单的电压源和 RLC 电路加以模拟，其中 R 是驱动器的阻抗，典型值约为 10 Ω；C 是互连线条的电容和两个接收器的输入电容，典型值合计为 5 pF；L 是封装引线和互连线条的总回路电感，典型值约为 7 nH。图 3.9 是在 SPICE 中建立的这个电路及生成的时域波形。从图中可以看出，实际电路中可能会发生振铃现象。

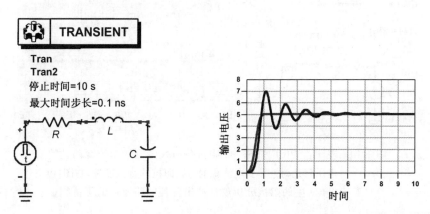

图 3.9　采用的是 ADS（Keysight 的 Advanced Design System，SPICE 的一个版本），图中给出所建立的简单等效电路模型，描述了一个驱动器接有两个接收器及封装互连。图中还给出了内部电压和接收器输入端电压的仿真结果波形。上升边是 0.5 ns，芯片引线、互连的电感及输入门电容是振铃现象的主要原因

> **提示** 如果能够画出电路原理图, SPICE 就可以仿真电压和电路波形。对于一般的电气工程分析而言, 这是 SPICE 真正的用武之处。

在频域中, 可以用 SPICE 计算并绘制出任何电路的阻抗。通常 SPICE 仅描绘出任意连接点处的电压和电流波形, 但我们可以用一种技巧把它转换成阻抗。

在 SPICE 的工具箱中, 用于交流仿真的电路器件之一是恒流正弦波电流源。这个电流源可以输出幅度恒定的正弦电流, 其频率是预先设置的。当进行交流分析时, SPICE 内部引擎产生正弦波电流源, 在起始频率值到终止频率值之间设置许多步进的中间频率点。

通过输出一个具有恒定幅度的正弦波, 就能产生恒定的电流幅度。电压波幅度是自动调整的, 以便生成指定幅度的恒定电流。

为了在 SPICE 中实现阻抗分析仪, 我们设置电流源的幅度恒等于 1 A。无论何种电路元件连接到这个电流源上, SPICE 都会自动调整电压幅度, 以产生幅度为 1 A 的电流流过电路。如果恒流源所连接的电路阻抗为 $Z(\omega)$, 为了保持电流幅度恒定, 所施加的电压就必须进行调整。

由于恒流源的电流幅度为 1 A, 所以加到电路上的电压就是 $V(\omega) = Z(\omega) \times 1$ A。电流源两端的电压(单位为 V)在数值上等于所连接的电路阻抗(单位为 Ω)。

例如, 如果在末端连接一个 1 Ω 的电阻器, 为了保持 1 A 的恒定电流, 产生的电压就一定是 $V = 1 \ \Omega \times 1$ A $= 1$ V。如果连接一个电容值为 C 的电容器, 则任意频率的电压幅度为 $V = 1/\omega C$。这个电路有效地模拟出阻抗分析仪的功能。绘制的电压–频率曲线就是任何电路阻抗幅值随频率变化的度量, 电压的相位也是阻抗相位的度量。

用 SPICE 画阻抗图时, 需要构造一个幅度为 1 A 的交流恒流源, 并把被测电路连接到电源两端, 所以测量电流源两端的电压就是对这个电路阻抗的直接测量。图 3.10 给出了一个简单电路的示例, 我们在阻抗分析仪上连接几个不同的电路元件, 并画出它们的阻抗图。

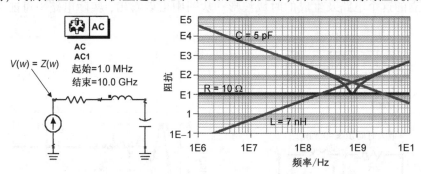

图 3.10　左图: SPICE 中的一个阻抗分析仪。测量恒流源两端的
电压就是对连接到电流源的电路阻抗的直接度量。右图:由
SPICE 中的阻抗分析仪计算出各种电路元件的阻抗幅值

可以用这个阻抗分析仪去画出任何电路模型的阻抗。阻抗是复数, 包含幅值信息和相位信息, 所以可以用 SPICE 分别画出。用 SPICE 中的交流仿真器也可以得到相位信息。在图 3.11 中, 用阻抗分析仪仿真 RLC 电路模型(对实际电容器的逼近)的阻抗, 并画出了较宽频率范围内的阻抗幅值和相位。

正如所预料的, 低频时阻抗的相位是 $-90°$, 呈现容性; 高频时阻抗的相位是 $+90°$, 呈现感性。

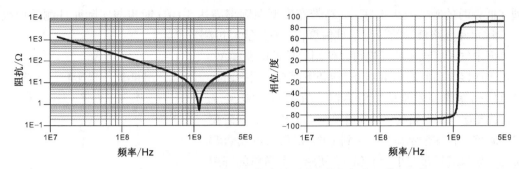

图 3.11 对理想 RLC 电路进行仿真得到的幅值和相位。其中相位
说明了RLC电路在低频时呈现容性,在高频时呈现感性

3.10 建模简介

如第 1 章所述,互连和无源元件的等效电路模型可以根据测量或计算加以创建。在任何一种情况下,最初的电路模型总是某个假定的拓扑结构。那么,怎样选取正确的拓扑结构呢?怎样知道什么样的电路图是最恰当的呢?

建立互连或其他结构模型时的策略需要遵循爱因斯坦提出的原则:"尽可能把一切事物变得最简单,而不是简单一点"。一切先从最简单的模型开始,然后再慢慢增加复杂度。

建模实际上就是在所要求的模型准确度、带宽、花费的时间和投入之间不断取得平衡。一般而言,要求的准确度越高,时间、投入和资金上的花费就越多,如图 3.12 所示。

> **提示** 在构造互连模型时,要记住:现在得到合用的答案通常比以后得到更准确的答案更有价值。这就是为什么要采纳爱因斯坦的建议(先从最简单的模型开始,然后再逐渐增加复杂度)的原因。

对于互连而言,起初把理想传输线作为它的一阶模型总是可取的。理想传输线是一个较好的高频模型和低频模型,这也就是我们专门用第 7 章讲解这个理想电路元件的原因。

然而,有时要解决的问题需要以集总电路元件的形式表征,比如封装引线的自感多大或者互连之间的电容多大。如果互连的电气结构很短或者工作频率较低,互连就能用理想的 R, L 或 C 元件加以近似逼近,其中电气长度的特性将在第 7 章中介绍。

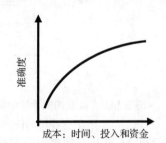

图 3.12 模型的准确度和实现此模型的投入之间的折中。一般而言,这一基本关系对大多数问题都适用

最简单的集总电路模型就是单个的 R, L 或 C 电路元件,其次就是它们之间的两两组合,然后是三者之间的组合等。决定是否要增加模型复杂度的关键因素是所要求模型的带宽。一般的趋势是:带宽越高,模型越复杂。然而,任何一个带宽很高的模型在低频时的等效效果也必须很好,否则对信号中低频分量的瞬态仿真就不准确了。

对于分立的无源元件,例如贴片式电阻器、去耦电容器和滤波电感器,图 3.13 给出了低带宽和高带宽理想电路模型的拓扑结构。在以前给出的去耦电容器示例中,单个元件的电路模型在低频时的等效效果很好，而高带宽模型在频率高达 5 GHz 时也与实际元件测量值很吻合。实际元件电路模型的带宽很难估算，一般只能经过测量得到。

　　许多电气长度很短的互连可以使用简单的电路模型。对于用于连接驱动器的 PCB 线条(线条下面有返回平面)，最简单的初始模型就是单个电容器。图 3.14 中描绘了 1 in 长的互连的测量阻抗，以及由单个电容构成的一阶模型仿真阻抗。在这个示例中，直到 1 GHz，两者的吻合都非常好。如果应用带宽小于 1 GHz，使用一个简单的理想电容器就能准确地模拟这段 1 in 长的互连。

　　也可以使用带宽更高的模型，即由电感器和电容器串联组成的二阶模型，其带宽大约可以提高到 2 GHz。

　　在第 7 章中将介绍，任何均匀互连的最好模型就是理想传输线模型。这个传输线 T 元件在低频和高频时都可以使用。图 3.15 表明，在整个测量带宽内，测量阻抗和理想 T 元件的仿真阻抗都非常一致。

　　理想的电阻器元件可以在很宽的带宽内模拟实际电阻器元件的真实行为。电阻器元件可以作为端接电阻器。电阻器元件一般有 3 种工艺：轴向引脚、贴片式(SMT)和集成无源元件(IPD)。图 3.16 描绘了每种工艺元件的测量阻抗。

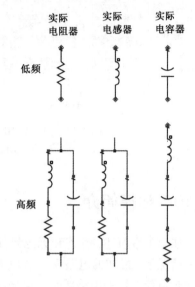

图 3.13　实际元件或互连元件最简单的初始低频及高带宽模型

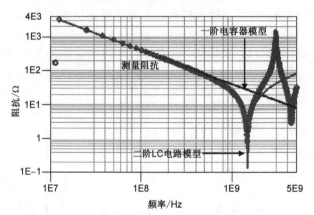

图 3.14　1 in 长的微带线的测量阻抗和一阶、二阶模型的仿真阻抗。其中，一阶模型是单个电容器元件，带宽约为 1 GHz；二阶模型为串联的 LC 电路，带宽约为 2 GHz

　　如图 3.16 所示，理想电阻器的阻抗是个不随频率变化的常数。在整个测量带宽 5 GHz 范围内，集成无源(IPD)电阻器与理想电阻器元件都是一致的。直到 2 GHz 时，贴片式(SMT)电阻器都可以用理想电阻器很好地近似，这又与装连的几何结构及电路板的叠层有关。而轴向引脚电阻器只能约在 500 MHz 带宽内用理想电阻器加以近似。一般而言，频率升高时发生的主要效应就是由于实际电阻器中存在电感特性而引起的，所以那些有更高带宽的模型就必须包含电感器元件，当然还可能要包括电容器元件。

　　画出电路模型的拓扑结构，仅仅解决了问题的一半；另一半就是通过测量或计算选取合适的参数值。从电路的拓扑结构出发，根据每个电路元件的几何结构和材料特性，可以使用经验法则、解析近似和数值仿真工具计算参数值。这些将在第 7 章中详细介绍。

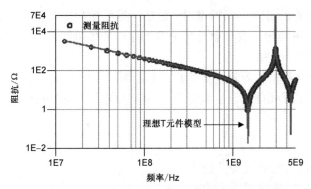

图 3.15　1 in 长的微带线的测量阻抗和理想 T 元件模型的仿真阻抗。可以看出，在整个测量带宽范围内，二者非常吻合；而且在低频时，它们也非常一致

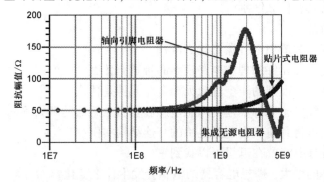

图 3.16　3 种不同电阻器的测量阻抗：轴向引脚、贴片式和集成无源电阻器。理想电阻器元件的阻抗是不随频率变化的常数；从图中可以看出，低频时，这个简单的模型与各种实际电阻器都是一致的，对于某些工艺下的电阻器，模型带宽是不够宽的

3.11　小结

1. 阻抗是描述所有信号完整性问题及找出解决方案时很有效的一个概念。
2. 阻抗描述了互连或元件中电压和电流的关系。从根本上讲，它是元件两端的电压与流经元件的电流之比。
3. 不要把构成实际硬件的真实元器件与理想电路元器件相混淆，理想电路元器件是对真实世界的近似数学描述。
4. 我们的目标就是创建能非常准确地近似实际物理互连或元件的理想电路模型。然而总是存在一定的带宽，在带宽之外，模型的描述就不再准确，有些简单的模型却可能在非常高的带宽仍可用。
5. 理想电阻器的电阻值、理想电容器的电容值和理想电感器的电感值是不随频率变化的常数。
6. 虽然阻抗的定义在时域和频域中是相同的，但是在频域中掌握并运用 C 和 L 的描述方法，则会更简单、更容易一些。
7. 理想电阻器的阻抗是不随频率变化的常数，而理想电容器的阻抗则随 $1/\omega C$ 而变化，理想电感器的阻抗随 ωL 而变化。
8. SPICE 是个非常有力的工具，它可以对时域和频域中任何电路的阻抗或电压和电流波形进行仿真。对阻抗进行处理的工程师都应该使用 SPICE 软件。

9. 当建立实际互连的等效电路模型时，总是从尽可能简单的模型开始，然后再建立复杂的模型。最简单的初始模型就是单个 R，L，C 和传输线元件。带宽很高的模型使用的是这些理想电路元件的组合。

10. 实际元件有非常简单的等效电路模型，且模型带宽达到 GHz 范围。获知模型带宽的唯一方法就是把对实际元件的测量值与采用理想电路元件模型仿真得到的阻抗相比较。

3.12　复习题

3.1　互连的最重要的电气特性是什么？

3.2　能否用阻抗描述反射噪声的起源？

3.3　如何从阻抗的角度阐述串扰的起源？

3.4　建模和仿真有什么区别？

3.5　什么是阻抗？

3.6　实际电容器和理想电容器有什么区别？

3.7　用于描述实际元件的理想电路模型的带宽有什么含义？

3.8　用于构建互连模型的 4 个理想无源电路元件是什么？

3.9　你希望由纯电感元件描述的理想电感和真实电感器的两大不同之处是什么？

3.10　举出两个可将其建模为理想电感的互连结构实例。

3.11　什么是位移电流？在哪里可以找到它？

3.12　随着频率的增大，理想电容器的电容会发生什么变化？

3.13　如果将一个开路连接到 SPICE 中的阻抗分析仪的输出端，则会仿真得到什么阻抗？

3.14　互连可启用的最简单模型是什么？

3.15　为实际电容器建模的最简单电路拓扑结构是什么？这个模型如何在更高频率时得到改善？

3.16　为实际电阻器建模的最简单电路拓扑结构是什么？这个模型如何在更高频率时得到改善？

3.17　一个实际的轴向引脚电阻器与一个简单理想电阻元件的特性相匹配的带宽可能是多大？

3.18　在哪个域评估模型的带宽最容易？

3.19　电阻值为 253 Ω 的理想电阻器在 1 kHz 和 1 MHz 时的阻抗是多大？

3.20　理想的 100 nF 电容器在 1 MHz 和 1 GHz 时的阻抗是多大？为什么真正的电容器在 1 GHz 时的阻抗不可能这么低？

3.21　芯片上电源轨道的电压可能会非常迅速地下降 50 mV。经由 1 nH 封装引脚导出的 dI/dt 应该是多少？

3.22　为了让经由封装引脚的 dI/dt 能拥有最大的值，应该用一个大引脚电感还是小引脚电感？

3.23　在一个串联 RLC 电路中，若 $R=0.12$ Ω，$C=10$ nF，$L=2$ nH，那么其最小阻抗是多大？

3.24　在复习题 3.23 的电路中，频率为 1 Hz 时的阻抗是多大？频率为 1 GHz 时呢？

3.25　如果一条理想传输线真的与实际互连的行为很匹配，那么理想传输线在低频下的阻抗是多大？是高还是低？

3.26　在 SPICE 中，阻抗分析仪的电路是什么？

第4章　电阻的物理基础

所有互连和无源元件的电气描述都基于 3 种理想的集总电路元件(电阻器、电容器和电感器)和一个分布元件(传输线)。互连的电气特性是由导体和介质的精确版图,以及与信号电场和磁场的相互作用情况确定的。

理解几何结构与电气特性的关系,就能领悟互连的物理设计如何影响信号,同时在设计中能够凭借直觉解决信号完整性问题。

> **提示**　为了得到好的信号完整性,优化系统物理设计的关键是:能够根据物理设计准确地预估出系统的电气性能,并且根据要求的电气性能又能高效地优化物理设计。

所有互连的电气特性都能用麦克斯韦方程组加以描述,这 4 个方程描述了电场和磁场是如何与边界条件(即一些几何结构中的导体和介质)相互作用的。若使用最佳的软件和足够强大的计算平台,那么只要输入电路板的精确版图和所有器件输出的初始电压,就能看到所有电场和磁场的变化。原则上理应如此,因为这里信号的传播并没有包含新的物理知识或未知因素的影响,全部是由麦克斯韦方程组加以描述的。

某些个人计算机上的软件工具可以根据麦克斯韦方程组完整地仿真一些小的问题。然而,至今还没有一种方法可以用麦克斯韦方程组直接仿真整块电路板。即使有,也只能用于系统的最终验证,以确定该电路板是否满足性能指标。求解出所有时变的电场和磁场方程,并不能让我们感悟出在下次设计中应当改进哪些部分和如何改进。

> **提示**　设计过程是充满直觉的过程,新的想法来自于想像力和创造力。这些想法不是通过数值上求解一些方程组得到的,而是通过在直觉层面上理解这些方程的意义并感受它们的某些启示而激发出来的。

4.1　将物理设计转化为电气性能

如第 3 章所述,考察互连电气性能的最简单的出发点就是它的等效电路模型。所有模型都由两部分组成:电路拓扑结构和各个电路元件的参数值。任何互连建模的最简单出发点就是使用 3 种理想集总电路元件(电阻器、电容器和电感器)和分布元件(理想传输线电路元件)的一些组合。

建模就是将物理设计中线的长、宽、厚和材料特性转化为 R, L 和 C 的电气描述形式。图 4.1 为普通 RLC 模型在特殊情况下的物理视图和电路视图。

建立了互连电路模型的拓扑结构后,下一步就是提取参数值,这个过程有时称为**寄生参数提取**,或**寄生提取**。寄生提取就是设法把几何结构和材料特性转化成理想元件 R, L, C 和 T 的等效参数值。我们将使用经验法则、解析近似和数值仿真工具完成这一步。

本章着眼于如何根据几何结构和材料特性确定电阻。第 5 章至第 7 章将讨论电容、电感和传输线的物理基础。

物理视图　　　　　　　　　　　　　　　电气视图

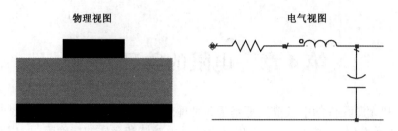

图 4.1　以微带线互连这一特殊情况为例,给出物理和电气两种不同的视图

4.2　互连电阻的最佳近似式

在任何导线的两端施加一个电压,如电路板上的铜线,就会有电流流过导线。如果把电压加倍,则电流也将加倍。实际铜线两端之间的阻抗看起来非常像理想电阻器,它在时域和频域中都是恒定的。

> **提示**　在提取互连的电阻时,实际上无形中已经假定要以理想电阻器作为互连的模型。

一旦把电路的拓扑结构建为理想电阻器元件,就可以针对互连的特定几何结构,运用三种分析技术中的一种计算参数值。模型的初始准确度取决于是否把实际几何结构转化为比较合适的标准模式,以及是否很好地使用了数值仿真工具。如果只需粗略的近似数值,就可以运用经验法则。

对于互连电阻,可以给出一个良好的解析近似式,但是这种近似只适用于均匀横截面的导线。整条导线上的直径或线宽都是相同的,如键合线、引线和电路板上的走线线条。图 4.2 示例了这种近似的几何特征。

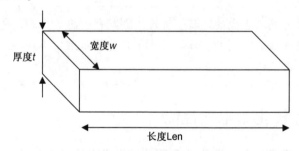

图 4.2　可用理想电阻器元件作为其模型的互连几何特征描述,
其中电阻指的是相隔距离为 len 的两个端面之间的电阻

对于导线横截面恒定的情况,电阻值可以由下式近似得出:

$$R = \rho \frac{\text{Len}}{A} \tag{4.1}$$

其中,R 表示电阻值(单位为 Ω),ρ 表示导线的体电阻率(单位为 $\Omega \cdot \text{cm}$),Len 表示互连两端的距离(单位为 cm),A 表示横截面积(单位为 cm^2)。

例如,如果键合线长为 0.2 cm,即 80 mil,直径为 0.0025 cm,即 1 mil,并由电阻率为 2.5 $\mu\Omega \cdot \text{cm}$ 的金构成,那么其电阻为

$$R = \rho \frac{\text{Len}}{A} = 2.5 \times 10^{-6} \times \frac{0.2}{(\pi/4)\,0.0025^2} = 0.1 \ \Omega \tag{4.2}$$

> **提示**　要记住这个经验法则：直径为 1 mil 且长为 80 mil 的键合线的电阻值约为 0.1 Ω。

这种解析近似说明电阻值将随导线长度的增加而线性增加，若将互连的长度加倍，则电阻值也加倍；同时它又与导线的横截面积成反比，即如果横截面增大，电阻值就会减小。这与我们所知道的水在管道中流动的现象相同，管道越宽，水流的阻力就越小；管道越长，阻力就越大。

等效理想电阻器的参数值与几何结构的尺寸和材料特性（即体电阻率）有关。如果改变导线的形状，那么等效的电阻值也会改变。如果导线的横截面是变化的，例如塑封扁平封装（PQFP）中的引线架构，就必须找出一种方法把实际横截面近似为形状恒定的横截面，否则就不能使用这一近似式。

设想间距为 25 mil 的 208 引脚的塑封扁平封装中的一条引线，其总长度是 0.5 in，但形状不定，没有恒定的横截面。它的厚度通常是 3 mil，但宽度从引出时的 10 mil 变化到外部边沿的 20 mil。应该如何估算两端的电阻值呢？这里的关键词是**估算**，如果需要准确结果，就要获得导线形状的精确外形并用三维建模工具，此工具在计算电阻时能够考虑到宽度的变化。

我们可以使用上面近似式的唯一条件就是假设导线结构的横截面是恒定的，所以必须把实际宽度变化的 PQFP 引线近似成恒定横截面的结构。一种方法就是假定导线宽度是均匀变化的，即如果它的一端宽为 10 mil，而另一端宽为 20 mil，则平均宽度就是 15 mil。所以，首先假设横截面恒定为 3 mil 厚，15 mil 宽，然后利用铜的电阻率近似式，求出引线的电阻值为

$$R = \rho \frac{Len}{A} = 1.8 \times 10^{-6}\ \Omega \cdot cm \times \frac{0.5\ in}{0.003\ in \times 0.015\ in} \times \frac{1\ in}{2.54\ cm} = 8\ m\Omega \qquad (4.3)$$

要注意其中单位的一致性，电阻值总是以 Ω 为单位的。

4.3　体电阻率

体电阻率是所有导线都具有的一个基本材料特性，其单位是 Ω·长度，例如 Ω·in 或 Ω·cm。这让人有点迷茫，或许以为体电阻率的单位就是 Ω/cm。实际上经常能看到体电阻率的单位被错误地使用。然而，不要把材料的这种内在特性与一段互连具有的**电阻值**相混淆。

因为互连电阻的单位必须是 Ω，而体电阻率×长度/(长度×长度)才等于 Ω，所以体电阻率的单位必须是 Ω·长度。

> **提示**　体电阻率是一种材料的特性，它不是由材料构成的物体的结构特性，它与物体的尺寸无关。

体电阻率是材料的固有特性，是对材料阻止电流流动的内在阻力的度量。它与我们所看到的材料尺寸无关，边长为 1 mil 的铜与边长为 1 in 的铜有相同的体电阻率。

导线越差，电阻率越高。通常，用希腊字母 ρ 来表示材料的体电阻率。另一个术语"**电导率**"描述材料的导电能力，通常用希腊字母 σ 表示。显然，材料的导电能力越强，电导率就越高。从数值上看，体电阻率和电导率互为倒数：

$$\rho = \frac{1}{\sigma} \qquad (4.4)$$

　　体电阻率的单位是 $\Omega \cdot m$，而电导率的单位是 $1/(\Omega \cdot m)$。定义 $1/\Omega$ 的单位为**西门子(℧，姆欧)**，所以电导率的单位是西门子/m。图 4.3 列出了许多互连中常用导线的体电阻率。注意，由于工艺条件的不同，大多数互连金属的体电阻率的变化范围高达 50%。例如，铜的体电阻率为 $1.8 \sim 4.5\ \mu\Omega \cdot cm$，取决于它是否经过电镀、非电方式淀积、喷涂、辊轧、冲压或退火等。材料越疏松，它的体电阻率就越高。如果需要确定导线的体电阻率准确度是否好于 10%，就应该对该导线的样品进行测量。

材料	体电阻率 $\rho(\mu\Omega \cdot cm)$
银	1.47
铜	1.58
金	2.01
铝	2.61
钼	5.3
钨	5.3
镍	6.2
银填充玻璃	~10
锡	10.1
易融铅/锡焊料	15
铅	19.3
科瓦铁镍钴合金	49
合金42	57
银填充环氧树脂	~300

图 4.3　常用互连材料的典型体电阻率值

　　有时我们把这个固有材料特性称为**体电阻率**(bulk resistivity 或 volume resistivity)。要注意将它与电阻的另外两个相关术语，即**单位长度电阻**(resistance per length)和**方块电阻**(sheet resistance)加以区别。

4.4　单位长度电阻

　　若导线的横截面是均匀的，例如引线或电路板上的线条，则互连电阻与长度成正比。使用上面的近似公式，对于横截面均匀的导线，其单位长度电阻也是恒定的，即

$$R_{\mathrm{L}} = \frac{R}{\mathrm{Len}} = \frac{\rho}{A} \tag{4.5}$$

其中，R_{L} 表示单位长度电阻，Len 表示互连长度，ρ 表示体电阻率，A 表示电流流过的横截面积。

　　例如，直径为 1 mil 的均匀横截面的键合线，横截面积 $A = \pi/4 \times 1\ \mathrm{mil}^2 = 0.8 \times 10^{-6}\ \mathrm{in}^2$。金的体电阻率约等于 $1\ \mu\Omega \cdot \mathrm{in}$，则单位长度电阻可计算为 $R_{\mathrm{L}} = 1\ \mu\Omega \cdot \mathrm{in}/0.8 \times 10^{-6}\ \mathrm{in}^2 \approx 0.8 \sim 1\ \Omega/\mathrm{in}$。

　　要记住这个重要的经验法则：键合线的单位长度电阻约为 $1\ \Omega/\mathrm{in}$。常见的键合线长度是 0.1 in，所以典型的电阻值约为 $1\ \Omega/\mathrm{in} \times 0.1\ \mathrm{in} = 0.1\ \Omega$。0.05 in 长的键合线，其阻值就是 $1\ \Omega/\mathrm{in} \times 0.05\ \mathrm{in} = 0.05\ \Omega$，即 50 mΩ。

　　导线的直径采用美国线规(AWG)设定的标准数据加以分类。图 4.4 列出了一些线规编号和对应的直径。对于铜线，可以由直径估算出单位长度电阻。例如，在许多个人计算机的机箱

中, 常见的是表示为 22AWG 的铜导线, 其直径为 25 mil, 单位长度电阻 $R_L = 1.58\ \mu\Omega \cdot cm/$ $(2.54\ cm/in)/(\pi/4 \times 25\ mil^2) = 1.2 \times 10^{-3}\ \Omega/in$, 即约为 $15 \times 10^{-3}\ \Omega/ft$ 或 15 Ω/1000 ft[1]。

AWG 编号	直径(in)	每 1000 ft 的电阻值(Ω) (假设铜的 $\rho = 1.74\ \mu\Omega \cdot cm$)
24	0.0201	25.67
22	0.0254	16.14
20	0.0320	10.15
18	0.0403	6.385
16	0.0508	4.016
14	0.0640	2.525
12	0.0808	1.588
10	0.1019	0.999

图 4.4 AWG 编号和对应的直径及单位长度电阻

4.5 方块电阻

在互连的衬底基板, 例如印制电路板、共烧陶瓷基板和薄胶膜基板上, 都制备有几个均匀的导电片层, 用以设计成不同的走线。这样, 每一层上的所有导线都有相同的厚度。如图 4.5 所示, 对于这种线条厚度相同的特殊情况, 线条的电阻如下:

$$R = \rho \frac{\text{Len}}{t \times w} = \left(\frac{\rho}{t}\right) \times \left(\frac{\text{Len}}{w}\right) \tag{4.6}$$

第一项 (ρ/t), 对于该层上厚度为 t 的所有线条而言是个常数。在同一层上的所有线条都有相同的体电阻率和相同的厚度, 所以这一项称为同一层的**方块电阻值**, 并用 R_{sq} 表示。

第二项 (Len/w) 是具体线条长与宽的比值。这是线条上所能划分的方块数, 用 n 来表示, 是个无量纲的数。所以矩形线条的电阻可写为

$$R = R_{sq} \times n \tag{4.7}$$

其中, R_{sq} 表示方块电阻值(sq 代表方块), n 表示方块数。

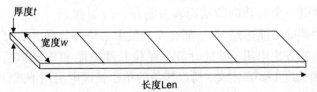

图 4.5 从导体层上截取的均匀线条可以划分成许多个方块, $n = \text{Len}/w$

有趣的是, 方块电阻的单位刚好是 Ω, 即与电阻的单位相同, 但是**方块电阻**到底指的是什么呢? 理解方块电阻的最简单方法是认为它是一个正方形导体片(即长等于宽)两端之间的电阻值。在这种情况下, $n = 1$, 正方形线条两端的电阻值就是方块电阻。

无论正方形边长是 10 mil 还是 10 in, 其相对两端之间的电阻恒定不变。如果长度加倍, 则可能以为电阻值会加倍, 然而宽度也加倍了, 所以又使电阻值减半。这两种作用相互抵消, 使得正方形的尺寸改变时, 净电阻仍保持不变。

---

① 1 ft(英尺) = 0.3048 m。——编者注

> **提示** 对于从相同的导体层中截取的正方形，其相对两端之间的电阻值是相同的，这个电阻称为方块电阻，以 Ω 度量，通常也称为每个正方形的欧姆数。

方块电阻与导体的体电阻率和导体层的厚度有关。常见的多层铜导体印制电路板中，铜的厚度用每平方英尺的铜重量加以描述。这是沿用已久的一种表示法，当时的做法是，取出一个 $1\ \text{ft}^2$ 的面板称其重量，以测定电镀层的厚度。所以 1 盎司[①]铜表示的是电路板铜层每平方英尺的铜重量为 1 盎司。1 盎司铜的厚度约为 1.4 mil 或 35 μm，所以 0.5 盎司铜的厚度就是 0.7 mil 或 17.5 μm。基于铜的厚度和体电阻率，1 盎司铜的方块电阻 $R_{sq} = 1.6 \times 10^{-6}\ \Omega \cdot \text{cm}/35 \times 10^{-4}\ \text{cm} = 0.5\ \text{m}\Omega/\text{sq}$。

如果铜的厚度减半成为 0.5 盎司铜，那么方块电阻的电阻值将是原来的两倍。0.5 盎司铜的方块电阻为 1 $\text{m}\Omega/\text{sq}$。

> **提示** 0.5 盎司铜的方块电阻是 1 $\text{m}\Omega/\text{sq}$，这是个简单的经验法则。5 mil 宽，5 in 长的线条可划分成 1000 个串联的方块，因此电阻值是 1 Ω。

方块电阻是金属层的一个重要特征。如果测出了厚度和方块电阻，就能得出所镀金属的体电阻率。方块电阻的测量是通过使用特别设计的四脚探针实现的。这四个触点通常装连到刚性支架上，使它们处在同一条直线上，并且有相同的间距。将这四个探针与被测的导体层接触放置，并连接到四点阻抗分析仪或欧姆表上。这样，当最外边的两个触点加上恒定的电流时，可以测出内侧两个触点之间的电压，从而得到电阻 $R_{meas} = V/I$。图 4.6 是探针点排列关系的示例。

只要这些探针远离边缘(即到任何一边至少为 4 倍探针间距)，测量的电阻与实际的探针间距就完全无关。方块电阻 R_{sq} 可以根据所测电阻值用下述经验公式求得：

$$R_{sq} = 4.53 \times R_{meas} \qquad (4.8)$$

图4.6 使用四脚探针(一条线上)可以测出方块电阻

值得注意的是，1 盎司铜的方块电阻为 0.5 $\text{m}\Omega/\text{sq}$，而由四点探针测得电阻的精确度只有 0.1 $\text{m}\Omega$。由于要测的是一个非常小的电阻，这就需要用一个特殊的微欧姆表去测量。假如我们希望所测方块电阻的精确度能达到 1%，那么在测量中必须能分辨出 1 $\mu\Omega$ 的电阻。

如果知道导体层的方块电阻，就能计算出单位长度电阻和该导体层中所有导线的电阻。线条通常用宽度 w 和长度 Len 来定义，所以线条的单位长度电阻用下式计算：

$$R_L = \frac{R}{\text{Len}} = R_{sq} \times \frac{1}{w} \qquad (4.9)$$

其中，R_L 表示单位长度电阻，R 表示线条电阻，R_{sq} 表示方块电阻，w 表示线条宽度，Len 表示线条长度。

图 4.7 给出不同线宽时，1 盎司和 0.5 盎司铜导线的单位长度电阻。正如所期望的，线越宽，单位长度电阻就越小。对于许多背板设计中常见的 5 mil 宽的线条，0.5 盎司铜导线的单位长度电阻是 0.2 Ω/in(1.0 盎司铜导线的单位长度电阻是 0.1 Ω/in)。这样，10 in 长的线条的电阻值就是 0.2 $\Omega/\text{in} \times 10\ \text{in} = 2\ \Omega$。

---

① 1 盎司(oz) = 28.3495 g。——编者注

目前为止，这些阻值计算的都是在直流时或至少是低频情况下的电阻，记住这一点很重要。第 6 章将谈到，由于趋肤效应的影响，线条的阻值将随着频率的升高而加大。虽然铜的体电阻率不变，但导线上的电流分布却发生了变化。高频信号分量在贴近表面的很薄的层上传播，从而使有效横截面积减小。对于 1 盎司的铜导线，电阻值从 20 MHz 的频率处开始增加，并且大致随着频率的平方根增加。这些关系又都与电感有关。

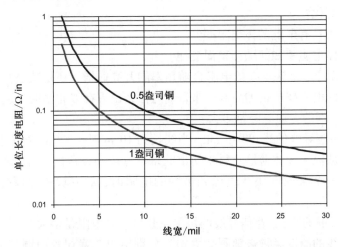

图 4.7　不同线宽时，1 盎司和 0.5 盎司铜导线的单位长度电阻

4.6　小结

1. 把物理特性转变为电气模型是优化系统电气性能的关键一步。
2. 计算互连阻值的第一步就是假定等效的电路模型是个简单的理想电阻器。
3. 对互连首尾两端电阻的最有用近似就是：$R = $ 体电阻率 × 长度 / 横截面积。
4. 体电阻率是材料的固有特性，与材料量的多少无关。
5. 如果横截面是不均匀的，则要把此结构近似为均匀的，或者使用场求解器来计算这种结构下的阻值。
6. 均匀线条的单位长度电阻是恒定的。0.5 盎司铜的 10 mil 宽的导线单位长度电阻是 0.1 Ω/in。
7. 在同一导体层上截取的正方形导体，其两边之间的电阻值相同。
8. 方块电阻是对导体层中截取的正方形导体两边之间电阻值的度量。
9. 对于 0.5 盎司的铜导线，它的方块电阻是 1 mΩ/sq。
10. 由于趋肤效应的影响，导线的电阻在高频时会增加。对于 1 盎司的铜导线，电阻从 20 MHz 处开始增加。

4.7　复习题

4.1　哪 3 个参数会影响到互连的电阻值？
4.2　虽然几乎所有的电阻问题都可以使用三维场求解器求解，但使用三维场求解器作为解决所有问题的第一步有什么缺点？

4.3　伯格丁第 9 条规则是什么？为什么总是要遵循这条规则？

4.4　体电阻率的单位是什么？为什么会有这么奇怪的单位？

4.5　电阻率和电导率有什么区别？

4.6　体电阻率和方块电阻率有什么区别？

4.7　如果互连长度增加，那么导体的体电阻率会发生什么变化？导体的方块电阻会发生什么变化？

4.8　什么金属具有最低的体电阻率？

4.9　导体的体电阻率如何随频率而变化？

4.10　一般情况下，互连走线的电阻会随频率的升高而增大还是减小？这是什么原因？

4.11　如果金的电阻率比铜的更高，那么金为什么出现在如此多的互连应用中？

4.12　1/2 盎司铜的方块电阻是多大？

4.13　1/2 盎司铜导线的线宽为 5 mil，当线长为 10 in 时，其总的直流电阻是多大？

4.14　为什么从同一导体薄层片材中切出的每个方块都具有相同的边缘到边缘电阻？

4.15　当计算一个金属方块从边缘到边缘的电阻时，对方块中电流分布的基本假设是什么？

4.16　1/2 盎司铜的 5 mil 宽信号线的每单位长度（in）电阻是多大？

4.17　表面铜线的厚度经常被镀到 2 盎司。分别给出 2 盎司表面铜和 1/2 盎司铜带状线上的 5 mil 宽线条，其每单位长度（in）电阻各是多大？

4.18　要让四点探针测量 1/2 盎司铜方块电阻的精确度为 1%，电阻的测量量级必须能达到 1 $\mu\Omega$。如果采用的电流为 100 mA，那么需要能测量多大的电压才能分清如此小的电阻？

4.19　对比如下两种情况：一种是直径为 10 mil 且长度为 100 in 的铜导线，另一种是直径为 20 mil 且长度仅为 50 in 的铜导线，请问哪一种具有较高的电阻？如果第二种导线换成由钨制成的呢？

4.20　评判每条引脚键合线的电阻值的经验法则是什么？

4.21　估算芯片贴装中所用焊球的电阻，其形状为圆柱形，直径为 0.15 mm，长为 0.15 mm，体电阻率为 15 $\mu\Omega \cdot cm$。这与引脚键合线相比如何？

4.22　铜的体电阻率为 1.6 $\mu\Omega \cdot cm$。边长为 1 cm 的铜立方体相对面之间的电阻是多大？如果它的边长是 10 cm 呢？

4.23　一般而言，小于 1 Ω 的电阻在信号路径中并不重要。如果 1/2 盎司铜的线宽为 5 mil，那么线长在什么条件下，走线的直流电阻值才开始大于 1 Ω？

4.24　过孔的钻孔直径通常为 10 mil。电镀完成后，涂上一层相当于约 0.5 盎司铜的铜层。如果过孔长度为 64 mil，那么过孔内，铜柱的电阻是多大？

4.25　有人建议过孔采用银加环氧树脂填充，其体电阻率为 300 $\mu\Omega \cdot cm$。过孔内，银加环氧树脂填充的电阻是多大？它与铜电阻相比如何？这种填充过孔有什么优势？

4.26　电路板表面的工程变更线有时采用 24AWG 导线。如果导线长为 4 in，那么导线的电阻是多大？

第5章 电容的物理基础

电容器实际上是由两个导体构成的,任何两个导体之间都有一定的电容量。

> **提示** 任意两个导体之间的电容量,本质上是对两个导体在一定电压下存储电荷能力的度量。

如图 5.1 所示,如果给两个导体分别加上正电荷和负电荷,则两个导体之间就会存在电压。这一对导体的电容量就是单个导体上存储的电荷量与导体之间电压的比值,即

$$C = \frac{Q}{V} \tag{5.1}$$

其中,C 表示电容(单位为 F),Q 表示总电荷量(单位为 C),V 表示导体之间的电压(单位为 V)。

存储电荷是以形成电压为代价的。在一定的电压下,两个导体能够存储的电荷越多,则这对导体的电容量就越大。

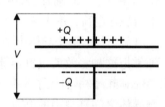

电容是对两个导体在给定电压下存储电荷效率的度量。电容值越大,就意味着导体在相同电压下能够有效地存储更多的电荷。如果构成电容器的两个导体之间的电压升高,则存储的电荷就增多,但其电容值不会改变,而且存储电荷的效率也不会改变。

图 5.1 当两个导体之间的电压给定时,电容就是对导体存储电荷能力的度量

实际上,两个导体之间的电容量取决于导体的几何结构和周围介质的材料属性,而与施加的电压完全无关。当电压加倍时,存储的总电荷量也加倍,而二者的比值保持不变。然而,两个导体之间的距离越小,或它们的重叠面积越大,它们的电容量就会越大。

电容对描述信号如何与互连相互影响起着重要的作用,而且它也是用于互连建模的 4 个基本理想电路元件之一。

如果两个导体之间没有直流路径,在它们之间就有电容,其阻抗会随着频率的升高而降低,在高频时阻抗会非常低。由于在任何两个导体之间都存在潜在的边缘电场,所以在信号完整性应用中没有"开路"之类的情况。

> **提示** 电容的微妙之处在于,即使两个导体之间没有直接的连接线(可能是两条不同的信号线),导体之间也总是有电容存在的。在某些情况下,电流可以流经电容,这就引起了串扰和其他信号完整性问题。

理解了电容的物理性质,就可以想象电流流动的潜在通路了。

5.1 电容器中的电流流动

理想电容器中,被介质材料隔离开的两个导体之间没有直流通路。因为导体之间是绝缘的介质,所以通常认为实际电容器中没有任何电流流过。那么,怎样才能使电流流过绝缘介质

呢？如前所述，只有当两个导体之间的电压变化时，才可能有电流流经电容器。

流经电容器的电流可表示为

$$I = \frac{\Delta Q}{\Delta t} = C\frac{\mathrm{d}V}{\mathrm{d}t} \tag{5.2}$$

其中，I 表示流过电容器的电流，ΔQ 表示电容器上电荷的变化量，Δt 表示电荷变化经历的时间，C 表示电容量，$\mathrm{d}V$ 表示导体之间的电压变化，$\mathrm{d}t$ 表示电压变化所经历的时间。

> **提示** 当给定导体之间的电压变化率时，电容也是对相同变化率下导体之间形成电流大小的度量。

当 $\mathrm{d}V/\mathrm{d}t$ 保持不变时，电容量越大，流过电容的电流就越大。在时域中，电容量越大，电容器的阻抗就越小。

两个导体之间的真空中怎么会有电流流过？这是一个绝缘的介质。当然，绝缘介质层不会流过实际的电流，但看起来确实是这样的。

两个导体之间的确有明显的电流流动。例如，为了增加两个导体之间的电压，就必须在一个导体上增加正电荷，并从另一个导体上取走正电荷。这看起来就像是把正电荷加到一个导体上，这些正电荷又从另一个导体出来。所以，当导体之间的电压变化时，有等效电流流过电容器。

通常把这种等效流过电容器真空中的电流称为"位移电流"，电磁学之父麦克斯韦(James Clerk Maxwell)最早引入了这一术语。他认为电压的改变，加剧了"**以太**"中电荷的分离，形成了流经导体之间真空中的电流。

按照他在 19 世纪 80 年代的观点，真空并不是空的，而是充满了传播光的称为"以太"的纤细介质。当导体之间的电压变化时，以太中的电荷就稍微被分开些，即产生电荷位移。麦克斯韦把这种电荷位移引起的运动想象成电流，并称之为位移**电流**。

传导电流是导体中自由电荷的运动。**极化电流**则与传导电流不同，它是当极化改变时，例如当材料内部的电场改变时，电介质中被束缚电荷的运动。而位移电流则是当真空中的电场变化时电流流动的特殊情况。这是时空的基本属性，在大爆炸后约 1 ns 内，其电场特性就被凝固住了。

> **提示** 当你看到导体之间的边缘电场时，可以想象一下——当电力线发生变化时，位移电流就沿着这些电力线在流动。

5.2 球面电容

两个导体之间的实际电容量与连接两个导体的电力线的多少有关。两个导体离得越近，重叠的面积越大，连接两个导体之间的电力线就越多，存储电荷的能力也就越强。

若导体的具体几何结构不同，则电容量与几何结构的关系式就不同。除了个别例外情况，计算电容量与几何结构关系的大多数公式都是近似的。一般而言，可以采用场求解器准确地计算任意导体组合中每对导体之间的电容量，如连接器中多个引脚之间的电容。我们还可以准确估算出几种特殊几何结构的电容，其中一种就是计算两个同心球面之间(一个在里，另一个在外)的电容量。

两个球面之间的电容为

$$C = 4\pi\varepsilon_0 \frac{rr_b}{r_b - r} \tag{5.3}$$

其中，C 表示电容量(单位为 pF)，ε_0 表示自由空间的介电常数(为 0.089 pF/cm 或 0.225 pF/in)，r 表示内球面半径(单位为 in 或 cm)，r_b 表示外球面半径(单位为 in 或 cm)。

当外球面半径大于内球面半径的 10 倍时，球面电容可近似表示为

$$C \approx 4\pi\varepsilon_0 r \tag{5.4}$$

其中，C 表示电容量(单位为 pF)，ε_0 表示自由空间的介电常数(为 0.089 pF/cm 或 0.225 pF/in)，r 表示内球面半径(单位为 in 或 cm)。

例如，球面半径为 0.5 in，即直径为 1 in，其电容量为 $C = 4\pi \times 0.225\ \text{pF/in} \times 0.5\ \text{in} = 1.8\ \text{pF}$。所以直径为 1 in 的球面的电容量约为 2 pF，这是个经验法则。

> **提示**　这个关系式表明，相对于某表面，包括地球表面而言，空间中任何孤立导体都有一些电容量。这个电容量并不一定很小，而是有个与直径相关的最小值。导体距附近某个表面越近，它的电容量比最小值大得越多。

例如，吊在机箱外的一小段线扎，即使只有几英寸长，它至少也有 2 pF 的杂散电容。当频率为 1 GHz 时，相对于地面或机架而言，这段线扎的阻抗约为 100 Ω。由此可以体会出，尤其在高频情况下，电容的形成及其所形成的有效潜在电流通路是多么微妙。

5.3　平行板近似式

平行板是很常见的一种近似。如图 5.2 所示的两块平板，间距为 h，总面积为 A，它们之间为空气，电容量可表示为

$$C = \varepsilon_0 \frac{A}{h} \tag{5.5}$$

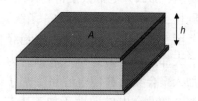

图 5.2　一对面积为 A 且间距为 h 的平行板几何结构，这是最常见的电容近似模型

其中，C 表示电容量(单位为 pF)，ε_0 表示自由空间的介电常数(为 0.089 pF/cm 或 0.225 pF/in)，A 表示平板的面积，h 表示平板间距。

例如，1 分硬币大小的一对平行板，面积约为 $1\ \text{cm}^2$，间距为 1 mm，电介质为空气，则它的电容量 $C = 0.089\ \text{pF/cm} \times 1\ \text{cm}^2 / 0.1\ \text{cm} = 0.9\ \text{pF}$，即 1 pF 电容大约相当于 1 分硬币大小平行板的电容量。

> **提示**　上述关系式表明了电容器的一个重要几何结构特征：导体间距越大，电容量就越小；导体重叠面积越大，电容量就越大。

除了几种例外情况，信号完整性中给出的关系式都是定义式或近似式。平行板就是一个近似，它假定平行板周围的边缘场可忽略不计。平行板间距越小或板面积越大，近似就越好。对于边长为 w 的正方形平行板，w/h 越大，近似就越准确。

一般而言,平行板近似有些低估了电容量。它仅仅考虑两个导体之间垂直的场线,并未包括导体两侧的边缘场。

由于板周围边缘场的影响,实际电容量大于近似值。若平行板间距等于其横向尺寸,看起来像个正立方体,那么这时两板之间的实际电容量约等于平行板近似预估电容量的两倍,这是个经验法则。也就是说,当平行板间距与板宽相当时,板周围边缘场产生的电容量与平行板近似预估的电容量相等。

5.4　介电常数

导体之间的绝缘材料会增加它们之间的电容量,引起电容增大的这一材料特性称为**相对介电常数**,通常用希腊字母 ε 加下标 r,即 ε_r 来表示。另外,也使用缩写 Dk 表示材料的介电常数。它是相对于空气介电常数(其值设为 1)的倍数。作为一个比值,它没有单位。通常都会省略"相对"这个词,简称为介电常数。

介电常数是绝缘材料的固有特性,一小块环氧树脂和一大块环氧树脂的介电常数是相同的。绝缘材料介电常数的度量方法是:比较一对导体被空气包围时的电容量 C_0 和被绝缘材料包围时的电容量 C,定义如下:

$$\varepsilon_r = \frac{C}{C_0} \tag{5.6}$$

其中,ε_r 表示材料的相对介电常数,C 表示导体被绝缘材料包围时的电容,C_0 表示导体被空气包围时的电容。

介电常数越大,导体之间的电容量的增加就越大。如果在导体周围的空间中均匀填充绝缘材料,那么介电常数使得导体之间的电容量增大,这与导体的形状(无论其形状像平行板、双圆杆,还是邻近宽平面的一条线)完全无关。

图 5.3 列出了互连中常用绝缘材料的介电常数。大部分聚合物的介电常数约为 3.5～4.5,说明加入聚合类材料使电容量增加了约 4 倍。大多数聚合物的介电常数由于加工工艺、凝固度和填充物的不同而不同,同时还会随着频率的变化而有所变化。如果需要确定介电常数的准确度是否优于 10%,就应该测量样品的介电常数。

材料的介电常数大致与偶极子数和偶极子的大小有关。材料分子的偶极子数越多,介电常数就越大,例如水的介电常数大于 80。若材料的偶极子数很少,介电常数就很小,如空气的介电常数为 1。同质固体材料中最低的介电常数约为 2,如特氟龙(Teflon)。材料中添加空气可以降低其介电常数,如泡沫的介电常数接近 1。另外一种极端情况是,有一些陶瓷材料,如钛酸钡,其介电常数高达 5000。

材　　　料	介电常数
空气	1
特氟龙	2.1
聚乙烯	2.3
BCB 材料	2.6
聚四氟乙烯	2.8
聚酰亚胺	3.4
GETEK 材料	3.6～4.2
双马来酰亚胺三嗪/玻璃	3.7～3.9
石英	3.8
杜邦卡普顿	4
FR4 玻璃纤维板	4～4.5
玻璃陶瓷	5
钻石	5.7
氧化铝	9～10
钛酸钡	5000

图 5.3　互连中常用绝缘材料的介电常数

FR4 的介电常数的具体值与环氧树脂和玻璃的相对含量有关。介电常数有时随频率而变化,例如从 1 kHz 到 10 MHz, FR4 的介电常数就从 4.8 变化到 4.4,然而从 1 GHz 到 10 GHz, FR4 的介电常数就非常稳定。为了消除不确定因素,有必要指明测量介电常数时的频率。

当介电常数严重依赖频率时,我们可以用**因果模型**描述这种频率相关行为。这些模型通常假设介电常数 Dk 随频率的对数而变化,而**耗散因子** Df 则是频率变化斜率的度量。较大的耗散因子 Df 意味着其材料损耗更大一些,它对 Dk 的频率相关性也更高一些。

当采用因果模型描述介电常数的频率相关性时,只需要在一个频率(通常为 1 GHz)处给出 Dk 和 Df 值,就可以计算其在所有其他频率时的值。

5.5　电源、地平面及去耦电容

平行板近似的一个最重要应用就是分析集成电路或多层印制电路板中电源和地平面之间的电容量。

以后会讲到,为了减小电源分配系统中的电压轨道塌陷,就要在电源和地之间有足够的去耦电容。在一定时间 δt 内,电容 C 可以阻止电源电压的下沉。

电源轨道上涉及电流消耗的指标是功耗,因为功耗等于消耗电流乘以轨道电压。如果芯片的功率损耗为 P,则电流为 $I = P/V$。由于去耦电容的作用,电压下沉幅度达到电源电压 5% 时的时间近似为

$$\delta t = C \times 0.05 \times \frac{V^2}{P} \tag{5.7}$$

其中, δt 表示电压下沉幅度达到电源电压 5% 时的时间(单位为 s), C 表示去耦电容量(单位为 F), 0.05 表示容许 5% 的电压下沉(即降幅), P 表示芯片的平均功率损耗(单位为 W), V 表示电源电压(单位为 V)。

例如,若芯片的功耗为 1 W,去耦电容为 1 nF,电源电压为 3.3 V,则电容提供的去耦时间 $\delta t = 1 \text{ nF} \times 0.05 \times 3.3^2/1 = 0.5 \text{ ns}$,这与要求的时间相比是不够的。

通常需要足够大的去耦电容,以提供至少 5 μs 的时间,直到电源稳压器能提供足够的电流。对于这个示例,实际需要的去耦电容是 1 nF 的 10 000 倍,即 10 μF 才能满足要求。

我们经常错误地认为,电路板中电源和地平面之间的电容可以提供有效的去耦。通过平行板近似,可以估算出这一平行板去耦电容的大小及芯片去耦时间的长短。

在多层电路板中,电源平面和地平面是相邻的,可以估计出这两个平面之间每平方英寸面积的电容,如下所示:

$$C = \varepsilon_0 \varepsilon_r \frac{A}{h} \tag{5.8}$$

其中, C 表示电容量(单位为 pF), ε_0 表示自由空间的介电常数(为 0.089 pF/cm 或 0.225 pF/in), ε_r 表示 FR4 的相对介电常数(典型值为 4), A 表示平面的面积, h 表示平面之间的距离。

例如,FR4 的介电常数为 4, 1 in^2 的电容 $C = 0.225 \text{ pF/in} \times 4 \times 1 \text{ in}/h \approx 1000 \text{ pF}/h$,其中 h 的单位为 mil。这是一个简单的经验法则:电路板上每平方英寸面积、厚度 h 为 1 mil 时的电容值为 1 nF,即 1000 pF。

若电源与地平面之间的电介质厚度为 10 mil(常见厚度),则它们之间的电容仅为 100 pF/in^2。

若电路板上留给专用集成电路使用的面积为 4 in^2, 则电源与地平面之间的去耦电容仅为 0.4 nF, 这比所需的 10 μF 电容量至少差 4 个数量级。

这样大的电容能够提供多久的去耦? 通过上面的公式可知 0.4 nF 的电容提供 0.2 ns 的去耦时间。这点时间的意义不是很大, 并且芯片必须通过封装引线才能接触到这个电容, 而封装引线的阻抗使这个 0.4 nF 电容几乎不起任何作用。另外, 集成在芯片内的电容通常是这个平板电容的 100 多倍。

> **提示**　一般而言, 虽然多层电路板中存在平面电容, 但它太小了, 在电源管理中起不到很明显的作用。电源与地平面的实际作用就是为芯片和去耦电容器之间提供低电感路径, 而不是直接提供去耦电容, 这将在以后说明。

如何大幅度提高电源和地平面之间的电容呢? 平行板近似式表明有两个因素影响电容量的大小: 电介质厚度和介电常数。市场化产品中, 最薄的 FR4 介质层为 2 mil, 这使得单位面积的电容量约为 1000 pF/in^2/2 = 500 pF/in^2。此例中, 若为芯片去耦用的小平面的边长为 2 in, 则总电容量为 500 pF/in^2 × 4 in^2, 即 2 nF。这时, 防止电压塌陷的时间约为 1 ns, 其作用仍不太明显。

然而, 若电介质足够薄且介电常数足够大, 则电源和地平面之间的电容就能设计得非常大。图 5.4 是介电常数分别为 1, 4, 10 和 20 时, 随着介质厚度的变化, 每平方英寸的电容量。显然, 如果目标是增加单位面积的电容量, 那么达到这个目标的方法就是使用薄介质层和高介电常数。

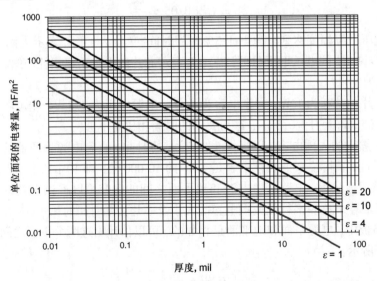

图 5.4　对于 4 种介电常数材料, 当介质厚度不同时, 电源和地平面之间的单位面积的电容量

3M 公司开发出商标为 C-Ply 的一种高介电常数且足够薄的材料, 在聚合基中加入钛酸钡粉末。这种材料的介电常数为 20, 厚度为 8 μm 或 0.33 mil。在每一面上叠覆有 0.5 盎司的铜, 则每一层的单位面积电容为 C/A = 0.225 pF/in × 20/0.33 mil ≈ 14 nF/in^2, 这比我们能得到的最好电容量要大 30 倍。

使用 C-Ply 层的电路板, 其 4 in^2 的去耦电容为 56 nF, 对于功率损耗为 1 W 的芯片, 此电容提供了 28 ns 的时间, 这是一个比较有效的时间。

5.6　单位长度电容

大多数均匀互连都有横截面固定的信号路径和返回路径。这样,信号路径与返回路径之间的电容与互连的长度成比例。如果互连长度加倍,则线条之间的总电容也加倍,所以用单位长度电容能方便地描述互连线条之间的电容。只要横截面是均匀的,单位长度电容就保持不变。

在均匀横截面的互连中,信号路径与返回路径之间的电容为

$$C = C_L \times \text{Len} \tag{5.9}$$

其中,C 表示互连的总电容,C_L 表示单位长度电容,Len 表示互连的长度。

如图 5.5 所示,对于 3 种横截面的单位长度电容,麦克斯韦方程组可以在圆柱坐标系中精确地求解。对于这些结构,可以基于横截面精确地计算每单位长度的电容。它们是检验任何场求解器的良好校准结构。此外,对于其他几何结构也还有许多其他近似值。

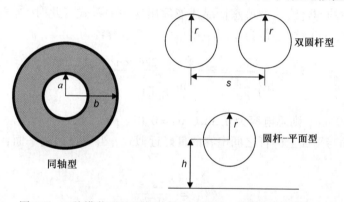

图 5.5　3 种横截面的几何结构:同轴型、双圆杆型和圆杆–
平面型。它们的单位长度电容有很好的近似计算公式

> **提示**　一般而言,若横截面是均匀的,则可以使用二维场求解器准确地计算任意形状的单位长度电容。

第一种横截面的同轴电缆是有两个同心圆柱导体并且中间填充介质材料的互连。通常把中心的内导体称为**信号路径**,而把外导体称为**返回路径**。内导体和外导体之间单位长度电容的确切表示式为

$$C_L = \frac{2\pi\varepsilon_0\varepsilon_r}{\ln\left(\dfrac{b}{a}\right)} \tag{5.10}$$

其中,C_L 表示单位长度电容,ε_0 表示自由空间的介电常数(为 0.089 pF/cm 或 0.225 pF/in),ε_r 表示绝缘材料的相对介电常数,a 表示内部信号导体半径,b 表示外部返回路径的导体半径。

以同轴电缆 RG58〔这是最常见的同轴电缆,其线两端通常连接有 Berkeley Nuclear Corporation(BNC)生产的电缆接头〕为例,它的内外层导体直径比为 3(≈ 1.62 mm/0.54 mm),中间材料是介电常数为 2.3 的聚乙烯,则单位长度电容为

$$C_L = \frac{2\pi \times 0.225 \times 2.3}{\ln(3)} = 2.9 \text{ pF/in} \tag{5.11}$$

第二种是平行双圆杆之间电容的确切关系式,如下所示:

$$C_L = \frac{\pi \varepsilon_0 \varepsilon_r}{\ln\left\{\frac{s}{2r}\left[1 + \sqrt{1 - \left(\frac{2r}{s}\right)^2}\right]\right\}} \tag{5.12}$$

其中,C_L 表示单位长度电容,ε_0 表示自由空间的介电常数(为 0.089 pF/cm 或 0.225 pF/in),ε_r 表示绝缘材料的相对介电常数,s 表示两条圆杆的中心距,r 表示圆杆的半径。

当杆间距离远大于它的半径,即 $s \gg r$ 时,这个相对复杂的关系式可近似为

$$C_L = \frac{\pi \varepsilon_0 \varepsilon_r}{\ln\left\{\frac{s}{r}\right\}} \tag{5.13}$$

这两种情况都假设两条圆杆周围的介质材料是处处均匀的,遗憾的是情况并非总是这么简单。只有空气中的键合线这类特殊情况才能适用这种关系式。此时,空气中两个平行的键合线,半径都为 0.5 mil,中心距为 5 mil,则单位长度电容约为

$$C_L = \frac{\pi \varepsilon_0 \varepsilon_r}{\ln\left\{\frac{s}{r}\right\}} = \frac{3.14 \times 0.225 \times 1}{\ln\left\{\frac{5}{0.5}\right\}} = 0.3 \text{ pF/in} \tag{5.14}$$

如果键合线长为 40 mil,则总电容为 $0.3 \times 0.04 = 0.012$ pF。

第三种是平面与平面上圆杆之间电容的良好近似式,当圆杆远离平面,即 $h \gg r$ 时,电容近似为

$$C_L = \frac{2\pi \varepsilon_0 \varepsilon_r}{\ln\left\{\frac{2h}{r}\right\}} \tag{5.15}$$

其中,C_L 表示单位长度电容,ε_0 表示自由空间的介电常数(为 0.089 pF/cm 或 0.225 pF/in),ε_r 表示绝缘材料的相对介电常数,h 表示平面表面与杆中心之间的距离,r 表示圆杆的半径。

此外,还有两种电路板常见横截面互连的有用近似式。这就是针对微带线和带状线的近似式,如图 5.6 所示。

在微带线中,信号线在介质层上面,介质层下面是平面,这是多层电路板中表面线条的常见几何结构。在带状线中,有两个平面提供返回路径。对于高频信号而言,无论两个平面之间是否直流相通,它们实际上是短接在一起的,所以可认为是相连的。相对于信号线,这两个平面是对称的,介质材料即电路板叠层完全包裹住了信号线。对于这两种互连,信号路径和返回路径之间的单位长度电容都可以计算得出。

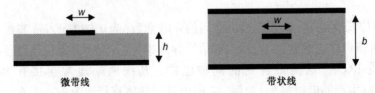

图 5.6 微带线和带状线的横截面几何结构,图中给出了主要的几何特征

虽然文献中有许多近似式,但这里提出的两种近似式是由印制电路板工业协会(the institute

for Interconnecting and Packaging electronic Circuits，IPC，美国电路封装互连协会)推荐的。微带线的单位长度电容近似为

$$C_{\mathrm{L}} = \frac{0.67(1.41 + \varepsilon_{\mathrm{r}})}{\ln\left\{\dfrac{5.98 \times h}{0.8 \times w + t}\right\}} \approx \frac{0.67(1.41 + \varepsilon_{\mathrm{r}})}{\ln\left\{7.5\left(\dfrac{h}{w}\right)\right\}} \tag{5.16}$$

其中，C_{L} 表示单位长度电容(单位为 pF/in)，ε_{r} 表示绝缘材料的相对介电常数，h 表示介质厚度(单位为 mil)，w 表示线宽(单位为 mil)，t 表示导线的厚度(单位为 mil)。

注意，虽然关系式中有线条厚度这一参数，但除非问题非常关注线条厚度对准确度的影响，否则一般不要使用这一近似式。最好是使用二维场求解器。在各种情况下使用二维场求解器时，将线条厚度设为零并不会影响求解器的准确度。

如果线宽是介质厚度的两倍，即 $w = 2h$，介电常数为 4，则单位长度电容 $C_{\mathrm{L}} = 2.7$ pF/in。这是微带线近似于 50 Ω 传输线时的几何结构。

如图 5.6 所示，带状线的单位长度电容近似为

$$C_{\mathrm{L}} = \frac{1.4\varepsilon_{\mathrm{r}}}{\ln\left\{\dfrac{1.9 \times b}{0.8 \times w + t}\right\}} \approx \frac{1.4\varepsilon_{\mathrm{r}}}{\ln\left\{2.4\left(\dfrac{b}{w}\right)\right\}} \tag{5.17}$$

其中，C_{L} 表示单位长度电容(单位为 pF/in)，ε_{r} 表示绝缘材料的相对介电常数，b 表示介质总厚度(单位为 mil)，w 表示线宽(单位为 mil)，t 表示导线的厚度(单位为 mil)。

例如，假设介质总厚度 b 为线宽的 2 倍，即 $b = 2w$，它就相当于 50 Ω 传输线，这时单位长度电容 $C_{\mathrm{L}} = 3.8$ pF/in。

从这两个几何结构可以看出，50 Ω 传输线的单位长度电容约为 3.5 pF/in。记住，这是一个很好的经验法则。

> **提示**　FR4 板上 50 Ω 传输线的单位长度电容约为 3.5 pF/in，这是一个经验法则。

例如，在多层球栅阵列封装中，信号线设计成 50 Ω 的微带线结构，其中介质材料为双马来酰亚胺三嗪(Bismaleimide triazine，BT)，介电常数约为 3.9，则信号线的单位长度电容约为 3.5 pF/in。那么 0.5 in 长的线条的电容约为 3.5 pF/in × 0.5 in = 1.7 pF，所以接收器容性负载约为 2 pF 的输入门电容再加上 1.7 pF 的引线电容，合计为 3.7 pF。

> **提示**　记住，这些近似式仅是**近似的**。如果要求准确度很可靠，就应该使用二维场求解器计算单位长度电容。

5.7　二维场求解器

如果准确度很重要，则计算任何两个导体之间单位长度电容的最好数值工具就是二维场求解器。这个工具认为导体的横截面在整条线上都是恒定的，在这种情况下，单位长度电容也是恒定的。

二维场求解器把导体的几何结构作为边界条件，对拉普拉斯方程和其中一个麦克斯韦方程进行求解。在求解过程中，把导体上的电压设为 1 V，并对空间中各处的电场求解，然后再根据电场值中计算出导体上的电荷。导体之间的单位长度电容就直接计算成 1 V 电压时导体

上的电荷量。大多数工具采用的就是这样一个过程,而实际的用户并不需要知道这些。

评估二维场求解器准确度的方法就是使用二维场求解器计算有确切表达式的几何结构,如同轴型和双圆杆型结构。如图5.7所示,对于双圆杆型结构的单位长度电容,将用二维场求解器的计算结果与前面确切表达式得到的结果进行对比,可以看出它们非常吻合。为了给出定量的剩余误差值,图5.7还画出了二维场求解器计算结果和公式解析结果之间的相对差别。可以看出,二维场求解器的最大误差不超过1%。

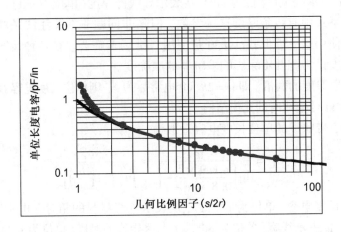

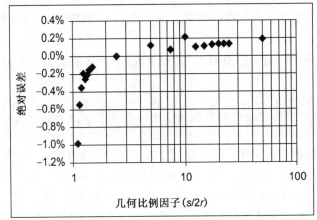

图5.7　求解双圆杆型结构的单位长度电容,将 Ansoft 二维场求解器、确切表达式(5.12)
　　　　和近似式(5.13)三者所得值相比较。上图:点表示二维场求解器计算结
　　　　果,通过点的连线由确切表达式所得,另一条线是近似式结果。特别是当
　　　　$s > 4r$时,近似效果很好。下图:Ansoft二维场求解器的绝对误差,其值小于1%

> **提示**　对于任意几何结构,用二维场求解器计算单位长度电容的绝对误差不大于1%。

使用准确度已被验证的场求解器,可以评估常用近似式的准确度,如微带线和带状线结构的单位长度电容。

图5.8把前面介绍的微带线近似式与二维场求解器的结果相比较。在一些情况下,近似准确度可达到5%,但在其他一些情况下,两者之间的差别则大于20%。除非经过事先验证,否则就不要相信近似式的误差小于10%~20%。

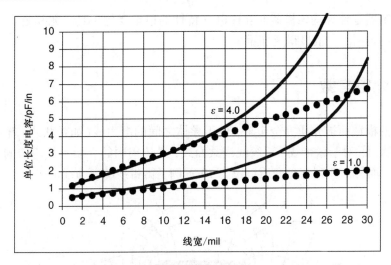

图 5.8　线宽增加时微带线的单位长度电容，Ansoft SI2D 场求解器与前
　　　　面 IPC 近似式的比较。其中圆点是场求解器的结果，曲线为
　　　　IPC 近似结果。微带线介质厚度为 5 mil，介电常数分别为 4 和 1

　　场求解器的另一个优点是它能够考虑到二阶效应的影响，其中一个重要的效应是线条厚度的增加对微带线单位长度电容的影响。

　　在使用场求解器求得结果之前，应该始终应用伯格丁第 9 条规则预测出我们期望看到的内容。

　　随着金属线条厚度的增加，从非常薄到非常厚，信号线和返回平面之间的边缘场将增加。事实上，如图 5.9 所示，随着线条厚度的增加，电容确实增大了，但增加幅度并不大。线条从很薄的厚度增加到 3 mil 或 2 盎司时，单位长度电容仅增加了 3%。

　　没有一种近似方法可以准确地预估这种效应。为了进行对比，图 5.9 中也显示了电容的 IPC 近似式与更准确的场求解器结果的匹配程度。这种很差的吻合度使得我们不能用近似式去估计二阶效应，例如线条厚度的影响。

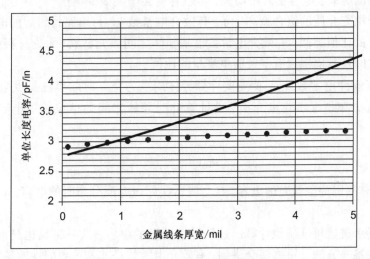

图 5.9　线条厚度从 0.1 mil 增加到 5 mil 时，微带线单位长度电容的变化情况，其中介质厚度
　　　　为 5 mil，线宽为 10 mil。圆点表示二维场求解器的结果，直线为 IPC 近似式的结果

二维场求解器是计算均匀横截面互连电气特性的很重要的工具。尤其是当导体周围的介质材料分布不均匀时，它就显得更加重要。

5.8 有效介电常数

如果导体的横截面被介质完全包裹，位于导体之间的电力线(如带状线)就会感受到相同的介电常数。然而，对于微带线、双绞线或共面线，导体周围的介质不是均匀的，所以一些电力线穿过空气，而另一些则穿过介质。图5.10示例了微带线的电力线。

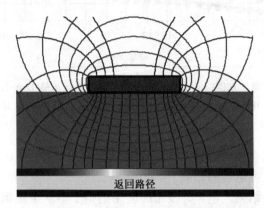

图5.10 微带线的电力线分布，一部分电力线穿过空气，一部分穿过填充材料。其有效介电常数是空气的介电常数与填充介质介电常数的组合。使用Mentor Graphics HyperLynx计算得到图中电力线

导体之间绝缘材料的存在，使其电容量比导体之间没有介质材料时增大了。若导体之间及导体周围的绝缘材料是均匀分布的，如带状线，则材料使电容量增大的系数等于该材料的介电常数。

但是，在微带线中，一些电力线穿过空气，另一些穿过叠层介质，由于信号路径和返回路径之间介质材料的缘故，电容量必将增大，但电容量会增大多少呢?

空气和部分填充介质的组合就产生了"**有效介电常数**"。与填充材料后的电容量与以空气为介质时电容量的比值类似，有效介电常数也是导体之间填充材料(无论材料如何分布)后的电容量与导体之间及其周围仅有空气时电容量的比值。

为了计算有效介电常数 ε_{eff}，首先要计算导体周围为空气时的单位长度电容 C_0，然后在导体周围按实际分布情况填充电介质，并计算此时导体之间的单位长度电容 C_{filled}，有效介电常数为

$$\varepsilon_{\text{eff}} = \frac{C_{\text{filled}}}{C_0} \tag{5.18}$$

其中，C_0 表示导体周围为空气时的电容，C_{filled} 表示实际电介质分布时的电容，ε_{eff} 表示有效介电常数。

使用二维场求解器可准确地计算出这两种情况下的电容，这一工具也是准确计算传输线有效介电常数的唯一方法。下文将会讲到，有效介电常数是非常重要的性能参数，因为它直接决定了传输线中的信号速度。

图5.11示意了随线条宽度的增加，微带线的有效介电常数的变化情况。填充介质材料本

身的介电常数为 4。当线条很宽时，大部分电力线都在介质材料中，这时有效介电常数接近于 4。当线条很窄时，大部分电力线在空气中，此时有效介电常数小于 3，这反映了低介电常数空气的影响。

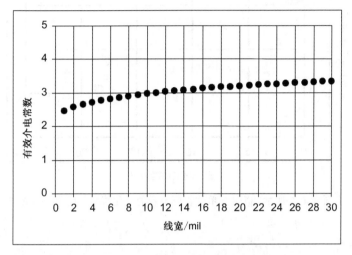

图 5.11　随着线条宽度的增加，微带线有效介电常数的变化情况，其中填充介质厚为 5 mil，介电常数为 4。使用 Ansoft 二维场求解器计算

提示　叠层材料的固有介电常数是不会变化的，只是当导体之间的场穿过不同比例的空气和介质时，才会造成电容的变化。

如果在微带线的顶层加上介质材料，则空气中的边缘电力线穿过的介电常数会增大，微带线的电容也会增加。当微带线上面有介质材料时，称为**嵌入微带线**。如果仅有一部分电力线穿过介质材料，则称为**部分嵌入微带线**，例如阻焊涂层。如果所有的电力线都在介质材料中，则称为**全嵌入微带线**。三种不同嵌入程度的微带线电力线分布如图 5.12 所示。

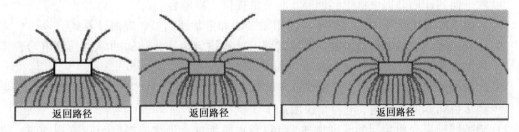

图 5.12　嵌入程度不同、覆盖厚度不同时，微带线周围的电场分布。若覆盖层足够厚，则所有电场都包含在介质材料中，这时电容与厚度无关。使用 Mentor Graphics HyperLynx 仿真

为了覆盖住全部电力线，以使有效介电常数等于介质介电常数，需要在微带线上加多厚的材料呢？用二维场求解器很容易就能解决这个问题。图 5.13 给出了在微带线顶层增加相同介电常数（为 4）叠层材料时的单位长度电容，其中介质厚度为 5 mil，线宽为 10 mil。

在这个示例中，完全覆盖住边缘场时，线条顶层的介质厚度约等于线宽。

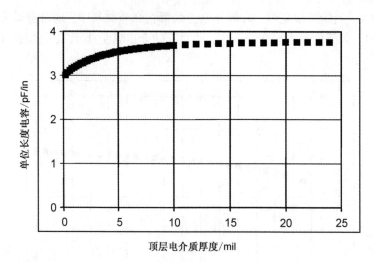

图 5.13   顶层电介质厚度增加时,微带线单位长度电容的变化情况。使用 Ansoft 二维场求解器计算

5.9   小结

1. 电容是对两个导体之间存储电荷能力的度量。
2. 导体之间的电压变化时,有电流流经电容器。电容量是对同样电压变化率下的不同大小电流的度量。
3. 除了个别例外情况,与两个导体之间电容有关的所有公式都是近似的。若要求准确度优于 10%~20%,就不应再使用近似。
4. 只有同轴型、双圆杆型和圆杆-平面型这 3 种结构的表达式才是比较确切的。
5. 一般而言,导体间距越大,电容量就越小;导体之间重叠的面积越大,电容量就越大。
6. 介电常数是材料的一个固有特性,它反映了材料使电容量增加的程度。
7. 电路板上的电源平面和地平面之间是有电容的,但是这个电容量非常小,可忽略不计。两平面的作用是提供低电感回路,而不是提供去耦电容。
8. 若要求准确度优于 10%,就不应使用微带线和带状线的 IPC 近似计算式。
9. 一旦二维场求解器经过验证,就可以用于计算均匀传输线结构的单位长度电容,其准确度优于 1%。
10. 微带线的厚度增加,单位长度电容也将增加,但增加幅度非常小。导体从非常薄变化到 2 盎司铜的厚度时,电容量仅增加了 3%。
11. 微带线顶层介质涂层的厚度增加,电容量也将增加。当涂层厚度与线宽相同时,涂层可以完全包裹住边缘场,这时电容量可增大 20%。
12. 有效介电常数是个复合介电常数,如微带线的情况,它是材料不均匀分布时有一部分电力线通过不同材料时的介电常数。用二维场求解器可以很容易地计算出有效介电常数。

5.10   复习题

5.1   什么是电容?
5.2   举一个例子,其中电容是一个重要的性能指标。

5.3　关于两个导体之间的电容，对它所测度的物理量有哪 3 类不同的解释？

5.4　当一小片金属到最近的金属之间有几英寸时，可能会拥有 1 pF 的电容。在这些金属片之间没有直流连接。在 1 GHz 时，这些导体之间的阻抗是多大？

5.5　传导电流如何流过电容器中的绝缘介质？

5.6　位移电流的起源是什么？它在哪里流动？

5.7　假如要在电路板的电源和地平面之间设计电容值更高的电容，应该着重改变哪 3 种设计特性？

5.8　物质的哪一种主要电介质化学特性最强烈地影响着物质的介电常数？

5.9　当两个导体之间的电压增加时，两个导体之间的电容会发生什么变化？

5.10　对于同轴电缆这类几何结构，如果其外半径增加，那么它的电容会发生什么变化？

5.11　如果信号路径远离返回路径，那么微带线上每单位长度的电容会发生什么变化？

5.12　当导体移开得更远时，电容是否有增大的可能？

5.13　为什么有效介电常数会随着微带线介质涂层厚度的增加而增加？

5.14　固体同质材料的最低介电常数是多大？这是什么材料？

5.15　人们应如何处置材料才能有效地降低其介电常数？

5.16　如果在微带线的顶层表面添加阻焊层，那么微带线每单位长度的电容会发生什么变化？

5.17　如果导体的厚度增加，那么微带线每单位长度的电容会发生什么变化？

5.18　如果带状线的线宽增加，那么带状线每单位长度的电容会发生什么变化？

5.19　如果带状线的线条厚度增加，那么带状线每单位长度的电容会发生什么变化？

5.20　对于微带线和带状线，如果其每层的电介质厚度和线宽都相同，那么谁的每单位长度电容更大一些？

5.21　理论上讲，任何材料的最低介电常数是多大？

5.22　为什么均匀横截面互连的每单位长度电容是恒定的？

5.23　假设芯片中电源轨道和地轨道之间的电介质厚度可以薄到 0.1 μm，而印制板上电源平面和地平面之间的间距为 10 mil。如果二氧化硅（SiO_2）的介电常数也是 4，那么每平方英寸的片上电容与板上电容相比情况如何？

5.24　假如能采用空气加以分隔，那么在 1 便士硬币两面之间的电容是多大？

5.25　若直径为 2 cm 的球体悬挂在地面上方 1 m 处，则其最小电容是多大？当球体移得更高时，这个电容将如何变化？

5.26　如果电路板上的电源层和接地层平面的边长均为 10 in，其间距为 10 mil，且填充材料为 FR4，那么它们之间的电容是多大？

5.27　根据空气中双杆几何结构的电容，给出单杆与平面之间每单位长度的电容。

第6章 电感的物理基础

电感是一个非常重要的电气参数，因为它影响几乎所有的信号完整性问题。对于线间耦合、电源分配网络及电磁干扰问题，电感就是信号沿均匀传输线传播过程中遇到的突变。

很多场合都要设法减小电感，例如减小信号路径之间的互感以降低开关噪声，减小电源分配网络的回路电感，减小返回平面的有效电感以降低电磁干扰。而有些场合则要优化电感，例如为了获取所需的目标特性阻抗。

通过了解电感的基本类型和物理设计对电感值的影响，将领会如何优化物理设计以得到合格的信号完整性。

6.1 电感是什么

涉足信号完整性和互连设计的人常常不关心电感，工程师中能够正确使用该术语的也不多。这主要与读者在高中和大学阶段的物理及电工课中对电感的认识有关。

我们学过电感及其与线圈中磁力线的关系。它通常是指由导线绕成的线圈或螺线管的电感，其中有磁力线通过。或者说，电感是对表面磁场强度的数值积分。例如，一种常用的电感定义如下：

$$L = \frac{1}{I} \int_{\text{area}} \vec{B} \cdot \hat{n} \mathrm{d}a \tag{6.1}$$

尽管这些解释可能是正确的，但在实际应用中对我们没有帮助。信号返回路径中的线圈在哪里？对磁场强度的积分又是什么意思？我们不知道如何用这些电感的概念去分析互连（例如封装、连接器或电路板）中信号的相互作用。

因此，需要以更基本的方式去认识电感，从而激发我们的直觉并找到分析实际互连问题的思路。认识电感的有效途径仅仅基于以下3个基本法则。

6.2 电感法则之一：电流周围会形成闭合磁力线圈

磁力线是一个新的基本实体，它环绕在所有电流的周围。对于一段直导线，如图6.1所示，若有1A电流从中流过，那么在导线周围将产生同心的环形磁力线圈（又称磁力线匝）。自上而下，导线的周围都存在磁力线圈。想象沿着导线行走，并计算完全围绕住导线的磁力线匝数。距离电流表面越远，所见到的磁力线匝数就越少。如果距离电流表面足够远，则磁力线匝数将非常少。

这些磁力线出自哪里？为什么导线中的移动电荷能创建磁力线？类比于电场特性与电荷的关系，磁场特性与移动电荷的关系也被构建于时空架构中。电场和磁场及其与电荷的相互作用，是时空架构的内在特性，已经被冻结于大爆炸约1 ns之后的时空架构中。无论其起源如何，它们的属性都已经由麦克斯韦方程组完整地加以描述。

　　这些环绕在电流周围的磁力线圈都有特定的方向。为了确定它们的方向,可用熟悉的右手法则加以判定:右手拇指指向正电流的方向,弯曲的手指指出磁力线圈环绕的方向,如图 6.2 所示。

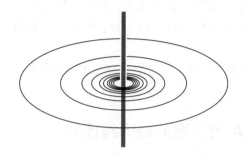
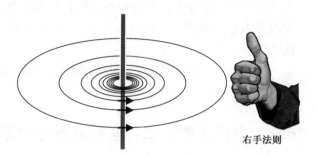

右手法则

图 6.1　电流周围的一些环形磁力线圈。从　　　　　图 6.2　磁力线圈的环绕方向遵循右手法则
　　　　　上到下,导线周围都存在磁力线圈

> **提示**　磁力线圈总是完整的环形,而且总是包围着某一电流。电流周围一定存在磁力线圈。

　　假想我们沿着导线随着电流前行,并计算遇到的特定磁力线匝数。在计算或测量磁力线时,我们只是在计算它们的匝数。

　　用什么单位度量磁力线匝数呢? 我们用罗(gross)表示 144 支笔;用令(ream)表示 500 张纸。苹果是用蒲式耳(bushel)①为容积单位的。但多少个苹果是 1 蒲式耳呢? 给出的只能是一个大概的数字。

　　与此类似,我们以韦伯(Weber,简写为 Wb)为单位计算电流周围的磁力线匝数。导线电流周围的磁力线匝数会受到很多因素的影响。

　　第一,导体中电流的大小。如果把导体中的电流加倍,则电流周围的磁力线匝数也会加倍。

　　第二,导线的长度也会影响磁力线匝数。导线越长,磁力线匝数就越多。

　　第三,导线的横截面。这是个二阶效应,比较难以捉摸。后面会知道,如果增大横截面,如将导线做得粗一点,磁力线匝数就会略有减少。

　　第四,附近其他电流的存在也会对第一个电流周围的磁力线匝数产生影响。注意,所谓的特殊电流是返回电流。当第一条导线的返回电流变得更靠近时,返回电流的部分磁力线圈强大到也包围在了第一条导线的电流周围。

　　计算第一条导线周围的磁力线匝总数时,需要把自身的线匝数与返回电流的线匝数相叠加。这里,由于第一条导线电流周围的磁力线圈与返回电流磁力线圈的环绕方向相反,所以当返回电流靠近时,在第一条导线电流周围的磁力线匝总数将会变少。

　　另一方面,电介质材料的存在不会影响电流周围的磁力线匝数。

> **提示**　磁场根本不会与电介质材料相互影响。即使电流被特氟龙或钛酸钡所包围,其周围的磁力线匝数也是不变的。

---

①　1 蒲式耳=27.216 kg。——编者注

第五，影响电流周围磁力线匝数的可能因素还有构成导线的金属。只有铁、钴、镍这三种金属及其组合会影响电流周围的磁力线。

这三种金属称为**铁磁金属**，这些金属和含有这些金属的合金磁导率都大于1。如果有磁力线圈被完全包含在这些金属中，则这些金属能使磁力线匝数显著增加，但只有环绕在导体内部的磁力线圈受到影响。合金42和科瓦合金（Kovar）均含铁、钴和镍，因此二者都是铁磁体。

由其他金属构成的导线，如铜、银、钛、铝、金、铅甚至石墨，都绝不会对磁力线匝数产生影响。

6.3　电感法则之二：电感是导体电流 1 A 时周围的磁力线匝数

电感与流过单位安培电流时导体周围的磁力线匝数有关。

> **提示**　电感是关于每安培电流周围磁力线匝数的度量，而不是某一点磁场强度的绝对值。我们所关心的不是磁场强度，而是每安培电流的磁力线匝数。

用于度量电感的单位是流过 1 A 电流时，周围磁力线圈的韦伯值。1 韦伯/安培称为 1 亨利（H）。由于大多数互连结构的电感都远小于 1 H，所以通常以纳亨（nano-Henry，nH）为单位。电感是当导体通过单位安培电流时其周围磁力线匝数的度量，即

$$L = \frac{N}{I} \tag{6.2}$$

其中，L 表示电感（单位为 H），N 表示导体周围的磁力线匝数（单位为 Wb），I 表示导体中的电流（单位为 A）。

若流过导体的电流加倍，则磁力线匝数也会加倍，但二者比值不变，且该比值与流过导体的电流完全无关。所以，无论导体中的电流是 0 A 还是 100 A，其电感都是一样的。同理，当磁力线匝数改变时，表示这一比值的电感依然不变。

> **提示**　这说明电感实际上与导体的几何结构有关。影响电感的唯一因素就是导体的几何结构和在铁磁金属情况时导体的磁导率。

从这方面讲，电感是用于测量导体产生磁力线圈的效率的。如果一种导体产生磁力线圈的效率很低，它的电感就比较小。无论导体上是否有电流通过，它都具有该效率。在任何情况下，导体上流过电流的大小都不会影响该效率。电感只与导体的几何结构有关。

电感与导线中的电流无关，电感未考量导线周围有多少磁力线。电感值不涉及电流周围的磁场密度及其聚集度，也不涉及存储在磁场中的能量值。电感仅仅涉及当每安培电流产生磁力线圈时，各种导体几何结构的不同效率。

上述这个简单的定义适用于涉及电感的**所有**情况。为避免引起困惑和复杂化，必须弄清楚我们计算的是哪几个电流周围的磁力线匝数；此外还存在哪些产生磁力线圈的电流。这时，必须加上许多关于电感的限定词。

为了分清形成磁力线圈的源头，引入了**自感**和**互感**这两个术语。为了知道磁力线圈所围绕电流回路的大小，引入了**回路电感**和**局部电感**这两个术语。虽然电流是在整个回路中流动

的，但如果只讨论环绕在一段互连周围的磁力线圈，就使用**总电感**、**净电感**或**有效电感**这些术语。这三个术语在工业界是可相互替代的。

仅仅采用**电感**这一术语时，含义是模糊的。所以，要养成使用限定词的良好习惯，明确指出所指电感的准确类型。造成概念困惑的最常见根源就是混淆了电感的不同类型。

6.4　自感和互感

如果宇宙中存在的电流只是单条导线中的电流，计算导线周围的磁力线匝数就非常容易。但如果附近还有其他电流，则它们的磁力线圈会环绕着许多电流。如图 6.3 所示，有两条邻近的导线 a 和 b，如果只有 a 中有电流，其周围就会有磁力线圈和电感。

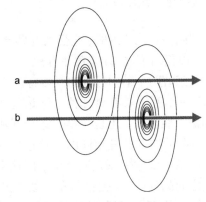

图 6.3　导体周围的磁力线圈既有源于其自身电流的，也有源于其他电流的

假如在第二条导线 b 中也有电流，则其周围也会有磁力线圈，从而也具有电感。由导线 b 产生的部分磁力线圈也将环绕住第一条导线 a。因此对于 a 而言，环绕在它周围的磁力线圈的一部分由其自身的电流产生，一部分由邻近第二条导线 b 的电流产生。

当计算一条导线周围的磁力线圈时，需要有一种方式表明磁力线圈的源头。我们把一条导线自身电流产生的磁力线圈称为自磁力线圈（self-field line ring），把由邻近电流产生的磁力线圈称为互磁力线圈（mutual-field line ring）。

> **提示**　自磁力线圈是那些**仅**由导线自身电流产生的磁力线圈，互磁力线圈则是由其他邻近导线中的电流产生的。

任何源于 b 而环绕在 a 周围的磁力线圈一定同时环绕 a 和 b。于是可认为互磁力线"链接"着 a 和 b 两个导体。

如果有两条邻近的导线，而且只在第二条中加电流，则在第一条导线周围也有一定数量的磁力线圈。可以想象，当把第二条导线远离第一条导线时，围绕两条导线的互磁力线匝数将会减少，反之则会增加。

然而，第一条导线周围的磁力线匝总数会发生什么变化呢？假如两条导线中都有电流，则它们有各自的自磁力线圈。如果电流方向相同，则自磁力线圈的方向也相同。这时，第一条导线周围的磁力线匝总数就等于其自磁力线匝数加上互磁力线匝数。

但是，如果电流方向相反，则第一条导线周围的自磁力线圈与互磁力线圈的方向也相反，这时应从自磁力线匝数中减去互磁力线匝数，从而使第一条导线周围的磁力线匝总数相应地减少了。

理解了这些磁力线圈源头的新观点后，就可以更深入地认识电感了。

> **提示**　**自感**是指导线中流过单位安培电流时，所产生的环绕在导线自身周围的磁力线匝数。通常我们所说的**电感**实际上是导线的自感。

导线的自感与其他导线的电流是无关的。如果把另一条通有电流的导线靠近第一条导线，则第一条导线周围的磁力线匝总数会发生变化，但其自身电流产生的磁力线匝数是不变的。

> **提示** 同理，**互感**是指一条导线中流过单位安培电流时，所产生的环绕在另一条导线周围的磁力线匝数。

把两条导线拉近时，它们的互感会增大，反之则会减小。互感也是磁力线匝数与电流的比率，所以仍用单位 nH 来度量互感。

互感有两个不同寻常的微妙特性。

第一，互感具有对称性。无论是在第一条导线中加单位安培电流去测量第二条导线周围的磁力线匝数，还是在第二条导线中加单位安培电流去测量第一条导线周围的磁力线匝数，得到的结果都是相同的。从这方面讲，互感与链接到两条导线的磁力线圈有关，并且它与这两条导线的关系是同等的，即这个特性是两条导线共有的，所以有时把互感称为"两条导线之间的互感"。无论每条导线的形状和大小怎样，上述这个结论都是正确的。两条导线的几何结构可以不同，如一条可以是窄导线，另一条则可以是宽平面。但无论是在宽导线还是在窄导线中加入单位安培电流，去计算另一条导线周围的磁力线匝数，其结果是相同的。

第二，两条导线之间的互感小于二者中任一个的自感。毕竟，每条互磁力线圈都源于某一导线并且一定是某一导线的自磁力线圈，而且两条导线之间的互感与在哪条导线中加电流无关，所以互感一定小于两条导线的自感的最小值。

6.5 电感法则之三：周围磁力线匝数改变时导体两端产生感应电压

到目前为止，已经讨论了电感的定义。下面开始讨论为什么我们会如此关心电感。磁力线圈有一个重要的特殊性质：无论什么原因，只要一段导线周围的磁力线匝总数发生变化，导线两端就会产生一个感应电压。如图 6.4 所示，该电压与磁力线匝总数变化的快慢有着直接关系：

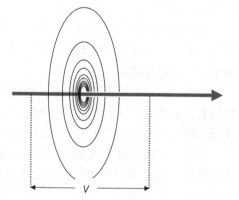

$$V = \frac{\Delta N}{\Delta t} \qquad (6.3)$$

其中，V 表示导线两端的感应电压，ΔN 表示磁力线匝数的变化量，Δt 表示磁力线匝数变化的时间。

如果导线中的电流发生变化，则其周围的自磁力线匝数也将变化，从而在导线两端产生电压。导线周围的磁力线匝数为 $N = LI$，其中 L 是这段导线的自感。于是，导线两端所产生的电压(感应电压)与导线的电感和导线中电流变化的快慢有关，即

图 6.4 由于导线周围的磁力线匝数发生变化，导线两端将产生感应电压

$$V = \frac{\Delta N}{\Delta t} = \frac{\Delta LI}{\Delta t} = L\frac{\mathrm{d}I}{\mathrm{d}t} \qquad (6.4)$$

> **提示** 感应电压正是电感在信号完整性中意义重大的根本原因。如果电流变化时没有产生感应电压，信号就不会受到电感的影响。这个由电流变化产生的感应电压引起了传输线效应、突变、串扰、开关噪声、轨道塌陷、地弹和大多数电磁干扰源。

　　这种关系就是电感器的一种定义。如果通过电感器的电流发生变化，电感器两端就会产生电压，这一电压被称为感应电动势（EMF）。这一新的电压源像电池一样引发了从负端流向正端的电流。

　　该电压的极性将使产生的感应电流阻碍原电流的变化。这就是我们说"电感器阻止电流变化"的原因。

　　如果一条导线附近的另一条导线中有电流，则第二条导线的一些磁力线圈同时也环绕住第一条导线。那么第二条导线中的电流变化时，在第一条导线周围的那部分磁力线匝数也将发生变化，这个变化的磁力线匝数使第一条导线两端产生感应电压，如图 6.5 所示。互磁力线匝数的变化在第一条导线的两端产生了感应电压。通常，另一条导线中的电流发生变化时，我们用**串扰**描述在邻近导线上产生的感应电压噪声。在这种情况下，产生的电压噪声为

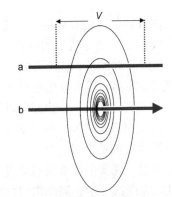

图 6.5 导线 b 中的电流发生变化，使另一导线 a 上产生感应电压，两条导线之间的互磁力线圈发生变化的现象是串扰的一种形式

$$V_{\text{noise}} = M \frac{\mathrm{d}I}{\mathrm{d}t} \tag{6.5}$$

其中，V_{noise} 表示第一条导线 a 中的感应电压噪声，M 表示两条导线之间的互感（单位为 Wb），I 表示第二条导线 b 中的电流。

　　由于感应电压取决于电流变化的速率，所以有时用**开关噪声**或 **ΔI 噪声**描述当电流切换时在电感上产生的噪声。

　　为了分析涉及多个导体的实际问题，需要弄清楚引起磁力线匝数变化的所有电流。但其分析过程是相同的，只不过更复杂一些。因为存在多条导线，所以每条导线都可能存在电流和磁力线圈。

6.6 局部电感

　　当然，实际的电流**只**在完整的回路中流动。前面的示例仅考虑了一段导线，其中唯一存在的是所画出的那段导线中的电流。在计算磁力线圈时，假设这段导线所属电流回路的剩余部分中不存在电流。由于仅考虑了电流回路的一部分，而且假设回路的其他部分不存在电流，所以把这种电感称为**局部电感**。

　　一定要记住，当谈到局部电感时，认为**回路的其他部分是不存在的**。从局部电感的角度出发，除了所研究的那段导体，其他地方没有电流。局部电感的概念是一个纯粹的数学构造，它是不可测量的，因为实际中并不存在孤立的局部电流。

> **提示** 实际上，局部电流是不存在的，因为电流必须有回路。但局部电感的概念对于理解和计算电感的相关特征非常有用，尤其当我们还不清楚回路其他部分的情况时很有用。

实际上，前面一直讨论的是两段导线的局部电感。局部电感分为局部自感和局部互感。此外，当谈到封装中的引线、连接器引脚和表面走线的电感时，实际上指的是该互连元件的局部自感。

局部自感和局部互感的准确定义是以对某一段导线周围磁力线匝数的数值计算为依据的。从电流回路中选取一段给定长度的导线，假设这段导线在空间中是孤立的，但仍保持其原来的几何结构。在它的两端放置与其相垂直的大块平板。现在想象着注入 1 A 电流，即电流在导线的一端突然出现，并沿导线传播，然后从另一端出来并且突然消失得无影无踪。

实际仅存的电流在双端平面之间的导线段中，由这一小段电流可以计算出双端平面之间的磁力线匝数。当导线中的电流是 1 A 时，计算出的磁力线匝数就是该段导线的局部自感。显然，该段导线越长，它周围的磁力线匝数就越多，局部自感也就越大。

现在，在第一段导线附近放置另一段导线，并从这第二段导线的一端注入 1 A 电流，此电流从另一端消失。此时，这部分电流在整个空间内产生磁力线圈，其中一部分线圈出现在第一段导线的双端平面之间，并完全环绕住第一段导线。环绕在第一段导线周围的磁力线匝数就是两段导线之间的局部互感。

很明显，现实中如果没有电路的其他部分，就无法产生注入导线的电流。但在数学理论上，可以实现这一步。**局部电感**这一术语是个具有严格定义的量，只是无法进行测量而已。后面将会知道，对于减小地弹而进行的优化设计，以及计算其他可度量的电感，局部电感都是个非常重要的概念。

有很少一些形状的导体，对其局部自感有很好的近似式。如图 6.6 所示，对于直圆杆导线，使用简单近似所计算的局部自感，其准确度优于几个百分点，其近似式如下：

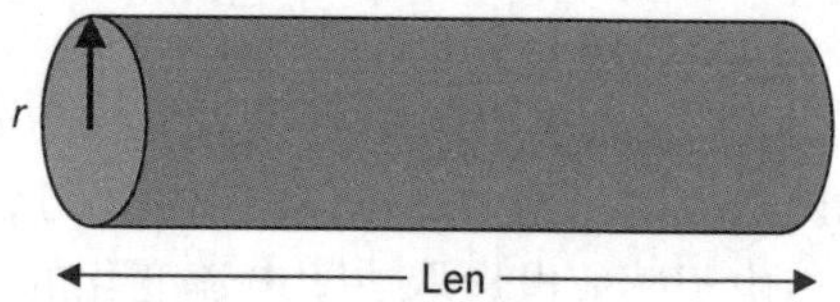

图 6.6　用于近似求解局部自感的圆杆几何结构

$$L = 5\text{Len}\left\{\ln\left(\frac{2\text{Len}}{r}\right) - \frac{3}{4}\right\} \qquad (6.6)$$

其中，L 表示导线的局部自感(单位为 nH)，r 表示导线的半径(单位为 in)，Len 表示导线的长度(单位为 in)。

例如，30AWG 线规导线的直径近似为 10 mil，若线长为 1 in，则其局部自感为

$$L = 5 \times 1\left\{\ln\left(\frac{2 \times 1}{0.005}\right) - \frac{3}{4}\right\} = 26 \text{ nH} \qquad (6.7)$$

> **提示**　由此得出一个重要的经验法则：导线的局部自感约为 25 nH/in 或 1 nH/mm，一定要记住，这仅是个经验法则，它虽易于使用，但却以牺牲准确度为代价。

从式(6.6)中可以看出，当导体长度增加时，局部自感会增大。但是，局部自感的增长比线性增长得快。如果导线长度加倍，则局部自感的增长将远大于两倍。这是因为当导线长度增加时，环绕在新增导线段周围的磁力线圈，除了源于这段电流的，还包括源于其他段电流的一些互磁力线圈。

导体截面积增大时，局部电感将减小。如果加大导线的半径，电流就会扩展开，从而使局部电感减小。因为若使电流分布扩展开，磁力线匝数就会略微减少。

> **提示**　这里指出了局部自感的一个重要特性：电流分布越扩散开，局部电感就越小。反之，电流分布越密集，局部电感就越大。

在前文的圆杆几何结构中，局部自感仅随导线半径自然对数的变化而变化，与横截面的关系不是十分紧密。但其他类型的横截面，如宽平面，其局部自感对电流的分布比较敏感。

运用前面的经验法则，可以估算出许多互连的局部自感。从电容器的一端到过孔约 50 mil 长的表面走线，其局部自感约为 25 nH/in × 0.05 in = 1.2 nH；深度为 64 mil 的电路板上的一个过孔，其局部自感约为 25 nH/in × 0.064 in = 1.6 nH。

近似计算和经验法则都能很好地估算圆杆的局部自感。图 6.7 给出了直径为 1 mil 的键合线的局部自感，对利用经验法则、近似式和三维场求解器这三者的计算结果，比较之后可以看出，对于常见的约 100 mil 长的键合线，三者吻合得非常好。

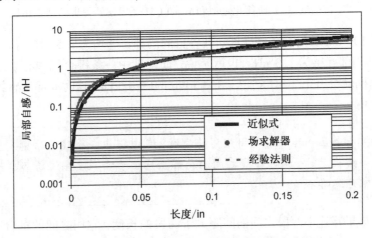

图 6.7　对于直径为 1 mil 的圆杆的局部自感，应用经验
法则、近似式和 Ansoft Q3D 场求解器得出的结果

两段导线之间的局部互感，就是源于其中一条导线并完全环绕在另一条导线周围的磁力线匝数。一般而言，两条导线之间的局部互感仅是其各自局部自感的一小部分，而且一旦两条导线的距离拉大，互感就会迅速减小。两条直的圆杆导线之间的局部互感近似式为

$$M = 5\text{Len}\left\{\ln\left(\frac{2\text{Len}}{s}\right) - 1 + \frac{s}{\text{Len}} - \left(\frac{s}{2\text{Len}}\right)^2\right\} \tag{6.8}$$

其中，M 表示导线之间的局部互感（单位为 nH），Len 表示两圆杆的长度（单位为 in），s 表示两导线的中心距（单位为 in）。

上述这个烦琐公式考虑到了二阶效应，可认为它是二阶模型。当 $s \ll \text{Len}$ 时，即中心距相对于圆杆长度很小时，此公式可以进一步近似简化为下述一阶表达式：

$$M = 5\text{Len}\left\{\ln\left(\frac{2\text{Len}}{s}\right) - 1\right\} \tag{6.9}$$

这是个一阶模型，它忽略了两圆杆之间远距离耦合的一些细节，是以牺牲准确度为代价简化计算的。图 6.8 给出了两圆杆之间的互感。当圆杆之间距离加大时，将一阶模型、二阶模型和三维场求解器三者的预估结果进行比较。可以看出，当局部互感大于局部自感的 20% 时（即互感相当大时），一阶近似非常好，这时它是个很好的实用近似。

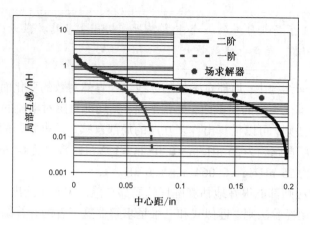

图 6.8　对于 0.1 in 长的两圆杆之间的互感,当中心距增加时,将应用二阶
准确近似、一阶简化近似和 Ansoft Q3D 场求解器得出的结果相比较

例如,对于 100 mil 长的两条键合线,其各自的局部自感均为 2.5 nH。如果它们之间的间距为 5 mil,则其局部互感为 1.3 nH。也就是说,如果其中一条键合线中有 1 A 的电流,则在另一条键合线周围就会有 1.3 nH × 1 A = 1.3 nWb 的磁力线圈,这时局部互感约为任一键合线的局部自感的 50%。

> **提示**　根据局部互感和导线之间距离的曲线,可以得出一个经验法则:当两个导线段的间距远大于导线长度时,两段导线之间的局部互感小于任一段导线局部自感的 10%,这时局部互感通常可忽略不计。

这就是说,如果互连中两段之间的间距大于两段的长度,它们之间的耦合就不再重要了。例如,两个长为 20 mil 的过孔,当它们的中心距大于 20 mil 时,这两个过孔之间就几乎没有耦合了。

局部电感实际上是电感概念的基础,其他所有类型的电感都能用局部电感加以描述。事实上,封装模型和连接器模型也是基于局部电感的。使用三维静态场求解器计算电感时,其输出结果就运用了局部电感这一术语。实际上,SPICE 模型使用的也是这一术语。

> **提示**　如果知道各种电感参数如何影响性能指标,又知道导线的物理设计如何影响自感和互感,就可以直接优化导线的物理设计。

6.7　有效电感、总电感或净电感及地弹

如图 6.9 所示,导线中有一段是直的,然后自己又折回,组成一个完整的回路。在所有的互连中,这种结构是很常见的,包括信号路径与返回路径、电源路径与地返回路径。封装中相邻的电源和地返回键合线是常见的示例,在集成电路封装中可能是相邻的信号引脚和返回引脚对,而在电路板上可能是相邻的信号平面和返回平面对。

当回路中有电流流过时,每个支路都会产生磁力线圈。如果回路的电流发生变化,那么这两段导线周围的磁力线匝数都会随之变化。同理,在每个支路两端都会产生一个感应电压,此

电压取决于支路周围磁力线匝数变化的快慢。

　　电流回路中每个支路产生的电压噪声取决于该支路周围磁力线匝**总数**变化的速度。

　　一条支路周围的磁力线圈由该支路中电流产生的磁力线圈(局部自磁力线圈)和其他支路产生的磁力线圈(局部互磁力线圈)两部分组成。但是，由两个支路产生的磁力线圈方

图 6.9　有两个支路的电流回路:
初始电流和返回电流

向相反，所以这段回路周围的磁力线匝总数就是自磁力线匝数和互磁力线匝数的差值。当电流为 1 A 时，某支路周围的磁力线匝总数有一个专用名称，即**有效电感**、**总电感**或**净电感**。

> **提示**　回路中某一段的有效电感、净电感或总电感是指回路中的电流为单位安培时，环绕在该段周围的磁力线匝总数，其中包括源于整个回路中任何电流段的磁力线匝数。

　　基于两个支路的局部电感，可以计算出每条支路的有效电感。回路的两个支路 a 和 b 都有相应的局部自感，分别记为 L_a 和 L_b;这两条支路之间存在互感，记为 L_{ab};回路中的电流记为 I，且支路 a 和 b 中的电流大小相等，但方向相反。

　　以支路 b 为例，只要分清楚支路 b 周围的磁力线圈各自的源头，就会看出这些磁力线圈一部分源于支路 b 的电流，即自磁力线圈。支路 b 周围，其自身电流的磁力线匝数为 $N_b = IL_b$。同时，支路 b 周围的另一些磁力线圈是源于支路 a 电流的互磁力线圈，其匝数为 $N_{ab} = IL_{ab}$。

　　那么，环绕在支路 b 周围的磁力线匝总数是多少呢? 由于 a 和 b 中的电流方向相反，所以互磁力线的方向与支路 b 的自磁力线方向相反。于是，计算支路 b 周围的磁力线匝总数时，应将这组磁力线匝数相减，即为

$$N_{total} = N_b - N_{ab} = (L_b - L_{ab})I \qquad (6.10)$$

$(L_b - L_{ab})$ 称为支路 b 的总电感、净电感或有效电感，它是指回路中电流为单位安培时，支路 b 周围的磁力线匝总数，其中包括整个回路中所有电流段的影响。当相邻电流的方向相反时，如回路的两条支路中的一条是另一条的返回电流路径时，有效电感决定了回路电流变化时支路两端感应电压的大小。如果这第二条支路是返回路径，则称在该返回路径上产生的电压为**地弹**。

　　返回路径上的地弹电压降为

$$V_{gb} = L_{total} \frac{dI}{dt} = (L_b - L_{ab}) \frac{dI}{dt} \qquad (6.11)$$

其中，V_{gb} 表示地弹电压，L_{total} 表示返回路径的净电感，I 表示回路中的电流，L_b 表示返回路径支路的局部自感，L_{ab} 表示返回路径和初始路径之间的局部互感。

　　最小化返回路径上的电压降(即地弹电压)只有两种方法。第一种方法，尽可能减小回路电流的变化速率。这意味着降低边沿变化率，并限制共用同一个返回路径的信号路径数目，以及使用差分信令。我们很少有机会去这样做，但是应该经常考虑到这一点。

　　第二种方法，尽可能减小 L_{total}。减小返回路径总电感的要点有两方面:**减小**支路的局部自感，**增大**两支路之间的局部互感。减小返回支路的局部自感意味着使返回路径尽可能短、尽可能宽(也就是使用平面);增大返回路径和初始路径之间的互感则意味着使第一条支路与其返回路径尽可能地靠近。

> **提示**　地弹是返回路径上两点之间的电压，它是由于回路中的电流变化而产生的。地弹是产生开关噪声和电磁干扰的主要原因，主要与返回路径的总电感和共用返回电流路径有关。为了减小地弹电压噪声，改变下面两个特性比较有效：通过使用短而宽的互连以减小返回路径的局部自感，将电流及其返回路径尽量靠近以增大两支路之间的互感。

很明显，减小地弹不仅要在返回路径上采取措施，还要考虑信号电流路径的布局和由此产生的与返回路径之间的局部互感。

运用前面的近似，通过拉近相邻键合线的间距，可以估计键合线的总电感能够减少的程度。假设一条键合线中流过的是电源电流，其他键合线中流过的是地返回电流，即它们中的电流大小相等，方向相反。在这种情况下，键合线之间的局部互感就会使任意一条键合线的总电感减小：$L_{\text{total}} = (L_a - L_{ab})$，并且键合线距离越近，导线之间的互感就越大，任意一条键合线的总电感减小程度也就越大。

如果每条键合线的直径均为 1 mil，长度均为 100 mil，则其局部自感约为 2.5 nH。当改变键合线的中心间距 s 时，运用前面对局部自感和局部互感的近似式，就能估算出每条键合线的净电感或有效电感。

若中心距 s 大于 100 mil，局部互感尚不足局部自感的 10%，则每条键合线的有效电感就近似等于其各自的局部自感。但是，当键合线的中心距为 5 mil 时，互感会明显增加，这时键合线的有效电感可减小至 1.3 nH，降幅高于 50%。有效电感越小，键合线两端的电压降就越低，芯片中的地弹电压噪声也就越低。

如果键合线的有效电感为 2.5 nH，注入的电流为 100 mA，其切换时间是 1 ns(电流进入传输线的典型值)，且其他电流离得很远，则键合线两端产生的地弹电压 $V_{gb} = 2.5 \text{ nH} \times 100 \text{ mA}/1 \text{ ns} = 250 \text{ mV}$，这个电压噪声是很大的。若缩小两条键合线的线间距，则当中心距为 5 mil 时，地弹电压噪声将减小为 $V_{gb} = 1.3 \text{ nH} \times 100 \text{ mA}/1 \text{ ns} = 130 \text{ mV}$，有明显的减小。

> **提示**　这说明了一个非常重要的设计规则：尽可能让返回电流挤近信号电流，这样可以减小有效电感。

考虑另一种情况，两条导线里流过的都是电源电流。这种情况在许多集成电路封装中十分常见，因为常常使用多条引脚传输电源电流和地电流。那么如果一条电源导线附近还有另一条电源导线，则第一条电源导线的净电感会怎样呢？

在这种情况下，电流方向相同，互磁力线圈和自磁力线圈方向相同，二者是相叠加的，所以其中一条电源导线的净电感为 $L_{\text{total}} = L_a + L_{ab}$。

为了减小电源引线的净电感，通常就要尽可能地减小引线的局部自感。然而，在这种情况下，由相邻引线产生的磁力线方向相同，所以还必须尽可能地减小引线之间的局部互感。换言之，导线的间距要尽可能大。

对于相邻两条键合线中的电流大小相等且方向相同，以及电流大小相等且方向相反这两种情况，可以估计出一条键合线的净电感或有效电感随线间距的变化，如图 6.10 所示。

只要两条导线的间距大于它们的长度，净电感就和各自的局部自感相差无几。当导线相互靠近时，若其中的电流方向相反，净电感就会减小；若其中的电流方向相同，净电感就会增大。

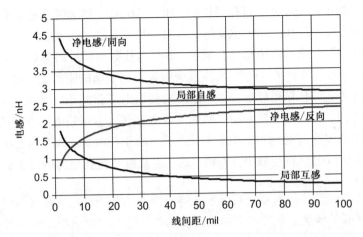

图 6.10　相邻两条键合线(长度均为 100 mil)中的电流大小相等且方向
　　　　 相同,以及电流大小相等且方向相反时,其中一条键合线的
　　　　 净电感,以及净电感、局部自感和局部互感随线间距的变化

提示　在电源分配系统中,减小任意一条支路净电感的常用设计规则是:尽可能让同向平行电流之间的间距大于它们的长度。

　　这就是说,对于两条长度均为 100 mil 的相邻键合线,如果它们都是电源线,则线间距至少应为 100 mil。相互靠近一点,它们之间的互感就会使每条支路的净电感增大,从而导致导线的开关噪声增大。这并不是说两条并联电流相互靠近时没有任何好处,只是这样做的综合效果要差一些。

　　在大功率芯片中,实际常用的是双键合线,即在一个裸芯片焊盘和对应的封装焊盘之间使用两条键合线。由于这两条键合线是并联的,两个焊盘之间的串联阻抗就降低了。并且与仅用单条键合线相比,这两条键合线的等效电感也就减小了。导线靠得越近,互感就越大,有效电感也就越大。但是,由于这两条导线是并联的,等效电感只是其中任意一条导线的净电感的一半。

　　在双键合线情况下,线间应建立一个键合线回路,以使线间距足够大。例如,若键合线长度为 50 mil,间距为 5 mil,则其中任意一条的局部自感约为 1.25 nH,局部互感约为 0.5 nH,它们的有效电感为 1.75 nH。因键合线并联,等效电感为 $1/2 \times 1.75$ nH $= 0.88$ nH。与单条导线时的 1.25 nH 相比,这一电感有所减小。所以,使用双键合线实际上减小了两个焊盘之间的有效电感。

　　图 6.11 为另一示例,过孔是从去耦电容器焊盘到下面的电源和地平面的,假设与平面的距离为 20 mil,过孔直径为 10 mil。那么每个电容器焊盘使用多个并联的过孔是否有好处呢?

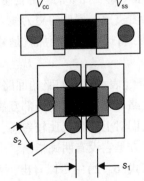

图 6.11　去耦电容器的过孔在 V_{cc} 和 V_{ss} 平面之间的布局。上图:常规布局;下图:为降低净电感和得到最低的电压塌陷噪声的优化布局,其中 s_2 大于过孔长度,s_1 小于过孔长度

如果过孔之间的中心距 s 大于过孔的长度, 即 $s > 20$ mil, 则局部互感就非常小, 而且相互之间几乎没有影响, 每个过孔的净电感就等于各自的局部自感。但是, 如果从焊盘到下面的平面之间有多个过孔并联, 则等效电感就会减小, 并与过孔数呈相反的关系, 即并联的过孔数目越多, 等效电感就越小。在图 6.11 中, s_2 应至少约等于到平面的距离 20 mil。同理, 若过孔的电流方向相反, 则两个过孔靠得越近, 每个过孔的有效电感就越小。如果 $s_1 < 20$ mil, 则每个过孔的净电感将降低, 从而焊盘到平面之间的等效电感和轨道塌陷电压也会减小。

在同一焊盘中有多个过孔的另一个重要优点是, 由于与电源、地平面的接触面积加大, 进入电源、地平面的扩散电感将会减小。有时, 这一点比减小过孔电感的效果更重要。

> **提示** 采用下述设计规则可以使每条支路的净电感最小: 电流方向相同的过孔之间的中心距应大于过孔的长度, 电流方向相反的过孔之间的中心距应小于过孔的长度。

6.8 回路自感和回路互感

电感的一般定义是: 导体流过单位安培电流时导体周围的磁力线匝数。然而在实际中, 电流总是在完整的回路中流动, 我们把该完整电流回路的总电感称为**回路电感**。回路电感事实上就是整个电流回路的自感, 又称回路自感。

> **提示** 电流回路的回路自感就是当回路中流过单位安培电流时, 环绕在整个回路周围的磁力线匝数。或者说当回路中电流为 1 A 时, 从回路的一端开始, 沿着导线行走时遇到回路中所有电流产生的磁力线匝总数, 其中包括导线中每一段的电流分布对其他各段的贡献。

下面探讨图 6.9 所示有两条直线支路的导线回路自感, 其中支路 a 就像信号路径, 支路 b 就像返回路径。当沿支路 a 并累计其周围的磁力线匝数时, 会发现既有源于 a 自身电流而产生的磁力线圈, 即支路 a 的局部自感, 也有源于 b 的磁力线圈, 即支路 a 和 b 之间的局部互感。

沿着支路 a 累计的磁力线总匝数就是支路 a 的总电感, 而沿着支路 b 累计的就是支路 b 的总电感, 将这两部分相加就是整个回路的回路自感, 即

$$L_{\text{loop}} = I_a - L_{ab} + L_b - L_{ab} = L_a + L_b - 2L_{ab} \tag{6.12}$$

其中, L_{loop} 表示双端回路的回路自感, L_a 表示支路 a 的局部自感, L_b 表示支路 b 的局部自感, L_{ab} 表示支路 a 和 b 之间的局部互感。

人们对上述公式比较熟悉, 因为它曾经出现在许多教材中。在这一关系式中, 经常引起困惑的地方是它没有明确指出, 这里的自感和互感实际上是局部自感和局部互感。

从式(6.12)中可以看出, 两支路靠得越近, 回路电感就越小。其中, 各支路的局部自感保持不变而互感增大, 互感增大使各支路周围的磁力线匝总数减小, 从而使回路自感也减小了。

> **提示** 有时说回路自感取决于"回路面积", 这种说法大致是对的, 但对于激发我们的直觉却没有多大作用。前面已经看到, 面积并非最重要, 真正重要的是环绕在每条支路周围的磁力线匝总数。

　　例如，图 6.12 给出两个形状不同但面积相等的电流回路，由于局部互感大不一样，两个回路的电感也不相同。一个回路中的两个支路的电流方向相反时，两条支路靠得越近，局部互感就越大，回路电感也就越小。

　　有理由认为回路电感与回路的面积成正比。当计算回路周围的磁力线总匝数时，必须注意这里的每一条线圈都穿过回路的中心。实际上，计算磁力线总匝数等于在整个回路面积上对磁场强度加以积分。

　　虽然执行积分的区域明显与面积成比例，但是所积分回路中的磁场强度在很大程度上取决于回路形状和电流分布。

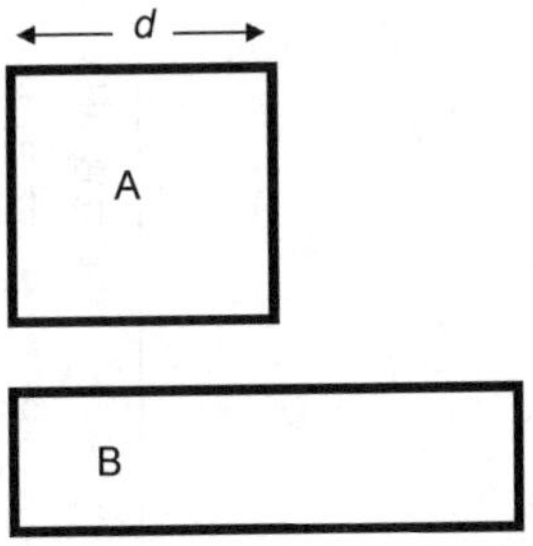

　　我们已经知道，减小回路自感的内在机理是：使返回路径靠近信号路径并减小回路面积，从而增大两条路径之间的局部互感。

　　有 3 种重要的特殊几何结构：环形线圈、长的平行双圆杆和两个宽平板。它们的回路电感有很好的近似公式。

图 6.12　两个面积相等但回路电感却大不相同的回路。使回路的返回支路靠近其他支路可以增大局部互感，从而使回路电感减小

　　对于环形线圈，其回路电感为

$$L_{\text{loop}} = 32 \times R \times \ln\left(\frac{4R}{D}\right) \text{ nH} \tag{6.13}$$

其中，L_{loop} 表示回路电感(单位为 nH)，R 表示线圈的半径(单位为 in)，D 表示构成线圈的导线直径(单位为 in)。

　　例如，30AWG 导线的直径约为 10 mil，将其弯成一个直径为 1 in 的圆，则其回路电感为

$$L_{\text{loop}} = 32 \times 0.5 \times \ln\left(\frac{4 \times 0.5}{0.01}\right) \text{ nH} = 85 \text{ nH} \tag{6.14}$$

> **提示**　这又是一个很好的经验法则：将拇指和食指围成一个圆，用 30AWG 导线构成如此大小的回路，其回路电感约为 85 nH。

　　这一近似表明，回路电感并不直接与面积或圆环周长成正比，而是正比于线圈半径与半径的自然对数之积。圆周长越大，每一段的局部自感就越大；同时，回路中相反方向的电流也离得越远，从而它们之间的局部互感就越小。

　　但是，回路电感首先与半径大致成比例。圆周长增大，回路电感就会增大。若线圈直径为 1 in，其圆周长等于 1 in×3.14，即约为 3.14 in，则每英寸圆周长相应的回路电感为 85 nH/3.14 in≈ 25 nH/in。这又是个很好的经验法则：直径为 1 in 的线圈的单位长度的回路电感约为 25 nH/in。

　　图 6.13 把上面近似的预估值与实际测量得到的细铜线的回路电感相比较，可以看出准确度优于百分之几。

　　对于相邻的双圆杆，若其中一条为另一条的返回电流路径，则回路电感为

$$L_{\text{loop}} = 10 \times \text{Len} \times \ln\left(\frac{s}{r}\right) \text{ nH} \tag{6.15}$$

其中，L_{loop} 表示回路电感(单位为 nH)，Len 表示圆杆长度(单位为 in)，r 表示圆杆半径(单位为 mil)，s 表示两圆杆的中心距(单位为 mil)。

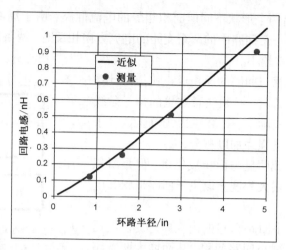

图 6.13　用 25 mil 粗的导线构成半径不同的回路时,将回路电感的测量值与近
似预估值相比较的曲线图。从中可以看出,近似误差仅有百分之几

例如,两条键合线的直径为 1 mil,长度为 100 mil,中心距为 5 mil,则这两条导线的回路
电感为

$$L_{\text{loop}} = 10 \times 0.1 \times \ln\left(\frac{5}{0.5}\right) \text{nH} = 2.3 \text{ nH} \tag{6.16}$$

上式表明,两条平行导线的回路电感与中心距的自然对数成正比。中心距变大,则回路电
感也增大,但由于它是与中心距的自然对数成比例的,所以变化很缓慢。

两条长且直的平行双圆杆的回路电感直接与圆杆长度成正比。例如,如果用圆杆表示扁
平电缆中的导线,其半径为 10 mil,中心距为 50 mil,则电流大小相等而方向相反的一段 1 in
长的相邻两导线的回路电感约为 16 nH/in。

在信号路径和返回路径横截面均匀的特殊情况下,回路电感与长度成比例,并称为互连的
单位长度回路电感。在扁平电缆中,信号路径和返回路径的单位长度回路电感是恒定的。在
上述示例中,扁平电缆导线的单位长度回路电感约为 16 nH/in,两条相邻键合线的单位长度回
路电感为 2.3 nH/0.1 in,即 23 nH/in。

以后会发现,任何阻抗可控互连的单位长度回路电感都是恒定的。

6.9　电源分配网络和回路电感

提到"信号完整性"时,通常会想到反射和线网之间的串扰问题。尽管这些问题很重要,但
它们所代表的只是信号完整性问题的一部分。另一些问题则与信号路径无关,而是归咎于电源
路径和地路径,称为**电源分配网络**(PDN),并且把电源分配网络的设计放到电源完整性的内容
里。电源完整性的内容会在后面的章节进行更深入的探讨,下面首先介绍电感在电源分配网络
中扮演的角色。

电源分配网络的用途是在每个芯片的电源焊盘和地焊盘之间提供恒定的电压。根据器件
工艺的不同,该电压范围一般为 0.8 ~ 5 V,大多数总体方案中分配的噪声波动预算一般不超
过 5%。人们可能会问:稳压器不是可以保持电压稳定吗?如果波动较大,那么为什么不采用
更好的稳压器?

"嘴唇需要频频舔吸杯子才能喝到水"很形象地概括了这一问题。在稳压器和芯片之间有

许多互连，如过孔、平面、封装引线和键合线等。如果进入芯片的电流发生突变（如程序的执行引起某些门的同时切换、时钟边沿处的大量的门将同时切换），则当变化的电流流过电源分配网络的互连阻抗时就会引起电压降，称为**轨道下沉**或**轨道塌陷**。

要使电流变化时引起的这个电压降最小，电源分配网络的串联阻抗就要小于一定的值。这时，尽管电流还在变化，但只要阻抗足够小，阻抗上的电压降就会保持在容许的 5% 波动范围内。

> **提示**　要使电源分配网络的阻抗比较小，有两条设计原则：低频时，添加具有低回路电感的去耦电容器；高频时，使去耦电容器和芯片焊盘之间的回路电感最小，以保持它们之间的阻抗低于一定的值。

到底需要多大的去耦电容量呢？可以根据时间段 Δt 内，去耦电容器必须提供的电荷量大致加以估算。

在这段时间内，电容器上必须有 ΔQ 的电荷流经芯片释放掉。其两端的电压也会降低，压降 ΔV 为

$$\Delta V = \frac{\Delta Q}{C} \tag{6.17}$$

其中，ΔV 表示电容器两端的电压变化量，ΔQ 表示电容器中减少的电荷量，C 表示电容器的容量。

那么流经芯片的电流 I 又是多少呢？显然，这主要取决于具体的芯片，并且随着芯片中运行代码的不同也会有很大的变化。但是，芯片功耗 P 与两端的电压 V 及流经的平均电流 I 有关，由此可以大致地加以估算。如果给出芯片的平均功耗，则流过芯片的平均电流为

$$I = \frac{P}{V} \tag{6.18}$$

芯片的去耦需求就是要维持一定的去耦时间 Δt ，其关系为

$$\frac{P}{V} = \frac{\Delta Q}{\Delta t} = \frac{C \Delta V}{\Delta t} \tag{6.19}$$

从这一关系式可以得出电容器的去耦时间为

$$\Delta t = 0.05 C \frac{V^2}{P} \tag{6.20}$$

或者，在给定时间内所需的去耦电容量为

$$C = \frac{1}{0.05} \frac{P}{V^2} \Delta t \tag{6.21}$$

其中，Δt 表示电荷由电容器供给的时间（单位为 s），0.05 表示容许 5% 的电压下沉，C 表示去耦电容器的容量（单位为 F），V 表示轨道电压（单位为 V），P 表示芯片的功耗（单位为 W）。

例如，若存储器芯片或小型专用集成电路的工作电压为 3.3 V，容许的波动为 5%，功耗的典型值为 1 W，则所需的去耦电容总量为

$$C = \frac{1}{0.05} \cdot \frac{1}{3.3^2} \Delta t = 2 \Delta t \tag{6.22}$$

如果稳压器在 10 μs 内对电压变化来不及做出反应，就至少需要提供 $2 \times 10 = 20$ μF 的电容量用于去耦。一旦小于该值，电容器两端的电压下沉就会超过 5% 这一容许的波动量。

　　理想电容器的阻抗随着频率的升高而减小。粗略一看,如果稳压器不能做出及时反应(例如 1 MHz),电容器给出足够低的阻抗,那么在高频时其阻抗将会更低。那为什么不使用单个 20 μF 电容器提供所需的去耦电容量呢?

　　问题在于,实际电容器的两端和芯片焊盘相连的那段线条会有相应的回路电感。该回路电感与理想电容元件相串联,导致实际电容器的阻抗随频率的升高而增大。

　　图 6.14 是 0603 去耦电容器实测的阻抗曲线图。这是从电容器一端经元件下面的平面到另一端的回路阻抗。低频时,正如理想电容器,阻抗随频率的增大而减小。但是,随着频率的升高,从某一点起,串联的回路电感开始在阻抗中起主导作用。该点的频率称为**自谐振频率**,此后阻抗开始增大。当频率大于自谐振频率时,电容器的阻抗与电容量完全无关,只与相应的回路电感有关。所以,频率较高时,如果想减小去耦电容器的阻抗,就要减小相关的回路电感,而不是靠增大电容量。

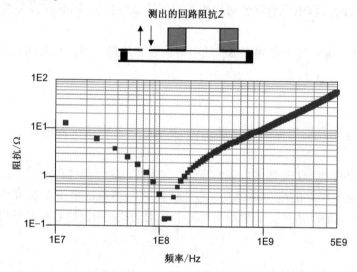

图 6.14　测量 1 nF 去耦电容器 0603 的回路阻抗,电流回路结构如图所示。使用 GigaTest Labs 探针台测量

> **提示**　去耦电容器的一个重要特性是:在频率较高时,阻抗仅与回路电感有关,此电感称为等效串联电感(ESL)。所以,频率较高时,减小去耦电容器的阻抗实际上就是设法减小芯片焊盘和去耦电容器引脚之间这一完整路径的回路电感。

　　图 6.15 给出 6 个容量各异的 0603 去耦电容器的回路阻抗测量结果。从图中可以看出,低频时电容量的数量级各不相同,所以它们的阻抗明显不同,但高频时由于它们在测试板上的装连几何结构相同,故其阻抗也趋于一致。

> **提示**　高频时,减小去耦电容器阻抗的唯一方法就是减小它的回路自感(即回路电感)。

减小去耦电容器的回路电感的最好方法有以下几种:

1. 使电源平面和地平面靠近电路板表面层,以缩短过孔;
2. 使用尺寸较小的电容器;
3. 从电容器焊盘到过孔之间的连线要尽量短;
4. 将多个电容器并联使用。

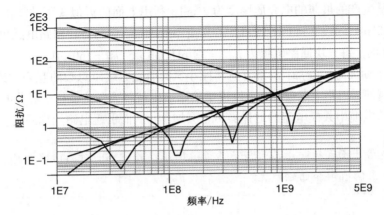

图 6.15   6 个从 10 pF 到 1 μF 不同电容量的 0603 电容器的实测回路
阻抗,其中装连结构都相同。使用GigaTest Labs探针台测量

如果某一去耦电容器的回路电感为 2 nH,而容许的最大回路电感为 0.1 nH,那么至少要并联 20 个电容器,所得的等效回路电感才能满足要求。

从去耦电容器到芯片焊盘之间的互连,要设计成具有最小的回路电感。除了缩短表面焊盘连线、缩短过孔,平面对是回路电感最小的一种互连结构。

6.10   每方块回路电感

如图 6.16 所示,由两个平面构成电流路径的回路电感,取决于每个平面路径的局部自感和它们之间的局部互感。平面越宽,电流分布就越扩散开,平面的局部自感就越小,从而回路电感也就越小。平面越长,局部自感就越大,从而回路电感也就越大。平面间距越小,平面之间的互感就越大,从而回路电感也就越小。

对于宽导体,宽度 w 远大于它们的间距 h,即 $w \gg h$,两平面之间的回路电感可以很好地近似为

$$L_{\text{loop}} = \mu_0 h \frac{\text{Len}}{w} \qquad (6.23)$$

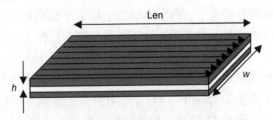

图 6.16   由两个平面构成电流回路的几何结构,其中两平面中的电流方向相反

其中, L_{loop} 表示回路电感(单位为 nH), μ_0 表示自由空间的磁导率(为 32 pH/mil), h 表示平面间距(单位为 mil), Len 表示平面的长度(单位为 mil), w 表示平面的宽度(单位为 mil)。

此处假设电流从平面的一边均匀地流向另一边。

当该区域为正方形,即长度等于宽度时,无论边长是多少,长和宽之比始终等于 1。令人惊奇的是,一对平面上的边长为 100 mil 的正方形区域和边长为 1 in 的正方形区域的回路电感相同。平面对上的任一正方形区域的回路电感都相同,这就是为什么使用平面的"**每方块回路电感**"这一术语的原因,或者可以简称为电路板的"**每方块电感**"或"**方块电感**"。这可能会引起一点混淆,需要指出,它实际上是指当平面上的正方形区域的远处两边短接在一起的情况下,在近处两边之间的回路电感。

例如,批量生产的最薄的电介质厚度为 2 mil,利用上面的近似式可估算出每方块回路电感约为 $L_{\text{loop}} = 32 \text{ pH/mil} \times 2 \text{ mil} = 64 \text{ pH}$。若介质厚度增加,则每方块回路电感也会增加,如介质厚度为 5 mil 时,每方块回路电感为 $L_{\text{loop}} = 32 \text{ pH/mil} \times 5 \text{ mil} = 160 \text{ pH}$。

随着相邻平面间距的增加,局部互感将减小,抵消磁力线匝总数的互磁力线圈也减少了。此时,电介质越厚,回路电感就越大,轨道塌陷噪声也就越大。这使得电源分配网络噪声更加严重;驱动外部电缆中共模电流的地弹噪声也会增加,从而引起电磁干扰问题。

> **提示** 电源平面和地平面尽可能地靠近,就可以减小平面对的回路电感,同时减小轨道塌陷、平面上的地弹和电磁干扰。

6.11 平面对与过孔的回路电感

平面对之间的电流并不是从一边直接流向另一边的。从分立去耦电容器到芯片封装引脚,它们与平面的连接更像是点接触。在前面的分析中,假定电流沿着平面是均匀流动的。然而实际中电流并不是均匀流动的。如果电流由于点接触而受到限制,那么回路电感将会变大。

假定电流均匀流动的唯一理由是:在这种情况下,可以得到简单的近似式去估算回路电感。当在准确度和少费力之间权衡时,我们选择了少费力。为了更好地估算有实际接触点的平面对回路电感,只能采用三维场求解器。

我们可以进一步领悟几何结构如何影响两平面上接触点之间的回路电感。使用三维场求解器,可以计算出接触点之间电流分布的具体情况,并据此得出回路电感。

场求解器的优点是准确度较高,而且还包含了许多实际中难以近似的效应。其缺点是不能根据场求解器总结出答案,它每次只能针对一个具体的问题。

例如,针对接触过孔对两平面之间回路电感的影响,我们取两种特殊的情况加以比较。在这两种情况下,两平面都为 1 in²,平面间距为 2 mil。在第一种情况下,上平面的一边作为电流的源端,与之邻近的下平面的那一边作为电流的漏端,两平面另外较远的边短接在一起。

第二种情况下,在两平面的一端上下各有一个小接触过孔,分别作为电流的源端和漏端。在另一端,也有一对相似的接触过孔将两平面短接在一起。其中每对接触孔的直径为 10 mil,中心距为 25 mil,这与实际电路板上连接平面的接触过孔对是一样的。

图 6.17 给出了每种情况下其中一个平面上的电流分布示意图。可以看出,当使用边沿接触时,与预想的一样,电流是均匀分布的。平面之间的回路电感为 62 pH,而用前面近似式得到的结果为 64 pH。所以对于这种特殊情况,近似式的效果非常好。

如果像实际电路板的情况那样,电流从一个接触过孔开始,沿着电路板到达第二个接触过孔;通过这个过孔再到达底平面,然后沿着电路板到达末端过孔,则用场求解器提取的回路电感为 252 pH。它约为边沿接触时的 4 倍。平面间的回路电感增大是由于过孔限制电流的流过形成了很高的电流密度。对电流流动的限制越大,局部自感和回路电感就越大。这种回路电感的增加常常称为**扩散电感**(spreading inductance)。如果接触孔面积增大,电流密度就会降低,扩散电感就会减小。

两平面之间的回路电感,即使考虑扩散电感,也与平面间距成正比。电源和地平面之间的介质厚度越薄,方块电感和扩散电感就越小。同理,平面之间的介质越厚,扩散电感也就越大。

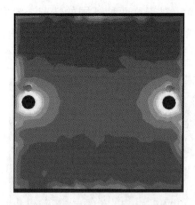

图 6.17　边沿接触和一对点接触这两种情况时，顶平面上的电流分布。图中的颜色越淡，相应的
　　　　　电流密度就越高。可以看出，边沿直接接触时的电流分布是均匀的，而点接触时的电流
　　　　　集中在接触点附近。电流密度越高，产生的电感就越大。使用Ansoft Q3D场求解器仿真

> **提示**　接触过孔到电源地平面之间的扩散电感通常要比方块回路电感大，为了准确估计平面的回路电感，必须充分考虑扩散电感。

接有许多电容器和封装引脚的一对平面，许多对过孔的电流都汇集到同一对平面上，此时减小平面间距可以减小由同时电流突变 dI/dt 产生的压降。

与去耦电容器相关的平面对的回路电感，其值主要取决于扩散电感值，而不是电容器与芯片之间的距离。去耦电容器的总回路电感与它距离芯片远近的关系也比较弱。当然，电容器距离芯片越近，被局限在芯片附近的高频功率和返回电流就越多，从而返回平面上的地弹电压就越低。

> **提示**　让去耦电容器靠近高功耗芯片，可以把返回平面上的高频电流局限在芯片附近，并使之远离电路板上的I/O区域。这样，就可以把驱动外部电缆中的共模电流和引起电磁干扰问题的地弹电压噪声最小化。

6.12　有出砂孔区域的平面对的回路电感

为了研究过孔出砂孔区域对平面对的回路电感的影响，场求解器是很有用的工具。我们经常能看到过孔阵列，如球栅阵列封装下、连接器处和电路板上的高密度区域。

通常，过孔的电源平面和地平面上会有许多出砂孔。出砂孔对平面对的回路电感有什么影响？首先想到的是电感会增大，增加多少呢？我们经常听说，封装下面的出砂孔阵列（类似瑞士奶酪的发酵效应）会使平面之间的回路电感显著增大。为了知道增加了多少，唯一的方法就是使用场求解器。

假设有两对相同的电源-地平面，它们的边长均为 0.25 in，间距均为 2 mil。一个平面对的每端都有两个接触过孔，且其中一端的两个过孔短接在一起，另一端的两个过孔则让电流从一个过孔输入而从另一个过孔输出。短接的一端类似于与去耦电容器的连接，另一端模拟了把封装的电源、地引脚经过孔连到板的表面层。

另一个电源-地平面对上有出砂孔区域，其内孔直径为 20 mil，同心圆外径为 25 mil，空闲面积约占 50%。对于这两种不同的情况,均采用静态三维场求解器计算电流分布和提取回路电感。图 6.18 给出了有出砂孔区域和没有出砂孔区域时的电流分布。出砂孔把电流限制在孔间的狭窄通道里,所以我们推测回路电感将会增大。

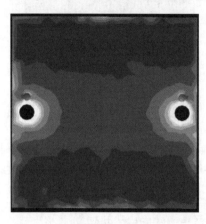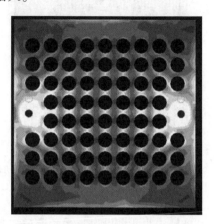

图 6.18　没有出砂孔区域和有出砂孔区域时,由接触过孔连接的相邻平面上的电流分布。颜色越淡,相应的电流密度越大。从图中可看出,出砂孔使电流受到限制,从而引起回路电感增大。使用 Ansoft Q3D 场求解器仿真

场求解器计算得出:没有出砂孔区域时的回路电感为 192 pH,有出砂孔区域时的回路电感为 243 pH。当空闲面积为 50% 时,回路电感大约增加了 25%。可见,出砂孔确实能使回路电感增大,但并没有想象的那么严重,回路电感的增加仍可控制在两倍之内。为了减小出砂孔的影响,就要把出砂孔做得尽量小。当然,无论有无出砂孔,缩小平面间距都可以减小回路电感。

> **提示**　要得到最小的回路电感,最优的电源和地互连应使用尽可能宽、尽可能靠近的平面对。在平面之间使用十分薄的介质,可以减小去耦电容器与芯片焊盘之间的回路电感,进而减小轨道塌陷和电磁干扰。

轨道塌陷和电磁干扰的问题,在上升边减小时会变得十分严重。随着时钟频率的不断升高,在电源分配网络中使用薄介质将会起到日益重要的作用。

6.13　回路互感

两个相互独立的电流回路,它们之间就会产生互感。回路互感就是第一条回路中有 1 A 电流通过时,所产生的环绕在第二条回路周围的磁力线匝数。

当第一条回路中的电流发生变化时,环绕第二条回路周围的磁力线匝数就会发生改变,进而会产生噪声。该噪声值为

$$V_{\text{noise}} = L_{\text{m}} \frac{\mathrm{d}I}{\mathrm{d}t} \tag{6.24}$$

其中,V_{noise} 表示产生的电压噪声,L_{m} 表示两条回路之间的回路互感,$\mathrm{d}I/\mathrm{d}t$ 表示第二条回路中的电流的变化率。

只有当动态回路中的电流变化时，在静态回路中才会产生噪声。而且这种情况仅在开关跳变时才发生。这就是该类噪声经常称为**开关噪声**、**同时开关噪声**(SSN)或 **Δ***I* **噪声**的原因。

> **提示** 减小开关噪声的最重要方法是减小信号路径–返回路径回路之间的互感。可以通过拉大两回路的距离实现这一点。互感不大于两回路自感的最小值，所以减小回路互感的另一个途径就是减小两回路的自感。

回路互感会引起两条均匀传输线之间的串扰，在第 11 章中将进行深入的讨论。

6.14 多个电感器的等效电感

到目前为止我们只讨论了单个每边各有一个引出端的双端互连元件的局部电感，以及由这样两个元件相串联的回路电感。对于两个分立的互连元件，它们有两种连接方式：串联和并联，如图 6.19 所示。

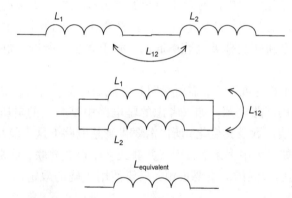

图 6.19 局部电感器串联(上)、并联(中)和等效电感(下)的电路拓扑结构

如果任何一种配置组合的结果仍然是双端元件，组合就有一个等效电感。我们习惯地以为两个电感器串联组合的等效电感就是各个局部自感的相加，那么它们之间的互感对等效电感有什么影响呢？

把两个互连元件之间的互感考虑在内，等效电感就变得更复杂了。在计算每个元件的总电感时，先要考虑清楚其自感及其他元件的互感贡献，然后再考虑是用串联还是并联加以组合。

当两个元件中的电流方向相同时，它们磁力线圈的旋转方向是相同的，其局部互感与局部自感相加。这种情况下的总电感大于局部自感，或者说在等效电路中包括互感比不包括互感时的电感要大。

对于两个局部电感的串联，其等效的局部自感为

$$L_{\text{series}} = L_1 + L_2 + 2L_{12} \tag{6.25}$$

当两个元件并联连接时，其等效的局部自感为

$$L_{\text{parallel}} = \frac{L_1 L_2 + L_{12}(L_1 + L_2) + L_{12}^2}{L_1 + L_2 + 2L_{12}} \tag{6.26}$$

其中，L_{series} 表示串联的等效局部自感，L_{parallel} 表示并联的等效局部自感，L_1 表示其中一个元件的局部自感，L_2 表示另一个元件的局部自感，L_{12} 表示两个元件之间的局部互感。

当局部互感为零且局部自感相同时,上述关系式简化为我们所熟悉的表达式,即串联的等效电感是其中一个局部自感的 2 倍,并联的等效电感是其中一个局部自感的 1/2。

对于两个电感器局部自感相同这种特殊情况,电感器串联后的等效电感就是其中一个自感与互感之和的 2 倍。并联后的等效电感为

$$L_{\text{parallel}} = \frac{1}{2}(L + M) \tag{6.27}$$

其中,L_{parallel} 表示并联的等效局部自感,L 表示单个元件的局部自感,M 表示两个元件之间的局部互感。

从上式可以看出,如果要减小两条并联电流路径的等效电感,只要元件之间的互感减小了,其等效电感就会减小。

6.15　电感分类

电感的分类与流过单位安培电流时导体周围的磁力线匝数有直接的关系。电感的重要性在于,当电流变化时导体上会产生感应电压。由此产生出各种信号完整性问题。为了找出并解决这些问题,需要知道到底是哪类电感引起的,源于哪里。所以,如果只讲电感就是很含糊的。

为了清楚起见,对于自感或互感,需要指明其电流的源头,然后还要说明是指部分电路的局部电感还是整个电路的回路电感。如果考虑的是电路中某一段的电压噪声,那么由于该电压噪声取决于所有磁力线匝数及其变化,所以需要弄清楚电路上这一段的总电感。最后,如果是多个电感器的组合,如封装中多条平行引线并联或多个过孔并联,就要用到等效电感。

误用术语"**电感**"是引起混淆的主要根源,只要使用正确的限定词,就不会出错。电感的各种分类如下所示。

1. **电感**:流过单位安培电流时,环绕在导体周围的磁力线匝数。
2. **自感**:导体中流过单位安培电流时,环绕在该导体周围的磁力线匝数。
3. **互感**:某一导体流过单位安培电流时,环绕在另一导体周围的磁力线匝数。
4. **回路电感**:流过单位安培电流时,环绕在整个电流回路周围的磁力线总匝数。
5. **回路自感**:完整电流回路中流过单位安培电流时,环绕在该回路周围的磁力线总匝数。
6. **回路互感**:某一回路中流过单位安培电流时,环绕在另一完整电流回路周围的磁力线匝数。
7. **局部电感**:其他地方没有电流存在时,环绕在该段导线周围的磁力线匝数。
8. **局部自感**:仅在一段导线中有单位安培电流而其他地方无电流存在时,环绕在该段导线自身周围的磁力线匝数。
9. **局部互感**:仅在某一段导线中有单位安培电流而其他地方无电流存在时,环绕在另一段导线周围的磁力线匝数。
10. **有效电感、净电感或总电感**:当整个回路中流过单位安培电流时,环绕在一段导线周围的磁力线总匝数,其中包括源于回路每一部分电流的磁力线。
11. **等效电感**:多个电感器的串联或并联组合后单一自感的大小,其中包括它们之间互感的影响。

6.16　电流分布及集肤深度

在估算导线的电阻和电感时,假设电流在导线中是均匀分布的。直流时的情况的确如此,但电流变化时的情况就不总是这样了。交流时的电流分布大不相同,将会明显地影响导线的电阻,并对导线的电感产生一定的影响。

频域分析中的电流是不同频率的正弦波,很容易估算出电流的分布变化。所以,转到频域寻找答案比在时域中要快一些。

直流时,实心铜棒中的电流是均匀分布的。前面在计算磁力线匝数时,重点关注了导线外部的磁力线。事实上,在导线内部也有一些磁力线,它们是自感的一部分,如图 6.20 所示。

导线内部和导线外部的磁力线圈都能影响自感。为了区分它们,我们把自感分为内部自感和外部自感。

内部磁力线圈是穿过导线金属并受金属影响的那部分。圆导线的外部磁力线圈并不穿过导线,也不会随频率而变化。但是,由于导线内部的电流分布随频率而变化,所以导线内部的磁力线圈也将发生变化。

图 6.21 所示为两个实心铜横截面积完全相等的电流圆环柱体。若横截面积完全相等,且圆环柱体的电流也相同,那么哪一个圆环柱体周围的磁力线比较多呢?

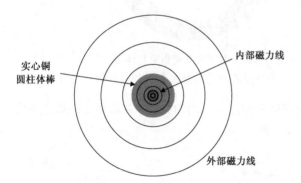
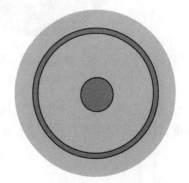

图 6.20　均匀的实心铜圆柱体棒中,由直流电流产生的磁力线圈,一部分在导线内部,一部分在导线外部

图 6.21　两个电流圆环柱体,电流流向纸的里面。两个铜圆环柱体的横截面积完全相等,其中一个是实心铜圆柱体棒

在外圆环体的外面,两者的磁力线匝数一样多,因为电流周围的磁力线仅与它们所环绕的电流有关。而在外圆环体的内部没有磁力线圈,因为磁力线圈一定要环绕在电流周围。

由于内圆柱体里的电流离外圆环柱壁有一段距离,所以内圆柱体里的电流在圆环内部有较多的自磁力线圈。离圆柱杆中的电流越近,周围的磁力线匝数就越多。

> **提示**　当导线中流过单位安培电流时,与电流分布在外表面相比,电流集中在圆柱杆中心时有更多的磁力线和更大的自感。

现在,转向讨论交流。这时的电流是正弦波,任何频率分量都是沿最低的阻抗路径传播的。电感最大的电流路径,其阻抗也最大;随着频率的升高,高电感路径的阻抗会变得更大。频率越高,电流越倾向于选择电感较低的路径,即趋向于圆柱杆外表面的路径。

　　一般而言,频率越高,电流越趋向于沿着导线的外表面流动。在某一给定频率,从导线内部到外部表面有特定的电流分布。这取决于电阻性阻抗与感性阻抗的相对大小。电流密度越集中,电阻性阻抗上的压降就越大。但是频率越高,内部路径和外部路径感性阻抗的差别就越大。这样的权衡意味着电流分布随频率而变化,并且在高频时,所有电流会趋向于导线表面的那一薄层。

> **提示**　随着圆柱杆中电流的正弦波频率升高,电流将重新分布,大部分电流选择阻抗最低的路径,即沿着导线外表面流动,在高频时就像所有电流只在导线表面很薄的一层内流动。

　　对于实际导线中的电流分布,只有为数不多的一些几何结构有很好的近似,圆柱体是其中之一。对于每个频率点,从导线表面到导线中心,电流分布呈指数下降,如图 6.22 所示。

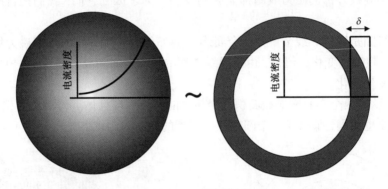

图 6.22　左图:某一频率下,实心铜导线中的电流分布。图中说明电流集中在外表面附近,颜色越重,电流密度越大。右图:用厚度等于集肤深度的均匀分布去近似圆柱体中的电流

　　在这种几何结构中,可以把电流层近似成有固定厚度 δ 的均匀分布,并称该等效厚度为**集肤深度**,它取决于频率、金属的电导率和磁导率,即

$$\delta = \sqrt{\frac{1}{\sigma \pi \mu_0 \mu_r f}} \tag{6.28}$$

其中,δ 表示集肤深度(单位为 m),σ 表示金属的电导率(单位为 S/m, 即 Siemens/m),μ_0 表示自由空间的磁导率(为 $4\pi \times 10^{-7}$ H/m),μ_r 表示导线的相对磁导率,f 表示正弦波频率(单位为 Hz)。

　　铜的电导率为 5.6×10^7 S/m,相对磁导率为 1,它的集肤深度近似为

$$\delta = 66 \sqrt{\frac{1}{f}} \quad \mu m \tag{6.29}$$

其中,δ 表示集肤深度(单位为 μm),f 表示正弦波频率(单位为 MHz)。

　　在 1 MHz 时,铜的集肤深度为 66 μm。图 6.23 画出了铜的集肤深度,并与 1 盎司和 0.5 盎司铜的几何厚度相比较。从图中可以看出,对于 1 盎司铜线,当电流正弦波频率高于 10 MHz 时,电流分布取决于集肤深度而不是横截面的结构。当低于 10 MHz 时,电流是均匀分布的,且与频率无关。当集肤深度小于横截面几何厚度时,电流分布、电阻和回路电感开始与频率有关。

　　要记住,这是一个很方便的经验法则:当电路板上的铜线为 1 盎司或者几何厚度为 34 μm 时,若频率大于等于 10 MHz,则导线中的电流不再占用线条的整个横截面,趋肤效应在电流分布中起主导作用。

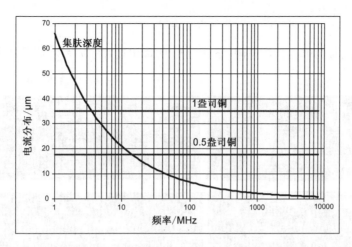

图 6.23　集肤深度受限制时铜线中的电流分布，与之相比较的是 1 盎司铜和 0.5 盎司铜的几何厚度

在实际的互连中，通常有信号路径和返回路径。由于电流回路沿信号路径和返回路径传播，回路自感影响着电流所感受到的阻抗。随着频率升高，回路自感的阻抗变大，导线中的电流将选择阻抗最小即回路自感最小的路径而重新分布。回路自感最小时电流是如何分布的？

有两种途径可以减小整个回路的自感：使每条导线中的电流向外边界扩展；使返回电流挤近信号电流。这样，一方面减小每条导线的局部自感，另一方面则增大导线之间的局部互感。以下两种效应都会出现：电流在导线内会向外扩散开，两条导线中的电流重新分布以使两个电流相互靠得更近。两种力量的平衡决定了每条导线中的电流的确切分布。每条导线中的电流都会尽量向周边扩散开，以减小局部自感。与此同时，两条导线中的电流又会尽可能地挤近，以增大局部互感。最终电流的分布只能用二维场求解器进行计算。图 6.24 给出了一对直径为 20 mil（即 500 μm）的扁平线中的电流分布。频率较低时，集肤深度大于导线横截面的几何厚度，此时电流均匀分布。从 100 kHz 起，金属铜中集肤深度变成 10 mil（即 250 μm），这已经与横截面的几何厚度相当，所以电流开始重新分布。在 1 MHz 时，集肤深度为 2.5 mil（即 66 μm），小于导线直径，集肤深度在电流分布中起主导作用。随着频率的升高，电流会重新分布以尽可能减小回路阻抗。

图 6.24 还给出了 1 盎司铜微带线中的电流分布。在 1 MHz 时，电流几乎是均匀分布的。从 10 MHz 起，电流开始重新分布。高于 10 MHz 时，集肤深度远小于横截面的几何厚度并开始主导电流分布。在两个示例中，当频率较高时电流都会重新分布以尽可能减小阻抗。

随着频率升高，导线的体电阻率不变。就铜而言，直到频率大于 100 GHz 时，体电阻率才开始发生变化。然而，如果由于趋肤效应的影响而使电流流过的横截面很薄，则互连的电阻就会增大。

> **提示**　当集肤深度小于横截面的几何厚度时，随着频率的升高，电流流过的横截面积随频率的平方根成比例减小，从而使导线的单位长度电阻随频率的平方根成比例增大。

以简单的微带线为例，假设微带线由 1 盎司铜构成，宽为 5 mil。在直流时，信号路径的单位长度电阻为

$$R_{DC} = \frac{\rho}{wt} \qquad (6.30)$$

其中, R_{DC} 表示直流时的单位长度电阻, ρ 表示铜的体电阻率, w 表示信号线的宽度, t 表示信号线的几何厚度。

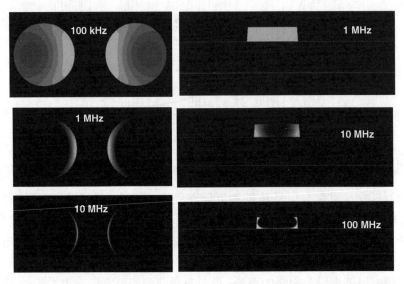

图 6.24　3 种不同频率时, 直径为 20 mil 的导线和 1 盎司铜微带线中的电流
分布, 其中颜色越淡, 电流密度越高。使用 Ansoft 二维场求解器仿真

在频率约高于 10 MHz 时, 电流受集肤深度的限制, 电阻与频率有关。此时电流实际所用的导线厚度约等于集肤深度, 所以高频时的电阻实际上就是

$$R_{HF} = \frac{\rho}{w\delta} \qquad (6.31)$$

其中, R_{HF} 表示高频时的单位长度电阻, ρ 表示铜的体电阻率, w 表示信号线的宽度, δ 表示高频时铜的集肤深度。

高频时的电阻与直流时的电阻之比约为 $R_{HF}/R_{DC} = t/\delta$。1 GHz 时, 铜的集肤深度约为 2 μm, 则 1 盎司铜的高频电阻等于 30 μm/2 μm = 15 倍的低频电阻。随着频率的升高, 信号线的串联电阻只会变得更大。

图 6.25 给出了线径粗细为 25 mil 的 22AWG 铜线圈的实际测量电阻, 其中线圈直径约为 1 in。10 kHz 时, 集肤深度和导线的几何粗细相当。当频率更高时, 电阻大致随频率的平方根而增大。

电流随着频率的升高而重新分布, 直接造成电阻随频率而升高。再看电感随频率的变化趋势。由于促使电流重新分布的动力是追求回路电感的减小, 所以回路自感必将随频率的升高而减小。

直流时, 导线的自感由外部自感和内部自感两部分组成。当导线中的电流重新分布时, 外部自感不变; 随着越来越多的电流向导线表面移动, 内部自感越来越小。当电流频率远高于集肤深度约等于导线几何厚薄的这个频率时, 导线内部的电流会非常小, 而内部自感此时几乎为零。

可以推测导线的自感与频率有关。低频时的导线自感等于 $L_{internal} + L_{external}$, 高频时的导线自感等于 $L_{external}$。这种转变应当从集肤深度与导线几何厚薄相当时的这个频率开始显现, 并且从集肤深度只占几何厚薄很小一部分时的这个频率起, 基本趋于稳定。

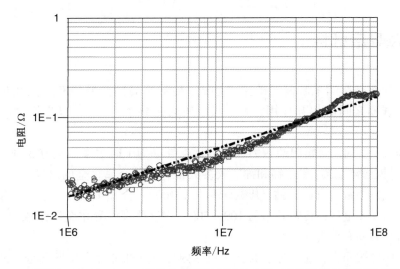

图 6.25　直径为 1 in 的 22AWG 铜线构成线圈的测量电阻，可以看出电阻随频率的平方
根而增大。图中的圆圈表示实测电阻，直线表示电阻随频率的平方根增大

电流的精确分布及内部自感和外部自感的影响是很难分析估计的，尤其是矩形横截面结构。然而，使用二维场求解器就能很容易地进行计算。

图 6.26 所示为微带线中电流重新分布时单位长度的回路自感。从图中可以看出，由于趋肤效应的影响，低频时的回路自感比高频时的大，差额正是内部回路自感。当频率略高于 100 MHz 时，电流在很薄的一层中传输，而且随着频率的进一步升高，电感基本保持不变。

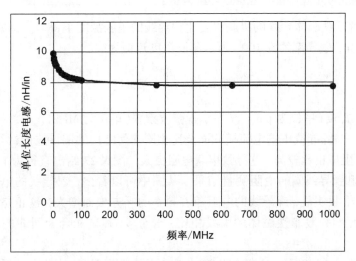

图 6.26　由于趋肤效应的影响，电流重新分布时微带线的回路自感。使用 Ansoft 二维场求解器计算

提示　微带线回路自感，通常是指所有电流都跑到外表面的高频界限的情况。如果电流靠近导线表面而且与导线几何厚薄无关，这一频率就是趋肤效应的界限，"**高频**"是指高于这一界限的频率。

6.17　高磁导率材料

导体的磁导率是影响集肤深度的重要参数,磁导率高的金属只有少数几种。磁导率是指导体与磁力线圈之间的相互作用,大多数金属的磁导率为1,所以它们对磁力线圈没有影响。

当磁导率大于1时,金属内的磁力线匝数比磁导率为1时更多。只有3种金属的磁导率大于1,它们是铁磁体金属:铁、钴和镍。大多数含有这些金属合金的磁导率都远大于1。我们最熟悉的铁氧体中常含有铁和钴,其磁导率大于1000。合金42和科瓦合金(Kovar)这两种铁磁体是重要的互连金属,其磁导率为100~500。用这些高磁导率金属制成的互连,它们的电阻及电感值与频率有很大的关系。

对于铁磁体导线而言,直流时它的自感包括内部自感和外部自感两部分。外部自感所对应的磁力线圈穿过的是磁导率为1的空气,所以铁磁体导线的外部自感保持不变,与铜导线时的情况一样。总之,单位安培电流时的外部磁力线是相同的。

但是,铁磁体导线的内部磁力线穿过的是高磁导率材料,这时磁力线会激增。低频时,铁磁体导线的电感非常大,但当频率约高于1 MHz时,所有磁力线中只剩下外部磁力线,其回路自感和相同尺寸的铜导线的回路自感相当。

> **提示**　超过集肤深度极限时,回路电感几乎仅由外部磁力线构成,所以铁磁体导线中的高频信号感受到的回路电感与铜导线的回路电感大致相当。

由于高磁导率,铁磁体导线的集肤深度比铜导线的集肤深度小得多。例如,镍的体电导率约为1.4×10^7 S/m,磁导率约为100,所以集肤深度近似为

$$\delta = 13 \sqrt{\frac{1}{f}} \quad \mu m \tag{6.32}$$

其中,δ表示集肤深度(单位为μm),f表示正弦波频率(单位为MHz)。

在相同频率下,镍导线中的电流横截面要比相同几何结构的铜导线的薄得多,δ约为铜的1/5。另外,体电阻率也比较高,这导致串联电阻更大。图6.27给出直径为1 in且横截面大致相同的铜导线圈和镍导线圈的电阻测量结果。从图中可以看出,镍导线的电阻是同频率下铜导线电阻的10倍;很明显,镍导线的电阻随着频率的平方根而增大,这正是趋肤效应限制下电流分布的特点。与一般非铁磁体的引线相比,合金42和科瓦合金引线的高频电阻就显得很高。

这就是有时在合金42引线上镀银以减小其高频电阻的原因。在外表面使用非铁磁体导线,以便传输高频电流。让最高的频率分量途经集肤深度更大和电导率更高的材料。

导线的精确阻值取决于与频率有关的电流分布,对于任意形状的导线,其阻值很难加以计算。而二维场求解器的价值之一就是能计算出与频率有关的电流分布,以及与之相关的电感和电阻值。

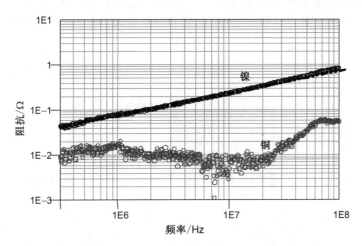

图 6.27　直径为 1 in 且横截面大致相同的铜导线圈和镍导线圈的电阻测量结果。从图
　　　　　中可以看出，由于趋肤效应的影响，镍导线的电阻高得多；重叠的粗线条
　　　　　表明镍导线的电阻随着频率的平方根而增加。测量的噪声基底约为 10 mΩ

6.18　涡流

　　前面曾经提过，如果两个导体中有一个导体的电流改变，那么另一个导体的两端会产生感应电压，此感应电压会形成电流。换言之，当其中一个导体的电流变化时，第二个导体中会产生感应电流，我们称这种电流为**涡流**。

　　有这样一种重要的几何结构，其涡流严重影响导线的局部自感和回路自感。这种几何结构就是一个电流回路靠近一个大的导电表面，如电路板中的平面或金属外壳表面。

　　举一个最简单的例子，金属平面上方有条圆导线，注意该金属平面可以是任何导体并可能悬浮有任何电压。至于电压是多大或平面又与什么相连，都不重要，重要的是它能够导电而且是连续的。

　　当导线中有电流时，一些磁力线就会穿过导电平面，导线与平面之间就会存在互感。当导线中的电流变化时，穿过平面的磁力线也会发生变化，并在平面上产生感应电压，而此电压又激起了涡流，这些涡流反过来又会产生自己的磁力线。

　　通过求解麦克斯韦方程组，可以发现涡流产生磁力线的结构就像由平面下方的另一电流产生的，即它与平面的距离和真实电流与平面的间距相等，如图 6.28 所示。这个虚构的电流称为**镜像电流**，其方向正好与原实际电流相反。实际电流和涡流的净磁力线与实际电流和镜像电流的净磁力线有相同的分布，仿佛平面不存在。为了更好地理解实际电流和涡流的磁力线，可以抛开导电平面和实际的涡流，而用镜像电流去取代它们。

　　镜像电流与实际电流大小相等，方向相反，而且镜像电流的一些磁力线会环绕在实际电流周围。不过，由于两电流方向相反，在实际电流的磁力线中要减去镜像电流的磁力线。

　　源于涡流（镜像电流）的互磁力线圈将减小导线的总电感，实际上就是减小了导线的局部自感。如果电流回路在悬空的导电平面上方，而且二者绝对没有任何的电气连接，仅仅是平面的存在就已减小了回路的回路电感。导线离平面越近，离镜像电流就会越近，它们之间的互感也就越大,从而实际电流的局部自感就越小。下面的悬空平面越近,平面中产生的涡流就越大,信号路径的自感也就越小。图6.29 中给出了当信号路径靠近悬空平面时,邻近平面中涡流的分布。

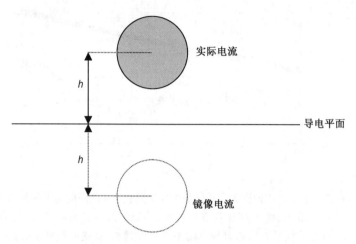

图6.28　平面派生的镜像电流,其方向正好与原电流方向相反

图6.29　1 MHz 时,靠近悬空平面的圆导线中的电流分布和平面中出现的涡流

用两条长的矩形截面共面导线构成一个由信号路径及返回路径组成的回路,可以求出它们的单位长度回路电感。如果把均匀的悬空平面靠近这个回路,则由于平面上涡流的作用,回路电感将减小。平面越靠近,回路电感就越低。图6.30 示例了简单情况下回路电感的减小情况。

在这个示例中,线宽为5 mil,两线之间的间距为10 mil,即两导线外侧跨度为20 mil。从图中可以得出一个经验法则:只要电流回路与悬空平面的间距小于两导线之间的总跨度,感应的涡流就会起作用。

> **提示**　只要电流回路与导电平面的距离小于导线之间的跨度,平面上就会产生涡流。邻近平面的存在总会减小互连的回路电感。

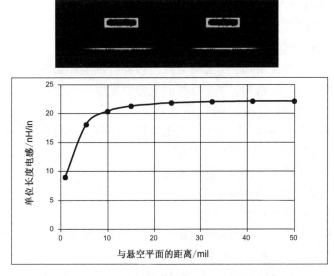

图 6.30　上图：很长的矩形横截面共面回路，两条支路中的电流分布及悬空平面上感应的涡流。下图：电流回路与悬空平面的距离变化时，受涡流影响的单位长度回路电感的变化曲线。使用Ansoft二维场求解器计算

6.19　小结

1. **电感**至关重要，它影响信号完整性问题中的所有方面。
2. **电感**的基本定义就是导线中有单位安培电流时，导线周围的磁力线匝数。
3. 所有不同种类的电感都有特殊的限定词：它们(自感和互感)指明了产生磁力线的导线，围绕导线的多大一部分(局部电感和回路电感)去计算磁力线，以及是否包括了源于回路其他部分的所有磁力线(净电感)。
4. 重视电感的唯一原因是感应电压：如果导线周围的磁力线匝数发生了变化，导线两端就会产生电压，而且此电压与磁力线匝数变化的快慢有关。
5. 地弹是由于流过地返回路径净电感的电流发生了变化($\mathrm{d}I/\mathrm{d}t$)，而在地返回路径的不同部位之间感应出了电压。
6. 减小地弹就是要减小返回路径的净电感。使用宽而短的导线，而且信号路径要尽量靠近返回路径。
7. 要获得最低的轨道塌陷噪声，就要使芯片焊盘到去耦电容器之间的回路电感尽量小。回路电感最低的互连就是尽量靠近的宽平面对。
8. 过孔出砂孔区域会使平面对的回路电感增加。当空闲面积约为 50% 时，回路电感约增加 25%。
9. 随着电流正弦频率分量的升高，它们将选择阻抗最低的路径，使电流分布趋向于导线的外表面，并使信号电流与返回电流尽可能挤近。这使电感与频率有些相关，即随频率的升高，电感会减小；同时又使电阻与频率的升高密切相关，即电阻随频率的平方根而增加。
10. 当电流在均匀平面附近时，即使此平面是悬浮的，感应的涡流也会使电流回路的自感减小。

6.20　复习题

6.1　什么是电感?

6.2 用于磁力线计数的单位是什么？

6.3 列出电流周围磁力线的 3 种性质。

6.4 当导体中没有电流时，导体周围有多少磁力线圈？

6.5 如果导线中的电流增加，那么磁力线匝数将会发生什么变化？

6.6 如果导线中的电流增加，那么导线的电感会发生什么变化？

6.7 自感和互感之间有什么区别？

6.8 当两个导体之间的间距增加时，两个导体之间的互感会发生什么变化？为什么？

6.9 哪两种几何特征影响着导体的自感？

6.10 为什么当导体长度增加时自感会增加？

6.11 什么影响着导体上的感应电压？

6.12 局部电感和回路电感的区别是什么？

6.13 为什么当另一节导体是返回路径时，用自感减去互感才能求得总电感？

6.14 在什么情况下，互感会增加自感以提高总电感？

6.15 哪 3 种设计特性会降低电流回路的回路电感？

6.16 在估算地弹的大小时，应计算什么类型的电感？

6.17 假如想减少封装引脚的地弹，应该选择什么样的引脚作为返回路径引脚？

6.18 假如想降低连接器的电源路径和接地路径中的回路电感，在选择电源和接地引脚时，两个重要的设计特性是什么？

6.19 电流为 2 A 的导体周围的磁力线匝数为 24 Wb。当电流增加到 6 A 时，磁力线匝数会发生什么变化？

6.20 若导体有 0.1 A 的电流，产生的磁力线匝数为 1 μWb，那么导体的电感是多大？

6.21 导体中的电流产生的磁力线匝数为 100 μWb。若电流在 1 ns 内关断，那么导体两端感应的电压是多少？

6.22 若封装中返回引脚的总电感为 5 nH，当流过引脚的 20 mA 电流在 1 ns 内关断时，引脚上感应的电压噪声是多大？

6.23 如果 4 个信号使用复习题 6.22 中的引脚作为其返回路径，那么应该怎么办？所产生的总地弹噪声是多大？

6.24 1 GHz 时，铜的集肤深度是多大？

6.25 如果在电路板信号走线的顶层表面和底层表面都流过电流，那么 1 GHz 时的电阻与直流时的相比增加了多少？

6.26 根据图 6.26 中的仿真结果，从直流到 1 GHz 时的电感下降百分比是多少？

6.27 当两个回路之间的间距加倍时，回路互感量是增加了还是减少了？

6.28 导线的直径 D 为 10 mil，由其构成了一个直径为 2 in 的圆环回路，求回路的电感是多大？

6.29 直径为 100 mil，间距为 1 in 的两条导线，其单位长度的回路电感是多大？每条导线的单位长度的总电感是多大？

6.30 在 4 层印制板中的电源层和接地层之间，典型的电介质厚度为 40 mil，在电源平面和地平面之间的薄层方块电感是多大？1 方块的薄层方块电感与去耦电容器典型的 2 nH 装配电感相比如何？

第7章 传输线的物理基础

我们经常谈论并使用**传输线**这一术语。那么,传输线到底是什么?同轴电缆是一种传输线,多层板中的 PCB 线条也是一种传输线。

> **提示** 简单地说,传输线是由两条有一定长度的导线组成的。

我们知道,传输线用于将信号从一端传输到另一端。图 7.1 阐明了所有传输线的一般特征。为了区分这两条导线,我们把一条称为**信号路径**,另一条称为**返回路径**。

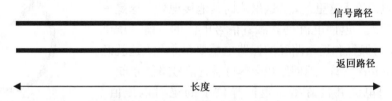

图 7.1 传输线由任意两条有一定长度的导线组成。其中一条标记为信号路径,另一条标记为返回路径

传输线是一种新的理想电路元件。它与前面介绍过的电阻器、电容器和电感器这 3 种理想电路元件的特性大不相同。传输线有两个非常重要的特征:特性阻抗和时延。信号与传输线的相互作用比较特别,它和其他 3 种理想电路元件与信号的相互作用截然不同。

在有些情况下,也可以由 C 和 L 的组合去近似理想传输线的电气特性。但是,理想传输线的性能与实际测量到的互连性能非常吻合。而且,它的带宽要比 LC 近似电路高得多。如果将理想传输线这个电路元件添加到工具箱中,就能明显增强我们描述信号与互连相互作用的能力。

7.1 不再使用"地"这个词

一般而言,**接地**一词预留给了电路中其电位比任何其他节点都更低的那部分导体。测量的只是电位差。当选择地节点作为参考点时,电路中的其他节点都处于较高的电平。除了被列为电路中的电位最低的地,此处导体没什么特殊的,其他所有节点都位于较高的电位。这类接地点就是**电路**的地。

更进一步的接地是**底盘**接地和**大地**接地。接地用的底盘是一种特殊的导体。底盘接地意味着要与产品的金属导体外壳相连接。这个导体是独一无二的。

大地接地也是一种特殊的连接。从根源上讲,任何与大地相连接的导体都能追查到它被连到一根至少埋到地下 4 ft 深的铜杆上。许多建筑规范详细规定了应如何放置铜杆才算是接大地了。

三相交流电源插头的圆形插座要与大地相连接。作为安全防范措施,底盘接地还要再与大地相连接,这也是美国保险商实验室(Underwriters Laboratory, UL)所要求的规范。

双极电路中的接地节点,通常是位于电压 $+V_{CC}$ 和 $-V_{CC}$ 中间处的某个节点。

通常,传输线中的另一条线被称为**地线**。使用地这一术语表征返回路径是一个很不好的习惯,应加以避免。

> **提示**　将第二条线当成**地**,所引出的问题要比解决的问题多得多。相反,使用**返回路径**这一术语是一个良好的习惯。

在信号完整性的设计过程中,引起麻烦的一种常见原因就是滥用"**地**"这个词。我们应该习惯地把其他导体看成**返回路径**,这是非常有益的。

许多与信号完整性相关的问题,都是由于返回路径设计不当而产生的。如果总能清楚地意识到其他路径在为信号电流提供返回路径时的重要作用,就能在设计过程中,像设计信号路径那样去认真地设计其他路径的几何结构了。

当把另一条路径当成地时,我们通常会把它看成公共的电流低洼处。返回电流流入这里,又从这里流向其他接地处。**这是一种完全错误的观点**。返回电流是紧靠着信号电流的。前一章讲到,高频时,信号路径和返回路径的回路电感要最小化,这就意味着只要导体的情况允许,返回路径会尽量靠近信号路径分布。

再者,返回电流并没有指定返回导体上的绝对电压值。实际的返回导体可能是个电压平面,如 V_{CC} 或 V_{DD} 平面;而有时又是一个低电压平面。过去的原理图设计中,人们将它标记为**地**节点,与以传输线形式传播的信号完全无关。从现在开始将其称为返回路径,将来就会免除很多麻烦(见图 7.2)。

图 7.2　不再使用"**地**"这个词,将会避免许多问题,而不是引出许多麻烦

7.2　信号

当信号沿传输线传输时,需要同时用到信号路径和返回路径。所以,在确定信号与互连之间的相互作用时,两条导线是同等重要的。

当两条线一样时,如双绞线,信号路径与返回路径没有严格的区分,即可以指定任意一条为信号路径,而另一条为返回路径。如果两条导线不相同,如微带线,则通常把较窄的那条称为信号路径,而把平面称为返回路径。

把信号接入传输线时,它就以材料中的光速在导线中传输。在信号加入传输线一段时间之后,可以暂时把时间停滞下来,并沿着传输线测量信号的大小。信号总是指信号路径和返回路径之间相邻两点的电压差,如图 7.3 所示。

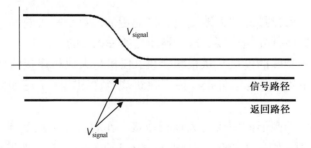

图 7.3　传输线上某一时刻信号的波形,信号是信号线和返回线之间相邻两点的电压差

> **提示**　如果知道信号感受到的阻抗，根据信号电压大小就能计算出电流。从这个意义上讲，信号可以被定义成电压或电流。

重要的是，应该区分并关注信号线上的电压（用示波器探头可测量的电压）及传播中的信号。传播中的信号就是电压沿传输线行进中的动态模式。

当信号走过传输线上的一个点时，示波器探头测得的信号电压就是其幅度值。但是，如果传输线上有多个信号朝着不同的方向传播，这时的示波器探头就无法将其区分开。所测得的电压与传播的信号**不再**相同。

这些普遍的原则适用于所有传输线，无论是单端传输线还是差分传输线。

7.3　均匀传输线

可以按传输线的几何结构对传输线加以分类。几何结构中有两个基本特征完全决定了传输线的电气特性：导线沿线横截面的均匀程度，两条导线的相似度和对称程度。

如果导线上任一处的横截面都相同，比如同轴电缆，则称这种传输线为**均匀传输线**。图 7.4 给出了几种均匀传输线的示例。

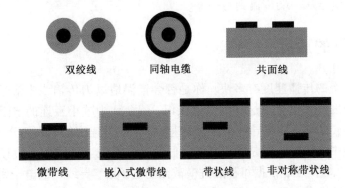

双绞线　　　　同轴电缆　　　　共面线

微带线　　　嵌入式微带线　　　带状线　　　非对称带状线

图 7.4　互连中常用的各种均匀传输线的横截面举例

我们知道，均匀传输线也称为**可控阻抗传输线**。传输线的种类很多，如双绞线、微带线、带状线和共面线等。

> **提示**　如果传输线是均匀的或阻抗可控的，反射就会减小，信号的质量也就会更优。所有的高速互连都必须设计成均匀传输线。

在整条导线中，如果几何结构或材料属性发生变化，传输线就是不均匀的。例如，如果两条导线的间距是变化的，而不是恒定的，它就是非均匀传输线。双列直插封装（DIP）或扁平封装（QFP）中的一对引脚就是非均匀传输线。

连接器的相邻线条通常也是非均匀传输线，印制电路板上的线条如果没有返回路径平面，则很可能也是非均匀传输线。非均匀传输线除非线条走线足够短，否则就会引起信号完整性问题，所以应该避免这种情况的发生。

> **提示**　在信号完整性的优化设计过程中，其中一个设计目标是：将所有互连都设计成均匀传输线，并减小所有非均匀传输线的长度。

影响传输线的另一个几何参数就是两条导线的相似程度。如果两条导线的形状和大小都一样，即它们是对称的，就称这种传输线为**平衡传输线**。双绞线的每条导线看起来都是一样的，因此它是对称的，所以是一种平衡传输线。共面线是在同一层并列的两条窄带线，它也是一种平衡传输线。

同轴电缆是非平衡传输线，因为它的中心导线要比外面的导线细。微带线也是一种非平衡传输线，因为两条导线的宽度不一样，其中一条比较窄，另一条比较宽。同理，带状线也是非平衡传输线。

> **提示**　一般而言，绝大多数传输线，无论是平衡的还是非平衡的，它们对信号的质量和串扰效应都不会造成什么影响。然而，返回路径的具体结构将严重影响地弹和电磁干扰问题。

无论传输线是均匀的还是非均匀的，是平衡的还是非平衡的，它都只有一个作用：在可接受的失真度下，把信号从一端传输到另一端。

7.4　铜中电子的速度

信号在传输线上的传播速度有多快？你是否会错误地以为传输线中信号的传输速度取决于导体中电子的速度？如果有了这样的错误认识，就会认为减小互连的电阻可以提高信号的传播速度。实际上，在常见的铜导线中，电子速度低于信号速度的 100 亿分之一。

要估算铜导线中电子的速度是很容易的。假设有一条 18 号圆导线，直径为 1 mm，流过的电流为 1 A。如图 7.5 所示，根据每秒通过横截面的电子数、导线中的电子密度和导线的横截面积，就能计算出导线中电子的速度。导线中的电流为

$$I = \frac{\Delta Q}{\Delta t} = \frac{qnAv\Delta t}{\Delta t} = qnAv \tag{7.1}$$

从上式可以导出计算电子速度的公式：

$$v = \frac{I}{qnA} \tag{7.2}$$

其中，I 表示导线中流过的电流(单位为 A)，ΔQ 表示某时间段内流过的电量(单位为 C，库仑)，Δt 表示某时间段(单位为 s)，q 表示一个电子所带的电量(为 1.6×10^{-19} C)，n 表示自由电子的密度(单位为 #/m^3)，A 表示导线的横截面积(单位为 m^2)，v 表示导线中电子的速度(单位为 m/s)。

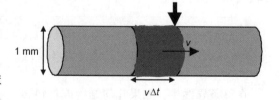

图 7.5　电子在导线中运动。每秒钟通过箭头处的电子数就是电流，它与电子的运动速度和电子密度有关

每个铜原子能提供两个在导体中运动的自由电子，铜原子之间的距离为 1 nm，这样就能计算出自由电子的密度 $n \approx 10^{27}$/m^3。

对于直径为 1 mm 的导线，横截面积 $A \approx 10^{-6}$ m^2。代入这些数据，并在导线上通过 1 A 的电流，就能估算出导线中的电子速度约为

$$v = \frac{I}{qnA} = \frac{1\ \text{A}}{10^{-19} \times 10^{27} \times 10^{-6}} = 10^{-2}\ \text{m/s} = 1\ \text{cm/s} \tag{7.3}$$

> **提示**　电子的运动速度约为 1 cm/s，这相当于蚂蚁在地上爬的速度。

从上面的简单分析可知，与空气中的光速相比，导线中电子的运动速度简直微不足道，所以导线中电子的速度与信号的速度没有任何关系。同理，由分析可知，导线的电阻对传输线上信号的传播速度几乎没有任何影响。只在一些极端的情况下，互连的电阻才会影响信号的传播速度，并且这个影响非常微小。低电阻并不意味着信号的速度就快，必须纠正这个错误的观念。

但是，如何才能将信号的速度与导线中电子的速度协调一致呢？为什么信号从导线一端到另一端的时间比电子从一端到另一端的时间短得多？答案就体现在电子之间的相互作用。

假设有一个装满弹珠的管子，我们在这一端推动一个弹珠，则会有另一个弹珠几乎同时从另一端出去。注意，一颗弹珠对下一颗弹珠的作用，即这种弹珠之间的作用力，其传播速度要比弹珠实际运动的速度快得多。

一列火车在十字路口先停下后再启动时，车厢之间的连接处拖动列车的速度要比车头向前涌动的速度快得多。同理，当导线中的一个电子受电源的作用而出现微动时，与它相邻电子之间的关系也受电场的作用而发生微动。电场中的这类**扭结**以电场变化的速度——光速，传播到下一个电子。

当导线一端的一个电子移动时，电场中的这种扭结就传播到下一个电子，该电子再移动，电场为下一个电子再创建一个扭结，这样向下形成一条链接，直到导线另一端出现最终的电子移出。不是电子本身的运动速度，而是电场所主导电子之间相互扭结的速度，决定着信号传播的快慢。

7.5　传输线上信号的速度

既然不是电子的速度决定信号的速度，那么是什么决定信号的传播速度呢？

> **提示**　导线周围的材料、信号在传输线导体周围空间形成交变电场和磁场的建立速度和传播速度，决定了信号的传播速度。

描述信号在传输线上传播的一种最简单方式如图 7.6 所示。信号就是信号路径与返回路径之间的电压差。当信号在传输线上传播时，两条导线之间就会产生电压差，而这个电压差又使两条导线之间产生电场。

除了电压，电流也必然在信号导体和返回导体中流动。这样，两条导线带上了电荷，产生了电压差，进而建立了电场，流过导体的电流回路产生了磁场。

简单地把电池两端分别接到信号路径和返回路径上，就能把信号加到传输线上。突变的电压产生突变的电场和磁场。这种**场链**在传输线周围的介质材料中，以变化电磁场的速度（即材料光速）传播。

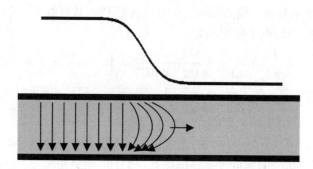

图7.6 当信号在传输线中传输时,电场就随之建立了。信号的传播速度取决于其在
信号路径与返回路径周围材料中形成交变电场和磁场的建立速度和传播速度

我们通常认为光是看得见的电磁辐射。所有变化的电磁场一样,都能由麦克斯韦方程组精确地表示,唯一的不同就是它们的频率。可见光的频率为 1 000 000 GHz。在高速数字产品中,常见信号的频率约为 1 ~ 10 GHz。

实际上,电场和磁场建立的快慢决定了信号的速度。这些场的传播和相互作用可以由麦克斯韦方程组加以描述。或者说,只要电场和磁场在变化,它们形成的场链就向外传播,其速度取决于一些常数和材料特性。

电磁场变化(或场链)的速度 v 由下式得到:

$$v = \frac{1}{\sqrt{\varepsilon_0 \varepsilon_r \mu_0 \mu_r}} \tag{7.4}$$

其中,ε_0 表示自由空间的介电常数(为 8.89×10^{-12} F/m),ε_r 表示材料的相对介电常数,μ_0 表示自由空间的磁导率(为 $4\pi \times 10^{-7}$ H/m),μ_r 表示材料的相对磁导率。

代入数据,可得

$$v = \frac{2.99 \times 10^8}{\sqrt{\varepsilon_r \mu_r}} \text{ m/s} = \frac{(11.8)}{\sqrt{\varepsilon_r \mu_r}} \text{ in/ns} \tag{7.5}$$

提示 空气中的相对介电常数和相对磁导率都为 1,光的速度约为 12 in/ns。这是个重要的经验法则,熟记它非常有用。

实际上,几乎所有互连材料的相对磁导率 μ_r 都为 1。所有不含铁磁体材料的聚合物,其磁导率都为 1。因此,磁导率这一项可忽略。

相比之下,除了空气,其他材料的介电常数 ε_r 总是大于 1。所有实际互连材料的介电常数都大于 1,这说明互连中的光速总是小于 12 in/ns,其速度为

$$v = \frac{12}{\sqrt{\varepsilon_r}} \text{ in/ns} \tag{7.6}$$

为了方便,通常将相对介电常数简称为"介电常数"。介电常数是个非常重要的参数,描述了绝缘体的一些电气特征。绝大多数聚合物的介电常数约为 4,玻璃的约为 6,陶瓷的约为 10。

某些材料的介电常数可能会随频率的变化而变化。也就是说,材料中的光速可能与频率有关。一般而言,随着频率的升高,介电常数会减小,从而使随着频率的升高,材料中的光速会提高。在大多数应用中,色散非常小,可以忽略不计。

在大多数常见的材料中，例如 FR4，当频率从 500 MHz 变化到 10 GHz 时，介电常数的变化很小。根据环氧树脂与玻璃纤维的比率不同，FR4 的介电常数在 3.5 和 4.5 之间变化。大多数互连叠层材料的介电常数约为 4。这给了我们一个简单易记的结论。

> **提示**　记住这个经验法则：绝大多数互连中的光速约为 $(12\text{ in/ns})/\sqrt{4} = 6$ in/ns。当估算电路板互连中的信号的速度时，就可以假定它约为 6 in/ns。

第 5 章指出，当电力线穿过不同的介质材料，如微带线时，有些电力线在材料中，有些电力线则在上面的空气中，这样影响信号速度的有效介电常数由两种材料共同决定。当整个横截面的材料不同质时，使用二维场求解器是求解有效介电常数的唯一方法。对于带状线，电力线只穿过一种材料，有效介电常数就是体介电常数。

时延 T_D 与互连长度的关系如下：

$$T_D = \frac{\text{Len}}{v} \tag{7.7}$$

其中，T_D 表示时延（单位为 ns），Len 表示互连长度（单位为 in），v 表示信号的速度（单位为 in/ns）。

这说明，当信号在 FR4 上长为 6 in 的互连中传输时，时延约为 6 in/(6 in/ns)，即约为 1 ns。如果传输长度为 12 in，则时延为 2 ns。

线延迟，即每 in 长度互连时延的 ps 数，也是一个非常有用的度量单位。它就是速度的倒数 $1/v$。对于 FR4，其线延迟约为 $1/6$ in/ns = 0.166 ns/in，或者 170 ps/in。所以 0.5 in 长的球栅阵列引线的线延迟为 170 ps/in × 0.5 in = 85 ps。

7.6　前沿的空间延伸

每个信号都有一个上升边 RT，通常表示从电压最大值的 10% 上升到 90% 时的时间长度。当信号在传输线上传播时，前沿就在传输线上拓展开，在空间上呈现出一个延伸。如果使时间停滞并观察传输线上电压的分布情况，就会发现与图 7.7 所示的很相像。

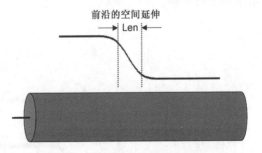

图 7.7　当信号在传输线上传输时，前沿的空间延伸

传输线在上升边内的长度 Len 取决于信号的传播速度和上升边，即

$$\text{Len} = \text{RT} \times v \tag{7.8}$$

其中，Len 表示上升边的空间延伸（单位为 in），RT 表示信号的上升边（单位为 ns），v 表示信号的速度（单位为 in/ns）。

例如，如果信号的速度为 6 in/ns，上升边为 1 ns，则前沿的空间延伸 Len = 1 ns × 6 in/ns = 6 in。当前沿在电路板上传输时，实际上就是一个长度为 6 in 的上升电压沿电路板向前传播。如果上升边为 0.1 ns，则其空间延伸为 0.6 in。

> **提示**　许多由于传输线非理想特性造成的信号完整性问题，都和突变与前沿空间延伸的相对大小有关。所以，弄清楚所有信号前沿的空间延伸是个好主意。

7.7 "我若是信号"

对于所有的信号,我们关心的是它的传播速度有多快和感受到的阻抗是多少。前面讲过,信号的传播速度取决于材料的介电常数和材料的分布。以微带线为例,在它的一端加上信号,并估算信号在传输线上传播时受到的阻抗。微带线是一种均匀的非平衡传输线,其信号路径比较窄,而返回路径比较宽。

对微带线的分析适用于其他所有传输线。取传输线的长度为 10 ft,以便能在上面行走。让我们用"禅"的方式,以"信号"自居,看看将能感受到什么。在导线上每行走一步时,我们**要问问信号感受到的阻抗是多少**? 为了回答这个问题,假定提供的电压为 1 V,电流就从我们的脚下流出并驱动传输线上的信号,可以求出电压与电流之比。

把 1 V 电池接在两条导线的前端之间,这样就把信号加到了导线上。在信号加到传输线上的起始瞬间,信号还没有足够的时间传到远处。

为简单起见,假定信号路径与返回路径之间的介质为空气,因此信号的传播速度为 1 ft/ns,即 12 in/ns。第 1 ns 之后,因为信号没有足够的时间传到远处,所以导线远处的电压仍然为零。在导线上,第 1 ft 内的信号电压为 1 V,而其他地方的都为零。

1 ns 之后,让时间停滞下来,此时观察一下导线上的电荷分布,结果如图 7.8 所示。在信号路径与返回路径的第一个 12 in 中,两条导线之间有 1 V 电压,这就是信号。我们知道,因为信号路径与返回路径是两条分开的导线,所以在这个区域内两条导线之间必然有电容存在。如果两条导线之间有 1 V 电压,则信号路径必然带上一定的电荷,返回路径则带上极性相反而电量相等的电荷。

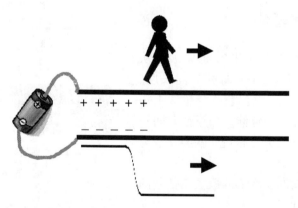

图 7.8　1 V 的电压加到导线上 1 ns 后的电荷分布情况。这一瞬间在我们(信号)的前面没有电荷

在第 2 ns 内,我们(信号)又向前走了 12 in。这时再次将时间停滞下来,现在已有 2 ft 导线带上电荷了。可以看出,走完第二步后,我们已经把信号带到了第 2 ft 的导线上,并且在这一段传输线的信号路径与返回路径之间产生了电压。从以上分析可以看出,在导线的每一脚印上,1 ns 之前是不带电的,现在带上了异种电荷。

当我们在导线上行走时,把电压带到两条导线体上,并使之带电。在每纳秒时间内,都使信号前 1 ft 的导线带上了电荷。信号每前进一步,就会留下又一个 1 ft 长的带电导线。

每走一步,来自信号的电荷就会使 1 ft 导线带上电,这些电荷最初来自电池。信号在导线上传播的事实表明,信号路径与返回路径之间的电容在不停地充电。那么每走一步,从我们脚上传到导线上的电荷是多少呢？换句话说，信号传播时，流动的电流是多少呢？

假设信号在传输线上匀速传播，而且传输线是均匀的，即每英尺的电容是同样大小的。这样，每一步注入导线的电量相等，使同样大小的电容达到相同的电压。如果每走一步用的时间相等，那么单位时间所充的电量就是相等的。每纳秒流入导线的电量相等，说明从我们脚上流入导线的电流是一个常量。

> **提示**　从信号的角度看，当我们以 1 ft/ns 的速度在导线上行走时，是用相等的时间使每英尺导线带上电荷，从我们脚底出来的电荷量就是加到导线上的电荷量。相等时间间隔内从我们脚底流出的电量相等，则说明注入导线的电流是恒定的。

是什么影响了从脚底流出的使导线带电的电流呢？假设我们在导线上匀速行走时，信号路径的宽度增加了，那么单位长度电容增加，要充电的电容量就增加了，则每步从脚底流出的电量也增加了。相反，如果能使单位长度电容减少，则从我们脚底流出的电流就会减少。同理，如果单位长度电容保持不变，而增加我们的速度，那么每 ns 就能使更长的导线带电，需要的电流也会相应地增加。

利用这种方法，我们可以进行推论，从脚底流出的电流与单位长度电容和信号的速度直接成比例。如果其中有任何一个增加，则每步从脚底流出的电流就增加。相反，如果其中有任何一个减小，则来自信号的使导线带电的电流就减小。所以，我们推导出从脚底流出的电流与导线特性的简单关系式为

$$I \propto vC_{\mathrm{L}} \tag{7.9}$$

其中，I 表示从脚底流出的电流，v 表示在导线上行走的速度，C_{L} 表示导线的单位长度电容。

当我们（信号）在传输线上行走时，就会不断地问：“**导线的阻抗到底是多少**？”阻抗的基本定义是元件两端的电压与流过电流的比值。因此，当我们在导线上行走时，每走一步，就会不断地问，**施加的电压与流过的电流之比是多少**？

信号的电压是由信号源决定的，而电流的大小取决于每步长度的电容和电容充电时间的长短。只要信号的速度和单位长度电容是恒定的，从我们脚底流出的注入导线的电流就是恒定的，那么信号受到的阻抗也就是恒定的。

我们把信号在每一步所感受到的阻抗称为**瞬时阻抗**。如果互连特性是均匀一致的，那么每一步的瞬时阻抗都是相同的。均匀传输线称为阻抗受控传输线，是因为在导线的任何位置其瞬时阻抗都是相同的。

假设两条导线的宽度突然增加，则每一步之间的电容就会增加，那么每一步从脚底流出给电容充电的电流也会增加。电流增加而电压不变，这意味着传输线的阻抗减小了。在传输线的这一部分，瞬时阻抗较低。

相反，如果导线的宽度突然变小，每一步之间的电容就会减小，给电容充电所需的电流就会减小，传输线上的信号受到的阻抗就会增加。

> **提示**　我们把信号在每一步受到的阻抗称为传输线的**瞬时阻抗**。沿着传输线往下走，信号将不断地探测到每一步的瞬时阻抗。瞬时阻抗的值等于线上所加的电压与电流之比，这个电流用于传输线的充电和信号向下一步的传播。

　　瞬时阻抗取决于信号的速度(它是一个材料特性)和单位长度电容。对于均匀传输线,当材料相同时,若沿线的横截面积不变,则信号受到的瞬时阻抗也是恒定的。信号与传输线相互作用的一个重要特征是:当信号遇到的瞬时阻抗变化时,一部分信号被反射,一部分信号更失真,信号完整性会受到破坏。这是对信号受到的瞬时阻抗需要加以控制的主要原因。

> **提示**　减少反射问题的主要方法是:保持导线的几何结构不变,从而使信号受到的瞬时阻抗保持不变。这就是**可控阻抗互连**或保持沿线的瞬时阻抗不变的意义。

7.8　传输线的瞬时阻抗

　　下面通过建立一个传输线的简单物理模型,定量分析传输线的瞬时阻抗问题。传输线模型由一排小电容器组成,其值等于传输线的 1 跨度的电容量,1 跨度就是我们(信号)的 1 步长。我们把这个模型(用于工程感悟的最简易模型)称为传输线的**零阶模型**。如图 7.9 所示,这是一个物理模型。它并**不是**一个等效电路模型,电路模型中不包含物理长度。

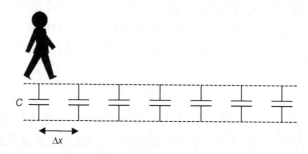

图 7.9　传输线的零阶模型由一系列电容器组成。每走一步就使
一个电容器充上电,电容器之间的跨度就是我们的步长

　　在这个模型中,步长为 Δx,每个小电容器的大小就是传输线单位长度电容 C_L 与步长的乘积,即

$$C = C_L \Delta x \tag{7.10}$$

使用这个模型可以计算从脚底流出的电流 I。电流的大小就是在每步时间间隔内从我们脚底流出并注入每个电容器的电量。注入电容器的电量 Q 等于电容乘以其两端的电压 V。每走 1 步,就把电量 Q 注入导线。

　　两步之间的时间间隔 Δt 等于步长 Δx 除以信号的速度 v。当然,传输实际信号时,步长非常小,但时间间隔也非常小。每个时间间隔内需要的电量,也就是信号在导线上传播时的电流,是一个常量,即

$$I = \frac{Q}{\Delta t} = \frac{CV}{\left(\dfrac{\Delta x}{v}\right)} = \frac{C_L \Delta x v V}{\Delta x} = C_L v V \tag{7.11}$$

其中,I 表示信号的电流,Q 表示每一步的电量,C 表示每一步的电容,Δt 表示从一个电容器跨步到另一个电容器的时间,C_L 表示传输线单位长度电容,Δx 表示电容器之间的跨度或步长,v 表示信号的速度,V 表示信号的电压。

这就是说，从我们脚底流出并注入导线上的电流仅与单位长度电容、信号的传播速度及信号的电压有关，与我们的推论完全吻合。

这就是我们所定义的传输线电流-电压(I-V)特性，它说明了传输线上任何一处的瞬时电流与电压成正比。如果施加的电压加倍，则流入传输线的电流也加倍。这与电阻的特性是完全一致的。所以，在传输线上每前进一步时，信号受到的阻抗就与一个电阻性负载的特性一样。

根据这个关系式可计算出信号沿传输线传播时受到的瞬时阻抗。瞬时阻抗等于施加的电压与流过元器件的电流的比值，即

$$Z = \frac{V}{I} = \frac{V}{C_{\mathrm{L}} v V} = \frac{1}{C_{\mathrm{L}} v} = \frac{83\ \Omega}{C_{\mathrm{L}}} \sqrt{\varepsilon_{\mathrm{r}}} \tag{7.12}$$

其中，Z 表示传输线的瞬时阻抗(单位为 Ω)，C_{L} 表示单位长度电容量(单位为 pF/in)，v 表示材料中的光速，ε_{r} 表示材料的介电常数。

所以，信号受到的瞬时阻抗仅由传输线的两个固有参数决定，即由传输线的横截面和材料的特性共同决定，与传输线的长度无关。只要这两个参数保持不变，信号受到的瞬时阻抗就是一个常数。当然，与其他阻抗一样，用于度量传输线瞬时阻抗的单位仍是 Ω。

由于信号的速度取决于材料特性，所以可得出传输线单位长度电容和瞬时阻抗的关系。例如，若介电常数为 4，单位长度电容为 3.3 pF/in，则传输线的瞬时阻抗为

$$Z = \frac{83}{C_{\mathrm{L}}} \sqrt{\varepsilon_{\mathrm{r}}} = \frac{83}{3.3} \sqrt{4} = 50\ \Omega \tag{7.13}$$

这时我们会问，传输线的电感是多少？它在这个模型中起到什么作用？答案是，这个零阶模型是物理模型而不是电气模型。在这个模型中，我们不是用电感和电容去近似传输线的，而是侧重于信号的速度是材料中的光速。

实际上，制约信号速度的部分原因就是信号路径和返回路径之间的串联回路电感。如果使用的是一阶等效电路模型，其中包含了单位长度电感，就可以导出传输线的电流和有限的传播速度，但是从数学角度讲，模型就变得更加复杂了。

关于传播速度和单位长度电感的关系，这两个模型实际上是等效的。我们将会看到，传播时延与单位长度电容及单位长度电感直接相关。在信号的速度中，已经有对导体电感的某种假设。

7.9　特性阻抗与可控阻抗

对于均匀传输线，当信号在上面传播时，在任何一处受到的瞬时阻抗都是相同的。这个瞬时阻抗可以表征传输线特性，这里称之为**特性阻抗**。

> **提示**　有一种反映均匀传输线特性的恒定瞬时阻抗，称为传输线的"**特性阻抗**"。

为了突出它是传输线所固有的**特性阻抗**，我们给它一个特殊的符号 Z_0，即 Z 带一个下标零，其单位是 Ω。每种均匀传输线都有特性阻抗，它是描述传输线电气特性和信号与传输线相互作用关系的一个重要参数。

> **提示**　特性阻抗描述了信号沿传输线传播时受到的瞬时阻抗,这是影响传输线电路中信号完整性的一个主要因素。

特性阻抗在数值上与均匀传输线的瞬时阻抗相等,它是传输线的固有属性,且仅与材料特性、介电常数和单位长度电容有关,而与传输线长度无关。

对于均匀传输线,其特性阻抗为

$$Z_0 = \frac{83}{C_L} \sqrt{\varepsilon_r} \tag{7.14}$$

如果是均匀传输线,那么它仅有一个瞬时阻抗,称为**特性阻抗**。一种衡量传输线均匀性的测度就是:沿线的瞬时阻抗是否为常量。如果导线的宽度沿传输线而变化,整条传输线就没有唯一的瞬时阻抗。根据定义,非均匀传输线没有特性阻抗。如果沿线的横截面不变,信号沿互连传播时受到的阻抗就是恒定的,我们就说导线的阻抗是可控的。基于这个原因,我们把均匀横截面传输线称为**可控阻抗传输线**。

> **提示**　沿线瞬时阻抗为常量的传输线称为可控阻抗传输线。如果一块电路板上的所有互连都是可控阻抗传输线,并且有相同的特性阻抗,就称这块电路板为可控阻抗电路板。所有的高速数字产品,如果电路板的尺寸大于 6 in,而且时钟频率高于 100 MHz,就都应制成可控阻抗电路板。

如果沿线的几何结构和材料特性保持不变,那么传输线的特性阻抗就是一致的,这时仅用特性阻抗这一项就完全描述了传输线的特性。

可控阻抗传输线可以制造成任意的均匀横截面。许多标准横截面的传输线都具有可控的阻抗,而且这一系列中的大多数成员都有自己特殊的名字。例如,两条互相缠绕在一起的圆导线称为**双绞线**;中心导线被外部导线包围的称为**同轴线**;宽平面上方的窄带信号线称为**微带线**;返回路径是两个平面且信号线是两平面中间的窄带线,这种传输线称为**带状线**。可控阻抗互连的唯一条件就是:横截面是恒定不变的。

有了单位长度电容与特性阻抗的关系,现在就能把对电容的直觉认识与对特性阻抗的新的直觉认识联系起来了。

现在,我们基本上对电容和传输线单位长度电容有了很好的认识。如果增加两条导线的宽度,就会增加单位长度电容。如果增加两条导线之间的距离,就会减小单位长度电容,而特性阻抗将会升高。

对于 FR4 板上的微带线,若线宽是介质厚度的 2 倍,则特性阻抗约为 50 Ω。当两条导线之间的介质厚度增加时,特性阻抗会发生什么变化呢? 这在以前并不容易得出结论,然而现在我们已经知道,传输线的特性阻抗与两条导线之间的单位长度电容成反比关系。

因此,若增加两个导体的距离,电容就会减小,相应的特性阻抗将增加;如果增加微带信号线的宽度,就会增加单位长度电容,相应的特性阻抗将减小,如图 7.10 所示。

一般而言,宽导线和薄介质构成的传输线的特性阻抗是很低的。例如,印制电路板中电源平面和地平面构成的传输线的特性阻抗通常小于 1 Ω。相反地,窄导线和厚介质构成的传输线的特性阻抗比较高,典型值为 60 ~ 90 Ω 之间。

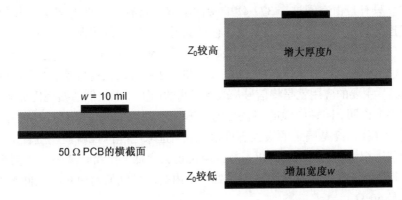

图 7.10　如果线宽增加，单位长度电容就会增大，相应的特性阻抗就会下降；如果介质厚度增加，单位长度电容就会减小，相应的特性阻抗就会增大

7.10　常见的特性阻抗

至今，已经为特殊的可控阻抗互连制定了多种标准，图 7.11 列出了其中的一部分，其中最常见的一种就是 RG58。实际上，实验室中使用的带有 BNC 型卡式连接器的通用同轴电缆，就是由 RG58 电缆制成的。这种标准传输线定义了内外导线的直径和介电常数。另外，当采用这种标准时，特性阻抗约为 52 Ω。从这种电缆的侧面可以看到"RG58"标记。

除了 RG58，也有很多其他电缆标准，RG174 就是非常有用的一种。它比 RG58 细，而且更柔软。如果要在小空间内使电缆弯曲或者有点应力，RG174 的柔软性就非常有用了。RG174 的特性阻抗被制定为 50 Ω。

有线电视系统中使用的同轴电缆特性阻抗被制定为 75 Ω。与 50 Ω 电缆相比，这种电缆的单位长度电容更小一些，而且一般也更粗一些。例如，RG59 比 RG58 更粗。

RG174	50 Ω
RG58	52 Ω
RG59	75 Ω
RG62	93 Ω
电视天线	300 Ω
有线电视电缆	75 Ω
双绞线	100 ~ 130 Ω

图 7.11　一些常见的可控阻抗传输线及其特性阻抗

双绞线大量应用于高速链路、小型计算机系统互连（SCSI）和通信中，由 18AWG 至 26AWG 导线构成。采用典型的绝缘层厚度，其特性阻抗约为 100 ~ 130 Ω。通常这比一般电路板中使用的阻抗要高，但它和典型电路板导线的差分阻抗（将在第 11 章中介绍）相匹配。

自由空间的特性阻抗有特殊的重要含义。前面提到，传输线上传播的信号实际是光波，信号路径和返回路径约束并引导电磁波。电磁波传播场以光速在复合电介质中传播。

如果没有导线的引导，光就会以电磁波的形式在自由空间中传播。电磁波在空间传播时，电场和磁场就会受到一个阻抗，这个阻抗与两个基本常数有关：自由空间的磁导率和自由空间的介电常数，即

$$Z_0 = \sqrt{\frac{\mu_0}{\varepsilon_0}} = 120\pi = 376.99 \approx 377\ \Omega \qquad (7.15)$$

代入这两个常数，所得的结果就是电磁波受到的阻抗，称为**自由空间的特性阻抗**，其值约为 377 Ω。这个值很重要，当天线的阻抗与自由空间的特性阻抗（377 Ω）相匹配时，天线的辐

射量是最优的。只有自由空间这个 377 Ω 的特性阻抗值具有根本性的意义。其他阻抗都可以是任意的。互连的特性阻抗可以是任意值，它只受到可制造性的限制。

那么，50 Ω 又怎样呢？为什么它的应用如此广泛？50 Ω 有什么特别之处？50 Ω 的使用在20 世纪 30 年代变得很广泛，当时随着无线电通信和雷达系统的快速发展，对于高性能传输线的需求也不断提高。主要的应用就是将信号从效率不高的产生器以最低的损耗传到无线电天线上。

第 9 章中将会说明，同轴电缆的损耗与内导体、外导体的串联电阻除以特性阻抗的值成正比。如果电缆的外径已经是确定的最大容许值，适当选取电缆内径就能产生合适的阻抗。

如果内径选择很大，电阻就会降低，特性阻抗也会变低，导致衰减很大。同理，很小的内径会使电阻变得很大，导致衰减增大。当找到一个内径的最优值而使衰减最低时，这个值对应的特性阻抗就是 50 Ω。

大约 100 年前，对于确定外径值的同轴电缆，选取特性阻抗是 50 Ω 的原因就是为了使衰减降至最低。这个选择标准后来成为提高无线电和雷达系统效率的一个准则，这样的电缆也很容易制造。随着这个标准的确立，更多的系统采用这个特性阻抗则是为了提高兼容性。如果所有的测试和测量系统都匹配到标准的 50 Ω，仪器之间的反射就会变得很小，信号质量就会变得很好。

对于 FR4 的板，当线宽是介质厚度的 2 倍时，可以制造出 50 Ω 左右的特性阻抗的微带线。因此，只能大致是最优的。

在高速数字系统中，确定整个系统最佳特性阻抗的折中选项有很多种，图 7.12 列出了几项。50 Ω 是一个很好的出发点。间距相同时，采用的特性阻抗越高，串扰就越严重。但是，高特性阻抗的连接器或双绞线容易制造，从而价格更低。特性阻抗越低，串扰越小，对连接器、元件和过孔引起的时延累加就越不敏感。但同时其功率损耗也就越高，而这在高速系统中非常重要。

性　能	低特性阻抗	高特性阻抗
电路板费用	较好	较差
时延累加	较好	较差
串扰	较好	较差
衰减	较好	较差
连接器费用	较差	较好
双绞线/电缆费用	较差	较好
驱动器设计	较差	较好
功率损耗	较差	较好

图 7.12　根据互连特性阻抗的变化，各种系统问题的权衡。确定最佳特性阻抗，性能与价格间的权衡是一个很困难的过程。在大多数系统中，50 Ω 是很好的折中方案

每个系统对最佳特性阻抗的选择都有自己的权衡。通常，这个最佳值并不是唯一的。只要整个系统采用的特性阻抗值都一致，精确值的选择并不重要。除非系统的驱动能力很强，否则一般都采用 50 Ω。在 Rambus 公司的存储器中，时序非常重要，选择 28 Ω 的低阻抗可以减小时延累加的影响。生产低阻抗传输线，要求导线的宽度足够宽。但由于 Rambus 模块中互连的密度比较低，所以增加导线的宽度仅有很小的影响。

7.11　传输线的阻抗

如果将电池连接到传输线的前端，那么电池看到的阻抗是多大？只要将电池连接到传输线上，电池信号开始沿传输线传播，这一电压信号看到的就是传输线的瞬时阻抗。若信号继续向下传播，则其输入阻抗总是等于瞬时阻抗，这就是特性阻抗。

只要信号沿传输线向下传播，电池受到的阻抗与传输线的瞬时阻抗就相同。流入传输线的电流与施加的电压成正比。

对于施加的恒定电压，如果流过电路元件的电流是常数，这个元件就是理想电阻器。从电池的角度看，当电池两端加在传输线的前端，并且信号沿传输线向下传播时，传输线消耗的电流是恒定的，对电池而言，传输线就像一个电阻器。所以从电池看过去，只要信号沿传输线向下传播，传输线的阻抗就是一个恒定电阻。电池无法识别它的负载到底是传输线还是电阻器，至少当信号沿传输线向下传播和返回时是这样的。

> **提示**　我们已经引入了互连特性阻抗的概念。我们常常交替使用**特性阻抗**和传输线**阻抗**这两个术语，但实际上它们并不是一回事，所以有必要强调它们的区别。

当我们提到电缆线的**阻抗**时，它到底是什么意思？RG58 电缆通常指的是 50 Ω 的电缆线。它的真正含义是什么？假如取一段 3 ft 长的 RG58 电缆线，并且在前端测量信号路径与返回路径之间的阻抗。那么测得的阻抗是多少？当然，我们可以用欧姆表测量其阻抗。如图 7.13 所示，将欧姆表连在 3 ft 长的传输线的前端，即中心信号路径与外壳之间，那么表的读数到底是多少？是开路？是短路？还是 50 Ω？

当然可以更具体一些。假设使用 Radio Shack 公司的欧姆表测量阻抗，此仪表带有液晶显示器，每半秒更新显示一次，那么读数会是多少呢？

当然，如果等待时间足够长，一段短电缆线看起来就像是开路，此时测得的输入阻抗为无穷大。既然短电缆线的输入阻抗为无穷大，那么 50 Ω 电缆线是什么意思呢？特性阻抗的属性又从何谈起？

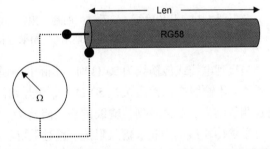

图 7.13　用欧姆表测量一段 RG58 电缆线的输入阻抗

为了进一步研究，考虑更极端的情况，采用非常长的 RG58 电缆线。这条线非常长，能一直通向月球，长度约为 240 000 英里[①]（380 000 km）。回顾中学物理知识，光在真空中的传播速度约为每秒 186 000 英里，在 RG58 电缆线中接近每秒 130 000 英里（210 000 km）。光从一端传到远端所用的时间约为 2 s，返回又需要 2 s。如果将欧姆表连到这段长电缆线的前端，那么测到的阻抗会是多少？注意，欧姆表测量电阻的方法是：给被测元器件加 1 V 的电压，然后测量电压与电流的比值。

如果在信号的往返时间即 4 s 内测量阻抗，则与驱动一条传输线的情况完全一致。在前 4 s 内，信号出发沿传输线向下传播到底并返回，这时流入传输线前端的电流是一个常量，其大小

等于信号沿线向前传播时信号给每小段连续电缆充电的电流。

　　信号源在传输线前端看过去的阻抗,也就是"输入"阻抗,它和信号看到的瞬时阻抗相同,这就是传输线的特性阻抗。事实上,在信号返程结束前,即前 4 s 内,信号源并不知道传输线有终点。在这种情况下,欧姆表前 4 s 内的读数就是传输线的特性阻抗,即 50 Ω。

> **提示**　只要测量时间小于往返时间,欧姆表测量到的输入阻抗就是传输线的特性阻抗。

　　但是,如果把欧姆表接在电缆线上 1 天之后才测量,此时测得的输入阻抗就会是开路。这有两个极端:起初测量到 50 Ω,但长时间后,测得的是开路。那么电缆线的输入阻抗到底是多少呢?

　　答案就是电缆线的输入阻抗没有一个固定值,它随时间而变化。这个示例说明了传输线的输入阻抗与时间有关;它取决于测量时间相对于信号往返时间的长短,如图 7.14 所示。在信号的往返时间内,传输线前端的阻抗就是传输线的特性阻抗。在信号往返时间之后,根据传输线末端负载的不同,输入阻抗可在零到无穷大之间变化。

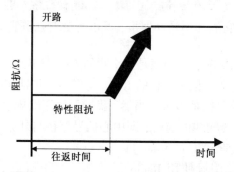

图 7.14　从传输线一端看进去的输入阻抗是随时间而变化的。在信号往返时间内,测得
的输入阻抗就是特性阻抗。如果等待时间足够长,测得的输入阻抗就会是开路

　　当提到电缆或传输线为 50 Ω 时,实际上是说信号沿传输线传播时受到的瞬时阻抗为 50 Ω。或者说,传输线的特性阻抗是 50 Ω。即在开始阶段,如果在相对于信号往返时间较短的时间内看测量结果,就会看到传输线的输入阻抗为 50 Ω。

　　虽然传输线的阻抗、**输入**阻抗、**瞬时**阻抗和**特性**阻抗听起来很相似,但它们之间有很大的区别。所以仅仅说"阻抗"是很含糊的。

> **提示**　传输线的输入阻抗是由驱动器测量信号进入传输线前端的情况而得出的,它随时间而变化。对于相同的传输线,根据末端的连接情况、传输线的长度和测量方法的不同,它可以是短路,可以是开路,也可以是开路与短路之间的任意值。

　　传输线的瞬时阻抗就是信号沿传输线传播时所受到的阻抗。如果横截面是均匀的,沿线的瞬时阻抗就处处相等。但是在突变处,瞬时阻抗就会变化,比如在末端。如果末端开路,当信号传播到末端时,它所受到的瞬时阻抗就为无穷大。如果有一分支,信号在分支点处受到的瞬时阻抗就会下降。

　　传输线的特性阻抗是描述由几何结构和材料决定的传输线特征的一个物理量,它等于信号沿均匀传输线传播时所受到的瞬时阻抗。如果传输线不均匀,瞬时阻抗就会发生变化,这样就无法用一个阻抗来表征这条线。特性阻抗**只**适用于均匀传输线。

　　信号完整性领域的研究人员有时会比较懒，在工作中仅用**阻抗**一词。因此，我们必须询问这个阻抗的限定词是哪一个，或根据上下文查看它指的是三个阻抗中的哪一个。如果知道了它们之间的区别，就能正确地使用它们。

　　当上升边比互连的往返时间短时，驱动器就把传输线看成电阻性输入阻抗，其阻值等于传输线的特性阻抗。即使传输线的末端可能是开路，在信号跳变期间，传输线前端的特性也会像是一个电阻器。

　　信号的往返时间与材料的介电常数和传输线的长度有关。大多数驱动器的上升边都在亚纳秒级，所以只要互连的长度大于几英寸，就可以认为它是长线。这种情况下的跳变过程中，互连对驱动器而言就表现为阻性负载。这就是必须把所有互连看成传输线的一个重要原因。

> **提示**　在高速系统中，对驱动器而言，长度大于几英寸的末端开路的互连并不表现为开路，而是在信号跳变期间表现为一个电阻器。当互连足够长而显示出传输线特性时，驱动器受到的输入阻抗可能会随时间而变化。这一特性将严重影响互连上传播信号的性能。

　　有了这个准则，高速数字系统中的所有互连都是传输线，传输线的特性将主导信号完整性效应。对于 FR4 电路板上 3 in 长的传输线而言，往返时间约为 1 ns。如果驱动这条线的集成电路的上升边小于 1 ns，那么在信号的上升边或下降边时从传输线前端看进去，驱动器受到的阻抗就是传输线的特性阻抗，即驱动器集成电路受到的阻抗表现为电阻性。如果上升边远大于 1 ns，则感受的传输线阻抗将是开路。如果信号的上升边介于两者之间，当边沿在低阻抗驱动端和开路接收端之间往返反弹时，驱动信号就会看到一个变化非常复杂的阻抗。接收电压通常只能用仿真工具进行分析。这些工具将在第 8 章中讲述。

　　往返时间是传输线的一个重要参数。对于驱动器而言，在这段时间内导线表现为电阻性。图 7.15 给出了三种介电常数：空气($\varepsilon_r = 1$)，FR4($\varepsilon_r = 4$)和陶瓷($\varepsilon_r = 10$)的情况下，往返时间随传输线长度的变化。在大多数时钟频率高于 200 MHz 的系统中，上升边小于 0.5 ns。对于这种系统，所有大于 1.5 in 的传输线在上升边之内都表现为电阻性。这意味着，对于所有高速驱动器而言，当驱动一条传输线时，在跳变期间，它们感受到的输入阻抗如同一个电阻器。

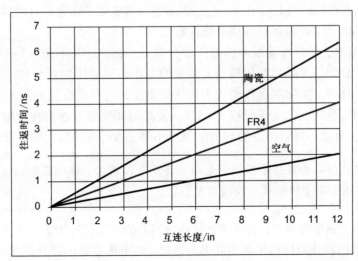

图 7.15　在往返时间内，驱动器把互连的输入阻抗视为阻性负载，其大小等于该线的特性阻抗

7.12　传输线的驱动

高速驱动器驱动传输线时,传输线的输入阻抗在往返时间内表现为电阻性,其大小等于传输线的特性阻抗。如图7.16所示,我们可以建立驱动器和传输线的等效电路模型,并计算加到传输线上的电压。

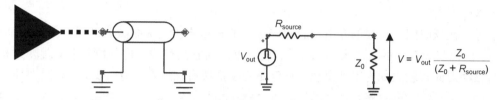

图7.16　左图:输出门驱动传输线。右图:等效电路模型,包括电压源(即驱动器)、驱动门的输出源阻抗和传输线的电阻器模型(在传输线的往返时间内有效)

驱动器可以建模为一个高速开关的电压源和一个源内电阻。电压源的具体电压与晶体管的拓扑结构有关。对于CMOS器件,根据晶体管所属年代的不同,电压可在1.5～5 V范围内变化。比较早的CMOS器件使用5 V电压,而PCI和一些存储器总线使用3.3 V电压。最快的处理器中,输出轨道电压采用2.4 V或更低,内核采用1.5 V或更低。这些电压是电源电压,当器件驱动纯开路电路时,它们与输出电压非常接近。

源电阻的大小取决于器件工艺,通常在5～60 Ω范围内。驱动器突然导通时,电流经源阻抗流至传输线。所以,在到达引脚之前,门的内部已有一个压降,这就意味着驱动电压不是完全加到驱动器的输出引脚上的。

把这个电路等效为电阻型分压器,就可以计算出加到传输线上的电压。这时,信号将经过由源电阻和传输线阻抗组成的分压器,所以最初加到传输线上的电压就是传输线的阻抗与它和源电阻串联组合的比值,如下式:

$$V_{\text{launched}} = V_{\text{output}} \left(\frac{Z_0}{R_{\text{source}} + Z_0} \right) \tag{7.16}$$

其中,V_{launched}表示加到传输线上的电压,V_{output}表示驱动器驱动开路电路时的输出电压,R_{source}表示驱动器的输出源电阻,Z_0表示传输线的特性阻抗。

当源电阻很高时,加到传输线上的电压就会很低,通常这并不是件好事。图7.17绘出了特性阻抗为50 Ω时,实际加在传输线上传播的电压占源电压的百分比。可以看出,当输出源电阻也是50 Ω时,实际加到传输线上传播的电压只有开路电压的一半。如果输出电压为3.3 V,则加到传输线上的电压只有1.65 V。要想可靠地触发连接在传输线上的门,这个电压可能不够大。反之,当驱动器的输出电阻减小时,加到传输线上的电压就会增加。

> **提示**　为了使初始加到传输线上的电压更接近于源电压,驱动器的输出源电阻就必须很小,它的重要性仅次于传输线的特性阻抗。

换句话说,为了驱动传输线,就要使加到传输线上的电压接近于源电压,这要求驱动器的输出电阻与传输线的特性阻抗相比要非常小。例如,如果传输线的特性阻抗为50 Ω,则源电阻应小于10 Ω。

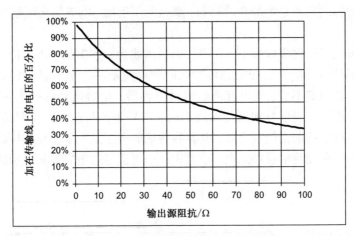

图 7.17 当驱动器的输出源阻抗变化时，加在 50 Ω 传输线上的电压的百分比

若输出器件的输出阻抗特别低，如 10 Ω 或更小，通常称之为**线驱动器**，因为这样就能把绝大部分电压加到传输线上。较早工艺的 CMOS 器件不能驱动传输线，因为它们的输出阻抗很高，约在 90 ~ 130 Ω 范围内。由于大多数互连表现为传输线，驱动互连的电流产生器、高速 CMOS 器件必须设计成低输出阻抗门。

7.13 返回路径

本章最初就强调指出第二条线不是地，而是返回路径。我们一定要时时记住，**所有的**电流，无一例外，都必须构成回路。

> **提示** 电流总是在回路中流动的。如果一些电流流向别处，那么它一定会返回到源端。

传输线中的电流回路在哪里？假设有一条很长的微带线，以至于它的单程传输时延达 1 s，距离约从地球到月球。现在，为使问题简单化，把远端短路。如图 7.18 所示，我们把信号加到传输线上。开始时，信号路径上的电流是个常量，它与施加的电压和传输线的特性阻抗有关。

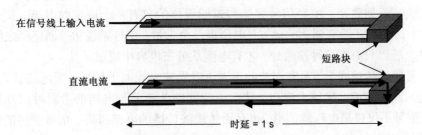

图 7.18 把电流加到传输线的信号路径上，经过长时间后的电流分布情况。何时电流从返回路径上流出？

如果电流在回路中流动并且必须回到源端，那么预计电流在远端返回，并从返回路径流回。但是这要用多长时间？传输线上的电流是非常微妙的。何时才能看到电流从返回路径上流出？是否需要 2 s，即包括 1 s 向前传输和 1 s 返回？当远端开路时又会发生什么情况？如果信号导体与返回导体之间的是绝缘介质材料,那么除了远端,电流怎么可能从信号导体流到返回导体上?

最好的分析方法是回到零阶模型,它将传输线描述为一连串的小电容器,如图7.19所示。首先考虑电流的流动情况。当信号加到传输线时先经过第一个电容器。根据第6章的内容,若电容器两端的电压恒定不变,就没有电流流过电容器。电容器两端的电压变化是引起电流流过电容器的唯一原因。当信号加到传输线上时,信号路径与返回路径两条导线之间的电压就会迅速升高。在电压的前沿经过之处,电容器两端的电压发生了变化,电流流过第一个电容器。当电流流入信号路径给电容器充电时,有相同的电流经过电容器从返回路径流出。

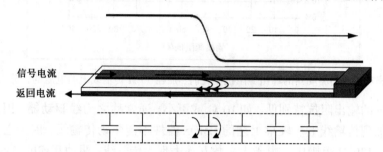

图7.19　信号电流经过传输线的分布电容流到返回路径上。只有信号电压变化的地方,即$\mathrm{d}V/\mathrm{d}t$不为零的地方,电流才从信号路径流到返回路径上

在第1 ps内,信号还没有传到远处,它不知道传输线后面的结构如何,到底是开路?是短路?还是一些完全不同的阻抗?电流经过返回路径流回源端,这仅与瞬时环境和信号前沿所在的那一小段传输线有关。

电流先从信号源流入导体,经由位移电流流过位于信号路径和返回路径之间的电容,再从返回路径返回,形成了一个电流回路。当电压跳变边沿顺着导线传播时,其电流回路的波前沿着传输线传播,在信号路径和返回路径之间流动的则是位移电流。

我们可以扩展传输线的模型,将剩下的信号路径和返回路径及它们之间的所有分布电容器都包括进来。当信号沿传输线向下传播时,电流(返回电流)经过电容流到返回路径导体,最后流回源端。然而,只有在电压发生改变的地方,才有电流从信号路径流到返回路径中。

加上信号的几纳秒后,在传输线的前端附近,信号电压是个常量,这些地方没有电流直接从信号路径流到返回路径。流经信号导体和返回导体的只有一个恒定的电流。同理,在信号前沿的前方,即前沿还没有到达的地方,电压也是个常量,信号路径和返回路径之间也没有电流直接流过。所以只有在信号前沿处,才有电流从分布电容中流过。

一旦信号输入传输线,信号就以波的形式,以光速沿线向下传播,而电流就在信号路径、线电容和返回路径组成的回路中流动。这个电流回路的波前与电压前沿同时向外传播。我们可以看到,信号不仅仅是电压波前沿,也是沿传输线传播的电流回路。信号受到的瞬时阻抗就是信号电压与电流的比值。

任何干扰电流回路的因素都会干扰信号并造成信号失真,这将损害信号完整性。为了保持良好的信号完整性,控制电流的波前和电压的波前都非常重要。做到这一点的最重要方法就是保持信号受到的阻抗恒定。

> **提示** 任何影响信号电流路径**或**返回电流路径的因素都会影响信号受到的阻抗。无论是对于印制电路板、连接器还是集成电路封装，返回路径都必须像信号路径一样认真设计。

如果返回路径是一个平面，我们就会问返回电流在哪里流动？电流在平面上是如何分布的？精确的分布情况稍微与频率有关，要用笔和纸来计算很不容易，而这里正是二维场求解器的用武之处。

图 7.20 中分别给出了 10 MHz 和 100 MHz 正弦电流在微带线和带状线中的分布情况。从图中可以看出两个重要特征：第一，由于趋肤效应，信号电流只分布在导体的表面；第二，返回路径中的电流分布挤近信号路径下面，而且正弦波频率越高，电流分布越挤近。

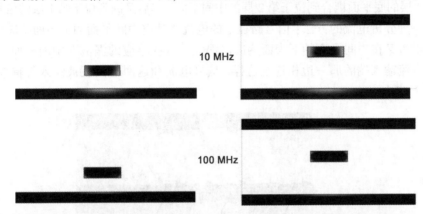

图 7.20　在 10 MHz 和 100 MHz 时，微带线和带状线的信号路径和返回
　　　　 路径中的电流分布。两种情况中，导线为 1 盎司铜，线宽为 5 mil。
　　　　 图中颜色越淡，电流密度越大。使用 Ansoft 二维场求解器计算

当频率增加时，返回路径上的电流选择阻抗最低的路径。这种情况等价于选择回路电感最低的路径，即返回电流必将尽量靠近信号电流。频率越高，返回电流直接在信号电流下面流动的这种趋势就越明显。即使在 10 MHz 时，回路的电流也是高度挤近的。

通常在频率高于 100 kHz 时，绝大部分返回电流直接在信号路径下面流动。无论信号路径是弯曲的还是拐直角弯的，平面上的返回电流都会跟随它。因为采用这种回路，信号路径与返回路径之间的回路电感就会保持最小。

> **提示** 任何妨碍返回电流靠近信号电流的因素，例如返回路径上有一个间隙，都会增加回路电感，并增加信号受到的瞬时阻抗，这将引起信号的失真。

工程师们必须看到，是返回路径在控制着信号路径。在对电路板的信号路径进行布线的同时，也要对返回路径进行布线。这是电路板布线的一个重要原则。

7.14　返回路径参考平面的切换

人们专门将电缆设计成返回路径靠近信号路径，例如同轴线和双绞线就是这种情况。这时的返回路径很容易跟随信号路径。在多层板的平面型互连中，返回路径通常设计成平面。例如微带线，有一个平面直接位于信号路径下方，这样返回电流就很清楚。但是，如果与信号

路径相邻的平面不是被驱动的平面,那么情况又会如何呢? 如图 7.21 所示,信号在信号路径与另一平面之间是什么样的? 返回路径又将是什么样的?

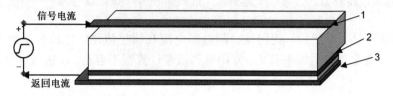

图 7.21　当相邻平面不是返回路径平面时,返回电流的分布会有所不同

电流的分布总是趋向于减小信号路径–返回路径的回路阻抗。在传输线的起始端,返回路径将从位于第 3 层的底平面耦合到位于第 2 层的中间平面,然后又回到位于第 1 层的信号路径。

下面是一种分析电流的方法:信号路径上的电流在悬空中间平面的上表面感应出涡流,底平面的返回电流又在中间平面的下表面感应出涡流。这些感应的涡流在中间平面上靠近信号电流和返回电流输入端的那一边相连。这样,信号电流和返回电流就被注入传输线中。电流的流向如图 7.22 所示。

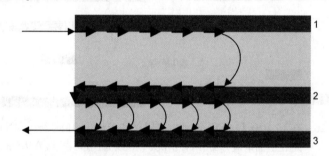

图 7.22　当相邻平面不是返回路径平面时,电流流动的侧视图

由于趋肤效应的影响,平面上精确的电流分布与频率有关。通常,电流在各个平面的分布趋向于减小信号路径–返回路径的总回路电感,只能使用场求解器准确计算分布的情况。图 7.23 给出了一个示例:导线的厚度为 2 mil,频率在 20 MHz,从一端横截面观察到的电流分布情况。

图 7.23　信号加到上面导线和底部平面之间(中间平面悬空)时,从一端观察到的电流分布情况。
悬空平面上有感应涡流,颜色越淡表示电流密度越高。使用Ansoft 2D Extractor计算

从驱动器向传输线看进去,在信号路径与底平面之间受到的阻抗为多少? 驱动器把信号输入信号路径和返回路径上,而中间平面是悬空的,这时信号受到的阻抗是两条传输线的串联。如图 7.24 所示,这两条传输线中的一条由信号路径和第 2 层中间平面构成;另一条由第 2 层平面和第 3 层平面构成。所以,信号受到的串联阻抗为

$$Z_{\text{input}} = Z_{1\text{-}2} + Z_{2\text{-}3} \tag{7.17}$$

两平面的阻抗 $Z_{2\text{-}3}$ 越小,信号受到的阻抗就越接近于 $Z_{1\text{-}2}$。

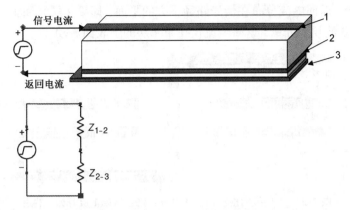

图 7.24 上图：驱动器驱动传输线的物理结构(中间平面悬空)。下图：等效电路模型，驱动器
受到的阻抗为信号路径与悬空平面构成的阻抗 $Z_{1\text{-}2}$ 和两平面构成的阻抗 $Z_{2\text{-}3}$ 之和

这意味着，即使驱动器连接在信号路径和底平面上，驱动器受到的阻抗也主要由信号路径和与它最近平面构成的传输线的阻抗决定。**无论邻近平面上的电压值是多少，这都是正确的。** 这是个惊人的结论。

> **提示** 对于多层板中的传输线，驱动器受到的阻抗主要由信号路径和与之最近平面构成的传输线的阻抗决定，而与实际连接在驱动器返回端的平面无关。

相对于信号路径与最近平面之间的阻抗，两平面之间的阻抗越小，驱动器受到的阻抗就越接近于信号路径与悬空平面之间的阻抗。

假设 $h \ll w$，两个长而宽的平面之间的特性阻抗可近似为

$$Z_0 = \frac{377 \ \Omega}{\sqrt{\varepsilon_\mathrm{r}}} \frac{h}{w} \tag{7.18}$$

其中，Z_0 表示两平面的特性阻抗(单位为 Ω)，h 表示平面之间的介质厚度(单位为 in)，w 表示平面的宽度(单位为 mil)，ε_r 表示平面之间材料的介电常数。

例如，对于 FR4，平面宽度为 2 in，介质厚度为 10 mil，则两平面之间的特性阻抗约为 $377 \ \Omega \times 0.01/2/2 \approx 3.8/4 \ \Omega$。如果介质厚度为 2 mil，则两平面之间的阻抗为 $377 \ \Omega \times 0.002/2/2 \approx 0.75/4 \ \Omega$。当平面之间的阻抗远小于 50 Ω 时，与驱动器直接相连的是哪个平面已无关紧要，而对阻抗起主导作用的是与信号路径距离最近的那个平面。

> **提示** 减小相邻平面之间阻抗的最重要方法就是尽量减小平面之间介质的厚度。这不仅使平面之间的阻抗最小，而且使两平面是紧耦合的。

> **提示** 如果平面之间是紧耦合的，并且它们之间的阻抗很小，则轨道塌陷不管怎样都很低。这时驱动器实际连接哪个平面都无关紧要了。平面之间的耦合为返回电流尽量接近信号电流提供了低阻抗路径。

如果信号路径在中途转换所在层，那么相应的返回电流情况会怎样？返回电流的分布又如何？图 7.25 所示的 4 层电路板中，信号路径从第 1 层开始，通过过孔连接到第 4 层上。在

电路板的前半部分，返回电流分布在信号路径下方的平面，即第2层平面上。另外，对于高于10 MHz的电流正弦波频率分量，返回电流仅在第2层的上表面流动。

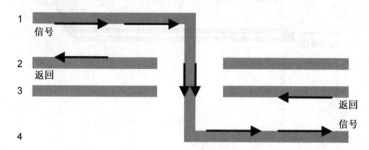

图7.25　4层板的横截面，其中信号路径从第1层开始，然后
通过过孔到第4层。返回电流将从第2层切换到第3层

在电路板的下半部分，信号路径在第4层上，那么返回电流在哪里？它分布在靠近信号层的平面上，即第3层，并且分布在该平面的下表面。在均匀传输线的地方，返回电流比较容易跟随。显然，过孔是信号电流从第1层走到第4层的路径，那么返回电流是如何从第2层切换到第3层的呢？

如果两平面具有相同的电位，并有过孔将它们短接，则返回电流就会走这条低阻抗路径。虽然返回电流在这里会放慢一点，但它只通过平面的一个很短距离，而平面的总电感又很低，因此不会造成很大的阻抗突变。这是一种较好的叠层设计。如果没有其他约束条件，如费用，让最相邻的参考平面具有相同的电压并使它们在靠近信号过孔处短接，就是最佳的设计准则。为了减小返回路径的压降，通常考虑在信号过孔旁边增加一个返回过孔。

但是，有时为了减少电路板层数，必须使用电压值不同的邻近返回平面。如果平面2的电压为5 V，平面3的电压为0 V，则它们之间没有直流通路。那么返回电流是如何从平面3流到平面2的呢？

电流只能从平面之间的电容流过。返回电流围绕出砂孔盘旋而上，并转换到同一平面的另一表面上。此时电流在两平面的内表面上扩散开，并通过两平面之间的电容耦合。电流在两平面之间以介质光速扩散开，图7.26画出了返回路径上的电流流动情况。两个返回路径平面构成一条传输线，而且返回电流受到的阻抗就是两平面的瞬时阻抗。

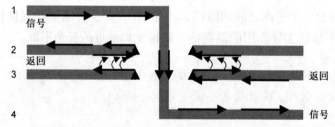

图7.26　通过两平面之间的容性耦合，返回电流从第2层切换到第3层平面上

> **提示**　无论返回电流什么时候在隔直流的平面之间切换，它都会在两平面之间实现耦合，其受到的阻抗等于两平面构成传输线的瞬时阻抗。

返回电流必须流过这个阻抗，所以返回路径上会产生压降。我们把返回路径上的这一压降称为**地弹**。返回路径的阻抗越高，压降就越大，产生的地弹噪声也就越大。所有引起返回平面改变的信号线都会加大这一地弹电压噪声，并且这些信号线也将受到其他信号所产生地弹噪声的影响。

> **提示** 设计返回路径的目标是：设法减小返回路径的阻抗，以便减小返回路径上的地弹噪声。显然，要达到这个目标，就要尽量减小返回平面之间的阻抗，通常的做法是把它们相邻放置，而且平面之间的介质要尽量薄。

在两个返回平面之间，当返回电流以不断扩张的圆从信号过孔中心向外扩散时，它受到的瞬时阻抗将不断减小。当圆的半径增加时，单位长度电容就会增加。这使得除了一些特殊情况，分析变得非常复杂，一般需要使用场求解器。

然而，我们可以建立一个简单模型，估算这两个平面之间的瞬时阻抗，并且可以领悟出应如何优化叠层设计和减小这种地弹效应。

当信号在两个平面之间向外呈辐射状传播时，为了计算信号受到的瞬时阻抗，要先计算出辐射状传输线的单位长度电容和信号速度。信号感受到的单位长度电容就是半径增加单位长度时电容的增量。返回电流感受到的总电容为

$$C = \varepsilon_0 \varepsilon_r \frac{A}{h} \tag{7.19}$$

两平面的面积为

$$A = \pi r^2 \tag{7.20}$$

由这两个关系式可以求出电容与距离的关系为

$$C = \varepsilon_0 \varepsilon_r \frac{A}{h} = \varepsilon_0 \varepsilon_r \frac{\pi r^2}{h} \tag{7.21}$$

其中，C 表示平面之间的耦合电容，ε_0 表示自由空间的介电常数（为 0.225 pF/in），ε_r 表示平面间材料的介电常数，A 表示两个平面上返回电流的重叠面积，h 表示平面之间的距离，r 表示耦合圆不断扩张的半径（扩展速度为光速）。

随着半径的增加，电容的增量，即单位长度电容为

$$C_L = 2\pi \varepsilon_0 \varepsilon_r \frac{r}{h} \tag{7.22}$$

正如所料，随着返回电流远离过孔，单位长度电容会增加。电流受到的瞬时阻抗为

$$Z = \frac{1}{vC_L} = \frac{\sqrt{\varepsilon_r}}{c} \times \frac{h}{2\pi r \varepsilon_0 \varepsilon_r} = \frac{377\ \Omega}{2\pi} \frac{h}{r\sqrt{\varepsilon_r}} = 60\ \Omega \frac{h}{r\sqrt{\varepsilon_r}} \tag{7.23}$$

其中，Z 表示两个平面之间返回电流受到的瞬时阻抗，C_L 表示平面之间单位长度的耦合电容，v 表示介质中的光速，ε_r 表示平面之间材料的介电常数，h 表示平面之间的距离，r 表示耦合圆不断扩张的半径（扩展速度为光速），c 表示真空中的光速。

例如，如果平面之间介质厚度为 10 mil，离过孔 1 in 远，则返回电流受到的阻抗为 $Z = 60 \times 0.01/(1 \times 2) = 0.3\ \Omega$。随着返回电流向外传播，这个阻抗就会变得更小。也就是说，离过孔越远，返回电流受到的阻抗就越低，这个阻抗两端的地弹电压也就越小。

由于返回电流以材料光速传播，并且 $r = vt$，所以可推导出返回电流受到的阻抗（它与信号电流受到的阻抗相串联）与时间的关系为

$$Z = 60\ \Omega\ \frac{h}{r\sqrt{\varepsilon_r}} = 60\ \Omega\ \frac{h}{vt\sqrt{\varepsilon_r}} = 60\ \Omega\ \frac{h\sqrt{\varepsilon_r}}{ct\sqrt{\varepsilon_r}} = 5\ \Omega\ \frac{h}{t} \tag{7.24}$$

其中,Z 表示两个平面之间返回电流受到的瞬时阻抗(单位为 Ω),v 表示介质中的光速,ε_r 表示平面之间材料的介电常数,c 表示真空中的光速,h 表示平面之间的距离(单位为 in),t 表示返回电流的传播时间(单位为 ns)。

例如,介质厚度为 0.01 in,0.1 ns 后返回电流受到的阻抗为 $Z = 5 \times 0.01/0.1 = 0.5\ \Omega$,所以信号前沿初始受到的阻抗可达 0.5 Ω。假如在前 100 ps 的信号电流为 20 mA,在对应的阻抗为 50 Ω 的传输线中的电压为 1 V,那么在平面切换的 0.1 ns 期间,与信号电压相串联的地弹压降为 20 mA $\times$ 0.5 Ω = 10 mV。

这个压降相对于 1 V 的信号而言不大,但如果有 10 个信号同时在相同的参考面之间切换,信号线之间的距离都小于 0.6 in,它们各自受到的阻抗都为 0.5 Ω,那么通过返回路径阻抗的总电流就为 20 mA $\times$ 10 = 200 mA。这时产生的地弹噪声为 200 mA $\times$ 0.5 Ω = 100 mV,达到信号电压的 10%,这是相当大的。所有经由这一路径切换的信号路径,即使它们的电流没有开关动作,信号也会受到 100 mV 地弹噪声的影响。

如果在开始很短的时间内有大量的电流流过,则返回电流受到的初始阻抗将会很高。所以,在这段短时间内流动的所有电流都会受到很高的阻抗,并产生地弹电压。图 7.27 画出了返回电流受到的阻抗与时间的关系。从图中可以清楚地看到,返回电流的阻抗只有当上升边非常短(小于 0.5 ns)的情况下才很大。

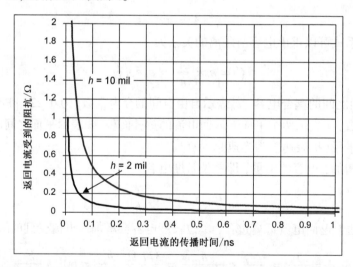

图 7.27 介质厚度分别为 2 mil 和 10 mil,当信号由过孔向外传播时,返回电流受到的阻抗

当返回路径阻抗约为 50 Ω 的 5% 时,对于一条信号线切换平面的情况,它的影响就相当大。当有 n 个信号路径在这些平面之间切换时,返回路径最大可容许的阻抗为 $2.5/n\ \Omega$。

提示 分析表明,当多条信号线都在几个参考平面之间切换,而快速信号的前沿又同时出现时,在返回路径上产生的地弹电压就很大。减小地弹电压的唯一方法就是减小返回路径的阻抗。

主要的措施有以下几种。

1. 在信号路径切换层时,设法让其相邻参考平面具有相同的电压。这时在切换平面之间打短路过孔并尽量靠近信号过孔。
2. 具有不同直流电压的返回平面之间的距离应尽量薄。
3. 扩大相邻切换过孔的距离,以免在初始瞬间当返回路径的阻抗很高时,返回电流叠加在一起。

有时认为,当在两个返回平面之间切换返回电流时,在这两个平面之间并联一个去耦电容器将有助于减小返回路径的阻抗。在两个平面之间连接的分立电容器,希望它能为返回电流从一个返回平面流到另一个返回平面提供一条低阻抗路径。

> **提示** 为了起到有效作用,在上升边频率分量的带宽内,实际电容器必须使两个平面之间的阻抗小于 $5\% \times 50\ \Omega$,即 $2.5\ \Omega$。

实际的电容器都有相应的回路电感和等效串联电阻,这样就限制了分立去耦电容器对短上升边信号的去耦作用。至于长时间之后或对于低频分量而言,平面之间的阻抗原本总是很低。

对于采用分立形式的高频元件,决定实际电容器高于其自身串联谐振频率时的阻抗的,并不是它的电容量,而是它的等效串联电感。图 7.28 画出了回路电感为 0.5 nH 的 1 nF 实际电容器的阻抗与频率的关系。这个回路电感值是非常优化的情况,只有采用一种多盘内孔结构或交指电容器(IDC)才能做到。

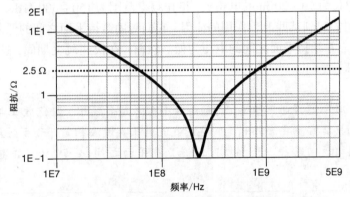

图 7.28　1 nF 的电容器的阻抗,其回路电感仅为 0.5 nH

可以看出,仅当信号带宽小于 1 GHz 时,这个实际电容器才能为返回路径提供低阻抗通路。由于高频分量只对回路电感敏感,采用大于 1 nF 的电容量并不能加强它的作用。

> **提示** 当使用分立电容器减小返回路径的阻抗时,使用串联电感低的电容器比电容量大于 1 nF 的电容器更有效。

很遗憾,即使回路电感被精心设计为 0.5 nH 的电容器,在频率高于 1 GHz 时,其阻抗仍然很大,而这时平面之间的阻抗也不低,地弹问题将会出现。

> **提示** 不同直流电压平面之间的电容器并不能有效地控制切换平面引起的地弹,然而它可以为较低频段噪声提供额外的去耦作用,但是随着上升边持续缩短,它仍然解决不了地弹问题。

当信号改变返回平面,并且电流在两相邻平面构成的传输线中流动时,另一个问题产生了。电流在何处终止?电流向外传播,终归要遇到板的边沿。因信号电流开关而注入两平面之间的电流在两平面之间传播散开,并在两平面之间产生瞬变电压。

由于两平面之间的阻抗很小,远小于 1 Ω,因此产生的瞬变电压很低。然而,当多个信号同时开关时,每个信号都给平面注入一定的噪声。开关的信号越多,产生的噪声就越大。注入平面的电流由信号的阻抗(50 Ω)决定,而两平面之间产生的电压噪声取决于平面之间的阻抗。要减小这个电压噪声,就必须减小平面之间的距离,以减小平面之间的阻抗。

信号切换返回平面是噪声注入平面对的一个主导性根源。这个电压噪声会迅速回荡并形成电源分配网络中的噪声。在低噪声系统中,这个电压噪声会成为一些敏感线,比如射频接收机、模数转换器输入端、电压参考基准中的线条的主要串扰源。为了使系统中的这种噪声最小化,必须仔细选择返回平面的电压、返回过孔和低电感的去耦电容器,以尽量减少平面之间的返回电流注入量。

有时把相邻平面层之间的电压在电路板边沿之间的往返回荡称为**两平面中间的谐振**。由于导体及介质损耗,这些谐振会逐渐消失。它们之间有些频率分量与电路板两边之间的往返时间相匹配,如边长为 10 ~ 20 in 的电路板,谐振频率范围为 150 ~ 300 MHz。这就是不同电压平面之间的电容器能起到某些改善作用的原因,它们帮助维持平面之间的低阻抗(在电路板的谐振频率范围内),并维持平面之间的电压为低。然而,在快速跳变期间,这些电容器并不能降低瞬变地弹电压。

随着上升边的减小,特别是在 100 ps 以下时,这些问题会变得更加严重。

7.15　传输线的一阶模型

理想传输线是一种新的理想电路元件,它有两个重要的特征:恒定的瞬时阻抗和相应的时延。这个理想模型是连续分布式模型,因为理想传输线的各个特性分布在整条传输线上,而不是集中在一个集总点上。

从物理上讲,可控阻抗传输线是由两条一定长度且横截面均匀的导线组成的。前文介绍了零阶模型,它把传输线描述成一系列相互有一定间距的电容器的集合。然而这仅是物理模型,并不是等效电气模型。

把信号路径和返回路径导线的每一小节描述成回路电感,就能进一步**近似**物理传输线。如图 7.29 所示,这个最简单的传输线等效电路模型中,每两个小电容器就被一个小回路电感器隔开。图中 C 表示两条导线之间的电容,L 表示两小节之间的回路电感。

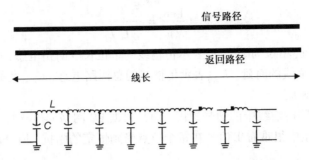

图 7.29　上图：均匀传输线的物理结构。下图：由 C 和 L 组成的传输线一阶等效电路模型近似

每一节信号路径或返回路径都有各自的局部自感。在两个分立电容器之间的两节信号路径-返回路径之间又存在局部互感。对于非平衡传输线，如微带线，每一节中信号路径的局部自感与返回路径的局部自感是不同的，其中信号路径的局部自感要比返回路径的局部自感大10 倍以上。

但是对信号而言，当它在传输线上传播时，实际传播的是从信号路径到返回路径的电流回路。从这种意义上讲，所有信号电流流经的一个回路电感，由信号路径节和返回路径节构成。对于传输线上的信号传播和大多数串扰而言，信号路径和返回路径的局部电感并不怎么重要，只有回路电感才是重要的。当把理想的分布传输线近似为一系列的 LC 电路时，模型中表示的电感实际上就是回路电感。

> **提示**　注意，这个集总电路模型是理想传输线的近似。在极端的情况下，若电容器和电感器的尺寸逐渐减小而节数逐渐增多，近似程度就会更好。

在极端情况下，当电容器和电感器无穷小，而 LC 电路的节数趋于无穷时，单位长度电容 C_L 和单位长度电感 L_L 都为常数。这两个参数通常称为传输线的**线参数**。如果给出传输线总长度 Len，那么总电容为

$$C_{\text{total}} = C_L \times \text{Len} \tag{7.25}$$

总电感为

$$L_{\text{total}} = L_L \times \text{Len} \tag{7.26}$$

其中，C_L 表示单位长度电容，L_L 表示单位长度电感，Len 表示传输线长度。

只看这个 LC 电路，很难想象信号是如何与其发生作用的。粗略地看，可能会认为有很多振荡和谐振。但是，当各元件是无穷小时情况会如何？

弄清楚信号在该模型中如何传输的唯一方法是运用网络理论，并求解表示 LC 网络的微分方程。结果表明，信号沿网络传输时，在每节点上都受到恒定的瞬时阻抗。这个瞬时阻抗与理想分布传输线元件的瞬时阻抗是一样的，它在数值上与导线的特性阻抗相等。同理，从信号进入 LC 网络到信号输出会有一个有限的时延。

运用网络理论，根据传输线的线参数和总长度，可以计算出传输线的特性阻抗和时延，即

$$Z_0 = \sqrt{\frac{L_L}{C_L}} \tag{7.27}$$

$$T_D = \sqrt{C_{\text{total}} L_{\text{total}}} = \text{Len} \times \sqrt{C_L L_L} = \frac{\text{Len}}{v} \tag{7.28}$$

$$v = \frac{\text{Len}}{T_{\text{D}}} = \frac{1}{\sqrt{C_{\text{L}}L_{\text{L}}}} \qquad (7.29)$$

其中, Z_0 表示特性阻抗(单位为 Ω), L_{L} 表示传输线的单位长度回路电感, C_{L} 表示传输线的单位长度电容, T_{D} 表示传输线的时延, L_{total} 表示传输线的总回路电感, C_{total} 表示传输线的总电容, v 表示传输线中的信号速度。

人们并未刻意限制传输线中的信号速度, 而是根据 LC 网络的电气特性去预估时延这一特性。同理, 在电路模型中很难看出信号在每个节点受到恒定的阻抗, 但是从网络理论却可以得出这样的结论。

这两个预估出的特性(特性阻抗和时延)必须和基于电容器排组的有限速度零阶物理模型导出的结果相一致。将两个模型的结论相关联, 可以得出很多重要的关系式。

因为信号的速度取决于材料的介电常数、单位长度电容和单位长度电感, 所以可将单位长度电容与单位长度电感关联如下:

$$v = \frac{c}{\sqrt{\varepsilon_{\text{r}}}} = \frac{1}{\sqrt{C_{\text{L}}L_{\text{L}}}} \qquad (7.30)$$

$$L_{\text{L}} = 7\frac{\varepsilon_{\text{r}}}{C_{\text{L}}} \text{ nH/in} \qquad (7.31)$$

$$C_{\text{L}} = 7\frac{\varepsilon_{\text{r}}}{L_{\text{L}}} \text{ pF/in} \qquad (7.32)$$

从特性阻抗和速度的关系, 可以得出下列关系式:

$$C_{\text{L}} = \frac{1}{vZ_0} = \frac{1}{cZ_0}\sqrt{\varepsilon_{\text{r}}} = \frac{83}{Z_0}\sqrt{\varepsilon_{\text{r}}} \text{ pF/in} \qquad (7.33)$$

$$L_{\text{L}} = \frac{Z_0}{v} = 0.083Z_0\sqrt{\varepsilon_{\text{r}}} \text{ nH/in} \qquad (7.34)$$

从传输线的时延和特性阻抗, 可以得出下列关系式:

$$C_{\text{total}} = \frac{T_{\text{D}}}{Z_0} \qquad (7.35)$$

$$L_{\text{total}} = T_{\text{D}} \times Z_0 \qquad (7.36)$$

其中, Z_0 表示特性阻抗(单位为 Ω), L_{L} 表示传输线的单位长度回路电感(单位为 nH/in), C_{L} 表示传输线的单位长度电容(单位为 pF/in), T_{D} 表示传输线的时延(单位为 ns), L_{total} 表示传输线的总回路电感(单位为 nH), C_{total} 表示传输线的总电容(单位为 pF), v 表示传输线中的信号速度(单位为 in/ns)。

例如, 传输线的特性阻抗为 50 Ω , 介电常数为 4, 因此单位长度电容为 $C_{\text{L}} = 83/50 \times 2 = 3.3$ pF/in。这是一个惊人的结论。

> **提示**　所有介电常数为 4 的 50 Ω 传输线, 其单位长度电容都相同, 约为 3.3 pF/in。这是一个非常有用的经验法则。

如果线宽加倍, 则为了保持特性阻抗不变, 电介质的厚度也应加倍, 此时单位长度电容不变。如果球栅阵列封装中 0.5 in 长的互连按 50 Ω 可控阻抗传输线设计, 那么该线的电容为 3.3 pF/in $\times$ 0.5 in = 1.6 pF。

同理, FR4 板上 50 Ω 传输线的单位长度电感为 $L_{\text{L}} = 0.083 \times 50 \times 2 = 8.3$ nH/in。

> **提示** 所有介电常数为 4 的 50 Ω 传输线，其单位长度回路电感都相同，约为 8.3 nH/in。
> 这是一个非常有用的经验法则。

如果传输线的时延为 1 ns，特性阻抗为 50 Ω，那么传输线的总电容就为 $C_{total} = 1$ ns/$50 = 20$ pF。如果线长为 6 in，这 20 pF 的电容均匀分布在这段导线上，则单位长度电容为 20 pF/6 in = 3.3 pF/in。对于同一条传输线，从信号路径到返回路径的总回路电感为 $L_{total} = 1$ ns $\times 50$ Ω $= 50$ nH。此电感若均匀分布在 6 in 长的导线上，单位长度电感就为 50 nH/6 in = 8.3 nH/in。

这些与传输线相关的电容、电感、特性阻抗及介电常数之间的关系式，适用于所有传输线，而且与传输线横截面的几何结构无关。使用现有的近似式和场求解器，这些关系式对估计上述一个或多个参数非常有帮助。如果知道其中任意两个参数，就能求出其他所有参数。

我们很想将这种传输线的 LC 模型视为真实传输线的行为表征。例如，如果将电感忽略，就能将一个真实的传输线看成电容器。当驱动器以其输出阻抗驱动传输线时，是否会看到传输线的 RC 充电时间呢？

事实上，真正的传输线不是仅仅一个电容器或电感器，它是一个分布式的 LC 互连。相邻的电感 L 和电容 C 虽然微观上体量很小，但能将互连的表现转变为一种新的行为。进入互连的快速边沿，在整个互连中维持了这一上升边。

当信号边沿快速传播时，它既没看到电容 C 和实现充电所需的时间常数 RC，也没看到电感 L 和导致上升边变慢的时间常数 L/R。相反，它看到了一种崭新的优异特质，即可以支持传输任何上升边信号的瞬时阻抗。对边沿信号而言，传输线看上去既不像电感，也不像电容，看上去它像一个电阻性元件。

在互连传输线中，计算其总电容和总回路电感是可能的，但是把传输线只看成一个电容 C 或电感 L 都是不正确的，因为这两个元件同样重要，它们永远是联在一起的。

当然，这种集总电路 LC 阶梯模型只是一种近似。不要只从 LC 阶梯模型的角度去考量真正的传输线，要重新调整你的工程直觉。要将传输线视为一个全新又有急需性能的理想电路元件。它支持发送到传输线上的各种上升边信号，使它看到的是一个瞬时阻抗。

7.16 特性阻抗的近似计算

设计一个指定的特性阻抗，实际上就是不断调整线宽、介质厚度和介电常数的过程。如果知道传输线的长度和导线周围材料的介电常数，计算出特性阻抗并运用上面的关系式，就可以计算出其他所有参数。

当然，不同类型的横截面，它的几何特征和特性阻抗的关系式也不同。从导线的横截面几何结构中求解特性阻抗，通常可以使用如下 3 种分析方法。

1. 经验法则；
2. 解析近似式；
3. 二维场求解器。

对于 FR4 板上的微带线和带状线，有两个关于特性阻抗的最重要的经验法则。图 7.30 示例了 50 Ω 传输线的两种横截面。

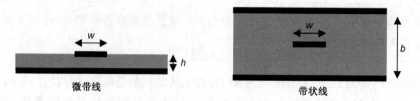

图 7.30　50 Ω 传输线的两种不同比例的横截面。左图：50 Ω 微带线，$w = 2h$；右图：50 Ω 带状线，$b = 2w$

> **提示**　由经验法则，FR4 板上 50 Ω 微带线的线宽等于介质厚度的 2 倍。而 50 Ω 带状线的两平面之间的总介质厚度等于线宽的 2 倍。

　　只有 3 种类型的横截面有确切的公式，这 3 种横截面类型为同轴型、双圆杆型和圆杆–平面型，如图 7.31 所示，其他的都只有近似公式。

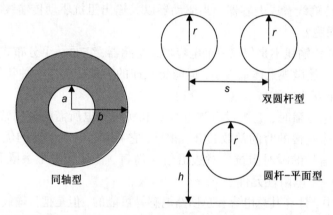

图 7.31　只有 3 种类型的横截面有确切的公式可以计算传输线的特性阻抗，其他的都只有近似公式

　　同轴型横截面的特性阻抗与横截面的关系式为

$$Z_0 = \frac{377\ \Omega}{2\pi\sqrt{\varepsilon_r}} \ln\left(\frac{b}{a}\right) = \frac{60\ \Omega}{\sqrt{\varepsilon_r}} \ln\left(\frac{b}{a}\right) \tag{7.37}$$

双圆杆型横截面的特性阻抗为

$$Z_0 = \frac{120\ \Omega}{\sqrt{\varepsilon_r}} \ln\left(\frac{s}{2r} + \sqrt{\left(\frac{s}{2r}\right)^2 - 1}\right) \tag{7.38}$$

圆杆–平面型横截面的特性阻抗为

$$Z_0 = \frac{60\ \Omega}{\sqrt{\varepsilon_r}} \ln\left(\frac{h}{r} + \sqrt{\left(\frac{h}{r}\right)^2 - 1}\right) \tag{7.39}$$

其中，Z_0 表示特性阻抗(单位为 Ω)，a 表示同轴线的内半径(单位为 in)，b 表示同轴线的外半径(单位为 in)，r 表示圆杆的半径(单位为 in)，s 表示两圆杆的中心距(单位为 in)，h 表示圆杆中心到平面的距离(单位为 in)，ε_r 表示材料的介电常数。

　　这些关系式假设电场空间全部均匀填充了介质材料。如果假设不成立，限制信号传播速度的有效介电常数与不同介电常数之间的关系比较复杂，就只能通过场求解器计算得出。

　　如果介质是均匀分布的，这些关系式就很准确，可以用于校准二维场求解器。

> **提示** 除了少数特殊情况，所有其他关于特性阻抗和几何结构的公式都是近似的。如果误差超过 5%，就会造成设计周期和成本大幅增加，近似方法就不能用于传输线的设计签发（sign-off）。当要求考虑准确度时，应该使用经过验证的二维场求解器。

近似的作用在于指出了几何结构各参数之间的关系，可以用于电子表格中的灵敏度分析。对于微带线，IPC 推荐的通用近似式为

$$Z_0 = \frac{87\ \Omega}{\sqrt{1.41 + \varepsilon_r}} \ln\left(\frac{5.98h}{0.8w + t}\right) \tag{7.40}$$

对于带状线，IPC 推荐的通用近似式为

$$Z_0 = \frac{60\ \Omega}{\sqrt{\varepsilon_r}} \ln\left(\frac{2b + t}{0.8w + t}\right) \tag{7.41}$$

其中，Z_0 表示特性阻抗（单位为 Ω），h 表示信号线与平面之间的介质厚度（单位为 mil），w 表示线宽（单位为 mil），b 表示平面之间的距离（单位为 mil），t 表示金属厚度（单位为 mil），ε_r 表示介电常数。

如果忽略线条厚度 t 的影响，则这两种结构的特性阻抗仅与介质厚度和线宽的比值有关，这是一个非常重要的关系式。

> **提示** 在一阶模型中，微带线和带状线的特性阻抗与介质厚度和线宽的比值成比例变化。只要这个比值保持不变，特性阻抗就恒定不变。

例如，如果线宽和介质厚度都加倍，则一阶近似模型中的特性阻抗保持不变。

虽然这些方程看似复杂，但是它的准确度却无法度量。想要知道近似的准确度，唯一的方法是把近似值与使用经过验证的场求解器所得的结果相比较。

7.17 用二维场求解器计算特性阻抗

如果要求的准确度优于 10%，或者担心二阶效应，如线条厚度、阻焊层的覆盖面或侧面壁的形状等，就不能使用近似式计算。二维场求解器是计算阻抗的最重要工具，也是工程师的必备工具。

均匀的几何结构是使用所有二维场求解器的基本前提，即整条传输线的横截面形状是相同的。同时，均匀横截面也是可控阻抗传输线的基本要义。在这种情况下，传输线的特性阻抗只有一个。二维场求解器已经成为准确计算均匀传输线特性阻抗的最合适的工具。对于二维场求解器而言，只有二维横截面信息是最重要的。

只要对准确度有较高要求，就必须使用二维场求解器。也就是说，在设计签发并进行硬件制作之前，必须使用二维场求解器去设计叠层结构。也有人会说，制造公差有可能高达 10%，所以没必要关心仿真中预估准确度是否达到 5%。

事实上，为了提高制造的成品率，准确度非常重要。预估阻抗时的任何不准确计算，都将造成制造出的阻抗分布中心位置偏移。如果能让所追求目标的分布更集中，产品的成品率就会更高。甚至是 1% 的不准确也会使分布偏离中心位置。在接近技术条件界限的情况下很容易就跑到界限之外，从而影响成品率。第 6 章提到过，场求解器的准确度优于 0.5%。

使用二维场求解器可以计算出微带线的特性阻抗,这里把计算结果与 IPC 近似式的预估值进行比较。图 7.32 画出了线宽变化时微带线的特性阻抗,其中介电常数为 4,介质厚度为 10 mil,导线为 0.5 盎司铜。在 50 Ω 附近或大于 50 Ω 处,二者吻合得很好。但是,当阻抗较低时,IPC 近似式的偏差高达 25%。

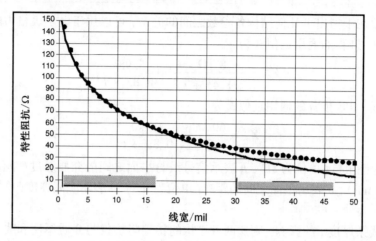

图 7.32　微带线的特性阻抗,场求解器结果(圆点)和 IPC 近似(曲线)的比较,其中微带线为 FR4介质,厚度为10 mil,导线为0.5盎司铜。使用Ansoft二维场求解器得到场求解器结果

对带状线也进行同样的比较,如图 7.33 所示。二者在 50 Ω 附近吻合得很好,但在阻抗较低时,近似式的偏离可达 25%。所以当要求高准确度时就不能用近似式。

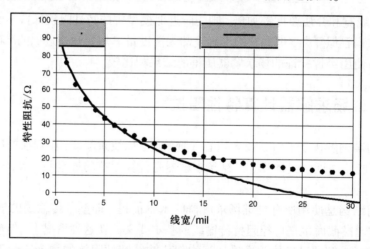

图 7.33　带状线的特性阻抗,场求解器结果(圆点)和 IPC 近似法(曲线)求得结果的比较,其中带状线为FR4介质,厚度为10 mil,导线为0.5盎司铜。使用Ansoft二维场求解器得到场求解器结果

除了能准确地估算特性阻抗,从二维场求解器还可以领悟出二阶因素的如下影响:

1. 返回路径的宽度;
2. 信号线条的导线厚度;
3. 表面线条上阻焊层的存在;
4. 有效介电常数。

返回路径宽度如何影响特性阻抗？如果返回路径的宽度很窄，电容就很小，特性阻抗就很高。使用场求解器可以计算出返回路径达到多宽时它的影响可忽略不计。

图 7.34 给出了微带线的特性阻抗与返回路径宽度的关系曲线，其中介电常数为 4，导线厚度为 0.7 mil（相当于 0.5 盎司铜），介质厚度为 5 mil，线宽为 10 mil。这就是标称 50 Ω 的传输线。当返回路径线宽变化时，计算所得的特性阻抗如图 7.34 所示。当返回路径在信号路径每边的延伸宽度大于 15 mil 时，其特性阻抗与返回路径为无穷宽时相比较，偏离不到 1%。线条边沿的边缘场与介质厚度成比例变化，其比例因子就是介质厚度。所以，信号路径两边返回路径的延伸宽度应该约为介质厚度 h 的 3 倍。

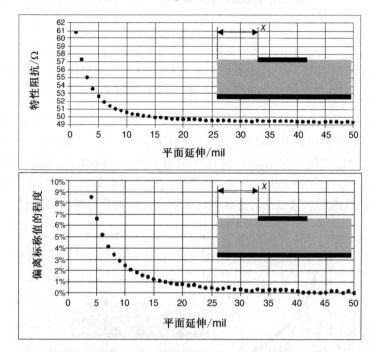

图 7.34　上图：返回路径宽度变化时，计算所得微带线的特性阻抗。其中线宽为 10 mil，介质厚度为 5 mil。下图：偏离标称值的程度。使用 Ansoft 二维场求解器得到场求解器结果

提示　经验法则：要使特性阻抗与返回路径为无穷宽时的值相差不到 1%，返回路径在信号路径每边的延伸宽度应至少为介质厚度的 3 倍。

再一次遵循第 9 条的"无预测勿仿真"的原则，先预判一下：随着导线厚度的增加，更多的边缘场会出现在侧边，这样每单位长度的电容就会增加。所以，随着导线厚度的增加，其特性阻抗将会降低。

使用二维场求解器，可以计算出当线条厚度在 0.1 ~ 3 mil 之间变化时的特性阻抗，如图 7.35 所示。曲线上的每个点是不同厚度对应的特性阻抗。可以看到，金属厚度增加时，边缘场的电容也增加了，而特性阻抗就减少了，这与我们的预期是一致的。增加金属片厚度意味着增加信号路径与返回路径之间的电容，也意味着特性阻抗减小。但是，从计算的结果可以看到，这个影响并不大（属于第二位）。

提示　经验法则：信号路径的厚度每增加 1 mil，特性阻抗约下降 2 Ω。

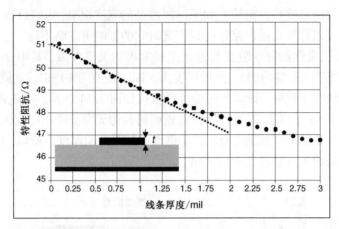

图 7.35　当线条厚度变化时,标称值为 50 Ω 的微带线的特性阻抗。圆点为场求解器
结果,直线斜率为 2 Ω/mil。使用 Ansoft 二维场求解器得到场求解器结果

　　如果微带线上覆盖了一层很薄的阻焊层,边缘场电容就会增加,特性阻抗将会减小。对于
上述这种微带线,如果使用 0.1 mil 厚的导线,则介电常数为 4。当阻焊层厚度增加时,特性阻
抗随之减小,对应曲线如图 7.36 所示。从图中可以看出,当阻焊层很薄时,特性阻抗的下降
速度约为 2 Ω/mil。厚度为 10 mil 以上时,特性阻抗就不再受影响,因为外部的边缘场都被包
含在 10 mil 阻焊层以内了。这也是对边缘场在表面上的延伸程度的一种度量。

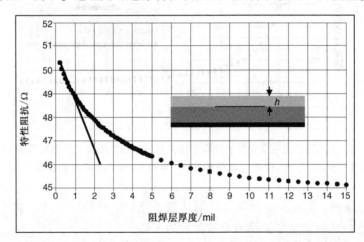

图 7.36　介电常数为 4,当阻焊层厚度增加时,标称值为 50 Ω 的微带线的特性阻抗。圆点为场
求解器结果,直线斜率为 2 Ω/mil。使用 Ansoft 二维场求解器得到场求解器结果

　　当然,阻焊层厚度的典型值为 0.5~2 mil。可以看到,在这个范围内,阻焊层的存在使特
性阻抗降低了 2 Ω,这个值相当大。如果存在阻焊层,为了达到目标阻抗,就必须使线宽小于
标称值,这样阻焊层就会使特性阻抗减小到期望值。

　　最后这个示例证明了特性阻抗与微带线表面上的介质分布有关。当然,对于带状线而言,
所有的电力线都在介质内,顶层平面上的阻焊层不会影响到特性阻抗。

　　除了特性阻抗受介质分布不均匀的影响,电力线感受到的有效介电常数也受介质分布的
影响。在微带线中,有效介电常数与介质的具体结构有关,它决定了信号的传播速度。在第 5
章中已经讨论过,有效介电常数只能用场求解器准确计算得到。

7.18　*n* 节集总电路模型

理想传输线电路元件是一个分布元件，能准确地预估实际互连的测量情况。图 7.37 给出了 1 in 长的末端开路传输线的频域测量阻抗与仿真阻抗的比较。可以看出，在 5 GHz 测量带宽内，两者相当吻合。

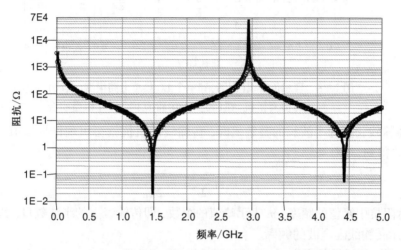

图 7.37　1 in 长的 50 Ω 传输线的测量阻抗(圆圈)与仿真阻抗(线条)。这
是个理想无损耗传输线的模型。在测量带宽内，两者吻合得相当好

> **提示**　在很高的带宽内，实际互连与理想传输线的特性非常吻合。理想传输线是实际互连很好的模型。

我们可以用 LC 集总电路节单元的级联来近似这个理想电路模型。这时产生的问题是，需要多少节 LC 电路才能达到给定的准确度？如果电路节数太少，那么会发生什么情况呢？

可以使用仿真工具如 SPICE 研究一下这个问题。首先在频域中计算出从传输线前端看进去的输入阻抗，然后在时域中解释上面的运算结果。

在频域中，可以计算出**末端开路时传输线的输入阻抗**。本例使用介电常数为 4 的 6 in 长的 50 Ω 传输线，它的时延 T_D 为 1 ns。

那么总电容为 $C_{total} = T_D/Z_0 = 1\ \text{ns}/50\ \Omega = 20\ \text{pF}$，总电感为 $L_{total} = Z_0 \times T_D = 50\ \Omega \times 1\ \text{ns} = 50\ \text{nH}$。

传输线的最简单近似就是单个 LC 模型，模型中 C 和 L 分别为传输线的总电容和总回路电感。这是理想传输线最简单的集总电路模型。

图 7.38 给出了理想分布传输线和单节 LC 集总电路模型的阻抗。低频时，单个 LC 电路模型可以很好地与性能匹配，但这个模型的带宽仅约为 100 MHz。事实上，带宽受限是由于理想传输线的全部电容未集中在一点。电容沿着整条线分布，在电容之间还有与每节线长对应的回路电感。从比较中可以清楚地看到，末端开路的传输线在低频时与一个理想电容器非常相似。

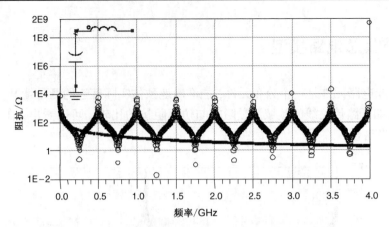

图 7.38　理想传输线(圆圈)和单个 LC 集总电路模型(曲线)
的仿真阻抗。在 100 MHz 的带宽内,两者相当吻合

当理想传输线长度为半波长的整数倍时,传输线的阻抗就会出现谐振峰值。谐振峰值的
频率 f_{res} 由下式得到:

$$f_{\text{res}} = m \frac{f_0}{2} = m \frac{1}{2T_{\text{D}}} \tag{7.42}$$

其中, f_{res} 表示阻抗中峰值的频率, m 表示峰值的个数,即传输线上的半波数目, T_{D} 表示传输线
的时延, f_0 表示传输线上全波的频率。

$m = 1$ 时,第一个谐振频率为 1×1 GHz/2 = 0.5 GHz。这
时传输线上只有一个半波,时延 T_{D} 为 1 ns; $m = 2$ 时,第
二个谐振频率为 2×1 GHz/2 = 1 GHz,这时传输线上恰好
有一个全波。图 7.39 画出了这些谐振的驻波模式。

单节 LC 电路模型的带宽约为第一个谐振频率的 1/4,
即约为 125 MHz。增加传输线的节数就能提高模型的带
宽。如果把传输线分成两节,则每节都可以建成相同的
LC 模型,其中每节的电感和电容分别为 $L_{\text{total}}/2$ 和 $C_{\text{total}}/2$。
图 7.40 给出了两节 LC 模型预估阻抗与理想分布传输线阻
抗的比较结果。这个模型的带宽约在第一个谐振峰值的
1/2 处,即频率约为 250 MHz。

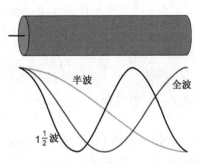

图 7.39　传输线上的电压波形。当传输
线上有整数个半波时发生谐振

增加传输线的节数,可以进一步扩展集总电路模型的带宽。图 7.41 给出了理想传输线和
16 节 LC 集总电路模型的比较,其中每节 LC 电路的电容和电感分别为 $C_{\text{total}}/16$ 和 $L_{\text{total}}/16$。随
着 LC 节数的增加,可以在更高的带宽内更好地近似理想传输线的阻抗特性。这个模型的带宽
达到第 4 个谐振峰值,即频率约为 2 GHz。

> **提示**　n 节 LC 集总电路是理想传输线的近似,而且节数越多,近似的带宽就越高。

根据理想传输线的时延,可以估算出 n 节集总电路模型的带宽。上面的示例表明,LC 模
型的节数越多,带宽就越高。一节模型的带宽只有第一个谐振频率的 1/4,两节模型的带宽为
第一个谐振频率的 1/2,16 节模型的带宽为第 4 个谐振频率。我们可以归纳出吻合的最高频
率,即模型的带宽为

$$BW_{model} = \frac{n}{4} \times \frac{f_0}{2} \approx n \times \frac{f_0}{10} \qquad (7.43)$$

或

$$n = 10 \times \frac{BW_{model}}{f_0} = 10 \times BW_{model} \times T_D \qquad (7.44)$$

其中，BW_{model} 表示 n 节集总电路模型的带宽，n 表示模型中 LC 的节数，T_D 表示传输线的时延，f_0 表示全波的谐振频率，$f_0 = 1/T_D$。

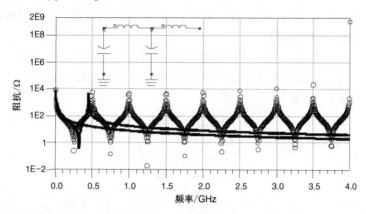

图 7.40 理想传输线的仿真阻抗（圆圈）、一节 LC 和两节 LC 集总电路模型的仿真阻抗（曲线）

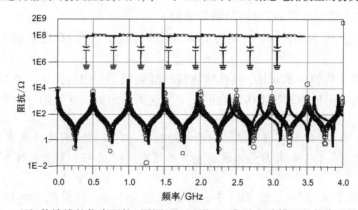

图 7.41 理想传输线的仿真阻抗（圆圈）和 16 节 LC 集总电路模型的仿真阻抗（曲线）

为了使上述关系式更简洁，更便于记忆，可近似为 $n = 10 \times BW_{model} \times T_D$，而不采用 $n = 8 \times BW_{model} \times T_D$。

> **提示** 这是个非常重要的经验法则，它说明了要使模型的带宽达到 $1/T_D$，需要 10 节 LC 电路。也就是说，因为这个频率相当于传输线上仅有一个全波，为了更好地近似，每 1/10 个信号波长就必须对应 1 节 LC 电路。

例如，如果互连的时延 $T_D = 1$ ns，要求 n 节 LC 近似模型的带宽为 5 GHz，则至少需要 $n = 10 \times 5$ GHz $\times 1$ ns $= 50$ 节。在最高频率时，传输线上有 5 GHz $\times 1$ ns $= 5$ 个波长。每个波长需要 10 节，因此要获得较好的近似效果，需要 $5 \times 10 = 50$ 节 LC 电路。

若 T_D 为 0.5 ns，要求的带宽为 2 GHz，则所需 LC 电路的节数 $n = 10 \times 2$ GHz $\times 0.5$ ns $= 10$。

我们也可以估算出用单个 LC 电路近似传输线时的带宽有多高。或者说，在多高的频率范

围内, 传输线可以近似成单个 LC 电路。单个 LC 电路的带宽为

$$BW = n \times \frac{1}{10 \times T_D} = 1 \times \frac{1}{10 \times T_D} = 0.1 \times \frac{1}{T_D} \tag{7.45}$$

如果传输线时延 $T_D = 1$ ns, 则单节 LC 模型的带宽为 $0.1 \times 1/1$ ns $= 100$ MHz。如果 $T_D = 0.16$ ns(即线长约为 1 in), 则单个 LC 模型的带宽为 $0.1 \times 1/0.16$ ns $= 600$ MHz。传输线的时延越长, 可以用单个 LC 模型近似的频率就越低。

我们已经估算了在要求的带宽内, 描述一条传输线所需的节数。可以看出, 信号最高频率分量的一个波长长度约需 10 节 LC 电路, 所以 LC 电路的总节数取决于传输线中能摆放下的所传信号最高频率分量的全波长数。

如果信号的上升边为 RT, 则信号的带宽(最高有效正弦波频率成分)为 $BW_{sig} = 0.35/RT$。如果传输线的时延为 T_D, 并用 n 节集总电路模型来近似, 那么必须确保模型的带宽 BW_{model} 应至少大于信号带宽 BW_{sig}, 即

$$BW_{model} > BW_{sig} \tag{7.46}$$

$$n \times \frac{1}{10 \times T_D} > \frac{0.35}{RT} \tag{7.47}$$

$$n > 3.5 \frac{T_D}{RT} \tag{7.48}$$

其中, BW_{sig} 表示信号的带宽, BW_{model} 表示模型的带宽, RT 表示信号的上升边, T_D 表示传输线的时延, n 表示准确模型所需 LC 电路的最少节数。

例如, 如果上升边为 0.5 ns, 时延为 1 ns, 则准确模型所需 LC 电路的节数为 $n > 3.5 \times 1/0.5 = 7$。

如果上升边等于传输线的时延, 则此传输线的准确模型至少需要 3.5 节 LC 电路。在这种情况下, 上升边的空间延伸就等于传输线的长度。这揭示出如下所述的一个重要结论。

> **提示**　用 n 节 LC 模型准确地描述一条传输线时, 前沿的空间延伸至少需要 3.5 节 LC 电路。也就是说, 每 1/3 前沿与传输线的相互作用就可以用一个集总电路元件加以近似。

这个结论如图 7.42 所示。在 FR4 中, 若上升边为 1 ns, 前沿的空间延伸为 6 in, 那么每 6 in 就需要 3.5 节 LC 电路来近似, 即每 1.7 in 对应 1 节 LC 电路。所以可以归纳出: 如果上升边为 RT, 信号的速度为 v, 那么每节 LC 电路对应的线长为 $(RT \times v)/3.5$。在 FR4 中, 信号的速度约为 6 in/ns, 当上升边为 RT 时, 每节 LC 电路对应的线长度为 $1.7 \times RT$, 其中上升边的单位为 ns。

> **提示**　这揭示出一个非常有用的经验法则: 当给定上升边 RT(单位为 ns)值时, n 节 LC 集总电路模型为了达到足够高的带宽, 每节 LC 电路对应的线长(单位为 in)值必须小于 $1.7 \times RT$。

如果上升边为 1 ns, 则每个 LC 电路对应的线长必须小于 1.7 in。如果上升边为 0.5 ns, 则每个 LC 电路对应的线长必须小于 $0.5 \times 1.7 = 0.85$ in。

> **提示**　当然, 无论是在低频还是在高频, 理想分布传输线模型总是均匀互连的更好模型。

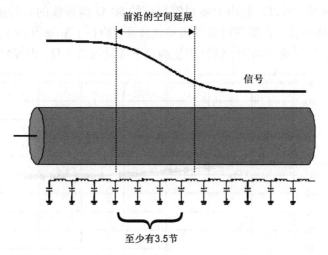

图 7.42 等于信号带宽的互连的准确模型，在信号上升边的空间延伸至少需要 3.5 节 LC 电路

本节评估了依据信号带宽及其精确度，在对实际传输线建模时所需 LC 电路的最少节数。但这仍是带宽受限下的一种近似做法。在为实际传输线选配模型时，可以根据对特性阻抗和时延的要求，先定义一个理想传输线作为首选。在非常罕见的情况下，当问题也是用 L 或 C 值表征的时，就可以采用上述的 n 节集总参数模型来模拟真实的传输线。记住，还是从一个理想传输线模型先建模。

7.19 特性阻抗随频率的变化

到目前为止都假设传输线的特性阻抗与频率无关。但是，我们已经知道，从传输线前端看进去的输入阻抗与频率有密切的关系。毕竟，在低频情况下，远端开路传输线的输入阻抗看上去像一个电容器，起初阻抗较高，再下降到很低。

那么特性阻抗是否也随频率而变化呢？本节假设传输线是无损耗的，第 9 章才讨论有损传输线的情况。我们将看到，损耗对传输线的特性阻抗确实有微小的影响。

如前所述，理想无损传输线的特性阻抗与单位长度电容和单位长度电感的关系为

$$Z_0 = \sqrt{\frac{L_{\mathrm{L}}}{C_{\mathrm{L}}}} \tag{7.49}$$

假设随着频率的变化，互连的介电常数是个常数，那么单位长度电容也恒定不变。虽然在某些情况下，介电常数会有微小的变化，但对大多数材料而言这个假设是合理的。

第 6 章曾讨论过，由于趋肤效应的影响，单位长度电感会随频率而变化。实际上，在低频时回路电感比较高，但是随着越来越多的电流分布在外表面，回路电感将下降。这说明，在低频时特性阻抗比较高，随着频率的升高，特性阻抗将下降到某一恒定值。

若频率远高于趋肤效应的频率，就认为所有电流都分布在导线的表面，并且当频率再升高时不随频率而变化。此时回路电感和特性阻抗都是常数。我们可以估算出 1 盎司铜导线的这个频率。在 10 MHz 时，铜的集肤深度为 20 μm，而 1 盎司铜导线的厚度约为 34 μm。我们预计，特性阻抗大约在 1～10 MHz 附近开始下降，而大约在 100 MHz 时会停止下降，此时集肤深度只有 6 μm。

使用二维场求解器,可以计算出 1 盎司铜制成的 50 Ω 微带线的特性阻抗与频率的关系,如图 7.43 所示。由图可知,在低频时特性阻抗比较高,约在 1 MHz 开始下降,且直到 50 MHz 以前都一直在下降。从直流到高频,特性阻抗的总下降量约为 7 Ω,即变化小于 15%。

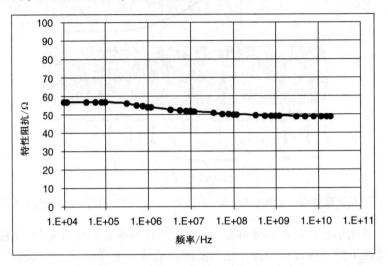

图 7.43   由于趋肤效应的影响,特性阻抗随频率变化。其中导线为 FR4
板上 1 盎司铜制成的 50 Ω 微带线。使用 Ansoft 二维场求解器计算

> **提示**   约 50 MHz 以上时,传输线的特性阻抗是个常数,不再随频率变化。这个值就是通常用于估计各种高速信号性能的"高频"特性阻抗。

7.20   小结

1. 传输线是一种新的基本理想电路元件,它准确地描述了均匀横截面互连的所有电气特性。
2. 不再使用"**地**"这个词,而是用**返回路径**这一术语。
3. 信号在传输线中的传播速度等于导线周围材料中的光速,它主要由绝缘体的介电常数决定。
4. 传输线的特性阻抗描述了当信号在均匀线上传输时受到的瞬时阻抗,它与传输线的长度无关。
5. 传输线的特性阻抗与单位长度电容和信号速度呈反比关系。
6. 从传输线前端看进去的输入阻抗随时间而变化。最初在往返时间内为传输线的特性阻抗,但随着端接、线长和测量时间的不同,输入阻抗可以为任意值。
7. 可控阻抗电路板的所有线条应有相同的特性阻抗,这是确保信号完整性的必要条件。
8. 信号沿传输线传播,形成一个电流回路,其中的电流沿信号路径流出并经返回路径返回。任何干扰返回路径的因素都会增加返回路径的阻抗,并产生地弹电压噪声。
9. 理想传输线可以用 n 节 LC 集总电路模型加以近似。要求的带宽越高,LC 电路的节数就越多。

10. 为了确保准确度, 前沿的空间延伸应至少需要 3.5 节 LC 电路。
11. 理想传输线总是均匀互连的良好模型, 它与上升边及互连长度无关。

7.21　复习题

7.1　什么是真正的传输线?

7.2　理想传输线模型与理想 R, L 或 C 模型有哪些不同之处?

7.3　什么是地? 为什么它在信号完整性应用中是一个混淆词?

7.4　机壳机架和"大地"之间有什么区别?

7.5　导线上的电压和导线上的信号有什么区别?

7.6　什么是均匀传输线? 为什么这是首选的互连设计?

7.7　电子在导线中的传播速度有多快?

7.8　传导电流、极化电流和位移电流有什么区别?

7.9　一个能较好表征互连线上的信号速度的经验法则是什么?

7.10　按经验法则, 50 Ω 微带线的宽厚比是多大?

7.11　按经验法则, 50 Ω 带状线的宽厚比是多大?

7.12　如果介电常数及信号速度与频率相关, 那么称其为什么效应?

7.13　导致传输线的特性阻抗与频率相关的因素有哪两种?

7.14　传输线的瞬时阻抗、特性阻抗和输入阻抗之间有什么区别?

7.15　如果将导线长度增加到 3 倍, 那么传输线的时间延迟会怎样?

7.16　FR4 传输线的线延迟是多大?

7.17　如果传输线的线宽增加, 那么瞬时阻抗会发生什么变化?

7.18　如果传输线的长度增加, 那么导线中间部分的瞬时阻抗会发生什么变化?

7.19　为什么传输线的特性阻抗与每单位长度的电容成反比?

7.20　50 Ω 的 FR4 传输线的每单位长度的电容是多大? 如果阻抗加倍, 那么每单位长度的电容会怎样变化?

7.21　50 Ω 的 FR4 传输线的每单位长度的电感是多大? 如果阻抗加倍, 那么电感会怎样变化?

7.22　将 RG59 电缆与 RG58 电缆相比较, 它们的每单位长度的电容有何不同?

7.23　当提及传输线的"阻抗"时, 其中的内涵是指什么?

7.24　时域反射计可以在 1 ns 内测量出传输线的输入阻抗。对于一个终端开路、时长为 2 ns 的 50 Ω 传输线, 它测量的是什么? 5 s 后测量的是什么?

7.25　驱动端具有 10 Ω 的输出电阻。如果其开路输出电压为 1 V, 那么在 65 Ω 传输线上的输入电压是多大?

7.26　当信号改变返回路径平面时, 可以调控哪 3 种设计特性以降低返回路径的阻抗?

7.27　为了更好地描述高达 100 MHz 的互连, 初始化模型应如何选取? 是选用理想传输线作为模型, 还是选用 2 节的 LC 网络?

7.28　如果电路板上的互连线长度为 18 in, 那么这条传输线的时延估计是多少?

7.29　如果 50 Ω 微带线的线宽为 5 mil, 那么其电介质厚度近似为何值?

7.30　如果 50 Ω 带状线的线宽为 5 mil, 那么传输线的线长是多少?

第8章 传输线与反射

由于阻抗突变而引起的反射和失真会导致误触发和误码。这种由于阻抗变化而引起的反射是信号失真和信号质量退化的主要根源。

一些情况下，表现得像是振铃。引起信号电平下降的下冲可能会超过噪声容限，造成误触发。或者，一个动态低电平信号，其反向峰值也可能会超出低电平阈值，导致误触发。图 8.1 示例出短传输线末端由于阻抗突变而造成的反射噪声。

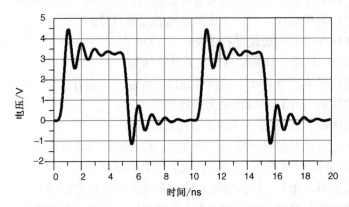

图 8.1 在 1 in 长的阻抗可控互连的接收端，由于阻抗不匹配和多次反射而产生的"振铃"噪声

只要信号遇到瞬时阻抗突变，就会发生反射。这可能发生在线的末端，或者互连拓扑结构发生改变的任何地方，如拐角、过孔、分支结构、连接器和封装处。通过理解反射的源头和使用各种工具预估反射的大小，就能完成满足系统性能要求的设计。

> **提示** 为了得到最优的信号质量，设计互连的目的就是尽可能保持信号受到的阻抗恒定。

这里的第一层含义是，要保持互连的瞬时阻抗恒定。因此，制造阻抗可控电路板变得更重要。有各种设计规则，例如减小桩线长度，使用菊花链代替分支结构，使用真正的点到点拓扑结构等设计技巧，都是保持瞬时阻抗恒定的方法。

第二层含义是，可以在传输线的终端进行阻抗匹配。无论如何高效地设计出一条均匀传输线，终端处的阻抗总会发生变化。这样，无论是否为受控阻抗，在终端的反射造成噪声传播就会引起振铃。这也正是终端端接策略要解决的问题。

第三层含义是，即使已经是可控阻抗互连和终端端接，布线的拓扑结构也会影响反射。当一条信号线分成两个分支时，阻抗就会突变。为了使阻抗的变化和反射噪声最小化，一个重要的策略就是维持一个线性的布线拓扑，线上不要有分支和桩线。

8.1 阻抗突变处的反射

信号沿传输线传播时，其路径上的每一步都有相应的瞬时阻抗。如果互连的阻抗是可控的，瞬时阻抗就等于线的特性阻抗。无论什么原因使瞬时阻抗发生了改变，部分信号将沿着与原传播方向相反的方向反射,而另一部分将继续传播,但幅度有所改变。瞬时阻抗发生改变的地方称为**阻抗突变**,或简称**突变**。

反射信号的量值由瞬时阻抗的变化量决定,如图 8.2 所示。如果第一个区域的瞬时阻抗为 Z_1,第二个区域的瞬时阻抗为 Z_2,则反射信号与入射信号的幅值之比为

$$\frac{V_{\text{reflected}}}{V_{\text{incident}}} = \frac{Z_2 - Z_1}{Z_2 + Z_1} = \rho \tag{8.1}$$

其中,$V_{\text{reflected}}$ 表示反射电压,V_{incident} 表示入射电压,Z_1 表示信号最初所在区域的瞬时阻抗,Z_2 表示信号进入区域 2 时的瞬时阻抗,ρ 表示反射系数。

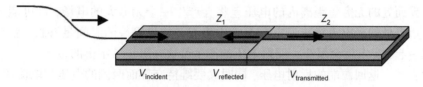

图 8.2　只要信号受到的瞬时阻抗发生改变,就会有一些
反射信号,同时继续传输的信号也有一定的失真

两个区域的阻抗差异越大,反射信号量就越大。例如,如果 1 V 信号沿特性阻抗为 50 Ω 的传输线传播,其受到的瞬时阻抗为 50 Ω,则当它进入特性阻抗 75 Ω 的区域时,反射系数为 $(75-50)/(75+50) = 20\%$,反射电压为 $20\% \times 1\ \text{V} = 0.2\ \text{V}$。

无论信号波形是什么形状,只要遇到交界面,波形的各个部分都有 20% 被反射回去。时域中,波形可能是一个快速上升的边沿,倾斜的边沿,甚至是高斯边沿。同理,频域中,所有波形都为正弦波,每个正弦波都将反射,而且反射波的幅度和相位也可以从该关系式中计算得出。

通常,我们所关心的是反射系数 ρ,它是反射电压与入射电压的比值。

> **提示**　反射系数为第二个阻抗与第一个阻抗之差除以两者之和,这是十分重要的。这一差值在确定反射系数符号时起着十分重要的作用。

在考虑互连上的信号时,判明其传播方向无疑是十分重要的。如果信号沿传输线传播时遇到阻抗突变,在突变处就会产生另一个波。这第二个波将叠加在第一个波上,但它是向源端传播的,其幅度等于入射电压的幅度乘以反射系数。

8.2　为什么会有反射

反射系数描述了反射回源端的那部分电压。传输系数描述了通过交界面进入第二个区域的入射电压。只要瞬时阻抗改变,信号就会发生反射,这一特性正是单一线网中所有信号质量问题的根源。

为了减小由这一基本特性造成的信号完整性问题,在所有高速电路板中都必须掌握以下 4 个重要的设计要点:

1. 使用可控阻抗互连;
2. 传输线两端至少有一个端接匹配;

3.选择布线拓扑结构,使多分支的影响最小化;

4.让几何结构的任何突变都最小化。

然而,是什么引起了反射?为什么信号遇到阻抗突变时会发生反射?答案是:产生反射信号是为了满足两个重要的边界条件。

必须记住,信号到达瞬时阻抗不同的两个区域(区域1、区域2)的交界面时,在信号-返回路径的导体中仅存在一个电压和一个电流回路。在交界面处,无论是从区域1还是从区域2看过去,在交界面两侧的电压和电流都必须相等。边界处不可能出现电压不连续,否则此处会有一个无限大的电场;交界面处也不可能出现电流不连续,否则会在此处产生净电荷。

跨越交界面处的无穷短距离内的电压差将会产生一个无穷大的电场,这可能会毁灭整个宇宙。进入边界处的净电流意味着电荷会无中生有。如果等待的时间足够长,就会有太多的电荷集聚在一起,宇宙就会爆炸。反射电压的产生就这样阻止了宇宙的毁灭。

假如没有产生返回源端的反射电压,同时又要维持交界面两侧的电压和电流相等,就需要关系式 $V_1 = V_2$,$I_1 = I_2$。但是,又有 $I_1 = V_1/Z_1$,$I_2 = V_2/Z_2$。当两个区域的阻抗不同时,这4个关系式绝对不可能同时成立。

为了使整个系统协调稳定,更直接地说,为了使整个系统不被破坏,区域1中产生了一个反射回源端的电压。它的唯一目的就是吸收入射信号和传输信号之间不匹配的电压和电流,如图8.3所示。

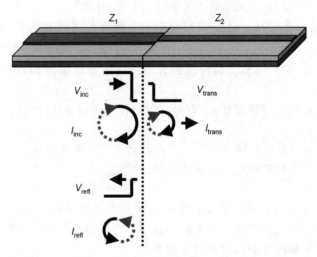

图8.3　入射信号穿越交界面时,产生了反射电压和电流,从而使交界面两侧的电压和电流回路相匹配

入射信号 V_{inc} 向交界面传播,而传输信号 V_{trans} 向远离交界面的方向传播。当入射信号试图穿越交界面时,产生了一个新电压,而且此新电压波形仅在区域1中向源端传播。在区域1中的任意一点,信号导体和返回导体之间的总电压是沿这两个方向传播的电压之和,即入射电压加上反射电压。

交界面两侧电压相同的条件为

$$V_{inc} + V_{refl} = V_{trans} \tag{8.2}$$

电流相同所需的条件稍微复杂一些。在区域1中,交界面处的总电流由两个电流回路决定,它们的传播方向相反,而且回路方向也相反。在交界面处,入射电流的方向是顺时针的,反射电流的方向是逆时针的。如果定义顺时针为正向,那么区域1的交界面处的净电流为 I_{inc}

$-I_{\text{refl}}$。在区域 2 中，电流回路是顺时针的，等于 I_{trans}。分别从交界面两侧看进去，电流相同的条件为

$$I_{\text{inc}} - I_{\text{refl}} = I_{\text{trans}} \tag{8.3}$$

每个区域中的阻抗值为该区域中电压与电流的比值，即

$$\frac{V_{\text{inc}}}{I_{\text{inc}}} = Z_1 \tag{8.4}$$

$$\frac{V_{\text{refl}}}{I_{\text{refl}}} = Z_1 \tag{8.5}$$

$$\frac{V_{\text{trans}}}{I_{\text{trans}}} = Z_2 \tag{8.6}$$

将这几个表达式代入电流表达式中，可得

$$\frac{V_{\text{inc}}}{Z_1} - \frac{V_{\text{refl}}}{Z_1} = \frac{V_{\text{trans}}}{Z_2} \tag{8.7}$$

将式(8.2)代入上式可得

$$\frac{V_{\text{inc}}}{Z_1} - \frac{V_{\text{refl}}}{Z_1} = \frac{V_{\text{inc}} + V_{\text{refl}}}{Z_2} \tag{8.8}$$

即

$$V_{\text{inc}}\left(\frac{Z_2 - Z_1}{Z_2 Z_1}\right) = V_{\text{refl}}\left(\frac{Z_2 + Z_1}{Z_2 Z_1}\right) \tag{8.9}$$

最终可得

$$\frac{V_{\text{refl}}}{V_{\text{inc}}} = \frac{Z_2 - Z_1}{Z_2 + Z_1} = \rho \tag{8.10}$$

这就是反射系数的定义。用同样的方法可以推导出传输系数为

$$t = \frac{V_{\text{trans}}}{V_{\text{inc}}} = \frac{2Z_2}{Z_2 + Z_1} \tag{8.11}$$

没有人知道到底是什么产生了反射电压？只是知道这样产生之后，交界面两侧的电压才能相等，交界面处的电压才是连续的。同理，在交界面两侧也存在电流回路，电流也是连续的。这样，整个系统才是平衡的。

8.3 阻性负载的反射

传输线的端接匹配有 3 种最重要的特殊情况。假设传输线的特性阻抗是 50 Ω，信号由源端沿传输线到达有特殊终端阻抗的远端。

提示 切记，在时域中信号对受到的瞬时阻抗十分敏感。第二个区域可以不是传输线，它可能是一个有相应阻抗的分立元件，如电阻器、电容器、电感器或它们的组合电路。

首先，如果传输线的终端为开路，即传输线的末端没有连接任何端接，则末端的瞬时阻抗是无穷大。这时，反射系数为(无穷 −50)/(无穷 +50) =1。这意味着在开路端将产生与入射波大小相同但方向相反的返回源端的反射波。

如果观察传输线的末端,即开路端的总电压,就会看到它是两个波的叠加。幅度为 1 V 的入射波向开路端传播,另一个是幅度为 1 V 的反射波,沿着相反的方向传播。测量开路端的电压,得到这两个电压之和,即 2 V,如图 8.4 所示。

> **提示** 我们经常说信号到达传输线的末端时,其值翻倍。从数值上这是正确的,可实际上发生的情况并非如此。总电压即两行波之和虽然是入射电压的两倍,但是这样说会引起错误的直觉。最好还是把末端电压看成入射电压与反射电压之和。

第二种特殊情况是传输线的末端与返回路径相短路,即末端阻抗为 0。此时,反射系数为 $(0-50)/(0+50) = -1$。1 V 入射信号到达远端时,将产生 -1 V 反射信号,它沿传输线向源端传播。

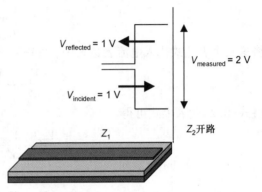

短路突变处测得的电压为入射电压与反射电压之和,即 $1\ \text{V} + (-1)\ \text{V} = 0$。这是合理的,因为如果此处是严格意义上的短路,那么短路段上不可能有电压。此处电压为 0 的原因就是它是从源端出发的正向行波和返回源端的负向行波之和。

图 8.4 如果区域 2 是开路的,则反射系数为 1。在开路处有两个方向相反的波相叠加

最后一种特殊情况是,传输线末端所接阻抗与传输线的特性阻抗相匹配。如果传输线的末端连接有 50 Ω 电阻器,则反射系数为 $(50-50)/(50+50) = 0$。此时不会存在反射电压,50 Ω 终端电阻器上的电压仅是入射信号的。

如果信号受到的瞬时阻抗没有改变,就不会产生反射。在末端放置 50 Ω 电阻器,可以使终端阻抗与传输线的特性阻抗相匹配,从而使反射降为零。

当末端为一般电阻性负载时,信号受到的瞬时阻抗在 0 到无穷大之间。这样,反射系数在 -1 到 $+1$ 之间。图 8.5 给出了 50 Ω 传输线情况下终端电阻与反射系数之间的关系。

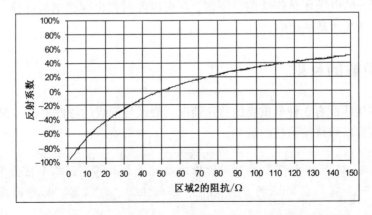

图 8.5 信号从 50 Ω 的区域 1 到区域 2 的各种阻抗时的反射系数

当区域 2 的阻抗小于区域 1 的阻抗时,反射系数为负,反射电压是负电压。该负电压行波将返回源端。

> **提示** 当区域 2 的阻抗小于区域 1 的阻抗时，反射系数为负值，在入射电压中要把反射电压减去。这意味着在电阻器上测量的电压总是小于入射电压。

如果传输线的特性阻抗为 50 Ω，终端端接为 25 Ω，则反射系数为 $(25 - 50)/(25 + 50) = -1/3$。对于 1 V 入射电压，其中的 -0.33 V 将被反射回源端，终端的实际电压为这两个波之和：$1\ V + (-0.33)\ V = 0.67\ V$。

图 8.6 给出了 1 V 入射信号沿 50 Ω 传输线传播时，在终端端接上测得的电压值。终端阻抗从 0 Ω 开始上升，所以在其上面测得的实际电压从 0 V 开始，当终端开路时达到 2 V。

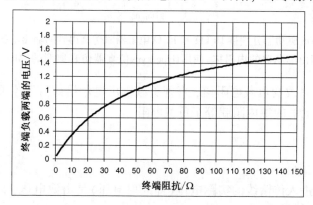

图 8.6　对于 1 V 入射信号，在终端端接上的电压值。该电压为入射波与反射波之和

8.4　驱动器的内阻

信号进入传输线时，驱动器总存在内阻抗。对于典型的 CMOS 器件，其值在 5 ~ 20 Ω 之间。而早期的晶体管-晶体管逻辑门（TTL），其值高达 100 Ω。源阻抗对进入传输线的初始电压和之后的多次反射都有重要的影响。

当反射波最终到达源端时，将驱动器的源输出阻抗作为瞬时阻抗，这个源输出阻抗的值决定了从驱动器再次反射回远端反射波的情况。

如果驱动器使用的是 SPICE 或 IBIS 模型，就可以从几次仿真中提取出驱动器的输出阻抗估计值。假设器件的等效电路模型为理想电压源与源内阻的串联电路，如图 8.7 所示。当它驱动一个高阻抗时，就可以得到这个理想电压源的输出电压。如果在输出端接一个低阻抗，例如 10 Ω，测量在端接电阻器上的电压 V_t，就能反求出驱动器的源内阻，即

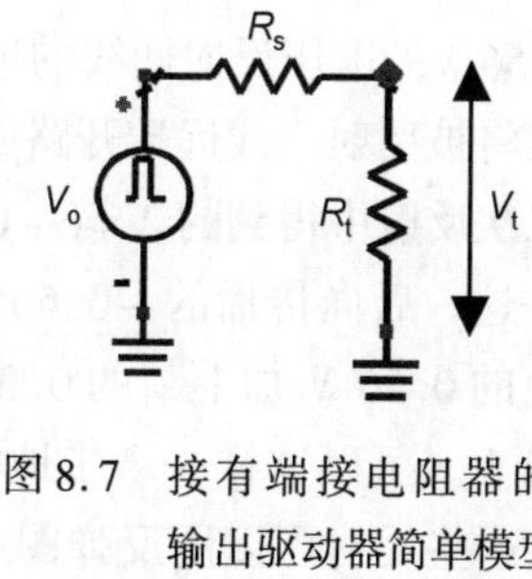

$$R_s = R_t \left(\frac{V_o}{V_t} - 1 \right) \qquad (8.12)$$

图 8.7　接有端接电阻器的输出驱动器简单模型

其中，R_s 表示驱动器内阻，R_t 表示接在输出端的端接电阻器，V_o 表示驱动器的开路输出电压，V_t 表示端接电阻器上的电压。

为了计算内阻，分别测量当驱动器接大电阻（如 10 kΩ）和接小电阻（如 10 Ω）时的输出电压 V_t。图 8.8 给出了针对一个普通 CMOS 驱动器行为级模型仿真的输出电压。其中，开路电压为 3.3 V，而在所接 10 Ω 电阻器上的电压为 1.9 V。从而由上式可以计算出内阻抗：$10\ \Omega \times (3.3\ V/1.9\ V - 1) = 7.3\ \Omega$。

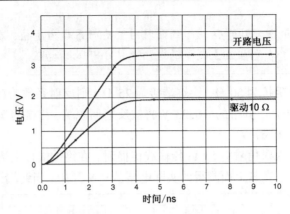

图 8.8　　一个 CMOS 驱动器分别接 10 kΩ 和 10 Ω 电阻器时仿真得到的输出电压。由这两个电压
可以计算出驱动器的内阻抗。使用HyperLynx仿真器仿真典型的CMOS IBIS驱动器模型

　　另外一种方法就是改变负载电阻值,直到负载输出电压恰好等于空载开路输出电压的一半时为止。这时,驱动器的源内阻就等于负载电阻。

8.5　反弹图

　　由第 7 章可知,进入传输线的实际电压(即入射电压)是由源电压、内阻和传输线输入阻抗组成分压器共同决定的。

　　如果已知传输线的时延 T_D、信号通过各区域的阻抗和驱动器的初始电压,就可以计算出每个交界面的反射电压,也可以预估出任意一点的实时电压。

　　例如,已知源电压是 1 V,内阻是 10 Ω,则实际进入时延为 1 ns 的 50 Ω 传输线的电压是 1 V×50/(10+50) =0.84 V。这个 0.84 V 信号就是沿传输线传播的初始入射电压。

　　假设传输线的远端是开路,1 ns 后,0.84 V 信号到达线远端,并产生 +0.84 V 的反射信号返回源端。在线远端测得开路端的总电压为两个波之和,即 0.84 V+0.84 V=1.68 V。

　　再经过 1 ns 后,0.84 V 反射波到达源端,又一次遇到阻抗突变。源端的反射系数是 (10−50)/(10+50) =−0.67,当驱动端遇到 0.84 V 的入射信号时,将有 0.84 V×(−0.67) = −0.56 V的电压反射回线的远端。当然,这个新产生的波又会从远端反射回源端,即 −0.56 V 电压又将被反射。线远端开路处将同时有 4 个波,包括:从一次行波中得到的 2×0.84 V=1.68 V,从二次反射中得到的 2×(−0.56) V=−1.12 V,故总电压为 0.56 V。

　　这一后向传播的 −0.56 V 信号到达源端后仍会再次反射,反射电压是 +0.37 V。在远端,以前的 0.56 V 加上新的 0.37 V 入射波和反射波,得到总电压 0.56 V+0.38 V+0.38 V= 1.32 V。可以这样一步步地将多次反射推演下去,但比较烦琐。在没有简单易用的仿真工具时,这些反射可以用**反弹图**或**网格图**表示,如图 8.9 所示。

　　在上述情况下,内阻小于传输线的特性阻抗,源端出现的是负反射,这将引起通常所说的振铃现象。图 8.10 给出了上例中信号上升边远小于传输线的时延时,传输线远端的电压波形。这是考虑了所有的多次反射和阻抗突变的情况下,用 SPICE 仿真器预估出的远端波形。

　　图 8.10 中有如下两个重要的特性。

　　第一,远端的电压最终逼近源电压 1 V,因为该电路是开路的,所以这是必然的结果,即源电压最终是加在开路端的。

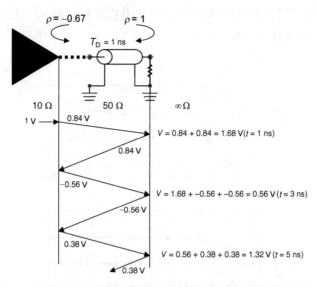

图 8.9　利用反弹图或网格图分析多次反射和远端接收器的时变电压

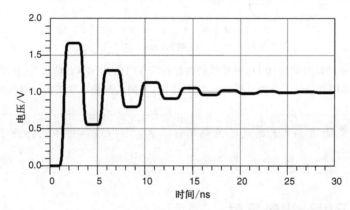

图 8.10　利用网格图仿真出传输线远端的电压。使用 SPICE 仿真

第二，开路处的实际电压有时大于源电压。源电压仅为 1 V，然而远端测得的最大电压是 1.68 V。高出的电压是怎么产生的？它是传输线结构共振的一个特征。记住，没有所谓的电压守恒，只有能量守恒。

8.6　反射波形仿真

根据反射系数的定义，可以计算出任意阻抗的反射信号。当端接阻抗是电阻元件时，阻抗为常数，很容易求得反射电压。当端接是较复杂的阻抗特性(如电容性、电感性或两者的组合)时，如果手工计算反射系数并给出反射电压如何随入射电压而改变，就变得既困难又枯燥了。幸运的是，现在有简单易用的电路仿真工具可以使这些计算变得非常简单。

任意阻抗、任意波形对应的反射系数和反射波形都可以用 SPICE 或其他电路仿真器计算获得。利用这样的仿真工具，首先要创建驱动器，再加上理想传输线，并接上终端端接。当入射波传向线的末端，在所有阻抗突变处产生反射时，出现在终端和其他任意节点的电压都可以仿真得到。

内阻、传输线的特性阻抗、时延及端接阻抗可以有很多种不同的组合方式，每一种都可以方便地用仿真工具仿真。图 8.11 分别给出了信号上升边从 0.1 ns 到 1.5 ns，源端端接电阻从 0 Ω 到 90 Ω 变化时，远端信号波形的变化。

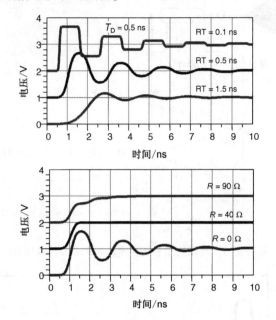

图 8.11　对于驱动器内阻为 10 Ω，传输线特性阻抗为 50 Ω，用 SPICE 仿真可能出现的情况。上图：不同的信号上升边时远端的电压。下图：不同的源端串联端接电阻器时远端的电压

> **提示**　无论是使用 SPICE 还是其他电路仿真器，可以在各种不同条件下对任意传输线电路的性能进行仿真。

8.7　用时域反射计测量反射

除了通过仿真传输线电路而获得波形，也可以用**时域反射计**这种特殊仪器从物理互连的角度实测反射波形。当测量自身没有电压源的无源互连特性时，时域反射计是合适的测量仪器。当然，在测量有源电路的实际电压时，带高阻抗探针的高速示波器是最合适的工具。

时域反射计将产生快速上升沿，一般在 35～150 ps 之间，同时测量仪器内部点的电压。图 8.12 为时域反射计内部工作情况的示意图。有一点很重要：不要忘记时域反射计只不过是一个快速阶跃信号发生器和高速采样示波器。

电压源是一个快速阶跃信号发生器，它输出的阶跃信号幅度约为 400 mV，紧接电压源的是一个 50 Ω 校准电阻器，以确保时域反射计的内阻是精确的 50 Ω。紧靠该电阻器的是实际测试点，高速采样放大器测的就是该点的电压值。与该点相连的是一条很短的同轴电缆，它把信号接到前面板的 SMA① 连接器上，再与被测元器件相连接。信号从源端进入被测元器件，在采样点处探测反射信号。

阶跃信号产生之前，内部点的测量电压为 0 V。信号进入分压器后，实际电压被测到。测试

---

①　SMA 是 Sub-Miniature-A 的简称。——译者注

点处有两个电阻器，第一个电阻器是内部校准电阻器，第二个是时域反射计内部的传输线。当
400 mV 阶跃信号到达校准电阻器后，在测试点测得的实际电压是经过分压器分压后的电压。

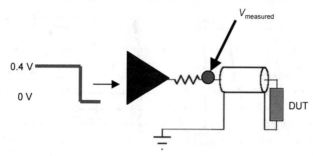

图 8.12　时域反射计内部结构图。一个高速脉冲发生器产生快速上升的电压脉冲，它流经精确
　　　　　的50 Ω电阻器，该电阻器与一个很短的50 Ω同轴电缆串联，最后接到与被测元
　　　　　器件相连的前面板。用高速采样示波器测得内部点的总电压，并显示在屏幕上

在测试点，测得的电压为 400 mV × 50 Ω∕(50 Ω + 50 Ω) = 200 mV。该电压是最初测得的，
并在高速采样示波器中显示出来。200 mV 信号继续沿内部同轴电缆到达被测元器件。

如果被测元器件是一个 50 Ω 的终端端接，
则此处没有反射信号，所以采样点处仅有的电
压为前向波，其电压恒定为 200 mV。

如果被测元器件是开路的，则被测元器件
处的反射电压为 + 200 mV。经过很短的时间
后，该 200 mV 反射信号返回采样点，此时测量
并显示的是 200 mV 入射电压与 200 mV 反射电
压之和，即显示的总电压值为 400 mV。

如果被测元器件是短路的，则此处的反射
电压为 – 200 mV。最初测量到的是 200 mV 入
射电压，经过很短的时间后，– 200 mV 反射电
压返回源端，并被探头测量到。此时测量到的
电压为 200 mV 入射信号加上 –200 mV 反射信号，
即 0 V。图 8.13 画出了这些情况下测得的电压。

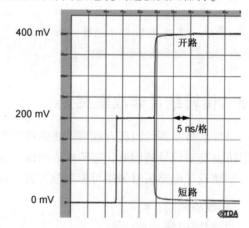

图 8.13　当被测元器件开路或短路时，测得的时域
　　　　　反射响应。使用Keysight 86100 DCA测得
　　　　　数据，并用TDA Systems IConnect软件显示

提示　利用时域反射计可以测量出连接在仪器前端 SMA 连接器上的各种互连所产生
的反射电压，测出在信号的传播及反射过程中，该电压随时间的变化情况。

当传输信号沿被测元器件继续传播时，如果有其他瞬时阻抗发生改变的区域，就会产生新
的反射电压，此电压将返回内部测试点处并进行显示。从这个意义上讲，时域反射计确实显示
了信号感受到的瞬时阻抗变化。

入射信号沿着互连传播，反射信号沿着互连再返回测试点，所以从显示器上看到的时延正
好是到任意突变点之间的往返时延。

例如，如果被测元器件是均匀的 4 in 长的 50 Ω 传输线，则因为它不是精确的 50 Ω，所以最
初在被测元器件的入口处会有一个很小的反射电压，而当入射信号到达远端开路处时，就会有一个
较大的反射信号返回测试点。此时的时延就是传输线的往返时延。如果传输线被测元器件不是

50 Ω，在传输线被测元器件的两端就会发生多次反射。时域反射计显示的是所有返回内部测试点信号的叠加。图 8.14 给出了末端开路时，时域反射计对 50 Ω 传输线和 15 Ω 传输线的响应情况。

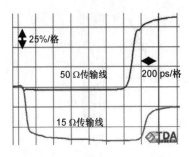 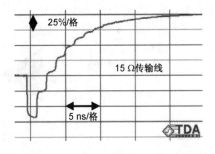

图 8.14　对 4 in 长的末端开路的 50 Ω 和 15 Ω 传输线被测元器件，测得的时域反射响应。左图：
时基为 200 ps/格。右图：把时基扩大到 5 ns/格时，15 Ω 传输线的反射。使用
Keysight 86100 DCA 和 GigaTest Labs 探针台测量，并用 TDA Systems IConnect 显示

对原理的理解加上仿真、测量工具的使用，就能预估出信号可能遇到的各种阻抗突变。虽然其中有一些并不重要，在一些情况下可忽略，但还有许多非常重要且必须仔细设计或设法避免。

> **提示**　只有运用工程经验并将其量化，一些重要的效应才能被确认并加以控制，而次要因素也能被确认并加以忽略。

8.8　传输线及非故意突变

只要信号受到的阻抗有改变，就必然有反射产生，而且反射对信号质量有严重的影响。预估阻抗突变对信号的影响，选择合适的设计方案，是信号完整性工程的一项重要内容。

即使设计电路板时采用可控阻抗互连，在以下场景，信号仍会遇到阻抗突变：

1. 线的两端；
2. 封装引线；
3. 输入门电容；
4. 信号层之间的过孔；
5. 拐角；
6. 桩线；
7. 分支；
8. 测试焊盘；
9. 返回路径上的间隙；
10. 过孔区的颈状；
11. 线交叉。

为了模拟这些场景，我们使用 3 种常用的等效电路模型，从电气特性上描述非故意突变：理想电容器、理想电感器和短传输线(的串联或并联)。图 8.15 给出了可能的等效电路模型，这些电路元件可以出现在线的两端或中间。

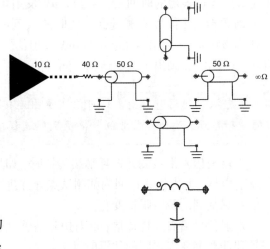

图 8.15　用传输线电路示例 3 种类型的阻抗突变：短传输线的串联和并联、并联电容性、串联电感性

突变引起的信号失真程度受两个最重要的参数的影响：信号的上升边和阻抗突变的大小。电感器和电容器的瞬时阻抗取决于变化中的电流或电压的瞬时变化率及其 L 和 C 的值。

当信号通过电路元件时，电流和电压的变化率随时间改变，所以元件的阻抗也随时间变化。这意味着反射系数随时间及信号上升或下降边的特性而变化，反射电压峰值会与信号上升边的长短呈现出一定的比例关系。

总之，除了突变，驱动器的阻抗、传输线的特性阻抗也会影响反弹，从而使问题变得很复杂。

> **提示** 只有把产生突变的物理结构转换成相应的电路模型并进行仿真，才能充分明白阻抗突变及上述这些因素的影响程度，而经验法则只是在问题出现时提供工程的感悟和粗略的规则。

任何阻抗突变都会引起部分反射和信号失真。设计一个绝对没有反射的互连是不可能的。多大的噪声是可容忍的？多大的噪声是过量的？这些问题在很大程度上取决于噪声预算，其中又为每个噪声源分配了多大的噪声电压分量。

> **提示** 除非特别指定，根据经验，反射噪声应该被控制在电压摆幅的 10% 之内。对于 3.3 V 信号，反射噪声应该被控制在 330 mV 之内。某些噪声预算可能更保守，反射噪声仅被分配了 5%。一般而言，噪声预算要求越严，解决方案就越昂贵。通常，某些噪声源的噪声可以很严格地加以限制，因为调控所需的费用比较低；而另一些噪声源的噪声限制则要放宽，因为调控所需的费用比较高。就经验而言，我们一般只关心那些接近或超过信号摆幅 10% 的噪声。而在某些设计中，噪声小于 5% 可能有点太苛刻了。

通过一些简单的情况可以了解哪些物理因素会影响信号失真度，以及怎样在产生问题之前就从设计中发现并解决它们。一般而言，设计可行性的最终评估必须由仿真结果加以确认。对于每一个关心信号完整性问题的工程师而言，能够方便地使用仿真器对某种情况进行分析是非常重要的。

8.9 多长需要端接

最简单的传输线电路由近端驱动器、短的可控阻抗互连和远端接收器组成。如前所述，信号将在远端高阻抗开路端和近端低阻抗驱动器之间往返反弹。当导线很长时，多次反射会引起信号完整性问题，一般将其归为振铃类问题。如果导线足够短，那么虽然依旧发生了反射，但它们却被上升或下降沿掩盖了，可能不会引起问题。图 8.16 给出了传输线的时延分别为信号上升边的 20%、30% 和 40% 时，接收端波形是如何变化的。

当互连时延大于 0.1 ns 时，会发生多次反射，并且它们是以每 0.2 ns（即往返时间）完成一个往返振荡的。如果时延远小于上升边，那么多次反射将被掩盖在上升沿中，几乎无法辨认，也就不会导致潜在的问题。根据上图可以粗略地估计出，当时延小于上升边的 20% 时，反射几乎是看不见的，但如果超过 20%，振铃就开始有明显的影响。

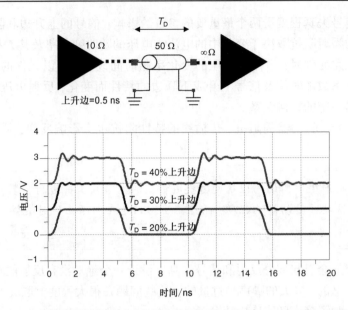

图 8.16　当传输线的线长时延分别为信号上升边的 20%、30% 和 40% 时,无
终端端接情况下在传输线远端观测到的 100 MHz 时钟信号波形。
当传输线时延超过信号上升边的 20% 时,振铃噪声可能会引起问题

> **提示**　一个粗略的经验法则:当传输线时延 T_D 大于信号上升边的 20% 时,就要开始
> 考虑由于导线没有终端端接而产生的振铃噪声。时延大于上升边 20% 时,振铃噪声会影响
> 电路功能,必须加以控制,否则它将是造成信号完整性问题的隐患。如果 T_D 小于上升边的
> 20%,就可以忽略振铃噪声,传输线无须终端端接。

如果上升边是 1 ns,则无终端端接的传输线的最大时延约为 20% × 1 ns = 0.2 ns。在 FR4 中,
信号传播速度约为 6 in/ns,所以无终端端接的传输线的最大长度约为 6 in/ns × 0.2 ns = 1.2 in。

因此,可以得到一个十分有用的经验法则:为了避免信号完整性问题,无终端端接的传输
线的最大长度约为

$$\text{Len}_{\max} < \text{RT} \tag{8.13}$$

其中,$\text{Len}_{\max}$ 表示无终端端接的传输线的最大长度(单位为 in),RT 表示信号上升边(单位为 ns)。

> **提示**　无须终端端接的传输线的最大长度(单位为 in)是信号上升边的纳秒(ns)值,这
> 是一个实用易记的经验法则。

如果上升边是 1 ns,则无须终端端接的传输线的最大长度约为 1 in。如果上升边为 0.1 ns,
则最大长度为 0.1 in。我们将发现,对于确定振铃噪声何时会有严重的影响,这是一个非常重
要的经验法则。同时,这也是为什么信号完整性问题近年会变得越发重要,而旧的生产工艺却
可以避免出现问题的原因。

若时钟频率是 10 MHz,则时钟周期是 100 ns,上升边约为 10 ns,那么无须终端端接的传
输线的最大长度为 10 in。实际上这比常见主板上的所有互连都长。回忆时钟频率为 10 MHz
的时代,虽然互连也相当于传输线,但反射噪声一直没有造成任何问题,因此说互连对于信号
是"透明的",那时不必担心阻抗匹配、终端端接,以及各种传输线效应。

现在产品的形式没有变,互连长度也没有变,但信号上升边却变短了。今天的时钟信号频率已经足够高,上升边已经足够短,所以电路板上的几乎**所有**互连长度都不可避免地大于无须终端端接的传输线的最大长度,因此终端端接变得非常重要。

目前,信号上升边下降至 0.1 ns,为了避免振铃噪声造成大的影响,无须终端端接的传输线的最大长度约为 0.1 in。几乎所有互连长度都大于这个值,所以对于目前和今后的所有产品,必须采用端接策略。

8.10 点到点拓扑的通用端接策略

振铃是由源端和远端的阻抗突变、两端之间不断往复的多次反射引起的,所以如果能至少在一端消除反射,就能减小振铃噪声。

> **提示** 控制传输线一端或两端的阻抗以减小反射的方法称为**线的端接**。典型的方法就是在重要部位放置一个或多个电阻器。

一个驱动器驱动一个接收器的情况称为**点到点的拓扑结构**。图 8.17 示例了端接点到点拓扑结构的 4 种方式。最常用的方法是将电阻器串联在驱动器端,这称为**源端串联端接**。端接电阻与驱动器内阻之和应等于传输线的特性阻抗。

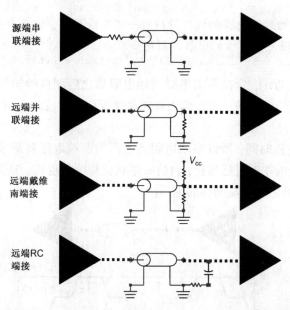

图 8.17 点到点拓扑结构的 4 种常用端接方式示意图。第一种源端串联端接方式是最常用的方式

如果驱动器内阻为 10 Ω,传输线特性阻抗为 50 Ω,那么端接电阻器约为 40 Ω。假设端接电阻器已经被放好,驱动器产生的 1 V 信号就会遇到由 50 Ω 总电阻和 50 Ω 传输线构成的分压器。这样,到达传输线的将是 0.5 V。

粗略一看,好像一半的电压不足以作为触发信号使用。然而,当 0.5 V 信号到达开路端,即传输线的远端时,它遇到又一次阻抗突变。开路端的反射系数为 1,0.5 V 入射信号以 0.5 V 的振幅被反射回源端。在远端,开路处的总电压为 0.5 V 入射电压与 0.5 V 反射电压之和,即 1 V。

　　0.5 V 反射信号返回源端到达串联端接电阻器时，往源端看进去的阻抗就是 40 Ω 串联电阻加上 10 Ω 内阻，即 50 Ω。而传输线的特性阻抗也是 50 Ω，信号受到的瞬时阻抗没有发生改变，不会产生反射。此时，信号被端接电阻器和内阻完全吸收。

　　这时，在远端看到的是 1 V 信号而没有振铃。图 8.18 给出了当有和没有 40 Ω 源端串联端接电阻器时，传输线远端的波形。

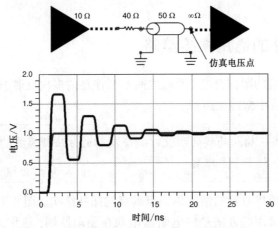

图 8.18　传输线分别有、无源端串联端接电阻器时，其远端快速上升边的电压信号

　　提示　理解反射的起源使我们能在传输线一端消除反射，防止产生振铃。信号的结果波形非常平滑，从而避免了信号完整性问题的出现。

　　在从驱动器出发的近端，紧接源端串联端接电阻器之后测得的初始电压正是进入传输线的入射电压，大约为信号电压的一半。而在源端必须等待反射波的返回，才能使此处的总电压达到全电压摆幅。

　　等待的时间等于往返时间，所以串联电阻器之后的源端电压将形成台阶架形状。相对于信号的上升边，传输线的往返时延越长，台阶架形状就持续得越长。这是源端串联端接传输线的基本特性，图 8.19 给出了源端测得的电压。

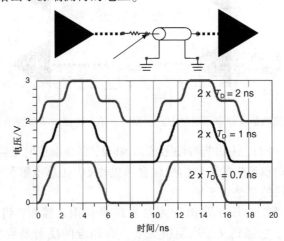

图 8.19　传输线具有源端串联电阻器，随着线长度的增加，在
源端测得的100 MHz时钟信号。信号上升边为0.5 ns

只要在源端附近没有其他接收器接收该台阶架形状,就不会引发问题。当其他器件连接在源端附近时,台阶架形状就可能会造成问题,这时就需要采用其他拓扑结构和端接匹配方案。

在下面的示例中,都假设源阻抗已经与传输线 50 Ω 的特性阻抗相匹配。

8.11　短串联传输线的反射

电路板上的线条常常要通过过孔区域或在元件密集区域布线。此时线宽必然变窄,收缩成颈状。如果传输线上有这么一小段的线宽变化,特性阻抗一般就是变大的。那么,多长的线段和多大的阻抗改变会造成问题呢?

决定短传输线段对信号影响的 3 个特征是:突变引起的时延(T_D)、突变处的特性阻抗(Z_0)及信号的上升边(RT)。如果突变时延大于上升边,从电气上讲,突变处就算是比较长的,反射系数的作用就很明显。反射系数的值直接影响突变处前端的反射,即

$$\rho = \frac{Z_2 - Z_1}{Z_2 + Z_1} \tag{8.14}$$

如果线条的颈状造成阻抗从 50 Ω 变化到 75 Ω,则反射系数将为 0.2。图 8.20 给出了传输线中较长的阻抗突变造成的反射信号和传输信号。

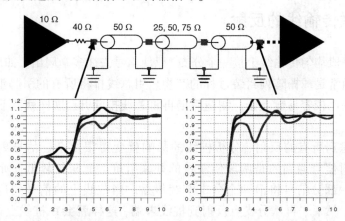

图 8.20　在传输线电路中,有一段电气上较长且均匀的突变。当突变的阻抗不同时,传输线上的反射信号和传输信号

阻抗突变引起了信号往返振荡,从而形成了反射噪声。这就要求设计特性阻抗均匀的互连。为了保持反射噪声低于电压摆幅 5%,需要保证特性阻抗的变化率小于 10%。这就是为什么电路板上阻抗的典型指标为 ±10%。

注意,在中间插入一段异变传输线时,无论在第一个界面处发生的反射如何,它总是与第二个界面处发生的反射大小相等,方向相反。因为 Z_1 和 Z_2 值互换了。这样,如果突变段长度很短,源于两端的反射就能互相抵消,对信号完整性的影响就可以忽略。图 8.21 为传输线上有 25 Ω 短突变时的反射信号和传输信号。如果突变处的时延小于信号上升边 20%,它就不会造成问题。从而得到了与前面相同的经验法则,即可容许的阻抗突变的最大长度为

$$\text{Len}_{max} < \text{RT} \tag{8.15}$$

其中,Len_{max} 表示阻抗突变段的最大长度(单位为 in),RT 表示信号上升边(单位为 ns)。

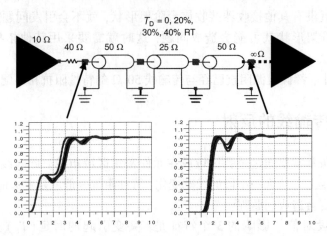

图8.21   在传输线电路中,有一段电气上较短且均匀的突变。当突变段的
时延从信号上升边0%到40%时,传输线上的反射信号和传输信号

例如,如果信号上升边为0.5 ns,则长度小于0.5 in的颈状就不会产生信号完整性问题。

如果突变段的时延小于信号上升边20%,则突变对信号质量造成的影响可以忽略。这就是经验法则:突变段的长度(单位为in)应小于信号上升边(单位为ns)。

8.12   短并联传输线的反射

我们常常在一段均匀传输线上接一个分支,以使信号去往多个扇出。如果分支很短,就称其为**桩线**。桩线通常是球栅阵列封装过程的产物。用总线排将所有的引脚汇流在一起,从而使键合用的压焊块比较容易镀上金。制造后期再将总线排断开,这样就留下了一些短桩线连接到各个信号线上。

因为必须考虑到所有的反射,分析桩线的影响就变得很复杂。信号离开驱动器后,遇到了分支点。这时信号遇到的是两段传输线的并联阻抗。此阻抗较低,所以将产生的负反射返回源端。另一部分信号将沿两个分支继续传播。当桩线上的信号到达桩线末端时,它将反射回分支点。然后,再从分支点反射到桩线末端,这样就会在桩线上往返振荡。同时,每当与分支点发生交界时,桩线中的部分信号将返回源端和远端。每个交界处都是一个反射点。

应用 SPICE 或行为仿真器是估计桩线对信号质量影响的唯一可行方法。决定桩线对信号影响程度的两个重要特征是信号的上升边和桩线的长度。在这个示例中,假设桩线位于传输线的中间,并且其特性阻抗和主线的相同。图8.22给出了当桩线长度从上升边的20%到60%时,仿真得到的反射信号和传输信号。

> **提示**   一个大致的经验法则:如果桩线长度小于信号上升边的空间延伸的20%,其影响就可以忽略。相反,如果其长度大于信号上升边的空间延伸的20%,对信号质量就会有很大的影响,这时必须通过仿真来估计它是否可以接受。

例如,如果驱动器的上升边是1 ns,则可以使用时延小于0.2 ns的桩线,其长度约为1 in。我们又得到一条经验法则,即

$$\text{Len}_{\text{stub-max}} < RT \tag{8.16}$$

其中，$\text{Len}_{\text{stub-max}}$ 表示桩线可容许的最大长度（单位为 in），RT 表示信号上升边（单位为 ns）。

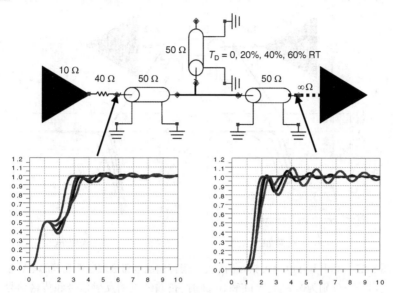

图 8.22　传输线电路中间有短桩线，而且桩线时延从信号上升
边的20%到60%时，传输线上的反射信号和传输信号

这是一个简单易记的经验法则。例如，若上升边为 1 ns，就要确保桩线长度小于 1 in。如果上升边为 0.5 ns，桩线就要短于 0.5 in。这很明显，随着上升边变短，为控制桩线足够短以使设计不影响信号质量，会变得愈加困难。

对于球栅阵列封装，在制造中常常不可避免地使用电镀桩线，这些桩线一般都小于 0.25 in。如果信号上升边大于 0.25 ns，这些电镀桩线就不会引发问题，但如果上升边低于 0.25 ns，它们就必将造成问题，这时必须另选没有电镀桩线的封装制造工艺。

8.13　容性终端的反射

所有实际接收器都有门输入电容，一般约为 2 pF。此外，接收器的封装信号引脚与返回路径之间还会有约 1 pF 的电容。这样，如果传输线末端排列着 3 个存储器件，则负载可能为 10 pF 左右。

当信号沿传输线到达末端的理想电容器时，决定反射系数的瞬时阻抗将随时间的变化而变化。因为，时域中电容器的阻抗为

$$Z = \frac{V}{C\dfrac{\mathrm{d}V}{\mathrm{d}t}} \tag{8.17}$$

其中，Z 表示电容器的瞬时阻抗，C 表示电容器的电容量，V 表示信号的瞬时电压。

如果信号上升边小于电容器的充电时间常数，那么最初电容器上的电压将迅速上升，这时阻抗很小。随着电容器充电，电容器上的电压变化率 $\mathrm{d}V/\mathrm{d}t$ 缓慢下降，这时电容器阻抗将明显增大。如果时间足够长，电容器充电达到饱和，电容器就相当于断路。

这意味着反射系数随时间的变化而变化。反射信号将先下跌再上升到开路状态时的情形。

这个精确波形是由传输线特性阻抗 Z_0、电容器的电容量和信号上升边决定的。图8.23 给出了电容器容量分别为 2 pF, 5 pF 和 10 pF 时, 仿真得到的反射信号和传输信号波形。

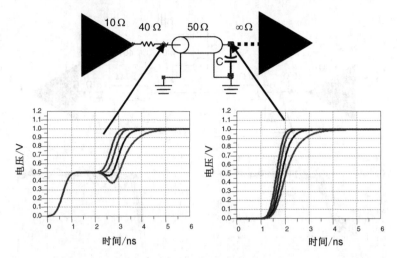

图8.23 对于上升边为 0.5 ns 的信号, 当传输线电路远端容性负载的电容量
分别为0,2 pF,5 pF和10 pF时,传输线上的反射信号和传输信号

传输电压模式的长期效果就像通过电阻器向电容器充电。电容器对信号上升边进行滤波, 对接收端信号而言, 它就相当于一个"时延累加器"。它与 RC 电路的充电方式非常相似, 电容器上的电压随时间呈指数增长。根据这一关系, 可以估计出新的信号上升边升至幅度中间值的时延增加量, 即时延累加。这里的时间常数为

$$\tau_e = RC \tag{8.18}$$

这个时间常数是电压上升到电压终值的 1/e 或 37% 所需的时间。10%~90% 上升边与 RC 时间常数的关系为

$$\tau_{10\%\sim90\%} = 2.2\,\tau_e = 2.2RC \tag{8.19}$$

在有容性负载的传输线末端, 电压的变化形式就像 RC 在充电。其中 C 是负载的电容量, R 是传输线特性阻抗 Z_0。传输信号的 10%~90% 上升边主要由 RC 充电电路决定, 约为

$$\tau_{10\%\sim90\%} = 2.2Z_0C \tag{8.20}$$

如果传输线的特性阻抗为 50 Ω, 电容量为 10 pF, 则 10%~90% 充电时间是 $2.2 \times 50 \times 10 = 1.1$ ns。如果信号的初始上升边比充电时间 1.1 ns 短, 则传输线末端的容性负载引起的时延将占主导地位, 并决定接收端的上升边。如果信号的初始上升边大于 10%~90% 充电时间, 那么末端的电容器将使信号上升边累加上约等于 10%~90% RC 上升边的时延。

提示 必须重视由传输线特性阻抗和输入接收器容性负载决定的 10%~90% RC 上升边。当 10%~90% RC 上升边与信号的初始上升边相当时, 远端的容性负载就对时序有一定的影响。

电容量为 2 pF 且特性阻抗为 50 Ω 时, 10%~90% RC 上升边约为 $2.2 \times 50 \times 2 = 0.2$ ns。当初始上升边为 1 ns 时, 这个添加的 0.2 ns 时延几乎无法辨认, 显得不太重要。但当初始上升边为 0.1 ns 时, 0.2 ns 的 RC 时延就是一个重要的累加值了。当驱动远端的多个负载组合时, 在所有时序分析中加入 RC 时延累加值就变得非常重要了。

在接收器的 IBIS 模型中,将输入栅极电容这一项记为 C_comp。在任何电路仿真中都会把栅极电容的影响自动考虑在内。如果接收器中加有静电释放(ESD)保护二极管,这一项就会高达 5~8 pF,一般情况下则会低至大约 2~3 pF。

8.14　走线中途容性负载的反射

测试焊盘、过孔、封装引线或连接到互连中途的短桩线,都起着集总电容器的作用。图 8.24 给出了线条上接入电容器时的反射电压和传输电压。起初,电容器形成的阻抗很低,反射到源端的信号幅度有轻微下降。所以,如果在靠近线条的前端处有接收器,这种下滑使信号边沿变成非单调的,就可能会产生问题。

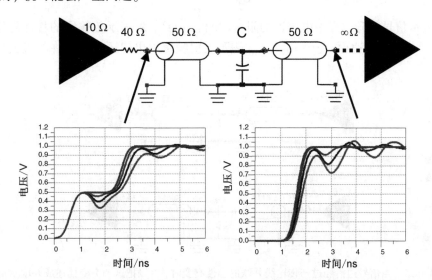

图 8.24　对于上升边为 0.5 ns 的信号,传输线电路中途的容性突变电容量
分别为 0,2 pF,5 pF 和 10 pF 时,传输线上的反射信号和传输信号

对于远端而言,第一次经过电容器的传输信号并没有受到太大影响。但当信号在末端发生反射后,它将向源端方向返回。当它再次到达电容器时,带负值符号的部分信号将反射回远端。这些反射回接收端的信号为负电压,使接收端信号下降形成下冲。

传输线中的理想电容器的影响由信号上升边和电容量决定。电容量越大,电容器阻抗就越小,负反射电压就越大,从而接收端的下冲也就越大。同理,上升边越短促,电容器阻抗就越小,下冲也就越大。假设对于某上升边 RT,某电容量 C_{max} 勉强可接受,这时若上升边变短,那么最大可容许的电容量也必须减小。可见,比值 RT/C_{max} 似乎必须大于某个值。

上升边与电容量比值的单位是 Ω,但这是什么阻抗呢? 它就是时域中电容器的阻抗,即

$$Z_{cap} = \frac{V}{C\frac{dV}{dt}} \tag{8.21}$$

若信号是线性上升边,而且其上升边是 RT,则 dV/dt 等于 V/RT,所以电容器阻抗为

$$Z_{cap} = \frac{V}{C\frac{dV}{dt}} = \frac{V}{C\frac{V}{RT}} = \frac{RT}{C} \tag{8.22}$$

其中,Z_{cap}表示电容器阻抗(单位为 Ω),C表示突变处的电容量(单位为 nF),RT 表示信号上升边(单位为 ns)。

在信号上升过程中,信号路径与返回路径之间的电容器就是一个并联阻抗 Z_{cap}。这个跨接在传输线上的并联阻抗引起了反射,如图 8.25 所示。为了避免该阻抗造成严重的问题,希望该阻抗能大于传输线的阻抗。换句话说,就是 $Z_{cap} \gg Z_0$。可以简单地把这一条件理解为 $Z_{cap} > 5Z_0$。这样,对电容器和上升边的要求可以用下式表示:

$$Z_{cap} > 5Z_0 \qquad (8.23)$$

$$\frac{RT}{C_{max}} > 5Z_0 \qquad (8.24)$$

$$C_{max} < \frac{RT}{5Z_0} \qquad (8.25)$$

其中,Z_{cap}表示信号上升过程中电容器的阻抗(单位为 Ω),Z_0表示传输线的特性阻抗(单位为 Ω),RT 表示信号上升边(单位为 ns),C_{max}表示反射噪声不出问题时可容许的最大电容量(单位为 nF)。

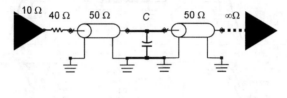

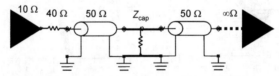

图 8.25　当信号边沿经过与传输线并联的容性突变时,可以把这个突变描述成并联阻抗

如果特性阻抗是 50 Ω, 则所容许的最大电容量为

$$C_{max} < \frac{RT}{5 \times 50} = 4 \times RT \qquad (8.26)$$

其中,RT 表示信号上升边(单位为 ns),C_{max}表示反射噪声不产生问题时可容许的最大电容量(单位为 pF)。

> **提示**　式(8.26)表明了一个十分简单的经验法则:为了避免容性突变造成过量的下冲噪声,应使电容量的 pF 值低于信号上升边 ns 值的 4 倍。

如果上升边是 1 ns, 则最大可容许的电容量为 4 pF。如果上升边为 0.25 ns, 则不会造成下冲问题的最大可容许电容量为 0.25×4 =1 pF。同理, 如果容性突变为 2 pF, 那么不影响信号质量的最短上升边为 2/4 =0.5 ns。

这一粗略的约束条件表明, 如果系统上升边为 1 ns, 则不会影响信号质量的容性突变约为 4 pF。同理, 如果空连接器的电容量为 2 pF, 上升边就需要大于 0.5 ns。这种情况下, 如果上升边是 0.2 ns, 就会产生问题。因此, 在制作硬件前进行性能仿真是非常关键的。此时, 需要寻找其他替代连接器或者更好的设计。

8.15 中途容性时延累加

中途容性负载产生的第一位的影响就是接收端的下冲噪声。第二位的更复杂的影响则是远端信号的接收时间被延迟。电容器与传输线的组合就像一个 RC 滤波器，所以传输信号的 10% ~ 90% 上升边将增加，信号越过电压阈值 50% 的时间也将推后。传输信号的 10% ~ 90% 上升边约为

$$\mathrm{RT}_{10\%\sim90\%} = 2.2 \times RC = 2.2 \times \frac{1}{2}Z_0 C = Z_0 C \tag{8.27}$$

50% 处的时延累加量称为**时延累加**，约为

$$\Delta T_{\mathrm{D}} = RC = \frac{1}{2}Z_0 C \tag{8.28}$$

其中，$\mathrm{RT}_{10\%\sim90\%}$ 表示信号上升边的 10% ~ 90%（单位为 ns），ΔT_{D} 表示通过电压阈值 50% 的时延累加（单位为 ns），Z_0 表示传输线的特性阻抗（单位为 Ω），C 表示容性突变（单位为 nF），R 为 $\frac{1}{2}Z_0$。

公式中的系数 1/2 是因为传输线的前一半使电容器充电，而后一半则使电容器放电，所以给电容器充电的有效阻抗实际上是特性阻抗的 1/2。

例如，50 Ω 传输线中途的 2 pF 容性突变，使传输信号的 10% ~ 90% 上升边约增加 $50 \times 2 = 100$ ps。50% 阈值的时延累加约为 $0.5 \times 50 \times 2 = 50$ ps。图 8.26 给出了对于 3 个不同的容性突变，仿真得到的上升边。从中也可以看出接收端信号到达 50% 阈值时的时延。如果按公式进行预估，则 2 pF，5 pF 和 10 pF 电容器对应的时延累加分别应为 50 ps，125 ps 和 250 ps。这些预估值与实际的仿真值非常接近。

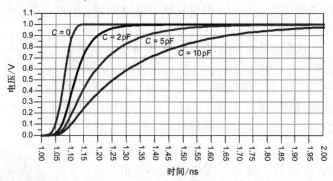

图 8.26　信号上升边为 50 ps 时，50 Ω 传输线中途的不同容性突变在接收端引起的时延增量。基于简单的经验法则估计的时延累加分别为 50 ps，125 ps 和 250 ps

要保证由测试焊盘、连接器焊盘和过孔引起的容性突变低于 1 pF 是很困难的。每 1 pF 焊盘约增加 $0.5 \times 50 \times 1 = 25$ ps 的时延，从而延长了信号上升边。在高速链路中，如 OC-48 数据率甚至更高的情况，其上升边约为 50 ps。每个过孔焊盘或连接器都可能增加 25 ps 时延，因此信号上升边的时延累加量可能为 50 ps。所以，一个过孔很容易使上升边翻倍而造成严重的时序问题。

使用低特性阻抗是减小时延累加影响的一种方法。对于同样的容性突变，特性阻抗越低，时延累加就越小。

8.16 拐角和过孔的影响

当信号沿均匀互连传播时，不会产生反射和传输信号的失真。如果均匀互连上有一个 90° 弯曲，则此处的阻抗发生改变，信号将出现部分反射和失真。任何均匀互连中的 90° 拐角一定

会造成阻抗突变,影响信号质量。图 8.27 给出了测量上升边为 50 ps 的信号的时域反射响应,它反映了两个邻近 90°拐角处的阻抗突变。这种效应很容易测量得到。

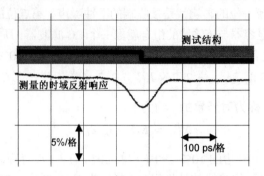

图 8.27　有两个邻近的 90°拐角,65 mil 宽的 50 Ω 均匀传输线上的时域反射响应。原信
号上升边约为50 ps。使用 Keysight 86100 DCA 和 GigaTest Labs 探针台测量

　　将 90°拐角变成两个 45°拐角,就能减少这种影响,而使用线宽固定的弧形拐角比其他任何形状的效果好得多。拐角造成的信号失真是否会产生问题? 突变是否大到令人担心的地步? 什么情况下拐角会造成问题? 获取答案的唯一方法是进行定量计算,而做到这一点的唯一途径就是了解拐角影响信号完整性的根本原因。

　　读者可能会认为 90°拐角会使电子在其周围加速,从而导致过量的辐射和失真。如前所述,导线中的电子实际上是以约为 1 cm/s 的速度缓慢移动的,拐角一点也不会影响电子速度。拐角尖端处的电场很高也是事实,但这是直流效应,它是由导线外边缘的尖锐程度引起的。很高的直流电场会使拐角处尖端变长,并引发长期可靠性问题,但不会影响信号质量。

> **提示**　弯曲处的额外线宽是使拐角影响信号传输的唯一因素,它如同一个容性突变。正是这个容性突变引起了反射和传输信号的时延累加。

　　如果拐角处导线的线宽固定,整条导线的线宽就没有变化,信号在拐角中的任何点处受到的瞬时阻抗将相同,也就不会产生反射。我们可以粗略地估计出拐角处的额外金属。图 8.28 表明拐角是正方形的一部分。拐角肯定小于正方形,可以把它粗略近似成一个正方形金属的一半。

　　可以根据正方形的电容量和导线的单位长度电容,估计出拐角的电容量,即

$$C_{\text{corner}} = 0.5C_{\text{sq}} = 0.5C_{\text{L}}w \tag{8.29}$$

导线的单位长度电容与其特性阻抗之间的关系为

$$C_{\text{L}} = \frac{83}{Z_0}\sqrt{\varepsilon_{\text{r}}} \tag{8.30}$$

从而拐角处的电容量大约估计为

$$C_{\text{corner}} = 0.5C_{\text{L}}w = 0.5w\frac{83}{Z_0}\sqrt{\varepsilon_{\text{r}}} \approx \frac{40}{Z_0}\sqrt{\varepsilon_{\text{r}}}w \tag{8.31}$$

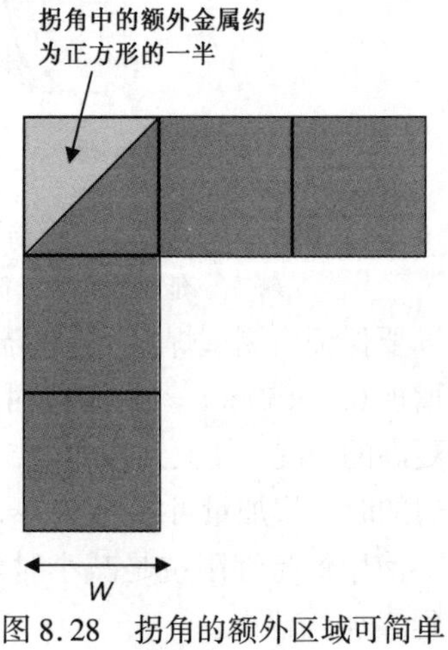

拐角中的额外金属约
为正方形的一半

图 8.28　拐角的额外区域可简单
地估计为正方形的一半

其中,C_{corner} 表示每个拐角的电容量(单位为 pF),C_{L} 表示单位长度电容(单位为 pF/in),w 表示导线的线宽(单位为 in),Z_0 表示导线的特性阻抗(单位为 Ω),ε_{r} 表示介电常数。

例如，对于前面测量的 65 mil 宽的导线，两个 90°弯曲中的每个电容量约为 $40/50 \times 2 \times 0.065 = 0.1$ pF。因为邻近有两个拐角，总的突变容量则为 0.2 pF。使用时域反射计，可以估算出由突变造成的额外电容。图 8.29 对比了中间有一个 0.2 pF 集总电容的均匀传输线的测量响应和仿真响应。两者非常吻合，说明两个拐角造成的突变可以用一个 0.2 pF 电容加以模拟，它与 0.2 pF 电容的简单模型非常接近。

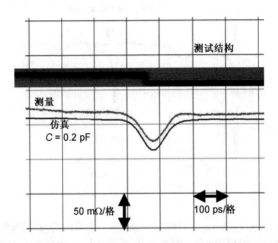

图 8.29 有两个邻近的 90°拐角，65 mil 宽的 50 Ω 均匀传输线实测和仿真的时域反射响应。源信号的上升边约为 50 ps。图中基于 0.2 pF 电容的仿真结果明显略微下移。使用 Keysight 86100 DCA 和 GigaTest Labs 探针台测量，并用 TDA Systems IConnect 软件仿真

> **提示** 这种对拐角电容的估计可以简化为一个简单易记的经验法则：50 Ω 传输线上一个拐角的电容量(单位为 fF)约等于两倍线宽(单位为 mil)。

在保持阻抗仍为 50 Ω 的同时减小线宽，拐角的电容量将下降，其作用会变得不那么明显。对于高密度电路板中线宽为 5 mil 的典型信号线，一个拐角的电容量约为 10 fF。10 fF 电容器产生的反射噪声如果对信号上升边有影响，上升边的数量级就必须在 $0.01/4 \approx 3$ ps 左右。而经过计算，此电容引起的时延累加约为 $0.5 \times 50 \times 0.01 = 0.25$ ps。所以，5 mil 宽的导线上拐角的电容量不太可能对信号完整性有很大的影响。

如果过孔把信号线连接到测试焊盘，或者过孔把信号线连接到相邻层上但又穿越所有板层，则筒状孔壁与板中不同平面层之间通常会有额外的电容量。残余的过孔桩线使过孔就像信号的一个集总容性负载。过孔桩线的电容量与筒状孔壁的尺寸、出砂孔及顶层和底层上焊盘的尺寸、桩线的长度等有密切的关系，其范围从 0.1 pF 到 1 pF 左右。任何与信号线相连的过孔都可以看成容性突变。在高速串接中，它是互连线信号质量的一个主要制约因素。

过孔的残余电容可以通过如下简单的近似关系得到。除非经过特别小心处置，一般过孔处的有效特性阻抗，包括经过不同平面的返回路径，小于 50 Ω，约为 35 Ω。50 Ω 传输线的单位长度电容为 3.3 pF/in，那么过孔桩线的单位长度电容为 5 pF/in，即约为 5 fF/mil。根据这一经验法则可以估算出过孔桩线的容性负载。

例如，长度为 20 mil 的过孔桩线，它的电容量为 20 mil × 5 fF/mil = 100 fF。位于较厚电路板上长度为 100 mil 的过孔桩线，它的电容量为 100 mil × 5 fF/mil = 500 fF，也就是 0.5 pF。

图 8.30 给出了一块 10 层板中 15 in 长的均匀传输线上分别有和没有通孔时，测得的时域

反射响应,其中导线的阻抗约为58 Ω,线宽为8 mil,信号上升边约为50 ps。导线中,SMA连接器的过孔和线中间位置上的通孔的电容量均约为0.4 pF。致使这两个过孔产生的反射电压不同的原因是,当信号传播到中间位置及后续返回的过程中,介质损耗使信号上升边均发生了退化。沿线反射电压的其他起伏反映的是由于制造工艺波动引起的阻抗波动。

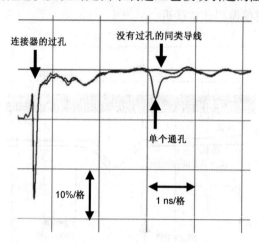

图8.30 导线中间位置上分别有、无容性突变通孔时,测得的均匀传输线上的时域反射响应。线前端的连接件过孔也是一种容性突变。由UltraCAD的Doug Brooks提供采样,使用Keysight 86100 DCA和GigaTest Labs探针台测量,并用TDA Systems IConnect软件仿真

这个过孔的电容量近似为0.4 pF,可预估这单个过孔产生的时延累加约为$0.5 \times 50 \times 0.4$ pF $= 10$ ps。图8.31说明这个传输信号的时延比相同导线上没有过孔时增加了9 ps,这与经验法则的预估值非常接近。

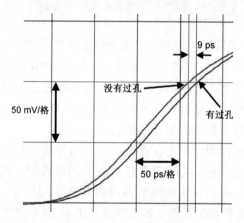

图8.31 分别有一个通孔和没有通孔时,沿均匀传输线传播了15 in后的传输信号。图中表明仅过孔的时延累加为9 ps。由UltraCAD的Doug Brooks提供采样,使用Keysight DCA 86100和GigaTest Labs探针台测量,并用TDA Systems IConnect软件仿真

8.17 有载线

当传输线上存在一个小的容性负载时,信号将失真,而且信号上升边也会退化。每个分立电容会降低它附近的阻抗。如果在导线上分布多个容性负载(如连接器的总线排上每隔1.2 in就有一个2 pF连接器桩线,或存储器的总线排上每0.8 in就分布一个3 pF的封装和输入门电容),

而且它们的间距小于上升边的空间延伸，每个容性突变处引起的反射就会相互抵消。此时，等于是将导线的特性阻抗降低了。其上均匀分布着容性负载的传输线称为**有载线**。

每个突变看起来像一个低阻抗区域。当上升边小于电容之间的时延时，对于信号而言，每个突变都是彼此独立的。当上升边大于电容之间的时延时，低阻抗区域相互交叠，从而使导线的平均阻抗下降。

图 8.32 给出了 3 个上升边互不相同时，有载线的反射信号。该例中，导线的标称阻抗是 50 Ω，每隔 1 in 分布一个 3 pF 电容器，共有 5 个这样的电容器；最后 10 in 导线是没有负载的无载线。每个电容器固有的 10%~90% 上升边约为 $2.2 \times 0.5 \times 50 \times 3 = 150$ ps。即使初始上升边为 50 ps，在通过第一个电容器后，上升边也增加到 150 ps，而且每通过一个电容器都会继续增加。

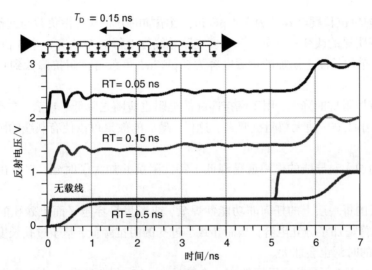

图 8.32　有载线上 3 pF 电容器之间的时延为 0.15 ns 时，其上的反射
信号。随着上升边增加，每个电容器引起的反射将相互抵消

起初，电容器还可以看成独立的突变，但较长的信号上升边使后面电容器的作用相互抵消。当信号上升边大于容性突变之间的时延时，均匀分布的容性负载会降低导线的特性阻抗。在有载线上，电路板上这些额外的负载特征使导线的单位长度电容增加。单位长度电容越大，特性阻抗就越低，时延也就越长。

对于均匀的无载传输线，特性阻抗和时延与单位长度电容及单位长度电感之间的关系为

$$Z_0 = \sqrt{\frac{L_L}{C_{0L}}} \qquad (8.32)$$

$$T_{D0} = \text{Len} \sqrt{L_L C_{0L}} \qquad (8.33)$$

其中，Z_0 表示无载传输线的特性阻抗（单位为 Ω），L_L 表示单位长度电感（单位为 pH/in），C_{0L} 表示无载传输线的单位长度电容（单位为 pF/in），Len 表示导线长度（单位为 in），T_{D0} 表示无载传输线的时延（单位为 ps）。

若导线上每隔 d_1 就分布一个容性负载 C_1，则导线的单位长度分布电容从 C_{0L} 上升到（$C_{0L} + C_1/d_1$），从而导线的特性阻抗和时延变为

$$Z_{\text{Load0}} = \sqrt{\frac{L_{\text{L}}}{C_{0\text{L}} + \frac{C_1}{d_1}}} = Z_0 \sqrt{\frac{C_{0\text{L}}}{C_{0\text{L}} + \frac{C_1}{d_1}}} = Z_0 \sqrt{\frac{1}{1 + \frac{C_1}{C_{0\text{L}}d_1}}} \tag{8.34}$$

$$T_{\text{D Load}} = \text{Len} \sqrt{L_{\text{L}}\left(C_{0\text{L}} + \frac{C_1}{d_1}\right)} = T_{\text{D0}} \sqrt{\left(1 + \frac{C_1}{C_{0\text{L}}d_1}\right)} \tag{8.35}$$

其中，Z_0 表示无载传输线的特性阻抗(单位为 Ω)，Z_{Load0} 表示有载线的特性阻抗(单位为 Ω)，L_{L} 表示单位长度电感(单位为 pH/in)，$C_{0\text{L}}$ 表示无载传输线的单位长度电容(单位为 pF/in)，C_1 表示每个分立电容器的电容(单位为 pF)，d_1 表示两个分立电容器之间的距离(单位为 in)，Len 表示导线长度(单位为 in)，T_{D0} 表示无载传输线的时延(单位为 ps)，$T_{\text{D Load}}$ 表示有载线区段的时延。

50 Ω 导线的单位长度电容约为 3.4 pF/in，当添加的分布式容性负载与此值相当时，特性阻抗和时延就有明显的改变。例如，一个多支路总线排上每隔 1 in 有一个 3 pF 的内存条输入门电容负载，则单位长度上添加的负载电容为 3 pF/in，负载特性阻抗降低到 $0.73Z_0$，时延提升到 $1.37T_{\text{D0}}$。

随着导线特性阻抗的降低，用于端接匹配的电阻也应随之降低。或者，在有分布式电容的区域内，通过减小线宽，使无载阻抗变大。这样，最后的效果可以使有载线的阻抗比较接近于期望的阻抗值。

分立电容的加大对导线的作用就是降低了特性阻抗并加大了时延，它与在过孔中所发生的情况相同。

在焊盘叠层的每一层上的任何非功能性焊盘，或者只是穿越平面出砂孔的过孔桶壁的额外电容，粗看就像增加了分立电容，从而导致了过孔的阻抗降低，基于过孔长度和叠层介质材料介电常数 Dk 的时延也会加大。

与大多数 Dk 为 4 不同，这里好像有一个高达 8～15 的有效 Dk。这都是由于过孔桶壁与平面之间的离散负载电容较高所造成的。

8.18　感性突变的反射

连接到传输线上的任何串联连接都有一些相应的串联回路电感。改变信号所在层的所有过孔、串联端接电阻器、各种连接器及每个工程变更线，都有一些额外的回路电感，信号认为这些回路电感是在传输线上加入的突变。

如果信号路径上出现突变，则虽然信号路径与返回路径之间有局部互感，回路电感也主要由信号路径上突变引起的局部自感决定。如果返回路径上出现突变，返回路径上突变引起的局部自感就决定了回路电感。两种情况下，它们都是信号所敏感的回路电感。这里的信号是一个电流回路，它是沿信号路径和返回路径之间的传输线向下传播的。

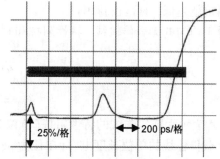

图 8.33　返回路径上的间隙造成感性突变时，均匀传输线上产生的时域反射信号。信号的上升边约为 50 ps。使用Keysight 86100 DCA和GigaTest Labs探针台测量，并用TDA Systems IConnect软件仿真

对于边沿快速上升的入射信号,大的串联回路电感初看是一个高阻抗元件,所以产生返回源端的正反射。图 8.33 给出了在返回路径上有一小段间隙时,均匀传输线上的反射信号。

图 8.34 为不同感性突变情况下的源端和接收端的信号。近端信号的形状为先上升后下降,称为**非单调性**,即信号不是稳定一致地单调上升。这一特征本身并不会造成信号完整性问题。然而,如果近端有接收器,并且它接收到的信号先是超过 50% 点,再下降到 50% 点以下,就有可能造成误触发。

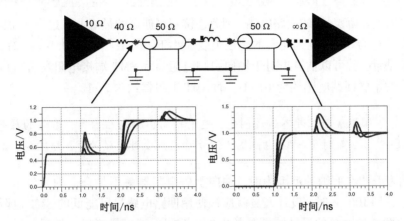

图 8.34　上升边为 50 ps 的信号分别通过电感值 L 为 0, 1 nH, 5 nH
和 10 nH 的感性突变时,在源端和接收端的信号波形

如果接收器中信号初始的上升边或下降边的边沿失真发生在规定的建立和保持时间,就可能不会造成误码。然而,时钟信号的边沿发生失真却会导致一个时序错误,从而造成一个误码。

这种信号非单调性在任何地方都应尽量避免。在远端,传输信号出现过冲,并有一个时延累加。

总之,电路中可容许的最大电感总量取决于噪声容限和电路的其他特征,通常每一种情况都必须通过仿真去估计是否可行。不过,也可以按分立电感器这一串联阻抗突变引起的增量小于导线特性阻抗的 20% 为限,粗略估算多大的电感就算太大。此时,反射信号约为信号摆幅的 10%,对反射噪声而言,这通常就是可以容许的最大噪声了。

当信号的上升边通过电感器时,如果电感器的阻抗小于特性阻抗,而且信号的上升边是线性上升的,则电感器的阻抗约为

$$Z_{\text{inductor}} = \frac{V}{I} = \frac{L \frac{\text{d}I}{\text{d}t}}{I} = \frac{L}{\text{RT}} \tag{8.36}$$

其中,Z_{inductor} 表示电感器的阻抗(单位为 Ω),L 表示电感(单位为 nH),RT 表示信号的上升边(单位为 ns)。

为了确保电感器的阻抗低于导线阻抗的 20%,可容许的最大感性突变约为

$$Z_{\text{inductor}} < 0.2Z_0 \tag{8.37}$$

$$\frac{L_{\text{max}}}{\text{RT}} < 0.2Z_0 \tag{8.38}$$

$$L_{\text{max}} < 0.2Z_0 \times \text{RT} \tag{8.39}$$

其中,L_{max} 表示可容许的最大串联电感(单位为 nH),Z_0 表示导线的特性阻抗(单位为 Ω),RT 表示信号的上升边(单位为 ns)。

例如，如果导线的特性阻抗为 50 Ω，信号上升边为 1 ns，则可容许的最大串联电感约为 $L_{max} = 0.2 \times 50 \times 1\ \text{ns} = 10\ \text{nH}$。

> **提示**　记住这个简单的经验法则：通过粗略的估算，50 Ω 导线上可容许的最大额外回路电感(单位为 nH)为信号上升边(单位为 ns)的 10 倍。同理，如果突变形成了回路电感，则为了使反射噪声不超过噪声预算，可容许的最短上升边(单位为 ns)为电感(单位为 nH)的 1/10。

如果连接器上残留 5 nH 的回路电感，则此连接器可使用的最短上升边为 5 nH/10 = 0.5 ns。如果信号的上升边为 0.1 ns，则所有的感性突变应小于 $10 \times \text{RT} = 10 \times 0.1 = 1\ \text{nH}$。

根据这个估计，就可以估算出对于轴向引脚电阻器和 SMT 端接电阻器有效的上升边。轴向引脚电阻器的串联回路电感约为 10 nH，而 SMT 电阻器约为 2 nH。

> **提示**　为了保证反射信号不造成问题，使用轴向引脚电阻器时，信号的最短上升边约为 10 nH/10 ~ 1 ns。而对于 SMT 电阻器，信号的最短上升边约为 2 nH/10 ~ 0.2 ns。

当信号的上升边在亚纳秒范围内时，轴向引脚电阻器就不是合适的元件了，应该避免使用。当上升边达到 100 ps 时，设计人员就应该使用回路电感尽可能低的 SMT 电阻器。高性能 SMT 电阻器的两个最重要的设计特征是长度短，返回平面尽量接近表面层。另一种方法是使用集成到电路板上或封装中的电阻器，根据要求，它的回路电感可以做到远小于 2 nH。

感性突变会引起反射噪声和时延累加。若上升边很短，信号的上升边主要由串联电感决定，则传输信号的 10% ~ 90% 上升边约为

$$T_{\text{D}\,10\%\sim90\%} = 2.2 \times \frac{L}{2Z_0} = \frac{L}{Z_0} \tag{8.40}$$

$$T_{\text{D adder}} = 0.5 \times \frac{L}{Z_0} \tag{8.41}$$

其中，$T_{\text{D}\,10\%\sim90\%}$ 表示传输信号的 10% ~ 90% 上升边(单位为 ns)，L 表示突变处的串联回路电感(单位为 nH)，Z_0 表示导线的特性阻抗(单位为 Ω)，$T_{\text{D adder}}$ 表示 50% 处的时延累加(单位为 ns)。

例如，10 nH 突变使 10% ~ 90% 信号上升边提高到 10/50 = 0.2 ns，信号中间点的时延累加约为此值的一半，即 0.1 ns。图 8.35 给出了突变分别为 1 nH，5 nH 和 10 nH 时，仿真得到的接收信号时延。

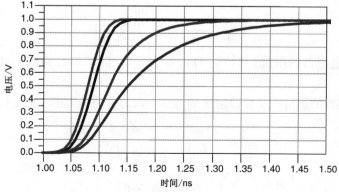

图 8.35　对于上升边为 50 ps 的信号，当感性突变分别为 0，1 nH，5 nH 和 10 nH 时，接收信号的时延累加。预估的时延累加为 0，10 ps，50 ps 和 100 ps

8.19 补偿

设计中常常要用到专用连接器，电路中的串联回路电感是不可避免的。如果不加以控制，它就可能造成过量的反射噪声。**补偿**技术就是为了抵消部分此类噪声。

补偿的概念就是尽量让信号感受不到很大的感性突变，而是觉得遇到了与导线特性阻抗相匹配的一段传输线。既然理想传输线可以用单节 LC 网络实现一阶近似，那么任何一节导线的特性阻抗就是

$$Z_0 = \sqrt{\frac{L_L}{C_L}} = \sqrt{\frac{L}{C}} \tag{8.42}$$

其中，Z_0 表示导线的特性阻抗(单位为 Ω)，L_L 表示单位长度电感(单位为 nH/in)，L 表示任一节导线的总电感(单位为 nH)，C_L 表示单位长度电容(单位为 nF/in)，C 表示任一节导线的总电容(单位为 nF)。

在感性突变两侧各加一个小电容器，就能将感性突变转变成一节传输线，如图 8.36 所示。在这种情况下，电感器的视在特性阻抗为

$$Z_1 = \sqrt{\frac{L_1}{C_1}} \tag{8.43}$$

为了最小化反射噪声，就要找到合适的电容值，使连接器的视在特性阻抗 Z_1 等于电路其余部分的特性阻抗 Z_0。基于这个关系式，添加的电容为

$$C_1 = \frac{L_1}{Z_0^2} \tag{8.44}$$

其中，C_1 表示添加的总补偿电容(单位为 nF)，L_1 表示突变处的电感(单位为 nH)，Z_0 表示导线的特性阻抗(单位为 Ω)。

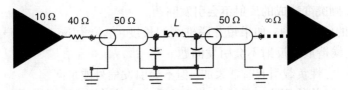

图 8.36　用于感性突变的补偿电路。在感性突变两侧加足够的电容可以使其如同 50 Ω 传输线的一部分

例如，如果连接器的电感为 10 nH，导线的特性阻抗为 50 Ω，则所要加上的总补偿电容为 $10/(50 \times 50) = 0.004$ nF $= 4$ pF。最优的补偿方式是将 4 pF 电容分为两部分，分别加在电感器的两侧，即各为 2 pF。

图 8.37 给出了无连接器、无补偿连接器和有补偿连接器这 3 种情况下的反射和传输信号。根据系统的上升边，反射噪声有时能降低 75%。

这一技术适用于所有的感性突变，如过孔、电阻器等。根据焊盘上的电容和电感总量，可以把实际突变看成容性的或感性的。

> **提示**　互连设计目标就是控制焊盘和其他特征，使它们的结构如同均匀传输线的一部分。用这种方法，一些感性突变(如连接器)的现象几乎可以消失。

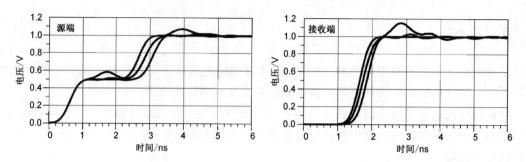

图 8.37　分别在无连接器、无补偿连接器和电感器两侧各有 2 pF 电容补偿的连接器
情况下,10 nH感性突变和0.5 ns信号上升边所对应的源端和接收端的信号

8.20　小结

1. 信号无论在何处遇到阻抗突变,都会发生反射,而且传输信号也会失真。这是单一线网信号质量问题的主要根源。

2. 一个粗略的经验法则:只要传输线的长度(单位为 in)比信号上升边(单位为 ns)长,就需要端接匹配,以避免过量的振铃噪声。

3. 源端串联端接是点到点互连中最常用的端接匹配方式。添加串联电阻器,并使此电阻器与源内阻之和等于导线的特性阻抗。

4. 对于涉足信号完整性问题的工程师而言,SPICE 仿真器或其他电路仿真器是不可缺少的。许多这样的仿真器价格低廉,容易使用,它们可以对由于阻抗突变而产生的多次反射进行仿真。

5. 一个粗略的经验法则:为了确保反射噪声小于5%,应保证导线特性阻抗的变化小于10%。

6. 一个粗略的经验法则:如果短串联传输线突变的长度(单位为 in)小于信号上升边(单位为 ns),则突变造成的反射不会引发问题。

7. 一个粗略的经验法则:如果短并联桩线的长度(单位为 in)小于信号上升边(单位为 ns),则桩线造成的反射不会引发问题。

8. 导线远端的容性负载引起时延累加,但不会引发信号质量问题。

9. 一个粗略的经验法则:如果导线中途的容性突变电容量(单位为 pF)大于信号上升边(单位为 ns)的 4 倍,就会造成过量的反射噪声。

10. 导线中途容性负载引起的时延累加(单位为 ns)约为电容量(单位为 pF)的 25 倍。

11. 拐角会产生电容,其电容量(单位为 fF)约为线宽(单位为 mil)的两倍。

12. 均匀分布的容性负载会降低导线的有效特性阻抗。

13. 可容许的感性突变值(单位为 nH)约为信号上升边(单位为 ns)的 10 倍。

14. 在电感器两侧添加电容,可以使信号以为遇到的是均匀传输线的一部分,从而把感性突变造成的影响降到最低。这种方法可以用来控制过孔,使其对于高速信号也能做到几乎消失。

8.21　复习题

8.1　引起反射的唯一原因是什么?

8.2　哪两个特征影响反射系数的大小?

8.3　什么因素影响了反射系数的符号?

8.4 在任一界面的两侧必须满足哪两个边界条件？

8.5 如果在发送端观察，那么由不连续点引起的反射会持续多久？

8.6 当 50 Ω 导线发出的信号传输到 75 Ω 传输线或 75 Ω 电阻器而引起反射时，其反射系数有什么不同？

8.7 假设信号传输到 50 Ω 线的末端，看到一个与高阻抗接收端相串联的 30 Ω 电阻器。在接收端串联 30 Ω 电阻器的情况会有什么影响？

8.8 如何使用源端串联电阻器去端接双向总线？应在哪里放置源端电阻器？

8.9 时域反射计屏幕上实际显示的原始测量值是什么含义？

8.10 如何将此原始测量转换为信号所遇到的瞬时阻抗值？

8.11 有一个驱动器，空载时的输出电压为 1 V。当驱动器端接 50 Ω 的电阻器时，测得的输出电压为 0.8 V，那么驱动器的输出源内阻是多大？

8.12 由于电容性不连续引起的时域反射响应是什么样的？为什么是这样的？

8.13 时域反射计对感性突变的响应波形是什么样的？为什么是这样的？

8.14 如果驱动器的输出源内阻为 35 Ω，当连接到 50 Ω 导线时，在驱动器中加入的源串联内阻值应为多大？如果连到 65 Ω 导线，那么该值为多大？

8.15 在应用时域反射计时，怎样才能区分在均匀传输线中间是遇到了一小段低阻抗传输线还是一个小电容器？

8.16 通过查看时域反射响应，如何区分真正的 75 Ω 电缆长线与串接 75 Ω 电阻器的 75 Ω 电缆短线？

8.17 信号源于 40 Ω 环境，若遇到 80 Ω 环境，则反射系数和传输系数各是多大？

8.18 信号源于 80 Ω 环境，若遇到 40 Ω 环境，则反射系数和传输系数各是多大？

8.19 考虑输出源内阻为 10 Ω 的驱动器，其空载输出电压为 1 V。若所连接的传输线是 50 Ω 的，导线在远端端接，则应该用多大阻值的电阻端接此传输线？如果将远端电阻端接到 V_{SS}，则接收端的高电压和低电压各是多大？

8.20 重做复习题 8.19，远端电阻连接到 V_{CC}。

8.21 重做复习题 8.19，若远端电阻连接到 V_{CC} 的 1/2 处，则有时将其称为端接电压或 V_{TT}。

8.22 如果一个信号的上升边是 3 ns，那么期望有多长的导线反射就能自行消解而不必端接？

8.23 对于传输线中较短的不连续，当不连续长度变短时其反射电压的值如何变化？当线为多长时，可以称其为"透明的"？

8.24 由于过孔在每层上的非功能性捕获焊盘的电容性负载，从电气性能的角度看，这时的过孔是相当于变得更长了还是更短了？

8.25 假设在一个 12 in 长的 50 Ω 传输线上，由一个输出阻抗为 1 Ω 的源端发送一个 1 V 信号，其上升边为 0.1 ns，占空比为 50%。将单个 50 Ω 端接电阻器连接到返回路径的平均功耗是多少？

8.26 假设远端电阻器不是接地的，而是接在 V_{CC} 的 1/2 处，那么其平均功耗是多少？

8.27 在复习题 8.26 中，假设 49 Ω 的源端串联电阻器也可能被用作导线的端接匹配。在源端电阻器上的功耗与用作远端端接匹配时相比，是更大一些？更小一些？还是相同的？

第9章 有损线、上升边退化与材料特性

边沿快速变化的信号经过一段实际传输线之后,输出信号的上升边将变长。图 9.1 是上升边为 50 ps 的信号在 FR4 的 50 Ω 传输线上经过 36 in 长的走线后测得的响应。从图中可以看出上升边几乎拉长到 1 ns。这种由传输线损耗引起的上升边退化是引起**符号间干扰**(ISI)和眼图塌陷的根源。

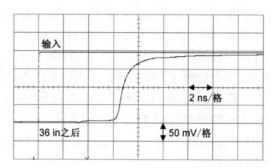

图 9.1 经过 36 in 长的 50 Ω 传输线的输入和输出信号,其中输入
信号的上升边为 50 ps,而输出信号的上升边则为 1 ns

对于所有时钟频率高于 1 GHz 且传输长度超过 10 in 的信号,例如在高速链路和千兆比特以太网中,传输线损耗是首要的信号完整性问题。

> **提示** 在实际传输线中传播的信号,其上升边变长是由于信号的高频分量衰减比低频分量衰减大得多。

在频域中分析与频率相关的损耗是最简单的。实际上,由损耗线产生的问题具有明显的时域特征。所以,最终必须在时域中分析总的响应。本章首先在频域中理解损耗机理,然后再到时域中估计它对信号完整性的影响。

9.1 有损线的不良影响

如果损耗与频率无关,低频分量与高频分量的衰减相同,那么整个信号将在幅度上一致地降低,而上升边仍保持不变。图 9.2 说明了这一点。这时可以在接收端加大增益,以补偿常量型衰减的影响,这种常量型衰减不会影响信号的上升边、时序和抖动。

不是笼统的损耗,而是与频率有关的损耗引起了上升边退化、符号间干扰、眼图塌陷及确定性抖动。

当信号沿着实际有损传输线传播时,高频分量的幅度减小,而低频分量的幅度保持不变。由于这种选择性的衰减,信号的带宽降低。随着信号带宽的降低,信号的上升边会增长。正是这种与频率相关的损耗使得上升边退化。

如果上升边的退化与单位间隔相比很小,则位模式将比较稳定,并与前面的经历无关。因此,当前 1 位的位周期结束时,信号已经稳定并达到了终值。这样,无论前面那 1 位是高还是

低，也无论那个高或低持续了多长时间，位于位流（bit stream）①中后面 1 位的电压波形将与之前的那 1 位相互独立。在这种情况下，就不存在符号间干扰。

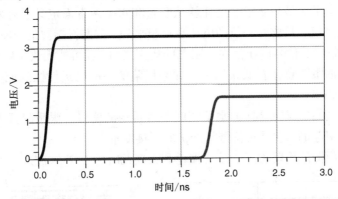

图 9.2　损耗与频率无关时，上升边为 100 ps 的信号传播仿真波形，损耗只影响信号的幅度

然而，如果上升边的退化使接收到的上升边显著拉长到与单位间隔可比拟的程度，则当前 1 位的实际电平值将与信号之前那 1 位在高或低状态上停留的时间长短有关。如果之前那 1 位的位模式长时间保持为高，接着这 1 位降低并立即再升高，则这个低电平位无论如何都没有时间降低到最低电压值。可见，单个位的实际电平准确值取决于之前的位模式，这就被称为**符号间干扰**（ISI），图 9.3 说明了这一点。

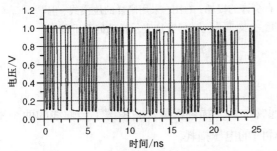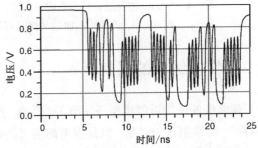

图 9.3　5 Gbps 时钟驱动伪随机位流。左图：上升边远小于位周期时的位模式；右图：
上升边与位周期相当时的位模式，使电压电平与模式有关并造成符号间干扰

与频率相关的损耗和上升边退化引起的重要后果就是符号间干扰：位模式的精确波形取决于它之前已经走过的那些位。这就极大地影响了接收机区分信号高低电平的能力，从而加大了错误率。

> **提示**　信号到达开关阈值电平的时间取决于先前数据的模式。这类符号间干扰是引起抖动的一个主要因素。如果上升边相对于位周期很短，就不存在符号间干扰。

接收机中，一个刻画高速链路信号质量的常用度量手段就是眼图。伪随机位流模式可以代表所有可能的位流模式。选用时钟参考作为触发点，就可以进行仿真或测量。从位流中取出接收到的每一个周期，去覆盖前一个接收到的周期，这样许许多多的周期将被叠加在一起，这组叠加的波形看起来像睁开的眼睛，因此称为眼图。

---

① 位流又称为比特序列。——译者注

　　眼图的闭合是对误码率(BER)的度量。所谓的有效位 1 或 0 是指：在规定的建立和保持时间段内，测量所接收的信号电压电平，对位 1 的要求是高于对高电平的最低要求，对位 0 的要求则是低于对低电平的最高要求。这样就从垂直和水平两方面定义了有效信号。我们称这些界限为**可接受的掩模**。只要每一位的电压在掩模之外，数据就能被正确地读取。

　　但是，如果接收器的信号电压落在了眼图的掩模之内，就可能无法正确读取，导致出现一个误码。睁开较大的眼图意味着低误码率。如果塌陷的眼图已经侵蚀到掩模，这种眼图就意味着有潜在的高误码率。

　　两个睁开眼睛之间交叉重叠区的水平宽度是对抖动的度量。眼睛睁开度的塌陷是由与频率相关的损耗直接引起的，它是对符号间干扰的间接度量。

　　图 9.4 即为用眼图的塌陷程度表示有损耗和无损耗时的 5 Gbps 波形。

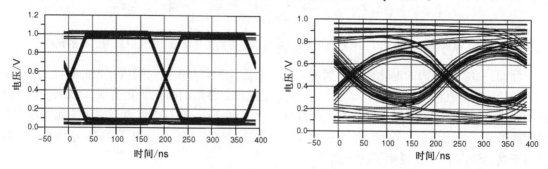

图 9.4　5 Gbps 的伪随机位流眼图。左图：有少许的损耗；右图：采用同样的位模式，但损耗很大。图中给出眼图的塌陷程度，交叉重叠区域的宽度表示抖动的严重程度

9.2　传输线中的损耗

　　传输线的一阶近似模型是 n 节 LC 模型，通常称为**无损耗模型**。它考虑了传输线的两个重要特征：特性阻抗与时延，但是没考虑信号传播时的电压损耗。

　　模型中需加入损耗，以准确地预估接收的波形。当信号沿着传输线传播时，接收端有如下 5 种能量损耗方式：

　　1. 辐射损耗；
　　2. 耦合到相邻走线；
　　3. 阻抗不匹配；
　　4. 导线损耗；
　　5. 介质损耗。

　　每一种机制都会影响或降低接收到的信号。将所有这些过程统称为"衰减"是危险的，因为它们有不同的根源。正如第 1 章所强调的，解决问题的最快途径是首先确定问题的根源。如果把这 5 个过程都归为衰减，就失去了对其不同根源的认识及相关的设计方案。在衰减范畴中，我们只把导线损耗和介质损耗包含在内。这里，信号的能量都损失在传输线的材料中，所损失的信号能量转去使传输线加热。

　　与其他的损耗相比，总的辐射损耗非常小，这种损耗机理不影响下面对接收信号的分析，然而它在电磁干扰中很重要。

有部分能量被耦合到相邻走线上, 将会引起信号上升边的退化。对于紧耦合的传输线, 一条线上的信号将受到相邻线之间能量耦合的影响。所以, 在对关键线网进行仿真时, 为了能准确地预估传输信号的性能, 必须将耦合影响考虑在内。这一问题将在第 10 章中讨论。

> **提示**　阻抗突变对传输信号的失真有着极大的影响, 它直接引起接收信号上升边的退化。即使是无损耗线, 阻抗突变也会引起上升边的退化。在设计高速互连时要将突变最小化。传输线、过孔和连接器的准确模型对于准确地预估信号质量非常重要。

如果上升边退化是由于少了信号的高频分量, 那么高频分量到哪里去了? 毕竟, 容性和感性突变并不吸收能量。高频分量被反射到源端, 最终由各个端接电阻器或源端驱动器内阻吸收和消耗了。

图 9.5 的示例为 5 Gbps 信号通过一条短的、理想的无损耗传输线, 线上串联着 4 个过孔焊盘, 每一个负载为 1 pF, 总共为 4 pF 的容性负载。最终的 50% 处上升边退化约为 $1/2 \times 50 \times 4 = 100$ ps, 相当于位周期的一半。阻抗突变及其对上升边退化的影响在第 8 章中已讨论过。

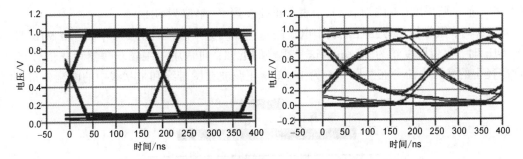

图 9.5　5 Gbps 伪随机位流的眼图。左图: 有少许损耗; 右图: 同样
无损耗的位模式, 但是存在由 4 个通孔引起的 4 pF 容性突变

最后两种损耗机理是传输线上信号衰减的根本原因, 在其他的模型中未曾考虑过。**导线损耗**是指信号路径和返回路径导线上的能量损耗, 本质上它是由导线的串联电阻引起的。**介质损耗**是指介质中的能量损耗, 它是由材料的特殊特性(材料的耗散因子)引起的。

> **提示**　通常, FR4 上的线宽为 8 mil 且特性阻抗为 50 Ω 的传输线, 其频率约高于 1 GHz 时, 介质损耗比导线损耗大得多。在 2.5 Gbps 或更高的高速链路中, 介质损耗占主导地位。所以说, 叠层材料的耗散因子非常重要。

> **提示**　在考虑传输线的衰减时, 不考虑由于耦合造成的能量损耗, 也不考虑由于反射造成的能量损耗。在分析相邻通道之间的串扰, 以及传输线阻抗不连续而影响信号质量时, 已经包含了这些过程。这里的衰减是一种新的独立机制。

9.3　损耗源: 导线电阻与趋肤效应

在信号路径和返回路径中, 信号受到的串联电阻与导线的体电阻率和电流传播通过的横截面有关。直流时, 电流在信号导线中均匀分布, 电阻为

$$R = \rho \frac{\text{Len}}{wt} \tag{9.1}$$

其中, R 表示传输线的电阻(单位为 Ω), ρ 表示导线的体电阻率(单位为 $\Omega \cdot \text{in}$), Len 表示线长(单位为 in), w 表示线宽(单位为 in), t 表示导线的厚度(单位为 in)。

　　如果返回路径是一个平面,则直流电流分布就在横截面上扩展开,且返回路径电阻比信号路径电阻小得多,可以忽略不计。

　　典型的 5 mil 宽、1.4 mil 厚(1 盎司铜)的 1 in 长的铜导线,其信号路径的直流电阻约为 $R = 0.72 \times 10^{-6} \ \Omega \cdot \text{in} \times 1 \ \text{in}/(0.005 \times 0.0014) = 0.1 \ \Omega$。

　　在频率接近 100 GHz 之前,铜和其他所有金属的体电阻率完全是个常数,与频率无关。乍看起来,可能认为线电阻也许是与频率无关的常量,这仅是理想电阻器的性能。正如前面章节中讲到的,由于趋肤效应的影响,电流在高频时将重新分布。

　　高频时,铜导线中电流经过的横截面厚度约等于集肤深度 δ, 即

$$\delta = 2.1 \sqrt{\frac{1}{f}} \tag{9.2}$$

其中, δ 表示集肤深度(单位为 μm), f 表示正弦波频率(单位为 GHz)。

　　1 GHz 时,微带线信号路径铜线中电流的每一面的集聚厚度约为 2.1 μm。10 MHz 时,即 0.01 GHz 时,集聚厚度约为 21 μm。这是粗略的近似,通常用二维场求解器计算信号路径和返回路径中的实际电流分布。图 9.6 为 10 MHz 正弦波在微带线和带状线中的电流分布示例。

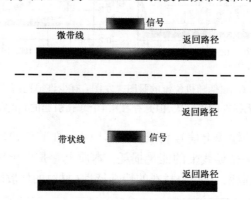

图 9.6　10 MHz 时,约 50 Ω 的 1 盎司铜线中的电流分布情况。此图说明,由于趋肤效应的影响,电流重新分布。上图:微带线。下图:带状线。颜色越淡,电流密度越高。使用 Ansoft 2D Extractor 仿真

　　对于 1 盎司铜,它的几何厚度为 35 μm。频率高于 10 MHz 时,集肤深度小于厚度。电流的分布取决于电流总是寻求最小阻抗的路径,即频率更高时,寻找回路电感最低的路径。这体现为两种趋势:导线中的电流都尽可能地扩展开,以使导线的自感最小;同时导线中的反向电流尽可能地挤近,以使这两个电流之间的互感最大。

　　提示　显然,对于信号的所有重要频率分量,多数 PCB 互连中的电流分布总是受限于集肤深度。对于大于 10 MHz 的频率分量,电阻与频率有关。

　　信号感受到的电阻取决于导线传输电流的有效横截面。频率越高,电流流经的导线横截面就越小,电阻随着频率的升高而增加。与频率有关的趋肤效应使电阻随频率变化。但要注

意,当频率变化时,铜和大多数金属的电阻率是相当恒定的,所变化的是电流流过的横截面。大约在 10 MHz 以上时,信号路径单位长度电阻是与频率有关的。

由于趋肤效应,如果电流仅流过导线的下半部分,则导线的电阻近似为

$$R = \rho \frac{\text{Len}}{w\delta} \tag{9.3}$$

其中,R 表示线电阻(单位为 Ω),ρ 表示导线的体电阻率(单位为 $\Omega \cdot \text{in}$),Len 表示线长(单位为 in),w 表示线宽(单位为 in),δ 表示导线的集肤深度(单位为 in)。

正如前面图中看到的,即使在微带线中,电流也不仅仅流经导线的下半部分。在导线的上半部分中也有相当多的电流,这两个区域是平行的。考虑到信号路径中的这两条平行路径,信号路径的电阻近似为 $0.5R$。微带线和带状线信号路径中的电流分布非常相似。

趋肤效应是由电流流经最低阻抗路径的要求促成的,而在高频中,路径的阻抗主要由回路电感决定。这种机理也驱使电流在返回路径中重新分布,并随频率而变化。直流时,返回电流分布在整个返回平面上。在趋肤效应的制约下,返回路径中的电流将挤近分布在靠近信号路径的表面上,这样可以使回路电感最小。

如前面图 9.6 所示,微带线的返回路径中电流分布的宽度约等于信号路径宽度的 3 倍。返回路径的电阻与信号路径的电阻是串联的,所以在频率高于 10 MHz 时,传输线的总电阻为 $0.5R + 0.3R = 0.8R$,即微带线信号路径的总电阻预计约为

$$R = 0.8\rho \frac{\text{Len}}{w\delta} \tag{9.4}$$

其中,R 表示线电阻(单位为 Ω),ρ 表示导线的体电阻率(单位为 $\Omega \cdot \text{in}$),Len 表示线长(单位为 in),w 表示线宽(单位为 in),δ 表示导线的集肤深度(单位为 in),0.8 表示系数,由信号路径和返回路径中的具体电流分布确定。

图 9.7 将这个简单的一阶模型与二维场求解器的计算结果进行比较,其中二维场求解器计算出了每一频率点的精确电流分布。对于这个简单模型而言,从低频区到趋肤效应作用频段,吻合得都非常好。从图 9.7 中可以看出,带状线单位长度电阻要稍微低一些。

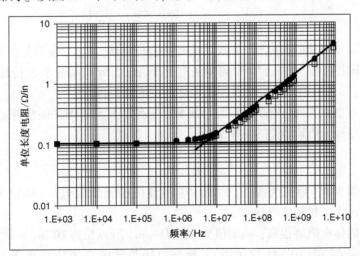

图 9.7　对 5 mil 宽的 50 Ω 微带线和带状线,分别用场求解器和用直流电阻近似式加上趋肤电流的影响,计算出的电阻与频率关系图。其中圆点和方框分别为用 Ansoft 二维场求解器计算的微带线和带状线,直线为一阶模型的直流电阻和由于趋肤效应造成的电阻

我们的结论是，传输线中的导线串联电阻随着频率的升高而增加。至于与频率有关的电阻怎样影响损耗，将在本章后面讨论。

9.4 损耗源：介质

以空气为介质的理想电容器的直流电阻是无穷大。当施加直流电压时，将没有电流通过。然而，若施加正弦电压 $V = V_0\sin(\omega t)$，则通过电容器的电流为余弦波，此电流由电容和频率决定。通过理想电容器的电流定义如下：

$$I = C_0 \frac{\mathrm{d}V}{\mathrm{d}t} = C_0\omega V_0\cos(\omega t) \tag{9.5}$$

其中，I 表示通过电容器的电流，C_0 表示电容器的电容量，ω 表示角频率(单位为 rad/s)，V_0 表示施加在电容器两端的正弦电压幅度。

理想电容器不消耗能量，流经的电流与正弦电压之间正好有 90° 相差。如果理想电容器中填充介电常数为 ε_r 的绝缘体，则电容量会比空气介质时增加，变为 $C = \varepsilon_\mathrm{r}C_0$。

> **提示** 当理想电容器中填充理想的无损耗介质时，流过的电流将增加，其比例系数等于相对介电常数。由于电流与电压相差 90°，所以材料不消耗任何能量，也就没有介质损耗。

然而，现实中的介质材料都有相应的电阻率。当电容器两电极平面之间填充实际材料并施加直流电压时，将有直流电流通过。我们称其为**漏电流**，可以用理想电阻器作为它的模型。微带线两导体之间材料所形成的漏电阻可近似用平行平面之间的情况计算为

$$R_{\text{leakage}} = \rho\,\frac{h}{\text{Len} \times w} = \frac{1}{\sigma}\,\frac{h}{\text{Len} \times w} \tag{9.6}$$

流过这个电阻的总的漏电流为

$$I_{\text{leakage}} = \frac{V}{R_{\text{leakage}}} = V\frac{1}{\rho}\frac{\text{Len} \times w}{h} = V\sigma\frac{\text{Len} \times w}{h} \tag{9.7}$$

其中，I_{leakage} 表示流过介质的漏电流，V 表示施加的直流电压，R_{leakage} 表示与介质有关的漏电阻，ρ 表示介质的体漏电阻率，σ 表示介质的体漏电导率($\rho = 1/\sigma$)，Len 表示传输线长度，w 表示信号路径的线宽，h 表示信号路径与返回路径之间的介质厚度。

漏电流是流过电阻器的，所以必然与电压相位一致。材料将消耗能量并造成损耗，若电阻器两端施加恒定电压，则其消耗的功率为

$$P = \frac{V^2}{R} \sim \frac{1}{\rho} = \sigma \tag{9.8}$$

其中，P 表示功率损耗(单位为 W)，V 表示电阻器两端施加的电压(单位为 V)，R 表示电阻(单位为 Ω)，σ 表示材料的电导率。

大多数介质的体电阻率很高，典型值为 $10^{12}\ \Omega\cdot\text{cm}$，所以长为 10 in，$w$ 约为 $2h$ 的 50 Ω 传输线的漏电阻很高(约为 $10^{11}\ \Omega$ 数量级)，此漏电阻消耗的直流功率小于 1 nW，是微不足道的。

然而，大多数材料的体漏电阻率与频率有关，频率越高，电阻率就越小，这与漏电流的起因有关。

有两种流过介质的漏电流方式。第一种方式是离子运动，这是直流电流的主导机理。大多数绝缘体中的直流电流很小，是由于运动电荷载体(例如大多数绝缘体中的离子)密度太小，迁移率太低。这是相对于金属中自由电子的高密度和高迁移率而言的。

第二种方式是材料中的永久性电偶极子重取向。电容器两端施加电压时，将产生电场，这个电场使介质中的一些随机取向的偶极子与电场一致。偶极子的负端向电场正极运动，偶极子的正端向电场负极运动，这看起来就像短暂的电流流过介质。图9.8说明了这一点。

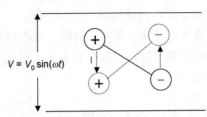

图9.8　外部场变化时，介质中永久性偶极子的重取向形成流过介质的交流电流

当然，偶极子的移动距离和历时都非常短。如果施加正弦电压，偶极子也就像正弦曲线那样左右旋转，这一运动产生交流电流。正弦波频率越高，电荷左右旋转越快，电流就越大。电流越大，在这一频率的体电阻率也就越低，从而材料的电阻率随着频率的升高而降低。

材料的电导率是电阻率的倒数，$\sigma = 1/\rho$。体电阻率表示材料阻止电流流过的能力，体电导率与材料传导电流的能力有关。高电导率意味着材料的导电性能更好。

随着频率的升高，介质的体电阻率降低，体电导率升高。如果偶极子能够依照外加电场的作用力发生位移，并且在同样的电场作用下移动同样的距离，由此产生的电流和材料的体电导率就随着频率的升高而线性增加。

大多数介质的性能是这样的：从直流到某一转折频率，其电导率是个常数，从这一频率起，电导率就与频率成正比，开始持续走高。图9.9说明FR4材料的体电导率，转折频率点大致在10 Hz。

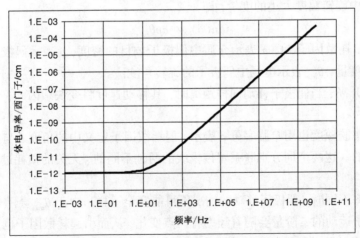

图9.9　受直流漏电流及交流偶极子运动影响的 FR4 材料的体电导率仿真

当频率高于这个转折频率时，偶极子运动起着重要的作用，随着频率的升高，流经电容器的漏电流是很大的。此电流与电压同相，就像流经电阻一样。频率升高时，漏电阻下降，使消耗的功率升高并引起介质发热。

提示　偶极子的旋转将电能转化为机械能。偶极子与相邻偶极子及其他聚合物全链之间的摩擦引起的材料发热，总是非常轻微的。

通常情况下吸收的热能非常小, 所引起的升温可忽略不计。例如前面的 10 in 长的 50 Ω 微带线, 即使在 1 GHz, 介质的漏电阻仍大于 1 kΩ, 消耗的功率小于 10 mW。然而, 介质损耗也不都是如此。最典型的例外是微波炉, 旋转的水分子强烈地吸收 2.45 GHz 的辐射, 从而把辐射的电能转换成机械运动和热能。

在传输线中, 介质的偶极子吸收信号的能量而引起信号在远端衰减, 这些能量并不能使衬底变得很热, 但它足以引起上升边退化。频率越高, 交流漏电导率越高, 介质中的功率损耗也就越高。

9.5　介质耗散因子

低频时, 介质材料的漏电阻是个常数, 并且用体电导率表示材料的电气特性, 而体电导率与材料中离子的密度和迁移率有关。

高频时, 由于偶极子的运动增加, 电导率随着频率的升高而提高。材料中发生旋转的偶极子数越多, 在电场作用下偶极子的移动量越大, 体电导率就越高。为了表征不同材料中偶极子的情况, 必须引入一个新的材料电气特征。这个与偶极子运动相关的新材料特性称为**耗散因子**, 即

$$\sigma = 2\pi f \times \varepsilon_0 \varepsilon_r \times \tan(\delta) \tag{9.9}$$

其中, σ 表示介质的体交流电导率, f 表示正弦波频率(单位为 Hz), ε_0 表示自由空间的介电常数(为 8.89×10^{-14} F/cm), ε_r 表示相对介质常数(无量纲), $\tan(\delta)$ 表示材料耗散因子(无量纲)。

通常将耗散因子写成损耗角的正切 $\tan(\delta)$, 有时也简写成 Df, 它是对材料中偶极子数目和偶极子在电场中旋转幅度大小的度量, 即

$$\tan(\delta) \propto np\theta_{max} \tag{9.10}$$

其中, $\tan(\delta)$ 表示耗散因子 Df, n 表示介质中偶极子数目的密度, p 表示偶极矩, 是对偶极子间距及电荷量的度量, θ_{max} 表示电场中偶极子的旋转角度。

随着频率的升高, 当偶极子移动同样距离时, 其移动速度将变快。因此, 电流和电导率将随之提高。

注意, 虽然集肤深度也用希腊字母 δ 表示, 但耗散因子定义中的角度 δ 与集肤深度是相互独立、完全无关的。这两个词分别联系着传输线的两种不同的、无关的损耗过程, 但这完全是巧合, 不要混淆。

事实上, 频率不同时, 偶极子移动的情况不可能完全一样。由于 θ_{max} 会随着频率的不同而改变, 所以偶极子运动的二阶量会随着频率有一点变化, 从而引起耗散因子也多少会与频率有关。电场中偶极子的移动能力与它们依附聚合物主干链的方式及附近分子的机械共振情况相关。在足够高的频率下, 偶极子不如低频率时响应得那么快, 耗散因子就会因此而变小。

电介质光谱学是一个重要的领域, 它通过研究耗散因子、介电常数与频率的关系, 分析聚合物链的机械特性。有时, 监测耗散因子和频率的关系, 就能测量聚合体的凝固度。聚合物交联链接度越高, 偶极子压合越紧密, 耗散因子就越小。

聚合物将偶极子压合得越紧密, 介电常数和耗散因子就越低, 这是个粗略的经验法则。介电常数很小的聚合体, 如特氟龙、硅橡胶和聚乙烯, 其耗散因子也很低。图 9.10 列出了一些常用的互连介质和它们的耗散因子及介电常数。

材料	ε	tan(δ)	相对成本
FR4 玻璃纤维板	4.0～4.7	0.02	1
DirClad 材料（IBM）	4.1	0.011	1.2
GETek 材料	3.6～4.2	0.013	1.4
双马来酰亚胺三嗪	4.1	0.013	1.5
聚酰亚胺/玻璃	4.3	0.014	2.5
氰酸酯	3.8	0.009	3.5
Nelco 公司的 N6000SI 材料	3.36	0.003	3.5
Rogers 公司的 RF35 材料	3.5	0.0018	5

图 9.10　一些常用互连介质的耗散因子和介电常数

　　频率变化时，大多数互连材料的耗散因子几乎是常量。通常情况下，可以忽略微小的偏差，仅用这一常量值就能准确地预估损耗的性能。然而，由于叠层材料加工过程中的偏差，不同批次之间，不同电路板之间，甚至同一块电路板上，耗散因子都会存在偏差。如果材料从潮湿空气中吸收水分，水分子密度的提高就会使耗散因子增大。在聚酰亚胺（Polyimide）或杜邦卡普顿柔性胶卷（Kapton flex film）中，湿度可以使耗散因子加倍或者更高。

> **提示**　需要用两个术语完整地表示介质材料的电气特性。**介电常数**表示材料如何加大电容和降低材料中的光速。**耗散因子**表征偶极子数目及其运动，给出电导率随频率成正比提高的系数值。这两个术语与频率有很微弱的关系，并且不同批次之间，不同电路板之间，它们的值都可能会不同。

　　由于这两个术语都与电气性能有关，为了准确地预估性能，理解这些材料特性如何随频率而变化，以及在不同电路板之间如何变化，是很重要的。如果材料特性不确定，电路性能也就不确定。本章后续部分将给出一些材料的高频特性的测量技术。

9.6　耗散因子的真实含义

　　将耗散因子这一术语表示为 tan(δ) 有点模糊混乱，为什么要将它表示成角度的正切呢？这里指的是什么之间的夹角？实践中，这个夹角代表什么无关紧要，无须关注它。如果是那样，则可以跳过此节。但是，如果你想了解材料的内在机理，则请继续阅读。

> **提示**　使用术语 tan(δ) 表征损耗线时，tan(δ) 的源由和这个角所指的东西都不重要。它仅是一个材料特性，这一特性与材料中自由位移的偶极子数目和偶极子随着频率升高后位移的大小有关。

　　为了研究耗散因子所表征的损耗的内在机理，并探寻如何设计材料以控制耗散因子，需要更深入地研究耗散的真实起因。

　　介质材料有两个重要的电气特性。第一个是相对介电常数，已在第 5 章中讨论过，它表征了电场中偶极子如何重新排列而增加电容量。相对介电常数表示两个电极之间电容量增加的程度和材料中的光速。然而，它没有表明与材料损耗有关的任何信息。

　　第二个是耗散因子，说明了偶极子如何左右晃动并形成电阻，而且流经电阻的电流与施加的正弦电压同相。

这两个特性都与偶极子的数目、偶极子的大小和迁移率有关。施加正弦电压时，从频域中看，一个特性涉及偶极子与电场不同相的运动并引起电容增大，另一特性涉及与电场同相的运动并引起损耗。

在实际电容器的两端施加正弦电压时，流经电容器的电流可以分为两部分。一部分恰好与电压正交，就是我们认为的流经理想无损耗电容器的电流。另一部分正好与电压同相，就像流经理想电阻器的电流，它引起了损耗。

为了表示正交、同相这两部分电流，建立了一种基于复数的形式，由于涉及采用正弦电压和电流，所以这种复数形式本身就是频域中的概念。为了充分利用这个复数形式，可以更改介电常数，将它变为复数，同时施加的电压可以写为

$$V = V_0 \exp(i\omega t) \tag{9.11}$$

流经电容器的电流与电容量有关，即

$$I = C \frac{dV}{dt} \tag{9.12}$$

应用这个复数形式，流经电容器的电流在频域中可表示为

$$I = C \frac{dV}{dt} = i\omega C V \tag{9.13}$$

这一关系表明，流经理想无损耗电容器的电流与施加的电压是正交的，i 说明它们之间的相差为 90°。

如果在电容量为 C_0 的空电容器中填充介电常数为 ε_r 的材料，则流经这个理想电容器的电流为

$$I = C \frac{dV}{dt} = i\omega \varepsilon_r C_0 V \tag{9.14}$$

为了说明这两个材料特性(如介电常数影响正交电流，耗散因子影响同相电流)，首先要更改介电常数的定义。如果介电常数是个实数，那么仅存在与电压正交的电流。如果将介电常数改为复数，则实部与正交电流有关，而虚部与损耗有关，将部分电压转换为与电压同相的电流。

此外，如果将复介电常数表示成实部和虚部，如 $a + ib$，那么当用电流式中的电压因子 i 乘以 $a + ib$ 时，虚部 b 中的 i 将电压因子 i 变为 -1。这就使电流的实部变为负数，即与实际的电流相差了 180°。为了使电流恰与电压同相，定义复介电常数的虚部为负的，其形式如下：

$$\varepsilon_r = \varepsilon_r' - i\varepsilon_r'' \tag{9.15}$$

其中，ε_r 表示复介电常数，ε_r' 表示复介电常数实部，ε_r'' 表示复介电常数虚部。

在复介电常数虚部的定义中引入负号，从而使电流的实部为正数而与电压同相。复介电常数的实部就是我们一直简称的介电常数。

> **提示**　现在我们知道，以前传统上简称的介电常数实际上是复介电常数的实部，复介电常数的虚部产生与电压同相的电流，并与损耗相关。

利用这个定义，流过理想有损电容器的电流为

$$I = i\omega \varepsilon_r C_0 V = i\omega(\varepsilon_r' - i\varepsilon_r'') C_0 V = i\omega \varepsilon_r' C_0 V + \omega \varepsilon_r'' C_0 V \tag{9.16}$$

其中，I 表示频域中流经理想有损电容器的电流，ω 表示角频率(为 $2\pi f$)，C_0 表示电容器的介质为空气时的电容量，$V = V_0 \exp(i\omega t)$ 表示施加的正弦电压，ε_r 表示复介电常数，ε_r' 表示复介电常数实部，ε_r'' 表示复介电常数虚部。

　　将介电常数改造为复数，同相电流和正交电流的关系就变得紧凑了。利用复数概念，可以概括流经实际电容器的电流。令人有些混淆的是，电流的虚部与电压有 90°相差，而实际上它就是复介电常数的实部，引起了我们所熟悉的容性电流。电流的实部与电压同相，其性能如同电阻器引起损耗，实际上它恰恰与复介电常数的虚部有关。

　　可以将复介电常数表示成复平面中的一个向量，如图 9.11 所示，记向量与实轴的夹角为损耗角 δ。正如前面提到的，用希腊字母 δ 表示损耗角，与选择同一字母 δ 表示集肤深度巧合。这两个词完全无关，因为损耗角与介质材料有关，而集肤深度与导线特性有关。

　　损耗角的正切为介电常数的虚部与实部之比，即

$$\tan(\delta) = \frac{\varepsilon_r''}{\varepsilon_r'} \tag{9.17}$$

和

$$\varepsilon_r'' = \varepsilon_r' \times \tan(\delta) = \varepsilon_r' \times \mathrm{Df} \tag{9.18}$$

　　习惯上我们不直接用介电常数的虚部，而是用损耗角正切 $\tan(\delta)$，也可表示为 Df。这样，介电常数的实部、损耗角正切 $\tan(\delta)$ 和它们的频率相关性就完全刻画了绝缘材料的重要电气特性。将介电常数的实部简称为介电常数，我们一般习惯于省略它们的区别。

　　从上面的关系中，可将传输线的交流漏电阻与介电常数的虚部、耗散因子联系起来，即

$$R_{\text{leakage}} = \frac{V}{\text{Real}(I)} = \frac{V}{\omega\varepsilon_r''C_0 V} = \frac{1}{\omega\varepsilon_r''C_0} = \frac{1}{\omega\varepsilon_r'\tan(\delta)C_0} = \frac{1}{\omega\tan(\delta)C} \tag{9.19}$$

　　在导线的任何一种几何结构中，影响电容形成的同一几何特征也影响电阻的形成，但这两个影响是相反的。这在平行板结构中很容易看到，电阻和电容为

$$C = \varepsilon_0\varepsilon_r'\frac{A}{h} \tag{9.20}$$

$$\frac{A}{h} = \frac{C}{\varepsilon_0\varepsilon_r'} \tag{9.21}$$

$$R = \frac{1}{\sigma}\frac{h}{A} = \frac{1}{\sigma}\frac{\varepsilon_0\varepsilon_r'}{C} \tag{9.22}$$

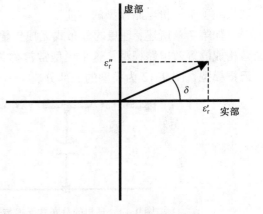

图 9.11　复平面中的复介电常数。介电常数向量与实轴的夹角称为损耗角 δ

　　将电阻的这两种形式联立，可以导出材料的体交流电导率与耗散因子的如下关系式：

$$\sigma = \varepsilon_0\varepsilon_r'\omega\tan(\delta) \tag{9.23}$$

其中，σ 表示介质材料的体交流电导率，$\varepsilon_0 = 8.89\times10^{-14}$ F/cm 表示自由空间的介电常数率，ε_r' 表示介电常数实部，ε_r'' 表示介电常数虚部，$\tan(\delta)$ 表示介质耗散因子，δ 表示介质损耗角，R 表示导线之间的交流漏电阻，C 表示导线之间的电容，h 表示导线之间的介质厚度，A 表示导线面积，ω 表示角频率(即 $2\pi f$)，f 为正弦波频率。

> **提示**　耗散因子本身仅与频率弱相关，但由于式中存在 ω 这一项，仍可看到介质的体交流电导率随频率线性增加。同理，又由于漏电阻消耗的功率与体交流电导率成正比，所以消耗功率也随频率线性增加。这就是信号完整性中有损线引起问题的根源所在。

9.7　有损传输线建模

造成传输线中信号衰减的两种损耗过程是信号路径和返回路径导线的串联电阻,以及有损介质材料的并联电阻,这些电阻器都与频率有关。

注意,随着频率的变化,理想电阻器的阻值是个常数。前面已说明过,在理想有损传输线中,用于表示损耗的这两种电阻要比简单的理想电阻器复杂得多。由于趋肤效应的影响,串联电阻随频率的平方根增长,由于材料的耗散因子和偶极子旋转的影响,并联电阻随频率的升高而降低。

第 7 章引入了一个新的理想电路元件:理想分布传输线,它的特征是特性阻抗和时延,模型将传输线的特征分布在整个线长上。理想的有损分布传输线模型在无损模型中增加了两个损耗过程:随频率平方根增长的串联电阻和随频率降低的并联电阻。这是新的理想有损传输线的基础,许多仿真器中都用到了这一点。除了特性阻抗和时延,两个已经给出过定义的参数是耗散因子及下述的单位长度电阻 R_L:

$$R_L = R_{DC} + R_{AC}\sqrt{f} \tag{9.24}$$

其中,R_L 表示导线单位长度电阻,R_{DC} 表示单位长度直流电阻,R_{AC} 表示与 $f^{0.5}$ 成正比的单位长度电阻系数。

为了进一步领悟理想有损线的性能,我们从传输线可以近似为 n 节 LC 电路出发,通过添加损耗项来评价电路模型的性能。

如第 7 章所述,理想的分布式无损传输线可近似为由并联电容和串联电感集总电路模型节构成的等效电路模型。这个模型常常称为传输线的**一阶模型**、**n 节集总电路模型**或**传输线无损模型**。图 9.12 为模型的一部分。

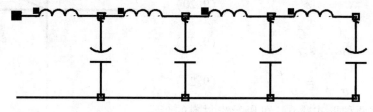

图 9.12　理想的分布式无损传输线的近似模型:n 节 LC 模型中的 4 节

这个模型是近似的。然而,要达到很高的带宽,只要用足够多的 LC 模型节,就能得到很准确的近似。为达到带宽 BW 和时延 T_D,规定所需的最小节数为

$$n = 10 \times BW \times T_D \tag{9.25}$$

其中,n 表示准确的 LC 模型节数,BW 表示模型的带宽(单位为 GHz),T_D 表示传输线时延(单位为 ns)。

例如,模型需要的带宽为 2 GHz,传输线时延为 1 ns,物理线长约为 6 in,则准确模型所需的最小节数 n 约为 $10 \times 2 \times 1 = 20$。

然而,这个理想无损模型的一个最大不足就是它仍为无损模型。对这个一阶等效电路模型加以修正,就能用于表征损耗。在每一节中,加入串联电阻和并联电阻的影响。一个理想有损传输线的 n 节集总电路近似模型的每一小节包含 4 项:C 表示电容,L 表示回路自电感,R_{series} 表示导线的串联电阻,R_{shunt} 表示介质损耗并联电阻。

如果将传输线长度加倍，那么总电容 C、总电感 L 和总串联电阻 R_{series} 都加倍，而总并联电阻 R_{shunt} 减半。因为线长加倍时，交流漏电流流过的面积加大，所以并联电阻降低。

正是由于这个原因，通常使用介质漏电导而不是漏电阻来表征。电导用字母 G 表示，其定义为 $G=1/R$，下面给出电阻及相应电导的定义：

$$R_{leakage} = \frac{1}{\omega \tan(\delta) C} \tag{9.26}$$

$$G = \frac{1}{R_{leakage}} = \omega \tan(\delta) C \tag{9.27}$$

如果传输线长度加倍，则并联电阻减半而电导加倍。我们仍将损耗模型化为电阻值随频率升高而降低的电阻器，只是改用参数 G 加以表示。用漏电导代替漏电阻，使得表示有损传输线的 4 项都与线长成正比。这 4 项称为传输线的**线参数**（通常是指单位长度的值）：R_L 表示导线单位长度串联电阻；C_L 表示单位长度电容；L_L 表示单位长度串联回路电感；G_L 表示由介质引起的单位长度并联电导。

我们用这个理想的二阶 n 节集总电路模型去近似理想有损传输线，这也是对真实传输线的近似。图 9.13 为一个等效的 n 节 RLGC 传输线模型示例。所用的节数取决于线长和模型的带宽，最小的节数仍约为 $10 \times BW \times T_D$。

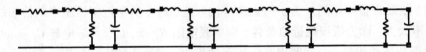

图 9.13　理想有损传输线 n 节 RLGC 模型中的 4 节；理想分布式有损传输线的近似

这是个等效电路模型。我们可以将电路理论应用于这个电路并预估电气特性。由于包含了两个二阶复数微分方程，而且电阻值又随频率而变化，所以计算很麻烦。在频域中解这一方程却是最简单的。假设信号是正弦电压，由阻抗就能计算出正弦电流。下面对结果加以讨论。

无损线中，串联电阻和并联电导都等于零。无损耗电路模型对互连的预估是信号将无失真地传播。信号沿途每一步感受到的瞬时阻抗等于线的特性阻抗，即

$$Z_0 = \sqrt{\frac{L_L}{C_L}} \tag{9.28}$$

信号速度为

$$v = \frac{1}{\sqrt{C_L \times L_L}} \tag{9.29}$$

其中，Z_0 表示特性阻抗，v 表示信号速度，C_L 表示单位长度电容，L_L 表示单位长度电感。

在这个模型中，理想的 L_L，C_L，Z_0 和时延都是常数，它们不随频率的变化而变化，就用这些项定义理想无损传输线。信号从线的一端进入，从另一端输出，信号幅度则没有变化。除了可能的阻抗突变引起的反射，唯一影响正弦波的就是传输中的相移。

然而，将 R 和 G 这两项加入模型中时，理想有损传输线的性能与理想无损传输线有了一些差别，微分方程求解也相当复杂。在频域中求解时，不再假设 C_L，L_L，R_L 和 G_L 如何随频率变化。在每一频率点上，它们可能改变，也可能是常数。

最后得出如下 3 个重要特征。

1. 特性阻抗 Z_0 与频率有关,并且是个复数;
2. 正弦波信号的速度 v 与频率有关;
3. 引入了一个新参数 α_n 以表示正弦波沿线传播时其幅度的衰减,这一衰减与频率有关。

将推导步骤省略,特性阻抗、速度和单位长度衰减的值如下所示:

$$Z_0 = \sqrt{\frac{R_L + i\omega L_L}{G_L + i\omega C_L}} \tag{9.30}$$

$$v = \frac{\omega}{\sqrt{\frac{1}{2}\left[\sqrt{(R_L^2 + \omega^2 L_L^2)(G_L^2 + \omega^2 C_L^2)} + \omega^2 L_L C_L - R_L G_L\right]}} \tag{9.31}$$

$$\alpha_n = \sqrt{\frac{1}{2}\left[\sqrt{(R_L^2 + \omega^2 L_L^2)(G_L^2 + \omega^2 C_L^2)} - \omega^2 L_L C_L + R_L G_L\right]} \tag{9.32}$$

其中, Z_0 表示特性阻抗, v 表示信号速度, α_n 表示单位长度幅度的衰减(单位为 neper/长度,即奈培/长度), ω 表示正弦波角频率(单位为 rad/s), R_L 表示导线单位长度串联电阻, C_L 表示单位长度电容, L_L 表示单位长度串联回路电感, G_L 表示由介质引起的单位长度并联电导。

这些代数式看起来比较复杂。尽管可以用电子表格的方式进行处理,但要想以此获得有用的工程领悟,还是很困难的。为了简化这些代数式,通常所建近似模型中的传输线是有损耗的,但损耗不太大,称为**低损耗近似条件**,即串联电阻 $R_L \ll \omega L_L$,并联电导 $G_L \ll \omega C_L$。

低损耗近似条件假设:与回路串联电感阻抗相比,导线串联电阻的阻抗很小。同理,与流经信号路径和返回路径之间的电容的旁路电流相比,流经介质漏电阻的旁路电流很小。

当频率约高于 10 MHz 时,1 盎司铜线的串联电阻随频率的平方根增加, ωL_L 随频率线性增加。从某一频率起,这一近似条件已经很好地满足了,频率越高,效果越好。

1 盎司铜线每单位长度的直流电阻为

$$R_L = \frac{0.5}{w} \tag{9.33}$$

其中, R_L 表示单位长度电阻(单位为 Ω/in), w 表示线宽(单位为 mil)。

频率高于 10 MHz 时,电流流经横截面的厚度很薄,它不是 1 盎司铜线的几何厚度 34 μm,这时是趋肤效应决定了电流分布的厚度。铜的集肤深度为

$$\delta = 66\sqrt{\frac{1}{f}} \tag{9.34}$$

其中, δ 表示集肤深度(单位为 μm), f 表示正弦波频率分量(单位为 MHz)。

频率约高于 10 MHz 时,1 盎司铜线的单位长度交流电阻约为

$$R_L = \frac{0.5t}{w\delta} = \frac{0.5 \times 34}{w \times 66}\sqrt{f} = \frac{0.25}{w}\sqrt{\frac{\omega}{2\pi \times 10^6}} = \frac{1 \times 10^{-4}}{w}\sqrt{\omega} \tag{9.35}$$

其中, R_L 表示单位长度电阻(单位为 Ω/in), δ 表示集肤深度(单位为 μm), t 表示几何厚度(单位为 μm), w 表示线宽(单位为 mil), f 表示正弦波频率分量(单位为 MHz), ω 表示正弦波频率分量(单位为 rad/s)。

50 Ω 线的单位长度电感大致为 9 nH/in,在低损耗区时 $\omega L_L \gg R_L$,即

$$\omega \times 9 \times 10^{-9} \gg \frac{1 \times 10^{-4}}{w}\sqrt{\omega} \tag{9.36}$$

$$\omega \gg \left(\frac{1}{w}\right)^2 \left(\frac{1 \times 10^{-4}}{9 \times 10^{-9}}\right)^2 = \frac{1 \times 10^8}{w^2} \tag{9.37}$$

$$f = \frac{\omega}{2\pi} \gg \frac{1 \times 10^8}{2\pi w^2} \sim \frac{2 \times 10^7}{w^2} \tag{9.38}$$

其中，R_L 表示单位长度电阻(单位为 Ω/in)，ω 表示正弦波频率分量(在低损耗区中的单位为 rad/s)，f 表示正弦波频率分量(在低损耗区中的单位为 Hz)，w 表示线宽(单位为 mil)。

> **提示**　这一结果令人吃惊。结论指出：对于线宽为 3 mil 的线，当正弦波频率分量高于 2 MHz 时，就是工作在低损耗区。在这个区域里，串联电阻的阻抗远小于串联电感的阻抗。对线宽大于 3 mil 的线而言，低损耗区可以起始于更低的频率。损耗相对突出的区域实际是在低频段，其频率低于趋肤效应起作用时的那个频率。

电导大致随频率线性增加，电容大致保持为常数。当 $G_L \ll \omega C_L$ 即 $\tan(\delta) \ll 1$ 时，电路工作在低损耗区。实际上，所有互连材料的耗散因子都小于 0.02，所以互连总是工作在低损耗区。

> **提示**　用宽为 3 mil 或更宽的走线线条作为互连的电路板，其低损耗区是指频率在 2 MHz 以上的区域，此区域包含了最重要的频率分量。

在高速数字应用中，对于所有感兴趣的重要频率范围，采用低损耗模型加以近似，都是非常合适的。

9.8　有损传输线的特性阻抗

理想有损传输线的特性阻抗与频率有关，并且是个复数，如下式所示：

$$Z_0 = \sqrt{\frac{R_L + i\omega L_L}{G_L + i\omega C_L}} \tag{9.39}$$

根据代数学的一些知识，省略推导步骤，特性阻抗的实部和虚部分别为

$$\text{Re}(Z_0) = \frac{1}{\sqrt{(G_L^2 + \omega^2 C_L^2)}} \sqrt{\frac{1}{2} \left[\sqrt{(R_L^2 + \omega^2 L_L^2)(G_L^2 + \omega^2 C_L^2)} + \omega^2 L_L C_L + R_L G_L \right]} \tag{9.40}$$

$$\text{Imag}(Z_0) = \frac{1}{\sqrt{(G_L^2 + \omega^2 C_L^2)}} \sqrt{\frac{1}{2} \left[\sqrt{(R_L^2 + \omega^2 L_L^2)(G_L^2 + \omega^2 C_L^2)} - \omega^2 L_L C_L - R_L G_L \right]} \tag{9.41}$$

其中，$\text{Re}(Z_0)$ 表示特性阻抗实部，$\text{Imag}(Z_0)$ 表示特性阻抗虚部，R_L 表示导线单位长度串联电阻，C_L 表示单位长度电容，L_L 表示单位长度串联回路电感，G_L 表示由介质引起的单位长度并联电导，ω 表示角频率。

在低损耗区，特性阻抗简化为

$$\text{Re}(Z_0) = \sqrt{\frac{L_L}{C_L}} \tag{9.42}$$

$$\text{Imag}(Z_0) = 0 \tag{9.43}$$

低损耗特性阻抗近似恰好与无损耗特性阻抗一样,影响特性阻抗的因素随着 R^2, G^2 与 $\omega^2 L^2$ 或 $\omega^2 C^2$ 的比例不同而变化。假设作为低损耗区的前提是要求引入的误差小于 1%。对于 3 mil 宽的线,就要求频率高于临界值 2 MHz 的 10 倍以上。

我们用特性阻抗的幅值大致估计一下损耗造成的影响。特性阻抗的幅值如下:

$$\text{Mag}(Z_0) = \sqrt{\text{Re}(Z_0)^2 + \text{Imag}(Z_0)^2} \tag{9.44}$$

图 9.14 即为用上面的确切关系式画出的 FR4 中 3 mil 宽的 50 Ω 微带线的复特性阻抗的幅值,其中包括导线损耗和介质损耗。从图中可以看出,当频率高于 10 MHz 时,复特性阻抗与无损耗特性阻抗的值非常接近。如果走线再宽一些,将损耗降低一些,则转折频率将会更低一些。

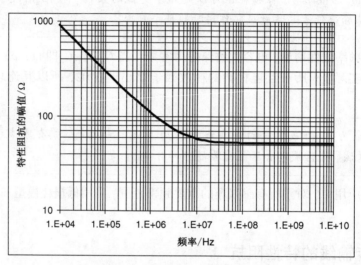

图 9.14　FR4 中 50 Ω 微带线的复特性阻抗幅值。此图说明频率高于 10 MHz 时,
有损特性阻抗与无损特性阻抗非常接近,所以低损耗区高于 10 MHz

提示　在低损耗区,损耗对特性阻抗没有影响。

如前所述,由于趋肤效应的影响,电感可能与频率有些关系。频率约高于 100 MHz 时,集肤深度比导线的几何厚度薄得多,在该频率点之上电感为常数。此外,由于介电常数的实部随着频率变化,从而使电容也可能与频率有点关系。这些因素可能使特性阻抗与频率稍微相关。但是在实际互连中,这些效应的影响通常不太明显。

9.9　有损传输线中的信号速度

对有损传输线电路模型求解,得出的正弦波速度很复杂,如下所示:

$$v = \frac{\omega}{\sqrt{\frac{1}{2}\left[\sqrt{(R_L^2 + \omega^2 L_L^2)(G_L^2 + \omega^2 C_L^2)} + \omega^2 L_L C_L - R_L G_L\right]}} \tag{9.45}$$

在低损耗区,电阻性阻抗远小于电感性阻抗,且耗散因子远小于 0.1,从而速度可以近似为

$$v = \frac{1}{\sqrt{L_L C_L}}$$
(9.46)

该结果恰与无损传输线中的信号速度一样。

> **提示**　在低损耗区,信号速度不受损耗影响。

　　根据前面速度的准确表达式,可以看出速度在什么时候保持恒定,它从哪一点开始随频率变化。速度与频率相关的效应称为**色散**,这里是由损耗引起的。图 9.15 给出了 FR4 板上 50 Ω 微带线在最差的情况,即线宽为 3 mil 时,微带线中的信号速度与频率之间的关系,其中包括介质损耗和导线损耗。

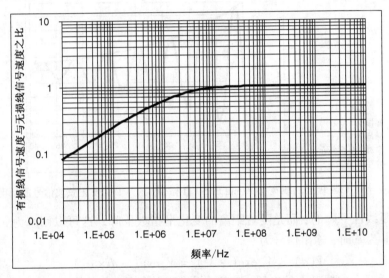

图 9.15　FR4 板上宽为 3 mil 的 50 Ω 微带线中的损耗引起的色散,图中为有损线信号速度与无损线信号速度之比

　　损耗的影响就是它使低频率分量速度降低的程度要比将高频率分量速度降低的程度大。低频率时,串联电阻的阻抗要比回路电感的自感阻抗占优势,所以线的损耗相比要大一些,信号速度也就降低了。速度随频率变化的现象称为色散。它由两种机理引起:与频率相关的介电常数和线损耗。

　　色散使高频分量比低频分量传播速度快。相应地,在时域中,快速上升沿先到达,接着是慢速上升尾巴,这使上升边明显变长。但是,如果确实是由于损耗造成了上升边的退化,那么其中直接由衰减造成的影响通常要比色散的影响大得多。

> **提示**　对于 FR4 板上最差情况下 3 mil 宽的走线,低损耗区约在 10 MHz 以上。在这一区域,速度与频率无关,且损耗引起的色散可忽略不计。

　　色散也可能是由反射引起的。当信号由于反射而往返反弹时,一些信号可能会与信号的延迟部分重叠。这将导致信号在某些频率上的异常相移,也将表现为信号在时延和速度上的微小变化。有时,我们称其为**异常相移**或**异常色散**。

9.10　衰减与 dB

当信号沿导线传播时,导线损耗对信号的主要影响就是使信号幅度衰减。如果幅度为 V_{in} 的正弦波信号在传输线中传播,则信号幅度将随着传输距离的增加而降低。如果能够让时间凝固,以观察线上存在的正弦波,则各个不同点的波形如图 9.16 所示。其中,正弦波频率为 1 GHz,FR4 板上有线宽为 10 mil,长 40 in 的 50 Ω 微带线。

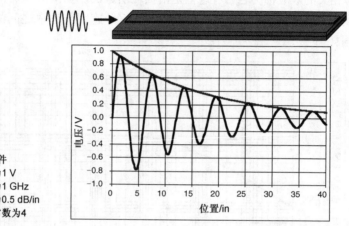

图 9.16　FR4 板上的线宽为 10 mil 的 50 Ω 微带线上,1 GHz 正弦波信号的幅度

幅度并不是线性下降的,而是随着距离的变化呈指数下降。这可以用基为 e 或 10 的指数加以表示。以 e 为基时,输出信号为

$$V(d) = V_{in}\exp(-A_n) = V_{in}\exp(-d \times \alpha_n) \tag{9.47}$$

其中,$V(d)$ 表示线上位置 d 点的电压,d 表示线上点的位置(单位为 in),V_{in} 表示输入电压幅度,A_n 表示总衰减(单位为 neper,有时用 n 表示),α_n 表示单位长度衰减(单位为 neper/in)。

基为 e 时,衰减的单位是无量纲的,但仍标记为奈培,以纪念 John Napier(称为讷氏或奈氏)。John Napier 是苏格兰人,因 1614 年的出版物中引入了基为 e 的指数而著名。采用奈培时比较令人迷惑的地方是它的拼写:napiers、napers 和 nepers,这些都指的是同一单位,并且通常都是对 John Napier 名字的拼写。尽管无量纲,也要用这个标识提醒大家,这是基为 e 的衰减单位,称为奈培(neper)。

例如,若衰减为 1 neper,则最终输出幅度为输入幅度的 $\exp(-1) = 37\%$;若衰减为 2 neper,则输出幅度为输入幅度的 $\exp(-2) = 13\%$。

同理,如果给定输入和输出幅度,则衰减可以由下式得到:

$$A_n = -\ln\left(\frac{V(d)}{V_{in}}\right) \tag{9.48}$$

关于衰减的符号有些不明确。在所有的无源互连中,不存在任何增益,输出电压总是小于输入电压。若指数项为 0,则输出幅度恰与输入幅度相等。指数符号为负是得到缩小幅度的唯一途径。那么,负号是直接放在指数中还是放在衰减量的前面?这两种方法都可以。有时称衰减为 −2 neper 或 2 neper,因为它总是被称为衰减,也就不存在含糊不清了。

通常,衰减被认为是一个大于零的正数。根据这一观点,负号就不是衰减项的一部分,而是指数项的一部分。

用 10 作为基表示衰减比用 e 作为基更常用些，称为分贝（dB），这种形式的输出幅度为

$$V(d) \ = \ V_{\text{in}} \, 10^{-\frac{A_{\text{dB}}}{20}} \ = \ V_{\text{in}} \, 10^{\left(-d \times \frac{\alpha_{\text{dB}}}{20}\right)} \tag{9.49}$$

其中，$V(d)$ 表示线上位置 d 点的电压，d 表示沿线位置（单位为 in），V_{in} 表示输入电压幅度，A_{dB} 表示总衰减（单位为 dB），α_{dB} 表示单位长度衰减（单位为 dB/in），20 表示将 dB 转换成幅度的系数，下面将对此进行讨论。

> **提示**　衰减的单位是 decibel 或 dB，它的使用普及到整个工程领域。但是无论它出现在哪里，总会使人感到迷惑。理解这一单位的起源有助于消除迷惑。

decibel 由 Alexander Graham Bell（贝尔）于 100 年前首创。他是个外科医生，以研究和治疗有听力障碍的儿童作为职业生涯的开端。为了量化听力损失的程度，他研究出一套标准声强，并将个人听到这些声音的能力量化。他发现对音量的敏感度并不是由声功率强度决定的，而是取决于声功率强度的对数。他研究的音量刻度以可听到的最轻声音作为起点 0，以使人开始产生痛觉的声音作为 10。

所有其他声音以实际测量功率比值的对数在刻度上分布。若音量强度从 1 增加到 2，就会感觉到音量加倍，然而实际测量到的声功率却提高了 $10^2/10^1 = 10$ 倍。Bell 所建立的理论是，感觉到的音量变化并不取决于功率变化，而是由一个与功率变化对数成正比的单位决定。

Bell 音量刻度的单位称为 Bell（贝尔），刻度起点 0 Bell 为人类能听到的最轻声音。耳朵里实际的功率密度被量化成一个个声级。大约 2 kHz 左右是人类的最敏感处，这时可感觉到最轻的声音，其级别就是刻度起点 0 Bell，它相当于 10^{-12} W/m² 的功率密度，最大的声音就是痛觉的阈值，即 10 Bell 处，其功率为 10^{-2} W/m²。

Bell 刻度方案得到了广泛接受，去掉最后一个字母 l 就变为 Bel（贝）刻度。随着时间的推移，人们发现对于感觉到的音量范围，0 Bel 到 10 Bel 这个刻度范围太粗了，故而将刻度改为 deciBel 并取代 Bel 去度量音量，这里的前缀"deci"就是 1/10 的意思。现在这个音量刻度的低端为最轻的声音 0 deciBel，末端为痛觉乍起的 100 deciBel。deciBel 通常缩写为 dB（分贝）。

> **提示**　多年来，除了音量，在其他应用中也采用了 dB 度量。但是对于每一种应用，dB 的定义仍为两个功率比值的对数。dB 度量最重要的性质就是它总是指两个功率之比的对数。

在几乎所有工程应用中，总是用 Bel 去度量两个功率 P_1 和 P_0 之比的对数：Bel = $\log(P_1/P_0)$。1 Bel = 10 deciBel，若比值用 dB 表示，则为

$$\text{ratio(dB)} \ = \ 10 \times \log \frac{P_1}{P_0} \tag{9.50}$$

例如，功率增加 1000 倍，Bel 增加 $\log(1000) = 3$ Bel，dB 增加 10×3 Bel = 30 dB。若输出功率仅为输入功率的 1%，则功率降低 $\log(10^{-2}) = -2$ Bel，或 $10 \times (-2)$ Bel = -20 dB。

功率以任意比例系数改变时，可以用 dB 表示其中的变化，但是需用计算器计算对数值。若功率加倍，则分贝值的变化为 $10 \times \log(2) = 10 \times 0.3 = 3$ dB。通常所用的"3 dB 变化"指功率

加倍。如果功率变为下降了 50%，则分贝值的变化为 $10 \times \log(0.5) = -3$ dB。

实际的功率比值可以由分贝值得到，即

$$\text{ratio} = \frac{P_1}{P_0} = 10^{\frac{\text{ratio(dB)}}{10}} \tag{9.51}$$

第一步将分贝值转换为 Bel。这是基为 10 的指数，若分贝值为 60，则功率比值为 $10^{60/10} = 10^6 = 1\,000\,000$。若分贝值为 -3 dB，则功率比值为 $10^{-3/10} = 10^{-0.3} = 0.5$，即 50%。

关于分贝值刻度，需要记住如下 3 个重要规则。

1. 分贝值刻度**经常**指的是两个功率或能量比值的对数。

2. 以 10 为基，用分贝值度量两个功率的比值时，指数项为分贝值/10。

3. 当从分贝转换到实际的功率之比时，记住要先除以 10。

如果度量的是其他两个量的比值，则一定要注意它们与功率的区别。例如，当测得两个电压 V_0 和 V_1 时，其比值是 $r = \log(V_1/V_0)$，r 的单位是无量纲的。但是，不能用 dB 去直接度量这个比值。因为 dB 指的是两个功率或能量的比值。电压不是能量，它仅是幅度。

我们可以理解成与电压相关的两个功率之比，$r_{\text{dB}} = 10 \times \log(P_1/P_0)$。那么，怎样将功率与电压相关联呢？电压波中的能量与电压幅度的平方成正比，$P \sim V^2$。

用 dB 表示的电压的比值，与用 dB 表示的相应功率的比值等同，即

$$r_{\text{dB}} = 10 \times \log\left(\frac{P_1}{P_0}\right) = 10 \times \log\left(\frac{V_1^2}{V_0^2}\right) = 10 \times 2\log\left(\frac{V_1}{V_0}\right) = 20\log\left(\frac{V_1}{V_0}\right) \tag{9.52}$$

> **提示**　无论何时用 dB 度量两个幅度的比值，都是计算与幅度相关功率之比的对数。这等于将电压比值的对数乘以 20。

例如，电压从 1 V 变化到 10 V，若用 dB 度量，则为 $20 \times \log(10/1) = 20$ dB。电压增加了 10 倍，而与电压相对应的功率则增加了 100 倍，功率电平 20 dB 的变化反映了这一点。

如果电压幅度降低到原幅度的一半，或减少到 50%，用 dB 表示这两个值之比就是 $20 \times \log(0.5) = 20 \times (-0.3) = -6$ dB。如果电压减少到 50%，那么信号的功率一定减少到 $(50\%)^2$，即 25%；如果两个功率之比为 25%，那么用 dB 表示也是 $10 \times \log(0.25) = 10 \times (-0.6) = -6$ dB。

> **提示**　计算 dB 值时，若指的是功率或能量，则系数为 10；若指的是幅度，则系数为 20。这里的信号幅度即为电压、电流或阻抗。

由 dB 可以计算出电压的比值，即

$$\text{ratio} = \frac{V_1}{V_0} = 10^{\frac{\text{ratio}_{\text{dB}}}{20}} \tag{9.53}$$

例如，若 dB 值为 20 dB，幅度的比值则为 $10^{20/20} = 10^1 = 10$；若 dB 值为 -40 dB，电压的比值则为 $10^{-40/20} = 10^{-2} = 0.01$。如果 dB 值是负数，则说明最终值总是小于原始值的。图 9.17 列出了一些电压及与电压相对应功率的比值和用 dB 表示的比值。

电 压 比	功 率 比	dB
100	10 000	40
10	100	20
2	4	6
1.4	2	3
1	1	0
0.7	0.5	−3
0.5	0.25	−6
0.1	0.01	−20
0.01	0.0001	−40

图 9.17 电压及对应的功率比值和用 dB 表示的比值

9.11 有损线上的衰减

正弦波沿传输线传播时,电压幅度呈指数递减,以 dB 度量的总衰减将随着线长度的增加而线性增加。FR4 板中,1 GHz 信号的典型衰减可能是 0.1 dB/in。若传播 1 in,衰减为 0.1 dB,则信号幅度降低到 $V_{out}/V_{in} = 10^{-0.1/20} = 99\%$;若传播 10 in,衰减为 0.1 dB/in × 10 in = 1 dB,则信号幅度降低到 $V_{out}/V_{in} = 10^{-1/20} = 89\%$。

衰减是个表示有损传输线特殊性质的新术语,它是求解二阶有损 RLCG 电路模型的直接结果。通常用 α_n 表示单位长度的衰减,其单位为 neper/长度,定义如下:

$$\alpha_n = \sqrt{\frac{1}{2}\left[\sqrt{(R_L^2 + \omega^2 L_L^2)(G_L^2 + \omega^2 C_L^2)} - \omega^2 L_L C_L + R_L G_L\right]} \tag{9.54}$$

在低损耗近似中,它可以近似为

$$\alpha_n = \frac{1}{2}\left(\frac{R_L}{Z_0} + G_L Z_0\right) \tag{9.55}$$

两个电压的比值 neper 数与同一比值的 dB 数之间存在一个简单的转换关系。假设两个电压比值的 neper 数为 r_n,电压比值的 dB 数为 r_{dB},由于它们表征相同的电压比,所以可得

$$10^{\frac{r_{dB}}{20}} = e^{r_n} \tag{9.56}$$

$$r_{dB} = r_n \times 20\log e = 8.68 \times r_n \tag{9.57}$$

用这一转换关系,传输线单位长度的衰减 dB/长度为

$$\alpha_{dB} = 8.68\alpha_n = 8.68 \times \frac{1}{2}\left(\frac{R_L}{Z_0} + G_L Z_0\right) = 4.34\left(\frac{R_L}{Z_0} + G_L Z_0\right) \tag{9.58}$$

其中,α_n 表示衰减(单位为 neper/长度),α_{dB} 表示衰减(单位为 dB/长度),R_L 表示导线单位长度串联电阻,C_L 表示单位长度电容,L_L 表示单位长度串联回路电感,G_L 表示由介质引起的单位长度并联电导,Z_0 表示传输线特性阻抗(单位为 Ω)。

令人意外的是,尽管这是频域中的衰减,衰减却与频率没有固有的相关性。

提示 如果随着频率的变化,导线的单位长度串联电阻和由介质引起的单位长度并联电导都是常量,则传输线的衰减当频率变化时也是常量。所有频率感受到的损耗量都是相同的。

假设在传输线上传播时,对所有频率都是一样的。虽然传输线上传播的信号幅度会降低,但信号频谱的形状和上升边将保持不变。输出信号与输入信号的上升边相同。

然而,如前所述,这并不是现实中典型叠层衬底上的有损传输线的性能。对现实世界中比较好的近似是:由于趋肤效应的影响,单位长度串联电阻 R_L 随着频率的平方根增加;由于介质耗散因子的影响,单位长度并联电导 G_L 随着频率而线性增加。这意味着衰减也会随着频率的升高而增加,高频率正弦波的衰减要大于低频率正弦波的衰减。这一基本的机理使得当沿有损线传播时,信号带宽将降低。

单位长度损耗由两部分组成,一部分是由导线串联损耗引起的衰减:

$$\alpha_{\text{cond}} = 4.34 \left(\frac{R_L}{Z_0} \right) \tag{9.59}$$

另一部分衰减与介质材料并联损耗有关:

$$\alpha_{\text{diel}} = 4.34 (G_L Z_0) \tag{9.60}$$

总的衰减为

$$\alpha_{\text{dB}} = \alpha_{\text{cond}} + \alpha_{\text{diel}} \tag{9.61}$$

其中,α_{cond} 表示由导线损耗引起的单位长度衰减(单位为 dB/长度),α_{diel} 表示由介质损耗引起的单位长度衰减(单位为 dB/长度),α_{dB} 表示总衰减(单位为 dB/长度),R_L 表示导线单位长度串联电阻,C_L 表示单位长度电容,L_L 表示单位长度串联回路电感,G_L 表示由介质引起的单位长度并联电导,Z_0 表示传输线特性阻抗(单位为 Ω)。

在忽略返回路径微小阻抗的条件下,由于趋肤效应,根据式(9.35),若频率以 MHz 计,带状线单位长度电阻则近似为

$$R_L = \frac{0.5t}{w\delta} = \frac{0.5 \times 34}{w \times 66} \sqrt{f} \tag{9.62}$$

若频率用 GHz 表示,则有

$$R_L = \frac{0.5t}{w\delta} = \frac{0.5 \times 34}{w \times 66} \sqrt{1000} \sqrt{f} = \frac{8.14}{w} \sqrt{f} \tag{9.63}$$

其中,R_L 表示带状线单位长度电阻(单位为 Ω/in),δ 表示集肤深度(单位为 μm),t 表示几何厚度(单位为 μm,1 盎司铜),w 表示线宽(单位为 mil),f 表示正弦波频率分量(单位为 GHz),系数 0.5 表示在带状线的两个表面上的电流相等。

将这些结果合并,由带状线导线引起的单位长度衰减近似为

$$\alpha_{\text{cond}} = 4.34 \left(\frac{R_L}{Z_0} \right) = 4.34 \times \frac{1}{Z_0} \times \frac{8.14}{w} \sqrt{f} = \frac{36}{wZ_0} \sqrt{f} \tag{9.64}$$

整条带状传输线中,导线引起的总衰减为

$$A_{\text{cond}} = \text{Len} \times \alpha_{\text{cond}} = \text{Len} \frac{36}{wZ_0} \sqrt{f} \tag{9.65}$$

其中,R_L 表示带状线单位长度电阻(单位为 Ω/in),w 表示线宽(单位为 mil),f 表示正弦波频率分量(单位为 GHz),Z_0 表示传输线特性阻抗(单位为 Ω),A_{cond} 表示导线损耗引起的总衰减(单位为 dB),Len 表示传输线长度(单位为 in)。

例如,1 GHz 时,宽为 10 mil 的 50 Ω 带状线上,由导线损耗引起的单位长度(1 in)衰减为 $\alpha_{\text{cond}} = 36/(10 \times 50) \times 1 = 0.07$ dB/in。背板上 36 in 的线长是比较常见的,这时从一端到另一端的总衰减为 0.07 dB/in × 36 in = 2.5 dB,输出电压与输入电压之比为 $V_{\text{out}}/V_{\text{in}} = 10^{-2.5/20} = 75\%$。这意味着对于 1 GHz 频率分量而言,**仅仅**由于导线损耗的影响,线末端的幅度只剩下

75%。频率更高,衰减更大。当然,这仅仅是近似,可以用二维场求解器得到更准确的值,并可以计算出精确的电流分布和电流如何随频率变化。

图 9.18 所示为宽 10 mil 的 50 Ω 微带线情况下,将估计的仅由导线损耗引起的衰减与用二维场求解器计算的衰减相比较。从图中可以看出,近似是很合理的。

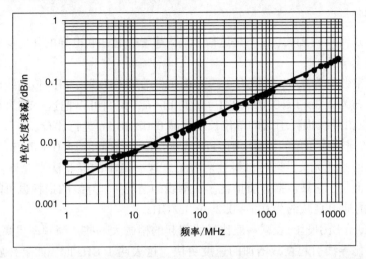

图 9.18　宽为 10 mil 的 50 Ω 微带线上,假设仅有导线损耗而无介质损
耗时的单位长度衰减,图中的直线代表上述简单的模型,与
之对比的是用圆点表示的 Ansoft SI2D 场求解器仿真结果

需要指出,这些估计是在假设铜线表面光滑的条件下得到的。当表面的粗糙度与集肤深度相当时,表面的串联电阻将加倍。典型的表面粗糙度约为 2 μm,表面的串联电阻将在频率约为 5 GHz 以上时加倍。由于大多数铜箔的一面粗糙而另一面光滑,因此只有导线的一个表面的串联电阻将会加倍。这意味着表面粗糙度造成的影响会使串联电阻比光滑铜导线所估计的值增加 35%。

如前所述,对于所有导线的几何结构,单位长度电导与单位长度电容的关系如下:

$$G_L = \omega \tan(\delta) C_L \tag{9.66}$$

同理,对于所有的几何结构,特性阻抗与电容的关系如下:

$$Z_0 = \frac{\sqrt{\varepsilon_r}}{c C_L} \tag{9.67}$$

由这两个关系式得出仅由介质材料引起的单位长度衰减如下:

$$\alpha_{diel} = 4.34(G_L Z_0) = 4.34(\omega \tan(\delta) C_L)\left(\frac{\sqrt{\varepsilon_r}}{c C_L}\right) = \frac{4.34}{c}\omega \tan(\delta)\sqrt{\varepsilon_r} \tag{9.68}$$

其中,α_{diel} 表示仅由介质损耗引起的单位长度衰减(单位为 dB/长度),G_L 表示单位长度电导,ω 表示角频率(单位为 rad/s),$\tan(\delta)$ 表示耗散因子,C_L 表示单位长度电容,Z_0 表示特性阻抗,ε_r 表示介电常数实部,c 表示真空中的光速。

如果用 in/ns 作为光速的单位,GHz 为频率单位,那么介质引起的单位长度衰减变为

$$\alpha_{diel} = 2.3 f \tan(\delta) \sqrt{\varepsilon_r} \tag{9.69}$$

其中,α_{diel} 表示介质引起的单位长度衰减(单位为 dB/in),f 表示正弦波频率(单位为 GHz),$\tan(\delta)$ 表示耗散因子,ε_r 表示介电常数实部。

有趣的是, 衰减与导线几何结构无关。例如, 假设线宽增加, 则电容将增加, 因此电导增加, 但是特性阻抗降低了, 衰减结果仍一样。

> **提示**　介质引起的衰减仅由材料的耗散因子决定。它不受几何结构的影响, 完全取决于材料特性。

衰减总是与几何结构无关, 这不是近似, 而是基于引起并联电导的几何参数同时又反向作用于特性阻抗这个事实。

FR4 的介电常数约为 4.3, 耗散因子约为 0.02。在 1 GHz 时, FR4 传输线由介质损耗引起的单位长度衰减约为 $2.3 \times 1 \times 0.02 \times 2.1 = 0.1$ dB/in。我们可以把这一结果与前面的 10 mil 宽的 50 Ω 走线仅由导线损耗引起的单位长度衰减 0.07 dB/in 进行比较。

这里给出一个非常有价值的经验法则: FR4 型叠层的介质损耗约为 0.1 dB/in/GHz。它与导线的阻抗或任何几何特征无关, 只与材料性质有关。这一简单的经验法则允许快速评估一个通道的预期损耗。但是, 它只包括介质损耗。在窄线的情况下, 导线的损耗也可能造成等量的损耗。这样, 典型的通道衰减约为 0.1 ~ 0.2 dB/in/GHz。

在 1 GHz 时, 介质引起的衰减一般比导线引起的稍微大一些。当频率更高时, 介质引起衰减增加的速度要比导线引起衰减增加的速度更快。这表明 1 GHz 时, 如果介质损耗处于主导地位, 更高频率时它就会更重要, 而导线损耗则变为次重要。

随着频率的升高, 介质引起衰减增加的速度要比导线引起衰减增加的速度更快, 那么会存在某一频率, 使得在这一频率之上时介质引起的衰减处于主导地位。图 9.19 所示为对于 FR4 板上 8 mil 宽的 50 Ω 走线的单位长度衰减, 导线衰减、介质衰减与总衰减的比较结果。对于线宽大于 8 mil 的 50 Ω 走线, 介质损耗与导线损耗相等时的转折频率小于 1 GHz; 频率高于 1 GHz 时, 介质损耗处于主导地位。如果线宽小于 8 mil, 则转折频率高于 1 GHz。

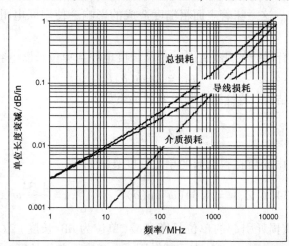

图 9.19　8 mil 宽的 50 Ω 微带线的单位长度衰减。图中分别给出了纯导线损耗、纯介质损耗和总损耗。对于这种几何结构, 以 FR4 为例, 当频率高于 1 GHz 时, 介质损耗在总损耗中将占主导地位

工业应用中的许多术语都是指传输线上的损耗。很遗憾, 尽管这些词代表不同的参量, 但它们常常被混用。

以下是一部分术语及其真正的定义。

- **损耗**：这是个总称，它指有损线的所有方面。
- **衰减**：这是专门对传输线上总衰减的度量，它度量出传输信号功率下降(用 dB 进行度量)或幅度下降(表示成传输信号的比率)。当以 dB 度量时，信号总衰减随着线长的增加呈线性增加；当输出端电压按比率度量时，输出电压随着线长的增加呈指数递减。
- **单位长度衰减**：这是用 dB 度量功率的总衰减，它将线长归一化，只要传输线参数不变，它就是个常量。它是互连的固有特性，与长度无关。
- **耗散因子**：这是所有介质特殊的固有材料特性，它度量了偶极子数目和偶极子在交流场中能够移动距离的远近。它由介质损耗引起，与频率稍微有点关系。
- **损耗角**：这是在复平面上，复介电常数向量与实轴之间的夹角。
- **tan(δ)**：这是损耗角的正切，也是复介电常数虚部与实部的比值，又称为**耗散因子**。
- **介电常数实部**：复介电常数的实部这一项给出介质如何加大两条导线之间的电容，能将材料中的光速降低到什么程度，它是材料的固有特性。
- **介电常数虚部**：复介电常数的虚部这一项给出介质如何从电场中吸收能量(由偶极子运动引起)，它与偶极子数目和偶极子运动有关，也是材料的固有特性。
- **介电常数**：通常仅指复介电常数的实部，它给出介质如何加大两条导线之间的电容。
- **复介电常数**：这是个基本的材料固有特性，它表示了电场与介质的相互作用。其实部表示的是材料如何影响电容，虚部表示的是材料如何影响并联漏电阻。

在用某一术语表示传输线上的损耗时，最要紧的是分清术语的含义。实际的衰减是与频率相关的，但是材料的耗散因子或材料的其他性质一般仅随频率呈现很慢的变化。当然，了解它们的唯一途径就是测量实际的材料。

9.12　频域中有损线特性的度量

这里介绍的有损传输线理想模型有如下 3 个特点：

1. 当频率变化时特性阻抗是个常量；
2. 当频率变化时速度是个常量；
3. 衰减中有一项与频率的平方根成正比，另一项与频率成正比。

这里假设频率变化时介电常数和耗散因子都是常量。实际情况并非如此，但在大多数情况下，对于大多数材料而言，这是个非常好的近似。实际的材料特性与频率有关，它通常随频率非常缓慢地变化，以至于可认为在很宽的频率范围内它是个常量。要想了解材料特性如何变化，测量是唯一的办法。

很遗憾，在材料特性很重要的 GHz 频率范围段，还没有测量耗散因子的仪器。没有一种设备可以直接测出材料样本在不同频率时的耗散因子。相反，只能用一种比较复杂的方法从叠层材料样本间接测量，以提取固有的材料特性。

第一步，用叠层绝缘板构建传输线，最好是带状线，这样信号路径周围的介质是均匀的。为了探测传输线，线两端必须有过孔。可以用微探针测量正弦电压的特性，这种探针对测量的影响很小。

采用矢量网络分析仪，将正弦波输入并测量传输线如何反射和传输这些正弦波。反射正弦波与入射正弦波之比称为**反射损耗**或 S_{11}，传输正弦波与入射正弦波之比称为**插入损耗**或 S_{21}。这些 S 参数术语将在第 12 章中介绍。

这两个词完全表征了任何频率的正弦波与传输线的相互作用。在每一频率上，称 S_{11} 和 S_{21} 为 S 参数或散射参数。它们表征了反射或传输的正弦波幅度及相位与入射波幅度及相位的对比情况。定义中的另一个约束条件是，反射和入射都是在传输线两端连接了 50 Ω 源阻抗和负载情况下进行的测量。

传输线特性阻抗不等于 50 Ω 时，将存在很大的反射。因为线长和阻抗突变使正弦波出现谐振点，线长使 S 参数呈现周期性模式。然而，如果知道传输线特性阻抗和线两端过孔或连接器的模型，就可以解释所有的影响。

图 9.20 即为实际测量的 4 in 长的 50 Ω 传输线上的插入损耗。此例中，传输线约为 50 Ω。一直到 8 GHz 以上时，过孔都没有造成很明显的影响。测得的插入损耗为衰减的粗略近似。传输信号 S_{21} 的 dB 值大致随频率升高而下降，衰减的斜率接近常量，正如采用简单模型预估的那样。

对于与此完全匹配的无过孔理想传输线情况，S_{21} 作为频率的函数，就是对衰减的度量。但是，这在实际的工程中几乎是不可能的，所以必须基于包括测试过孔在内的传输线结构模型去解释 S_{21}。

为了考虑两端过孔的电气影响，可以将过孔建模为有 C-L-C 拓扑结构的简单 π 形电路。实际传输线测试拓扑结构的理想电路模型如图 9.21 所示。此模型完全可以用以下 8 项参

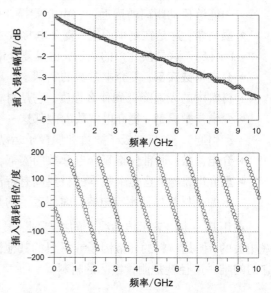

图 9.20　使用 GigaTest Labs 探针台测量 FR4 板上 4 in 长的 50 Ω 带状线的插入损耗

数定义：C_{via1} 表示过孔第一部分的电容，L_{via} 表示过孔的回路电感，C_{via2} 表示过孔第二部分的电容，Z_0 表示无损耗特性阻抗，ε_r 表示介电常数实部(假设是个不随频率变化的常量)，Len 表示传输线长度(此时为 4 in)，$\tan(\delta)$ 表示耗散因子(假设是个不随频率变化的常量)，$\alpha_{cond}/f^{0.5}$ 表示该项与导线损耗有关，以频率的平方根归一化。

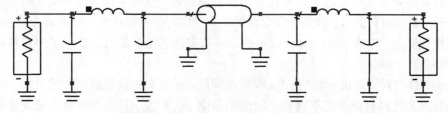

图 9.21　测试 4 in 长的传输线拓扑结构的电路模型，模型中包括矢量网络分析仪端口、理想有损传输线和两端过孔

如果知道此模型的各个参数值，就可以仿真出它的插入损耗。此外，如果知道参数值并且拓扑结构是正确的，测量的插入损耗与仿真的插入损耗就会非常吻合。

将这个传输线模型中的 8 项参数优化后，得到一组最优的参数值：$C_{via1} = 0.025$ pF，$L_{via} = 0.211$ nH，$C_{via2} = 0.125$ pF，$Z_0 = 51.2$ Ω，$\varepsilon_r = 4.05$，Len = 4 in，$\tan(\delta) = 0.015$，$\alpha_{cond}/f^{0.5} = 3$ dB/m/sqrt(f)。

　　图 9.22 就是用这个理想电路模型及这些参数(在整个测量带宽范围内,它们都是常量),将仿真的插入损耗与实际测量值相比较的结果。

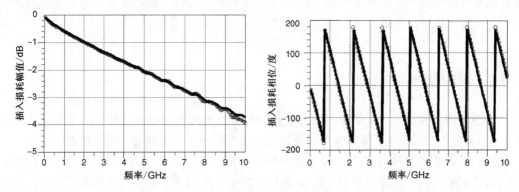

图 9.22　对于 FR4 板上 4 in 长的 50 Ω 传输线的插入损耗,测量结果与仿真结果相比较

　　由测量所得的与基于简单理想电路模型仿真的插入损耗结果非常吻合,这使我们有理由认为拓扑结构和参数值的设置很合理。也可以得出介电常数是 4.05 和耗散因子就是 0.015 的结论。此外,假设它们在整个测量带宽的 10 GHz 范围内是常量,也与测量数据相符。

　　图 9.23 将对这一样本的测量带宽扩展到 20 GHz。假设材料的介电常数和耗散因子为常量,则约在 14 GHz 之前,测量结果与预估结果非常吻合;在 14 GHz 之后,实际叠层材料的耗散因子有轻微的上升,而介电常数则轻微下降。从这个测量中,确定出可以假设材料特性为恒定的界限。对于这个 FR4 样本,在频率达到 14 GHz 之前,假设材料特性恒定是对的。

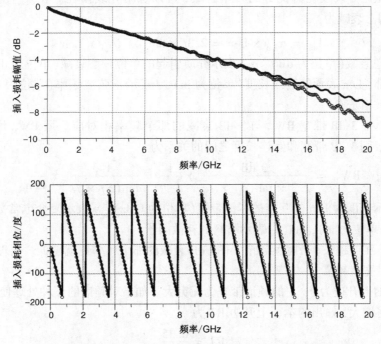

图 9.23　将模型测量带宽扩展到 20 GHz 时的测量插入损耗和仿真插入损耗,可以看出 14 GHz 就是模型的带宽。频率高于 14 GHz 时,实际耗散因子将随频率升高而上升

> **提示**　测量与仿真的插入损耗非常吻合，这一事实说明可以用这个简单理想有损传输线模型去表征现实中有损传输线的高频特性。唯一要注意的是，对于不同的材料系统，测量其具体的材料特性是很重要的。

9.13　互连的带宽

从理想方波的频谱出发，如果高频分量比低频分量衰减得快得多，那么被传输信号的带宽(最高有效正弦波频率)将下降。波传输距离越长，高频分量衰减越多，带宽就越低。

最高有效正弦波频率分量作为带宽这一概念本身仅是一个粗略的近似。对于前述的方波而言，如果某个问题对带宽很敏感，需要知道在20%以内的值，就不要用带宽这个词。这时，应该采用信号的整个频谱及整个频率范围中互连的插入损耗或反射损耗特性。但是，带宽这个概念非常有助于激发我们的直觉和领悟互连的一般性能。

互连带宽和传输线上的损耗之间有个简单但很重要的关系：线越长，高频损耗越大，线的带宽就越低。如果能估计出受互连损耗约束的带宽，就能确定一些性能要求：多大的衰减就算过高，什么样的材料特性可以接受。

正如第2章所阐述的，信号的带宽就是幅度小于理想方波幅度 -3 dB 的那个最高频率。沿传输线的每一距离 Len，可以计算出此处有 -3 dB 衰减的那个频率，这个频率就是这一点的信号带宽，它是传输线的本征带宽，记为 $\mathrm{BW_{TL}}$。

在介质损耗比导线损耗占优势的频率区域，可以忽略导线损耗。在某一频率 f，长度为 Len 的传输线的总衰减为

$$A_{\mathrm{dB}} = \alpha_{\mathrm{diel}} \times \mathrm{Len} = 2.3f \times \tan(\delta)\,\sqrt{\varepsilon_{\mathrm{r}}} \times \mathrm{Len} \tag{9.70}$$

其中，A_{dB} 表示总衰减(单位为 dB)，α_{diel} 表示介质引起的单位长度衰减(单位为 dB/in)，ε_{r} 表示复介电常数实部，Len 表示传输线长度(单位为 in)，f 表示正弦波频率(单位为 GHz)，$\tan(\delta)$ 表示材料的耗散因子。

传输线的本征 3 dB 带宽 $\mathrm{BW_{TL}}$ 与 3 dB 衰减的那个频率相对应。用 $\mathrm{BW_{TL}}$ 代替频率 f，用 3 dB 代替衰减，则 3 dB 带宽和互连长度之间的关系为

$$\mathrm{BW_{TL}} = \frac{3\ \mathrm{dB}}{2.3 \times \tan(\delta) \times \sqrt{\varepsilon_{\mathrm{r}}}} \times \frac{1}{\mathrm{Len}} = \frac{1.3}{\tan(\delta) \times \sqrt{\varepsilon_{\mathrm{r}}}} \times \frac{1}{\mathrm{Len}} \tag{9.71}$$

其中，$\mathrm{BW_{TL}}$ 表示长度为 Len 的互连的本征带宽(单位为 GHz)，ε_{r} 表示复介电常数实部，Len 表示传输线长度(单位为 in)，$\tan(\delta)$ 表示材料的耗散因子。

上式表明，互连越长，带宽就越窄，有 3 dB 衰减的那个频率也就越低。同理，耗散因子的值越大，互连带宽就越窄。

理想方波的上升边为 0，它的频谱带宽为无穷大。如果对频谱的某种处理使方波的带宽变窄，则上升边将增大，输出的本征上升边 RT 为

$$\mathrm{RT} = \frac{0.35}{\mathrm{BW}} \tag{9.72}$$

其中，RT 表示上升边(单位为 ns)，BW 表示带宽(单位为 GHz)。

对于有损互连，如果已知由于材料耗散因子形成的带宽，则可以计算出沿传输线传播后输出波形的本征上升边，即

$$RT_{TL} = 0.35 \times \frac{\tan(\delta) \times \sqrt{\varepsilon_r}}{1.3} \times Len = 0.27 \times \tan(\delta) \times \sqrt{\varepsilon_r} \times Len \qquad (9.73)$$

其中，RT_{TL} 表示传输线的本征上升边（单位为 ns），ε_r 表示复介电常数实部，Len 表示传输线长度（单位为 in），f 表示正弦波频率（单位为 GHz），$\tan(\delta)$ 表示材料的耗散因子。

例如，FR4 板上传输线的耗散因子为 0.02，则线长 1 in 的互连本征上升边约为 $0.27 \times 0.02 \times 2 \times 1 = 10$ ps。若上升边为 1 ps 的信号输入这样的传输线中，则传播 10 in 后，信号上升边将拉长到 100 ps，因为所有高频分量被介质吸收并转换成热能。

> **提示**　一个粗略的经验法则：沿 FR4 板上传输线传播的信号，它的上升边将以 10 ps/in 的速度增加。

当信号沿传输线传播时，信号的实际上升边将越来越长。互连本征上升边主要取决于线长和叠层材料的耗散因子，它是互连给出的上升边最小值。图 9.24 列出了多种叠层材料单位长度的上升边退化，变化范围从 FR4 的 10 ps/in 到特氟龙一类的小于 1 ps/in。

材料	ε	$\tan(\delta)$	单位长度上升边退化，ps/in
FR4 玻璃纤维板	4.0～4.7	0.02	10
DirClad 材料（IBM）	4.1	0.011	5.4
GETek 材料	3.6～4.2	0.013	7
双马来酰亚胺三嗪	4.1	0.013	7
聚酰亚胺/玻璃	4.3	0.014	8
氰酸酯	3.8	0.009	4.7
Nelco 公司的 N6000SI 材料	3.36	0.003	1.5
Rogers 公司的 RF35 材料	3.5	0.0018	0.9

图 9.24　多种叠层材料单位长度的上升边退化，假设它们的带宽仅由介质损耗造成

在这些例子中，都假设线宽足够宽，损耗的主要因素是介质本身。但是，如果该线宽很窄，特别是在材料为低损耗介质的情况下，互连线真实的本征上升边就会比仅仅基于介质损耗时给出的估计值更大。

当输入信号的上升边不是 1 ps，而是某一更大的 RT_{in}，甚至大到与互连本征上升边相当，这时输出的最终上升边 RT_{out} 与互连本征上升边的关系式为

$$RT_{out} = \sqrt{RT_{in}^2 + RT_{TL}^2} \qquad (9.74)$$

其中，RT_{out} 表示互连输出端的信号上升边，RT_{in} 表示进入互连的信号上升边，RT_{TL} 表示互连本征上升边。

假设上升边沿为高斯形状，上式给出上升边的大致近似。如图 9.25 所示，上升边约为 41 ps 的信号进入 FR4 板上 18 in 长的线中，互连本征上升边约为 $RT_{TL} = 10$ ps/in $\times 18$ in $= 180$ ps，则输出上升边约为

$$RT_{out} = \sqrt{RT_{in}^2 + RT_{TL}^2} = \sqrt{41^2 + 180^2} = 185 \text{ ps} \qquad (9.75)$$

事实上，测得的上升边约为 150 ps，与估计值很接近。

若互连本征上升边比输入信号上升边小得多，那么输出信号的上升边就没有改变，大致与输入的相同。输出上升边与输入上升边的相对变化为

$$\frac{RT_{out}}{RT_{in}} = \sqrt{1 + \left(\frac{RT_{TL}}{RT_{in}}\right)^2} \qquad (9.76)$$

若将输出上升边增加25%,则本征上升边必须至少为输入上升边的50%。

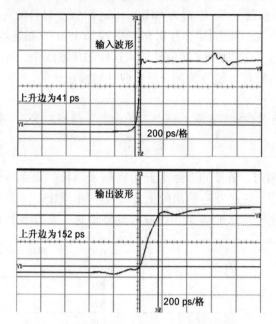

图9.25　通过FR4板上特性阻抗约为50 Ω的18 in长的走线后,测得的上升边退化情况。使用Keysight 54120 时域反射计测量

> **提示**　为了使有损传输线将信号的上升边退化不超过25%,互连本征上升边必须小于输入信号上升边的50%。如果信号的初始上升边为100 ps,那么互连本征上升边应小于50 ps;若互连本征上升边高于50 ps,则输出信号上升边将明显增加。

对于上升边退化约为10 ps/in,或0.01 ns/in的FR4板,存在一个简单的经验法则。将上升边与互连长度联系起来,在这一长度,损耗的影响将很重要:

$$RT_{TL} > 0.5 \times RT_{signal} \qquad (9.77)$$
$$0.01 \times Len > 0.5 \times RT_{signal} \qquad (9.78)$$
$$Len > 50 \times RT_{signal} \qquad (9.79)$$

其中,RT_{TL}表示互连本征上升边(单位为 ns),RT_{signal}表示信号上升边(单位为 ns),Len 表示互连长度(单位为 in)。

例如,若上升边为1 ns,对线长大于50 in的传输线而言,损耗的影响就将使上升边退化,并可能引起符号间干扰问题。若线长小于50 in,FR4上的损耗的影响就不会造成问题。但是,若上升边为0.1 ns,对于线长大于5 in的传输线而言,损耗的影响就要造成问题了。

这说明了大多数尺寸在12 in以内的主板,对于典型的1 ns上升边未发现由损耗造成问题的原因。但是,对于背板而言,其线长大于36 in,且上升边小于0.1 ns,所以损耗经常会主导性能。

> **提示**　这里提出了一个估计传输线损耗的简单经验法则:FR4 板上线长(单位为 in)值大于50 × 上升边(单位为 ns)值时,损耗的影响将起重要的作用。

当然，这个分析仅是粗略的近似。其中，一个假设前提是可以用 10%～90% 上升边表征输出信号。事实上，由于高频分量是逐渐降低的，而传输信号的实际频谱在随之改变，所以实际波形的失真过程是很复杂的。

这个表征信号通过有损线后上升边退化的经验法则，只能用于估计出在哪一点有损线特性开始损害信号质量。在这一点，为了准确地预估实际波形和信号质量，应使用有损线瞬态仿真器。

9.14 有损线的时域行为

如果高频分量比低频分量衰减得多，则随着信号的传播，上升边将拉长。上升边通常定义为边沿从最终值的 10% 跳变到最终值的 90% 之间的时间，这里假设信号边沿轮廓形状有点像高斯状，其中间区域的斜率最大。对于这样的波形，10%～90% 上升边是有意义、有价值的。

但是，由于有损线上衰减的性质，上升边退化且波形并不是简单的高斯边沿，波形的初始部分要快一些，并且上升边有一条长尾巴。如果仅用一个 10%～90% 上升边去表征上升边，就会将它曲解成信号达到某个触发电平阈值的时刻。在有损情况下，采用上升边的意义不大，它更多的只是经验法则中的一个标志而已。

图 9.26 示例出在耗散因子约为 0.01 的 FR4 板上，信号通过 15 in 长的传输线时测得的输入波形和输出波形。输出结果的上升边沿波形并不特别像高斯状。

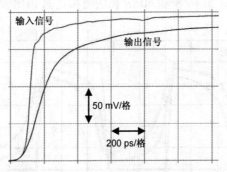

图 9.26 信号通过 FR4 板上特性阻抗约为 50 Ω 的 15 in 长的走线时测得的上升边退化。由 Doug Brooks 提供样本，使用 Keysight 86100 DCA 测量，并用 TDA Systems IConnect 软件分析

对于理想有损传输线，将频域中实际测量的 S 参数与其模型预估的结果相比较，很明显可以看到：只要材料特性无误，这个简单的理想模型至少能够非常好地工作到 10 GHz 以上。

理想有损传输线模型用于预估实际传输线的时域性能时，也是一个很好的模型。此模型的基础就是串联电阻与频率的平方根成正比，而并联电导与频率成正比，这正是大多数实际传输线的反映。

然而，理想电阻器的特性并非如此，随着频率的变化，理想电阻器元件的电阻值是个常量。如果仅用理想电阻器元件表示串联电阻和并联电导，那么时域仿真器将不能准确地仿真出有损传输线效应。如果随着频率的变化，电阻值是个常量，那么衰减也将是个常量，不存在上升边退化，输出信号的上升边与输入上升边相似，仅是幅度小了些而已。

> **提示** 随着频率的变化，如果一个仿真器中电阻器元件模型的电阻值是个常量，这个仿真器就不能当成有损传输线仿真器使用。因为它将会遗漏影响性能的最重要因素。

用有损线仿真器可以估计出与时间相关的波形。图9.27为使用有损线仿真器仿真的瞬变波形,其中的理想有损线模型中包括与频率相关的电阻与电导。

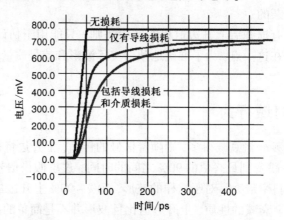

图 9.27　输入信号上升边约为50 ps时,在30 in长的传输线输出端仿真的传输信号,其中三条曲线分别为:无损耗、有8 mil宽的走线的导线损耗,以及将导线损耗和耗散因子为0.02的介质损耗二者合并时的上升边退化。使用Mentor Graphics HyperLynx仿真

如果在1 GHz时钟时选用同一类互连,那么远端的输出信号与图9.28所示的情况相近。图9.28将无损耗仿真与传输20 in长和40 in长的有损仿真相比较。

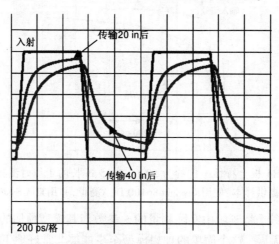

图 9.28　20 in和40 in长的传输线输出端的信号仿真,其时钟频率为1 Gbps,线阻抗为50 Ω,线宽为8 mil,介质材料为FR4。同时将这两个信号与假设无损耗时接收的信号相比较。使用Mentor Graphics HyperLynx仿真

估计有损传输线影响最有效的方法就是显示传输信号的眼图。眼图给出了在各种位组合的情况下,位模式能够被识别的程度。对互连上传输合成的伪随机位模式信号进行仿真。与时钟相同步,每一位都被叠加在先前的某一位上。如果不存在符号间干扰,眼模式就会完全睁开。换句话说,无论先前一位的模式如何,此位将与前一位完全一样,其眼图看起来就像同一个周期一样。

由损耗和其他诸如过孔的电容突变引起的符号间干扰将使眼图塌陷。如果眼图的塌陷程度大于接收机的噪声容限,那么误码率将升高并引起错误。

图 9.29 是对 FR4 背板上 50 Ω 的 36 in 长的走线仿真的眼图，其中分别为无损耗、无突变，以及依次加入导线损耗、介质损耗、线两端各有 0.5 pF 过孔时的曲线。在这个示例中，线宽为 4 mil，仿真激励源的位周期为 200 ps，对应于 5 Gbps 的比特率。

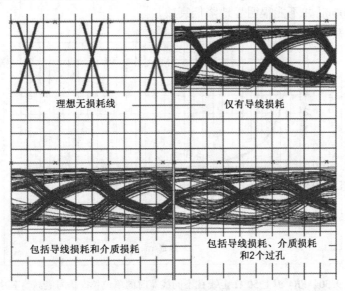

图 9.29 对 FR4 背板上 50 Ω 的 36 in 走线传输信号的输出仿真，图中分别是
依次加入导线损耗、介质损耗、线两端各有 0.5 pF 过孔时的曲线

在最后一种仿真中包含了损耗和过孔电容性负载，眼图闭合程度极大，所以在这一比特率下的眼图是不能用的。为了得到可接受的性能，必须改善传输线或采用信号处理技术，以提高眼图的睁开度。

9.15 改善传输线眼图

在电路板设计中有如下 3 个因素影响眼图的质量：

1. 由过孔桩线引起的突变；
2. 导线损耗；
3. 介质损耗。

如果关注上升边退化这一问题，上述这些就是影响该性能的全部板级要素。

第一步，要将那些敏感的传输线设计成具有最小桩线长度的过孔，这可以通过限制层间切换、应用盲孔和埋孔，或者反钻掉长桩线加以实现。第二步，减小捕获焊盘的尺寸，同时增大反焊盘出砂孔的大小，从而让过孔阻抗与 50 Ω 尽量匹配。这将使上升边退化最小化。

> **提示** 总之，一个过孔的最大影响在于它的桩线。将桩线的长度降低到小于 10 mil，即使在频率高于 10 GHz 时，过孔可能仍十分透明。然后，再设法将过孔与 50 Ω 匹配即可。

如果介质厚度允许改变，以使线阻抗维持不变，则信号走线宽度就是造成导线损耗和衰减的主导因素。增加线宽将降低导线损耗。要增加线宽，也必须同时加大介质厚度。这种办法常常是不现实的，从而也就限制了可用走线的宽度。

　　根据所关心带宽的不同,把线变得过宽可能收效甚微,因为介质损耗也许会占主导地位。图 9.30 所示为 FR4 板上 50 Ω 走线在不同线宽时的单位长度信号衰减。如果降低衰减很重要,首要目标就是尽可能使用宽度大的走线,并避免线宽小于 5 mil。但是由于 FR4 介质损耗的缘故,使线宽大于 10 mil 并不能很明显地降低衰减。

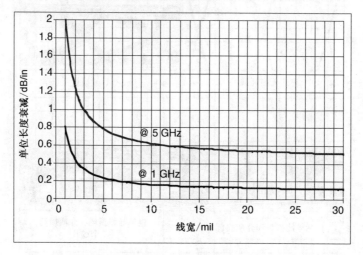

图 9.30　FR4 板上 50 Ω 走线在不同线宽时的单位长度信号衰减。其中,为保持阻抗是常数,随着线宽的增加,介质厚度也随之增加

> **提示**　这表明对于 FR4 叠层材料上的走线,为了使衰减最小,最优的走线宽度在 5 ~ 10 mil 之间。

　　若将过孔优化并使线宽保持在 10 mil 以下,则其他能够调节衰减的唯一因素就是叠层材料的耗散因子。图 9.31 所示为耗散因子不同的两种材料的相似的衰减曲线,频率都为 5 GHz。从图中可以看出,耗散因子低,其引起的衰减也低。我们再次看到,即使对于低损耗叠层材料,随着线宽的增加也出现了一个衰减减少的转折点。线宽远大于 20 mil 时,衰减主要由叠层材料决定。这也同时说明,在预估互连的高速性能时,一个重要因素就是获取材料特性的准确值。

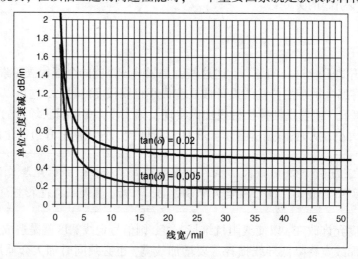

图 9.31　对于耗散因子不同的两种材料,随着线宽的增加,50 Ω 走线上 5 GHz 时的单位长度总衰减

9.16 多大的衰减算大

有许多方法可用于评估通道中衰减的严重程度。由于衰减是与频率相关的，因此必须选择一个频率作为参照。通常，这个频率就是指奈奎斯特(Nyquist)频率，它对应于数据模式的基准时钟频率。奈奎斯特是数据率的 1/2。例如，一个速率为 2 Gbps 的数据，其奈奎斯特频率则为 1 GHz。最重要的频率分量是奈奎斯特频率的 1 次谐波。在一个有损通道中，奈奎斯特频率就是信号中最高的正弦波频率分量。毕竟，无论奈奎斯特具有多大的衰减，下一个频率分量即 3 次谐波都将具有 3 倍的衰减。如果 1 次谐波的幅度是临界的，则 3 次谐波更无关紧要。

当奈奎斯特的总衰减约为 10 dB 时，眼图将彻底闭合，以至于大多数数据传输模式将随之失效。这个值被看成最高可承受的衰减量，也是一个很有用的经验法则。例如，如果互连的长度为 20 in，并且又是一个损耗较大的通道，其衰减为 0.2 dB/in/GHz，那么能够经由通道传输的最高奈奎斯特频率为 10 dB/(20 in×0.2 dB/in/GHz) =2.5 GHz。它对应的数据率为 5 Gbps。这是有损通道的一个重要上限，损耗对于数据率高于 1 Gbps 的情况显得非常重要。

在经过精心的物理设计及材料选择(以期尽量降低通道的衰减)等工作之后，还有一种技术途径可以提高通道传输的数据率。如果向互连发送一个短的阶跃上升边信号，那么当它从互连线走出去时将会被失真。正是损耗导致了上升边的拖长，当它变得可与单位间隔相当时，就将出现符号间干扰(ISI)，导致眼图闭合。

如果能预测信号的失真程度，就可以对信号先进行预失真，从而使沿着互连传播到头之后的信号与陡峭的电压阶跃更接近。针对波形可以有 3 种预失真的做法，合称为**均衡技术**。在传输过程中，高频信号分量将比低频信号分量衰减得更多，使得短上升边信号的频谱按 $1/f$ 的规律降幅，形成失真。如果先添加一个高通滤波器以削减低频而让高频畅通，则这一滤波器衰减与互连衰减相乘的结果将在宽带范围内保持恒定，从而不再出现与频率相关的损耗。

当尝试滤除低频分量，以使其与高频分量的衰减相匹配时，称这种方法是用**连续时间线性均衡器**(Continuous-Time Linear Equalizer, CTLE)**均衡通道**。如果又为滤波器添加大高频分量的增益以提升其幅度，这种方法就称为**有源连续时间线性均衡器**。即使奈奎斯特的衰减高达 15 dB，采用连续时间线性均衡器的滤波器仍能令其恢复睁眼。

下面介绍第二种方法。人们将额外的高频分量添加到发送端的始发信号中，这样当信号边沿到达远端时，这些高频分量又被衰减到与低频分量持平。这种方法称为**前馈均衡**(Feed-Forward Equalization, FFE)。有时，人们仅对初始位及相邻位施加相关动作，这种方法就称为**预加重**或**去加重**，也可以看成前馈均衡的特殊情况。

第三种方法是在接收端操作，也能实现相同的效果。这种方法称为**判决反馈均衡**(Decision-Feedback Equalization, DFE)。

即使在奈奎斯特频率的总衰减高达 25 ~ 35 dB，只要综合施加连续时间线性均衡器、前馈均衡和判决反馈均衡技术，就可以恢复闭合的眼图。面临的挑战不是由于衰减太大而造成接收的信号太小，而是在于该信号的振幅值与频率相关。例如，对于有许多个连续的 1 和 0 的数据模式，若奈奎斯特频率时的衰减是 35 dB，信号的低频分量幅度就是其奈奎斯特频率分量的 30 倍，这就导致了信号的大幅度失真。

使用任何均衡技术都要求互连的衰减失真是可预测的和可重复的。只有当叠层的介质材料特性已知时才属于这种情况。均衡方法是补偿有损互连的强大技术,适用于所有高端的高速串行链路。

9.17　小结

1. 有损传输线的基本问题就是上升边退化,上升边退化引起与模式有关的噪声,也称为符号间干扰(ISI)。
2. 电路板互连上与频率有关的损耗包括导线损耗和介质损耗。
3. 信号沿传输线传播时,高频分量比低频分量衰减得多,所以信号上升边增大。这也导致传播信号时带宽的下降。
4. 大约 1 GHz 时,8 mil 走线上的两种损耗是相当的。当频率更高时,介质损耗的增长与频率成正比,而导线损耗与频率的平方根成正比。
5. 频率只要在几兆赫以上,传输线的特性阻抗和信号速度就不受损耗的影响。
6. 频率高于 1 GHz 时,介质损耗起主导作用,介质的耗散因子是表征材料损耗性能的最重要的指标。材料越好,耗散因子越低。FR4 材料的耗散因子为 0.02,它的性能最差。
7. 有损线模型可以非常准确地预估传输线损耗性能,其单位长度串联电阻与频率的平方根成正比,单位长度并联电导与频率成正比。这一模型可以用于分析符号间干扰。
8. 除了材料损耗,任何阻抗突变,如过孔桩线,都可能引起上升边退化和符号间干扰。过孔的主要影响不在于过孔的穿过部分,而在于过孔桩线。如果将过孔桩线清除,则过孔将接近消失。
9. FR4 的介质损耗对上升边的退化约为 10 ps/in,这是个粗略的经验法则。传输 10 in 后,上升边将增加到 100 ps。
10. 作为一个粗略的经验法则,当通道中奈奎斯特的最大衰减约为 10 dB 时可以不加均衡。若采用连续时间线性均衡器,则能复原的最大可接受衰减约为 15 dB。若综合施加连续时间线性均衡器、前馈均衡和判决反馈均衡技术,则可允许的奈奎斯特最大衰减高达 35 dB。

9.18　复习题

9.1　若信号各频率分量沿传输线的衰减恒为 -20 dB,则会出现什么现象?
9.2　ISI 代表什么?两种可能的根本原因是什么?
9.3　如果接收器输出的上升边与单位间隔相比依然很短,那么此通道中受损耗影响的程度如何?
9.4　与频率相关的损耗对接收端信号的主要影响是什么?
9.5　给出一个损耗比 FR4 背板通道低得多的互连实例。
9.6　什么是水平方向的眼图塌陷?
9.7　为什么不包括带状线衰减项中的辐射损耗?
9.8　为了有效解决问题,需要分析哪些最重要的因素?
9.9　反射如何引起符号间干扰?
9.10　不连续性是如何拉长信号的上升边的?
9.11　形成趋肤效应的源头是什么?

9.12　是什么引起了介质损耗？

9.13　为什么介质中的漏电流随频率增加？

9.14　介电常数、耗散因子和损耗角之间的区别是什么？

9.15　在理想无损耗的电容器中，当在其上施加正弦波电压时，电压和通过它的电流之间的相位差是多大？功耗是多大？

9.16　在一个理想电阻器中，当施加一个正弦波电压时，电压和流过它的电流之间的相位差是多大？功耗是多大？

9.17　在充满 FR4 的电容器中，当耗散因子 Df = 0.02 时，通过电容器的实电流与虚电流之比是多大？存储在电容器中的能量与每个周期的能量损耗之比是多大？

9.18　对于时延为 2 ns 的传输线，如果采用 n 节有损传输线模型，要求具有精确到 10 GHz 的带宽，那么需要采用多少节？

9.19　在 1 GHz 和 5 GHz 处，对于特性阻抗为 50 Ω、线宽分别为 5 mil 和 10 mil 的导线，仅仅由于导线损耗，其每英寸的衰减是多大？

9.20　一个 FR4 通道中，对于奈奎斯特速率为 5 Gbps 的信号，在 5 mil 宽的导线的每英寸总衰减量中，其导线损耗和介质损耗的占比有什么不同？哪个更大一些？

9.21　1 GHz 时，铜的集肤深度是多大？在 10 GHz 时呢？

9.22　若信号的数据率是 5 Gbps，那么其单位间隔是多大？若信号的上升边是 25 ps，那么是否会看到某些符号间干扰？

9.23　1/2 盎司铜信号线的线宽为 5 mil，在直流和 1 GHz 时每单位长度的电阻是多大？假设电流位于信号走线的顶层和底层。

9.24　对于 FR4 中 3 mil 线宽有损互连的最坏情况，传输线在多高的频率以上相对于有损线而言呈现为低损耗？

9.25　在高损耗和低损耗的情况下，损耗对特性阻抗有什么影响？

9.26　在高损耗和低损耗的情况下，损耗对信号的速度有什么影响？

9.27　损耗对传输导线性能的最大影响是什么？

9.28　在两个信号的比值分别为 −20 dB，−30 dB 和 −40 dB 的情况下，它们的幅值之比分别是多大？

9.29　如果两个(电压)振幅的幅值之比分别为 50%，5% 和 1%，那么两个幅值之比的分贝值是多少 dB？

9.30　假设传输线的线宽保持不变，但将其特性阻抗降低，导线的损耗将会如何变化？如何在保持线宽不变的前提条件下降低阻抗？这种情况所对应的互连结构可能是什么情况？

9.31　仅仅由介质损耗引起的每 GHz、每单位长度的衰减只取决于材料固有的特性。这是材料的一种有用的品质因数(Figure of Merit，FoM)。FR4 和美创 6 的品质因数是多大？选择另一种叠层材料，并从数据手册中查出这一品质因数。

9.32　一些有损线仿真器使用理想串联电阻器和理想并联电阻器。采用这种模型有什么问题？

9.33　粗略地说，对于奈奎斯特频率，多大的衰减量就可能会过多并导致接收端的眼图太闭合？对于 5 Gbps 的信号和 FR4 介质，其互连所能容许的最长不均衡长度是多长？对于 10 Gbps 的互连呢？

第10章　传输线的串扰

串扰是四类信号完整性问题之一，指的是有害信号从一个线网传递到相邻线网。任何一对线网之间都存在串扰。一个线网包括信号路径和返回路径，连接了系统中的一个或多个节点。我们通常把噪声源所在的线网称为**动态线网**或**攻击线网**，而把有噪声形成的线网称为**静态线网**或**受害线网**。

> **提示**　串扰是发生在一个线网的信号路径及返回路径与另一个线网的信号路径及返回路径之间的一种效应。不仅是信号路径，而且它与整个信号-返回路径回路都密切相关。

在单端数字信令系统中，噪声容限通常设为信号电压摆幅的15%。随着器件类型的不同，情况也会有所不同。在这15%中，约有1/3，即信号电压摆幅的5%是与串扰有关的。如果信号电压摆幅是3.3 V，则所分配的最大串扰为160 mV。这是最大可容许串扰噪声的一个起点。然而，电路板上一般导线中产生的串扰噪声通常大于信号电压摆幅的5%。所以在设计封装、连接器和电路板级互连时，预估串扰的幅度、确定过量噪声的源头并积极地减小串扰，非常有必要。随着上升边不断变短，理解这一问题的起源，设计出串扰较小的互连显得愈加重要。

图10.1 给出了在导线的一边有一条传输3.3 V信号的攻击线时，静态线接收器接收到的噪声。在这个示例中，接收器接收到的噪声大于300 mV。

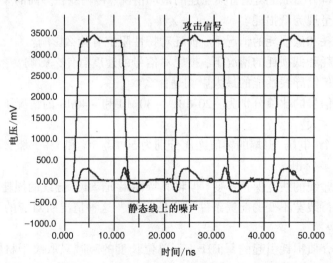

图10.1　当静态线两边中的任何一边有一条攻击线时，在静态线上仿真出的串扰。这里的每条线都是具有源端串联50 Ω端接的FR4微带线，其线宽和线间隔都为10 mil。使用Mentor Graphics HyperLynx仿真

在混合信号系统中，含有模拟或射频元件时，在敏感导线上可承受的最大噪声可能远低于信号摆幅的5%，甚至会低到信号摆幅的 - 100 dB，即信号电压摆幅的0.001%。在评估用以降低串扰的设计规则时，第一步就是先建立一个可接受的规范。记住，可接受的串扰越低，允许的互连密度就越低，系统的潜在成本也就越高。注意，当所建议的最大可允许耦合噪声远低于5%时，一定要验证是否真的需要如此低的串扰，因为这通常都不是免费的。

10.1　叠加

叠加是分析信号完整性的一个重要原则，在研究串扰时尤其重要。叠加是所有线性无源系统(互连是它的子集)的一个性质。它基本上是指在同一个线网上的多个信号之间互不影响，而且彼此完全无关。所以，从动态线网上耦合到静态线网上的总电压与静态线网上的原有电压完全无关。

> **提示**　静态线上所耦合的噪声可能与任何现有的信号都无关。

假设当静态线上的电压为 0 V 时，3.3 V 的驱动器在静态线上产生的噪声为 150 mV。那么，当有 3.3 V 驱动器直接驱动静态线时，产生的噪声仍为 150 mV，这时静态线上的总电压为原有信号电压与耦合噪声电压之和。如果有两个动态线网将噪声耦合到同一条静态线上，则静态线上的总噪声就是这两个噪声之和。当然，如果两条动态线上的电压模式不同，这两个耦合噪声就可能有不同的时间关系。

根据上述叠加性原则，如果知道静态线上在没有其他信号时的耦合噪声，就能把耦合噪声和线上可能存在的所有信号电压相叠加，以求得总电压。

一旦静态线上出现噪声，此噪声就和信号一样，感受到相同的阻抗，并且在静态线上阻抗突变处同样会产生反射和失真。

> **提示**　静态线上噪声电压的表现与信号电压完全一样。一旦在静态线上产生噪声电压，它们就会传播并在阻抗突变处出现反射。

如果静态线的每一边都有一条动态线，并且每条动态线耦合到静态线上的噪声都相同，则每一对线之间的最大可容许噪声为 $1/2 \times 5\% = 2.5\%$。对于总线拓扑结构，所有攻击线都耦合到静态线，合成为一个最坏情况下的耦合噪声。如果将计算出的最坏情况进行分解，就能得出其中一条线与静态线之间的可容许耦合噪声。

10.2　耦合源：电容和电感

当信号沿传输线传播时，信号路径和返回路径之间将产生电力线，围绕在信号路径和返回路径导体周围也有磁力线圈。这些场并未封闭在信号路径和返回路径之间的空间内，而是会延伸到周围的空间。我们把这些延伸出去的场称为**边缘场**。

> **提示**　FR4 中 50 Ω 微带线的边缘场产生的电容，大约等于那些直接在信号线下方的电力线所产生的电容，这是个经验法则。

当然，距离导线越远的地方，边缘场就会迅速下降。图 10.2 给出了信号路径和返回路径之间的边缘场，以及当另一个线网分别位于远处和近处时两者之间的相互作用情况。

如果在一个线网边缘场仍很强的区域不得不布信号路径和返回路径，边缘场就会在这条线上产生噪声。在静态线上产生噪声的唯一途径就是动态线上的信号电压和电流发生变化，变化的电场引起位移电流，变化的磁场引起感应电流。

在设计互连时，为了减少串扰，就要尽量减小在两对信号-返回路径之间边缘电场和边缘磁场的交叠。为此，通常要采取如下两种方式加以实现。第一，将两条信号线之间的间距加大。第二，让信号线更靠近返回平面，导致边缘场线也更靠近平面，使得泄漏到邻近信号线上的边缘场更少。

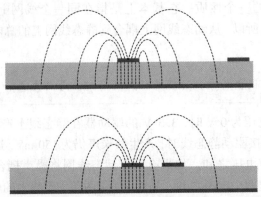

图10.2　信号线周围的边缘场。当另一条导线相距较远时，边缘场耦合和串
扰非常小。当这条导线在边缘场附近时，产生的耦合和串扰就很大

> **提示**　边缘场是引起串扰的根本原因。减小串扰的最主要途径就是使线网之间的距离足够远，这样可以把它们之间的边缘场减小到可接受的水平。另一个设计途径就是使返回平面更靠近信号线，从而将边缘场限制在信号线附近。

实际的耦合机制是经过电场和磁场实现的，我们可以利用电路元件电容器和互感器表征这种电磁场耦合。

在系统中，任何两个线网之间总会有边缘场产生的容性耦合和感性耦合，我们把耦合电容和耦合电感称为**互容**和**互感**。显然，如果把两个相邻的信号路径和返回路径分开得远一些，互容和互感的参数值就会减小。

根据几何结构去预估串扰，是评价设计是否满足性能指标的重要步骤。可以将互连的几何结构换算成等效互容和互感，并且建立二者与耦合噪声的关系。

互容和互感都与串扰有关，但还是要区别考虑。当返回路径是很宽的均匀平面时，如电路板上的大多数耦合传输线，容性耦合电流和感性耦合电流的量级大约相同。这时要准确地预估串扰量，二者都必须考虑到。这就是电路板上总线中的传输线串扰情况，这种噪声有一种特殊样式。

若返回路径不是很宽的均匀平面，而是封装中的单个引线或连接器中的单个引脚，则虽然依然存在容性耦合和感性耦合，但此时感性耦合电流将远大于容性耦合电流。此时，噪声的行为主要由感性耦合电流决定。静态线上的噪声是动态线网上的 dI/dt 驱动的，它通常在驱动器开关时，即信号的上升边和下降边处发生。这就是把这种噪声称为**开关噪声**的原因。

这两种极端情况需要分开考虑。

10.3　传输线串扰：NEXT 与 FEXT

两条相邻传输线上的噪声可以用图10.3所示的结构加以测量。信号从传输线的一端输入，远端的端接是为了消除末端反射。噪声电压在静态线的两端进行测量。将静态线的两端连接到快速示波器的输入通道,可以使静态线得到有效的端接。图 10.4 给出了当快速上升边驱动动态信号线时,在与之相邻的静态线两端测得的噪声电压。此例中,两条 50 Ω 微带传输线长约 4 in,二者的线间距与线宽相等。而且,每条线的两端都有 50 Ω 端接电阻器,因此反射可以忽略不计。

静态线两端测得的噪声电压形式明显不同。为了区分这两个末端,把距离源端最近的一端称为"**近端**",而把距离源端最远的一端称为"**远端**"。这两端也可以用信号传输的方向加以定义,即远端是信号传输方向的"**前方**",近端是信号传输方向的"**后方**"。

当传输线两端都有端接而不存在多次反射时,近端和远端出现的噪声形式有自己特殊的形状。近端噪声迅速上升到一个固定值,并且保持这一值的持续时间为耦合长度时延的两倍,然后再下降。这个恒定的近端噪声饱和量称为**近端串扰**(或 NEXT)系数。在上面的示例中,入射信号为 200 mV,NEXT 大约是 13 mV,约为入射信号的 6.5%。

图 10.3   用于测量动态线网和静态线网之间串扰的结构,在静态线的远端和近端观察串扰

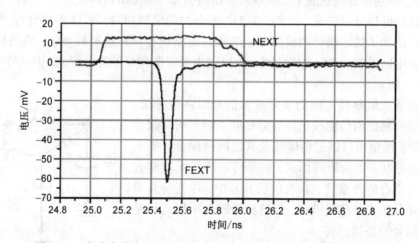

图 10.4   当动态线由 200 mV、上升边为 50 ps 的信号驱动时,使用
Keysight DCA,TDR和GigaTest Labs探针台在静态线上测得的噪声

NEXT 值很特殊,是在两端有端接匹配的情况下,而耦合长度又很长,足以使噪声达到一个稳定平坦值时,把它定义为近端噪声的。改变两条线两端的端接,并不会影响串扰到静态线的耦合噪声。但是,当后向传输的噪声到达传输线的近端时,如果端接不匹配,就会产生反射。当两端的端接与传输线的特性阻抗匹配时,NEXT 是静态线上形成噪声的测度。一旦知道了 NEXT,不同的端接对这一电压的影响就都比较容易估计了。

显然,NEXT 的值取决于走线之间的距离。遗憾的是,减小 NEXT 的办法只能是加大走线之间的距离,或者将返回平面更靠近信号走线。

与近端相比,远端也有一个明显不同的样式。信号在动态线上走过一个单程的时间后才会有远端噪声,它的出现非常迅速,且持续的时间很短。脉冲的宽度就是信号的上升边长,峰值电压称为**远端串扰**(或 FEXT)系数。在上面的示例中,远端串扰电压约为 60 mV。FEXT 系数是远端峰值电压与信号电压的比值。在本例中,当信号为 200 mV 时,FEXT 系数为 60 mV/200 mV = 30%。这是一个很大的噪声。

如果端接不匹配,反射就会影响两端的噪声幅度,这时虽然仍提及远端串扰,但其幅度不能再记为 FEXT,因为该系数是指端接匹配这一特殊情况下的值。

> **提示**　有 4 个因素可以减小 FEXT:将返回平面更靠近信号线,减小耦合长度,拉长上升边,加大走线之间的距离。

10.4　串扰模型

描述串扰的一种方式是给出耦合线的等效电路模型。在预估电压波形时,用这个模型进行仿真,就能预估具体几何结构和端接情况下的电压波形。通常使用两个不同的模型来建模传输线的耦合。

两个理想分布式耦合传输线模型描述了一个差分对,其中描述耦合的参数项有:奇模阻抗、偶模阻抗;奇模时延、偶模时延。这 4 项描述了所有传输线及其耦合效应。许多仿真引擎,如 SPICE,特别是那些集成了二维场求解器的引擎,都使用这种模型。这种模型的带宽与理想无损传输线的带宽一样宽,而且此模型与差分对的模型相同,第 11 章将详细讨论这一点。

另一个广泛用于描述耦合的模型是 n 节集总电路模型。在这种模型中,两条传输线都描述为 n 节集总电路模型,它们之间的耦合则描述为互容器和互感器元件,其中一节的等效电路模型如图 10.5 所示。

信号路径和返回路径之间的实际电容值和回路电感值,以及互容值和互感值沿传输线是均匀分布的。对于均匀耦合传输线,单位长度值可以描述传输线及其之间的耦合。如下所示,这些值可以表示为矩阵形式,如果将矩阵扩大就能表示任意多个有耦合的传输线。在有些仿真器中,尽管仿真引擎真正用的是分布式传输线模型,但这种矩阵表示形式仍是描述传输线耦合的基础。

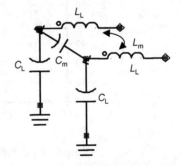

图 10.5　n 节耦合传输线模型的其中一节的等效电路模型

我们把这种分布型的行为近似为沿线均匀放置的很小的分立集总元件。而且,分立集总元件越小,近似程度就越好。如前面章节所述,所需的节数取决于要求的带宽和时延。所需的最少节数为

$$n > 10 \times BW \times T_D \tag{10.1}$$

其中,n 表示准确模型所需 LC 集总电路的最少节数,BW 表示模型的带宽(单位为 GHz),T_D 表示每条传输线的时延(单位为 ns)。

两条耦合传输线可以描述为两个独立的 n 节集总电路模型。如果这两条线是对称的,则两条线中每一节的电容和电感值是相同的。在这个无耦合模型的基础上,需要加入耦合。每节中,耦合电容可以建模为信号路径之间的互容器,耦合电感可以建模为各个回路电感器之间的互感器。

单条传输线是用单位长度电容 C_L 和单位长度回路电感 L_L 加以描述的,耦合是用单位长度

互容 C_{ML} 和单位长度回路互感 L_{ML} 加以描述的。对于一对均匀传输线，互感和互容也是沿着两条线均匀分布的。

> **提示**　两条耦合传输线的各种问题都能用 4 个线参数（C_L，L_L，C_M 和 L_M）加以描述。当有两条以上传输线时，模型可以直接扩充，但会变得更复杂。在任意一对传输线的各节之间就有一个互容器，而且任意一对信号-返回回路的各节之间就有一个互感器。

互容器和回路互感器都与长度成比例，所以只需讨论它们的单位长度互容和单位长度回路互感。为了便于表述这些额外的互容器和互感器，下面给出一种基于矩阵的简便形式。

10.5　SPICE 电容矩阵

如果有许多条传输线，就可以用下标来标记每一条线。例如，如果有 5 条线，就用 1 ~ 5 分别标记，依惯例把返回路径导体标记为导线 0。图 10.6 给出了 5 条导线和一个公共返回平面的横截面图。首先研究电容器元件，下一节再讨论电感器元件。

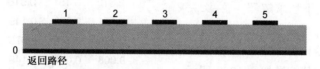

图 10.6　5 条耦合传输线的横截面图，每一个导体都用下标标记

在这个线的集合中，每对导线之间都有电容。在每条信号线和返回路径之间都有一个电容，在每对信号线之间也都有一个耦合电容。为了分清楚所有导线对，也用下标来标记电容。导线 1 和导线 2 之间的电容记为 C_{12}，导线 2 和导线 4 之间的电容记为 C_{24}，信号路径和返回路径之间的电容记为 C_{10} 或 C_{30}。

为了充分利用矩阵形式表示的有效性，将信号路径和返回路径之间的电容行重新标记，把信号路径和返回路径之间的电容放在矩阵的对角线位置上，即用 C_{11} 代替 C_{10}。诸如此类，其他信号路径和返回路径之间的电容也就变为 C_{22}，C_{33}，C_{44} 和 C_{55}。由此，用一个 5×5 矩阵标记出每对导线之间的电容。等效电路和相应的参数值矩阵如图 10.7 所示。

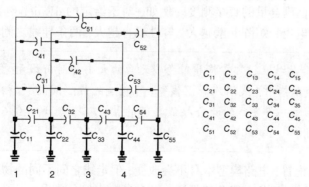

图 10.7　5 条耦合传输线的等效电容模型和相应的电容参数值矩阵

当然，尽管矩阵中有 C_{41} 和 C_{14}，但它们指的是同一个电容值，并且模型中只有一个这种电容的实例。

提示　在电容矩阵里, 对角线元素是信号路径和返回路径之间的电容, 非对角线元素是耦合电容, 即互容。对于均匀传输线, 每个矩阵元素都是单位长度电容, 其单位通常是 pF/in。

矩阵是一种理解所有电容值的简便表示形式。为了与其他矩阵区分开, 通常把这个矩阵称为 SPICE 电容矩阵。如上所示, 它存储的是 SPICE 等效电路模型的参数值, 其中各个矩阵元素是出现在整个电路模型中的耦合传输线的电容量。

所有元素都是单位长度电容。为了构建实际传输线的近似模型, 首先应从 $n > 10 \times \mathrm{BW} \times T_D$ 中确定集总电路模型需要多少节 LC 电路。由传输线的长度 Len 和所需的节数 n, 可以计算出每节的长度: 每节长度 = Len/n。所以, 每一节的电容量就是单位长度电容的矩阵元素乘以每节长度。例如, 每节的耦合电容为 $C_{21} \times \mathrm{Len}/n$。

电容矩阵元素的实际值可以通过计算或测量得到, 很难获得非常准确的近似值。人们宁愿使用一些经验法则。要求耦合电容的准确度较高时, 应当使用二维场求解器。许多场求解器工具都可以买到, 它们易于使用并且很准确。用二维场求解器计算一组 5 条微带线导体的 SPICE 电容矩阵, 其结果如图 10.8 所示。

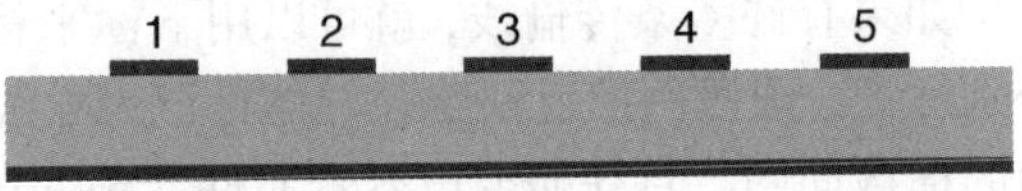

1	2	3	4	5
2.812	0.151	0.016	0.008	0.005
0.151	2.682	0.149	0.016	0.008
0.016	0.149	2.675	0.149	0.017
0.008	0.016	0.149	2.684	0.151
0.005	0.008	0.017	0.151	2.813

图 10.8　5 条耦合传输线和使用 Ansoft 的 SI2D 场求解器工具计算的 SPICE 电容矩阵, 电容单位为 pF/in, 线宽和线间距各为 5 mil

有时仅凭观察数字, 很难确切地感受这些电容矩阵元素值的大小及越远越小的情况。但是, 可以将矩阵画成三维图的形式, 如图 10.9 所示, 其中纵轴表示电容的幅值。粗略一看, 发现对角线元素的值几乎相同, 而非对角线元素下降得非常快。

在这个特殊示例中, 导线为 50 Ω 微带线, 使它们尽可能靠近, 线宽和线间距均为 5 mil。可以看到, 相对于导线 1 和导线 2 之间的耦合, 导线 1 和导线 3 之间的耦合是可忽略的。导线间隔越远, 非对角线元素下降得就越快。这是边缘电场随间距拉大而快速衰减的直接标志。

SPICE 电容矩阵的各个元素都是等效电路模型中电路元件的参数值, 所以每个元素值都是对两条导线之间容性耦合量的直接测度。例如, 对于给定的 dV/dt, 电容值直接决定了一对导线之间的容性耦合电流。矩阵元素越大, 容性耦合越大, 两条导线之间的边缘场就越强。

提示　在耦合传输线上, 常常将非对角线元素的大小与对角线元素进行比较。在上面的 5 条 50 Ω 耦合线示例中, 线间距等于线宽(可制造的最小间隔), 相邻线之间的相对耦合约为 5%, 中间相隔一条导线的两条导线之间的相对耦合则小于 0.6%。这是一些很有价值的经验值。

对于给定的走线配置, 电路模型本身不会改变, 但走线之间不同的物理配置将影响其中的参数值。很明显, 如果把两条走线分开得远一些, 参数值就会减小。

如果改变走线的宽度, 那么首先它将影响到这条线对应的对角线元素, 以及这条线与两边相邻线之间的耦合; 其次它将影响与两边其他走线之间的耦合。验证这些的唯一方法就是使用二维场求解器。

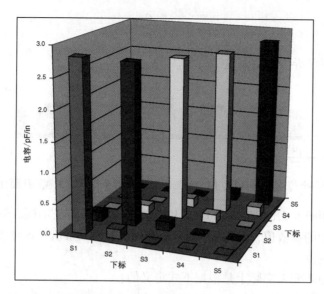

图 10.9　SPICE 电容矩阵元素图，图中说明非对角线元素下降得非常快

10.6　麦克斯韦电容矩阵与二维场求解器

遗憾的是，电容矩阵不止一种，很容易产生混淆。前面介绍了 SPICE 电容矩阵，它的元素是耦合传输线等效电路模型的参数值。还有一种是场求解器计算出的电容矩阵，称为**麦克斯韦电容矩阵**。尽管它们都称为电容矩阵，但各自的定义是不同的。

场求解器是用于求解在一组具体边界条件下的一个或多个麦克斯韦方程的工具。假设给出一组导线的电路拓扑结构，其中所有参数值都可以从它的场中加以计算。为得到一组导线的电容量，需要求解的方程就是拉普拉斯方程，其最简单的微分形式为

$$\nabla^2 V = 0 \tag{10.2}$$

这个微分方程要在具体的边界条件和介质材料情况下求解。通过求解这个方程，可以计算出空间中每一点的电场。

例如，假设这里一组中有 5 条导线，如图 10.10 所示。导体 0 定义为参考地，并且总是保持在 0 V 电位。计算每一对导线之间的电容时，分为如下 6 步。

1. 将导线 k 的电位设置为 1 V，其他导线的电位设为 0 V。

2. 在这种边界条件下，求解拉普拉斯方程，得出空间中每一点的电位。

3. 一旦求解出电位，由下式计算出每条导线表面的电场：

$$E = -\nabla V \tag{10.3}$$

4. 对各导体表面电场进行积分，计算出每条导线上的总电荷：

$$Q_j = \oint_j E \cdot \mathrm{d}a_j \tag{10.4}$$

5. 知道了每条导线上的电荷，由麦克斯韦电容矩阵的定义，可计算出任意两条导线之间的电容：

$$C_{jk} = \frac{Q_j}{V_k} \qquad (10.5)$$

6. 然后依次在每条导线上重复这一过程。

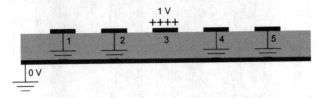

图 10.10　对于一个传输线的集合,用二维场求解器求解拉普拉斯方程,从而计算出电容矩阵

麦克斯韦电容矩阵元素的定义与 SPICE 电容矩阵元素的定义不同。SPICE 电容矩阵元素是相应等效电路模型的参数值,而且在给定 dV/dt 时,各个元素值是每对导线之间流动的容性耦合电流量的直接测度。

麦克斯韦电容矩阵元素实际上是根据下式定义的:

$$C_{jk} = \frac{Q_j}{V_k} \qquad (10.6)$$

当一条导线的电位为 1 V,而**其他所有导线**都接地时,两条导线之间的电容矩阵元素就是对其中一条导线上多余电荷的测度。这是一种非常特殊的情况,很容易引起混淆。

假设导线 3 的电位为 1 V,其他导线电位均为 0 V。这需要在导线 3 上加入一些正电荷,使其相对于地的电位为 1 V。这些正电荷将把一些负电荷吸引到附近的导线上,而这些负电荷是从与导线连接的地电荷库传上去的。被吸引到相邻导线上的电荷量是它与电位为 1 V 的那条导线之间容性耦合的测度。电荷分布如图 10.11 所示。

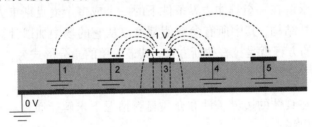

图 10.11　导线 3 的电位为 1 V 而其他所有导线都接地时,5 条导线上的电荷分布

由麦克斯韦电容矩阵的定义可以看出,导线 3 和参考地之间的电容,即对角线元素,是导线 3 上的电荷 Q_3 和其上电压 $V_3 = 1$ V 的比值,这里所说的电荷是指其他导线都接地时导体 3 上的电荷。这个电容通常称为导线 3 的负载电容,即

$$C_{33} = \frac{Q_3}{V_3} = C_{\text{Loaded}} \qquad (10.7)$$

> **提示**　麦克斯韦电容矩阵的对角线元素是每条导线的负载电容,它不是导线与返回路径即参考地之间的电容,而是导线与返回路径及其他所有与地相连导线之间的电容。这和 SPICE 电容矩阵的对角线元素不同,后者只包括导线和返回路径之间的耦合,而不包括与其他信号路径之间的耦合。

负载电容通常比 SPICE 对角线电容大。

当在导线 3 上加入正电荷使其电位上升到 1 V 时,其他导线上感应的电荷为负的。尽管其他导线是零电位的,但由于与 1 V 导线的耦合,它们将有一些净负电荷。

根据麦克斯韦电容矩阵的定义,导线 3 和导线 2 之间的非对角线元素为

$$C_{23} = \frac{Q_2}{V_3} \tag{10.8}$$

> **提示** 因为导线 2 上的感应电荷为负的,而且其他导线上的感应电荷也都为负的,所以各个非对角线元素的值都为负值。

负号表示当导线 3 的电位为 1 V 时,导线 2 上的电荷为负电荷。

图 10.12 为一组 5 条微带线的麦克斯韦电容矩阵。初看起来会觉得电容为负值很奇怪。那么负电容表示什么呢?它还是电容吗?实际上,符号为负是因为它们不是 SPICE 电容矩阵元素,而是麦克斯韦电容矩阵元素,并且麦克斯韦电容矩阵元素的定义和 SPICE 电容矩阵元素的定义是不同的。

一般情况下,大多数商用求解器的输出为麦克斯韦电容,这通常是因为写代码的软件开发者并不真正了解最终用户的应用,没有意识到大多数信号完整性工程师更希望看到 SPICE 电容矩阵元素。麦克斯韦电容矩阵本身没有错,但它不是工程师所希望见到的第一选择。

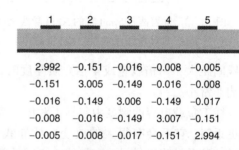

图 10.12 5 条靠得很近的 50 Ω 传输线的麦克斯韦电容矩阵。使用 Ansoft SI2D 场求解器计算

从一种矩阵转化到另一种矩阵非常容易。非对角线元素非常相似,只是符号不同:

$$C_{ij}(\text{SPICE}) = -C_{ij}(\text{Maxwell}) \tag{10.9}$$

非对角线元素与两条导线之间耦合的电力线数目有关,也与两条导线之间在给定 $\mathrm{d}V/\mathrm{d}t$ 情况下流动的容性耦合电流直接相关。

然而,对角线元素更复杂一些。麦克斯韦电容矩阵的对角线元素是每条导线的负载电容,而 SPICE 电容矩阵的对角线元素是指某条导线及其返回路径之间的电容,它仅计算了信号路径和返回路径之间的耦合。基于这一比较,麦克斯韦和 SPICE 电容矩阵的对角线元素可以由下式转换:

$$C_{ij}(\text{Maxwell}) = \sum_i C_{ij}(\text{SPICE}) \tag{10.10}$$

$$C_{ij}(\text{SPICE}) = \sum_i C_{ij}(\text{Maxwell}) \tag{10.11}$$

确定场求解器使用的是哪种矩阵的最简单方法是:查看是否有负号。如果有负号,则使用的是麦克斯韦电容矩阵。

在这两种矩阵中,非对角线元素是信号线之间的耦合程度,以及形成线间耦合边缘场强度的直接测度。间距越大,两条走线之间的边缘场电力线就越少,耦合程度也就越小。在两种矩阵中,两条导线之间加入任何导体都将影响到导线之间的电力线,并将反映到矩阵元素值中。

各个矩阵元素都与其他导体的存在有关。例如,对于两条导线及其返回路径,其中某一条

导线的 SPICE 对角线元素 C_{11} 必将与相邻导线的位置有关,C_{11} 是导线 1 和它的返回路径之间的电容。如果把相邻导线再靠近些,那么它将分流导线 1 及其返回路径之间的一些边缘场电力线,使得 C_{11} 减小,如图 10.13 所示。

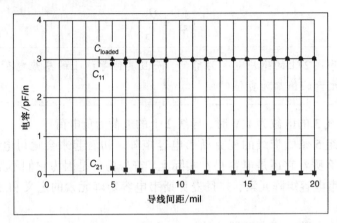

图 10.13   随着两条 5 mil 宽的 50 Ω 导线之间距离的增加,SPICE 电容矩阵对角线元素、
非对角线元素及导线1负载电容的变化情况。使用Ansoft SI2D场求解器仿真

当线间距大于两倍线宽或 4 倍介质厚度时,相邻导线的存在对 SPICE 电容矩阵对角线元素的影响非常小。

在导线 1 负载电容的测度中包括了对信号线及其他所有导线之间的边缘场电力线。所以,当导线更近时,它不会有很大的改变。从导线 1 到返回路径的电力线,即使被导线 2 分流"偷"过去,还是被当成导线 1 和导线 2 之间的新的电力线。

非对角线元素与几何结构及其他导线的存在有关。如果线间距增大,非对角线元素就会减小。同理,如果在两条导线之间加入另一条导线,则第 3 条导线将获得前两条导线之间的一些电力线,所以 SPICE 电容矩阵非对角线元素的值将会减小。

图 10.14 给出了 3 种几何结构及其对应的 SPICE 电容矩阵元素。上述 3 种情况中,信号路径都为 5 mil 宽,阻抗约为 50 Ω。

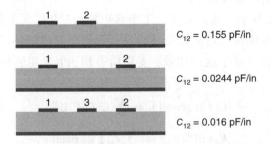

图 10.14   三种几何结构及其对应的两条信号线之间的电容矩阵
元素。两条导线之间加入金属使容性耦合减小35%

> **提示**   当线间距也是 5 mil 时,耦合电容是 0.155 pF/in,这大约是对角线元素2.8 pF/in 的 5%。如果把线间距增加到 15 mil,即为线宽的 3 倍,容性耦合就是 0.024 pF/in,即为对角线元素的0.9%。如果把另一条 5 mil 宽的导线加到两者中间,则外侧两条导线之间的耦合电容减小到 0.016 pF/in,即为对角线元素的 0.6%。

在两条信号线之间加入一条导线可以减小两者之间的互容，这是使用防护布线的基本原理，本章稍后将详细讨论有关内容。当然，这里只考虑了一种耦合，即容性耦合，同样还应该考虑感性耦合。

10.7 电感矩阵

正如电容矩阵用于存储许多信号路径和返回路径的所有电容量，我们也需要一个矩阵存储许多导线的回路自感和回路互感值。需要牢记的是，这里的电感元件是回路电感。当信号沿传输线传播时，电流回路沿信号路径传输，然后立即从返回路径返回。这个电流回路在信号的跳变边沿附近探测回路电感。当然，回路自感与信号路径和返回路径的局部自感及它们之间的互感有关，如下式所示：

$$L_{\text{loop}} = L_{\text{self-signal}} + L_{\text{self-return}} - 2 \times L_{\text{mutual}} \tag{10.12}$$

其中，L_{loop} 表示传输线的单位长度回路电感，$L_{\text{self-signal}}$ 表示信号路径的单位长度局部自感，$L_{\text{self-return}}$ 表示返回路径的单位长度局部自感，L_{mutual} 表示信号路径和返回路径之间的单位长度局部互感。

在电感矩阵中，对角线元素是信号路径和返回路径的回路自感，非对角线元素是两对信号路径和返回路径之间的回路互感，它们的单位是单位长度电感量，通常为 nH/in。

图 10.15 所示为前面提到的一组 5 条微带线的电感矩阵。做出三维图时，回路电感矩阵描绘出了电感的基本性质。对角线元素，即每条导线与其返回路径的回路自感，基本上都相同。两条导线的间距较远时，非对角线元素即回路之间的互感就会迅速下降。

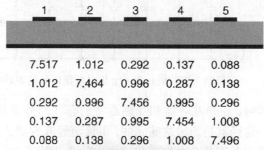

1	2	3	4	5
7.517	1.012	0.292	0.137	0.088
1.012	7.464	0.996	0.287	0.138
0.292	0.996	7.456	0.995	0.296
0.137	0.287	0.995	7.454	1.008
0.088	0.138	0.296	1.008	7.496

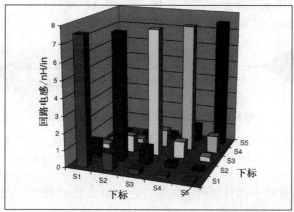

图 10.15　5 条传输线的横截面（其阻抗均为 50 Ω，线宽和线间距均为 5 mil）及其电感矩阵。使用 Ansoft SI2D 场求解器得到矩阵元素值

电容矩阵和电感矩阵合在一起,就包含了一组传输线之间耦合的所有基本信息。根据这些值,可以计算出两条或更多条导线之间各种情况下的串扰。据此就能建立 SPICE 等效电路模型,仿真一组耦合走线的行为。

> **提示**　这两个矩阵包含了多条传输线之间耦合的所有基本信息。

10.8　均匀传输线上的串扰和饱和长度

两条耦合传输线的电容矩阵和电感矩阵是简单的 2×2 矩阵。矩阵中的非对角线元素分别表示互容和互感。要理解静态线上噪声的产生,特别是近端噪声和远端噪声的样式,最简单的办法就是沿着导线观察耦合到每一节上的噪声。

假设有两条 $50\ \Omega$ 微带线,沿线存在着一些耦合。另外,在线的两端接上等于其特性阻抗 $50\ \Omega$ 的端接,就能消除反射引起的各种影响。等效电路模型如图 10.16 所示。

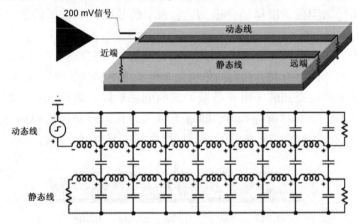

图 10.16　一对紧耦合传输线和用 n 节集总电路近似的等效电路模型

当信号沿动态线传播时,正是互容器和互感器将动态线与静态线相关联。噪声电流从动态线流到静态线上的唯一途径就是通过这些元件,电流流经互容器,或者在互感器中产生感应电流的唯一条件就是电压或电流是否发生变化。图 10.17 说明了这一点。如果信号前沿在上升边 RT 时间段线性增加,则噪声近似与 V/RT 和 I/RT 成正比。

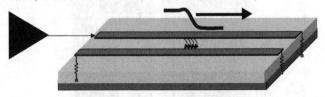

图 10.17　在信号的前沿处,电压或电流发生变化。只在这个
区域中才有耦合噪声电流从动态线流到静态线上

> **提示**　当信号沿着动态线传播时,仅在信号边沿出现的特殊空间区域,即存在 dV/dt 或 dI/dt 的区域,才有耦合噪声电流流到静态线上。导线上除此之外的任何地方,电流和电压都为常数,所以不会出现耦合噪声电流。

信号前沿可以看成沿导线移动的电流源，在每一时刻，流经互容的总电流为

$$I_C = C_m \frac{dV}{dt} \tag{10.13}$$

其中，I_C 表示从动态线流到静态线上的容性耦合噪声电流，V 表示信号电压，C_m 表示上升边空间延伸长度上的耦合互容。

总的耦合电容就是上升边空间延伸长度上的电容，即

$$C_m = C_{mL} \times \Delta x = C_{mL} \times v \times RT \tag{10.14}$$

其中，C_m 表示上升边空间延伸长度上的耦合互容，C_{mL} 表示单位长度互容 C_{12}，Δx 表示信号前沿沿动态线传播时的空间延伸，v 表示信号传播速度，RT 表示信号上升边。

注入静态线的瞬时容性耦合电流总量为

$$I_C = C_{mL} \times v \times RT \times \frac{V}{RT} = C_{mL} \times v \times V \tag{10.15}$$

其中，I_C 表示从动态线流到静态线的容性耦合噪声电流，C_{mL} 表示单位长度互容 C_{12}，v 表示信号传播速度，RT 表示信号上升边，V 表示信号电压。

仅在动态线的信号前沿处，才有容性耦合电流从动态线注入静态线。令人惊讶的是，耦合噪声电流总量与上升边无关。上升边越快，则 dV/dt 越大，所以我们可能认为容性耦合电流也越大。但是，上升边越快，存在 dV/dt 的耦合线区域越短，并且用于耦合的电容就越小，所以容性耦合电流只与单位长度互容有关。

通过同样的分析，静态线上由互感感应出的瞬时电压为

$$V_L = L_m \frac{dI}{dt} = L_{mL} \times v \times RT \times \frac{I}{RT} = L_{mL} \times v \times I \tag{10.16}$$

其中，V_L 表示从动态线到静态线上的感性耦合噪声电压，I 表示动态线上的信号电流，L_{mL} 表示单位长度互感 L_{12}，v 表示信号传播速度，RT 表示信号上升边。L_m 表示两条回路之间的回路互感。

类似地，也能看到，仅在动态线信号电压变化的地方才有感性耦合噪声耦合到静态线上。而且，静态线上产生的噪声电压值也与信号上升边无关，只取决于单位长度互感。

静态线上的耦合噪声有如下 4 个很重要的性质。

1. 瞬时耦合电压噪声值和电流噪声值取决于信号的强度。信号电压和电流越大，瞬时耦合噪声值越大。
2. 瞬时耦合电压噪声值和电流噪声值取决于以单位长度互容和单位长度互感为测度的单位长度耦合量。如果随着导线靠近，单位长度耦合增加，则瞬时耦合噪声也将增加。
3. 信号传播速度越快，瞬时耦合总电流越大。这是因为速度越快，上升边的空间延伸就越长，同时发生耦合的区域就越长。随着信号速度的提高，流出电流的耦合长度增加，总的耦合电容和电感也将增加。
4. 令人惊讶的是，信号的上升边并不影响总的瞬时耦合噪声电压或电流。虽然较短的上升边会使单个互容器或互感器元件的耦合噪声增加，但是上升边越短，前沿的空间延伸也越短，任一时刻发生耦合的总互容和总互感就越小。

上述最后一条性质是基于耦合区域长度大于前沿空间延伸的 1/2 这一假设的。这也是近端噪声最令人迷惑不解的地方。

考虑一对耦合传输线,耦合区域的总时长 T_D 远大于信号的上升边 RT。信号从驱动器出发进入耦合区域,从攻击线流入受害线的耦合噪声开始增大,近端噪声开始出现并持续增大。只要有上升边更多地进入耦合区域,近端噪声就会持续增大。近端噪声增大的持续期间等于信号的上升边。这个期间之后,近端噪声已经"饱和",达到了最大值。

最终,当信号前沿的起始端离开耦合区域时,从攻击线流入受害线的耦合电流开始减小。当然,信号前沿的起始端需要用一个 T_D 的时间长度去走过耦合区域。一旦传输线远端的耦合电流开始减小,就需要用另一个 T_D 的时间长度才能返回到传输线的近端,表现为近端噪声开始减小。这样,近端噪声从其最开始出现的时刻算起,经 $2 \times T_D$ 时间长度后开始减小。

当两条传输线之间的耦合区域的 T_D 减小时,将会出现某一个时刻,此时的近端噪声由于信号出发一个 RT 后达到了最大值,并且这一时刻也刚好是经过了 $2 \times T_D$ 时间长度,近端噪声开始减小。所以饱和的条件就是 RT $= 2 \times T_D$。这个条件要求耦合区域足够长,使得近端噪声能达到饱和。

当信号的上升边 RT 是 $2 \times T_D$ 时,耦合线达到饱和。这个条件即 T_D 是上升边 RT 的一半,或者说耦合长度是上升边空间延伸的一半。我们称这个长度为**饱和长度**,即

$$\text{Len}_{\text{sat}} = \frac{1}{2} \times \text{RT} \times v \approx \text{RT} \times 3 \text{ in/ns} \tag{10.17}$$

其中,Len_{sat} 表示近端串扰的饱和长度(单位为 in),RT 表示信号上升边(单位为 ns),v 表示信号在动态线上的传播速度(单位为 in/ns)。

如果信号上升边是 1 ns,传输线由 FR4 组成,则速度约为 6 in/ns,饱和长度为 1/2 ns × 6 in/ns = 3 in。如果上升边为 100 ps,则饱和长度只有 0.3 in。对于较短的上升边,饱和长度通常小于典型的互连长度,所以近端噪声与耦合长度无关。饱和长度如图 10.18 所示。

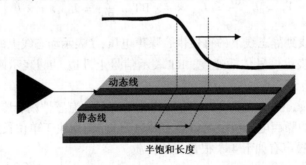

图 10.18　饱和长度是前沿空间延伸的一半。如果耦合区域的长度大于饱和长度,则静态线上的近端噪声与上升边和耦合长度无关

一旦噪声电流从动态线传递到静态线上,它将沿静态线传输并引起近端噪声和远端噪声效应。尽管传递到静态线上的是恒定电流,但在静态线上的传播特性将使这一分布式电流源在近端和远端形成不同的样式。为了理解形成远端样式和近端样式的根源,下面首先研究容性耦合电流在导线两端的行为,然后研究感性耦合电流,再把这二者相加。

10.9　容性耦合电流

图 10.19 给出了重新构建的仅含互容元件的等效电路模型。在这个示例中,假设耦合长度大于饱和长度。我们把上升边看成沿动态线移动的电流源。因为只有 dV/dt 变化时才会有电流流过互容器,所以仅在信号前沿存在的区域,才有容性耦合电流流入静态线。

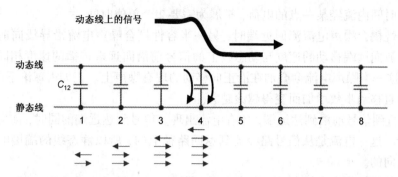

图 10.19　两条耦合线的等效电路模型，图中只给出了耦合电容、耦合电流和信号前沿的空间延伸

当电流出现在静态线上时，它将怎样流动？决定电流方向的主要因素是噪声电流受到的阻抗。噪声电流在静态线的每个方向上受到的阻抗都相同，均为 50 Ω，所以前向和后向的电流量将相等。

> **提示**　静态线上，容性耦合电流回路的方向是从信号路径到返回路径。静态线的信号路径和返回路径之间是正电压，它分别沿两个方向传播。

当信号从动态线驱动器输出时，有一些容性耦合电流流入静态线，其中一半向后流回近端，另一半向前流动。流过静态线近端端接电阻器的电流是正向流动的，即从信号路径流到返回路径。从驱动器上升边的出现开始，形成的电压从 0 V 开始逐步上升。在信号前沿沿着传输线行进的过程中，后向流动的容性耦合噪声电流以恒定的速度持续流回近端，很像是动态信号在后面留下了一个连续而稳定的电流。

当上升边结束时，近端的电流达到最大值。当动态线上的上升沿的起始端到达远端端接电阻器而离开耦合区域时，耦合噪声电流会开始减小并持续一个上升边的时间。静态线上还有后向电流流向静态线的近端。该电流将持续流向静态线的近端，再用一个等于耦合区域 T_D 的时延。

如图 10.20 所示，近端的样式就是容性耦合电流用一个上升边的时间上升到一个恒定值，并持续达 $2 \times T_D - RT$，然后下降到 0。

由式（10.15）可得，近端容性耦合饱和电流的幅度为

$$I_C = \frac{1}{2} \times \frac{1}{2} \times C_{mL} \times v \times V = \frac{1}{4} \times C_{mL} \times v \times V \tag{10.18}$$

其中，I_C 表示静态线近端的容性耦合饱和噪声电流，C_{mL} 表示单位长度互容 C_{12}，v 表示信号传播速度，V 表示信号电压，1/2 系数表示一半电流流向近端，另一半流向远端，1/2 系数表明后向噪声电流在 $2 \times T_D$ 时间长度内流动。

第二个系数 1/2 是由于动态电流向正向移动，而生成的耦合电流是向后向移动的。在每一小段时间内，一定量的电荷被转移到静态线并向后向移动，但是在一个空间延伸的范围内，电荷向两个方向扩散。这相当于总电流中

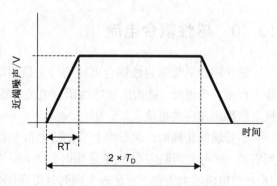

图 10.20　静态线近端端接电阻器两端容性耦合电压的一般样式

原本一个单位时间内流经某一点的电荷，扩展为需要 2 个单位时间。

在一半容性耦合噪声电流流回近端时，另一半容性耦合噪声电流沿导线向前流动。静态线上的前向电流向远端移动的速度与动态线上的信号前沿向远端传播的速度相同。在静态线上的每一步，这一半噪声电流会叠加在沿正向移动的现有噪声上。正如雪球滚下山，前向流动的容性电流随着移动步数增加而变得越滚越大。

在远端，直到信号前沿到达远端，才有电流出现。信号到达远端的同时，前向容性耦合电流也到达远端。这一电流是从信号路径流到返回路径上的，所以静态线的端接电阻器的两端的压降是正方向的。

静态线上的容性耦合电流与 dV/dt 成比例，所以静态线远端的实际噪声波形是信号边沿的微分。如果信号边沿是线性上升的，则容性耦合噪声电流为一个很短的矩形脉冲，持续时间等于信号的上升边。静态线远端的耦合噪声样式如图 10.21 所示。

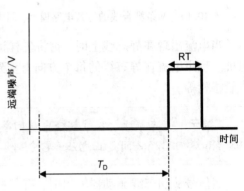

图 10.21 静态线远端的端接电阻器上的容性耦合电压的典型样式

从动态线耦合到静态线上的电流总量将集中于这个窄脉冲中。电流脉冲的幅度，在端接电阻器上转化为电压：

$$I_C = \frac{1}{2} \times C_{mL} \times \text{Len} \times \frac{V}{\text{RT}} \qquad (10.19)$$

其中，I_C 表示从动态线流到静态线上的容性耦合噪声总电流，1/2 系数表示容性耦合电流流向远端的部分，C_{mL} 表示单位长度互容 C_{12}，RT 表示信号上升边，V 表示信号电压。

> **提示**　远端容性耦合电流的幅度直接与单位长度互容和这对线的耦合长度成正比，而与上升边成反比。上升边越短，远端的噪声就越大。

不同于后向传输的噪声，传输到远端的噪声电压与耦合区域的长度成正比，与信号的上升边成反比。容性耦合电流是正向流动的，即从信号路径流到返回路径，因此端接电阻器上的电压也是正向的。

10.10　感性耦合电流

感性耦合电流和容性耦合电流的行为是相似的。互感器受动态线上 dI/dt 的驱动，在静态线上产生一个电压，进而形成感性耦合电流。或者说，静态线上感应的噪声电压在感受到的阻抗上激励出相应的电流。

沿传输线传播时，动态线上变化的电流从信号路径流到返回路径。如果传播方向是从左到右的，则电流回路方向一样是顺时针方向，这就是信号-返回路径回路。这也是动态线上 dI/dt 的电流增大方向，它是一个顺时针方向闭合回路。这个变化的电流回路最终在静态线上产生感应电流回路。但是，感应电流回路的方向是怎样的呢？它和信号电流回路一样为顺时针方向，还是相反的逆时针方向？

　　感应电流回路的方向可以根据麦克斯韦方程组确定。通过分析以确定感应电流方向是很烦琐的，而基于楞次定律却很容易记住。该定律指出，静态线上感应电流回路的方向与动态线上原电流的回路方向相反。

　　静态线上的感应电流回路将沿逆时针方向形成闭合环路，在静态线上的位置正是动态线上信号边沿出现的位置，如图 10.22 所示。

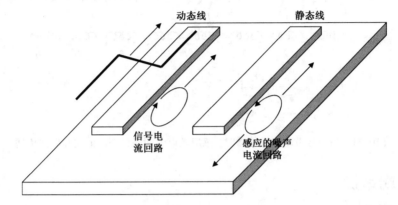

图 10.22　动态线上的 dI/dt 在静态线上感应一个电压，此电压接着又在静态线上
产生一个电流。静态线上，电流回路分成两部分，分别向两个方向传播

　　静态线上产生这种逆时针电流回路时，它将沿什么方向传播？它在静态线上受到的阻抗是相等的，因此它将沿两个方向等量传播。这一点非常难以理解且容易混淆，静态线上的感应电流回路中的一半电流流回近端，另一半沿前向传播。

> **提示**　沿后向传播时，逆时针电流回路是从信号路径流到返回路径。这与容性耦合电流的方向相同，所以近端的容性噪声电流和感性耦合噪声电流将叠加在一起。

> **提示**　沿正向传播时，静态线上的逆时针电流回路是从返回路径流到信号路径。容性耦合电流和感性耦合电流沿正向传播时，按相反方向流动形成回路。所以，当耦合电流到达静态线远端的端接电阻器时，流经电阻器的净电流是容性耦合电流与感性耦合电流的差值。

　　后向感性耦合噪声电流与容性噪声电流的样式非常相似。它从零开始，然后跟着驱动器信号的出现而上升。经过一个上升边的时间后，后向电流的值会达到一个恒定值并保持不变。信号边沿是形成感性耦合电流的根源，在沿着整个耦合长度传播时，它将固定比例的电流耦合过去。

　　信号的上升边到达动态线远端的端接电阻器后，静态线上仍有后向感性耦合噪声电流。所有这些电流流回静态线的近端仍需要一个 T_D 的时间。前向和后向噪声电流的流向如图 10.23 所示。

　　前向移动时，感性耦合噪声与动态线上信号边沿的传播速度相同，而且每前进一步，将会耦合出更多的感性耦合噪声电流，所以远端噪声将随着耦合长度而增大。远端感性耦合电流的形状是上升边的微分，因为它直接与信号的 dI/dt 成正比。

　　远端感性耦合电流的方向是从返回路径到信号路径，呈逆时针方向，这与容性耦合电流的方向相反。所以,在远端时,容性耦合噪声与感性耦合噪声的方向是相反的,净噪声将是二者之差。

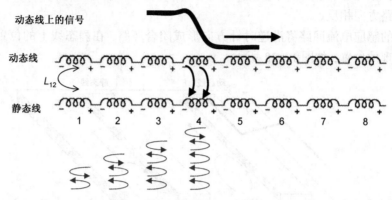

图 10.23　当信号沿动态线传播时,感应的电流回路分别沿前向和后向传播

10.11　近端串扰

近端噪声电压与流过近端端接电阻器的净耦合电流有关,其波形的一般样式如图 10.24 所示。近端噪声有以下 4 个重要特征。

1. 如果耦合长度大于饱和长度,则噪声电压将达到一个稳定值。这个最大电压的幅度定义为近端串扰幅值(NEXT),通常表示为静态线上的近端噪声电压与动态线上的信号电压的比值。如果动态线上的电压为 V_a,静态线上的最大后向电压为 V_b,则 NEXT 就是 V_b/V_a。此外,这个比值通常也定义为近端串扰系数 $k_b = V_b/V_a$。

2. 如果耦合长度比饱和长度短,则电压峰值将小于 NEXT。实际的噪声电压峰值与耦合长度和饱和长度的比值成比例。例如,如果饱和长度是 6 in,也就是 FR4 中的信号的上升边是 2 ns,而耦合长度为 4 in,则近端噪声 V_b/V_a = NEXT × 4 in/6 in = NEXT × 0.66。图 10.25 画出了耦合长度是饱和长度的 20% 到两倍之间的近端噪声。

3. 近端噪声持续的总时间长度是 $2 \times T_D$,若耦合区域的时延为 1 ns,则近端噪声将持续 2 ns。

4. 近端噪声是由信号的上升边引起的。

NEXT 的幅值与互容和互感有关,关系式如下:

$$\text{NEXT} = \frac{V_b}{V_a} = k_b = \frac{1}{4}\left(\frac{C_{mL}}{C_L} + \frac{L_{mL}}{L_L}\right) \tag{10.20}$$

其中,NEXT 表示近端串扰系数,V_b 表示静态线上的后向噪声电压,V_a 表示动态线上的信号电压,k_b 表示后向串扰系数,C_{mL} 表示单位长度互容 C_{12}(单位为 pF/in),C_L 表示信号路径上的单位长度电容 C_{11}(单位为 pF/in),L_{mL} 表示单位长度互感 L_{12}(单位为 nH/in),L_L 表示信号路径上的单位长度电感 L_{11}(单位为 nH/in)。

当两条传输线靠近时,互容和互感将增加,从而 NEXT 也将增加。

计算矩阵元素和后向串扰系数的唯一可行方法就是利用二维场求解器。图 10.26 给出了一对微带线和一对带状线的近端串扰系数 k_b。在每种情况下,每条导线的阻抗均为 50 Ω,线宽为 5 mil,导线间距从 4 mil 增加到 50 mil。很明显,当线间距约大于 10 mil 时,带状线的近端串扰更低一些。

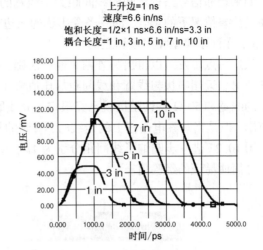

上升边=1 ns
速度=6.6 in/ns
饱和长度=1/2×1 ns×6.6 in/ns=3.3 in
耦合长度=1 in, 3 in, 5 in, 7 in, 10 in

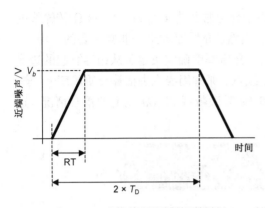

图 10.24 当信号边沿线性上升时，
近端串扰电压的样式

图 10.25 耦合长度从饱和长度的 30% 增加到三倍时，
近端的串扰电压。其中上升边为 1 ns，速度为
6.6 in/ns，饱和长度为 0.5 ns × 6.6 in/ns =
3.3 in。使用 Mentor Graphics HyperLynx 仿真

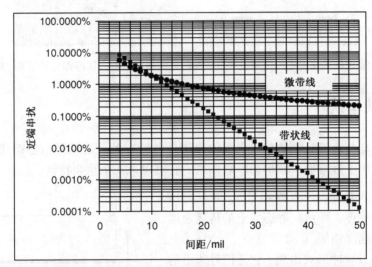

图 10.26 随着线间距的增加，FR4 中微带线和带状线的近端串扰系数。其中
走线阻抗均为 50 Ω，线宽为 5 mil。使用 Ansoft SI2D 场求解器计算

噪声预算中分配的最大可容许串扰约为信号摆幅的 5%，这是个经验法则。如果静态线是总线的一部分，则静态线近端噪声可能会提高到一般情况下的两倍，这是因为静态线两边相邻导线和较远导线产生的噪声叠加在一起。这样，在制定近端噪声的设计规则时，线间距应该足够大，以使只有两条相邻导线时的近端噪声小于 $5\% \div 2 \approx 2\%$。

提示 对于 5 mil 宽的微带线和带状线，为了使近端噪声少于 2%，最小线间距应约为 10 mil。这是有关可容许噪声的有效经验法则：信号路径之间的边对边间距应至少为线宽的两倍。

如果相邻信号路径之间的线间距大于线宽的两倍,则最大的近端噪声将小于2%。这时,即使是最差情况下的耦合,即一条受害线的两边有许多攻击线,受害线上的最大近端噪声将小于5%,在许多典型噪声预算之内。

从这一点出发可以得出另外两个经验法则,适用于介电常数为4的FR4中50 Ω传输线的特殊情况。近端串扰与线宽和线间距的比值成比例。当然,介质厚度也是非常重要的。但是,特定的线宽和50 Ω特性阻抗就已经限定了介质厚度。介质厚度确实决定了从边界算起的边缘场范围,但是当观察电路板上的走线时,看到的只是线宽,那就用线宽去估算介质厚度。

图10.27进一步归纳了线间距分别为$1w$,$2w$和$3w$时微带线和带状线上的耦合情况,这些都是简便易记的经验值。

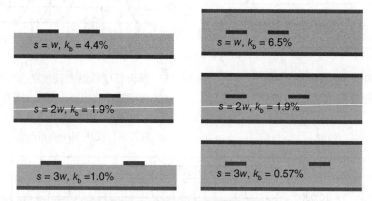

图 10.27　特定间隔情况下的微带线和带状线的近端串扰系数。这些都是简便易记的经验值

10.12　远端串扰

远端噪声电压与流经远端端接电阻器的净耦合电流有关。这就是沿静态线向前传播的电压。图10.28给出了远端噪声波形的一般样式。它有以下4个重要特征。

1. 从信号进入算起,一直要经过T_D时延之后才会出现噪声。噪声在静态线上的传播速度与信号的速度相等。

2. 远端噪声以脉冲形式出现,它是信号边沿的微分。耦合电流是由dV/dt和dI/dt产生的,并且在信号沿着攻击线传播的同时,静态线上形成的噪声脉冲也向前传播。脉冲宽度就是信号的上升边,图10.29给出了不同上升边时的远端噪声。随着上升边减小,远端噪声的脉冲宽度也减小,而峰值将增加。

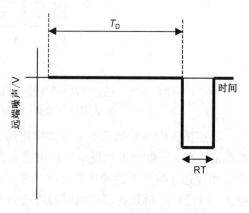

图 10.28　当信号边沿线性上升时,远端串扰电压噪声的一般样式

3. 远端噪声的峰值与耦合长度成比例。耦合长度增加,噪声峰值也将增加。

4. FEXT系数是对远端噪声峰值电压(通常记为V_f)与信号电压V_a比值的直接测度:FEXT = V_f/V_a。除了基于耦合传输线横截面的本征参数,噪声值还与另两个外在参数(耦合长度和上升边)呈比例变化。关系式如下:

$$\text{FEXT} = \frac{V_\text{f}}{V_\text{a}} = \frac{\text{Len}}{\text{RT}} \times k_\text{f} = \frac{\text{Len}}{\text{RT}} \times \frac{1}{2v} \times \left(\frac{C_\text{mL}}{C_\text{L}} - \frac{L_\text{mL}}{L_\text{L}} \right) \tag{10.21}$$

$$k_\text{f} = \frac{1}{2v} \times \left(\frac{C_\text{mL}}{C_\text{L}} - \frac{L_\text{mL}}{L_\text{L}} \right) \tag{10.22}$$

其中，FEXT 表示远端串扰系数，V_f 表示静态线远端的电压，V_a 表示信号线电压，Len 表示两条线之间耦合区域的长度，k_f 表示只与本征参数有关的远端耦合系数，v 表示线上的信号传播速度，C_mL 表示单位长度互容 C_{12}（单位为 pF/in），C_L 表示信号路径上的单位长度电容 C_{11}（单位为 pF/in），L_mL 表示单位长度互感 L_{12}（单位为 nH/in），L_L 表示信号路径上的单位长度电感 L_{11}（单位为 nH/in）。

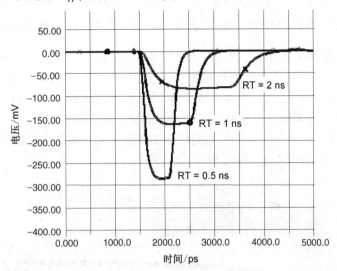

图 10.29　三种情况下，耦合长度均为 10 in 而上升边不同，FR4 中两条 50 Ω 微带线之间的远端噪声，其中线宽和线间距均为 5 mil。使用 Mentor Graphics HyperLynx 仿真

式（10.22）中的 k_f 项，即远端耦合系数，只与传输线的本征参数（相对电容性耦合、相对电感性耦合和信号的速度）有关，而与耦合区域的长度和信号的上升边无关。那么，这一项是什么意思呢？k_f 的倒数 $1/k_\text{f}$ 的单位是 in/ns，这是速度的单位。那么它所指的是什么速度呢？

下一章将讨论到，$1/k_\text{f}$ 确实与奇模信号和偶模信号的速度差有关。观察远端噪声的另一种方法是，当奇模信号和偶模信号的速度不同时就会产生远端噪声。在同质介质材料中，有效介电常数与电压模式无关，并且奇模信号和偶模信号以相同的速度传输，这时就没有远端串扰。

> **提示**　如果所有导线周围的介质材料是同质的，而且是均匀分布的，如两条耦合的完全嵌入式微带线或两条耦合带状线，则相对容性耦合和相对感性耦合完全相同，在这种结构中就不会出现远端串扰。

如果介质材料有异质现象，根据信号路径和返回路径之间的具体电压模式，电力线就会经过不同的有效介电常数，相对容性耦合和相对感性耦合就不相等，这将会引起远端噪声。

如果一对耦合线的周围空间都充满了空气，并且附近没有其他介质，则相对容性耦合和相对感性耦合就会相等，远端耦合系数 $k_\text{f} = 0$。

　　如果导线周围的空间充满了介电常数为 ε_r 的介质, 则此时的相对感性耦合不会改变, 因为磁场与介质根本无关。

　　容性耦合 C_{mL} 的增加量与介电常数成正比; 信号路径与返回路径之间的电容量 C_L 也随介电常数成正比增加。这样, 两者的比值 C_{mL}/C_L 也保持不变, 所以结果还是没有远端串扰。图 10.30 示例了一个没有远端串扰的完全嵌入式微带线和带状线的示例。

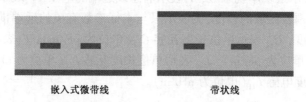

嵌入式微带线   带状线

图 10.30   两个采用同质介质的无远端串扰的结构: 完全嵌入式微带线和带状线

　　如果将嵌入式微带线上面的介质去掉, 则相对感性耦合不会改变, 因为电感与介质材料完全无关。然而, 电容项会受到介质分布的影响。图 10.31 给出了当导线上面的介质厚度减小时, 两个电容项的变化情况。虽然当导线上面的介质厚度减小时, 与返回路径之间的电容 C_L (C_{11}) 会减小, 但是相对而言它只减小了非常小的量, 而耦合电容 C_{mL} (C_{12}) 则相对减小了很多。因为耦合电容 C_{mL} 与两个信号路径之间耦合场最强区的介电常数有非常密切的关系, 所以当去掉顶层介质时, 耦合电容 C_{mL} 明显减小了。

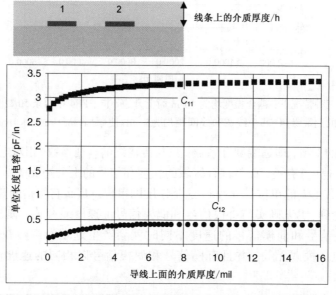

图 10.31   随着导线上面的介质厚度的增加, 电容项 C_{11} 和 C_{12} 的变化情况。对角线元素增加缓慢, 而非对角线元素增加了很多。使用 Ansoft SI2D 场求解器计算

　　在完全嵌入式的情况下, 相对耦合电容和相对耦合电感一样大。在上层没有介质的纯微带线情况下, 其相对耦合电容要比完全嵌入式微带线的小一些。

　　提示　　当减小耦合电容时, 远端耦合噪声却增加了。

　　经常提到的不是 k_f, 而是 $v \times k_f$, 它是无量纲的, 即

$$v \times k_{\mathrm{f}} = \frac{1}{2} \times \left(\frac{C_{\mathrm{mL}}}{C_{\mathrm{L}}} - \frac{L_{\mathrm{mL}}}{L_{\mathrm{L}}} \right) \tag{10.23}$$

由上式，FEXT 可写为

$$\mathrm{FEXT} = \frac{V_{\mathrm{f}}}{V_{\mathrm{a}}} = \frac{\mathrm{Len}}{\mathrm{RT} \times v} \times v \times k_{\mathrm{f}} = \frac{T_{\mathrm{D}}}{\mathrm{RT}} \times v \times k_{\mathrm{f}} \tag{10.24}$$

其中，$v \times k_{\mathrm{f}}$ 是本征项，它只与耦合线的横截面特性有关。当耦合线时延等于上升边，即 $T_{\mathrm{D}} = \mathrm{RT}$ 时，这一项也是对远端噪声的测度。如果 $v \times k_{\mathrm{f}} = 5\%$，则当 $T_{\mathrm{D}} = \mathrm{RT}$ 时静态线上的远端噪声为 5%。如果耦合长度加倍，远端噪声就达到了 10%。

　　图 10.32 说明了 $v \times k_{\mathrm{f}}$ 随线间距的变化情况，FR4 中有两条 50 Ω 微带线，线宽均为 5 mil。从这条曲线可以得出一个估计远端串扰的经验法则：如果线间距等于线宽，则 $v \times k_{\mathrm{f}}$ 约为 4%。例如，如果上升边为 1 ns，耦合长度是 6 in，即 $T_{\mathrm{D}} = 1$ ns，则一条相邻攻击线产生的远端噪声 $v \times k_{\mathrm{f}} \times T_{\mathrm{D}}/\mathrm{RT} = 4\% \times 1 = 4\%$。

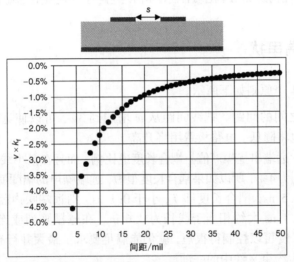

图 10.32　随着线间距的增加，$v \times k_{\mathrm{f}}$ 值的变化情况。其中，导线为 FR4 中两条 50 Ω 耦合微带线，线宽为 5 mil。使用 Ansoft SI2D 仿真

　　提示　若 FR4 中两条 50 Ω 微带线之间的距离是可以制造的最小间距，即线间距等于线宽，则远端串扰噪声为 $-4\% \times T_{\mathrm{D}}/\mathrm{RT}$，这是一个很好的经验法则。

　　如果耦合长度增加，或者上升边减小，那么远端噪声电压都会增加。如果信号路径两边各有一条动态线，则每条动态线产生的远端噪声值都相等。如果线宽和线间距均为 5 mil，则当 $T_{\mathrm{D}} = \mathrm{RT}$ 时，静态线上的远端噪声将为 8%。

　　从一代产品到下一代产品，电路板上表面走线的长度通常不会缩短太多，所以耦合时延大约是相同的。但是，随着产品换代，上升边一般都会减小。这就是远端噪声问题日益严重的原因。

　　提示　随着上升边缩短，远端噪声将增加。在使用最小线间距布线规则的电路板上，若上升边为 1 ns 或者更小，则 6 in 耦合导线上的远端噪声很容易超过噪声预算。

减小远端噪声的一种重要方法是增加相邻信号路径之间的距离。图 10.33 列出了 FR4 中两条 50 Ω 耦合微带线在 3 种不同线间距时的 $v \times k_f$ 值。电容矩阵和电感矩阵元素是与线宽和介质厚度的比值成比例的。所以，只要是 50 Ω 的传输线，这个图表提供了估计任何宽度下远端串扰的便利方法。

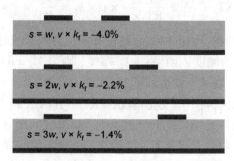

图 10.33　FR4 中两条 50 Ω 耦合微带线在不同线间距时，用于估计远端串扰的经验法则

10.13　减小远端串扰

减小远端串扰的 4 个原则如下所示。

1. 增加信号路径之间的间距。把线间距从 w 增加到 $3w$，可以使远端串扰减小 65%。然而，互连密度也将降低，电路板费用将升高。

2. 减小耦合长度。远端串扰噪声值与耦合长度成比例，而且在最小线间距(即线间距等于线宽)情况下 $v \times k_f$ 为 4%，所以如果耦合长度很短，远端噪声的幅度就能控制得很小。例如，如果上升边为 0.5 ns，耦合长度即 T_D 小于 0.1 ns，则远端噪声就小于 4% × 0.1/0.5 = 0.8%。T_D 为 0.1 ns 大约相当于线长为 0.6 in。在球栅阵列或连接器下面的紧密耦合区，如果耦合长度可以控制得很短，就仍能满足要求。最大并行布线长度，在许多布线工具里都被作为约束文件中的一项。

3. 在表面层导线的上方加介质材料。当需要表面层布线而且耦合长度不能减小时，在导线上方涂覆介质涂层可以减小远端噪声，如加上一层很厚的阻焊层。图 10.34 说明了 $v \times k_f$ 随顶层介质厚度的变化情况，其中涂层的介电常数与 FR4 相同，即均为 4，线和线之间的间距等于线宽。
   在导线上方加上介质也会使近端串扰噪声增加，并使传输线的特性阻抗减小，所以在加上介质涂层时，必须考虑到这些情况。
   随着介电涂层厚度的增加，远端噪声开始减小并经过零点，接着它变为正值，最后又下降并接近零点。在完全嵌入式微带线中，介质材料是同质的，所以不存在远端噪声，但这是介质厚度为线宽 5 倍时的情况。产生上述复杂行为的原因在于，走线之间、走线和返回路径之间边缘场的准确形状，以及涂层厚度增加时边缘场穿越介质的情况。
   可以找到一个涂层厚度值，使表面导线的远端噪声恰好为零。在这种特殊情况下，涂层厚度等于信号路径和返回路径之间的介质厚度，即约为 3 mil。

　　提示　一般而言，最佳涂层厚度与所有的几何特征和介电常数有关。即使很薄的涂层都将会减小远端噪声。

4. 将敏感线布成带状线。正如带状线横截面结构所示，这些位于埋层内耦合线上的远端噪声是最小的。如果远端有问题，减小远端噪声的最稳妥方法就是把敏感线布成带状线。

实际上，即使是带状线，介质材料也不可能完全同质。由于介质材料是核心叠层和预浸材料的组合，所以介电常数总会有一些变化。通常，预浸材料含树脂比较多，它的介电常数比核心叠层小，这就使介质分布不均匀并将引起远端噪声。

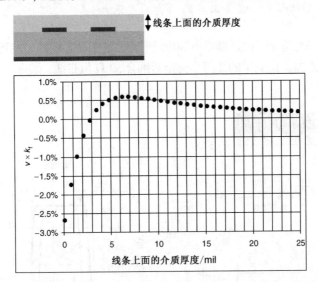

图 10.34　随着信号路径上涂层厚度的增加，远端串扰噪声测度 $v \times k_f$ 的变化情况。总线走线使用 FR4 中 50 Ω 紧耦合微带线，线宽和线间距均为 5 mil，并且假设涂层有相同的介电常数。使用 Ansoft SI2D 仿真

对于微带线而言，远端串扰噪声是最主要的噪声。微带线是表面层的走线。当线间距等于线宽，上升边为 1 ns 时，耦合长度超过 6 in，在总线的中间位置，受害线的远端噪声会达到信号电压的 8% 。当上升边减小或耦合长度增加时，远端串扰将增加。这就是低成本印制电路板中经常将许多信号线布成微带走线，远端噪声会成为主要问题的原因。

当用微带走线时，首先要消除远端噪声可能会过大的警告提示。对可能的远端噪声进行预估，以确信它不会造成什么问题。如果真有问题，则可以加大走线间距，减小耦合长度，涂覆更多的阻焊层，或者用带状线去布较长的线。

10.14　串扰仿真

两条均匀传输线的每一端都有端接匹配时，只要知道横截面的几何结构和材料性质，就能计算出近端和远端的噪声电压。二维场求解器可以算出 k_b 和 NEXT。也可以计算出 k_f，并且根据耦合长度的时延 T_D 和上升边，可以得到 FEXT。

但是，如果端接改变，那么情况会怎样？如果耦合长度仅是一个较大电路的一部分，那么又会怎样？这需要一个包含耦合传输线模型的电路仿真器。

如果单位长度互容和单位长度互感已知，就可以建立一个 n 节耦合传输线模型，采用足够多的节数，对任何端接策略进行仿真。使用 n 节集总电路模型的困难在于它的复杂性和计算时间。

例如，时延 1 ns，即互连长 6 in，且要求模型带宽为 1 GHz，则耦合模型中总共需要 10 × 1 GHz × 1 ns = 10 节集总电路。当长度增加时，所需节数也随之增加。

有一类仿真器，采用理想的分布式耦合传输线模型去构建耦合传输线。这些工具通常都

有整套的二维场求解器，只要输入横截面的几何结构，它们就会自动产生分布式耦合模型。理想的分布式耦合传输线，常常称为**理想差分对**，其细节将在第 11 章讲解。

> **提示**　内含整套的二维场求解器，从横截面信息就能自动生成分布式耦合传输线模型的这种工具，可以用于仿真包含任意驱动器、负载和端接的耦合传输线电路。在预估实际系统中的耦合噪声的性能时，这类工具的功能非常强大。

图 10.35 说明了理想情况下的远端噪声和近端噪声，其中动态线的一端连接低阻抗驱动器，其他各端都连有端接电阻器。此例中的几何结构是紧耦合50 Ω 微带线，线宽和线间距均为 5 mil。

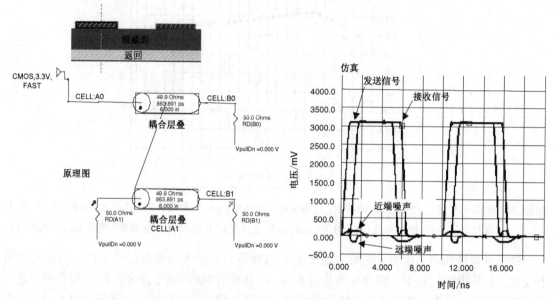

图 10.35　用 Mentor Graphics HyperLynx 仿真耦合传输线电路。给出一个紧耦合微带线对的截面,包括驱动器和端接电阻器的耦合线电路,以及动态线和静态线上的仿真电压

如果采用的是源串联端接，那么结果稍微复杂一些。图 10.36 给出了源串联端接的电路。在这种情况下，静态线远端的噪声非常重要，因为这里有对噪声非常敏感的接收器。在静态线远端，接收器的实际噪声是很微妙的。

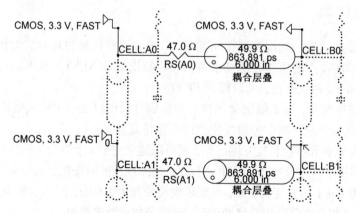

图 10.36　一对带有源串联端接的耦合线电路原理图。使用 Mentor Graphics HyperLynx 仿真

最初，静态线上接收器的噪声是动态线产生的远端噪声，它是一个很大的负脉冲。但是，由于信号在动态线的开路接收端发生反射，信号就沿着动态线返回到源端。同时，相对于反射信号波而言，静态线上的接收器成为后向端，因此在静态线上的接收器就有了后向噪声。尽管接收器是在静态线的远端，但是由于动态线上的信号发生反射，接收器将接收到远端和近端两种噪声。

静态线上接收器的近端噪声与基于理想 NEXT 得到的结果大致相同。图 10.37 将这种源串联端接拓扑结构中静态线上接收器的噪声与理想情况下的 NEXT 和 FEXT 加以比较。图中的曲线表明 FEXT 和 NEXT 的形状与静态线上的预估噪声非常一致。当然，与理想的 FEXT 和 NEXT 相比，封装模型和分立端接元件相关的寄生参数将使接收的噪声更复杂，仿真工具会自动考虑这些细节。

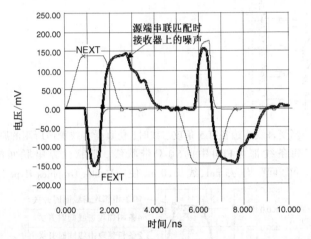

图 10.37   对远端有端接的电路仿真得到 NEXT 和 FEXT。与之相比的是，同样一对传输线但仅有源串联端接时静态线接收器的噪声。使用Mentor Graphics HyperLynx仿真

然而，这仅仅是只有一条攻击线耦合到受害线上的情况。在总线中，将有很多攻击线耦合到同一条受害线上，每一条攻击线都在受害线上添加额外的噪声。每一边应当包括多少条攻击线？求得结论的唯一方法是给出计算结果。

图 10.38 给出了一个总线电路，其中有一条受害线和两边各 5 条攻击线。每条线中都带有源串联端接和远端接收器。此例中，使用线宽和线间距均为 5 mil 的 50 Ω 带状线，其设计规则很具挑战性。传输线上的信号速度约为 6 in/ns，信号的上升边为 1 ns，时钟频率为 100 MHz，饱和长度为 1/2 ns × 6 in/ns = 3 in。我们取长度为 10 in，因此近端噪声将达到饱和，这是最坏的情况。

但是，在这条带状线上没有远端噪声。然而，攻击线远端反射回的信号改变了传输方向，后向噪声将会在受害线的远端出现。每条攻击线上的信号为 3.3 V。

图 10.39 给出了受害线上接收器的仿真噪声。当只有一条相邻线开关时，静态线上的噪声是 195 mV，即约为 6 %，这对于所有合理的噪声预算而言可能都太大了。这种几何结构的确是最差的情况。

如果受害线另一边的一条攻击线也同时开关，则噪声大约翻倍，即 390 mV。所以当受害线两边各有一条相邻攻击线时，产生的电压噪声约为 12%。显然，每条攻击线产生的噪声相等，而且这些噪声在受害线上是叠加的。

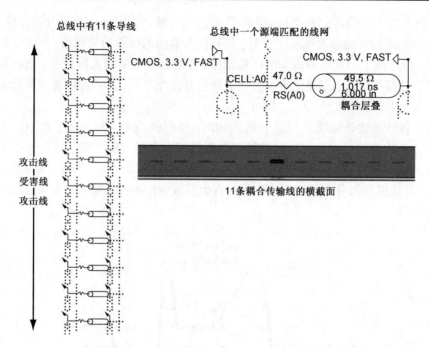

图 10.38　当受害线两边各有 5 条攻击线时,仿真受害线噪声所用的原理框图。
每条线都为FR4中的50 Ω带状线,都带有源串联匹配,线宽
和线间距均为5 mil,线长10 in。使用Mentor Graphics HyperLynx仿真

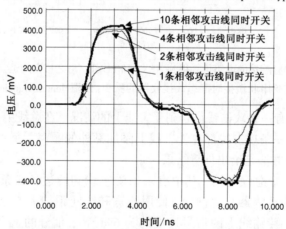

图 10.39　当1 条、2 条、4 条和 10 条攻击线同时开关时,受害线上接收器的噪声仿真。显
然,最近的两条攻击线囊括了绝大多数噪声。使用Mentor Graphics HyperLynx仿真

　　带状线中,随着线间距增大,耦合噪声迅速下降。相比于直接相邻的攻击线产生的噪
声,我们可以认为距离再远些的那两条攻击线产生的噪声是很小的。当最邻近的这 4 条攻
击线同时开关时,受害线上接收器的噪声值为 410 mV,即 12.4%。最后,最坏的情况就是
所有攻击线同时开关,这时噪声仍是 410 mV,这与最邻近的 4 条攻击线同时开关时没有什
么区别。

　　我们知道,总线上的绝对最差情况约为基本 NEXT 噪声水平的 2.1 倍。如果只考虑相邻
导线的开关,那么即便在最坏的几何结构下,仍能包括总噪声值的95%。如果考虑到了每边
各有两条相邻攻击线同时开关,也就几乎包括了100%的耦合噪声。

> **提示** 对大多数系统级仿真而言，在串扰分析中只包括受害线两边相邻导线产生的噪声就已足够了，这些噪声为紧耦合总线中串扰的95%。

在这个示例中，使用了非常具有挑战性的设计规则。串扰量达12%，远高于任何合理的噪声预算。如果使线间距等于线宽的两倍，则一条相邻线产生的噪声值将为1.5%，两条相邻线同时开关产生的噪声值将为3%。当4条最近的攻击线同时开关时，静态线上接收器的耦合噪声仍为3%。如果所有的10条相邻线同时开关，那么它也不会受影响而增大。使用5 mil 线宽、10 mil 线间距的实际设计规则，其仿真结果如图10.40所示。

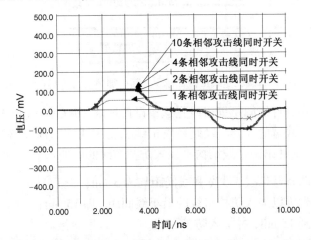

图10.40 11条 FR4 中的50 Ω 带状线总线，中心那条线接收器的噪声。其中每条导线宽5 mil，线间距为10 mil。同时开关的动态线分别为1条、2条、4条和10条。使用Mentor Graphics HyperLynx仿真

在最坏情况分析时，只需考虑受害线两侧的相邻线就可以了。

> **提示** 当使用最具挑战性的设计规则时（即线间距等于线宽），总线中某条受害线上95%以上的噪声是由受害线两侧紧邻的两条攻击线耦合产生的。若使用保守的设计规则，即线间距等于线宽的两倍，则几乎所有噪声都是由受害线两边紧邻的攻击线耦合产生的。

上述结果表明，在建立长平行信号总线的线间距设计规则时，容许看到的最坏噪声最多为基本 NEXT 值的2.1倍。如果噪声预算为受害线网上的串扰分配了5%电压摆幅，则可容许相邻线网之间的实际 NEXT 值为5%÷2.1，即 NEXT 值约为2%。在制定关于微带线或带状线中可容许的最小间隔规范时，这就是设计要求的目标值。

10.15 防护布线

减小串扰的一种方法就是增大线间距。使线间距等于线宽的两倍，可以保证最坏情况下的串扰小于5%。在有些情况下，尤其是在混合信号情况下，保持串扰远小于5%很重要。例如，一个敏感的射频接收器可能需要与数字信号的隔离度高达 −100 dB。−100 dB 就是指出现在敏感静态线的噪声值小于动态信号的0.001%。

人们常常以为，使用防护布线可以明显减小串扰。但是只有当设计和配置正确时，这才是有效的。隔离两条走线的行之有效的办法是使它们在有不同返回路径的层上布线。对于各种

布线选择,这种方法给出了最好的隔离效果。然而,如果必须将攻击线和受害线布在同一层的邻近位置,防护布线就成为特定条件下控制串扰的可供选择的方法。

防护布线是位于攻击线和待屏蔽受害线之间的隔离线,图10.41给出了防护布线的几何结构。信号线之间的防护布线应尽量宽,同时还要符合线间距的设计规则。防护布线可以用在微带线和带状线结构中,但微带线中的防护布线作用不是特别大。下面给出一个简单的示例。

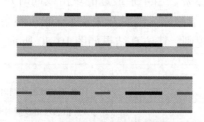

图10.41　包含防护布线的走线横截面示例,其中加黑线为防护布线,其他为信号线

如果坚持使用最小容许线间距等于线宽这条设计规则,则在加入防护布线之前,必须将导线之间的线间距增大到线宽的3倍,以便在攻击线和受害线之间加入防护布线。通过对以下3种情况的比较,可以估计出微带线结构中加入防护布线的好处:

1. 线间距很近的两条微带线,线宽和线间距均为5 mil;
2. 将线间距加大到可以加入防护布线的最小线间距,即15 mil;
3. 将线间距加大到15 mil,**并**加入防护布线。

这3个示例如图10.42所示。

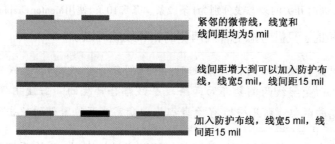

紧邻的微带线,线宽和线间距均为5 mil

线间距增大到可以加入防护布线,线宽5 mil,线间距15 mil

加入防护布线,线宽5 mil,线间距15 mil

图10.42　用于估计受害线上的接收器噪声的3个不同微带线结构

此外,我们可以评估防护布线的不同端接策略,它的两端应该为开路?应该有端接?还是应该为短路?

图10.43把所有这些情况下静态线接收器的噪声峰值进行了比较。接收器上的噪声是动态线上的信号及反射信号在静态线上的远端噪声和近端噪声,与它们的反射的合成结果。与这些一阶效应合在一起考虑的,还有封装和电阻器元件寄生参数产生的二阶效应。

走线间距最小时的峰值噪声是130 mV,约为4%。仅把走线间距增大到可以加入防护布线的宽度,噪声就减小到39 mV,即1.2%。这大约缩减了4倍,除了极个别的情况,这几乎都是一个足够低的串扰值。当加入防护布线并使其浮空开路时,可以看出静态线上的噪声稍微增加了一点。

但是,如果在防护布线两端连上50 Ω端接电阻器,则噪声将减小到大约25 mV,即0.75%。如果把防护布线两端短路,则静态线上的噪声将减小到22 mV,即约为0.66%。

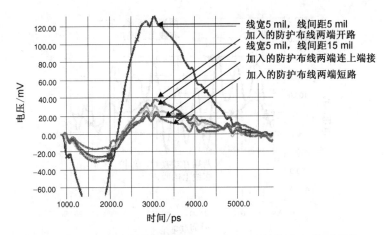

图 10.43 对防护布线两端开路、短路、匹配端接这 3 种不同几
何结构的试验。使用 Mentor Graphics HyperLynx 仿真

> **提示** 加大线间距可以得到许多好处，噪声可以减小到 1/4。加入防护布线并使其两
> 端短路，噪声就能再减小 1/2。如果其两端维持开路，则实际上串扰将会加大。

> **提示** 防护布线影响了攻击线和受害线之间的电场和磁场，最终使电容矩阵和电感矩
> 阵元素减小。

防护布线所引起的非对角线元素幅度的减小，仅仅与几何结构有关系，而与防护布线和返
回路径之间的电气连接方式无关。这说明防护布线总是有好处的，但防护布线也可以看成另
一条信号线。噪声从攻击线耦合到防护布线上，防护布线上的这个噪声可以再次耦合到静态
线上。防护布线上产生的可耦合到静态线上的噪声值，与防护布线的端接方式有关。

如果防护布线开路，这时防护布线上产生的噪声就是最大的。如果每一端都用 50 Ω 端接，产
生的噪声就会少一些。图 10.44 给出了上述条件下，防护布线远端的噪声。上述条件即线宽和线间
距均为 5 mil 的 50 Ω 微带线，动态线带有源串联端接，动态线上的信号为 3.3 V 且频率为 100 MHz。
很明显，当防护布线开路时，防护布线上的噪声更多一些。这个额外的噪声也将在静态线上耦合
更多的噪声，这就是开路的防护布线比没有防护布线时，在受害线上产生更多噪声的原因。

防护布线两端短路才能显现其最大的好处。随着信号沿着攻击线传播，它仍将噪声耦合到
防护布线上。防护布线上的后向噪声到达近端的短路处发生负反射，反射系数为 -1。这就意味
着防护布线上后向传播的大部分近端噪声，会与同时存在的近端前向传播的负反射噪声相抵消。

> **提示** 防护布线的短接将消除沿线可能出现的任何近端噪声。

防护布线上也有前向远端噪声，而且此噪声持续向前移动，直到它到达防护布线远端短路
处。在这一点，它反射回去，且反射系数为 -1。在防护布线的最远端，净噪声将为 0，因为这
里是短路。但是，反射的远端噪声将继续向防护布线的近端传播。如果只将防护布线的两端
短路，防护布线上的远端噪声就在两端之间往返反射，对于要保护的受害线而言，这就像一个
潜在的噪声源。如果防护布线是无损耗的，则远端噪声就在防护布线上往返迅速移动，成为一
个能够把噪声再耦合到受害线上的小噪声源。

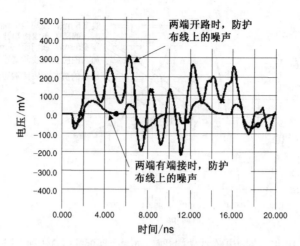

图 10.44　防护布线两端分别开路和端接时末端上的噪声，这个噪声
也将耦合到静态线上。使用Mentor Graphics HyperLynx仿真

> **提示**　沿防护布线增加多个过孔，可以减小防护布线上产生的远端噪声值。这些过孔
> 不影响从攻击线直接耦合到受害线的噪声，它们只是抑制防护布线上产生的噪声电压。

　　防护布线上的短路过孔之间的线间距对防护布线上产生电压噪声的影响有两种方式。防护布线上的远端噪声只在过孔之间的区域产生。线间距越短，防护布线上产生的最大远端噪声就越小。过孔越多，防护布线上的远端噪声就越小。这意味着可以耦合到受害线上的噪声就小了。

　　对于中间有防护布线的两对 10 in 长的耦合微带线，图 10.45 比较了它们的受害线上的噪声，其中一条防护布线每端各有一个短路过孔，另一条防护布线上有 11 个短路过孔，每两个过孔之间的间隔为 1 in。

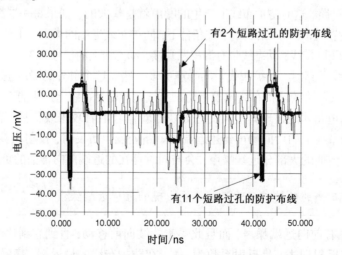

图 10.45　防护布线上分别有 2 个和 11 个短路过孔时，受害线上的噪声比较。其中动态信号是上升边为
0.7 ns的3.3 V电压，为了显示只有两个短路过孔防护布线上的噪声效应，使用了较低的 25 MHz 时
钟频率。受害线上的最大噪声为 35 mV，是 3.3 V 电压的 1%。使用 Mentor Graphics HyperLynx 仿真

受害线上的原始噪声是一样的,与短路过孔数无关,这是受害线和攻击线之间直接耦合的噪声。耦合噪声值与因防护布线而减小的矩阵元素有关。加上过孔时,我们限制了防护布线上产生的噪声,并且消除了这个额外噪声耦合到受害线上的可能性。

多个短路过孔的另一个作用就是使远端噪声产生负反射,以抵消入射远端噪声。但是,只有在入射远端噪声和反射远端噪声相叠加的地方才能抵消。如果短路过孔之间的间距大于远端噪声的脉冲宽度,即上升边,就不会产生这一效果。

> **提示** 这里给出了一个经验法则:短路过孔应当沿防护布线分布开,在信号上升边的空间延伸里至少有3个过孔。这将保证使远端噪声与其负反射重叠在一起,从而使防护布线上的噪声电压相互抵消。

如果上升边为 1 ns,则空间延伸为 1 ns×6 in/ns=6 in,短路过孔之间的间距应为 6 in/3 = 2 in。前面示例中给出的上升边为 0.7 ns,其空间延伸为 0.7 ns×6 in/ns=4.2 in,则短接过孔之间的最优间距为 4.2 in/3=1.4 in。在前面的示例中,实际的短路过孔为每隔 1 in 安放一个。这时,更小的间距对耦合到受害线上的噪声已没有影响。

当然,信号上升边越短,得到最佳隔离的短路过孔之间的间隔也就越小。通常还需要折中考虑过孔的费用和应当加入的过孔数,但这只是当隔离度要求很高时才值得考虑。实际上,增加短路过孔数对受害线上的噪声只有很小的影响。

在特别需要高隔离度的场合,带状线中耦合到静态线上的噪声会小得多。所以,通常应当采用带状线结构。在带状线中,远端噪声非常小,沿防护布线分布短路过孔的必要性也就更小。

防护布线对增强带状线结构中的隔离度非常有效。图 10.46 分别给出了一对 50 Ω 带状线在有防护布线和没有防护布线的情况下,攻击线和受害线之间的近端串扰。在这个示例中,逐渐增加了两条信号线之间的线间距和防护布线宽度,并符合线间隙总是大于 5 mil 这个设计规则。在带状线结构中,与没有防护布线的结构相比较,防护布线提供了一个非常明显的隔离作用。使用宽的防护布线,隔离度甚至大到 −160 dB。如果受害线和攻击线之间的线间距为 30 mil,则防护布线几乎可以使隔离度降低 3 个数量级。

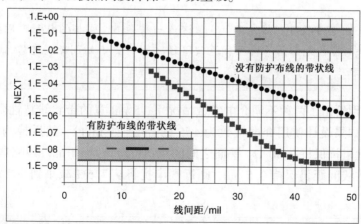

图 10.46 有防护布线和没有防护布线的情况下,带状线上的近端串扰。信号线宽为 5 mil,均为 FR4 中的 50 Ω 带状线。防护布线本身的线宽随信号线间距而增加,但线之间保持 5 mil 的间隙。近端噪声在大约 10^{-9} 处维持不变,表明这已经是仿真器的数值噪声基底。使用 Ansoft SI2D 仿真

防护布线不只是屏蔽了电场,附近动态线上的信号电流也在防护线上产生了感应电流。图 10.47 给出了线宽和线间距均为 5 mil 的动态线、防护布线和静态线上的电流分布。电流只在动态线上激励,但是防护布线上有感应电流,而且与返回平面上的电流密度相当。

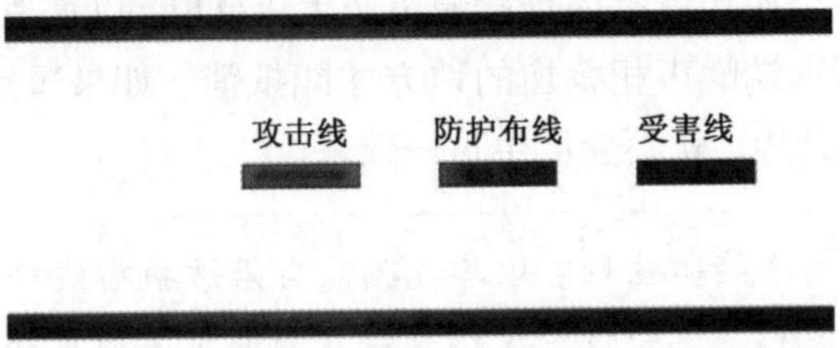

图 10.47　在攻击线上加入 100 MHz 信号,防护布线与返回路径短路连接时,各条导线上的电流分布。颜色越淡,电流密度越高,这里的灰度之比表示呈对数比例。使用 Ansoft SI2D 仿真

这个感应电流与动态线上的电流方向相反。防护布线上的感应电流产生的磁力线将进一步抵消动态线在静态线位置处产生的杂散磁力线。对于用作防护布线的一条导线或一组导线,在计算它的新电容矩阵元素和电感矩阵元素时,二维场求解器会全面考虑到电场屏蔽效应和磁场屏蔽效应。

10.16　串扰与介电常数

近端噪声与相对容性耦合、相对感性耦合的总和 $C_{12}/C_{11} + L_{12}/L_{11}$ 有关。当然,感性耦合完全不受导线周围介质材料的影响。

在介质材料处处均匀的 50 Ω 带状线结构中,如果周围所有介质的介电常数都减小,则信号路径和返回路径之间的电容 C_{11} 也会减小。但是,两条信号路径之间的边缘场电容 C_{12} 也将减小同样的量,所以这条带状线上的串扰没有任何改变。

然而,若各处的介电常数都减小,则特性阻抗从 50 Ω 开始增加。使特性阻抗恢复到 50 Ω 的一种方法就是减小介质厚度。若介质厚度减小到使特性阻抗达到 50 Ω,则串扰同时也将减小。

> **提示**　减小介电常数可以降低串扰,但这是一种微妙、间接的作用。对于相同的目标阻抗,较低的介电常数允许信号路径和返回路径之间有更小的间距,这意味着产生的串扰较低。

图 10.48 分别给出了两种不同介电常数情况下,5 mil 宽的带状线特性阻抗随平面间距离的变化情况。如果设计使用介电常数为 4.5 的叠层(如 FR4),然后换为 3.5(如聚酰亚胺),为了使特性阻抗保持在 50 Ω,平面之间的距离就应该从 14 mil 减小到 11.4 mil。如果 5 mil 线宽之间的线间距仍保持在 5 mil,则近端串扰将从 7.5% 减小到 5.2%,即近端串扰减小了 30%。

> **提示**　使用较小介电常数的材料,可以使布线间距相同时的串扰减小,或者是对于相同的串扰指标,可以使布线间距更小。对于受到串扰设计规则限制的情况,这种方法可以减小电路板尺寸。

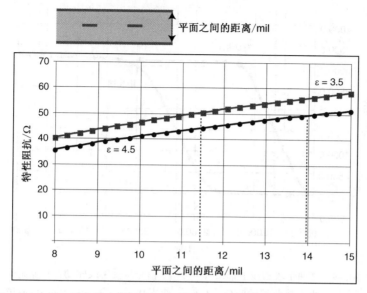

图 10.48 对于两种不同的介质材料，随着平面间距离的变化，带状线特性
阻抗的变化情况。阻抗相同时，较低的介电常数允许平面之间的
距离更小一些，从而使产生的串扰也较小。使用Ansoft SI2D仿真

10.17 串扰与时序

信号线的时延 T_D 与互连长度及线上的信号速度有关。信号的速度与周围材料的介电常数有关。原则上讲，相邻攻击线产生的串扰应该不会影响受害线的时延。毕竟，相邻线上的信号怎么可能影响受害线上的信号速度呢？

> **提示** 在带状线中，确实如此。受害线上的信号速度与附近任何攻击线上的信号完全无关，而且串扰对时序也没有任何影响。

但是，在微带线上，串扰和时序之间有着微妙的相互作用。这是由介质材料的不对称和信号线之间的边缘场不相同而共同形成的，其中信号线之间的边缘场与攻击线上的数据模式有关。

假设有 3 条相距很近的 10 in 长的微带信号线，线间距和每条线宽均为 5 mil。其中，最外边的两条线是攻击线，中心线为受害线。当动态线上没有信号时，受害线的时延约为 1.6 ns，如图 10.49 所示。

> **提示** 受害线上的信号时延与攻击线上的电压模式有关。当攻击线和受害线信号的开关方向相反时，受害线时延将减小。当攻击线和受害线上的信号开关方向相同时，受害线的时延将增大。

攻击线上的电压模式与受害线上的信号时延之间的关系如图 10.50 所示，仿真结果如图 10.51 所示。当攻击线关闭时，受害线上信号电压的电力线感受到体介质材料和导线上的空气这两种介质，它们合成的有效介电常数决定了信号的速度。

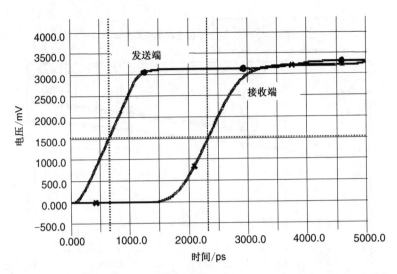

图 10.49　当两个攻击线上都没有信号时，信号从受害线驱动器传输到受害
线上接收器的时延为1.6 ns。使用Mentor Graphics HyperLynx仿真

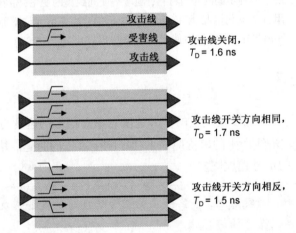

图 10.50　信号在攻击线和受害线上的 3 种方式。攻击线上的电压模式对受害线的时延有影响

　　当攻击线上信号的开关方向与受害线上信号的开关方向相反时，受害线和攻击线之间将有很强的场，许多电力线出现在介电常数较小的空气中。这时，受害线受到的有效介电常数有一大部分是源于空气的，与攻击线关闭时相比，有效介电常数就减小了。有效介电常数减小，导致受害线上的信号速度更快，从而时延更短，如图 10.52 所示。

　　当攻击线上信号的开关方向与受害线上信号的开关方向相同时，每条线都有相同的电位，空气中几乎没有电力线，绝大多数电力线在体介质材料中。这意味着受害线受到的有效介电常数更大一些，主要取决于体介质材料的介电常数。这时，对受害线上的信号而言，有效介电常数增大，使得受害信号的速度降低，从而时延增大。

　　当攻击线开关方向与受害线开关方向相反时，信号速度增加而时延减小；当攻击线开关方向与受害线开关方向相同时，受害线上的信号速度降低而时延增大。

　　在紧耦合的线对中，边缘场重叠很严重，串扰仅在此刻才会影响时延。如果两条线相隔很远，串扰电压就不是问题，边缘场就不会重合，受害线的时延就与其他导线如何开关没有关系。在用分布式耦合传输线模型进行仿真时，已经充分考虑了这种影响。

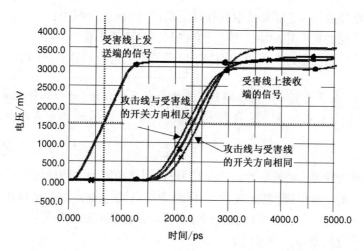

图 10.51 当攻击线的开关方向分别与受害线的相同和相反时，受害线上接收端的信号。使用Mentor Graphics HyperLynx仿真

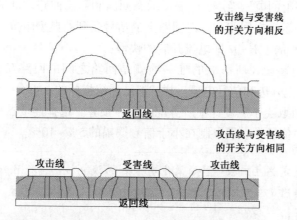

图 10.52 当开关方向相同和相反时，受害线和攻击线周围的电场分布。使用 Mentor Graphics HyperLynx 仿真

10.18 开关噪声

到目前为止，我们讨论的是以宽连续平面作为返回路径的传输线串扰，电路板的大多数传输线都属于这种情况。这种情况下会存在近端和远端噪声，所有耦合都发生在邻近的信号线之间，距离更远的走线之间几乎不存在耦合。

如果返回路径不是均匀平面，增加的感性耦合就比容性耦合高得多，这时噪声主要由回路互感主导。这通常发生在互连中很小的局部区域里，例如封装、连接器及电路板上返回路径被间隙隔断的区域。

当回路互感占主导地位，并且发生在很小的区域时，可以用单个集总互感器去模拟耦合。静态线上由互感产生的噪声仅在当动态线出现 dI/dt 时才会出现，即边沿开关时。正是由于这个原因，互感占主导地位时产生的噪声有时也称为**开关噪声**、dI/dt**噪声**或 ΔI**噪声**。以前讨论过的地弹也是开关噪声的一种形式，它对应于公共返回引线的总电感在回路互感中占主导地位的特殊情况。只要有公共返回路径，就会产生地弹。减小地弹有如下 3 种方法。

1. 增加返回路径数量,这样每条返回路径上总的 $\mathrm{d}I/\mathrm{d}t$ 就会减小;
2. 增加返回路径的宽度并减小长度,使它的局部自感最小化;
3. 将每一个信号路径靠近它的返回路径,以便增加它与返回路径之间的局部互感。

> **提示** 然而,即使没有公共返回路径,当两个或多个信号–返回路径回路之间的互感起主导作用时,依然会存在串扰。连接器和封装中的回路互感通常是实现高速性能的制约因素。

使用一个简单的模型,就能估计出两个信号–返回路径回路之间的回路互感是否太大。当信号经过连接器中的一对引脚(动态线)时,回路中的电流可能突然在波前处发生变化。由于两个回路之间存在互感,电流的变化引起相邻的静态回路感应出电压噪声。

静态回路上感应的电压噪声可由下式近似:

$$V_{\mathrm{n}} = L_{\mathrm{m}} \frac{\mathrm{d}I_{\mathrm{a}}}{\mathrm{d}t} = L_{\mathrm{m}} \frac{V_{\mathrm{a}}}{\mathrm{RT} \times Z_0} \tag{10.25}$$

其中,V_{n} 表示静态回路上的电压噪声,L_{m} 表示动态回路和静态回路之间的互感,I_{a} 表示动态回路上变化的电流,Z_0 表示动态回路和静态回路上的信号受到的典型阻抗,V_{a} 表示动态回路上的信号电压,RT 表示信号的上升边(即电流开启的快慢)。

不同的连接器和封装设计所影响的唯一一项就是回路之间的回路互感。信号感受到的阻抗(常见的是 50 Ω)与上升边和信号电压一样,都是系统指标的一部分。

容许的开关噪声值取决于总设计中所分配的噪声预算。选择连接器和 IC 封装的噪声指标会因人而异,开关噪声值通常必须限制在小于信号摆幅的 5%~10%。

> **提示** 一个信号完整性工程师,如果他有很好的谈判技巧,并且知道寻找并实现互感足够低的封装或连接器是多么困难,就会自觉地力争让互感指标放宽一些,而要求系统中的其他部分的指标严格一些。

如果规定了最大可容许的开关噪声,也就定义出了动态线网和静态线网之间的最大可容许的回路互感。这个最大可容许的回路互感为

$$L_{\mathrm{m}} = \frac{V_{\mathrm{n}}}{V_{\mathrm{a}}}(\mathrm{RT} \times Z_0) \tag{10.26}$$

其中,L_{m} 表示动态回路和静态回路之间的互感,V_{n} 表示静态回路上的电压噪声,V_{a} 表示动态回路上的信号电压,RT 表示信号的上升边(即电流开启的快慢),Z_0 表示动态回路和静态回路上的信号受到的典型阻抗。

作为示例,我们使用以下值:$V_{\mathrm{n}}/V_{\mathrm{a}} = 5\%$,$Z_0 = 50\ \Omega$ 和 RT = 1 ns。

此例中,最大可容许的回路互感为 2.5 nH。如果上升边减小,$\mathrm{d}I/\mathrm{d}t$ 产生的开关噪声将更大,所以必须减小回路互感以减小开关噪声。

> **提示** 这里给出了一个经验法则:要使一对信号–返回路径回路之间的开关噪声保持在可接受的水平,应使它们之间的回路互感 $L_{\mathrm{m}} < 2.5\ \mathrm{nH} \times \mathrm{RT}$,其中 RT 的单位为 ns。

如果上升边为 0.5 ns,最大可容许的回路互感则为 1.2 nH。随着上升边缩短,最大可容

许的回路互感也会减小，从而使连接器和封装设计变得更加困难。以下 3 种主要的几何特征可以减小回路互感：

1. 回路长度。这是影响回路互感的最主要因素。减小回路长度，互感也会减小。这就是为什么封装和连接器的发展趋势是越小越好，例如 CSP 封装。

2. 回路之间的间距。这是影响回路互感的第二个因素。拉大间距，互感也会减小。但是，各个信号−返回路径回路之间的间距大小是受实际因素限制的。

3. 信号接近自己回路的返回路径。这是影响回路互感的第三个因素。回路互感与每个回路的回路自感有关，减小其中任一个回路的回路自感，将减小它们之间的回路互感。将信号靠近回路的返回路径将减小它的阻抗。一般而言，信号路径的阻抗减小，开关噪声也会减小。当然，阻抗太小将引起一系列与阻抗突变有关的新问题。

这一分析是根据开关噪声在相邻两条信号路径之间产生这一假设展开的。如果两条攻击线和同一静态线之间的耦合很大，要使受害线上的开关噪声值保持不变，就要把每对线之间的互感减小一半。与同一条受害线相耦合的攻击线越多，容许的耦合互感就越小。

如果知道在封装和连接器中的信号对之间的回路互感的大小，就能用式(10.26)的近似去直接估算出它们的最短可用上升边或最高可用时钟频率。例如，如果回路互感是 2.5 nH，而且耦合只存在于两条信号路径和返回路径之间，则使开关噪声小于 5% 信号摆幅的最短上升边为 1 ns。

> **提示**　这里给出一个经验法则：受开关噪声限制的最短可用上升边，以 ns 计算，就是 $\text{RT} > L_\text{m}/2.5 \text{ ns}$(其中互感 L_m 的单位为 nH)。如果假设时钟周期是 $10 \times \text{RT}$，则最高可用时钟频率约为 $1/(10 \times \text{RT}) = 250 \text{ MHz}/L_\text{m}$。

例如，如果一对信号路径之间的回路互感 L_m 是 1 nH，那么最高工作时钟频率约为 250 MHz。当然，如果有 5 条攻击线可以与受害信号线相耦合，且每一对的回路互感为 1 nH，那么最高工作时钟频率将减小到 250 MHz/5 = 50 MHz。这就是信号路径之间互感的典型值为 1 nH 的引线封装，其最高工作时钟频率为 50 MHz 之内的原因。

10.19　降低串扰的措施

串扰不可能完全消除，它只能降低。通常，降低串扰的设计有如下几种做法。

1. 增加信号路径之间的间距；
2. 用平面作为返回路径；
3. 使耦合长度尽量短；
4. 在带状线层布线；
5. 减小信号走线的阻抗；
6. 使用介电常数较低的叠层；
7. 在封装和连接器中不采用公共返回引脚；
8. 当两条信号线之间的高隔离度很重要时，把它们布在具有不同返回平面的不同层上。
9. 防护布线对微带线的作用不是很大。对于带状线，最好在两端和沿线都使用有短路过孔的防护布线。

> **提示** 遗憾的是,采取降低串扰的做法总会增加系统费用。因此,能够准确预估所关心的串扰至关重要。这样就能找到一个恰当的折中点,在串扰可接受的前提下做到成本最低。

仿真均匀传输线上的串扰时,内含集成电路仿真器的二维场求解器就是合适的工具。对于非均匀传输线,无论是静态的(可以用一段单节集总电路近似)还是全波的(该传输线是电大尺寸的),三维场求解器都是合适的工具。采用预估工具,就可以估计出为了实现设计的性能需要付出多大的代价。

10.20 小结

1. 串扰与两个或多个信号-返回回路之间的容性耦合和感性耦合有关。它通常都很大,足以引起许多问题。
2. 当相邻信号线的返回平面是宽平面时,它们之间的串扰最低。这时,容性耦合与感性耦合相当,两者都必须考虑。
3. 串扰主要是由于边缘场的耦合,所以减小串扰的最重要的方法就是增大信号路径之间的间距。
4. 与动态信号路径相邻的静态线上的近端噪声和远端噪声的样式是不同的。近端噪声与容性耦合电流和感性耦合电流的总和有关,远端噪声与容性耦合电流和感性耦合电流的差值有关。
5. 对于总线中耦合的最坏情况,为了保持近端噪声小于5%,50 Ω 传输线的间距至少应为线宽的两倍。
6. 耦合长度等于上升边空间延伸的一半时,近端噪声将达到最大值。
7. 远端噪声与耦合长度时延和上升边的比值成正比。对于一对线间距等于线宽的微带线,当耦合长度时延等于上升边时,远端噪声约为4%。
8. 在紧耦合总线中,只考虑受害线两边最近的两条攻击线,就可以包括95%耦合噪声。
9. 带状线中没有远端串扰。
10. 如果要求有非常高的隔离度,则信号线应该布在具有不同返回平面的不同层上。如果它们必须布在同一层的相邻位置,则应使用具有防护布线的带状线。这时的隔离度可以做到大于 −160 dB。在这种情况下,当信号通过过孔改变参考层时,要注意地弹串扰问题。
11. 在有些封装和连接器中,互感在耦合噪声中占主导地位。随着上升边变短,信号-返回路径回路之间的最大容许互感量必然减小,这将使设计高性能的元件变得更困难。

10.21 复习题

10.1 在大多数典型的数字系统中,受害线上多大的串扰噪声就算太多了?
10.2 如果信号摆幅为 5 V,那么多少毫伏的串扰是可接受的?
10.3 如果信号摆幅为 1.2 V,那么多少毫伏的串扰是可接受的?

10.4　串扰的根本原因是什么?

10.5　什么是叠加,如何将这一理念用于串扰分析?

10.6　在混合信号系统中,可能需要加多大的隔离?

10.7　串扰的两个根源是什么?

10.8　在关于耦合的等效电路模型中有哪些元件?

10.9　如果信号的上升边是 0.5 ns,耦合长度是 12 in,那么为了建造一个 LC 模型,要求 n 为多少节?

10.10　为了减弱边缘电场和边缘磁场幅值,有哪两种方法?

10.11　为什么在动态导线和静态导线之间耦合的总电流与信号的上升边无关?

10.12　近端串扰噪声的特征是什么?

10.13　微带线中的远端串扰噪声的特征是什么?

10.14　带状线中的远端串扰噪声的特征是什么?

10.15　紧耦合带状线对的典型近端串扰系数是多大?

10.16　有两条耦合的微带线,当静态线的远端开路时,静态线近端的串扰噪声的特征是什么?

10.17　当动态线上为正边沿信号时,其近端串扰的标志是正信号。当动态线上为负边沿信号时,其噪声的标志特征是什么? 如果动态线上的信号是方波脉冲,那么其近端串扰噪声的标志特征是什么?

10.18　为什么麦克斯韦电容矩阵的非对角线元素是负的?

10.19　如果信号的上升边为 0.2 ns,那么对于近端串扰而言,对应在 FR4 互连中的饱和长度是多大?

10.20　在带状线中,考查容性感应电流与感性感应电流,哪一个对近端串扰的贡献更大?

10.21　近端串扰噪声怎样随着长度和上升边而变化?

10.22　微带线中的远端串扰怎样随着长度和上升边而变化?

10.23　为什么在带状线上没有远端串扰噪声?

10.24　为了降低近端串扰,有哪 3 种设计特征可以调整?

10.25　为了降低远端串扰,有哪 3 种设计特征可以调整?

10.26　为什么采用较低的介电常数也能减少串扰?

10.27　如果在两条信号线之间添加防护布线,那么信号线必须分开多远? 如果将走线分开但没有添加防护布线,那么近端串扰又会怎样? 什么样的应用场合需要比这更低的串扰?

10.28　如果真的需要非常高的隔离度,则需将防护布线设计成什么结构才能给出最高的隔离度? 防护布线应如何端接?

10.29　地弹的根本原因是什么?

10.30　为了减少地弹,请列出 3 种设计特征。

第 11 章 差分对与差分阻抗

差分对是指存在耦合的一对传输线。应用一对传输线的价值，与其说在利用差分对的特性，倒不如说在利用差分信令的特性，是信令应用了差分对。

差分信令是用两个输出驱动器去驱动两条独立的传输线，一条线运送 1 比特，而另一条线运送它的补。所测量的信号是两条线之间的差，这一差信号携带着要传送的信息。

差分信令与单端信令相比有很多优点，如下所示。

1. 双驱动器产生的 dI/dt 比单端驱动器时的大幅降低，从而减小了地弹、轨道塌陷和潜在的电磁干扰。
2. 与单端放大器相比，接收器中的差分放大器可以有更高的增益。
3. 差分信号在一对紧耦合差分对中传播，其串扰较小，应对差分对的两条传输线公共返回路径中的突变的稳健性也比较好。
4. 差分信号通过连接器或封装时，不易受到地弹和开关噪声的干扰。
5. 使用价格低廉的双绞线即可实现较远距离的差分信号的传输。

差分信号的最大缺点是会产生潜在的电磁干扰。如果不对差分信号进行恰当的平衡或滤波，或者如果存在任何共模信号分量，都可能使加在外部双绞线上的实际差分信号产生电磁干扰问题。

第二个缺点是，与传输单端信号相比，传输差分信号需要两倍数量的信号线。第三个缺点是要理解许多新原理和重要的设计规则。因为差分对的复杂效应，工业界的一些传言已经给设计造成了不必要的麻烦和混乱。

10 多年前，只有不到 50% 的电路板采用可控阻抗互连，而现在这一数字已超过了 90%。预计将有超过 90% 的电路板使用差分对。

11.1 差分信令

差分信令广泛应用于小型计算机可升级接口(SCSI)总线及以太网中，应用于光纤远程通信协议中(如 OC-48，OC-192 和 OC-768)，并应用于所有的高速串行协议中。其中一种获得广泛应用的信令方案就是低压差分信令(LVDS)。

当观测信号电压时，分清被测点的位置是很重要的。当驱动器在一条传输线上驱动一路信号时，在信号线和返回路径之间会存在一个信号电压，这样的信号通常称为**单端传输线信号**。当两路驱动器驱动一个差分对时，除了各自的单端信号，这两路信号线之间还存在一个电压差，这样的信号称为差分信号。图 11.1 给出了这两种信号的测量方法。

在低压差分信号中，由两个输出引脚驱动 1 比特的信息。每路信号电压范围为 1.125 ~ 和 1.375 V，并且各自驱动一条传输线。信号线和返回路径上的单端电压如图 11.2 所示。

在接收器端，线 1 的电压是 V_1，线 2 的电压是 V_2。差分接收器检测线 1 与线 2 之间的电压差，恢复出差分信号，即

$$V_{\text{diff}} = V_1 - V_2 \tag{11.1}$$

其中，V_{diff} 表示差分信号，V_1 表示线 1 相对于其返回路径的信号电压，V_2 表示线 2 相对于其返回路径的信号电压。

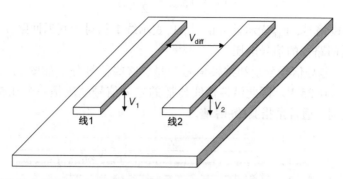

图 11.1   单端信号在信号线和返回线之间测量，差分信号在形成差分对的两条信号线之间测量

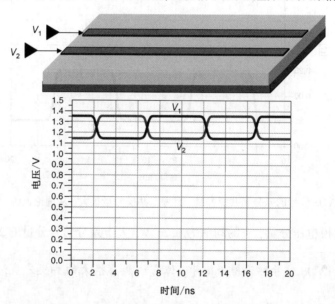

图 11.2   一种典型的差分信号：LVDS 信号的电压信令方案

除了这些携带所传递信息的差分信号，电路中还存在着共模信号。共模信号用两条信号线上的平均电压表示，定义为

$$V_{\text{comm}} = \frac{1}{2}(V_1 + V_2) \tag{11.2}$$

其中，V_{comm} 表示共模信号，V_1 表示线 1 相对于其返回路径的信号电压，V_2 表示线 2 相对于其返回路径的信号电压。

> **提示**   这些有关差分信号和共模信号的定义适用于所有的信号。任何加在一对传输线上的任意信号都可用差分信号分量和共模信号分量的组合去描述，并且这种描述方法是完整和唯一的。

给出差分信号和共模信号分量，每条信号线与返回路径之间的单端信号电压可表示为

$$V_1 = V_{comm} + \frac{1}{2}V_{diff} \tag{11.3}$$

$$V_2 = V_{comm} - \frac{1}{2}V_{diff} \tag{11.4}$$

其中，V_{comm}表示共模信号，V_{diff}表示差分信号，V_1表示线1相对于其返回路径的信号电压，V_2表示线2相对于其返回路径的信号电压。

　　LVDS信号包含差分信号分量和共模信号分量，这些信号分量如图11.3所示，差分信号的摆幅为 $-0.25 \sim +0.25$ V。因此沿传输线传播的差分信号电压是一个0.5 V的跳变。在阐述差分信号的幅度时，通常是指其**峰–峰值**。

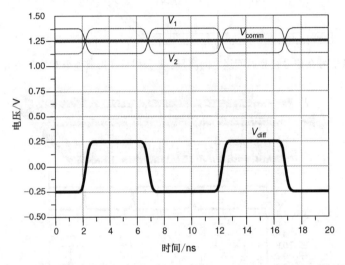

图11.3　LVDS信号的差分和共模分量。注意，共模分量很大，从理论上讲，它是恒定的

　　同样也存在共模电压分量，它的均值为1.25 V，大于差分信号分量的2倍。

> **提示**　尽管LVDS信号称为差分信号，但它依然有很大的共模分量，通常认为这个分量是恒定的。

　　如果将一个LVDS信号称为差分信号，那么实际上是不对的。它有一个差分分量，但同时也有一个很大的共模分量。它并不是一个纯的差分信号。在理想情况下，通常认为共模信号是恒定不变的直流。共模信号通常不携带信息，因此也不会影响信号完整性和系统性能。

　　但是，下面将会看到，电路板上互连的物理设计中，很小的干扰都会引起共模分量的改变。共模分量的改变将会潜在地引起如下两个十分严重的问题。

1. 如果共模信号电压过高，就会使差分接收器的输入放大器饱和，使之不能准确地读入差分信号。
2. 如果在同轴线电缆中有变化的共模信号，就会潜在地引起过量的电磁干扰。

> **提示**　差分和共模这两个术语总是并且只是指信号的特性，而不是指传输线差分对的性质。误用这两个术语是引起混乱的一个主要原因。

11.2　差分对

构成一个差分对只需两条传输线就足够了,每条线都可以是简单的单端传输线。这两条线合在一起就称为一个**差分对**。从理论上讲,任何两条传输线都可以构成一个差分对。

与单端传输线一样,差分对传输线也存在很多横截面形状。图 11.4 给出了最常见的几种截面几何外形横截面图。

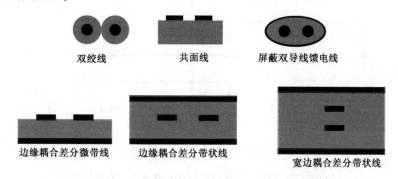

双绞线　　共面线　　屏蔽双导线馈电线

边缘耦合差分微带线　　边缘耦合差分带状线　　宽边耦合差分带状线

图 11.4　几种比较常见的差分对传输线横截面模型

从理论上讲,虽然任意两条传输线都可以构成一个差分对,但抓住如下 5 种特征将会优化高带宽差分信号的传输性能。

1. 差分对的最重要的性质是,它的横截面积恒定不变,而且使差分信号有一个恒定的阻抗。这些特性将会保证差分信号的反射和失真最小化。
2. 差分对的第二个重要性质是,每条线上的时延是相同的,从而确保了差分信号边沿的陡峭。两条传输线上的任何时延差或错位(skew),都会导致差分信号失真,并使部分差分信号变成共模信号。
3. 两条传输线应该完全相同,线的宽度和两条线之间的介质间距也应该完全相同。这种特性称为对称性。两条线不能有任何不对称,如一条线上有测试焊盘而另一条线上却没有,或一条线上有向下的颈状而另一条线上却没有,这种不对称都会使差分信号变成共模信号。
4. 传输线的长度也必须完全相同。线的总长度完全相同,就能保证传输线上的时延相同,使错位最小。
5. 差分对的两条传输线之间不一定有耦合,但没有耦合将导致差分对的抗噪声能力下降。与单端传输线相比,两条信号线之间的耦合使差分对对于由其他动态线网产生的地弹噪声有更好的稳健性。线间耦合程度越强,差分信号就越不容易受到突变和非理想情况的影响。

现举例说明,如图 11.5 所示,有差分对传输线正在传输差分信号。线 1 上的信号是从 0 V 到 1 V 的跳变电压,线 2 上的信号是从 1 V 到 0 V 的跳变电压。当这两个信号在传输线上传播时,线上电压的分布如图 11.5 所示。

当然,虽然我们称它为差分信号,但很快就会发现这样做是错的。它并不是一个纯的差分信号,而是包含了一个大的共模分量(0.5 V)。然而,这个共模信号是个常量,可以不管它,只需要关注差分分量。

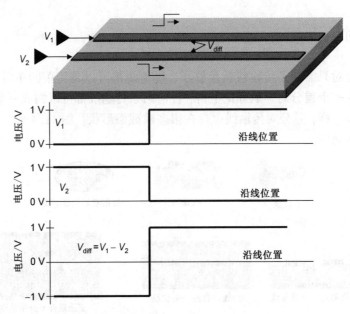

图 11.5　正在传输信号的差分对和两线之间的差分信号

给出每条传输线上的电压, 就能很容易地算出电压差。根据定义, 它的大小为 $V_1 - V_2$。差分对上的净差分信号如图 11.5 所示, 当每条线上都是 0 V 到 1 V 的信号跳变时, 沿互连传播的差分信号摆幅就是一个 2 V 的跳变。同时, 线上还有一个恒定的共模信号分量, 大小为 $1/2 \times (V_1 + V_2) = 0.5$ V。

> **提示**　差分对最重要的电特性就是对差分信号的阻抗, 称为**差分阻抗**。

11.3　无耦合时的差分阻抗

差分信号感受到的阻抗, 即差分阻抗, 是差分信号的电压与其电流的比值。这个定义是计算差分阻抗的基础。它的微妙之处在于怎样定义信号电压与电流。

首先分析最简单的情况, 假设构成差分对的两条传输线之间不存在耦合。现在先确定出这种情况下的差分阻抗, 然后再加入耦合, 看它如何改变差分阻抗。

为了使耦合降到最小, 假定两条传输线离得足够远, 例如线间距至少为线宽的 2 倍, 这样它们之间的相互作用就不明显了。因此, 每条线的单端特性阻抗 Z_0 为 50 Ω。流经信号线与返回路径之间的电流为

$$I_{one} = \frac{V_{one}}{Z_0} \tag{11.5}$$

其中, I_{one} 表示流经信号线与返回路径的电流, V_{one} 表示信号线与邻近返回路径之间的电压, Z_0 表示单端信号线的特性阻抗。

例如, 将 0 V 到 1 V 的跳变信号加到第一条线上, 同时将 1 V 到 0 V 的跳变信号加到第二条线上。每条线都有一个电流回路, 流经第一条线的电流大小为 $I = 1$ V/50 Ω = 20 mA, 方向为从信号线流向返回路径。第二条线的电流也是 20 mA, 但方向是从返回路径流向信号线。

　　沿传输线传播的差分信号跳变就是两条信号线上的差信号，它的电压是每条信号线上电压的 2 倍：$2 \times V_{one}$。在本例中，沿信号线对传播的就是一个 2 V 的跳变。同时，如果仅着眼于这两条信号线，就会发现在它们之间好像构成了一个电流回路，有 20 mA 的电流从一条信号线流出，再流入另一条信号线。

　　根据阻抗的定义，差分信号的阻抗为

$$Z_{diff} = \frac{V_{diff}}{I_{one}} = \frac{2 \times V_{one}}{I_{one}} = 2 \times \frac{V_{one}}{I_{one}} = 2 \times Z_0 \tag{11.6}$$

其中，Z_{diff} 表示信号线对于差分信号的阻抗（即差分阻抗），V_{diff} 表示跳变差分信号电压，I_{one} 表示流经每条信号线与其返回路径之间的电流，V_{one} 表示每条信号线与其邻近返回路径之间的电压，Z_0 表示单端信号线的特性阻抗。

　　差分阻抗大小是单端信号线特性阻抗的 2 倍。这一点不难理解，因为两条信号线之间的电压是每条信号线自身电压的 2 倍，而流经差分信号线的电流却与流经单端信号线的相同。如果单端信号线的特性阻抗是 50 Ω，差分阻抗就是 $2 \times 50\ \Omega = 100\ \Omega$。

　　如果一个差分信号经差分对传播到了接收端，差分信号看到的阻抗通常就会非常大，这会使差分信号反射回源端。这种多次反射将会产生噪声，影响信号质量。如图 11.6 所示，仿真的是在差分对末端出现的差分信号。出现振铃的原因就在于差分信号在低阻抗的驱动器和高阻抗的线末端之间出现了多次反弹。

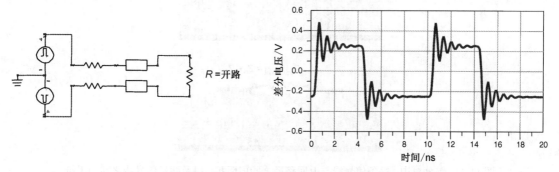

图 11.6　差分电路和差分对的远端接收信号。差分对互连末端没有端接，并且差分对之间没有耦合。使用Keysight ADS仿真

　　消除反射的一种方法是在两条信号线的末端跨接一个端接电阻器，去匹配差分阻抗。这个电阻器的阻值必须为 $R_{term} = Z_{diff} = 2 \times Z_0$。对差分信号而言，信号线末端的端接电阻和差分对的阻抗相同，这就会消除反射。图 11.7 所示为两条信号线之间加入 100 Ω 端接电阻器时，接收端的差分信号。

　　差分阻抗还可以看成两条单端信号线等效阻抗的串联，如图 11.8 所示。从每条信号线的前端看进去，每个驱动器看到的信号线特性阻抗都是 Z_0。两条信号线之间的阻抗是每条信号线与返回路径之间阻抗的串联。两条信号线之间的等效阻抗（或称为差分阻抗）是串联阻抗，即

$$Z_{diff} = Z_0 + Z_0 = 2 \times Z_0 \tag{11.7}$$

其中，Z_{diff} 表示两条信号线之间的等效阻抗（即差分阻抗），Z_0 表示每条信号线与返回路径之间的阻抗。

　　如果仅考虑没有耦合传输线的差分阻抗，到此就算结束了。差分阻抗总是每个驱动器看

到的单端信号线与返回路径之间阻抗的 2 倍。但有两个因素使问题变得复杂了,第一个因素是两条线之间耦合的影响,第二个因素是共模信号的作用及其产生与控制。

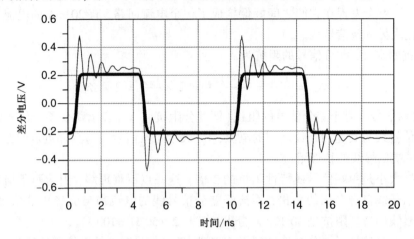

图 11.7　差分对远端接收的差分信号。差分对末端有端接匹配,
并且差分对之间没有耦合。使用 Keysight ADS 仿真

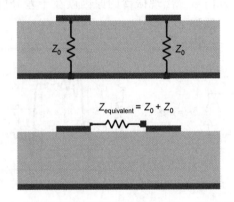

图 11.8　差分对中,每条信号线与返回路径之间的阻抗,以及两条信号线之间的阻抗

11.4　耦合的影响

当我们把两条带状线靠得很近时,它们的边缘电场和磁场就会互相覆盖,之间的耦合程度也会很强。耦合程度是用单位长度上的互容 C_{12} 和互感 L_{12} 描述的。除非特别说明,电容矩阵元素指的是 SPICE 电容矩阵元素,而不是麦克斯韦电容矩阵元素。这些术语已在第 10 章中介绍过。

当两条信号线靠近时,C_{11} 和 C_{12} 都将发生改变。因为信号线 1 和返回路径之间的边缘场被邻近的信号线阻断了,所以 C_{11} 会减小,而 C_{12} 会增加。但负载电容 $C_L = C_{11} + C_{12}$ 却没有较大的变化。图 11.9 给出了两条带状线的等效电容电路及 C_L,C_{11} 和 C_{12} 的变化情况。带状线材料为 FR4,线宽为 5 mil,特性阻抗为 50 Ω。

> **提示**　必须注意,由电容和电感矩阵元素描述的耦合与所加电压完全无关,它只与导线的几何结构和材料特征有关。

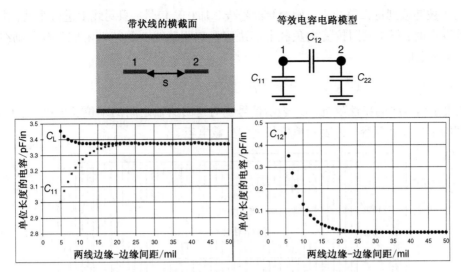

图 11.9　单位长度的负载电容 C_L、单位长度的 SPICE 矩阵对角线
电容 C_{11} 及耦合电容 C_{12} 的变化情况。使用 Ansoft SI2D 仿真

当两条信号线靠近时，L_{11} 和 L_{12} 也都将发生改变。如图 11.10 所示，由于邻近导线的感应涡流，L_{11} 将会有略微的减小（当两者最接近时的减小量小于 1%），L_{12} 将会增加。

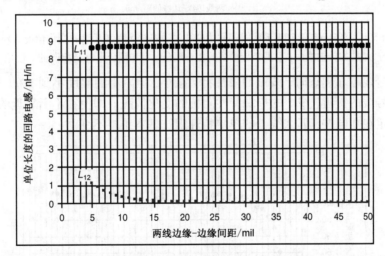

图 11.10　单位长度的回路自感 L_{11} 和单位长度的回路互感 L_{12} 的变化情况。使用 Ansoft SI2D 仿真

两条信号线的间距越小，它们之间的耦合就越强。但即使间距最小（即线间距等于线宽）的情况下，最大的相对耦合度（即 C_{12}/C_L 或 L_{12}/L_{11}）也不到 15%。当间距大于 15 mil 时，相对耦合度就降到了 1%，基本上可忽略不计。如图 11.11 所示，图中给出了相对容性耦合度和相对感性耦合度随线间距的变化情况。

当两条传输线相距很远时，线 1 的特性阻抗和另一条线完全没有关系。它的特性阻抗与 C_{11} 成反比，即

$$Z_0 \propto \frac{1}{C_{11}} \tag{11.8}$$

其中，Z_0 表示信号线的特性阻抗，C_{11} 表示信号线 1 与返回路径之间的单位长度电容。

当两条信号线距离非常近时，邻近信号线的存在将会影响线 1 的阻抗，称为**接近效应**。如

果信号线 2 被连接到返回路径上,例如给信号线 2 加 0 V 信号,只对线 1 进行驱动,那么有邻近信号线存在时,线 1 的阻抗将由负载电容决定。被驱动线 1 的特性阻抗与被驱动线的单位长度电容有关,即

$$Z_0 \propto \frac{1}{C_{11} + C_{12}} = \frac{1}{C_L} \tag{11.9}$$

其中,Z_0 表示信号线的特性阻抗,C_{11} 表示信号线与返回路径之间的单位长度电容,C_{12} 表示信号线之间的单位长度互容,C_L 表示单位长度的负载电容。

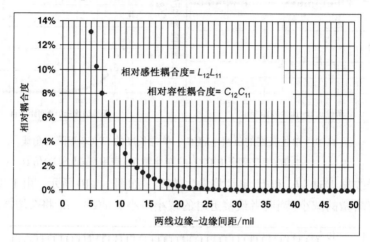

图 11.11　当两条 50 Ω 的 5 mil 宽 FR4 带状线的间距变化时,相对互容和互感的变化情况。对带状线之类的有相同介质结构的传输线而言,两条传输线的相对耦合电容和耦合电感是相同的。使用 Ansoft SI2D 仿真

当两条信号线越靠越近时,线 1 的阻抗将会减小,但减小的幅度不到 1%。图 11.12 给出了随着两条信号线的接近,线 1 的单端特性阻抗的变化情况。即使在不断靠近的情况下,如果信号线 2 被固定在 0 电位,那么线 1 的单端特性阻抗基本维持不变。

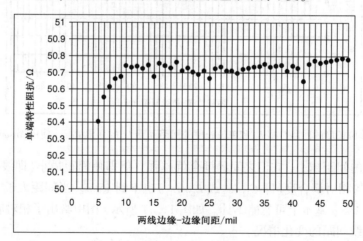

图 11.12　当两条 50 Ω 的 5 mil 宽 FR4 带状线中的一条被短接到返回路径时,另一条线的特性阻抗随间距的变化情况。由于仿真器存在数字噪声,阻抗值有约 0.05 Ω 的起伏。使用 Ansoft SI2D 仿真

但是,假设线 2 也被驱动并且信号与线 1 的相反。当线 1 的信号从 0 V 升到 1 V 时,线 2 的电压也同时从 0 V 降到 −1 V。当信号线 1 的驱动器接通时,由于线 1 与返回路径之间存在 $\mathrm{d}V_{11}/\mathrm{d}t$,于是就会产生一个穿过电容 C_{11} 的电流。同时,由于两条信号线之间存在变化的电压

$\mathrm{d}V_{12}/\mathrm{d}t$，所以将会有电流从线 1 流向线 2。这个变化的电压将是线 1 与返回路径之间电压的 2 倍，即 $V_{12}=2V_{11}$。

流经信号线的电流将由下式决定：

$$I_{\mathrm{one}} = v \times \mathrm{RT} \times \left(C_{11}\frac{\mathrm{d}V_{11}}{\mathrm{d}t} + C_{12}\frac{\mathrm{d}V_{12}}{\mathrm{d}t} \right) \propto C_{11}V_{\mathrm{one}} + 2C_{12}V_{\mathrm{one}} = V_{\mathrm{one}}(C_{\mathrm{L}} + C_{12}) \tag{11.10}$$

其中，I_{one} 表示流经一条信号线的电流，v 表示信号沿信号线的传播速度，C_{11} 表示信号线与其返回路径之间的单位长度电容，V_{11} 表示信号线与其返回路径之间的电压，C_{12} 表示两条信号线之间的单位长度互容，V_{12} 表示两条信号线之间的电压，V_{one} 表示每条信号线与其返回路径之间电压的变化量，RT 表示跳变信号的上升边。

两条信号线由方向相反的两个信号跳变驱动，电流从驱动器流进信号线 1，然后流向返回路径。当两条信号线靠近时，为了驱动单端信号线更大的电容，这个电流将会增大。

> **提示**　　如果所加电压没有变化而电流增加，则对驱动器而言，意味着输入阻抗减小。当给第二条信号线加上相反的信号时，第一条信号线的单端特性阻抗将会减小。

假设给第二条信号线加上与第一条信号线相同的信号。因为两条信号线之间不存在电压差，那么对驱动器而言，只有电容 C_{11} 存在，这就意味着要驱动的电容减小了。此时流经信号线 1 的电流为

$$I_{\mathrm{one}} = v \times \mathrm{RT} \times \left(C_{11}\frac{\mathrm{d}V_{11}}{\mathrm{d}t} \right) \propto C_{11}V_{\mathrm{one}} = V_{\mathrm{one}}(C_{\mathrm{L}} - C_{12}) \tag{11.11}$$

其中，I_{one} 表示流经一条信号线的电流，v 表示信号沿信号线的传播速度，C_{11} 表示信号线与其返回路径之间的单位长度电容，V_{11} 表示信号线与其返回路径之间的电压，C_{12} 表示两条信号线之间的单位长度互容，V_{one} 表示每条信号线与其返回路径之间电压的变化量，RT 表示跳变信号的上升边。

我们发现，当有第二条邻近信号线存在时，信号线 1 的特性阻抗不是一个特定的值。它还取决于邻近信号线被驱动的情况。如果信号线 2 被固定在 0 电位，则阻抗值接近于未耦合时的值；如果信号线 2 加相反信号，阻抗值就会降低；如果信号线 2 加相同信号，阻抗值就会升高。图 11.13 给出了这 3 种情况下，信号线 1 的特性阻抗随两条信号线间距的变化情况。

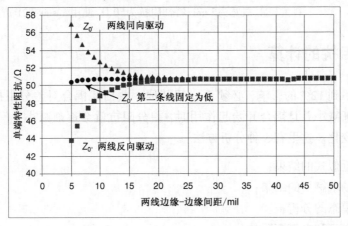

图 11.13　当分别给第 2 条信号线加 0 V 电压、相反的信号、相同的信号时，线 1 的单端特性阻抗随两线间距的变化情况。传输线为 5 mil 宽的 50 Ω 的 FR4 带状线。使用 Ansoft SI2D 仿真

这是一个非常重要的发现。只处理单端信号时,一条传输线仅用一个阻抗描述。但是,当它是一对线中的一个且存在耦合时,需要用 3 种不同的阻抗加以描述。这时就要给出新的标志,以分清讨论的是哪一种阻抗。后续章节将要介绍术语**奇模阻抗**和**偶模阻抗**,它们为描述差分对的特性提供了清楚明确的方法。

> **提示**　当线间距小于 3 倍线宽时,邻近信号线的存在影响到第一条线的特性阻抗。此时必须考虑与它的接近程度及其驱动方式。

差分信号在这两条信号线上分别驱动两个相反的信号。正如前面所讨论的,此时每条信号线的阻抗会因为彼此之间的耦合而减小。

当差分信号沿差分对传输时,对信号而言,阻抗是每条信号线与其返回路径之间单端阻抗的串联。差分阻抗依然是每条线的特性阻抗的 2 倍,只是每条线的奇模特性阻抗由于耦合而有所减小。

图 11.14 给出了当两条信号线的间距逐渐减小时,差分阻抗的变化情况。对带状线而言,相比于线间距等于 3 倍线宽的无耦合情况,在可制造的最小间距(如线间距等于线宽)下,存在耦合时的差分阻抗也仅仅减小了约 12%。

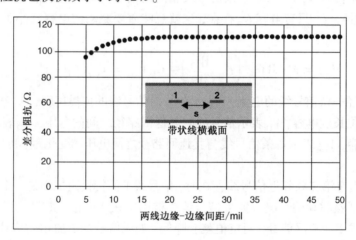

图 11.14　当两线间距逐渐减小时,带状线的差分阻抗变化情况。导线材料为 FR4,线宽为 5 mil,特性阻抗为 50 Ω。使用 Ansoft SI2D 仿真

11.5　差分阻抗的计算

为了描述这不到 12% 的影响,必须再介绍其他一些描述耦合对差分阻抗的影响的公式。当信号线间距逐渐减小并且耦合开始起作用时,差分阻抗就会逐渐减小。问题的复杂性在于怎样计算阻值的变化。这里有 5 种分析方法:

1. 直接使用近似式的结果;
2. 直接使用场求解器的结果;
3. 采用基于模态的分析;
4. 采用基于电容和电感矩阵的分析;
5. 采用基于阻抗矩阵的分析。

计算边缘耦合微带线或带状线的差分阻抗，只有一种有用且合理的解析近似式，它最早由 James Mears 在《国际半导体应用手册》(AN-905)中给出。这种近似式是基于实验数据的经验拟合。

对于 FR4 材料的边缘耦合微带线，差分阻抗近似为

$$Z_{\text{diff}} = 2 \times Z_0 \left[1 - 0.48 \exp\left(-0.96 \frac{s}{h} \right) \right] \tag{11.12}$$

其中，Z_{diff} 表示差分阻抗(单位为 Ω)，Z_0 表示未耦合时的单端特性阻抗，s 表示走线的边缘间距(单位为 mil)，h 表示信号线与返回路径平面之间的介质厚度。

对于 FR4 材料的边缘耦合带状线，差分阻抗近似为

$$Z_{\text{diff}} = 2 \times Z_0 \left(1 - 0.37 \exp\left(-2.9 \frac{s}{b} \right) \right) \tag{11.13}$$

其中，Z_{diff} 表示差分阻抗(单位为 Ω)，Z_0 表示未耦合时的单端特性阻抗，s 表示走线的边缘间距(单位为 mil)，b 表示平面之间的总的介质厚度。

通过与准确场求解器计算出的差分阻抗相比较，可以评估这种近似式的准确度。在图 11.15 中，有 3 种不同横截面的耦合微带线和耦合带状线。这里，近似算法先要借用场求解器给出的单端特性阻抗，再用近似式就能预估出耦合对差分阻抗产生的轻微影响。只要给出的特性阻抗初始值是准确的，这种近似的误差就在 1%～10% 之间。

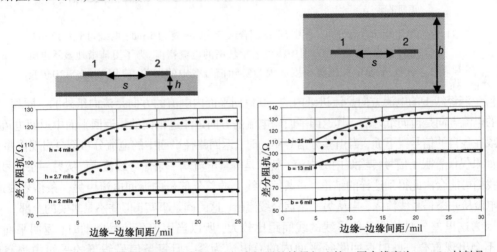

图 11.15　将差分阻抗估算的准确度与二维场求解器的结果相比较。图中线宽为 5 mil，材料是 FR4。图中实线表示解析近似的估算值，圆点组成的虚线由 Ansoft SI2D 数值仿真得到

二维场求解器是准确预估每条走线单端特性阻抗的一种工具。只要给出截面的几何结构和材料的特性，就能算出包括线对的差分阻抗在内的其他有关量。

运用场求解器的一个优势在于：在很多种几何结构中，基于此方法的一些计算工具的误差在 1% 以下。它不仅能计算一些一阶的影响，如线宽、介质厚度或间距等，还能计算一些二阶的影响，如走线的厚度、形状或介质的不同质分布情况等。

> **提示**　当准确度要求比较严格时，比如交付制造用 PCB 版图的签发，这时唯一能够使用的工具就是校验过的二维场求解器。绝对不能将近似式运用到设计签发中。

然而，如果只用场求解器求解差分阻抗，那么还不足以满足描述共模信号、端接、串扰等行为的需要。下面几节将引入奇模和偶模的概念及其与差分阻抗、共模阻抗的关系。在此基础上将会讨论差分信号、共模信号的端接策略。

用电容、电感矩阵和阻抗矩阵描述两条耦合传输线的情况，这里暂不介绍。后面将要用它们计算奇模阻抗、偶模阻抗、差分阻抗和共模阻抗。此外，还可以将这些基本描述推广到 n 条不同传输线耦合的情况。这些内容就是现在大多数场求解器和仿真工具的算法基础。

即使不再进行更复杂的描述，我们已经有条件根据场求解器的结果去设计目标差分阻抗，以及评估差分对的另一个重要特性——电流分布。

11.6 差分对返回电流的分布

当两条边缘耦合微带线的间距大于 3 倍线宽时，线间耦合度很小。在这种情况下，如果用差分信号去驱动它们，信号线中就会出现电流，返回平面中也就会出现与之大小相等且方向相反的电流。图 11.16 是一个电流分布的示例，微带线中的差分信号频率是 100 MHz，微带线是 1 盎司铜，即线厚度为 1.4 mil。

图 11.16 微带线的电流分布。图中 50 Ω 耦合微带线的线宽为 5 mil，两线间距为 15 mil，信号频率为100 MHz。图中浅色表示较高的电流密度。为了更清晰地显示电流分布,平面中的电流密度放大为实际信号线中的10倍。使用Ansoft SI2D仿真

假定流经线 1 的电流方向是流进纸内的，其返回平面内电流的方向是流向纸外的。同理，流经线 2 的电流方向是流向纸外的，其返回平面内电流的方向是流进纸内的。返回平面中返回电流的分布局限在各自的信号线下面，当由差分信号驱动时，返回路径平面中的电流分布不会出现重叠。

如果仅仅着眼于信号传输线内的电流，就像是等量电流从一条信号线流入，从另一条信号线流出。我们可能会由此得到这样的结论：一条信号线上的差分信号的返回电流由另一条信号线运送。等量电流从一条信号线流入，再从另一条信号线流出，这的确是事实，但并不是事实的全部。

因为这里差分对的两条信号线的线间距比较大，所以当用差分信号驱动时，返回平面中的电流不会出现重叠。此时返回路径平面内的总电流为零，但每条信号线下的平面中都有确定的局部电流分布。任何改变电流分布的因素都将会改变差分对的差分阻抗。

毕竟，返回平面的存在限定了每条走线的单端阻抗。如果增加与平面之间的距离，走线的单端阻抗就会增加，这会引起差分阻抗的改变。

在两条边缘耦合微带线最紧耦合的情况下，即信号线的线间距等于线宽时，返回平面中电流的重叠程度依然很小。两种情况下电流分布的比较如图 11.17 所示。

> **提示** 当差分对的信号线与返回路径平面之间的耦合程度大于两条信号线之间的耦合时，返回路径平面中就会出现两路不同的相互分离的电流，并且返回路径电流分布只出现微小的重叠。返回路径电流分布严重制约着差分对的差分阻抗，返回路径电流分布的扰动直接影响到差分阻抗。

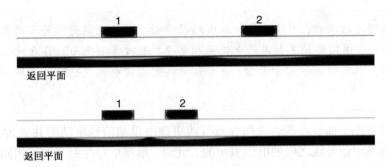

图 11.17 微带线的电流分布。图中耦合微带线的线宽为 5 mil，线间距分别为 5 mil 和 15 mil，
信号频率为100 MHz。图中明亮的颜色表示较高的电流密度。为了更清晰地显示
电流分布，平面中的电流密度放大为实际信号线中的10倍。使用Ansoft SI2D仿真

对任何一对共用返回导体的单端传输线而言，如果返回导体距信号走线足够远，差分信号
的返回导体电流分布就会相互重叠并完全抵消掉。此时返回路径导体的存在对差分阻抗产生
不了任何影响。在这种特定条件下，第一条信号线上的返回电流将完全可能由另一条信号线
运送。有以下 3 种情况需要关注：

1. 边缘耦合微带线，返回平面足够远；
2. 双绞线电缆；
3. 宽边耦合带状线，返回平面足够远。

对边缘耦合微带线而言，若线间距达到可制造的最小值，典型值等于线宽，则线间耦合度
将达到最大。如图 11.17 所示，当信号线阻抗约为 50 Ω，线间距最小时，返回平面中有明显的
电流分布，平面的存在将影响差分阻抗。如果将平面移到更远处，那么每条线的单端阻抗将会
增加，差分阻抗也将会增加。然而，随着平面越移越远，差分信号的返回电流在平面中的重叠
程度也就更大。

如图 11.18 所示，当返回路径平面达到一个足够远的距离时，返回路径电流的重叠达到使
返回路径电流消失的程度。此时，返回路径平面的存在将不再影响到差分阻抗。随着返回路
径平面与信号线之间距离的增加，单端阻抗将不断地增加，但差分阻抗达到约 140 Ω 的最大值
后将不再增加。此时返回路径电流完全重叠，信号线与平面的间距约为 15 mil。

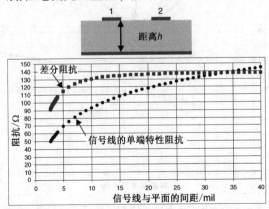

图 11.18 随着信号线与返回路径平面的间距的增加，边缘耦合微带线的单端阻抗与差
分阻抗的变化情况。图中微带线宽5 mil，线间距为5 mil。使用Ansoft SI2D仿真

> **提示**　根据经验法则，当信号线与返回路径平面之间的距离大于等于两条信号线外边缘之间的跨度时，返回路径平面内的电流互相重叠，返回路径平面的存在对信号线的差分阻抗没有影响。此时对差分信号而言，一条信号线的返回电流完全可以看成由另一条信号线运送。

　　毕竟，像这种距平面较远的边缘耦合微带线更像由单端信号驱动的共面传输线。在两种情况下，信号都是由信号线之间的电压表示的。此时，单端信号与差分信号相同，这样单端信号受到的阻抗也会与差分信号受到的阻抗相同。所以，如果共面传输线下面的介质厚度很大，而边缘耦合微带线的返回平面较远，那么在这两种情况下，共面传输线的单端特性阻抗与微带线的差分阻抗相同。

　　对屏蔽双绞线而言，每条信号线的返回路径都是屏蔽层。双绞线的间距取决于绝缘材料的厚度。一些电缆的线直径为 16 mil，或者说 26AWG 线，两条双绞线截面的中心间距为 25 mil。当屏蔽线与双绞线的间距逐渐增大时，可以用二维场求解器计算这种情况下的差分阻抗。

　　将两条双绞线其中的一条作为单端驱动时，它把屏蔽线当成其返回路径的导体。当信号电流沿信号线流动时，外面的屏蔽线中有对称的返回路径电流流过。同理，当第二条双绞线也作为单端驱动时，返回路径电流有着相同的分布，只是方向相反。当两条双绞线都近似位于屏蔽层的中心并由差分信号驱动时，它们的返回电流朝相反方向流动且相互叠加，屏蔽层中将没有剩余电流分布。此时，屏蔽线对导线的差分阻抗产生不了任何影响，可以将其除去。

　　当屏蔽层距双绞线非常近时，两条双绞线偏离轴心的位置将导致它们在屏蔽层中的返回电流分布稍有不同。此时屏蔽层位置的改变将会轻微地改变差分阻抗。如果屏蔽层离得足够远，返回路径电流就会大致呈对称分布，两路返回电流相互叠加，此时屏蔽层的位置影响不到差分阻抗。图 11.19 给出了随着屏蔽层半径的增加，差分阻抗的变化情况。当屏蔽层半径超过两条双绞线中心间距的 2 倍时，返回电流大部分叠加，差分阻抗的大小与屏蔽层的位置无关。

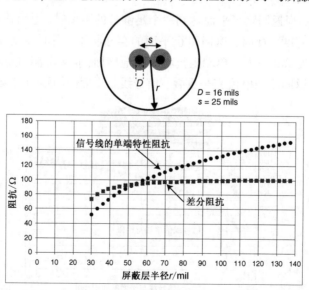

图 11.19　随着屏蔽层半径 r 的增加，单条信号线与屏蔽层之间的单端阻抗及双绞线的差分阻抗的变化情况。当屏蔽层半径超过两条双绞线中心间距 s 的 2 倍时，屏蔽层中的返回电流因互相叠加而抵消，屏蔽层的存在影响不了差分阻抗。使用 Ansoft SI2D 仿真

　　无屏蔽双绞线与屏蔽层半径较大的屏蔽双绞线的差分阻抗基本相同。对于差分阻抗而言,屏蔽层起不到任何作用。下面将会看到,屏蔽层的一个重要作用在于为共模电流提供一个返回路径,从而减小它的辐射效应。

　　在宽边耦合带状线之间也存在着同样的效应。当两个参考平面互相靠近并且传输线由差分信号驱动时,两个参考平面内会出现各自独立的明显返回电流。此时,平面的存在会影响到差分阻抗。当平面间距增加时,每条线在两个平面内的返回电流分布都基本相同,因此平面内的电流互相抵消。此时平面的影响可忽略不计。

　　图 11.20 给出了当平面间距增加时,差分阻抗的变化情况。本例中,线宽为 5 mil,线间距为 10 mil,两平面的间距为 25 mil。这是差分阻抗为 100 Ω 的带状线的一种典型构成方式。当信号线与最近平面的间距大于 2 倍线间距(本例中这个值为 20 mil),并且平面间距大于50 mil时,差分阻抗与平面的位置无关。

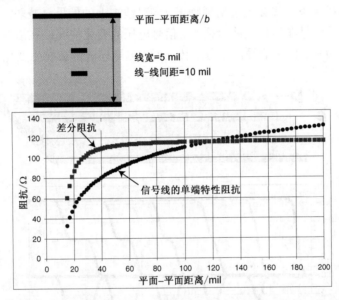

图 11.20　随着平面间距的增加,一条走线与平面之间的单端阻抗和两条走线之间的
差分阻抗的变化情况。信号线为宽边耦合带状线。使用Ansoft SI2 D仿真

　　以上 3 个示例揭示了差分对的一个十分重要的性质,当信号线与返回平面之间的耦合度大于两条信号线之间的耦合度时,返回路径平面中出现明显的返回电流。平面在确定差分对差分阻抗时起到了重要作用。

　　当两条信号线之间的耦合度远大于信号线与返回平面之间的耦合度时,平面中的大部分返回电流会叠加、抵消掉。这种情况下,平面影响不到差分信号,将它移走也不会影响到差分阻抗。此时第一条信号线的返回电流可以完全看成由第二条信号线运送。

> **提示**　根据经验法则,要使两条信号线之间的耦合度大于信号线与返回平面之间的耦合度,则信号线与最近平面之间的距离必须大于两条信号线线间距的 2 倍。

　　在多数板级互连中,信号线与平面之间的耦合度远大于两条信号线之间的耦合度,所以此时平面中的返回电流十分重要。此时,第一条信号线的返回电流不能看成由第二条信号线运送。

　　然而,若返回路径被移开,比如出现了间隙,则两条信号线之间的耦合起主要作用。在这个突变区域内，第一条信号线的返回电流基本上可看成由第二条信号线运送。此时，在返回路径的突变区域内，可以通过增加线间耦合度而使差分对的差分阻抗变化最小。稍后将在本章中讨论这个问题。

在连接器的连接处，差分对两条信号线之间的耦合度一般大于信号线与返回引脚的耦合度。此时一条引脚的返回电流基本上可看成由另一条引脚运送。了解确切情况的唯一办法就是用场求解器进行数值计算。

11.7 奇模与偶模

差分对的前端可以加上任何电压。如果给线 1 加上 0 V 到 1 V 的跳变信号，给线 2 加上 0 V 的恒定信号，则会发现信号在沿传输线传播时，线上的实际信号会发生变化。线 1 和线 2 之间会出现远端串扰现象。线 2 上会出现噪声，同时线 1 上的信号会减弱。

图 11.21 给出了信号在沿传输线传播时，信号电压的变化情况。在沿差分对传播时，电压模式会发生变化。通常，任意信号沿差分对传播时，电压模式都会发生变化。

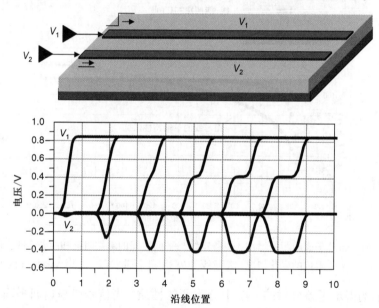

图 11.21　给一条线加上 0 V 到 1 V 的跳变信号，另一条线固定在零电位时，
边缘耦合微带线上两条导线的电压模式。使用Keysight ADS仿真

然而，对于边缘耦合微带线差分对而言，有两种特殊的电压模式可以实现无失真的传输。第一种是给两条信号线加相同的信号，如每条信号线上都是 0 V 到 1 V 的跳变信号。

在这种情况下，两条信号线之间 $\mathrm{d}V/\mathrm{d}t$ 为 0，所以两条信号线之间不存在容性耦合电流。因为每条信号线上的 $\mathrm{d}I/\mathrm{d}t$ 相同，所以感应的感性耦合电流是相同的。一条线对另一条线发生作用时，也会受到这另一条线对它的相同作用。产生的结果就是这种特殊的电压模式沿传输线传播时，每条信号线上的电压模式都将维持不变。

第二种可以沿差分对无失真传播的电压模式就是给两条信号线加相反的跳变信号。例如，给线 1 加 0 V 到 1 V 的信号跳变，给线 2 加 0 V 到 –1 V 的信号跳变。

线 1 的信号在线 2 上会产生负向远端噪声脉冲，这将减弱沿线 1 传播的信号。同时，线 2

的负向信号会在第一条线中产生正向的远端噪声脉冲。线 1 对线 2 产生噪声时,所造成自身幅值的下降恰好等于线 2 对线 1 所造成的正向噪声幅度。所以,该电压模式能沿差分对实现无失真的传播。图 11.22 给出了在这两种电压驱动下,差分对两条信号线上传播的信号电压模式。

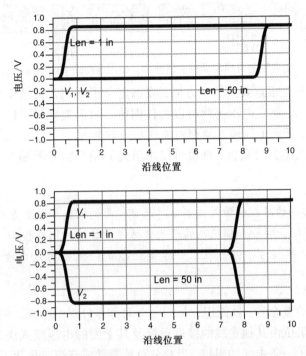

图 11.22　两条边缘耦合微带线上的电压模式。当差分对分别以奇模和偶模方式
驱动时,电压模式在传输50 in后依然维持不变。使用Keysight ADS仿真

这两种沿差分对无失真传播的信号电压模式对应了差分对被激活的两种特殊状态,称为**差分对的模态**。

当差分对以这两种模态中的一种激励时,它上面的信号就可以实现无失真传播。为了区分这两种状态,称两条线上有相同的驱动电压的为**偶模**,两条线上有相反的驱动电压的为**奇模**。

> **提示**　模态是指传输线对的特殊激励状态。在此状态下,激励信号可以沿传输线实现无失真传播。对于有两条信号线的差分对而言,只存在两种特殊状态——模态。对于有三条信号线的耦合线组而言,存在三种模态;对于有四条信号线和公共返回路径的线组而言,存在四种特殊电压状态,可以实现电压模式(pattern)的无失真传播。

模态是差分对的固有特性。当然,任何电压模式都可以加到一对传输线上。但只有符合这两种模态中的一种时,沿线传播的电压信号才具有上述特性。差分对的模态就是用于定义线对上的特殊电压模式的。

当差分对的两条信号线具有几何对称性,线宽和介质间距相同时,激励偶模和奇模的电压模式分别对应于两条信号线之间加相同和相反的电压。如果两条信号线不具有对称性,例如线宽或介质间距不同时,偶模和奇模的电压模式就不这么简单了。确定它们的唯一办法就是使用二维场求解器。图 11.23 给出了一对对称线的奇模和偶模状态下的场模式。

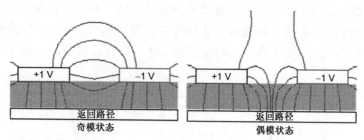

图 11.23　对称的微带线的奇模和偶模的场分布。使用 Mentor Graphics HyperLynx 计算得到

将两类概念区分开是很重要的。一方面，模态定义了不同几何结构的线对可能被激励出的特有状态。另一方面，驱动电压仍然可以为任何值。只需要在每个信号线与返回路径之间加上一个函数发生器，任何电压模式就都能加到差分对上。

对边缘耦合微带线差分对而言，奇模可以用单纯的差分信号激励。偶模可以用单纯的共模信号激励。

> **提示**　对于对称的边缘耦合微带线差分对而言，奇模状态可以由差分信号驱动，偶模状态可以由共模信号驱动。奇模和偶模指的是差分对线的特殊的固有模态，而**差分**和**共模**指的是加在差分对上的特殊信号。90% 以上关于差分阻抗的混乱都是由于误用这些术语而产生的。

引入**奇模**和**偶模**的概念后，就能用它标记一个对称差分对的特性。例如，如前所述，信号在一条走线上受到的阻抗由其他走线的接近程度及其上面的电压模式决定。现在就能标记出这些不同的情形。对于一条走线的阻抗，当差分对被驱动成奇模时称为走线的**奇模阻抗**，当差分对被驱动成偶模时称为走线的**偶模阻抗**。

奇模经常被错误地标记为差分模态，如果把这二者等同，就很容易将差分模态阻抗混淆为奇模阻抗。如果这两者是同一模态，那么差分模态阻抗和奇模阻抗之间就没有任何不同。

事实上根本不存在差分模态这种说法，所以也根本不存在差分模态阻抗。图 11.24 特别指出，若将**差分模态**这个词从词汇表中删除，就不会混淆奇模阻抗与差分阻抗这两个完全不同的量。只存在奇模阻抗、差分信号、差分阻抗这几种说法。

差分模态

图 11.24　不存在差分模态这种说法，忘掉这个词就不会将奇模阻抗与差分阻抗混淆

> **提示**　**奇模阻抗**是一条信号线处于奇模状态时的阻抗，**差分阻抗**是差分信号沿差分对传播时受到的阻抗。

11.8　差分阻抗与奇模阻抗

如前所述，差分阻抗是每条信号线与返回路径之间阻抗的串联。当无耦合时，它的值为每条信号线特性阻抗的 2 倍。当两条线间距很小时，耦合就变得比较大，此时每条信号线的特性阻抗都会改变。

当差分信号加在差分对上时,它将使差分对处于奇模状态。根据定义,此时每条信号线的特性阻抗称为**奇模特性阻抗**。如图 11.25 所示,差分阻抗是奇模阻抗的 2 倍。因此差分阻抗为

$$Z_{diff} = 2 \times Z_{odd} \tag{11.14}$$

其中,Z_{diff} 表示差分阻抗,Z_{odd} 表示当差分对处于奇模状态时每条信号线的特性阻抗。

> **提示**　计算或测量差分阻抗的方法就是先计算或测量出单条信号线的奇模阻抗,再将它乘以 2。

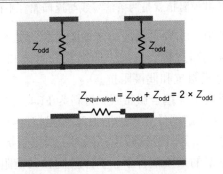

图 11.25　当以差分信号激励差分对时,每条信号线与返回路径之间的
阻抗称为奇模阻抗,差分阻抗则是两条信号线之间的等效阻抗

奇模阻抗与差分阻抗有直接的关系,但二者并不相同。差分阻抗是差分信号受到的阻抗,奇模阻抗是传输线对处于奇模状态时每条信号线的阻抗。

11.9　共模阻抗与偶模阻抗

前面描述了差分信号沿传输线传播时受到的阻抗。可以用同样的方法描述共模信号沿传输线传播时受到的阻抗。共模信号是两条信号线的电压的平均值。纯共模信号是差分信号为零时的信号。这意味着两条线的电压没有差异,它们各自具有相同的信号电压。

共模信号使差分对处于偶模状态。当传输线上传播共模信号时,根据定义,此时每条线的特性阻抗称为偶模特性阻抗。如图 11.26 所示,对于共模信号而言,阻抗是每条线特性阻抗的并联。两个偶模阻抗的并联阻值为

$$Z_{comm} = Z_{equiv} = \frac{Z_{even} \times Z_{even}}{Z_{even} + Z_{even}} = \frac{1}{2} Z_{even} \tag{11.15}$$

其中,Z_{comm} 表示共模阻抗,Z_{even} 表示当差分对处于偶模状态时每条线的特性阻抗。

通常而言,共模信号受到的是一个较小的阻抗。这是因为共模信号的每条信号线与返回路径之间的电压相同,但从返回路径流向两条信号线的电流却是一条信号线的电流的 2 倍。如果一个信号在电压相同的情况下拥有两倍的电流,那么对应的阻抗就减为一半。

> **提示**　对于两条无耦合的 50 Ω 传输线构成的差分对,奇模阻抗和偶模阻抗是相同的,均为 50 Ω。差分阻抗为 $2 \times 50\ \Omega = 100\ \Omega$,而共模阻抗为 $1/2 \times 50\ \Omega = 25\ \Omega$。

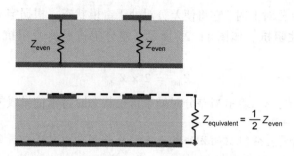

图 11.26　当使用共模信号激励差分对时,每条信号线与返回路径之间的阻抗称为
偶模阻抗,共模阻抗就是两条信号线与返回路径平面之间的等效阻抗

　　将两条线之间的耦合考虑在内,则每条线的奇模阻抗将会减小,偶模阻抗将会增加,这就意味着差分阻抗将会减小,共模阻抗将会增加。计算差分阻抗和共模阻抗的最准确的方法就是用二维场求解器先计算出奇模阻抗和偶模阻抗。

　　如图 11.27 所示,传输线为边缘耦合微带线,材料为 FR4,线宽为 5 mil,无耦合时的特性阻抗为 50 Ω。图中列出了用场求解器计算出的所有 4 种阻抗。随着线间距的减小,耦合度增加,奇模阻抗减小,从而引起了差分阻抗的减小。同时,偶模阻抗增加,从而引起了共模阻抗的增加。如本例所示,在可制造的最紧耦合下,差分阻抗和共模阻抗受耦合的影响依然很小。在最紧耦合下,差分阻抗仅减小了 10%。

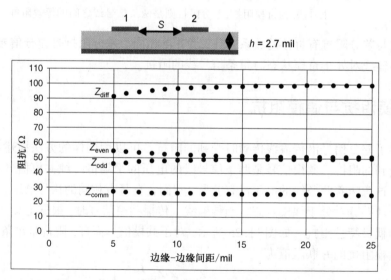

图 11.27　间距增加时,所有与边缘耦合微带线对相关的阻抗变化情况。微带线的材料为
FR4,线宽为5 mil,无耦合时的标称特性阻抗为50 Ω。使用Ansoft SI2 D仿真

　　对于许多电路板上的微带线而言,阻焊层涂覆在顶层表面上,这将会影响信号线的单端阻抗,包括奇模阻抗,图 11.28 给出了随着阻焊层厚度的增加,紧耦合差分对的阻抗变化情况。与其他状态相比,奇模状态下信号线之间的电力线最强,因此阻焊层对奇模阻抗的影响比对其他阻抗的影响要大。

　　这就是在设计表面层信号线差分阻抗时要考虑阻焊层的原因。此外,这种效应可能会使制造出的差分阻抗偏离值高达 10%。

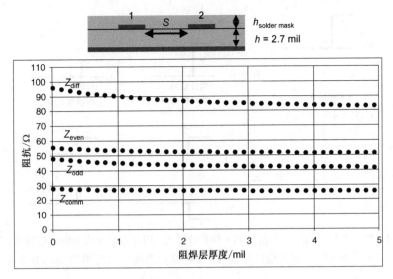

图 11.28　在最紧耦合下，涂覆在顶层表面上的阻焊层的厚度增加所造成的影响。微带线的材料为 FR4，线宽为 5 mil，线间距也为 5 mil。使用 Ansoft SI2D 仿真

11.10　差分/共模信号与奇模/偶模电压分量

差分和**共模**描述的是加在传输线上的信号。任意信号之间的差分分量指的是两条信号线之间的电压差，共模分量指的是两条信号线之间电压的平均值。

对于一个对称的差分对而言，差分信号以奇模方式行进，共模信号以偶模方式行进。我们也可以用**奇**和**偶**这两个术语描述一个任意信号。以偶模方式传播的电压分量 V_{even} 就是信号的共模分量。以奇模方式传播的电压分量 V_{odd} 就是信号的差分分量。如下式所示：

$$V_{odd} = V_{diff} = V_1 - V_2 \tag{11.16}$$

$$V_{even} = V_{comm} = \frac{1}{2} \times (V_1 + V_2) \tag{11.17}$$

同理，沿差分对传播的任意信号可以用偶模分量和奇模分量组合描述如下：

$$V_1 = V_{even} + \frac{1}{2}V_{odd} \tag{11.18}$$

$$V_2 = V_{even} - \frac{1}{2}V_{odd} \tag{11.19}$$

其中，V_{even} 表示以偶模方式传播的电压分量，V_{odd} 表示以奇模方式传播的电压分量，V_1 表示线 1 与公共返回路径之间的信号，V_2 表示线 2 与公共返回路径之间的信号。

例如，给一条信号线加上 0 V 到 1 V 的跳变信号，另一条线接零电位。在传输线上，以偶模方式传播的电压分量为 $V_{even} = 0.5 \times (1\ V + 0\ V) = 0.5\ V$，以奇模方式传播的电压分量 $V_{odd} = 1\ V - 0\ V = 1\ V$。在同一时间的差分对上，有一个 0.5 V 的电压信号以偶模方式传播，看到每条线的偶模特性阻抗。还有一个 1 V 的电压信号以奇模方式传播，看到每条线的奇模特性阻抗。这种使用奇模分量和偶模分量对信号的描述如图 11.29 所示。

所加的任何信号都能用奇模电压分量和偶模电压分量的组合描述。奇模电压分量和偶模电压分量在行进过程中是完全独立的，它们独立传播，没有相互作用。两个信号分量在每条信号线及其返回路径之间会看到不同的阻抗，所以每个信号分量会以不同的速度行进。

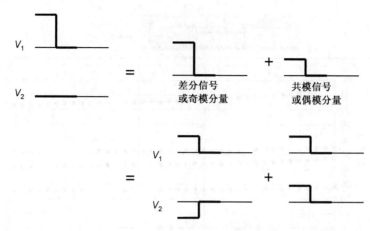

图 11.29　差分对的同一个信号的 3 种等效描述：用每条信号线上的电压描述；用
差分信号和共模信号描述；用奇模和偶模方式传播的电压分量描述

　　上面用一对边缘耦合微带线说明不同的模态。当环绕导体的是处处均匀的同质介质材料时，在每种模态中，沿差分对传播的电压模式将不再唯一。任何加在差分对上的电压模式都能实现无失真传播。只要介质材料是同质的，比如带状线结构，就不会出现远端串扰。加在这类线对前端的任何信号均能实现无失真传播。但是按照惯例，我们依然用上述电压模式定义对称差分对的奇模和偶模。

11.11　奇模/偶模速度与远端串扰

　　用两种传播模态分量描述信号的方法对边缘耦合微带线非常重要，因为在边缘耦合微带线上，不同模态的传播速度不同。

　　信号沿传输线的传播速度是由电力线穿过的介质的有效介电常数决定的。有效介电常数越大，传播速度越慢，以该模态传播的信号的时延就越大。以带状线为例，导体周围的介质材料是均匀的。对电力线而言，有效介电常数始终等于体介电常数，而与电压模式无关。在带状线中，奇模和偶模的传播速度是相等的。

　　但是在微带线中，对于电力线而言，介电常数是一个复合值，它一部分处于体介质材料中，一部分处于空气中。场分布的精确模式和覆加介质材料的方式都将会影响最终的有效介电常数和信号的实际传播速度。在奇模方式下，多数电力线位于空气中；在偶模方式下，多数电力线处于体材料中。由于这个原因，奇模信号比偶模信号有一个稍微小一点的有效介电常数，因此行进得更快。

　　图 11.30 给出了对称的微带线和带状线奇模和偶模的场模式。在带状线中，对于场而言，在两种模态下只存在体介电常数，所以对于具有同质介质的互连，两种模态下的传播速度就是相同的。

　　在边缘耦合微带线中，差分信号驱动奇模，而共模信号驱动偶模，所以差分信号比共模信号的行进速度更快。图 11.31 给出了这两种信号的不同的行进速度。随着线间距的增加，线间耦合度减小，奇模和偶模的场分布情况会趋于相同。如果二者的场分布相同，每种模态就会有相同的有效介电常数和传播速度。

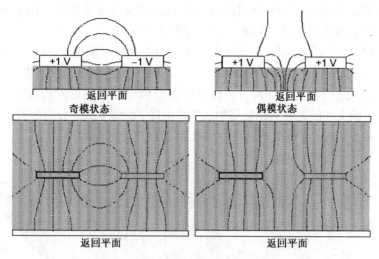

图 11.30 微带线和带状线在奇模和偶模状态下的电场及介
质分布比较。使用Mentor Graphics HyperLynx仿真

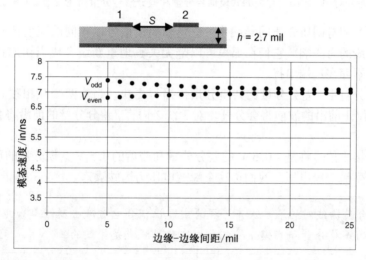

图 11.31 奇模和偶模的传播速度。传输线为边缘耦合微带线，材料为 FR4，线宽为 5 mil，阻值约为 50 Ω

本例中，在微带线间距最小的情况下，奇模速度为 7.4 in/ns，而偶模速度为 6.8 in/ns。若输入端加上仅有差分分量的信号，那么差分信号将以 7.4 in/ns 的速度实现无失真传播。若加上纯共模信号，那么它将以 6.8 in/ns 的速度实现无失真传播。

对于 10 in 长的互连而言，以奇模方式传播的信号时延 $T_{D\,odd} = 10\ \text{in}/7.4\ \text{in/ns} = 1.35\ \text{ns}$。以偶模方式传播的信号时延 $T_{D\,even} = 10\ \text{in}/6.8\ \text{in/ns} = 1.47\ \text{ns}$。

> **提示** 以奇模和偶模方式传播的时延差为 120 ps，看似毫不起眼，但就是它给单端有耦合传输线的远端造成了串扰。

如果不是以纯粹的差分信号或共模信号驱动差分对，而是以同时包含这两种分量的信号驱动，那么这两个分量将以不同的速度各自独立地传播。尽管它们同时出发，但经过传输线后，速度较快的信号分量(差分信号即为典型的此类信号)将会先到达远端。此时，差分分量和共模分量的波前将会分开。沿差分对的每一个点上的真实电压就是这两个分量之和,由于信号的前沿分开了,两条信号线上的电压模式都会发生改变。

假设给差分对加上一个电压信号,为一条线加上 0 V 到 1 V 的跳变,另一条线接零电位。这等同于给线 1 加入单端信号,将线 2 接低电位。线 1 为攻击线,线 2 为受害线。

可以将此电压模式等效为以奇模方式传播的差分信号和以偶模方式传播的共模信号。如图 11.32 所示,若线 1 和线 2 的共模信号为 0.5 V 电压,而线 1 的差分信号为 0.5 V 电压,线 2 的差分信号为 -0.5 V 电压,那么它将等同于实际加在差分对上的信号。

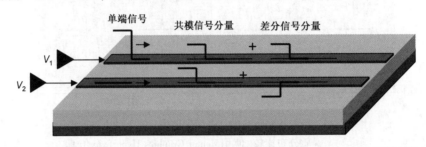

图 11.32　在差分对中,用同时存在的共模信号分量和差分信号分量描述攻击线和静态线上的信号

在带状线这类拥有同质介质的导线中,奇模和偶模信号以相同的速度传播。这两种信号将同时到达信号线的另一端。它们在那里可以毫无失真地重新组合成当初加在差分对上的信号。这种情况下不存在远端串扰。

在微带线差分对中,差分分量比共模分量传播得更快。当这两个互相独立的电压分量沿差分对传播时,位于前沿的波前将会分开。对于线 2 而言,差分分量的前沿将会比共模分量先到达末端。

线 2 的远端接收信号将是 -0.5 V 的差分分量和滞后的 0.5 V 共模分量的重新组合。这将在线 2 的远端产生瞬变净电压。我们称这个瞬变电压为**远端噪声**。

> **提示**　耦合传输线对的远端噪声可视为由容性耦合电流减去感性耦合电流而得到,也可以看成移位的差分分量和共模分量之和。这两种观点是等效的。

如果信号前沿是线性斜坡的,则可以估算出由于两种信号分量的时延不同而引起的远端噪声。估算过程如图 11.33 所示,线 2 的电压是差分分量和共模分量之和。差分信号和共模信号的幅度值是线 1 电压的 1/2,为 $V_1/2$。差分分量(以奇模方式行进)和共模分量(以偶模方式行进)到达信号线末端的时延差为

$$\Delta T = \frac{\text{Len}}{V_{\text{even}}} - \frac{\text{Len}}{V_{\text{odd}}} \tag{11.20}$$

瞬变信号的起始部分是上升边的前沿。它所能达到的最大值即远端电压值,与时延占上升边的比例有关,即

$$V_{\text{f}} = -\frac{1}{2}V_1 \times \frac{\Delta T}{\text{RT}} = -\frac{1}{2}V_1 \frac{\text{Len}}{\text{RT}}\left(\frac{1}{V_{\text{even}}} - \frac{1}{V_{\text{odd}}}\right) = \frac{1}{2}V_1 \frac{\text{Len}}{\text{RT}}\left(\frac{1}{V_{\text{odd}}} - \frac{1}{V_{\text{even}}}\right) \tag{11.21}$$

其中,V_{f} 表示受害线 2 的远端电压的峰值,V_1 表示攻击线 1 的电压,Len 表示耦合区域的长度,ΔT 表示差分信号和共模信号的到达时间差,RT 表示信号的上升边,V_{even} 表示信号以偶模方式传播时的速度,V_{odd} 表示信号以奇模方式传播时的速度。

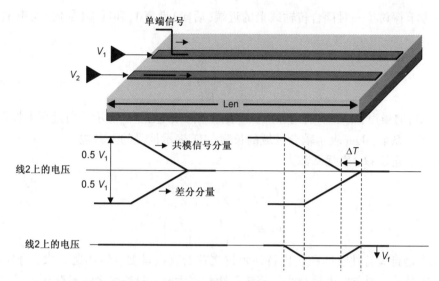

图 11.33　信号线 2 的信号由差分信号分量和共模信号分量组成。差分信号分
量比共模信号分量先到达信号线 2 的末端,从而在信号线2中引起了瞬变净信号

可以用奇模和偶模传播速度的不同来解释远端串扰噪声。如果差分对为同质介质的,并且两种模态的传播速度相同,差分对就不会出现远端噪声。如果走线上方有空气,那么奇模的有效介电常数比偶模小,因此奇模有更快的传播速度。差分信号分量比共模信号分量先到达线 2 的末端。因为线 2 的差分信号分量为负,所以线 2 的瞬变电压也将为负。

只要差分信号和共模信号的时延差小于信号的上升边,远端噪声就会随耦合长度的增加而增加。但如果这个时延差大于信号的上升边,远端噪声就会在差分信号的幅值 $0.5V_1$ 处饱和。

远端噪声的饱和长度是当 $V_f = 0.5V_1$ 时传输线的长度值,可由下式计算:

$$\text{Len}_{sat} = -\frac{\text{RT}}{\dfrac{1}{V_{odd}} - \dfrac{1}{V_{even}}} \tag{11.22}$$

其中,Len_{sat} 表示远端噪声饱和时的耦合长度,RT 表示信号的上升边,V_{even} 表示信号以偶模方式传播时的速度,V_{odd} 表示信号以奇模方式传播时的速度。

例如,在最紧耦合情况的微带线中,设上升边为 1 ns,那么饱和长度为

$$\text{Len}_{sat} = -\frac{1\ \text{ns}}{\dfrac{1}{7.4\ \text{in/ns}} - \dfrac{1}{6.8\ \text{in/ns}}} = -\frac{1\ \text{ns}}{0.135\ \text{ns/in} - 0.147\ \text{ns/in}} = 83\ \text{in} \tag{11.23}$$

奇模和偶模的传播速度相差越小,饱和长度越长。当然,在远端噪声饱和之前,它的幅度也有可能超出合理的噪声容限。

11.12　理想耦合传输线或理想差分对模型

一对耦合传输线可以看成两条存在耦合的单端传输线,耦合造成了两条线上的串扰。或者,一对耦合传输线可以看成有奇模和偶模特性阻抗及奇模和偶模速度的差分对。这两种观点既是等价的,又是独立的。

前面的章节探讨了一对耦合传输线上的近端(后向)噪声 V_b 和远端(前向)噪声 V_f,其关系式为

$$V_b = V_a k_b \tag{11.24}$$

$$V_f = V_a \frac{\text{Len}}{\text{RT}} k_f \tag{11.25}$$

其中,V_b 表示后向噪声,V_f 表示前向噪声,V_a 表示动态线电压,k_b 表示后向近端串扰系数,k_f 表示前向远端串扰系数,Len 表示耦合区域的长度,RT 表示信号的上升边。

从差分对的角度看,串扰系数为

$$k_b = \frac{1}{2} \frac{Z_{\text{even}} - Z_{\text{odd}}}{Z_{\text{even}} + Z_{\text{odd}}} \tag{11.26}$$

$$k_f = \frac{1}{2} \left(\frac{1}{V_{\text{odd}}} - \frac{1}{V_{\text{even}}} \right) \tag{11.27}$$

近端噪声是奇模特性阻抗和偶模特性阻抗之差的直接量度。线间距越大,奇模阻抗和偶模阻抗的差就越小,耦合度也就越小。当线间距相当大时,两条线之间不存在相互作用,一条线的特性阻抗大小与另一条线上的信号无关。奇模阻抗和偶模阻抗相等,近端串扰系数为零。

> **提示** 这种联系使我们可以将一对耦合传输线建模为差分对。理想分布式差分对模型是一种新的电路模型,可以将它加到理想电路元件库中。它不仅是差分对行为的模型,而且也是一对独立又耦合的传输线行为的模型。

正如用特性阻抗和时延定义理想的单端传输线,我们可以用以下 4 个参数定义理想差分对:

1. 奇模特性阻抗;
2. 偶模特性阻抗;
3. 奇模时延;
4. 偶模时延。

这些术语充分考虑到了耦合的影响,正是耦合产生了远端和近端串扰。这是电路和行为仿真器中大多数理想电路模型的基础。

如果传输线是带状线,那么奇模和偶模的传播速度及时延均相同,所以此时只需要 3 个参数就可以描述一对耦合传输线。

描述差分对的这 4 个参数值通常可以用二维场求解器计算得到。

11.13 奇模及偶模阻抗的测量

时域反射计(TDR)可以用于测量单端传输线的单端特性阻抗。时域反射计给传输线加上一个阶跃电压,然后测量反射电压。信号从时域反射计及互连电缆的 50 Ω 传到传输线的前端。反射电压的幅度取决于信号受到的瞬时阻抗变化。对均匀传输线而言,信号受到的瞬时阻抗即为传输线的特性阻抗。反射电压由下式决定:

$$\rho = \frac{V_{\text{reflected}}}{V_{\text{incident}}} = \frac{Z_0 - 50\ \Omega}{Z_0 + 50\ \Omega} \tag{11.28}$$

其中，ρ 表示反射系数，$V_{\text{reflected}}$ 表示用时域反射计测得的反射电压，V_{incident} 表示时域反射计加在线上的电压，Z_0 表示传输线特性阻抗，50 Ω 表示时域反射计和电缆系统的输出阻抗。

已知输入电压，再测出反射电压，就可以用下式计算出传输线的特性阻抗：

$$Z_0 = 50\ \Omega\ \frac{1 + \rho}{1 - \rho} \tag{11.29}$$

这就是我们测量任何单端传输线特性阻抗的方法。

为了测量差分对中的一条信号线的奇模阻抗或偶模阻抗，必须在将差分对驱动成奇模或偶模的状态时测出一条信号线的特性阻抗。

为了激励差分对进入奇模状态，要给差分对加上差分信号。此时每条信号线的特性阻抗就是它的奇模阻抗。这就意味着如果在被测信号线与其返回路径之间都加 0 ~ 200 mV 的信号，就要在第二条信号线与其返回路径之间都加 0 ~ -200 mV 的信号。同理，为了测量偶模特性阻抗，需要在两条信号线与其返回路径之间加 0 ~ +200 mV 的信号。

要实现这些测量，需要一种带有两个有源部件头的特殊时域反射计，称为**差分时域反射计**（DTDR）。图 11.34 给出了时域反射计加在两条待测的输出端开路差分对上的电压，包括输出到两条通道的差分信号和共模信号驱动。

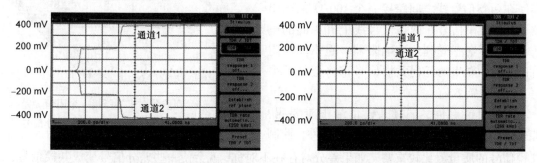

图 11.34　从差分时域反射计输出加在待测差分对上的两条通道电压信号。左图：差分信号。右图：共模信号。使用 Keysight 86100 DCA 和差分时域反射计测量

在差分时域反射计中，两通道的反射电压都可以测量得出，所以差分对中两条信号线的奇模和偶模特性阻抗也都可以测得。图 11.35 中被测的是接近 50 Ω 的传输线对，在紧耦合时测得其中一条信号线的奇模和偶模特性阻抗。本例中测得的一条信号线的奇模阻抗为 39 Ω，同一条信号线的偶模阻抗为 50 Ω。

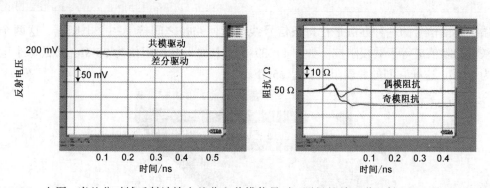

图 11.35　左图：当差分时域反射计输出差分和共模信号时，测得的单通道反射电压。右图：它们被转换为偶模（共模驱动）和奇模（差分驱动）阻抗。奇模阻抗为 39 Ω，偶模阻抗为 50 Ω。使用 Keysight 86100 DCA，差分时域反射计和 GigaTest Labs 探针台测量，并用 TDA Systems IConnect 软件仿真

11.14 差分及共模信号的端接

当差分信号到达差分对的开路终端时，将会感受到很大的阻抗并发生反射。如果不对此反射加以控制，那么它将可能超出噪声容限，引起过量的噪声。减小反射的一种常用办法是在差分对末端加上一个与差分阻抗相匹配的电阻性阻抗。

例如，如果这条信号线的差分阻抗设计为 100 Ω，那么远端电阻器就应该是 100 Ω，如图 11.36 所示。这个电阻器应该跨接在两条信号线之间，以便差分信号能感受到这一阻抗。只用这一个电阻器就能端接差分信号，但是共模信号又怎样呢？

> **提示** 共模信号分量在 LVDS 信号电平中是很大的。即使当驱动器开关时，这个电压的标称值也是恒定的，一般不会影响接收器处的差分信号的测量。

任何瞬变共模信号沿差分对传播时，都会在末端感受到一个较高的阻抗，反射回源端。即使在两条信号线之间跨接一个 100 Ω 的电阻器，由于共模信号在两条信号线上有相同的电压，它也不会感受到这个电阻器。受驱动器阻抗的影响，产生的任何共模信号都将会往返振荡，出现振铃效应。

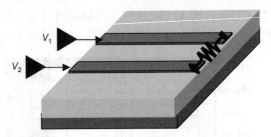

图 11.36　在差分对末端跨接一个阻值为差分阻抗的电阻器，端接差分信号

有人可能会问，端接共模信号很重要吗？如果电路中存在对共模信号敏感的器件，控制共模信号的质量就比较重要。如果差分对存在不对称，就会使一些差分信号变成共模信号，而共模信号往返振荡时又再次遇到这种不对称，一些共模信号有可能转化回差分信号，这将会引起差分噪声。

> **提示** 端接共模信号不是消除共模信号，只是阻止共模信号在电路之间往返振荡。如果共模信号引起了电磁干扰，那么端接共模信号的确能稍微减小电磁干扰。但重要的还是进行创新设计，以消除共模信号源。

端接共模信号的一种办法是在每条信号线与返回路径之间接上一个电阻器，这两个电阻器并联时的阻值应等于共模阻抗。如图 11.37 所示，如果共模阻抗为 25 Ω，那么每个电阻值都将为 50 Ω，这样它们的并联阻抗就是 25 Ω。

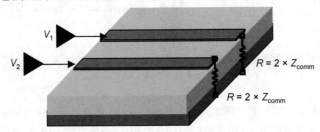

图 11.37　用两个电阻器对差分对的远端进行共模信号端接，每个电阻器的大小等于差分对共模阻抗的 2 倍

如果采用这种端接方案，那么在共模信号被端接的同时，差分信号也将被端接。但是，当两条信号线之间是紧耦合的时，如果用两个 50 Ω 电阻器并联将共模阻抗端接，则差分阻抗就没有被匹配端接。

在这种端接方案中，差分信号受到的等效电阻是两个电阻的串联，为 $4 \times Z_{comm}$。只有当 $Z_{even} = Z_{odd}$ 时这个电阻才等于差分阻抗。随着耦合度的增加，共模阻抗将会增加，而差分阻抗将会减小。

所以，必须设计一种同时端接这两种信号的方案。可以用两种拓扑结构实现，每种都用 3 个电阻器。π形结构和 T 形结构如图 11.38 所示。

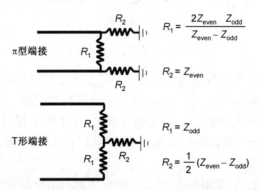

$$R_1 = \frac{2Z_{even}\ Z_{odd}}{Z_{even} - Z_{odd}}$$

$$R_2 = Z_{even}$$

$$R_1 = Z_{odd}$$

$$R_2 = \frac{1}{2}(Z_{even} - Z_{odd})$$

图 11.38　差分对的π形端接结构和 T 形端接结构，可以同时端接差分信号和共模信号

在π形拓扑结构中，各电阻值可以用下面的方法加以计算。使共模信号受到的等效电阻等于共模阻抗，使差分信号受到的等效电阻等于差分阻抗。共模信号受到的等效电阻为两个电阻器 R_2 的并联，即

$$R_{equiv} = \frac{1}{2}R_2 = Z_{comm} = \frac{1}{2}Z_{even} \qquad (11.30)$$

其中，R_{equiv} 表示共模信号受到的等效电阻，R_2 表示电阻器 R_2 的阻值，Z_{comm} 表示差分对的共模阻抗，Z_{even} 表示差分对的偶模阻抗。从上式可解得 $R_2 = Z_{even}$。

差分信号受到的等效电阻为两个电阻器 R_2 串联后再和电阻器 R_1 并联，即

$$R_{equiv} = \frac{R_1 \times 2R_2}{R_1 + 2R_2} = Z_{diff} = 2 \times Z_{odd} \qquad (11.31)$$

其中，R_{equiv} 表示差分信号受到的等效电阻，R_1 表示电阻器 R_1 的阻值，R_2 表示电阻器 R_2 的阻值，Z_{diff} 表示差分对的差分阻抗，Z_{odd} 表示差分对的奇模阻抗。

因为 $R_2 = Z_{even}$，由上式可以求得 R_1 为

$$R_1 = \frac{2Z_{even}Z_{odd}}{Z_{even} - Z_{odd}} \qquad (11.32)$$

当耦合度很小且 $Z_{even} \approx Z_{odd} \approx Z_0$ 时，会有 $R_2 = Z_0$，R_1 为开路。当耦合度很小时，这种π形端接结构就会退化为在两条信号线末端各接上一个阻值为每条线的特性阻抗的电阻器。随着耦合度的增加，信号线与返回路径之间的电阻器 R_2 要同时增加，以便于能够匹配偶模特性阻抗。两条信号线之间要跨接一个大阻值的分流电阻器，这样差分信号受到的等效电阻就会减小，从而能够匹配随着耦合度增加而降低的差分阻抗。

对典型的紧耦合差分对而言，奇模阻抗大致为 50 Ω，偶模阻抗大致为 55 Ω。此时在π形端接中，两条信号线之间的电阻值应为 1 kΩ，每条线与返回路径之间的电阻是 55 Ω。这种连接

方式能同时端接 100 Ω 的差分阻抗和 27.5 Ω 的共模阻抗。

在 T 形拓扑结构中，差分信号受到的等效电阻是两个电阻器 R_1 的串联，即

$$R_{\text{equiv}} = Z_{\text{diff}} = 2R_1 = 2Z_{\text{odd}} \tag{11.33}$$

其中，R_{equiv} 表示差分信号受到的等效电阻，R_1 表示电阻器 R_1 的阻值，Z_{diff} 表示差分对的差分阻抗，Z_{odd} 表示差分对的奇模阻抗。从上式可解得 $R_1 = Z_{\text{odd}}$。

共模信号受到的等效电阻为两个电阻器 R_1 并联后再和 R_2 串联，即

$$R_{\text{equiv}} = Z_{\text{comm}} = \frac{1}{2}R_1 + R_2 = \frac{1}{2}Z_{\text{even}} \tag{11.34}$$

从中可求得 R_2 为

$$R_2 = \frac{1}{2}(Z_{\text{even}} - Z_{\text{odd}}) \tag{11.35}$$

在 T 形端接中，当耦合度比较小时，有 $Z_{\text{even}} \approx Z_{\text{odd}} \approx Z_0$，T 形端接即为在两条信号线之间简单串联两个阻值为 R_1 的电阻器，每个电阻均等于奇模特性阻抗。除此之外，两个电阻器之间还有一个中央抽头短接到返回路径。在无耦合状态下，T 形端接退化为 π 形端接。随着耦合度的增加，差分阻抗会减小，R_1 的阻值要相应地减小以与之匹配，而共模阻抗会增加，R_2 的阻值要相应地增加以进行补偿。

如果奇模阻抗为 50 Ω，偶模阻抗为 55 Ω，那么 T 形端接中信号线之间的两个电阻器均为 50 Ω，中央抽头与返回路径之间的电阻器为 2.5 Ω。

在实现 π 形或 T 形端接时，要考虑的最重要因素就是驱动器的潜在直流负载。在两种结构中，每条信号线与返回路径之间的电阻负载都与偶模阻抗大小在同一个数量级。偶模阻抗越小，从驱动器流出的电流就越大。典型的差分驱动无法将低直流电阻控制在低电压一边，所以端接共模信号不太现实。因此，一定要想办法在开始时就使共模信号达到最小，在末端仅端接差分信号即可。

端接差分信号和共模信号的另一种可取方案是在 T 形端接中加入隔直流电容器，电路结构如图 11.39 所示。该拓扑结构中，电阻与基本 T 形结构中的电阻阻值相等。选择电容器时要保证共模信号感受到的时间常数(其值等于 RC)远大于信号中的最低频率分量所对应周期的数值，这样才能保证在信号的最低频率分量内电容器的阻抗小于电阻器的阻抗。作为一阶估计，电容量初步选择为

$$RC = 100 \times \text{RT} \tag{11.36}$$

$$C = \frac{100 \times \text{RT}}{Z_{\text{comm}}} \tag{11.37}$$

其中，R 表示共模信号受到的等效电阻值，C 表示隔直流电容器的电容值，RT 表示信号的上升边，Z_{comm} 表示共模阻抗。

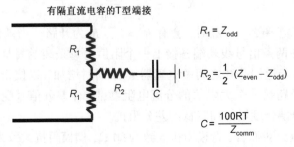

图 11.39　加入隔直流电容器的 T 形端接。它能在端接共模信号的同时使直流泄漏最小

例如,如果共模阻抗约为 25 Ω,上升边为 0.1 ns,那么隔直流电容器约为 10 ns/25 Ω = 0.4 nF。当然,无论何时使用阻容端接,都要使用仿真去验证最佳的电容量。

另一种适用于芯片内端接的替代端接方案是,在每个信号线与单独的 V_{TT} 电压源之间实现端接。对于 50 Ω 导线,这是指将 50 Ω 的电阻器连接到 V_{TT} 电源。这会有效地将每条导线端接为单端传输线。

当两条信号线之间没有耦合时,它将端接差分信号和共模信号,其端接功耗只有端接到地的一半。随着线间耦合增加而差分阻抗保持在 100 Ω,差分信号仍将被端接,共模信号将大部分被端接。这不是一个完美的端接方案,但可以匹配到 90%。

这一方案的优点是提供了良好的差分信号端接、适当的共模信号端接,以及良好的功耗,而且可以针对芯片上的阻抗端接。

11.15 差分信号向共模信号转化

在差分信令中,信息都由差分信号运送。维持差分信号的质量十分重要。实现时要注意使用以下指导原则:

1. 使用可控差分阻抗;
2. 使差分对的突变最小化;
3. 在远端端接差分信号。

此外,走线之间的不对称和驱动器之间的错位也会引起差分信号的失真。

> **提示** 在微带线或带状线中,由于不对称、错位而引起的失真是完全独立发生的,与线间耦合程度无关。无论差分对两条线之间是无耦合或紧耦合的,失真都照样出现。

两个差分驱动器跳变时的错位会使差分信号失真。图 11.40 给出了当错位从上升边的 20% 变到 2 倍时,差分信号边沿的变化情况。大多数高速串行链路都规定通道中的线间错位应小于单位间隔的 20%。线间错位将直接影响信号的边沿质量并减小眼图的水平睁开度。

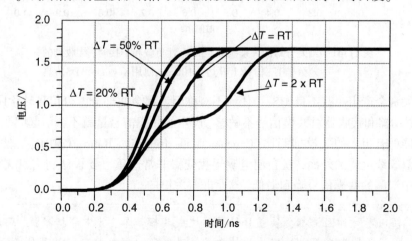

图 11.40 当驱动器错位从上升边的 20% 变到 2 倍时,接收
到的差分信号变化情况。使用 Keysight ADS 仿真

例如，在 5 Gbps 信号中，单位间隔为 200 ps，则单位间隔的 20% 为 40 ps，这就是最大可接受的线与线之间错位。当信号的典型速度为 6 in/ns 时，对应于差分对两条线之间的长度差就是 0.04 ns × 6 in/ns = 240 mil。

当线间错位大于信号上升边时，线与线之间错位就变得很明显了。差分信号的上升边和下降边都将失真。

为了使线与线之间的最大错位保持在单位间隔的 20% 以下，即要求

$$\Delta L = 0.2 \times UI \times v = 0.2 \times \frac{v}{BR} \tag{11.38}$$

其中，ΔL 表示为使错位维持在单位间隔的 20% 以内，两条线之间的最大长度偏差，UI 表示单位间隔，BR 表示比特率，v 表示差分信号的传播速度。

如果信号的传播速度大致为 6 in/ns，单位间隔为 1 ns，此时差分对两条线的长度最大匹配偏差要小于 0.2 × 6 in/ns × 1 ns ≈ 1.2 in。相比而言，这比较容易实现。

如果单位间隔为 100 ps，那么两条线的长度应匹配至其偏差小于 120 mil。留给源于线长偏差的错位预算在不断变小，使得线长之间的匹配显得愈加重要。

还有一些其他方面的不对称因素也会潜在地引起差分信号的失真。总之，如果某些因素影响了差分对的一条线而未影响另一条，差分信号就会失真。例如，如果一条线遇到了一个测试焊盘而产生了一个容性负载，但另一条没有，差分信号就会失真。图 11.41 给出了当一条线上出现容性负载时，差分对末端差分信号的仿真结果。

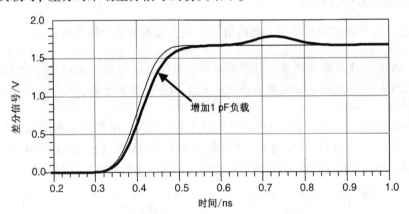

图 11.41　当差分对的一条线接 1 pF 容性负载和不接时，接收到的
差分信号。信号上升边为 100 ps。使用Keysight ADS仿真

错位和失真会产生一些不良影响。任何不对称因素都会使部分差分信号转化成共模信号。总之，如果驱动器和接收器对共模信号不敏感，产生的共模信号量就不会引起问题。毕竟典型的差分接收器都有很大的共模抑制比(Common Mode Rejection Ratio, CMRR)。然而，如果共模信号到了双绞线电缆的外面，就会使电磁干扰变得非常严重。要设法将有意无意地从机壳孔隙或电缆中泄漏的共模信号降到最低，这是非常关键的。

> **提示**　任何不对称因素都会使差分信号转化成共模信号，其中包括串扰、驱动器错位、线长偏差及不对称的负载等。把错位维持在最低限度的一个重要目的就是使差分信号向共模信号的转化降到最小。

　　一个小的错位可能不会影响差分信号的质量，但可以对共模信号造成显著影响。图 11.42 给出了当错位只有上升边的 20% 时，信号线上的电压情况。图中给出只有差分信号被端接时，接收到的差分信号和共模信号。差分信号分量在远端被电阻器端接，但共模信号分量在远端感受到开路，并将返回低阻抗的源端。这将会产生振铃效应。

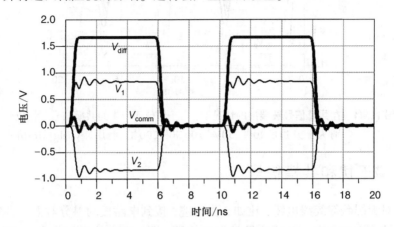

图 11.42　带有差分端接电阻器的差分对远端信号。驱动器错位仅为信号上升边的 20%。注意，尽管每条走线上的电压都产生了失真，但差分信号的质量依然很好。使用 Keysight ADS 仿真

　　即使是差分信号和共模信号都被端接，由于各种不对称，依旧会产生共模信号。图 11.43 给出了使用 T 形端接后的远端电压情况。这里的差分信号和共模信号都已经同时被端接。可以看到，振铃效应消失了，但共模信号依然存在，只要它跑到电缆的外面就会引起电磁干扰。

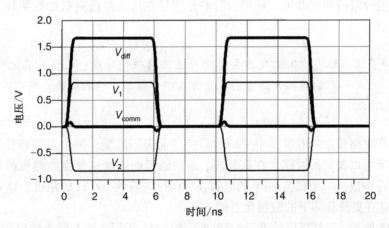

图 11.43　当错位为 20% 时，带有差分信号和共模信号端接的远端接收信号。使用 Keysight ADS 仿真

　　随着两条信号线间错位的不断增大，共模信号的幅度也会相应增加。图 11.44 给出了当错位分别为上升边的 20%，50%，100% 和 200% 时对应的共模信号。

> **提示**　很小的驱动器错位都能产生明显的共模信号，这就需要将不对称做到最小化。

　　为了使共模信号的产生降到最小，必须将路径做得尽量对称。为了预计产生的共模信号大小，需要对非理想的缺陷情形建模，并用它预估潜在电磁干扰问题的严重程度。

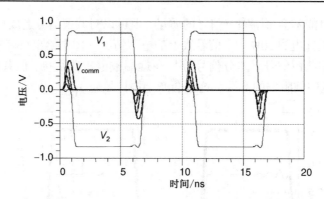

图 11.44　在共模信号被端接的情况下，由于错位而产生的共模信号。错位分
别为上升边的20%，50%，100% 和200%。使用Keysight ADS仿真

11.16　电磁干扰和共模信号

如果将一对无屏蔽双绞线电缆，比如5类电缆，接到电路板的差分对上，那么差分信号和共模信号都会传输到电缆中。差分信号是有用信号，携带着要传递的信息。双绞线电缆对于差分信号而言是一个很差的电磁能量辐射器，但电缆中的共模电流将会辐射并产生电磁干扰。

如果双绞线中存在共模电流，那么它的返回路径在哪里呢？在产生差分信号的电路板上，共模信号经板上的返回平面返回。但当信号从电路板接转到双绞线时，没有去往电路板上返回平面的直接连接。

这对于差分信号而言并不会造成什么问题。只需要设计好电路板上互连的差分阻抗，使它与双绞线的差分阻抗匹配即可。这样，当差分信号在从电路板向双绞线跳转时就不会感受到阻抗的突变。

> **提示**　事实上，无屏蔽双绞线的共模信号返回路径是地面、底板或其他邻近的导体。信号线与最邻近导体表面的耦合通常小于与邻近信号路径之间的耦合。所以共模阻抗通常很高，约为几百欧。

共模信号在电路板上和双绞线中受到的阻抗可能很不匹配。两个返回路径之间的连接就是任何一条电流可以找到的通路。在高频段，返回路径的连接主要由电路板的地-机架-底板之间的杂散电容构成。一个仅为 1 pF 的电容在 1 GHz 时有约 160 Ω 的阻抗。这是一个 1 pF 的杂散电容，但它在更高频率下的阻抗会更低。

如图 11.45 所示，当共模信号沿双绞线向下传播时，返回电流会经由双绞线与导体之间的杂散电容连续地与最邻近导体相耦合。

双绞线中共模电流的大小由加在该电缆上的共模信号电压及共模信号在电缆中受到的阻抗所决定，即

$$I_{comm} = \frac{V_{comm}}{Z_{comm}} \tag{11.39}$$

这个共模电流会产生辐射。多大量级的共模电流会导致测试认证失败，取决于特定的测试规范、电缆的长度及频率。根据经验法则，只要 100 MHz 下在 1 m 长的外电缆上有 3 μA 的共模电流，就通过不了联邦电信委员会(FCC)的 B 类测试认证。这是一个极小量的共模电流。

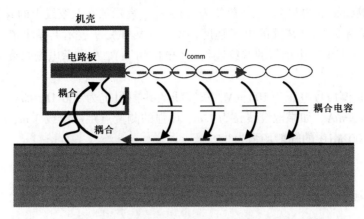

图 11.45　双绞线电缆连接到电路板上时共模电流路径的原理图。
这个耦合路径对高频共模信号分量呈现出典型的容性

　　如果辐射场强度超过了电磁干扰认证规范所容许的限度，这个产品就不能通过这个认证，从而延迟了它的交货时间。在许多国家，规定产品必须通过当局的认证，否则产品的销售就属于违法行为。在美国，FCC 制定了两类产品的辐射场强等级标准。A 类产品应用于工业或制造业，B 类产品应用于家庭或办公室。B 类产品的辐射场强比 A 类产品的更小。

　　在给定频率下，电场强度的单位是 V/m。在 B 类产品认证时，最大辐射场强要求在距产品 3 m 远的地方测量。最大电场强度根据频率范围的不同而有所不同。图 11.46 列出了强度标准并绘出了曲线。作为一个参考点举例，在 100 MHz 下，3 m 远处的最大容许远场电场强度为 150 μV/m。

Freq (MHz)	μ V/m
30~88	100
88~216	150
216~960	200
> 960	500

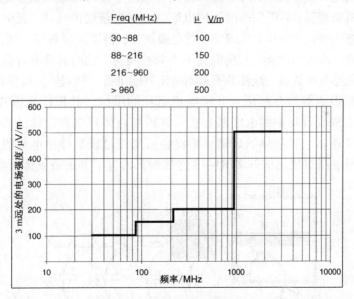

图 11.46　FCC 制定的 B 类产品在 3 m 远处的最大容许远场电场强度

　　通过把双绞线近似为单极天线，可以估算出双绞线中共模电流的辐射电场强度。远场出现在辐射波长的 1/6 处。FCC 的测试条件为 3 m，当频率超过 16 MHz 时正处于远场中。从一个单极天线发出的远场电场强度为

$$E = 4\pi10^{-7} \times f \times I_{\text{comm}} \times \frac{\text{Len}}{R} \tag{11.40}$$

其中，I_{comm}表示双绞线中的共模电流(单位为 A)，V_{comm}表示加在双绞线上的共模信号，Z_{comm}表示共模阻抗，E表示距导线 R 处的电场强度(单位为 V/m)，f表示共模电流分量的正弦频率(单位为 Hz)，Len 表示产生辐射的双绞线长度(单位为 m)，R表示电场强度测试点与双绞线的间距(单位为 m)。

例如，如果共模信号电压为 100 mV，双绞线的共模阻抗为 200 Ω，那么共模电流大小为 0.1 V/200 Ω =0.5 mA。如果双绞线长为 1 m，场强的测量点距双绞线 3 m，那么根据 FCC 的 B 类测试规定，100 MHz 的辐射场强为

$$E = 4\pi10^{-7} \times 10^8 \times 5 \times 10^{-4} \times \frac{1}{3} = 20\ 000\ \mu V/m \qquad (11.41)$$

无屏蔽双绞线中的共模电流很容易产生辐射，其辐射电场强度要比 FCC 标准规定的强度高 100 多倍。

> **提示**　即使无屏蔽双绞线中存在很少量的共模电流，产品也会因此通不过电磁干扰的测试认证。如果共模电流值大于 3 μA，就不能通过 FFC 的 B 类认证。

通常，以下 3 种技术可以减小双绞线电缆中共模电流的辐射。

1. 将差分对之间的不对称和驱动器之间的错位降到最低，从而使差分信号向共模信号的转化降到最低限度。这是从源头将问题最小化了。
2. 使用屏蔽双绞线，用屏蔽层作为共模电流的返回路径。因为当返回路径距信号路径很近时可能引起共模阻抗的减小，所以使用屏蔽层电缆可以增大共模电流。如果将屏蔽层连接到机架底板，共模信号的返回电流就会在屏蔽层内流动。此时共模信号就会在这种同轴结构内流动，从双绞线中心的电缆流出，再流入屏蔽层。在这种几何结构中，不会出现外部电场或磁场，共模电流不会向外辐射。此时需要在屏蔽层与机架底板之间有一个低感抗的连接，这样共模返回电流就能维持一种同轴结构分布。
3. 用添加共模扼流器的办法增大共模电流路径的阻抗。共模信号扼流器有两种形式。事实上所有外围设备中的电缆都有铁氧材料圆柱体环绕在电缆的外部，放置的位置如图 11.47 所示。铁氧体的高磁导率将会增加流过铁氧体净电流的电感和阻抗。此外，以太网链路中使用的许多 RJ-45 连接器都内置了共模铁氧体扼流圈。

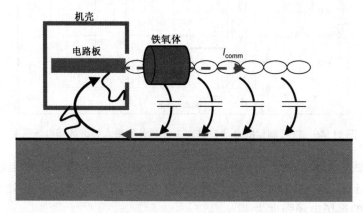

图 11.47　将铁氧体环绕差分电流，但它环绕的只是共模信号路径，而不是共模返回路径

当有差分信号流过铁氧体时,铁氧体内部也不会有净磁场。由于差分对的两条走线上的电流大小相等且方向相反,所以电流的外部电场和磁场大部分互相抵消。只有共模电流穿过铁氧体并且返回电流在外部时,才有闭合的磁力线穿过铁氧体,此时共模电流会感受到高阻抗。电缆线外部的铁氧体能增加共模信号受到的阻抗,减小共模电流,从而能减小辐射。这类铁氧体扼流器能用于任何电缆的外部,无论它是双绞线还是屏蔽电缆。

第二类共模信号扼流器主要用于双绞线中。它的主要目的是在不影响差分阻抗的同时显著地增加共模阻抗。为了从根本上增加共模信号的阻抗,通常将双绞线对绕成一个线圈,有时还会插入一个铁氧体芯。

当共模电流流经双绞线时,线圈和高磁导率铁氧体芯会形成很大的电感。但是流经双绞线的差分信号在双绞线的外面只有极少的磁力线,线圈或铁氧体都影响不了差分电流。差分信号几乎不受线圈的影响。

可以将双绞线线圈置入连接器中。例如,与以太电缆一起使用的许多 RJ-45 连接器都使用了内置式共模信号扼流器。

> **提示**　当共模信号受到的阻抗比较高时,会把可能窜入双绞线的共模电流减小 99% 以上,或者说 −40 dB。电路板上的不对称会产生共模电流,引起辐射,而扼流器是减小辐射的一种有效元件。

11.17　差分对的串扰

如果将一条单端传输线靠近差分对,那么由于与动态单端线之间有耦合,差分对的两条走线上都会出现信号电压,如图 11.48 所示。差分对中每条线上出现的耦合噪声极性相同,只是幅度不一样。

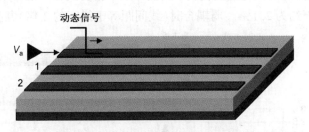

图 11.48　单端信号到差分对的串扰

差分对中,距动态线较近的那条线中会有较大的噪声。差分对的耦合越紧,在两条走线上产生的噪声越趋于相等,差分噪声也就越小。

> **提示**　大体上说,使每条走线上产生的噪声越趋于相等,差分噪声就越小。这就意味着要让攻击线距差分对较远,并且使差分对紧耦合。

图 11.49 给出了微带线差分对的接收器出现的差分噪声。远端有差分端接,近端是典型的低阻抗驱动器。

在该结构中,攻击线与最近受害线的间距等于线宽。图 11.49 给出了两种耦合级别。紧耦合时的线间距等于线宽,弱耦合时的线间距等于线宽的 2 倍。在该差分对中,距攻击线较远的那条走线上的噪声比较小,差分噪声是两条走线上噪声电平的差。在本例中,弱耦合受害差分对的差分噪声约为1.3%,紧耦合受害差分对的差分噪声约为弱耦合时的一半。或者说,紧耦合可以将差分噪声再减小约50%。

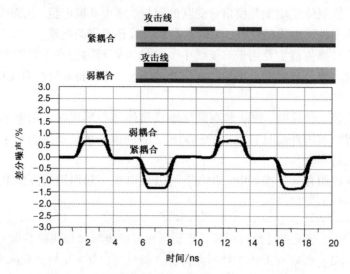

图11.49　由于邻近单端攻击线造成的差分对差分噪声

　　尽管动态线在差分对中产生的差分噪声在最坏情况下也仅为1.3%,但有时这也会产生问题。如果攻击线中是3.3 V的信号,那么差分对的差分噪声可达40 mV。如果受害差分对的另一侧也有一条动态线,并且线中的电流方向与第一条攻击线相反,那么这两条动态线上产生的差分噪声就会叠加。这可以产生高达80 mV的噪声,这个值可能会接近分配给某些低压差分信号的噪声预算。

　　受害差分对的共模噪声是两条走线上噪声电压的平均值。图11.50给出了两种耦合级别下的共模噪声。当差分对的耦合度变化时,共模噪声不会受到很大的影响。紧耦合时(线间距等于线宽),共模噪声约为2.1%。弱耦合时(线间距等于线宽的2倍)共模噪声约为1.5%。

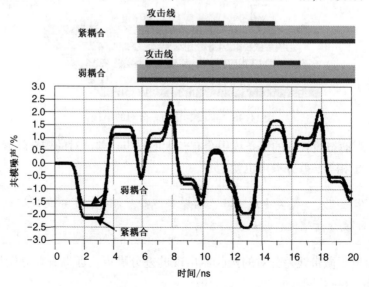

图11.50　由于邻近单端攻击线而使差分对中产生的共模噪声。
振铃和失真都是由于共模信号未被端接而产生的

　　紧耦合能减小差分噪声,但会增加共模噪声。串扰是在差分对中产生共模噪声的一种典型途径。即使差分对做到完全对称,串扰仍能在差分对中产生共模电压。这就是我们总要在外接的双绞线电缆中加入共模扼流器的重要原因。

> **提示**　单端攻击线会使差分对中产生差分噪声。上面的分析揭示出减小差分噪声的一种通用规则:使差分对中的耦合尽可能紧密。当然,为了尽可能减小耦合噪声,还要使攻击线与受害差分对之间的距离尽可能远。紧耦合不能消除串扰,但在某些情况下会将其减小一些。

　　从另一个差分对耦合的差分噪声要稍小于从单端走线耦合的差分噪声。图 11.51 给出了两个差分对之间的差分噪声和共模噪声。本示例中,两个差分对边缘的间距等于线宽。此时强、弱耦合之间的差距不太大。据粗略估计,差分噪声小于攻击差分对差分信号的 1%;共模噪声小于攻击差分对差分信号的 2%。

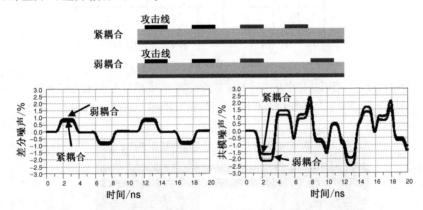

图 11.51　当攻击线也是差分对时,在紧耦合和弱耦合下差分对中的差分(左)噪声和共模(右)噪声

　　通常,差分对中两线之间的耦合程度,特别是带状线,对从其他走线引入的差分串扰的影响很小。只有当相邻的返回平面不存在时,例如在连接器或封装引脚中,紧耦合才会对减少串扰有很强的作用。

11.18　跨越返回路径中的间隙

　　返回路径中的间隙通常用于隔离电路板上的某个区域。在信号的返回参考层选为电源平面而电源平面被分割的情况下,也会出现间隙。有时,在返回路径中出现了非故意的间隙,比如返回路径中出砂孔过分刻蚀和交叠的情形。在这种情况下,任何经过过孔区域的信号线都将感受到返回路径中的间隙。

　　如果单端信号遇到的间隙很宽,那么它将感受到一个颠覆性的突变。这是一个大的电感性突变。在图 11.52 中,返回路径中的间隙为 1 in,除此之外均为 50 Ω 两端均有端接的均匀传输线。图中给出了传输与反射的单端信号。由于串联电感突变,原本仅为 100 ps 的上升边急剧地增大。

　　尽管在某些情况下可以使用一个低电感的电容器去跨接这个间隙,从而提供一个低阻抗的返回路径,然而这一方案很难获得良好的高频性能。

　　为了使传输的信号能跨越返回路径中的间隙并维持可接受的性能，一种可选方案就是使用差分对。图 11.53 给出了一种典型的情况。信号起始于电路板上区域 1 的边缘耦合微带线，区域 2 的返回路径平面远离走线，区域 3 的互连又是一个边缘耦合微带线。

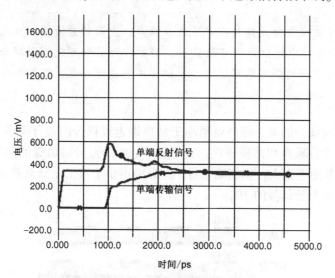

图 11.52　当返回路径中途出现 1 in 宽的间隙时，在阻抗为 50 Ω 的传输线上 100 ps 的传输信号和反射信号。使用 Mentor Graphics HyperLynx仿真

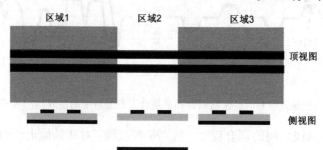

图 11.53　电路板区域 2 的返回路径中有一个间隙，这可以等效为该区域有很远的返回路径平面

　　区域 1 和区域 3 中差分对的差分阻抗约为 90 Ω。中间区域的返回路径被移开，除了 5 mil 的线宽、线间距及走线底下 2.7 mil 厚的介质，区域中再无其他导体。该区域的差分阻抗约为 160 Ω。如果返回平面的距离大于两个信号导体的跨度，差分阻抗的大小就将和返回平面的位置无关。此时返回平面就好像不存在。这一窍门启示我们可以为这种突变建立一个电路模型，以探讨突变对差分信号质量的影响。图 11.54 给出了信号穿过与上述相同的间隙时，仿真的传输差分信号和反射差分信号。其中传输差分信号的上升边受到了保护。

> **提示**　使用紧耦合的差分对是在返回平面很差的区域传输宽带信号的一种途径。

　　间隙区域内的差分阻抗为 160 Ω，这个值大于互连其他部分的 90 Ω 的差分阻抗，它引起信号质量有所退化，但仍是一种均匀的传输线。更重要的是，单端信号在通过返回路径中的间隙时将会产生地弹，因为其返回电流将会看到间隙的公共电感。然而，差分信号的返回电流将在公共电感中重叠，并且大部分会被抵消。由于几乎没有跨越间隙的净返回电流，差分信号的地弹将远远小于单端信号的地弹。

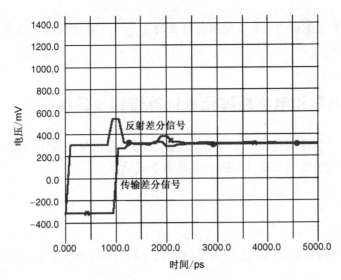

图 11.54 传输和反射的差分信号穿过返回平面中 1 in 宽的间隙时的波形。差分
信号上升边为 100 ps。从图中可以看出,差分信号穿过间隙时失真很小

11.19 是否要紧耦合

无论耦合紧密与否,差分对都可以传输差分信号。在制作一个目标差分阻抗时,线截面与叠层设计都要考虑到耦合。只要使用准确的二维场求解工具,任何目标差分阻抗的叠层和任何级别的耦合都不难设计。

这意味着从差分信号的角度看,只要瞬时差分阻抗是恒定的,线间耦合的大小就并不重要。构成差分对的两条线之间近一点或者远一点都可以,只要调整好线条的宽度就能将差分阻抗始终保持在 100 Ω。

使用紧耦合差分对的最大优点是紧耦合时的互连密度更高。这意味着占用更少的层或可能更小的电路板,这两者都有助于降低成本。如果不考虑其他的重要因素,则紧耦合差分对应该始终是首选,因为它们可以导致电路板的成本最低。

在某些情况下,紧耦合差分对所受到的差分串扰可能比松耦合差分对更少一些。但是,这并非普遍适用,因此应根据具体情况确定。

紧耦合差分对的另一个优点是,信号面对返回路径中的缺陷是稳健性的。作为一般规则,每当返回平面受损时,例如在双绞线电缆、带状电缆、连接器和一些集成电路封装中,应始终使用紧耦合。由于这些原因,紧耦合应始终是首选。然而,紧耦合并不一定是每种设计的最佳选择。

与弱耦合和紧耦合 100 Ω 差分对的线宽相比,弱耦合的线宽宽了约 30%。这意味着弱耦合差分对比紧耦合差分对少大约 30% 的串联电阻损耗。在损耗很重要时,这也就成为使用弱耦合差分对的主要原因。通常,在高于 10 Gbps 并且损耗被当成重要的性能指标时,应将弱耦合差分对作为首选,它使得线条最宽,损耗又最低。

使用弱耦合线的最大优点是可以使用较大的线宽。假如从弱耦合差分对出发,把差分对的走线相近成紧耦合,若其他的参数维持不变,则差分阻抗将会减小。为了达到目标阻抗,必须使线宽变窄,对应于线阻抗的变大。

> **提示**　当成本是驱动力时,应使用紧耦合的差分对。当损耗很重要时,应使用松耦合的差分对。

11.20　根据电容和电感矩阵元素计算奇模及偶模

单端传输线的一阶模型是一个 n 节集总电路模型。它用单位长度电容及单位长度的回路电感加以描述。单端传输线的特性阻抗和时延由下式给出:

$$Z_0 = \sqrt{\frac{L_L}{C_L}} \tag{11.42}$$

$$T_D = \sqrt{L_L C_L} \tag{11.43}$$

其中, Z_0 表示单端传输线特性阻抗, L_L 表示单位长度的回路电感, C_L 表示单位长度电容, T_D 表示传输线时延。

可以将此模型推广到存在耦合的两条线的情况。图 11.55 是两条耦合的传输线的等效电路模型。图中电容元素用 SPICE 电容矩阵进行定义,电感元素用回路电感矩阵进行定义。当然,电容矩阵和回路电感矩阵的值可以根据差分对的叠层结构,使用二维场求解器工具直接得到。我们可以根据矩阵元素描述的模型计算奇模和偶模特性阻抗。

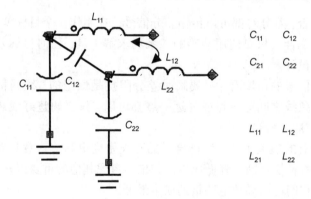

图 11.55　一段耦合传输线的 n 节集总电路模型。使用 SPICE
电容矩阵和回路电感矩阵定义模型中的各个元素

当差分对以奇模状态驱动时,单条线的阻抗即为奇模特性阻抗。此时单条线的等效电容为

$$C_{odd} = C_{11} + 2C_{12} = C_{Load} + C_{12} \tag{11.44}$$

其中, C_{odd} 表示当差分对以奇模状态驱动时,单条线信号路径与返回路径之间的单位长度电容, C_{11} 表示 SPICE 电容矩阵的对角线元素, C_{12} 表示 SPICE 电容矩阵的非对角线元素, C_{Load} 表示信号线的负载电容,等于 $C_{11} + C_{12}$ 。

在奇模状态下,电流流入信号线 1,再从返回路径中流出。与此同时,电流从线 2 流出,再流入返回路径。传输线 1 周围有源自传输线 2 上信号的互感磁力线,这些互感磁力线与线 1 自感的磁力线方向相反。线 2 中的电流会降低线 1 的等效回路电感。当线对以奇模驱动时,线 1 的等效回路电感为

$$L_{odd} = L_{11} - L_{12} \tag{11.45}$$

其中，L_{odd} 表示当线对以奇模驱动时，每条线信号路径与返回路径之间的单位长度回路净电感，L_{11} 表示回路电感矩阵的对角线元素，L_{12} 表示回路电感矩阵的非对角线元素。

从线对的线 1 始端看进去，随着线间耦合度的增加，可以看到电容会变大，回路电感会变小。从这两个量可以计算得到奇模特性阻抗和时延：

$$Z_{\text{odd}} = \sqrt{\frac{L_{\text{odd}}}{C_{\text{odd}}}} = \sqrt{\frac{L_{11} - L_{12}}{C_{\text{Load}} + C_{12}}} \qquad (11.46)$$

$$T_{\text{D odd}} = \sqrt{L_{\text{odd}} C_{\text{odd}}} = \sqrt{(L_{11} - L_{12})(C_{\text{Load}} + C_{12})} \qquad (11.47)$$

当线对驱动成偶模状态时，邻近线的驱动电压和走线 1 的相同。由于这条邻近线同电位的屏蔽作用，线 1 信号路径与返回路径之间的电容会减小。此时单位长度的等效电容为

$$C_{\text{even}} = C_{11} = C_{\text{Load}} - C_{12} \qquad (11.48)$$

其中，C_{even} 表示当线对以偶模状态驱动时，每条线信号路径与返回路径之间的单位长度电容，C_{11} 表示 SPICE 电容矩阵的对角线元素，C_{12} 表示 SPICE 电容矩阵的非对角线元素，C_{Load} 表示信号线的负载电容，等于 $C_{11} + C_{12}$。

在偶模状态下，电流流入信号线 1，再从返回路径中流出。与此同时，电流一样流入信号线 2，再从返回路径中流出。走线 1 周围有源自线 2 的互感磁力线，这些互感磁力线与线 1 的自感磁力线方向相同。在以偶模驱动时，线 1 的等效回路电感为

$$L_{\text{even}} = L_{11} + L_{12} \qquad (11.49)$$

其中，L_{even} 表示当线对以偶模驱动时，每条线信号路径与返回路径之间的单位长度回路电感，L_{11} 表示回路电感矩阵的对角线元素，L_{12} 表示回路电感矩阵的非对角线元素。

当线对以偶模状态驱动时，根据从线 1 始端看进去的单位长度电容与回路电感，可以计算出偶模特性阻抗和时延：

$$Z_{\text{even}} = \sqrt{\frac{L_{\text{even}}}{C_{\text{even}}}} = \sqrt{\frac{L_{11} + L_{12}}{C_{\text{Load}} - C_{12}}} \qquad (11.50)$$

$$T_{\text{D even}} = \sqrt{L_{\text{even}} C_{\text{even}}} = \sqrt{(L_{11} + L_{12})(C_{\text{Load}} - C_{12})} \qquad (11.51)$$

所有场求解器都使用了以上这些基于电容矩阵与电感矩阵元素的关系式。以此计算任何耦合度、任何叠层结构的各种传输线的奇模特性阻抗、偶模特性阻抗及时延。从这个意义上讲，电容矩阵与电感矩阵元素完全定义了一对耦合传输线的电气特性。这是一种基础性表征，它用非对角线项 C_{12} 和 L_{12} 描述每种模态下的耦合对特性阻抗及时延的影响。随着耦合度的增加，非对角线元素会相应地增加，奇模阻抗会减小，偶模阻抗会增大。

11.21　阻抗矩阵

描述两条或更多条传输线的另一种可选方法是使用阻抗矩阵。与电容矩阵与电感矩阵类似，这是一种不同的基础性描述。它的不同之处在于，阻抗矩阵是由差分对的每条线上的电压和电流加以定义的。尽管以下分析只描述了两条耦合传输线，但可以将它推广到 n 条耦合传输线的情况。无论传输线是什么样的叠层结构，什么样的材料分布，也无论传输线是否对称，都可以用阻抗矩阵加以描述。这些因素只影响阻抗矩阵的元素值，而不会影响这种通用的描述方案。

如图 11.56 所示的两条传输线，加在任一条线上的任意信号，都可以用线上的电压和流入信号线再从返回路径流出的电流加以描述。如果两条线之间不存在耦合，那么一条线上的电

压与另一条线无关。此时,一条线上的电压可由下式给出:

$$V_1 = Z_1 I_1 \tag{11.52}$$

$$V_2 = Z_2 I_2 \tag{11.53}$$

　　然而,如果两条线之间存在耦合,那么串扰将会使一条线上的电压受到另一条线上电流的影响。可以用阻抗矩阵描述这种耦合。矩阵中的每个元素都用于定义流入一条线再从返回路径流出的电流怎样影响另一条线上的电压。使用阻抗矩阵,线 1 和线 2 的电压可描述为

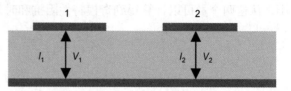

图 11.56　图中标注出每条线上的电压和流入一条信号线再从返回路径流出的电流

$$V_1 = Z_{11} I_1 + Z_{12} I_2 \tag{11.54}$$

$$V_2 = Z_{21} I_1 + Z_{22} I_2 \tag{11.55}$$

　　阻抗矩阵的对角线元素是当另一条线中无电流流入时一条线的阻抗。显然,当两条线之间无耦合时,对角线元素就退化为我们常说的线特性阻抗。

　　阻抗矩阵的非对角线元素可以描述耦合度,但不够直观。这些矩阵元素,不是线 1 和线 2 之间的真实阻抗,而是线 2 中每流过 1 A 电流时在线 1 上产生的电压量。从这个意义上讲,它们的确是**互阻抗**,即

$$Z_{12} = \frac{V_1}{I_2} \tag{11.56}$$

$$Z_{21} = \frac{V_2}{I_1} \tag{11.57}$$

　　当耦合度很小时,一条线中的电流不会在另一条线上产生电压。此时阻抗矩阵的非对角线元素近似为零。非对角线项相对于对角线项的值越小,耦合度越小。

　　综上所述,我们可以根据阻抗矩阵求出奇模阻抗和偶模阻抗。当在两条线上加上纯差分信号时,传输线便处于奇模状态。奇模状态的定义是两条线中电流大小相等,方向相反,或者说 $I_1 = -I_2$ 的状态。根据这个定义,电压为

$$V_1 = Z_{11} I_1 - Z_{12} I_1 = I_1 (Z_{11} - Z_{12}) \tag{11.58}$$

据此可以计算出线 1 的奇模阻抗为

$$Z_{\text{odd1}} = \frac{V_1}{I_1} = Z_{11} - Z_{12} \tag{11.59}$$

　　同理,偶模状态的定义是两条线中电流完全相同,或者说 $I_1 = I_2$ 的状态。根据这个定义,线 1 在偶模状态下的电压为

$$V_1 = Z_{11} I_1 + Z_{12} I_1 = I_1 (Z_{11} + Z_{12}) \tag{11.60}$$

线 1 的偶模阻抗为

$$Z_{\text{even1}} = \frac{V_1}{I_1} = Z_{11} + Z_{12} \tag{11.61}$$

　　用类似的方法,可以求出另一条线的奇模阻抗和偶模阻抗。根据上述定义,一条线的奇模阻抗是阻抗矩阵对角线元素与非对角线元素之差。耦合度越大,非对角线元素越大,奇模阻抗越小。偶模阻抗是阻抗矩阵的对角线元素与非对角线元素之和。耦合度越大,非对角线元素越大,偶模阻抗也就越大。

　　大部分二维场求解器的报告中都给出了奇模阻抗和偶模阻抗，电容和电感矩阵及阻抗矩阵。

　　从信号的角度看，唯一重要的是差分阻抗和共模阻抗，可用以下 3 种等效形式加以描述：

1. 奇模阻抗和偶模阻抗；
2. 电容矩阵和电感矩阵元素；
3. 阻抗矩阵。

　　这 3 种各自独立的形式，描绘出差分信号和共模信号感受到的外部电气环境。

11.22　小结

1. 差分对是任意两条传输线。
2. 与单端信令相比，差分信令在信号完整性方面有很多优势。如降低了轨道塌陷和电磁干扰，有更好的抗噪声能力，对衰减不敏感。
3. 加在差分对上的任一信号都能用差分信号分量和共模信号分量描述。每个分量在线对上传播时会受到不同的阻抗。
4. 差分阻抗是差分信号受到的阻抗。
5. 模态是差分对的特殊工作状态。激励某种模态的电压模式将沿线无失真地传播。
6. 差分对可以完全用奇模阻抗、偶模阻抗、奇模时延、偶模时延加以描述。
7. 奇模阻抗是当线对被驱动成奇模状态时单条线的阻抗。
8. 不再使用**差分模态**这个词，只存在**奇模**、差分信号和差分阻抗。
9. 线对的线间耦合会降低差分阻抗。
10. 计算差分和共模阻抗的唯一可靠的方法是使用二维场求解器。
11. 紧耦合可以降低出现在差分对中的差分串扰，并使差分信号在跨越返回平面中的间隙时感受到的突变降到最低。
12. 产生电磁干扰最常见的源头就是窜到外接双绞线电缆的共模信号。减小电磁干扰的方法是尽量减小差分对中两条线的不对称性，并为外接电缆加上共模信号扼流器。
13. 差分对最基本的行为信息体现在差分阻抗和共模阻抗中，更基本的描述方法是采用奇模阻抗和偶模阻抗，电容矩阵和电感矩阵元素，或阻抗矩阵。

11.23　复习题

11.1　什么是差分对？
11.2　什么是差分信令？
11.3　与单端信令传输相比，差分信令传输有哪 3 个优势？
11.4　差分信令为什么能减少地弹？
11.5　在学习差分对之前，列举人们对差分对的两种误解。
11.6　LVDS 信号中的电压摆幅是多大？什么是差分信号？
11.7　两个单端信号被发送到一个差分对上，一次是 0 V 到 1 V，一次是 1 V 到 0 V。这是差分信号吗？什么是差分信号分量？什么是共模信号分量？
11.8　列出确保差分对稳健性的 4 个关键特征。

11.9　差分阻抗是指什么？这与每条导线的特性阻抗有什么不同？

11.10　假设两条无耦合传输线的单端特性阻抗为 45 Ω，差分信号在这一对线上传输时感受到多大阻抗？信号在这一对线上看到的共模阻抗是多大？

11.11　差分对中的两条信号线可否在一个电路板相对的两侧传送？这样做可能有哪 3 个缺点？

11.12　当差分对中的两条导线彼此靠近时差分阻抗会减小，为什么？

11.13　当差分对中的两条导线彼此靠近时共模阻抗会增大，为什么？

11.14　计算差分对差分阻抗的最有效的方法是什么？说明求解的途径。

11.15　为什么不建议采用差分模阻抗和共同模阻抗这样的术语？

11.16　什么是奇模阻抗？它与差分阻抗有什么不同？

11.17　什么是偶模阻抗？它与共模阻抗有什么不同？

11.18　如果差分对中的两条导线之间完全去耦且其各自的单端阻抗均为 50 Ω，那么它们的差分阻抗和共模阻抗各是多大？当导线靠得更近时，每种阻抗会如何变化？

11.19　如果差分对中的两条导线解除耦合且其单端阻抗为 37.5 Ω，那么它们的差分阻抗和共模阻抗是多大？

11.20　已知紧耦合差分对中的差分阻抗为 100 Ω，那么其共模阻抗是高于、低于还是等于 25 Ω？

11.21　在紧耦合差分微带线中，大部分返回电流在哪里？

11.22　列出 3 种不同的互连结构，其中差分对的一条导线的返回电流由另一条导线承载。

11.23　如果带状线中的两条导线彼此靠近，那么差分信号的速度与共模信号的速度相比较如何？如果是在微带线上，那么会有什么不同？

11.24　在宽边耦合带状线中，为什么很难设计完美对称的差分对？

11.25　当微带线差分对中的两条导线彼此拉近时，其中一条导线每单位长度的奇模回路电感会如何变化？如果是偶模回路电感，则会是什么情况？如果是带状线，则会有什么不同之处？

11.26　如果只在 100 Ω 差分对末端使用 100 Ω 差分电阻器，那么共模信号在导线末端会感受到什么？

11.27　为什么说，在片上将差分对的每条导线分别端接到 V_{TT} 上，是一种有效的端接策略？如果每个电阻器为 50 Ω，差分阻抗为 100 Ω，且两条导线紧耦合，那么最坏情况下的共模信号反射系数可能是多大？

第12章　S参数在信号完整性中的应用

当信号带宽超过 1 GHz 的界限时，信号完整性领域面临一场新的革命。在雷达和通信的射频领域，与这些频率甚至更高的频率打交道已经有 50 多年了。涉足吉赫频段的信号完整性工程师有许多出自射频领域，并引入许多射频和微波领域中常用的分析技术。应用 S 参数，就是其中的一项技术。

> **提示**　尽管 S 参数是一种起源于频域的技术，但是它的一些原理和公式也可以应用于时域。它已经成为描述互连行为的新的通用基准。

12.1　一种新基准：S 参数

在信号完整性领域，S 参数又称为**行为模型**，因为它可以作为描述线性、无源互连行为的一种通用手段，它的适用范围包括了除一些铁氧体以外的所有互连。

一般而言，信号作为激励作用于互连时，互连的行为会产生一个响应信号。在激励-响应波形中，隐含着的就是互连的行为模型。

如图 12.1 所示，每一种互连的电气行为都可以用 S 参数加以描述，包括：

- 电阻器；
- 电容器；
- 电路板走线；
- 电路板平面；
- 背板；
- 连接器；
- 封装；
- 插座；
- 电缆。

显然，这一体系已经并将继续在非常多的应用场合，作为一种有效的表征技术。

图 12.1　S 参数应用于所有线性、无源互连系统，图中所示是其中的一些应用

12.2　S参数的定义

从根本上讲,一种行为模型描述的是互连如何与一个标准的入射波相互作用。在频域描述时,这个标准波形当然只能是正弦波。然而,在时域描述时,这一标准波形可以是阶跃或者冲激波形。只要标准波形具有很好的特性,它就能用于建立一个被测元器件或者互连的行为模型。

在频域中,当正弦波与被测元器件相互作用时,行为模型是用S参数加以描述的。在时域中,使用S参数的标记体系,但是对结果给出不同的解释。

> **提示**　从根本上讲,S参数描述了从互连末端散射出的比如正弦波的精确波形。术语**S参数**就是**散射参数**的缩写。

当一个波形输入到互连时,它可以从互连散射回去,也可以散射到互连的其他连接处。图12.2描述了这一现象。

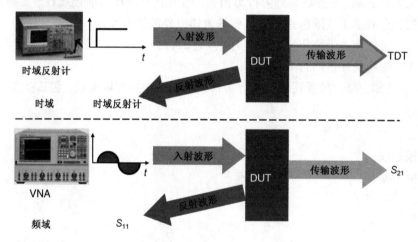

图12.2　S参数是用于描述标准波形如何从互连或者被测元器件散射出去的一种格式

由于历史原因,当提到波形如何作用时我们使用术语"**散射**",入射信号可以从被测元器件的前端散射,返回到源端,或者散射到另一个连接处。S参数中的S就是表示**散射**(scattering)的意思。

我们也经常把那些散射回源端的波称为**反射波**,而把那些通过元器件散射出去的波称为**传输波**。当在时域中测量散射波时,入射波形通常是一个阶跃波,我们把反射波称为时域反射(TDR)响应。用于测量时域反射响应的仪器称为**时域反射计**(TDR)。传输波就是**时域传输**(TDT)波。

在频域中,用于测量正弦波反射响应和传输响应的仪器称为**矢量网络分析仪**(VNA)。矢量是指正弦波的幅度和相位都要被测量。**标量网络分析仪**只测量正弦波的幅度,不测量相位。

频域中的反射和传输项称为特定的S参数,如S_{11}和S_{21},或返回损耗和插入损耗。

这种描述标准波形如何与互连相互作用的表征格式,也可以应用于仿真器或者测量的输出,如图12.3所示。所有的电磁仿真器,无论是在时域还是在频域,都使用S参数。

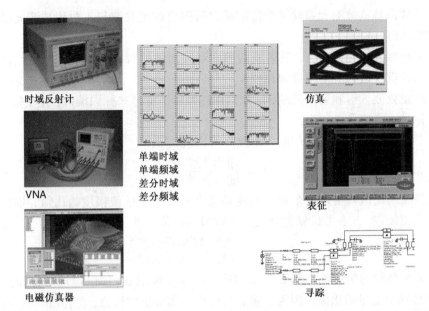

时域反射计

VNA

单端时域
单端频域
差分时域
差分频域

仿真

表征

电磁仿真器

寻踪

图 12.3　无论行为模型如何得到，它都可以用于仿真系统的性能、表征互连特性、寻踪互连的性能限制

> **提示**　S 参数，一种从窄带载波射频领域中发展完善的表征格式，已经成为在信号完整性应用中描述互连的宽带高频行为的一种事实上的标准格式。

无论 S 参数值是从哪里发展来的，它都是关于电信号如何与互连相互作用的一种描述。通过这些行为模型，可以预估任意信号和互连的作用方式，并且从中预估输出波形，比如眼图。使用行为模型预估系统响应的过程称为**仿真**或**模拟**。

在 S 参数中隐藏着大量的信息，这些信息描述了互连的一些特性，比如阻抗曲线、串扰的大小和差分信号的衰减。

使用正确的软件工具，对互连的行为进行测量，可以拟合出基于电路拓扑的互连模型，如连接器、过孔或整个背板模型。当一个准确的电路模型可以反映某些物理特性的性能时，我们就可以"进入"模型的内部，确定哪些物理特性限制了互连的性能，进而提出改进方法。这个过程通常称为**互连寻踪**。

12.3　S 参数的基本公式

S 参数描述了互连对入射信号影响的情况，我们把信号进入或离开被测元器件的始末端称为**端口**。端口是到被测元器件信号路径和返回路径的一种连接。理解端口最简单的想法就是把它看成与被测元器件的一个同轴连接。

除非另有说明，信号所看到的被测元器件之前的内部互连阻抗都是 50 Ω，原则上端口阻抗可以是任意值。

> **提示**　即使不考虑端口阻抗的任意变化，S 参数已经足够麻烦。因此，在无强制性前提下，端口阻抗应保持为 50 Ω。

每个 S 参数都是从被测元器件某个特定端口散射出的正弦波与入射到被测元器件某个端口的正弦波的比值。

对于所有线性无源元件而言,散射波的频率和入射波的频率完全一样。正弦波唯一可以改变的两个属性就是散射波的幅度和相位。

为了跟踪正弦波入射和射出的端口,我们用连续的下标号来标识端口,并在每个 S 参数中使用这些下标号。

每个 S 参数都是输出正弦波和输入正弦波的比值,即

$$S = \frac{输出正弦波}{输入正弦波} \tag{12.1}$$

两个正弦波的比值其实是两个数。幅度是输出和输入正弦波幅度的比值,相位是输出和输入正弦波的相位差。S 参数的幅值就是两个幅值的比值,即

$$幅度(S) = \frac{幅度(输出正弦波)}{幅度(输入正弦波)} \tag{12.2}$$

因为每个 S 参数的幅值都是从 0 到 1 的数,所以经常用 dB 加以描述。正如前面章节所述,dB 往往是两个能量的比值。因为 S 参数是两个电压幅值的比值,而 dB 值应该与电压幅值所对应能量的比值有关,这就是在 dB 值和幅值之间相互转换时要使用系数 20 的原因,即

$$S_{dB} = 20 \times \log(S_{mag}) \tag{12.3}$$

其中,S_{dB} 表示幅值(单位为 dB),S_{mag} 表示幅值的数值。

S 参数的相位是输出正弦波与输入正弦波的相位差:

$$相位(S) = 相位(输出正弦波) - 相位(输入正弦波) \tag{12.4}$$

后面将会看到,在确定反射和传输 S 参数相位时,必须谨记在定义 S 参数相位时规定的波形顺序,很可能会给出一个负的超前相位。

> **提示**　因为被测元器件端口的指派可以是任意的,尽管应该有一个行业标准,但是目前还没有这样的规范。当使用特定的下标值去标识每个 S 参数时,如果改变端口所指派的下标标识,就会改变特定 S 参数的意义。

对于多条耦合传输线,比如一束差分通道,一种简便的可推广的端口指派方案应该被采纳为行业标准,如图 12.4 所示。

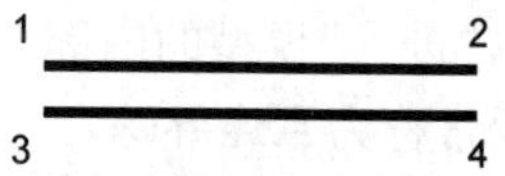

把奇数端口指派在一条传输线的左端,在线的另一端指派更大的后续数字。按这种方式,当耦合互连数增多时,新增的下标值可以按照这种方式添加。这是一种非常方便的端口指派方法。端口的混合指派只会使原本已足够混淆的 S 参数变得更混乱。

图 12.4　推荐的多传输线互连的端口标识指派方案,这种方法可以推广到更多的互连

> **提示**　应该总是试图对多传输线采用一种端口指派方法,以使传输线的端口 1 连到端口 2,而端口 3 邻近端口 1 而流向端口 4,这样就可以扩展到更多的 n 条传输线。

为了区别每个 S 参数所涉及的端口组合,使用两个下标值。第一个下标值对应输出端口,而第二个下标值对应输入端口。

例如,从端口 1 进入并从端口 2 出去的正弦波的 S 参数表示为 S_{21},这正好和预想的相反。

使用第一个下标值对应输入端口,第二个下标值对应输出端口似乎更合乎逻辑。然而,S 参数的一些数学形式需要这种与逻辑规则相反的约定。这涉及矩阵数学,也正是 S 参数拥有的真正效力所在。采用反向表示,S 参数矩阵可以把一个激励电压矢量 a_j 转换为响应电压矢量 b_k,即

$$b_k = S_{kj} \times a_j \qquad (12.5)$$

使用这种格式,正弦波从端口 j 进入,到从端口 k 出去所对应的变换,可以通过不同下标值的 S 参数加以定义,每个 S 参数的定义为

$$S_{kj} = \frac{\text{输出端口 } k \text{ 的正弦波}}{\text{输入端口 } j \text{ 的正弦波}} \qquad (12.6)$$

如图 12.5 所示,无论被测元器件的内部结构如何,这一基本定义都可以适用。S_{11} 代表从端口 1 进入并从端口 1 出去的信号。S_{21} 代表从端口 1 进入并从端口 2 出去的信号。同理,S_{12} 代表从端口 2 进入并从端口 1 出去的信号。

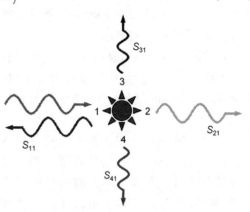

图 12.5　每个 S 参数的下标值的定义

12.4　S 参数矩阵

一个单端口的被测元器件只有一个 S 参数,记为 S_{11}。在不同的频率点上,它具有许多数据取值。在任意单一频率点,S_{11} 都是复数,因此它实际上是两个数值,可以用幅度和相位,或者实部和虚部加以描述。某一频率点上单一的 S 参数,可以在极坐标或笛卡儿坐标系上绘出。

再者,S_{11} 在不同的频率点会有不同的数值。为了描述 S_{11} 的频域特性,可以在每个频率点上绘出幅度和相位值。图 12.6 给出了一个测量所得远端开路短传输线 S_{11} 的示例。

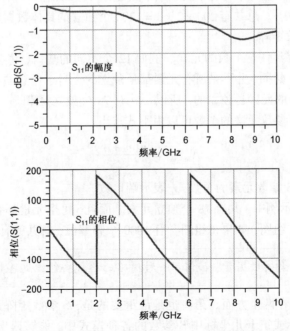

图 12.6　一条远端开路传输线 S_{11} 的幅值(上图)和相位(下图),信号路径和返回路径被同时连接到端口1。使用Keysight N5230 VNA测量,并用Keysight ADS显示

此外，不同频率点的 S_{11} 值还可以在极坐标中绘制。每个点的径向位置表示 S 参数的幅值。与实数轴的夹角为 S_{11} 的相位，以逆时针方向作为相位角增加的方向。图 12.7 所示为与图 12.6 相同测量条件下所测得 S_{11} 在极坐标中的图示。

每种情况包含的信息都是完全一样的，只是表现形式不同。当在极坐标中显示时，很难确定每个点的频率值，除非使用另外的标识。

一个二端口元器件含有 4 个可能的 S 参数值。进入端口 1 的信号可能从端口 1 或端口 2 输出。进入端口 2 的信号也可能出现同样的情况。二端口元器件的 S 参数可以组合成一个简单的矩阵，即

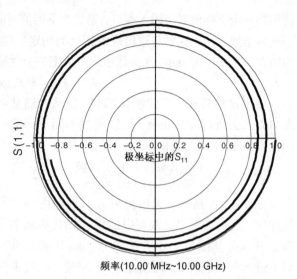

频率(10.00 MHz~10.00 GHz)

图 12.7 采用与图 12.6 相同的测量条件所测得的 S_{11}。绘制在极坐标中，半径位置 S_{11} 为的幅值，角度位置为 S_{11} 的相位值

$$\begin{matrix} S_{11} & S_{12} \\ S_{21} & S_{22} \end{matrix} \tag{12.7}$$

一般而言，如果互连不是物理对称的，S_{11} 和 S_{22} 就不相等。然而，对于所有线性无源元件而言，总有 $S_{21} = S_{12}$，在有 4 个元素的 S 参数矩阵中只有 3 个独立项，图 12.8 所示就是由测量所得二端口带状线的 S 参数。

这个示例部分表明了 S 参数格式拥有的效力。如此简单的 S 参数矩阵包含着如此大量的数据。2×2 矩阵中的 3 个独立元素在每个测量频率点都有对应的幅值和相位，测量频率从 10 MHz 到 2 GHz，间隔为 10 MHz。总共有 $200 \times 2 \times 3 = 1200$ 个独立的具体数据点，所有这些数据都简捷方便地纳入了 S 参数矩阵。

这种形式可以扩展到任意个数的元素。例如 12 个不同的端口，将会有 $12 \times 12 = 144$ 个不同的 S 参数矩阵元素。然而，并不是所有元素都是独立的。对于任意的互连，对角线元素是独立的，对角线下半部分的元素是独立的，所以一共有 78 个独立元素。

一般而言，独立 S 参数元素的个数可以由下式求出：

$$N_{\text{unique}} = \frac{n(n+1)}{2} \tag{12.8}$$

其中，N_{unique} 表示独立 S 参数元素的个数，n 表示端口数。

在这个 12 端口的示例中，共有 78 个独立元素。而且，每个元素都有两个不同的数据：幅值和相位。总共有 156 组图，如果每组图含有 1000 个频率值，总共就有 156 000 个数据点。

> **提示** 对于如此大的数据量，如何用一种简单的格式去组织这些数据变得非常重要。

S 参数的信息表现在两个方面。第一也是最重要的，S 参数矩阵元素包含的解析信息。其次是从绘制在极坐标或笛卡儿坐标中 S 参数的各种模式中，能够读出的一些信息。一双敏锐的眼睛仅从曲线的模式上就能找到互连的重要特性。

这些 S 参数矩阵元素和每个元素所包含的数据，实际上代表了互连的确切行为。所有有关

互连行为的有用信息都包含在它的 S 参数矩阵元素中。一个 12 端口元器件中的每个 S 参数矩阵元素都透露出一种不同的情况。它们所包含的解析信息可以通过各种仿真工具立即获取。

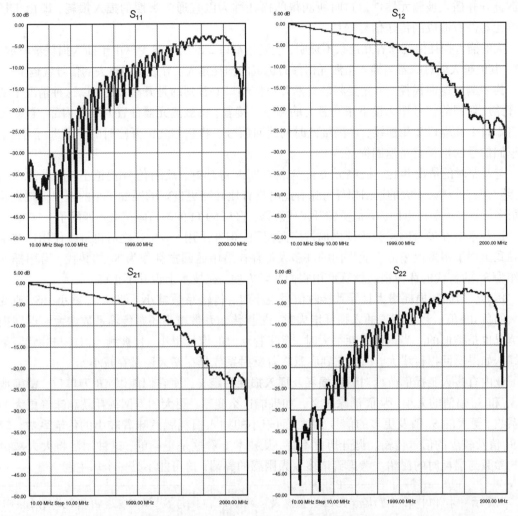

图 12.8　一条 5 in 长的接近 50 Ω 的二端口带状线 S 参数测量曲线,测量频率从 10 MHz
　　　　到 20 GHz,图中只绘出了幅值。在每个频率点中,没有绘制每个矩阵
　　　　元素的相位值。使用 Keysight N5230 VNA 测量,并用 Keysight PLTS 显示

12.5　返回损耗与插入损耗

二端口元器件包含了 3 个独立的 S 参数:S_{11},S_{22} 和 S_{21},其中每个矩阵元素都是随频率而变化的复数。

S_{11} 项又称为**反射系数**,S_{21} 项又称为**传输系数**。

由于历史的原因,S_{11} 幅度的绝对值(以 dB 为单位)称为**返回损耗**,S_{21} 幅度的绝对值(以 dB 为单位)称为**插入损耗**。例如,如果 S_{11} = -40 dB,那么其返回损耗为 40 dB;如果 S_{21} = -15 dB,那么其插入损耗为 15 dB。

返回损耗与**插入损耗**是在矢量网络分析仪(VNA)广泛使用之前流行的测量术语。为此,事先准备一个可拆分的装置,在其中留有插入被测元器件的位置。首先,将装置短路直通,确定在两个端口之间没有插入被测元器件。接着,在端口 2 处测量接收到的信号。然后,再将装置拆分开并插入被测元器件。这时所测得的损耗称为以直通为参照的**插入损耗**,即由于插入被测元器件所造成的传送信号损耗。

大的插入损耗值意味着互连很不透明,能到达端口 2 的信号很少。由于插入损耗被看成"损耗",其值越大就意味着当插入被测元器件时造成的损耗越大,导致直通过去的信号就越少。

为了测量返回损耗,事先要将装置断开以使端口 1 看到的是开路,我们以这种情况下测得的开路反射回的信号作为接下来测量时的参照。接着,将被测元器件置入装置内部,被测元器件将端口 1 和端口 2 相连接,再测量此时的返回信号。将它与之前开路时的测量进行对照,这时返回信号的损耗就是返回损耗。

与开路时的情况相比,被测元器件与装置匹配得越好,反射信号就越小,信号的返回损耗(绝对值)就越大。大的返回损耗意味着此时具有比开路更良好的匹配。小的返回损耗意味着有很多信号经反射再返回,看似更像开路或短路,它与 50 Ω 的端口阻抗太不匹配了。

这些术语在矢量网络分析仪之前被广泛使用,但在采用 S_{11} 和 S_{21} 之后再继续使用这些术语已导致出现了很多混淆。工业界内的许多人都存在沿用**返回损耗**作为 S_{11} 的替代,沿用**插入损耗**作为 S_{21} 的替代的坏习惯。就算使用它们非常方便,在技术上也并不正确。

例如,当插入损耗**增大**且导致接收信号较小时,传输系数**减小**,即 S_{21} 在**减小**。S_{21} 值变为更大的负 dB 值。当我们说插入损耗**增大**时,是指传输系数**减小**还是传输系数**增大**?返回损耗的情况也是类似的。当返回损耗很大时,意味着反射的信号很小,且被测元器件与装置匹配得很好。如果返回损耗增大,那么它到底意味着反射系数是在**增大**还是在**减小**?

业内有些人士提倡改变对**返回损耗**及**插入损耗**的定义,使它们能以 dB 为单位,精确地表征 S_{11} 和 S_{21} 幅值的大小,从而消除歧义。如果能这么变革,**更大**的返回损耗就意味着**更大**的反射系数、**更大**的 S_{11} 值及更多的信号反射,而较小的插入损耗就意味着**较小**的传输系数、**较小**的 S_{21} 值及**较少**的信号传输。抛开历史不讲,从技术上看这是正确的,这种用法将大大减少使用 S 参数与损耗时的混淆。考虑到诸多令人困惑的弊端,这可能不是一个坏主意。

> **提示**　本书中采用了大众化的共识定义,即插入损耗与 S_{21} 相同,返回损耗与 S_{11} 相同。虽然这样做会消除一个混乱的根源,但它也引入了另外的问题。

> **提示**　将 S_{11} 称为反射系数,将 S_{21} 称为传输系数,这样才是明确无误的。更透明的互连将具有更小的反射系数和更大的传输系数。但是,这样与沿用至今的返回损耗和插入损耗的概念完全相反。

当互连从一端到另一端是对称的时,返回损耗 S_{11} 和 S_{22} 相等。在非对称的二端口互连中,S_{11} 和 S_{22} 不相等。

一般而言,手工计算互连的返回损耗和插入损耗是非常复杂的。它取决于组成互连的各段传输线的阻抗曲线和时延,以及正弦波的频率。

在频域,任何正弦波的响应都是稳态的。在正弦波激励很长一段时间后,观测到的总体反射响应和传输响应,是频域和时域的重要区别。

在时域,观测到的是传输线反射和传输的瞬时电压。通过观察反射发生的时间和反射与激励边沿之间的距离，就可以将反射响应，即时域反射响应，映射为互连不同空间位置的阻抗曲线。当然，第一次反射后，只有通过对反射信号的后处理，才能给出对阻抗曲线的准确解释。但是，往往直接根据时域反射响应就能得到一个很不错的一阶估计。

在频域，空间信息混杂在整个频域数据里，并不直接显示。考虑一条互连，沿着线长方向上有很多阻抗的突变，如图 12.9 所示。

图 12.9　在不规则互连上的任意阻抗突变，都会产生一个反射回入射端的不同幅值和相位的反射波

当入射正弦波遇到任意阻抗突变时都会产生反射，部分正弦波会首先返回到端口，部分反射波会在不连续阻抗之间多次反射，直到它们被吸收或从某个被观察的端口出去。

例如，在端口 1 观察到的反射信号，是从所有可能的突变点反射的正弦波组合。对于 1 m 长的互连而言，反射往返振荡的典型时间约为 6 ns。在 1 ms，即矢量网络分析仪进行一次频率测量的典型时间内，一个正弦波可以完成 100 000 多次反弹，远远超出以往所说的情况。

> **提示**　对于每个单一频率，反射信号和传输信号是个稳态值。它代表了在所有不同阻抗突变点产生的所有可能反射的组合。这与时域的行为有很大的不同。

如果在 1 ms 的测量或仿真时间内，输入到端口的频率是固定的，那么从每个突变点反射回的所有波的频率也完全相同。然而，这些反射波到达各个端口时的幅值和相位往往是不同的。

这样，从每个端口出去的将是大量的正弦波。这些波的频率相同，但是幅值和相位是任意的，如图 12.10 所示。令人惊奇的是，当我们叠加任意数目的、频率相同的、幅值和相位任意的正弦波时，会得到另一个正弦波。

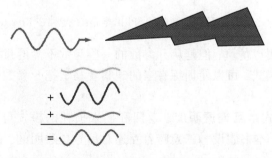

图 12.10　频率相同、幅值和相位不同的大量正弦波叠加为另一正弦波

当对某一端口激励一个正弦波时，从某一端口出去的叠加波形也是个正弦波，而且频率相同，只是幅值和相位不同而已。这就是 S 参数所捕获的信息。遗憾的是，除了少数特殊情况，S 参数的行为是阻抗曲线和正弦波频率的复杂函数。由测量的 S 参数幅值和相位反推出各个正弦波分量是不可能的。

通常，除了少数特殊情况，用笔和纸手工计算 S 参数是不可能的。必须使用仿真器。有许多复杂的商用仿真器可以仿真任意结构的 S 参数，然而所有 SPICE 仿真器都可以通过一个简单电路计算任意结构的返回和插入损耗，如图 12.11 所示。这是一个具有多处阻抗突变的互连示例。

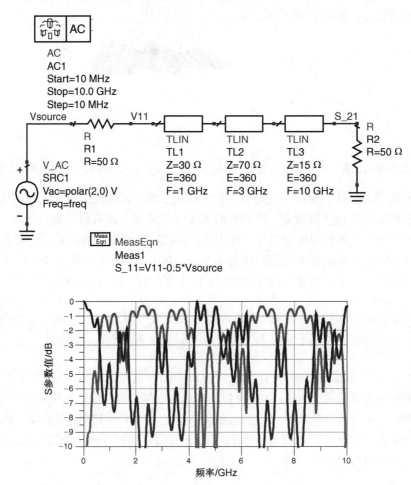

图 12.11　用于计算两端口之间任意互连 S_{11} 和 S_{21} 的 SPICE 电路，该电路在 Keysight ADS 的 SPICE 版中构建

尽管任意的互连都可以仿真，但是从 S 参数的一些为数不多的重要模式中可以了解互连的特性。学习辨认这些模式，可以使训练有素的观察者马上把 S 参数转换成关于互连的有用信息。

一种辨认的重要模式是**互连透明度**。返回和插入损耗的模式可以马上表明互连的"质量"，比如"好"或"坏"。本书假设"好"意味着互连对信号是透明的，而"坏"意味着互连对信号不透明。

12.6　互连的透明度

透明的互连有如下 3 个重要的特性：

- 沿线的瞬时阻抗和它所在环境的阻抗相匹配；

● 通过互连的损耗很小,大部分信号都可以通过;

● 与相邻走线的耦合可以忽略。

将端口分别接在互连相对的两端,这里分别记为端口 1 和端口 2。上述 3 个特点清楚地反映在反射和传输信号上,它们分别与 S_{11} 与 S_{21} 相对应。

图 12.12 是近似透明互连的一种端口配置,图中所示为测量得到的返回损耗和插入损耗。

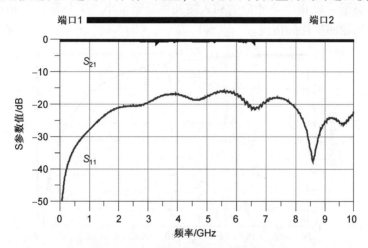

图 12.12 近似透明互连的返回和插入损耗的测量曲线。使
用 Keysight N5230 VNA 测量,并用 Keysight ADS 显示

当整个互连的阻抗和端口阻抗相匹配时,反射信号非常小,反射参数 S_{11} 也很小。用 dB 表示时,越小的返回损耗表示一个越大的负 dB 值,端口 2 的 50 Ω 阻抗有效地端接了互连。

当然,在实际中,不可能在很大的带宽内实现 50 Ω 的精确匹配。通常,互连的返回损耗会在高频恶化,正如上面示例中所看到的,在更高的频率有较小的负 dB 值。

> **提示** 当用 dB 表示时,透明互连的反射系数是一个很大的负 dB 值,S_{11} 很小。用现代术语表征就是返回损耗很小。

互连越不理想,端口阻抗越不匹配,返回损耗越接近于 0 dB,相当于 100% 的反射。

插入损耗是对传过元器件的从端口 2 输出的信号的一种度量。阻抗越不匹配,传输信号越小。当接近完全匹配时,插入损耗非常接近于 0 dB,并对阻抗变化不敏感。

返回损耗和插入损耗之间有特定的联系。应始终牢记 S 参数是电压比,不存在电压守恒定律,但存在能量守恒定律。

如果互连损耗很低,而且与相邻走线之间没有耦合,也没有电磁辐射,那么进入互连的能量就等于反射能量与传输能量之和。

一个正弦波的能量与幅度的平方成正比。能量守恒定律为,进入的能量等于反射能量和传输能量之和,并可以用下式表示:

$$1 = S_{11}^2 + S_{21}^2 \tag{12.9}$$

对于给定的返回损耗,插入损耗为

$$S_{21} = \sqrt{1 - S_{11}^2} \tag{12.10}$$

例如,如果某处的互连阻抗为 60 Ω,而其他地方的阻抗为 50 Ω,那么最坏情况下的返回

损耗为

$$S_{11} = \frac{(60-50)}{(60+50)} = \frac{10}{110} = 0.091 = -21 \text{ dB} \tag{12.11}$$

对插入损耗的影响为

$$S_{21} = \sqrt{1-0.091^2} = \sqrt{0.992} = 0.996 = -0.04 \text{ dB} \tag{12.12}$$

如果返回损耗不高于 -20 dB，则相应的插入损耗将会非常小，几乎等于 0 dB。图 12.13 阐明了在很大范围内的返回损耗的情况。

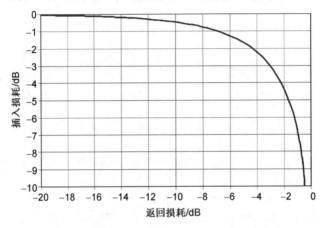

图 12.13　不同的返回损耗对插入损耗的影响。如果忽略互连损耗，
则当返回损耗为 -10 dB 时，相应的插入损耗为 -0.5 dB

> **提示**　只有当返回损耗高于 -10 dB 时，才有明显的插入损耗。

12.7　改变端口阻抗

端口阻抗的行业标准是 50 Ω。然而，原则上阻抗可以为任意值。当端口阻抗改变时，返回损耗和插入损耗所表现出的行为也会发生改变。首先，使端口阻抗远离互连的特性阻抗会增加返回损耗。除了这种简单的情况，返回损耗和插入损耗的值是端口阻抗的复杂函数。

已知一个端口的 S 参数，其他端口阻抗所对应的 S 参数可以通过矩阵计算得到，也可以在 SPICE 电路仿真中直接计算。

> **提示**　描述互连的 S 参数时，不要求端口阻抗和元器件阻抗一定要匹配。除非有强制性原因，通常使用 50 Ω。

无论端口阻抗的值为多少，照样都能很好地完成对 S 参数的解析和分析。在实际工作中，将端口阻抗改为非 50 Ω 的唯一原因是，为了能从仪器屏幕上直接定性地评估非 50 Ω 环境下的元器件质量。

有些元器件，包括连接器或电缆，设计为非 50 Ω。例如，用于电视的 75 Ω 电缆，当和 50 Ω 的端口阻抗相连时，其返回损耗表明是"坏"的。

阻抗末端不匹配造成的反射，将导致返回损耗的波动。过高的返回损耗会使插入损耗出现波动。有经验的人都知道，它不是一个简单的非 50 Ω 阻抗问题，这个现象非常复杂，而且很难解释。

如果实际应用环境的阻抗也是 75 Ω，就可以不动互连线，而将端口阻抗改变为应用环境的 75 Ω。在这种应用环境下的元器件行为就可以在屏幕上正确显示。

图 12.14 给出一个标称 75 Ω 的传输线接有一个 50 Ω 连接器的示例，图中给出了当端口阻抗为 50 Ω 和 75 Ω 情况下的返回损耗和插入损耗。

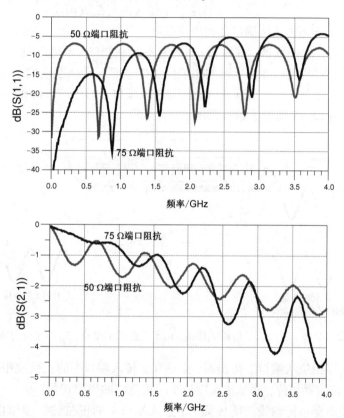

图 12.14　接有 50 Ω 连接器的 75 Ω 传输线，在端口阻抗分别为 50 Ω 和 75 Ω 情况下，对反射损耗和插入损耗的测量。使用 Keysight N5230 VNA 测量，并用 Keysight ADS 显示

在 75 Ω 环境下，75 Ω 电缆在频率低于 1 GHz 时几乎是透明的。超过 1 GHz 时，连接器起主导作用，无论端口阻抗是多少，互连不再那么透明了。也无论端口阻抗为多少，测量的 S 参数响应中所包含的行为模型是完全一样的，只是在不同端口阻抗的情况下再现一遍而已。

即使当端口阻抗不是任意的时，S 参数已足够混淆。如果按照行业标准，即标准(touchstone)文件格式存储 S 参数，在文件开头就会给出与数据对应的每个端口阻抗。根据这个标准文件，可以很容易地计算任意端口阻抗下的 S 参数。

12.8　50 Ω 均匀传输线 S_{21} 的相位

最简单的互连是线阻抗为 50 Ω，并且和端口阻抗相匹配的情况。在这种情况下，没有反射，而且 S_{11} 的幅度为 0。当用 dB 表示时，它是一个很大的负数，通常受限于仪器或仿真器的噪声基底，约在 −100 dB 量级。

　　所有正弦波都将被传输,所以 S_{21} 的幅度为 1,即在每个频率点都为 0 dB。而 S_{21} 的相位会随着传输线的时延和频率的变化而变化。相位的行为是 S 参数中最微妙的部分。

　　在 S 参数的定义中,每个矩阵元素都是从某个端口输出的正弦波与进入某个端口的正弦波的比值。

　　对于 S_{21},即从端口 2 传出的正弦波与传入端口 1 的正弦波的比值,可得到如下两项:

$$幅度(S_{21}) = \frac{从端口 2 传出的正弦波幅度}{从端口 1 传入的正弦波幅度} \tag{12.13}$$

$$相位(S_{21}) = 相位(从端口 2 传出正弦波) - 相位(从端口 1 传入正弦波) \tag{12.14}$$

　　当在端口 1 加入一个正弦波,在时延 T_D 内它不会从端口 2 传出,如果正弦波传入端口 1 时的相位为 0°,那么它从端口 2 传出时的相位仍是 0°。它只是从互连的一端传到另一端而已。

　　然而,比较从端口 2 传出的正弦波的相位与传入端口 1 的正弦波的相位时,是同一时刻瞬间所呈现的相位,图 12.15 描绘了这一情况。

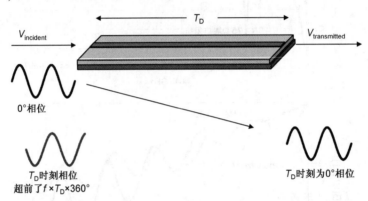

图 12.15　正弦波沿传输线传播,由于入射相位超前,S_{21} 的相位为负

　　看到正弦波的零相位从端口 2 传出时,立即观察传入端口 1 的正弦波相位,所看到的并不是 T_D ns 以前正弦波的零相位,而是传入端口 1 的正弦波的当前相位。

　　当 0 相位的波前穿过传输线向前传播时,进入端口 1 的正弦波的相位也前进了。现在传入端口 1 的正弦波的相位是 $f \times T_D \times 360°$。

　　当计算 S_{21} 的相位时,也就是从端口 2 传出的正弦波相位减去传入端口 1 的正弦波相位,此时从端口 2 传出的相位可能是 0°,但传入端口 1 的相位前进到 $f \times T_D$。这就意味着 S_{21} 的相位为

$$相位(S_{21}) = 0° - f \times T_D \times 360° \tag{12.15}$$

其中,f 表示传入端口 1 的正弦波频率,T_D 表示传输线时延。

> **提示**　S_{21} 的相位开始为负,并且随着频率的升高负向增大。这是 S 参数最离奇和混乱的地方,穿过传输线的 S_{21} 相位是负向增大的。

　　我们可以看出,这个行为基于两个特征:第一,S_{21} 相位的定义是从端口 2 传出的正弦波的相位减去传入端口 1 的正弦波的相位。第二,它是两个波形在同一时刻的相位差。S_{21} 的相位始终是负的,而且随着频率升高负值也增大。图 12.16 所示是对一个带状线 S_{21} 的相位测量。

　　低频时,S_{21} 的相位开始非常接近零。总之,如果 T_D 相对于周期而言很小,那么在波通过互连的传输时间内,相位不会前进太多。当频率升高时,在传输时间内正弦波相位前进

的周期数增多。由于 S_{21} 的相位是输入信号相位的负值，随着输入信号的持续，S_{21} 的相位变得更负。

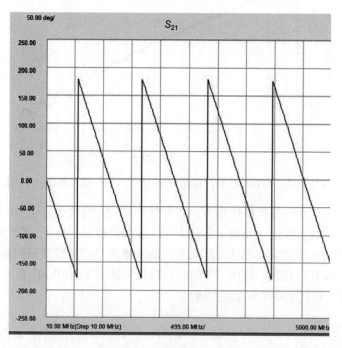

图 12.16　一条均匀 50 Ω 带状线的相位测量，大约 5 in 长，测量范围 10 MHz
到 5 GHz。使用 Keysight N5230 VNA 测量，并用 Keysight PLTS 显示

我们通常把相位定义为从 – 180° 到 + 180°。当相位前进到 – 180° 时，我们把它置为 + 180°，然后继续计算下去。这样就产生了 S_{21} 相位的典型锯齿模式。

12.9　均匀传输线 S_{21} 的幅值

插入损耗的幅值是对所有妨碍能量通过互连传输过程的度量。流入互连的总能量等于传出的总能量。能量通过如下 5 种方式传出：

- 辐射；
- 互连中转化为热能的损耗；
- 耦合到相邻走线的能量，无论是否被测量；
- 反射回源端的能量；
- 传入端口 2 的能量，作为 S_{21} 部分被测量。

在大部分应用中，辐射损耗对 S_{21} 的影响微不足道。尽管辐射损耗在导致 FCC 测试认证失败方面非常关键，但辐射的能量只占信号中很小的一部分，以至于很难用 S_{21} 加以检测。

互连中转换为热能的损耗是由于导线损耗和介质损耗所引起的。正如前面章节所述，这两种效应都随频率的增加而单调递增。当所有其他影响 S_{21} 的机理都被忽略，在用 dB 测量时，插入损耗是对互连衰减的直接测量，随着频率的增加，它会变成一个更负的 dB 值。图 12.17 所示的是对一条 5 in 长的带状线插入损耗的测量。

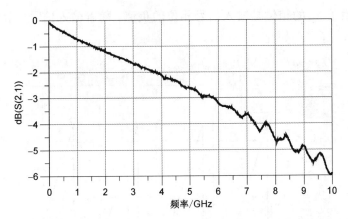

图 12.17　对 5 in 带状线插入损耗的测量。使用 Keysight N5230 VNA 测量，并用 Keysight ADS 显示

衰减的符号也经常有一些模糊的地方。在描述衰减时，通常选择正号，因为较大的衰减应该对应一个较大的数值。在这一前提下，衰减与传输系数就不一样了，它们的符号有区别。如果唯一的能量损耗机制是衰减，之前人们采用的**插入损耗**项就与**衰减**是同样的。

传输系数是衰减值的负数。然而，当用插入损耗描述衰减并用 dB 表示时，要注意保持绝对的一致，总让插入损耗是一个正确的负值。

> **提示**　插入损耗是对由导线损耗和介质损耗所引起衰减的直接度量。正如前面章节所述，已知传输线的导线和介质特性，插入损耗可以很容易地加以计算。

由上述损耗造成的插入损耗，可以记为

$$S_{21} = -\left(A_{\mathrm{diel}} + A_{\mathrm{cond}}\right) \tag{12.16}$$

其中，S_{21} 是插入损耗，A_{diel} 表示介质损耗造成的衰减，A_{cond} 表示导线损耗造成的衰减。它们的单位都为 dB。

当传输线中不存在阻抗突变，并且相对于介质损耗，导线损耗很小时，插入损耗是对耗散因子的直接测量，即

$$S_{21} = -2.3 \times f \times \mathrm{Df} \times \sqrt{\mathrm{Dk}} \times \mathrm{Len} \tag{12.17}$$

其中，S_{21} 表示插入损耗(单位为 dB)，f 表示频率(单位为 GHz)，Df 表示耗散因子，Dk 表示介电常数，Len 表示互连长度(单位为 in)。

对插入损耗的测量，如果选取适当的比例，就是一种对叠层材料耗散因子的直接测量，即

$$\mathrm{Df} = \frac{-S_{21}\left[\,\mathrm{in}\ \mathrm{dB}\,\right]}{2.3 \times \sqrt{\mathrm{Dk}} \times \mathrm{Len} \times f} \tag{12.18}$$

其中，S_{21} 表示插入损耗(单位为 dB)，f 表示频率(单位为 GHz)，Df 表示耗散因子，Dk 表示介电常数，Len 表示互连长度(单位为 in)。

当介电常数接近 4 时，即大部分 FR4 材料的典型值，插入损耗近似为 $-5 \times \mathrm{Df}$ dB/in/GHz。图 12.18 给出了与前面带状线示例的插入损耗相同时的情况，根据系数 5、长度与频率，直接绘制出耗散因子。

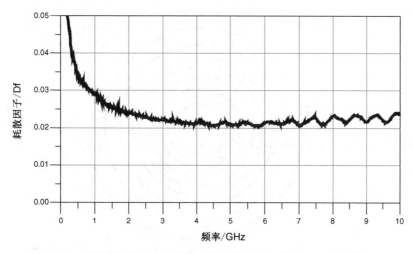

图 12.18　FR4 带状线插入损耗的测量，重新绘制成耗散因子图，从图可知其值约为 0.022。低频时由于
　　　　没有考虑导线损耗而导致更高的耗散因子。使用 Keysight N5230 VNA 测量，并用 Keysight ADS 显示

低频时，导线损耗对损耗有很大的贡献，在这种简单的插入损耗分析方法中，并没有把导线损耗考虑在内。当使用上述近似时，提取的耗散因子由于补偿导线损耗而人为地变大了。高频时，由于阻抗突变，通常在连接器或者过孔处，会使插入损耗产生波动。

虽然单位长度插入损耗的斜率是对互连耗散因子的粗略估计，但仅仅只是粗略估计。实际上，由于互连或连接器的阻抗突变造成的不连续，以及导线损耗造成的衰减，都会使对插入损耗的估计变得复杂化。通常，为了准确测量耗散因子，这些因素都必须加以考虑。

无论如何，插入损耗的行为是对材料耗散因子的很好估计。图 12.19 是对两个接近 50 Ω 传输线的插入损耗的测量，每条线都为 36 in 长。其中一个是聚四氟乙烯（Teflon）衬底，另一个是 FR5 衬底（一种损耗特别大的介质）。FR5 衬底的更大的斜率表明了更大的耗散因子。

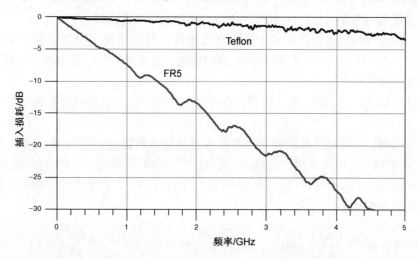

图 12.19　对 FR5 和聚四氟乙烯材料传输线的测量，从中可以看出叠层的耗散因子对插入损耗的影响。
　　　　每条线都是 50 Ω 的微带线，长 36 in。使用 Keysight N5230 VNA 测量，并用 Keysight ADS 显示

当绘制成频率的函数时，插入损耗的幅度表现为单调递减。与此同时，相位以固定的速率向负方向前进。当在极坐标中描绘 S_{21} 时，轨迹是个螺旋，如图 12.20 所示。

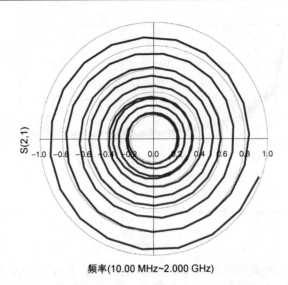

频率(10.00 MHz~2.000 GHz)

图 12.20　对以上长为 36 in 的 FR5 微带线插入损耗的测量，在极坐标中绘制。频率范围为
10 MHz ~ 2 GHz，间隔10 MHz。使用Keysight N5230 VNA测量，并用Keysight ADS显示

S_{21} 在最低频率时具有最大幅度和接近零的相位。当频率变大时，S_{21} 沿顺时针方向旋转，而且幅度不断变小，最终旋转到中心。

均匀传输线的插入损耗的两倍，等于在端口 1 观测到的末端开路传输线的返回损耗。随着频率的增大，插入损耗变大，其中包括典型的导线损耗和介质损耗。

12.10　传输线之间的耦合

即使耦合到邻近互连的串扰噪声没有被测量到，它仍然会发生，会减小 S_{11} 和 S_{21} 的幅度。最简单的情况就是一条均匀传输线和另一条与它耦合的相邻传输线。

一条孤立微带线的插入损耗表现为由于介质损耗和导线损耗而引起的稳定下降。当相邻微带线靠近时，攻击线中的部分信号会耦合到相邻线，造成近端和远端串扰。在微带线中，远端串扰比近端串扰大得多。

如果相邻传输线也用50 Ω 进行端接，则所有串扰噪声都能有效地被末端吸收而不会在受害线中反射。

当频率升高时，远端串扰会增大，因而会有更多的信号耦合出攻击线，减小了 S_{21}。除了衰减会造成 S_{21} 的减小，串扰也将引起 S_{21} 的减小。当两条走线靠近时，耦合增大，更多的能量从动态线传到静态线，从而使 S_{21} 的信号将变小。图 12.21 所示的是当线间距减小时，S_{21} 随频率及两条线的耦合而减小的示例。

> **提示**　仅从 S_{21} 响应很难分出 S_{21} 中有多少是由衰减产生的，有多少是由其他互连的耦合产生的，除非耦合到其他互连的信号也被加以测量。

使用标准端口命名规则，两条相邻微带线可以用 4 个端口描述。一条互连的插入损耗是 S_{21}，而另一条线的插入损耗是 S_{43}。近端串扰用 S_{31} 描述，远端串扰用 S_{41} 描述。耦合增大而 S_{21} 减小时，可以看到远端串扰噪声 S_{41} 也相应地增大了，如图 12.22 所示。

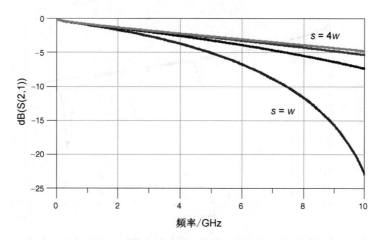

图 12.21　微带线对的一条互连的插入损耗，当耦合增大时，能量从互连中
耦合出去，S_{21} 的减小不仅仅是由于衰减。使用Keysight ADS仿真

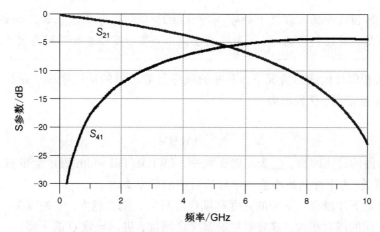

图 12.22　微带线的一条互连的插入损耗 S_{21} 和远端串扰 S_{41}，显示插入
损耗随着远端噪声的增大而减小。使用Keysight ADS仿真

在这个示例中，由于耦合造成 S_{21} 幅度的衰减随着频率而加大，但是变化相对缓慢。当耦合到无端接的浮空互连时，由于孤立浮空线的 Q 值非常大，如果被激励，入射噪声就会在两个开路末端往返反弹，反弹一次就衰减一些。它可以往返反弹达 100 多次，直到由于自身的损耗而消失。

高 Q 谐振器对耦合的影响表现为 S_{21} 或 S_{11} 的窄带吸收。图 12.23 所示的 S_{21} 是与前面同样的微带线，但相邻受害线是末端开路的浮空线。在一个非常窄的频率谐振，在这个非常窄的线谐振频率范围内，它消耗了动态线上的能量。

与高 Q 谐振器的耦合在测量单端口的返回损耗时也很明显。原则上，当单端口连到一条末端开路的传输线时，S_{11} 的幅度应该是 1，或者 0 dB。实际中，正如我们所看到的，所有互连都有损耗，所以 S_{11} 总是比 0 dB 小，而且随着频率升高而变得更小。

如果待测传输线和相邻传输线之间有耦合，并且相邻传输线没有端接，它们就会像高 Q 谐振器一样出现很窄的吸收线。

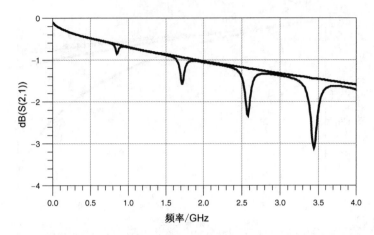

图 12.23　相邻微带线浮空时微带线的插入损耗。分为两种情况：两条线离得很远和两条线靠得很近。当靠得很近时,浮空线的高 Q 谐振在窄频带内吸收能量。使用Keysight ADS仿真

> **提示**　返回损耗和插入损耗中的窄下冲往往意味着与高 Q 谐振器结构的耦合。当谐振结构具有很复杂的几何结构时,如果没有全波求解器,多频率谐振模态就可能很难计算。

在只有一条相邻传输线的情况下,下冲的频率是静态线的谐振频率。谐振带宽与谐振器的 Q 值有关。根据定义,Q 表示为

$$Q = \frac{f_{\text{res}}}{\text{FWHM}} \tag{12.19}$$

其中,Q 表示谐振的品质因数,f_{res} 表示谐振频率,FWHM(full width 表示全带宽,half minimum 表示一半最小值处)为下冲到最小值一半处所对应的频率宽度。

Q 越高,频宽下冲越窄。下冲的宽度和耦合度有关。耦合越大,下冲越尖。当然,当下冲变尖时,与浮空线的耦合增大,这时阻尼通常又会增加,进而导致 Q 的下降。

与一条信号线耦合的谐振器不必是另一条均匀传输线,可以是由两个或更多邻近平面组成的腔。例如,当信号从一层切换到另一层时,它的返回平面也发生了改变,返回电流在返回平面之间的切换,会耦合到腔内,造成高 Q 的谐振耦合。图 12.24 给出了四层板的平面切换的示例。

由两个平面组成的腔的谐振频率,等于在腔的两个开路端之间能容下为半波长某一整倍数的频率,由下式给出：

$$f_{\text{res}} = n\frac{11.8}{\sqrt{Dk}}\frac{1}{2 \times \text{Len}} = n\frac{2.95\text{ GHz}}{\text{Len}} \tag{12.20}$$

其中,f_{res} 表示谐振频率(单位为 GHz),Dk 表示腔内叠层的介电常数,Len 表示平面腔的边长(单位为 in),n 表示模态的下标号,11.8 表示真空中的光速(单位为 in/s)。

例如,边长为 1 in,FR4 叠层的谐振频率从大约 3 GHz 开始,增大为频率更高的谐振模态。在实际腔中,由于平面的不完整或者矩形形状,谐振频谱会更复杂。

在典型的板级应用中,边长很容易达到 10 in,谐振频率从 300 MHz 开始。在这个范围内,电源和地平面之间的去耦电容器通常有助于抑制谐振,这些谐振通常很难清楚地看到。

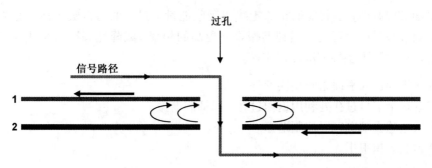

图 12.24　在两个参考平面,层 1 和层 2 之间的信号切换。返回电流,在两个平面耦合成的平面谐振腔内流动

在多层封装中,边长通常是 1 in 量级,第一个谐振点在吉赫范围内,去耦电容器在抑制这些模态方面是无效的,因为在 1 GHz 时它们的阻抗相对于平面阻抗而言很大。当信号线从顶层切换到底层而穿过平面腔时,返回电流会激发吉赫范围内的谐振。

这可以很简单地用一个单端口网络分析仪加以测量。图 12.25 所示的是对四层球栅阵列中 6 个不同引脚的返回损耗测量。在每种情况下,信号线从焊球端到达腔的上端。腔的上端还未放置裸芯片而保持开路。正常情况下,返回损耗应该是 0 dB,但在腔的谐振频率点,大量的能量都被吸收了。

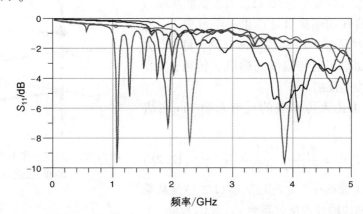

图 12.25　对球栅阵列封装中 6 个远端开路的不同引脚的返回损耗的测量。首先在
1 GHz 出现下冲,这是由于电源/地平面形成的谐振腔,也包括与相
邻信号线的耦合。使用 Keysight N5230 VNA 测量,并用 Keysight ADS 显示

在这个示例中,当频率升高时,由于叠层板中介质损耗引起的返回损耗从 0 dB 下降得非常缓慢。大于 1 GHz 时,有明显的大的窄带下冲,这些就是封装的电源和地腔通过耦合对能量的吸收。

如果由开路处的反射引起的返回损耗是 -10 dB,这就是一个往返路径,因此单程插入损耗的下降约为 -5 dB。当幅度为 -5 dB 时,这意味着只有 50% 的信号幅度能够通过。这在信号强度上是个很大的衰减,会导致信号失真和通道之间串扰过多。

返回损耗实际上是对封装吸收频谱的度量,类似于一个有机分子的红外吸收光谱。红外光谱可以辨别与特定原子相关联的谐振模态。同理,这些高 Q 封装谐振也可以识别某些封装或元件的特定谐振模态。

不仅平面腔吸收能量,其他的相邻走线也吸收能量。封装的谐振吸收往往会限制最高的可用频率。封装设计的目标之一是把谐振推向更高的频率,或降低关键信号线与谐振模态的耦合。这可以通过如下多种方法加以实现:

- 不要在不同返回平面之间切换信号。
- 在靠近每个信号过孔处利用返回过孔,以抑制谐振。
- 利用低电感去耦电容器抑制谐振。
- 保持封装体积很小。

12.11　非50 Ω 传输线的插入损耗

当互连损耗很小,并且到相邻线的耦合非常小时,影响插入损耗的主导机制就是由阻抗突变引起的反射。阻抗突变最常见的情况是传输线阻抗与端口 50 Ω 阻抗的不匹配。互连前端和末端形成的阻抗不匹配会产生某种谐振,形成返回和插入损耗的特殊模式。

图 12.26 所示的就是这种情况,一条短的无损传输线,特性阻抗为 Z_0,非 50 Ω,时延为 T_D。但是,端口 1 和端口 2 的端口阻抗均为 50 Ω。当正弦波从端口到达传输线时,将在前端接口处产生一个反射,一些入射正弦波被反射回端口 1,造成返回损耗。然而,大部分入射正弦波继续沿着传输线向端口 2 传播,在那里的接口将再次发生反射。

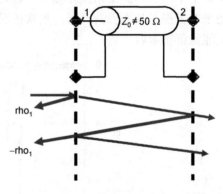

图 12.26　通过一个非 50 Ω 的均匀传输线,在接口处的多重反射

信号从端口 1 传入传输线的反射系数 rho_1 可表示为:

$$\text{rho}_1 = \frac{(Z_0 - 50\ \Omega)}{(Z_0 + 50\ \Omega)} \qquad (12.21)$$

只要信号在传输线中,无论是从端口 2 还是从端口 1 反射,反射回传输线的反射系数 rho 表示为

$$\text{rho} = \frac{(50\ \Omega - Z_0)}{(Z_0 + 50\ \Omega)} = -\text{rho}_1 \qquad (12.22)$$

其中,rho_1 表示从端口 1 进入传输线的反射系数,rho 表示从传输线进入端口 1 或端口 2 的反射系数,Z_0 表示传输线的特性阻抗。

无论从第一个接口反射的相移是多少,从第二个接口反射的相移与其是相反的。沿着互连传播一个往返的相移为

$$\text{Phase} = 2 \times T_D \times f \times 360° \qquad (12.23)$$

其中,Phase 表示反射波的相移(单位为度),T_D 表示传输线的单程传播时延,f 表示正弦波的频率。

如果往返路径的相移很小,那么从互连前端反射回端口 1 的反射波和从端口 2 反射回并进入端口 1 的信号的幅度差不多相等,而相位则相反。它们要一起返回到端口 1,将会抵消掉,这样进入端口 1 的净反射信号将为零。

> **提示**　低频时, 所有无损互连的返回损耗往往起始于一个很小的反射, 或一个很大的负 dB 值。

如果没有任何波反射回端口 1, 则所有波都传到了端口 2, 所有无损互连的插入损耗都将会是 0 dB。这是由于传入端口 2 的二次反射波和一次入射波具有相同的相位, 它们相加了。

> **提示**　低频时, 所有无损互连的插入损耗都是 0 dB。

传输信号的往返相移将会随着频率的增加而增加, 直到达到周期的一半。这时, 从前端接口反射回端口 1 的信号与从末端接口反射回端口 1 的信号同相, 它们同相相加, 这时返回损耗将会最大, 为

$$S_{11} \propto 2 \times \text{rho}_1 \tag{12.24}$$

如果 S_{11} 最大, S_{21}(插入损耗)则会最小。当往返相移是 180° 时, 返回端口 2 的二次反射波形与第一次传输到端口 2 的入射波形的相位差是 180°, 它们会部分抵消。

随着频率的增加, 往返相移会在 0° ~ 180° 之间呈周期性变化, 从而使返回损耗和插入损耗在最小值和最大值之间呈周期性变化。

当往返相移是 360° 的倍数, 即 Phase = $n \times 360°$ 时, 将会发生返回损耗的下冲和插入损耗的上冲。发生的条件为

$$n \times 360 = 2 \times T_D \times f \times 360° \tag{12.25}$$

即

$$f = \frac{n}{2} \times \frac{1}{T_D} \tag{12.26}$$

时延 T_D 越长, 一个 180° 相移的频率间隔越短。图 12.27 给出了阻抗为 30 Ω, 时延 T_D 分别是 0.5 ns 和 0.1 ns 的两条传输线的返回损耗和插入损耗。尖峰之间的频率间隔应该分别是 1 GHz 和 5 GHz。

通过观察返回损耗或插入损耗波动的频率间隔, 可以得出传输线突变点之间的物理长度。互连的 T_D 约为

$$T_D = \frac{1}{2 \times \Delta f} \tag{12.27}$$

其中, T_D 表示互连的时延, Δf 表示返回损耗下冲或插入损耗上冲之间的频率间隔。

例如, 在返回损耗图 12.27 中, 一条传输线下冲的频率间隔是 1 GHz, 对应的互连时延约为 1/(2×1) = 0.5 ns。

> **提示**　实现一个透明互连的最好方式是: 首先将互连的阻抗匹配成 50 Ω。如果不能使阻抗为 50 Ω, 那么最重要的设计准则就是保证它尽量短。

在芯片封装和电路板之间的内插件(interposer)同样需要设计成透明的。当它们的阻抗远离 50 Ω 时, 保持透明的设计准则就是使它们尽量短, 即

$$2 \times T_D \times f \times 360° \ll 360° \tag{12.28}$$

如果一个互连的导线时延约为 170 ps/in, 则透明内插件的最大长度由下式给出:

$$2 \times \text{Len} \times 170\ \text{ps/in} \times f_{\max} \ll 1 \qquad (12.29)$$

或

$$\text{Len} \ll \frac{3}{f_{\max}} \text{ 和 } f_{\max} \ll \frac{3}{\text{Len}} \qquad (12.30)$$

如果将远小于(≪)条件转化成 10×, 这个粗略的经验法则变成

$$\text{Len} < \frac{0.3}{f_{\max}} \text{ 和 } f_{\max} < \frac{0.3}{\text{Len}} \qquad (12.31)$$

其中, Len 表示内插件的长度(单位为 in), $f_{\max}$ 表示透明互连的最大可用频率(单位为 GHz)。

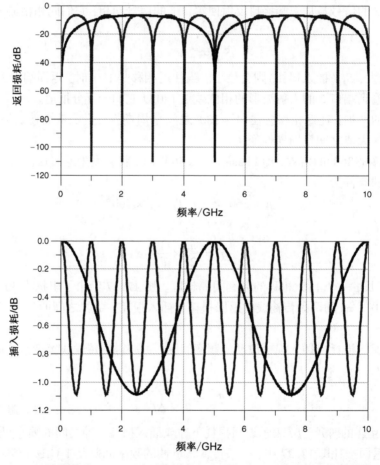

图 12.27　两个阻抗为 30 Ω 且时延分别为 0.5 ns 和 0.1 ns 的无损均匀传输线的返
回损耗和插入损耗。时延越长, 下冲间隔越短。使用 Keysight ADS 仿真

例如, 如果工作频率是 1 GHz, 短于 0.3 in 的内插件或连接器就被认为是透明的。同理,
如果一个内插件只有 10 mil 长, 并且无其他某些特殊设计条件, 它的可用带宽就是 30 GHz。

图 12.28 给出了 Paricon 公司的一个内插件的示例, 它大约 10 mil 高, 带宽超过 30 GHz。

当然, 如果互连被设计成一个接近 50 Ω 的可控阻抗走线, 那么它的带宽更宽, 也可
以更长。

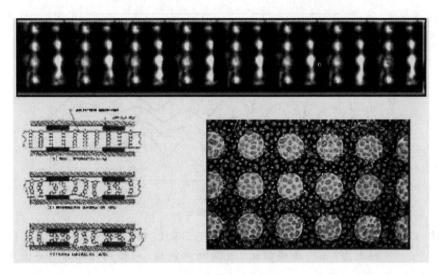

图 12.28　Paricon 公司 Pariposer 内插件的横截面，高度约为 10 mil，带宽超过 30 GHz

12.12　S 参数的扩展

对 S 参数元素的解释取决于对端口的指派情况。例如，一个芯片封装中可以有 12 条不同的走线，每条走线的一端都连接一个端口，另一端则是开路的。或者，在电路板上有一线网，一条线扇出为 11 条走线，每条走线都连接一个端口。或者，端口指派可以如图 12.29 所示，对应于 6 条不同的直通互连，并且间距不同。这 6 条不同的传输线可以组成 3 条不同的差分通道。

元器件内部的确切连接将会影响如何解释每个 S 参数。最常见的情况就是 6 条不同传输线的端口指派(见图 12.29)。始终应牢记，如果改变端口指派，则对每个具体 S 参数的解释也将会做相应改变。

当有 12 个端口时，一共有 78 个独立的 S 参数元素，每个元素都有幅度和相位，并且都随频率而变化。

对角线元素代表每条传输线的返回损耗，它们包含了互连阻抗变化的信息。如果所有互连都相似且对称，则所有对角线元素将会相等。

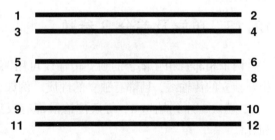

图 12.29　一个 12 端口元器件的下标标记，它可能是 3 个差分通道。图中虽然没有显示返回路径，但假定它是存在的，并且与端口连接

6 个不同的直传信号，即插入损耗，S_{21}，S_{43}，S_{65}，S_{87}，$S_{10,9}$ 和 $S_{12,11}$，包含了损耗、阻抗突变甚至短桩线谐振的信息。S 参数的其他所有元素代表耦合项，包含串扰的信息。例如，S_{51} 是从端口 5 输出的正弦波与输入到端口 1 的正弦波比值，它与两条互连的近端串扰有关。S_{61} 包含两条间距较大的互连远端串扰的相关信息。

当然，第一条走线与相邻每条信号线的近端噪声会随着距离的增大而减小。图 12.30 是一条互连与其他 5 条相邻互连的近端噪声的仿真，每条传输线的线宽为 5 mil，线间距为 7 mil，线长为 10 in。

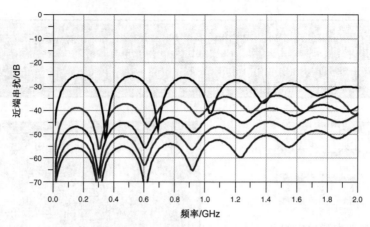

图 12.30　一条互连与相邻 5 条微带线之间的近端串扰，每条传输线的长为 10 in，线
间距为 7 mil，距离越远，近端噪声就越小。使用 Keysight ADS 仿真

两相邻互连的近端噪声 S_{31} 可能是 -25 dB；具有 5 倍线间距的两线间的近端噪声 $S_{11,1}$ 则小于 -55 dB。

> **提示**　人们想要的任何关于多互连电气行为的信息都包含在它们的 S 参数中。

到目前为止，我们假设端口的输入信号都是单端的正弦波信号。两种其他类型的信号给出激励-响应的另类描述方式，可以对互连行为有更深刻的领悟。针对不同的问题，其他的形式可能会提供更快得到正确答案的途径。

这另外的两种形式的 S 参数就是差分和时域。

12.13　单端及差分 S 参数

两个相邻且相互耦合的独立传输线可用两种等价的方式加以描述。一方面，它们是两个相互独立的传输线，且都有独立的性质。例如，如果使用上述标识指派方案，则端口 1 连到端口 2，端口 3 连到端口 4，每条传输线都有反射元素，即 S_{11} 和 S_{33}，也都有传输元素，即 S_{21} 和 S_{43}。

另外，两条互连之间也会有串扰，独立的近端串扰是 S_{31} 和 S_{42}，独立的远端串扰是 S_{41} 和 S_{32}。近端和远端噪声会随着线间距、耦合长度及是带状线还是微带线的拓扑而不同。在整个频率范围内，这两条传输线的所有电气特性都通过这 10 个独立的 S 参数元素完全加以描述。

另一方面，这两条相同的互连也可以用一个差分对加以描述。不用对这两条互连进行任何假设，将其视为一个差分对，就是对它们的完全描述。但是，用单个差分对描述时所用的术语和对行为描述的分类，与作为两个独立的单端耦合传输线的描述是完全不同的。

> **提示**　当 S 参数用于描述互连的差分特性时，S 参数称为**差分**(differential)**S 参数、混模**(mixed-mode)**S 参数**或**均衡**(balanced)**S 参数**。这些术语在工业界是通用的，其首选项是混模 S 参数。

采用混模 S 参数，我们用**差分对**的术语描述一个四端口的互连，这里的端口称为**差分端**

口。一个差分对在两端各有一个差分端口,其中存在的信号类型只包括差分信号和共模信号。任何进入差分端口的波形都可以用差分信号和共模信号的组合加以描述。

这些信号通常称为**差分模态信号**和**共模模态信号**。这是一个不好的习惯。没有必要应用"**模态**"这个词。作为激励进入互连的信号或者作为响应离开互连的信号,不是差分信号就是共模信号。如果称它们为差分**模态**信号,就会特别容易与表示互连状态的偶传输模态和奇传输模态相混淆。这在第 11 章中已经详细讨论过了。

> **提示** 为避免混淆,强烈建议不要使用**差分模态信号**和**共模模态信号**的说法。只有直接把信号称为**差分信号**和**共模信号**,才能在使用混模 S 参数时不至于混淆。

差分 S 参数描述了互连如何与差分信号和共模信号相互作用。在图 12.31 中,在差分对的两端只有两个差分端口。具有不同下标值的 3 个独立 S 参数,S_{11},S_{22} 和 S_{21},描述了信号是如何进出差分对的。按照传统的定义方式,每个元素表示的都是从一个端口输出的正弦波与输入一个端口的正弦波的比值。每个差分 S 参数都有幅度和相位。

然而,我们必须记住进入差分对和从差分对出去的是什么类型的信号。在差分对中,只有差分信号和共模信号。它们以下面 4 种可能的方式与差分对相互作用:

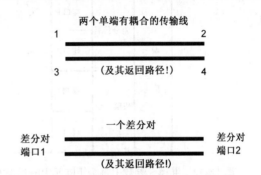

图 12.31 两个相同的传输线可以用两条耦合的单端线或者用一个差分对等价地描述。作为一个差分对时,每端都有一个差分端口

- 差分信号从一个端口输入,输出为差分信号;
- 共模信号从一个端口输入,输出为共模信号;
- 差分信号从一个端口输入,输出为共模信号;
- 共模信号从一个端口输入,输出为差分信号。

对于单端 S 参数,每个 S 参数表示从一个端口输出的单端正弦波与某个端口输入的正弦波的幅度和相位的关系。对于差分 S 参数,必须采用一种系统标识,它不仅要描述正弦波信号输入和输出的端口,而且要描述信号的类型。

我们使用字母 D 和 C 分别代表差分信号和共模信号。S_{DD} 用来表示差分信号输入、差分信号输出。S_{CC} 用来表示共模信号输入、共模信号输出。我们也使用与习惯相反的顺序来表示信号的顺序,首先是输出端口的信号,接着是输入端口的信号。S_{CD} 用来表示差分信号输入、共模信号输出。S_{DC} 用来表示共模信号输入、差分信号输出。

每个差分 S 参数必须包括输入/输出端口及输入/输出信号的信息。按照惯例,先列出代表信号类型的字母,再列出端口下标。例如,用 S_{CD21} 表示从端口 2 输出的共模信号与从端口 1 输入的差分信号之比值。

单端 S 参数的端口阻抗是 50 Ω。当采用双端口驱动一个差分信号时,输出是串联的,所以对于差分信号,其差分阻抗就是 100 Ω。

当两个端口驱动一个共模信号时,两个单端端口是并联的。对于共模信号而言,端口阻抗是并联阻抗,即 25 Ω。这意味着一个差分信号向某个差分端口看进去的端接阻抗是 100 Ω,而一个共模信号所看到的是 25 Ω 共模阻抗的端口端接。

　　当把混模 S 参数用一个矩阵表示时, 按照惯例, 常将纯差分行为放在左上象限, 将纯共模行为放在右下象限。左下象限是从差分信号到共模信号的转化, 右上象限是从共模信号到差分信号的转化。我们用这种标识方案表示混模矩阵, 如图 12.32 所示。

			激　励			
			差分信号		共模信号	
			端口1	端口2	端口1	端口2
响应	差分信号	端口1	S_{DD11}	S_{DD12}	S_{DC11}	S_{DC12}
		端口2	S_{DD21}	S_{DD22}	S_{DC21}	S_{DC22}
	共模信号	端口1	S_{CD11}	S_{CD12}	S_{CC11}	S_{CC12}
		端口2	S_{CD21}	S_{CD22}	S_{CC21}	S_{CC22}

图 12.32　混模 S 参数中每个矩阵元素的标识方案。对混模 S 参数而言, 端口总为差分端口

　　这种矩阵的排列方案可以用于显示测量的 16 个混模 S 参数。这种格式不仅简单, 而且也不容易产生错误。图 12.33 给出一个背板中差分通道的混模或差分 S 参数的测量示例。

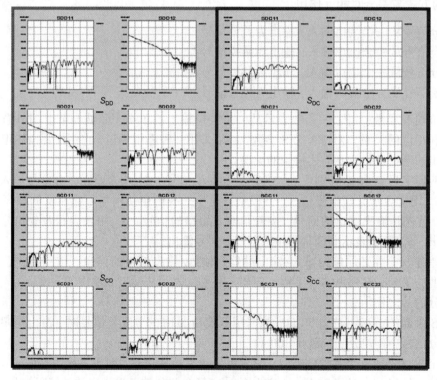

图 12.33　背板中差分通道的混模 S 参数测量, 它按照矩阵元素的次序排列。只显示每个元素的
　　　　　幅度,相应的相位图没有显示。使用Keysight N5230 VNA测量,并用Keysight PLTS显示

S_{CC} 项给出互连如何影响共模信号的信息。反射共模信号 S_{CC11} 给出了互连共模阻抗曲线的信息。传输共模信号 S_{CC21} 描述了共模信号如何传过互连，虽然 S_{CC} 项在完整描述差分对的特性时很重要，然而在大多数应用中，共模信号的特性在互连中不太重要。

12.14　差分插入损耗

S_{DD} 项包括了互连如何作用于差分信号的信息。反射差分信号 S_{DD11}，包含了互连的差分阻抗曲线信息。传输差分信号 S_{DD21}，描述了互连传输差分信号的质量。

> **提示**　因为大部分差分对都应用在高速串行链路中，所以差分插入损耗是目前最重要的差分 S 参数元素。相位包含了差分信号的时延和散射信息，而幅度则包含了由于损耗和其他因素所引起的衰减信息。

图 12.34 给出一个典型背板通道的差分插入损耗 S_{DD21} 的测量曲线。S_{DD21} 首先受制于导线损耗和介质损耗，这导致了差分插入损耗的单调递减。对于 FR4 材料，每英寸每吉赫的介质损耗约为 −0.1 dB。在一个 40 in 长的背板通道中，当频率为 5 GHz 时，差分插入损耗可达 $-0.1 \times 40 \times 5 = -20$ dB，在图 12.34 中已看到这一情况。

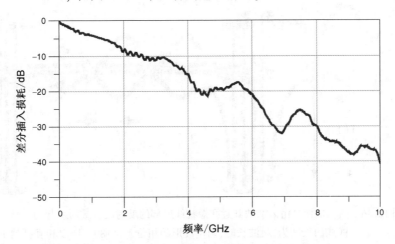

图 12.34　背板走线 S_{DD21} 的测量。整体的下降是由于损耗引起的，而波动则是由连接器和过孔的阻抗突变引起的

影响 S_{DD21} 的第二个因素是连接器、层切换和过孔的阻抗不匹配。这些因素引起了 S_{DD21} 图的一些波动。其他两个有时会影响 S_{DD21} 的因素是：过孔短桩线的谐振和模态转化。

图 12.35 是两个不同背板差分通道的差分插入损耗 S_{DD21} 的示例。一个通道中有一个大约 0.25 in 长的过孔短桩线。在另一个通道中，过孔短桩线被反钻掉了。

在大约 6 GHz 频率点处的谐振下冲是由 **1/4 波长短桩线的谐振** 引起的，它是限制高速串行链路可用带宽的一个首要因素。

通过图 12.36 中的描绘，谐振的机理很容易理解。图中虽然没有画出返回路径，但它是存在的，这就是相邻的平面层。

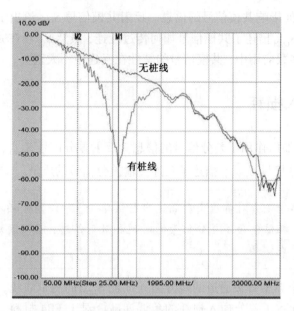

图 12.35   两个不同背板差分通道的差分插入损耗 S_{DD21} 的测量,一个有 0.25 in 长的过孔短桩线,另一个将过
孔的短桩线反钻掉了。使用Keysight N5230 VNA测量,并用Keysight PLTS显示。Molex公司提供数据

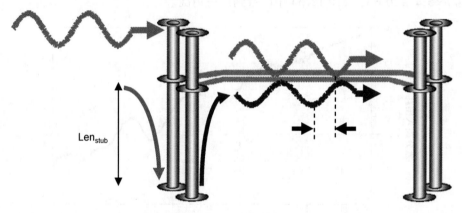

图 12.36   插入损耗是由入射波和过孔短桩线底部的反射波合成所引起的。当短
桩线的长度为1/4波长时,两个波形的相位差是180°,所以相互抵消了

    当信号从上向下经由过孔传到所连接的信号层时,信号分开了。其中一部分信号留在信
号层向前传播,另一部分信号继续向下传播,直到过孔短桩线的末端,这里是开路的。

    当信号到达过孔的底部时,它会发生反射并在层切换处重新分开。其中一部分信号会返
回到源端,另一部分会沿着与原始信号相同的方向继续传播,但是有一个相移。

    反射波的相移是往返路径长度,它先到达短桩线的下端,再返回到信号层。当这个往返路
径长度为半个波长时,传到端口 2 的两部分信号,即原始信号与反射信号,将有 180° 的相移,
将会产生最大程度的抵消。最大抵消,即差分插入损耗的下冲条件是:短桩线的往返时延为半
个周期,即

$$2 \frac{Len_{stub}}{v} = \frac{1}{2} \frac{1}{f_{res}} \tag{12.32}$$

或者,对于 Dk =4 的情况为

$$f_{\text{res}} = \frac{1}{4} \frac{12 \text{ in/ns}}{\sqrt{\text{Dk}} \times \text{Len}_{\text{stub}}} = \frac{1.5}{\text{Len}_{\text{stub}}} \text{ GHz} \tag{12.33}$$

其中，Len_{stub} 表示短桩线的长度(单位为 in)，v 表示信号的速度(单位为 in/ns)，f_{res} 表示短桩线的谐振频率(单位为 GHz)，Dk 表示短桩线周围叠层材料的介电常数(为 4)。

例如，如果短桩线长为 0.25 in，那么谐振频率是 1.5 GHz/0.25 in = 6 GHz，它非常接近所观察到的情况。

最大抵消和最大差分插入损耗的条件是：过孔短桩线的往返路径的长度是 1/2 波长，或者单向长度是 1/4 波长。这就是该谐振通常被称为 **1/4 波长短桩线谐振** 的原因。

作为一种粗略的准则，为了使短桩线的谐振吸收不至于影响高速信号，谐振频率应该设计为至少两倍的信号带宽。在最坏的情况下，当信道长度较短且为低损耗时，信号的带宽大约是奈奎斯特频率的 5 倍。由于奈奎斯特频率是比特率的一半，因此信号带宽为

$$\text{BW} = 5 \times 0.5 \times \text{BR} = 2.5 \times \text{BR} \tag{12.34}$$

其中，BW 表示信号的带宽(单位为 GHz)，BR 表示比特率(单位为 Gbps)。

短桩线的谐振频率 f_{res}(单位为 GHz)为

$$f_{\text{res}} > 2 \times \text{BW} = 5 \times \text{BR} \tag{12.35}$$

或

$$\frac{1.5}{\text{Len}_{\text{stub}}} > 5 \times \text{BR} \tag{12.36}$$

可接受的过孔短桩线的长度为

$$\text{Len}_{\text{stub}} < \frac{300}{\text{BR}} \tag{12.37}$$

其中，Len_{stub} 表示可接受短桩线的最大长度(单位为 mil)，BR 表示比特率(单位为 Gbps)。

> **提示**　对于工程师而言，短桩线的谐振频率应远高于 5 Gbps 信号的奈奎斯特频率，所以没有信号的频率分量能感受到谐振下冲，通道中任何过孔短桩线的最大长度都应该短于 300/5 = 60 mil。对于一个 5 Gbps 信号，这定义了可接受过孔短桩线的设计范围。

过孔短桩线的长度可以通过限制最顶上几层和最底下几层之间的切换加以保障，可以使用更薄的电路板，或反钻掉更长的短桩线，或使用其他过孔工艺，如盲孔、埋孔或微过孔技术等。

12.15　模态转化项

差分 S 参数矩阵的非对角线象限元素是最难理解的，因为它们包含了互连差分对如何将差分信号转化成共模信号，反之亦然。在进行互连寻踪以分析影响性能的可能根源时，这些元素同样是很重要的。

尽管称一个进入某端口的信号为差模信号是不对的，但工业界已经采用了这个令人困惑的说法。这两个非对角线象限被称为**模态转化象限**，因为它们描述了如何把一种信号模态转化成另一种信号模态。

S_{CD} 项描述的是如何以差分信号进入差分对而以共模信号输出。它可以从一个端口进入，再从这个端口输出或者从另一个端口输出。

> **提示** 只有差分对中的两条线不对称时,才会把一些差分信号转化为共模信号,反之亦然。在一个完全对称的差分对中,不会有任何模态转化。只要是对一条线做了什么,就对另一条线也做相同的动作,那么无论有多大的不连续都不会产生模态转化,S_{CD}项的值将为零。

组成差分对的两条互连之间的任何不对称都会引起模态转化,比如可能是因为长度不同,两条互连之间介电常数的局部变化,一条线上有测试焊盘而另一条线上没有,两个驱动器的上升边有所不同,两个通道驱动器的错位,过孔区出砂孔的差异,或线宽不同等等。相比于S_{CD21}项,有多少信号出现在S_{CD11}项,取决于共模信号遇到的共模阻抗突变把多少共模信号反射回源端。

将差分信号转化为共模信号的不对称因素,同样也能把共模信号转化为差分信号。模态转化使差分对在高速串行链路中的应用出现 3 个可能的问题。

模态转化的第一个问题是,如果对差分信号存在很多模态转化,则差分信号的幅度会衰减。这种衰减可能会增加误码率。图 12.37 给出一个差分对中由于两条线长度略微不同而影响差分信号的示例。

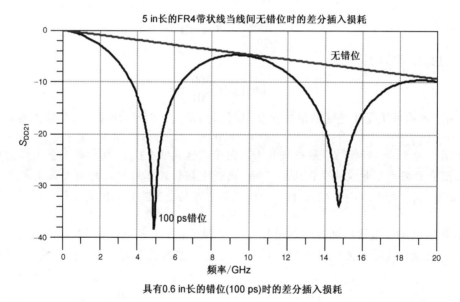

5 in长的FR4带状线当线间无错位时的差分插入损耗

具有0.6 in长的错位(100 ps)时的差分插入损耗

图 12.37　线间无错位及两条线之间有 100 ps 的错位时,均匀差分对的差分插入损耗。
当错位达到 1/2 周期时,引起差分信号的下冲。使用 Keysight ADS 仿真

模态转化的第二个问题是,生成的共模信号可能在差分对的未端接末端发生反射,每次经过不对称之处时,其中一些共模信号就可能会转化回差分信号,但它又和数据流不同步,从而引起初始差分信号的失真,这将使眼图塌陷,增加误码率。

如果共模信号到达非屏蔽双绞线,那么由于模态转化生成的共模信号会出现第三个问题。非屏蔽双绞线上的完全差分信号既不会辐射电磁干扰,在通过 FCC 或类似的电磁兼容测试认证中也不会出什么问题。然而,如果有大于 3 μA 的共模信号在 100 MHz 或更高的频率中生成,并从一条 1 m 长的非屏蔽双绞线中出去,那么由它产生辐射就不会通过 FCC 测试认证。

如果共模阻抗是 300 Ω,只要由于模态转化产生的共模信号有 1 mV,去驱动一个非屏蔽

外部双绞线，就会导致 FCC 认证失败。事实上，由于差分信号的波动，很可能会有 1% 的模态转化。

图 12.38 给出了在一个由测量所得的背板中，3 条不同且相互毗邻的差分通道模态转化的示例。在每一种情况中，转化生成的共模信号都超过 1 mV。如果其中任意一部分传入外面的非屏蔽双绞线，就都会引起 FCC 认证失败。然而，如果这些共模信号不外泄，就不会产生电磁干扰问题，但仍可能引起差分信号的失真问题。

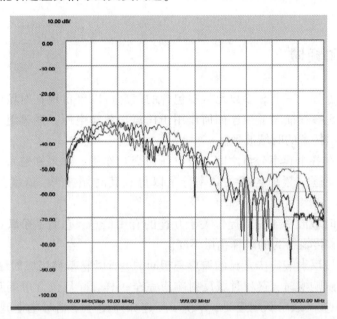

图 12.38　在同一背板中，3 条不同通道中的传输信号模态转化的测量，即 S_{CD21}。模态转化的峰值约为 −35 dB，
略高于 1%。如果差分信号是 100 mV，那么共模信号将会大于 1 mV，如果它出现在非屏蔽双
绞线上，则将导致 FCC 测试认证失败。使用 Keysight N5230 VNA 测量，并用 Keysight PLTS 显示

12.16　转换为混模 S 参数

事实上，所有的仪器都只能测量单端 S 参数。为了显示混模 S 参数，单端 S 参数需要通过计算转换为混模 S 参数。对于所有线性的无源互连而言，混模 S 参数都只是单端 S 参数的线性组合。

将 10 个独立的单端 S 参数转化成 10 个独立的差分 S 参数，需要一些复杂的矩阵数学，但是它的实现是直截了当的。所用的矩阵数学通过一个简单的矩形方程概括如下：

$$S_d = M^{-1}S_sM \tag{12.38}$$

其中，S_d 表示混模或差分 S 参数矩阵，M 表示变换矩阵，S_s 表示通常测得的单端 S 参数矩阵。

变换矩阵涉及单端矩阵元素如何组合生成混模矩阵。如果端口是按照本章所述的方式指派，那么转移矩阵为

$$M = \frac{1}{\sqrt{2}}\begin{bmatrix} 1 & 0 & -1 & 0 \\ 0 & 1 & 0 & -1 \\ 1 & 0 & 1 & 0 \\ 0 & 1 & 0 & 1 \end{bmatrix} \tag{12.39}$$

例如，S_{DD11} 元素可以通过下式得到：

$$S_{DD11} = 0.5 \times (S_{11} + S_{33} - 2 \times S_{31}) \quad\quad (12.40)$$

S_{DD21} 元素可以通过下式得到：

$$S_{DD21} = 0.5 \times (S_{21} + S_{43} - S_{41} - S_{23}) \quad\quad (12.41)$$

通过这种矩阵操作，就能把任何一个测量的单端 S 参数矩阵或仿真的 S 参数矩阵按照公式转换为差分或混模元素。这就是使用上面所列出的端口指派方案如此重要的原因，否则变换矩阵将会不同。

12.17　时域和频域

对于线性无源互连，一个 S 参数元素中包含的信息可以等价地在时域或频域中表示。这是因为，频域中的 S 参数描述了互连如何作用于任意正弦波电压。通过组合不同的正弦频率分量，就可以综合出任意的时域波形。

一个线性系统在各个频率分量之间不会有任何交互作用。如果知道每个频率分量如何与互连相互作用，就能逐一累加各相关频率分量以得到其时域波形，这就是傅里叶逆变换的过程。

有两种常用的时域波形能立刻提供关于互连的有用信息，它们是**阶跃边沿响应**和**冲激响应**，对它们的反射和传输行为的解释稍微不同。

阶跃响应和时域反射响应中常见的波形是相同的，所以它常被当成**时域反射响应**。当 S_{11} 在时域中被当成阶跃响应时，它和时域反射响应完全一样，并且包含单端互连阻抗曲线的信息。当 S_{21} 在时域中被当成阶跃响应时，体现了互连如何使一个信号的上升边或下降边失真，这通常是由于互连的损耗所致。

当有多个响应需要在时域计算时，通常借用 S 参数为每一个矩阵元素的标识表示端口的相互关系，但是用字母 T 代替字母 S。T_{11} 是时域反射响应，而 T_{21} 则是时域传输响应。

> **提示**　每个域都有相同的信息，只是表示形式不同而已。它们在形式上很不同，并且每个元素对互连特性的敏感度也不同。针对不同的问题，采用这种或那种形式可能会更快地得到答案。

例如，如果研究的问题是互连的特性阻抗，那么通过 T_{11} 元素就能更快地得到答案。如果问题是互连损耗为多少，S_{21} 元素就能最快地给出答案。

图 12.39 分别在频域和时域中显示出由测量所得微带传输线对的插入损耗和返回损耗。这是两个微带线对的示例，一个是强耦合对，另一个是弱耦合对。

> **提示**　虽然时域和频域中包含的内容信息完全一样，但是从屏幕上直接看到的信息是不同的。为了最快地找到答案，灵活地将 S 参数在时域和频域中相互转换，以及在单端和差分域中相互转换，显得相当重要。

为了得到一个互连的阻抗曲线，S_{11} 的时域阶跃响应形式要比频域形式更容易。同理，S_{21} 的频域形式在互连损耗上比时域阶跃响应形式敏感得多。针对不同的问题，由某个特定域中的某个元素可能会更快地得到答案，这就是在所有 S 参数的扩展中保持灵活性很有用的原因。

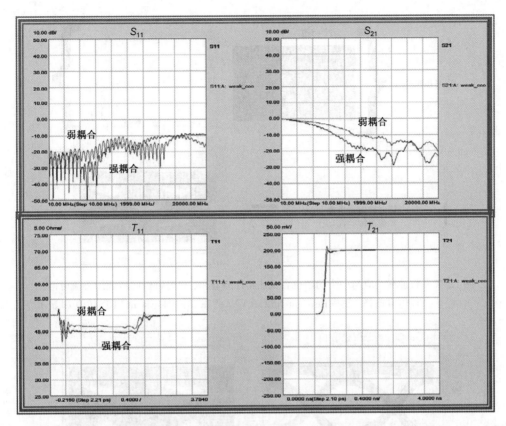

图 12.39　微带线对中，某单条线单端的返回和插入损耗测量。其中一个微带线对是强耦合，另一个是弱耦合。在频域中和时域中给出的响应完全相同。使用 Keysight N5230 VNA 测量，并用 Keysight PLTS 显示

当以 S 参数作为仿真器的一个行为模型时，或者用 S 参数求解互连对任意波形的响应时，时域冲激响应将会特别有用。

冲激响应有时也称为**互连的格林函数**。它描述了互连如何作用于任意短小的入射电压。如果知道互连有什么样的冲激响应，时域中的任何波形就都能描述为一系列冲激函数的组合。采用卷积积分，就可以给出互连的一系列冲激响应的合成，从而得到输出波形。

利用这种技术就能处理任何时域波形，只要让它与冲激响应卷积，就可以输出仿真波形。其中一个应用就是计算互连的眼图。图 12.40 中描绘的就是这种情况。

首先，把 S_{DD21} 频域波形转换为时域冲激响应波形。可以用具有一定上升边的方波合成一个伪随机比特流（PRBS）。然后，将这一时域波形与互连的冲激响应相卷积。本质上，冲激响应给出互连如何作用于一个电压点的情况，而卷积积分则会沿着时域波形将所有点的电压与互连响应相乘，再将这所有的时域响应进行累加。

得到的结果是互连如何作用于这个合成波形，它输出的是实时波形仿真。这是一个使用 S 参数作为互连行为模型的示例。在不知道互连任何内部工作的情况下，在频域中测得的性能可以用于时域中的性能仿真。许多商业工具都能自动完成这个仿真。

从单端测量得到对实时差分响应的仿真结果，可用于生成眼图。根据时钟波形，将连续的比特流切成 1 个、2 个或 3 个一组，并将所有实时比特组无限持续地加以叠加。所有可能的比特信号组重叠结果看似眼睛，所以称为**眼图**。图 12.41 显示了 3.125 Gbps 串行信号和 6.25 Gbps 串行信号通过同一块背板通道时的眼图，它们就是基于对通道 S 参数的测量结果。

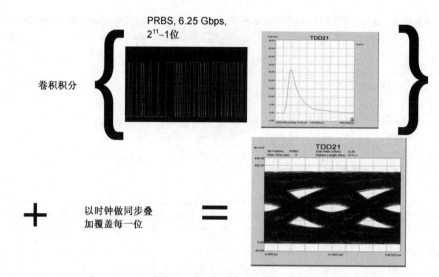

图12.40　将冲激响应与一个伪随机合成比特序列卷积,以时钟做同步叠加覆盖可得互连仿真眼图。使用Keysight N5230 VNA测量,并用Keysight PLTS仿真和显示

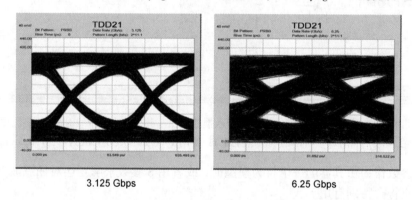

3.125 Gbps　　　　　　　　　　　6.25 Gbps

图12.41　基于对 S 参数的测量,一个背板通道在两种不同比特率下的仿真眼图。使用Keysight N5230 VNA测量,并用Keysight PLTS仿真和显示

　　眼图的两个重要特性可以用于预估误码率,即垂直睁开度和水平睁开度。垂直睁开度常称为眼的**塌陷**,而水平睁开度与位周期减去确定性抖动的差值有关。

　　交叉点中心的间距就是单位间隔比特时间。交叉点的宽度是对抖动的测量。在测量互连的 S_{DD21} 响应中,随机抖动与测量仪器的性能有关,并且几乎总是微不足道的。仿真眼图中的所有抖动都是确定性的,因为可以从互连的行为中对它们进行预估。它们是由于损耗、阻抗突变和一些其他因素产生的。

　　用不同的比特率综合出伪随机比特序列(PRBS)波形,可以得到一组不同的仿真眼图,利用它可以判别出互连性能的界限。

12.18　小结

1. 作为任何互连的通用描述,虽然 S 参数在信号完整性领域中是个新鲜名词,但它很快会成为一个行业标准。

2. 每个 S 参数都是输出正弦波形和输入正弦波形的比值。它表示在定义的频域范围内，正弦波形通过互连时的行为。

3. 反射 S 参数，S_{11}, S_{22} 包含了互连阻抗不连续性的信息。

4. 传输 S 参数，S_{21}, S_{43} 包含了损耗、不连续及与其他线耦合的一些信息。

5. 其他元素描述互连之间的串扰。

6. 尽管端口阻抗通常是 50 Ω，但对于任何端口阻抗的 S 参数可以轻易地加以转换。如果没有强制性的要求，那么通常应使用 50 Ω。

7. 所得到的频域单端 S 参数可以转换成差分 S 参数或时域 S 参数。

8. 频域中的 S 参数是对互连的一个全面的、完整的、稳态响应的测量，当变换到时域时，S 参数可以提供有关互连的空间信息。

9. 在返回损耗和插入损耗中的下冲是耦合到高 Q 谐振结构的标志。

10. 差分插入损耗描述了差分通道最重要的性能。

11. 模态转化通过差分 S 参数矩阵的两个元素 S_{CD11} 和 S_{CD21} 加以描述。它们在寻踪引起插入损耗下降的根源时非常有用。

12. 涉及互连行为的所有信息都已包含在 S 参数中，可以通过测量或仿真获得。

12.19　复习题

12.1　从本质上看，S 参数实际测量的是什么？

12.2　互连结构 S 参数模型的另一个名称是什么？

12.3　在频域中，S 参数对互连的性质有什么描述？

12.4　在时域中展示互连的 S 参数模型时，有什么不同？

12.5　在 S 参数模型的数据中，可以找到哪几种互连的属性？

12.6　使用 50 Ω 端口阻抗有什么意义？

12.7　在将 S 参数的分数值转换为 dB 值时，为什么采用的是 20 而不是 10？

12.8　哪个 S 参数项对互连的阻抗最敏感？

12.9　哪个 S 参数项对互连的衰减最敏感？

12.10　理想的透明互连的 S 参数是什么样的？

12.11　一对传输线的推荐端口标记方案是什么？

12.12　在哪个 S 参数项中，包含关于两条传输线之间近端串扰的信息？

12.13　在哪个 S 参数项中，包含关于两条传输线之间远端串扰的信息？

12.14　若从 10 MHz 到 40 GHz 的测量过程中选其步长为 10 MHz，那么在 4 端口互连的 S 参数模型中包含多少个单独的数据？

12.15　采用历史上公认的返回损耗定义，如果返回损耗增加，反射系数就会发生什么变化？这时互连会朝着更透明还是更不透明的方向变化吗？

12.16　采用历史上公认的插入损耗定义，如果插入损耗的 dB 值变大，那么传输系数会如何？这时互连会朝向更透明的方向变化吗？

12.17　假设具有 50 Ω 端口阻抗的电缆的反射系数的峰值为 −35 dB，它的特性阻抗估计是多大？假设端口阻抗改为 75 Ω，其峰值反射系数会增大还是减小？

12.18　作为直通互连 S 参数的两个最重要的一致性测试，低频时的返回损耗和插入损耗应该是多大？如果互连的阻抗增加，那么它将如何改变？

12.19　是什么引起了反射系数的波动？

12.20　当以上反射系数的幅值为多大时会导致返回损耗的波纹又在传输系数中呈现？

12.21　为什么 S_{21} 的相位在负方向上增加？

12.22　为什么 S_{21} 的极坐标图随着频率的升高而呈螺旋状向内旋转？

12.23　作为一致性测试，对于 FR4 的长为 20 in 的互连线，在 10 GHz 时会有多大的插入损耗？

12.24　为什么微带差分对中的一条导线的 S_{21} 在某个频率处会出现深度下陷？用以阐释其内涵的重要测试将是一个什么样的一致性测试？

12.25　在直通连接的插入损耗中，有些窄窄的尖锐下陷，其最常见的源头是什么？

12.26　差分对上可能出现的两种信号类型是什么？

12.27　在差分对中，导致模式转换的唯一特征是什么？哪两个 S 参数项是模式转换的显著标志？

12.28　如果差分对的线间无耦合，那么总的差分插入损耗与其任一导线的单端插入损耗相比是什么情况？

12.29　当显示互连的时域反射(TDR)响应时，所显示的是哪个 S 参数，应该如何解释这类显示？

12.30　在直通互连的时域传输(TDT)响应中会有哪些信息？

第13章　电源分配网络

电源分配网络又称为电源配送网络(PDN)，包含从稳压模块(VRM)到芯片的焊盘，再到裸芯片内分配本地电压和返回电流的片上金属层在内的所有互连。其中有稳压模块、体去耦电容器、过孔、互连、电路板上的平面、板外附加电容器、封装的焊球或引脚、装在电路板上的封装中的互连、键合线或 C4 焊球、芯片上的内部互连等。

电源分配网络与信号路径的主要区别是，电源分配网络中的每个电压轨道只有一个线网。它可以是一个覆盖整个电路板的很大线网，并且在该线网上挂接很多个元器件。

> **提示**　人们所看到的电源分配网络更像是一个生态系统。假如该线网中一个很小的部件有所改变，那么整个系统的性能都将会受到影响。这使得要给出通用的解决方案比较困难。

13.1　电源分配网络的问题

图 13.1 给出了一个主板中包含上述各种电源分配网络互连的示例。

图 13.1　一个典型主板中电源分配网络的所有互连

对电源分配网络的首要和基本要求是，保持芯片焊盘间的供电电压恒定，并使它能够维持在一个很小的容差范围内，通常在 5% 以内。从直流到高于 1 GHz 的开关电流带宽范围内，该电压值都必须在其容差范围内保持稳定。

> **提示**　电源分配网络的作用有3个：保持芯片焊盘间的供电电压恒定，使地弹最小化，使电磁干扰问题最小化。

　　在大多数设计中，用于供应电力的电源分配网络互连也总是用于运送信号线的返回电流。这些电源分配网络互连的第二个作用是提供一个低阻抗的信号返回路径。

　　提供低阻抗路径的最简单方法是使互连足够宽，从而使返回电流尽可能地分布开，并且让信号线保持分离，使得它们的返回电流不会相互重叠。若不满足这些条件，则返回电流将会聚集，不同信号的返回电流将会互相重叠。其结果就是产生地弹，也称为**同时开关噪声**(SSN)或**开关噪声**。

　　最后，因为在电路板上，电源分配网络互连通常是最大的导电结构，携带最大的电流，而且也会携带高频噪声，所以它们可能会产生最多的辐射，以至于无法通过电磁兼容的测试认证。如果能正确设计电源分配网络互连，则可以减少很多潜在的电磁干扰问题，并有利于避免电磁兼容测试认证的失败。

　　不恰当的电源分配网络设计可能会使芯片上的电压轨道产生过量噪声。这将直接导致比特误码，或者意味着芯片的时钟频率不准，以及时序的错误结果。

　　图 13.2 是一个处理器芯片不同焊盘上电压噪声的示例。在这个示例中，到芯片内核的额定 2.5 V 电压轨道 V_{DD} 在有些焊盘上出现了高达 125 mV 的电压噪声。当 V_{DD} 下降时，内核门的传输延迟将会增加，而如果时序出现问题则可能会引起比特误码。

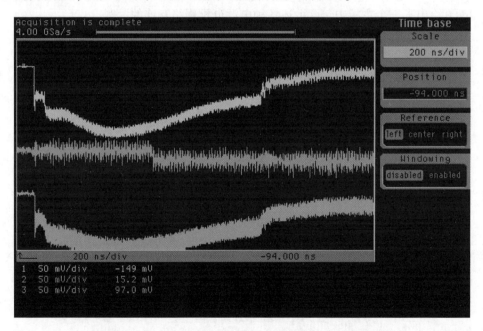

图 13.2　一个处理器芯片的 3 对不同电源/地焊盘之间的实测电压出现了高达 125 mV 的压
　　　　降。处理器由空闲状态转为工作状态，导致电压初始的陡降。这 3 条曲线分
　　　　别在芯片上 3 个不同位置测得。它们的准确波形与处理器中运行的微代码有关

13.2　问题的根源

如果问题出在电压下降或芯片焊盘上的供电轨道下沉，那么为何不用能提供"稳如磐石"的电压的"重量级"稳压器？为什么不愿高价购买一个可以提供1%稳定度甚至0.1%稳定度的稳压器？这样无论什么情况下都能从稳压器得到绝对稳定的电压，难道不对吗？

芯片最关心的是其焊盘上的电压。若从稳压器焊盘到芯片焊盘的电源分配网络互连中没有电流流动，那么在这个路径中不会有电压降，而且稳压器输出的恒定电压也将作为芯片焊盘上的恒定电压轨道。

如果芯片消耗的是一个恒定直流电流，那么由于互连的串联电阻存在，该直流电流将在电源分配网络互连上产生压降，通常称为 **IR 压降**。当芯片的电流发生波动时，电源分配网络上的压降也会随之波动，从而使芯片焊盘上的电压也产生波动。

现在不仅要考虑电源分配网络的电阻性阻抗，还要考虑复阻抗，其中包括电源分配网络互连的感性阻抗与容性阻抗。从片上焊盘看过去的电源分配网络阻抗，通常是一个与频率相关的阻抗，记为 $Z(f)$，如图 13.3 所示。

当具有一定频谱宽度的波动电流 $I(f)$ 通过电源分配网络的复阻抗时，电源分配网络上将会产生电压降：

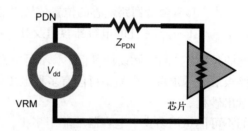

图 13.3　从稳压模块经电源分配网络连到芯片焊盘。电源分配网络的阻抗造成了电源分配网络互连上的压降

$$V(f) = I(f) \times Z(f) \tag{13.1}$$

其中，$V(f)$ 表示电压，是随频率变化的函数，$I(f)$ 表示芯片消耗电流的频谱，$Z(f)$ 表示由芯片焊盘看到的电源分配网络阻抗曲线。

电源分配网络上的这一压降表明稳压器输出的恒定电压是芯片得不到的，在进入芯片前已被改变。芯片焊盘上的电压变化必须在给定的电流波动下小于某一电压噪声容差，就是通常所说的纹波。这就要求电源分配网络阻抗必须低于某一最大容许值，即**目标阻抗**：

$$V_{\text{ripple}} > V_{\text{PDN}} = I(f) \times Z_{\text{PDN}}(f) \tag{13.2}$$

$$Z_{\text{PDN}}(f) < \frac{V_{\text{ripple}}}{I(f)} = Z_{\text{target}}(f) \tag{13.3}$$

其中，V_{ripple} 表示芯片的电压噪声容差(单位为 V)，V_{PDN} 表示电源分配网络互连上的噪声压降(单位为 V)，$I(f)$ 表示芯片消耗电流的频谱(单位为 A)，$Z_{\text{PDN}}(f)$ 表示由芯片焊盘看过去的电源分配网络阻抗曲线(单位为 Ω)，Z_{target} 表示电源分配网络所容许的最大阻抗(单位为 Ω)。

正如本书中一再重申的，解决信号完整性问题的最重要步骤就是找出问题的根源。电源分配网络导体上的轨道塌陷或电压噪声的根本原因在于，流过电源分配网络阻抗的芯片电流导致电源分配网络互连上产生了电压降。

> **提示**　假定芯片中的电流产生了波动，如果要保持芯片焊盘之间的电压稳定，就需要保持电源分配网络阻抗低于目标阻抗值。这是电源分配网络设计中最根本的指导准则。

13.3　电源分配网络最重要的设计准则

电源分配网络的目标是向需要供电的有源器件焊盘处输送干净、稳定的低噪声电压。人们经常把这种性能指标转换为对电源分配网络互连的设计要求：从芯片的焊盘向外看，能够从直流到高频的范围内使电源分配网络阻抗都低于目标阻抗值。一般而言，只要遵循以下 3 个重要的设计准则，目标是可以实现的。客观条件的限制常常使实际路线偏离目标，难以做到总是遵守这些准则，但把握好自己的努力方向最重要。

设计电源分配网络的过程中的 3 个最重要的设计准则如下：

1. 让电源和地平面成为相邻的平面层，平面之间的介质要尽量薄，并且还要让平面尽可能靠近电路板层叠结构的表面层；
2. 在去耦电容器焊盘和连往内层电源/地平面腔的过孔之间，使用尽可能短而宽的表层走线，并在具有最低回路电感的位置放置电容器；
3. 使用 SPICE 选择最佳的电容器容值及其个数，以使阻抗曲线低于目标阻抗。

遗憾的是，在产品实际设计过程中，不可能总是奢侈地让电源/地平面相邻，或者将它们靠近电路板层叠的顶层。产品中可能有多种电压轨道，而这些轨道的图形不规则，并且会有许多反焊盘出砂孔。

人们不可能想用多少个电容器就能用多少，也不可能总能把它们放置在最靠近被去耦器件的附近。即使你尽量这样做了，在产品制造之前了解它是否足够好也很重要。最后，当制造10 万个产品时，为了发现问题，需要找出其中那些由于电源分配网络纹波超标而导致性能不合格的1% 的产品。尽可能从设计过程的一开始就研究并发现问题。解决问题的唯一方法就是使用分析工具去求解设计空间。

> **提示**　在设计电源分配网络的过程中，尽量遵循以上 3 个重要的设计准则。需要同时使用经验法则、解析近似和数值仿真工具，在典型及最坏的情况下预估阻抗曲线和电压噪声。

高性价比的设计中要遵循的最重要原则是尽可能地在设计早期加入适当的分析。这将减少设计过程中遇到的麻烦，并最终以最低的成本一次生产出性能可接受的产品。

13.4　如何确定目标阻抗

设计电源分配网络的第一步是确定目标阻抗。必须分别对电路板上所有芯片的各个电压轨道进行独立设计。有些产品可能使用十几种不同的电压。对于每个电压轨道，目标阻抗可能会随频率而改变，这取决于芯片各自的电流频谱。

假设芯片中从一个电压轨道消耗的电流是正弦波，其峰-峰值为 1 A。那么电流正弦波的幅值就是 0.5 A。图 13.4 分别在时域和频域给出了芯片电流的表征。

当这一频率分量的电流流过给定阻抗曲线的电源分配网络时，在其中将会产生电压噪声。图 13.5 中给出了一个阻抗曲线及电流频率分量的示例，并绘出了芯片焊盘之间产生的时域电压噪声。

当正弦波电流通过很大的阻抗时，产生的电压降超过了通常定为 ±5% 的纹波技术规范（见图 13.5 中的参考基准线）。

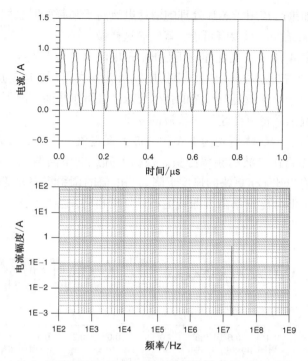

图 13.4　一个正弦波消耗电流的时域波形(上图)和频域正弦波(下图)表示

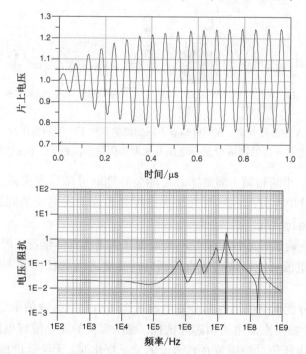

图 13.5　芯片焊盘上的电压噪声(上图)和正弦波电流流过电源分配网络的电压曲线(下图)。在大约 20 MHz 处,电源分配网络电压的尖峰表明正弦波电流的频率分量正好位于电源分配网络阻抗的峰值处

　　流过芯片的消耗电流频谱可以覆盖从直流到高于时钟频率的几乎任何频率。这就意味着,除非了解芯片上精确的电流频谱,否则便要假定峰值电流可能出现在从直流到信号带宽的任何频谱处,这是因为所有各种微代码都可能在该芯片上运行。

　　极少数情况下，如果已知用于芯片处理的消耗电流高于某频率时会明显下降，就可以在电流频谱中加入这些约束条件。只要有可能，就应该这样做。

　　虽然芯片中的消耗电流很少是纯粹的正弦波，但电流中总会存在一些正弦波的频率分量。虽然电流幅度的精确频谱与电源分配网络阻抗曲线彼此独立作用，但是所产生的电压将进行叠加。有时，叠加后依然可以满足对纹波的技术要求，然而在其他情况下，根据电流峰值与阻抗峰值的重叠情况，叠加后将可能超过对纹波的要求。

　　图 13.6 所示的是两个峰-峰值均为 1 A 的方波消耗电流的示例，二者的调制频率略有不同。方波电流拥有基波奇次谐波的频率分量。根据上升边的不同情况，大约在 5 次谐波频率之上，正弦波的幅度将以比 $1/f$ 更快的速度下降。当电流的调制频率改变时，谐波的频率分布将随之改变，它们与电源分配网络阻抗曲线的相互作用也将发生变化。

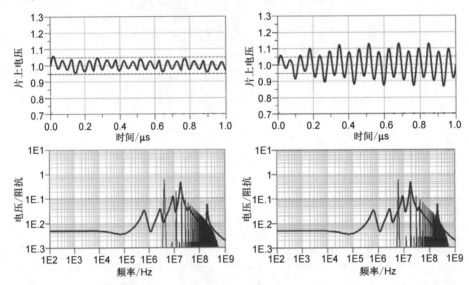

图 13.6　1 A 的消耗电流，在两种略有不同的调制频率下产生的电压纹波噪声。其中,有一个的谐波分量与电源分配网络阻抗曲线的一个阻抗峰值相重叠

　　电流调制一个非常小的频偏，都意味着可能会有性能可接受和失败之间的不同结果。遗憾的是，工程师在设计电源分配网络时几乎无法控制芯片消耗电流的频谱。芯片上将发生什么，取决于其实际的运行状况。

　　这意味着，除非准确了解芯片上消耗电流最糟糕频谱的具体情况，否则一个保守的设计总要假定最坏情况下的电流可能出现在从直流到时钟带宽之间的任何频率处，而时钟带宽通常是时钟频率的几倍。

　　实际上，与电源分配网络的高频部分发生相互作用的并不是峰值电流，而是最大瞬变(跳变)电流。如果有一个稳定直流电流由芯片消耗，稳压模块的误差敏感电路通过补偿就可以维持轨道电压接近额定电压值。当电流在直流值的上下变化时，无论是增加还是减少，如果大于稳压模块的响应频率，则电流将会与电源分配网络阻抗发生作用。

　　电源分配网络的最大阻抗，即目标阻抗，就是形成小于可接受纹波压降的最大阻抗。可以由下式得到：

$$Z_{\text{PDN}} \times I_{\text{transient}} = V_{\text{noise}} < V_{\text{DD}} \times \text{ripple\%} \tag{13.4}$$

或

$$Z_{\text{target}} < \frac{V_{\text{DD}} \times \text{ripple}\%}{I_{\text{transient}}} \tag{13.5}$$

其中，V_{DD} 表示特定轨道的供电电压，$I_{\text{transient}}$ 表示最坏情况下的瞬变电流，Z_{PDN} 表示在某一频率下的电源分配网络阻抗，Z_{target} 表示目标阻抗，即电源分配网络容许的最大阻抗，V_{noise} 表示最坏情况下的电源分配网络噪声，ripple% 表示可容许的纹波，在本例中假定为 ±5%。

> **提示**　最佳的电源分配网络阻抗值应低于但不应远低于目标阻抗值。

如果在每个频率处都保持电源分配网络阻抗值低于目标阻抗值，那么由最大瞬变电流流过电源分配网络阻抗产生的最坏电压噪声情况也将小于最大纹波的指标要求。如果电源分配网络阻抗值远小于目标阻抗值，则意味着过度设计了电源分配网络，超过了应有的成本。

> **提示**　只要有可能，就应该使用瞬变峰值电流去估计目标阻抗。当得不到瞬变峰值电流时，也可以用芯片功耗或芯片最大消耗电流进行粗略估计。

尽管最坏瞬变电流情况很重要，但在技术要求说明书中却很少见到。相反，技术要求说明书中提供了每个电压轨道的最坏峰值电流情况。毕竟，这对估算所需稳压器的量级很重要，这是要求稳压器在额定电压下给出的最大消耗电流。

峰值电流很可能在多数时间是直流情况下的电流加上 10% 的电流瞬变，或者说，大多数峰值电流是在很低的静态电流之上的一个仅仅持续几微秒的瞬变。如果事先不知道每种芯片应用中的具体行为，那么采用保守设计时将不得不面对最坏的情况。

最大电流中有多大的成分是瞬变的呢？显然，它取决于芯片具体功能。对于不同的应用，这一比值可能会是 1% 到 90% 不等。根据经验法则粗略估计，瞬变电流是最大电流的一半，即

$$I_{\text{transient}} \approx 1/2 \times I_{\text{max}} \tag{13.6}$$

其中，$I_{\text{transient}}$ 表示芯片最坏情况下的瞬变电流，I_{max} 表示芯片的最大的总电流。

另外，芯片的技术手册中都会提供芯片的最坏功耗情况，因为这是设计封装热管理方案的关键信息。但是它通常并没有按轨道电压分别说明，所以必须对每个电压轨道的功耗进行一些假设。

假定给出的是每个电压轨道的最坏功耗情况，那么芯片的峰值消耗电流可由下式估算：

$$I_{\text{peak}} = \frac{P_{\text{max}}}{V_{\text{DD}}} \tag{13.7}$$

据此，目标阻抗可估算为

$$Z_{\text{target}}(f) < \frac{V_{\text{DD}} \times \text{ripple}\%}{I_{\text{transient}}} = 2 \times \frac{V_{\text{DD}} \times \text{ripple}\% \times V_{\text{DD}}}{P_{\text{max}}} \tag{13.8}$$

其中，I_{peak} 表示最坏情况下的峰值电流（单位为 A），P_{max} 表示最坏情况下的功率消耗（单位为 W），V_{DD} 表示轨道电压（单位为 V），ripple% 表示纹波指标要求的百分比形式，2 表示瞬变电流为峰值电流的 1/2。

例如，若纹波指标为 5%，则目标阻抗为

$$Z_{\text{target}}(f) = 0.1 \times \frac{V_{\text{DD}}^2}{P_{\text{max}}} \tag{13.9}$$

再例如，当给定一个 1 V 轨道电压及 1 W 功耗的器件时，其目标阻抗将约为 0.1 Ω，即

$$Z_{\text{target}}(f) < 0.1 \times \frac{1^2}{1} = 0.1 \ \Omega \tag{13.10}$$

一些芯片厂商,尤其是 FPGA 供应商也会提供计算工具,根据门开关的使用率简单估计特定电压轨道的消耗电流。这可以用于估计电压轨道目标阻抗的指标。图 13.7 就是对 Altera 公司 Stratix II GX FPGA 器件进行分析的结果。

电源轨道	电压(V)	纹波百分比	最大电流(A)	瞬变电流幅度(A)	$Z_{\text{target}}(\Omega)$
VCCT/R	1.2	2.5%	1.2	0.6	0.05
VCCH	1.5	2%	0.17	0.085	0.35
3.3 V 模拟	3.3	3%	0.274	0.137	0.72
VCCP	1.2	2%	1.03	0.51	0.047

图 13.7　基于 Altera 一款 FPGA 门开关的使用率,计算得到不同电压轨道的目标阻抗

最后,I/O 电压轨道(V_{CC} 或 V_{DD}轨)的电流需求可通过同时开关门的个数去估算。

如果每个输出门驱动具有一定特性阻抗的传输线,那么在往返时间之内,每个门感受的负载就是该传输线的特性阻抗。

如果 n 个门同时开关,则瞬变消耗电流将为

$$I_{\text{transient}} = n \frac{V_{\text{CC}}}{Z_0} \tag{13.11}$$

此时,V_{CC}轨的目标阻抗为

$$Z_{\text{target}}(f) < 0.05 \times \frac{1}{n} Z_0 \tag{13.12}$$

其中,$I_{\text{transient}}$ 表示最坏情况下的瞬变电流,n 表示可能同时开关的 I/O 个数,V_{CC} 表示轨道电压,Z_0 表示传输线的特性阻抗。

例如,若传输线都是 50 Ω,并且有 32 位门同时开关,那么 V_{CC}轨的目标阻抗会是

$$Z_{\text{target}}(f) < 0.05 \times \frac{1}{32} \times 50 = 0.08 \ \Omega \tag{13.13}$$

即使在峰值电流和目标阻抗已经确定的条件下,由于特定的微代码和应用程序不同,电流依然会在几乎任何频率处发生扰动。这意味着,我们必须假定目标阻抗在从直流到很高频率的范围内都是平坦的,除非有信息让我们可以不这么假设。

> **提示**　设计电源分配网络的目标是要在相当大的带宽内保持电源分配网络互连阻抗低于目标阻抗值。超过目标阻抗的电源分配网络可能会导致过量的扰动,而远小于目标阻抗的电源分配网络则可能存在过度的设计,增加了不必要的成本。

当保持阻抗曲线低于目标阻抗值时,最坏情况下的电压轨道噪声将满足对纹波的指标要求。图 13.8 给出了一个成功设计的阻抗曲线示例。

但是,如果阻抗曲线上有一个峰值超过了目标阻抗值的指标要求,并且最坏情况下的电流峰值刚好落在该阻抗峰值的位置,纹波就有可能超标,这个例子如图 13.9 所示。从中可以看到,若电流阶跃突变而激励阻抗峰值,此阻抗峰值频率处的电压特征就是一个振铃。

电源分配网络阻抗曲线上的阻抗峰值是需要特别注意的一个重要设计特征。电源分配网络阻抗设计的许多方面,尤其是电容器容值的选择,都是旨在减少电源分配网络的阻抗峰值。

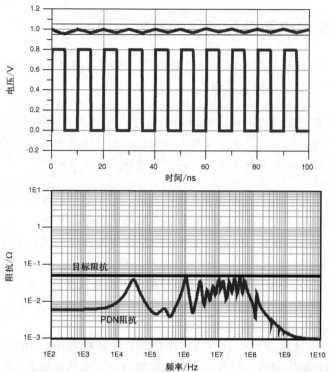

图 13.8　当电源分配网络的阻抗曲线(下图)低于目标阻抗时，最坏情况下的电压噪声(上图)就低于对纹波的要求。其中方波信号是芯片消耗电流，而平滑的曲线是供电轨道上的电压

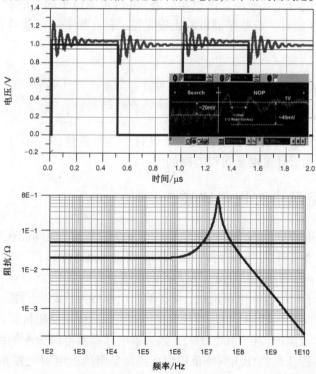

图 13.9　当电源分配网络的阻抗曲线超过目标阻抗的指标要求(下图)，并且电流的峰值频率与阻抗峰值重叠时，就会产生过冲(上图)。上图中的方波是流过芯片的消耗电流。振铃波形是供电轨道上的电压。内嵌的图形是在该电源分配网络中测得的电压噪声，显示了电源分配网络阻抗曲线峰值引起的典型振铃响应

13.5　不同产品对电源分配网络的要求不同

电源分配网络设计中产生混乱的主要原因是将一种产品的电源分配网络设计特征盲目地移植到其他产品的电源分配网络设计中。

> **提示**　每种产品中信号路径的设计准则通常可以应用在其他具有相似带宽的产品中,但电源分配网络的设计则不同。电源分配网络的行为依赖于其中各个组成部件之间的相互作用,而且设计目标与约束条件在不同产品之间有很大的不同。

电源分配网络是一个巨大的具有强相关性的线网,并不是简单地由大量彼此只有少量局部耦合的单线网组合起来的。在这个方面,电源分配网络更像是一个互连的生态系统。一般可能会建议从各个部件开始加以优化,但是一个性价比最好的设计应该是在全频带内对所有部件的整体生态进行优化。

由于工艺节点及芯片类型的不同,电压轨道的值可能是从 5 V 到低于 1 V 的不同值。在某些器件中对电压纹波的要求可能容许高到 10%,在其他器件上也许要求低至 0.5%,例如锁相环(PLL)或模数转换器(ADC)的参考电压轨道。

芯片的消耗电流会从超过 200 A(在高端图形芯片和处理器中)到低至 1 mA(在一些低功耗微控制器中)范围内的不同值。这就意味着目标阻抗值可能从高端芯片中的不到 1 mΩ 到超过 100 Ω,从而将出现 5 个数量级的跨度。

在某些设计中可能有十几个不同的电压轨道,并且很多位于同一层上,而其他设计中却可能只有一个电源/地平面对。有些平面可能比较完整,而有些平面可能具有不规则的图形,并且上面有很多出砂孔。

> **提示**　各种不同的应用及电路板的约束条件,意味着不可能有一个适用于所有电源分配网络设计的通用方法。相反,每个设计都应视为一种定制设计。

盲目将一个设计的具体特性套用到另一个设计中是很危险的。不过,为了得到可接受的阻抗曲线,有一些通用设计策略是可以遵循的。

13.6　电源分配网络工程化建模

值得注意的是,电源分配网络互连虽然是一个复杂的结构,但却能在频域划分为 5 个简单的区段。基于各部件所影响的频率范围,图 13.10 绘出了这 5 个区段。

在最低频率范围内,稳压模块决定了从芯片向电源分配网络看过去的阻抗值。当然,如果互连的等效串联电阻大于稳压模块电源阻抗,则将给出电源分配网络最低阻抗的一个下限。在从直流到大约 10 kHz 的频率范围内,稳压模块的性能对电源分配网络阻抗起着决定性的作用。

下一个较高频率范围内(10 ~ 100 kHz),体去耦电容器对电源分配网络的阻抗起着决定作用。这通常是一些在稳压模块作用频率范围以上提供低阻抗的电解电容器及钽电容器。

最高频率时的阻抗取决于片上电容。这一容性阻抗是芯片在吉赫以上所看到的电源分配网络的唯一特性。它通常具有最低的回路电感,电源分配网络的各部件中只有片上电容在最高频率才能提供最低阻抗。

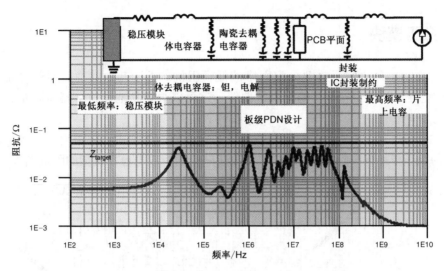

图 13.10　电源分配网络的 5 个部件起作用的频段范围

提示　任何芯片与电路板的接口都存在一些寄生电感。这通常取决于封装、过孔，以及过孔到电源/地平面连接处的扩散电感。

封装内的电源分配网络互连通常表现为感性。这意味着，在高频时它们表现为一个高阻路径。即使电路板设计成短路阻抗，在芯片向这个短路阻抗看过去的途中，必须经过芯片连接及封装装接电感，芯片看到的阻抗主要由这些电感决定。

封装内的电源分配网络的等效串联电感将始终制约着芯片向板级电源分配网络看过去的最高频率。这将是板级电源分配网络设计的一个高频限制。这意味着，一旦超过这个由封装电感制约的最高频率，由芯片看过去的电源分配网络阻抗将由片上电容和封装内电容决定。该界限频率通常在 10 ~ 100 MHz 范围内。当超过该频率时，从芯片看过去的电源分配网络阻抗只与封装和芯片有关。

提示　板级电源分配网络设计的频率范围约从 100 kHz 到 100 MHz。这正是电路板平面和多层陶瓷贴片电容器(MLCC)发挥作用的频率范围。

这些电容器的大小通常是 60 mil × 30 mil 或 40 mil × 20 mil，分别称为 0603 和 0402，因为它们的样子像电路板上的小芯片，所以又称为**贴片电容器**。图 13.11 是在一块小内存板上的典型多层陶瓷贴片电容器的放大图。

图 13.11　装连在小内存板上的典型 0402 MLCC 电容器的放大图

13.7　稳压模块

稳压模块(VRM)决定了电源分配网络的低频阻抗。无论其中的稳压器部分是什么类型的, 所有的稳压模块都会有一个输出阻抗曲线。这可以很容易地通过二端口阻抗分析仪测量获得。

图 13.12 给出了一个所测典型稳压模块的阻抗曲线。本例中, 分别测量了稳压器在关闭和开启时的稳压模块输出阻抗。此外, 也给出了一个简单双电容器模型的阻抗曲线。

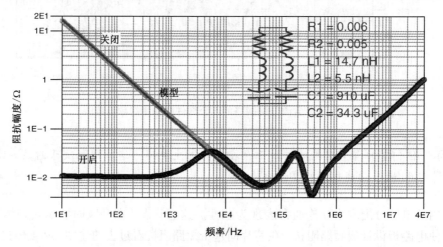

图 13.12　在 10 Hz 到 40 MHz 的频率范围内, 用 Ultimetrix 阻抗分析仪测量一个
典型稳压模块得到的阻抗曲线。图中显示了稳压模块在开启和
关闭时的测量阻抗, 以及稳压模块基于双电容器模型的仿真阻抗

图 13.12 表明, 当稳压器关闭时, 在输出节点看到的阻抗曲线几乎与双电容器模型所预估的完全一致, 在该模型中, 每个电容器都用 RLC 电路建模。

这种特性与稳压模块中的两个体去耦电容器相对应。其中一个 910 μF 的是电解电容器, 而另一个 34 μF 的则是钽电容器。阻抗曲线表征了由引脚和两个电容器组成的无源网络特性。

正如对稳压器所期望的, 在低频时, 若稳压器开启, 它的输出阻抗就会下降几个数量级。输出电压保持恒定, 与其电流负载无关。由于阻抗很低, 即使电流发生很大改变, 电压的变化也很小。然而, 在稳压模块的实际工作中, 可以看到这样的低阻抗只能在从直流到 1 kHz 的范围内得以维持。

从频率约大于 1 kHz 开始直到大约 4 kHz 为止, 可以看到阻抗在增加。4 kHz 时的阻抗与体电容器的阻抗相匹配, 此时稳压器的无源电容器网络使得阻抗开始下降。约 4 kHz 以上时, 稳压模块的输出阻抗完全由无源电容器决定, 有源稳压器对阻抗根本不起作用。无论稳压器是开或关, 输出阻抗都相同。

这时的稳压器实际上是在与无源电容器网络进行争夺, 说稳压器对阻抗根本不起作用稍微有些夸张。实际上当稳压器开启时, 其阻抗要高于真正处于关闭时的阻抗。

> **提示**　大多数稳压模块的输出阻抗在从直流到 1 kHz 的范围内都很低。当超过 1 kHz 时, 与稳压器相连的体电容器将使阻抗下降。

电路板上所需的电解电容器或钽电容器的总容量可以通过稳压模块不能再维持低阻抗频率处的目标阻抗去估算。

选择的电容量应使输出阻抗在 1 kHz 时小于目标阻抗值。所需的最小体电容由下式计算：

$$C_{\text{bulk}} > \frac{1}{Z_{\text{target}} \times 2\pi \times 1\ \text{kHz}} = \frac{160\ \mu\text{F}}{Z_{\text{target}}} \tag{13.14}$$

其中，C_{bulk} 表示需要的最小体电容（单位为 μF），Z_{target} 表示电源分配网络的目标阻抗（单位为 Ω），1 kHz 表示稳压模块不能再提供低阻抗时的频率点。

例如，当目标阻抗是 0.1 Ω 时，所需的最小体电容约为 1600 μF。当然这仅仅是一种粗略的估计，但却是一个很好的起点。在采用 SPICE 进行仿真以正式确定实际的容值时，必须考虑稳压模块的有效电感和电容器电容之间的相互作用。

低频时的稳压模块模型可以很容易地用一个带有电压源的简单 RL 模型近似。图 13.13 就给出了稳压模块和体去耦电容器的等效电路模型。该电路模型可以在低频时用于优化去耦电容器，以保持输出阻抗低于目标阻抗。

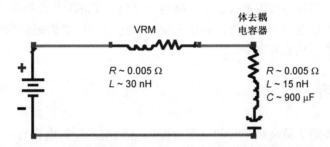

图 13.13　稳压模块和体去耦电容器的典型等效电路模型及典型参数值

13.8　用 SPICE 仿真阻抗

在电源分配网络设计中，必须通过仿真获得不同电路模型的阻抗曲线。幸运的是，大多数需要分析的简单电路都可以通过因特网下载免费的 SPICE 软件进行仿真。

> **提示**　使用 SPICE 仿真阻抗的秘诀是：只要创建好一个 SPICE 子电路，就能用来作为阻抗分析仪。这可以通过使用 SPICE 中的一个单独元件，即恒定交流电流源加以实现。

该元件被定义为一个恒定正弦波电流源，能够输出具有恒定幅度的正弦波电流。该元件的输出电压可以是所需的任何值，并总是输出恒定幅度的正弦波电流。频域仿真频率决定了该电流源的频率。图 13.14 是一个 SPICE 阻抗分析电路。

恒定电流源的幅度设为 1 A，相位设为 0。恒流源两端的电压将取决于跨接在电流源引脚两端的负载阻抗，并可由下式得到：

$$V = I(f) \times Z(f) = 1 \times Z(f) = Z(f) \tag{13.15}$$

其中，V 表示电流源两端的电压（单位为 V），$I(f)$ 表示电流源供给的电流，幅度恒定为 1 A 的正弦波，$Z(f)$ 表示跨接在电流源两端器件的阻抗（单位为 Ω）。

我们设定电流幅度恰好为 1 A。这意味着电流源两端的电压在数值上等于以 Ω（欧姆）为单位的阻抗值。与其相连的电路阻抗可能会随着频率的改变而改变。当幅度恒为 1 A 的正弦交流电流通过该电路时, 所产生的电压在数值上等于阻抗值。该电压的相位与阻抗的相位相同。

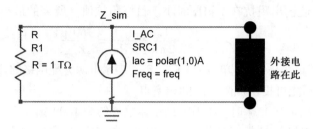

图 13.14　包括正弦交流恒流源的一个 SPICE 阻抗分析仪

在本例中, 电流源外接了一个数值为 1 TΩ 的大分流电阻。这是为了防止 SPICE 的仿真由于开路产生的错误而终止。SPICE 总希望看到所有节点都有一个到地的直流路径。没有这个电阻, 一个开路的恒定电流源会产生一个无穷大电压, 从而产生错误。

任何电路模型的阻抗都可以通过这个电路仿真得到。实际上仿真的是电流源两端的电压, 但它在数值上等于外接电路的阻抗值。稳压模块中双电容器模型的阻抗曲线也可以通过使用这个 SPICE 阻抗分析仪仿真得到。

13.9　片上电容

片上去耦电容决定了最高频率时的电源分配网络阻抗。片上电容有 3 个成因: 电源和地轨道金属层之间的电容, 所有的 p 管/n 管的栅极电容, 以及各种寄生电容。其中, 最大的元件源自分布在片上各处的栅极电容。大多数芯片中都拥有数以百万计的典型 CMOS 晶体管电路, 在某些芯片中甚至可能会有几十亿个。图 13.15 给出了一个典型的 CMOS 电路。在任何时刻, PMOS 管和 NMOS 管都是一个开启而另一个关闭的。

这就意味着, 总有一个门电路的栅极电容, 不是 p 沟道就是 n 沟道被连接到芯片的电源和地轨道之间。由栅极形成的单位面积电容可以简单近似为

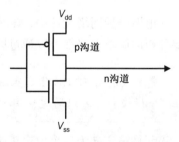

$$\frac{C}{A} = \frac{8.85 \times 10^{-12} \text{ F/m}^2 \times \text{Dk}}{h} \qquad (13.16)$$

其中, C/A 表示单位面积的电容(单位为 F/m^2), Dk 表示氧化物的介电常数(如二氧化硅的介电常数为 3.9), h 表示介质厚度(单位为 m)。

图 13.15　芯片内典型的晶体管 CMOS 电路模型

一般情况下, 沟道的长度越短, 栅极氧化层越薄。作为一个经验法则, 栅极氧化层的厚度是每 100 nm 的沟道长度对应 2 nm。然而, 当沟道长度短于 100 nm 时, 由于较大漏电流的存在, 将不会把介质厚度 h 继续按比例减小, 但通常这时又会采用"高 Dk"介电常数的栅极绝缘材料。这样, 即使沟道长度短于 100 nm, 该经验法则也将是一个很好的近似。

对于 130 nm 沟道长度的工艺节点, 单位面积电容约为

$$\frac{C}{A} = \frac{8.85 \times 10^{-12} \text{ F/m}^2 \times 3.9}{0.02 \times 130 \times 10^{-9}} = \frac{8.85 \times 10^{-12} \text{ F/m}^2 \times 3.9}{2.6 \times 10^{-9}} = 1.3 \ \mu\text{F/cm}^2 \quad (13.17)$$

当然,并不是所有片上面积都是栅极电容。如果假定片上面积的 10% 是栅极电容,就会看到,作为一个经验法则,对于 130 nm 工艺的芯片,由 p 管/n 管决定的片上去耦电容约为

$$\frac{C}{A} = 130 \frac{\text{nF}}{\text{cm}^2} \tag{13.18}$$

随着工艺节点的进步及沟道长度的不断变短,单位面积的栅极电容将会不断增加,但片上总的栅极面积将保持不变。这意味着芯片单位面积的电容与工艺节点成反比,将不断增加。

65 nm 芯片的电容约为 260 nF/cm²。在 65 nm 沟道长度时,对一个 2 cm × 2 cm 的芯片(这已接近批量生产的最大芯片尺寸)应用这一估计,片上去耦电容可以比较容易地超过 1000 nF。

一个典型芯片,如许多典型的嵌入式处理器芯片,只有 1 cm × 1 cm 大小,但其电容却高达 260 nF。如果芯片上栅的利用率更高,那么片上电容也将更大。

> **提示** 高频时片上电容为电源分配网络提供了低阻抗。

图 13.16 所示为一个 250 nF 电容的阻抗曲线。在该示例中,当频率超过 800 MHz 时,片上电容提供了低于 1 mΩ 的阻抗。所有高频去耦都是利用这一机理实现的。

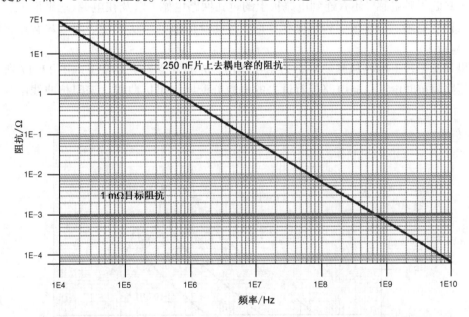

250 nF 片上去耦电容的阻抗

1 mΩ 目标阻抗

阻抗/Ω

频率/Hz

图 13.16 在 65 nm 工艺的 1 cm × 1 cm 裸芯片上,250 nF 片上去耦电容的阻抗

如果目标阻抗为 10 mΩ,那么片上电容将会在高于 100 MHz 的频率时起到显著的去耦作用。

13.10 封装屏障

在芯片焊盘与电路板焊盘之间就是典型的集成电路封装。其样式从基于引脚框架的封装,到基于微型电路板的封装,再到最简化的 CSP(芯片尺寸封装)。

在电源/地分配路径中的封装引脚回路电感串联在芯片焊盘到电路板焊盘之间。该串联电感成为阻抗的一道障碍,或者说屏障。其阻抗可表达为下式:

$$Z = 2\pi fL \tag{13.19}$$

其中, Z 表示阻抗(单位为 Ω), f 表示频率(单位为 Hz), L 表示电感(单位为 H)。

例如, 在 100 MHz 时, 一个 0.1 nH 电感的阻抗约为 0.06 Ω。即使板上电源分配网络阻抗被设计得极其低, 在 100 MHz 频率处从芯片向封装看过去, 依然可看到一个 0.06 Ω 的电源分配网络阻抗。显然, 这就是片上电容和封装电容变得如此重要的原因。

通常, 低成本的引脚封装或者是一种基于密封引脚框架的封装, 或者是一种基于双层印制电路板的封装。其相邻引脚的回路电感大概是 20 nH/in。对于引脚长为 0.25 in 的封装, 一个单一的电源/地引脚对的回路电感可高达 5 nH。在芯片尺寸封装中, 一对引脚的电感可能做到只有 2 nH 左右。

在多层(至少有 4 层)球栅阵列封装中, 通常使用专门的电源/地平面。每个电源/地平面对的回路电感可减小到不足 1 nH, 这一下限值通常是由大约总长为 50 mil 的焊球加上相连的封装过孔造成的。

在小型封装中, 可能只有少数的电源/地平面对。而在大的球栅阵列封装中, 则可能有数百个电源/地平面对。这样, 封装引脚的有效电感可能会在 1 nH 到低至 1 pH 的范围内变化。

除了封装引脚电感, 还有连到电路板上的过孔回路电感, 以及在电源/地平面上运送电流过程中的扩散电感。当封装引脚电感很小时, 过孔及扩散电感就决定了由芯片看过去的回路电感大小。

如果考虑了片上电容与封装电感的相互作用, 情况就变得更复杂了。图 13.17 所示为电路板为短路阻抗时由芯片向电路板看过去的电源分配网络阻抗曲线。该阻抗曲线由封装电感决定。

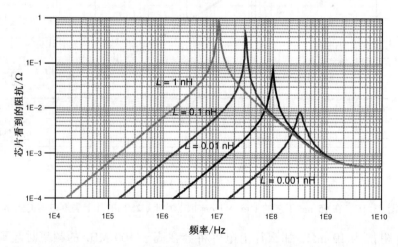

图 13.17 在电路板为短路阻抗下, 不同封装引脚电感时由芯片向电路板看过去的电源分配网络阻抗

图 13.17 表明, 无论如何设计板级电源分配网络, 都不可能将芯片看到的电源分配网络阻抗减小到比封装引脚阻抗更小。假设封装引脚的等效电感为 0.1 nH, 当频率超过 10 MHz 时, 无论怎样设计电路板都无法让芯片看到比 10 mΩ 更小的电源分配网络阻抗。

当然, 在上面的示例中, 由于封装电感与片上电容的相互作用, 会出现很大的并联谐振阻抗尖峰。在很多情况下, 可以通过封装中的去耦电容器抑制这一尖峰。

例如, 图 13.18 给出了封装中有 10 个不同的 700 nF 电容器对 0.1 nH 的引脚电感进行去耦, 以减小阻抗尖峰的示例, 并假定每个去耦电容器自身有 50 pH 的等效串联电感(ESL)。

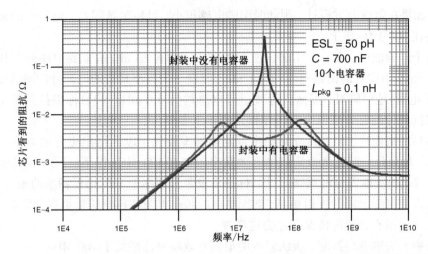

图 13.18　在板级阻抗为短路时，由芯片看过去，封装中的去耦电容器对并联谐振的抑制

> **提示**　为了确定板级电源分配网络的设计目标，可以首先确定由封装引脚、过孔和扩散电感共同作用的阻抗开始超过目标阻抗时的频率点，这正是板级阻抗能对芯片发挥作用的高频上限频率。

封装引脚电感、最高有效频率和目标阻抗之间的关系对应于

$$Z_{\text{target}} < 2\pi L_{\text{pkg}} f_{\text{max}} \tag{13.20}$$

其中，Z_{target} 表示目标阻抗（单位为 Ω），L_{pkg} 表示封装内所有电源分配网络路径的等效引脚电感，f_{max} 表示板级电源分配网络的最高有效频率。

作为分析的起点，图 13.19 给出了某一特定最高频率 100 MHz 下，封装电感与目标阻抗的关系。例如，如果一个产品在斜线下方设计，此时目标阻抗很低，封装引脚电感很大，那么电路板的最高有效频率将会低于 100 MHz。在这种情况下，封装严重地限制了电源分配网络的性能。

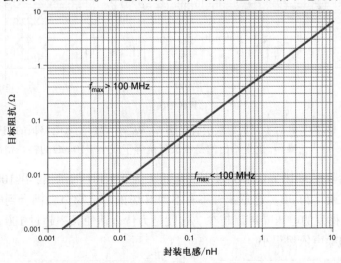

图 13.19　目标阻抗和封装电感共同将最大板级频率限制为 100 MHz。如果设计在
　　　　　斜线以上，那么板级阻抗会在高于100 MHz 的频率范围起作用。如果
　　　　　设计组合落在该斜线以下，板级阻抗则只在低于100 MHz 的范围起作用

相反，如果在斜线上方设计，则此时引脚电感很小，目标阻抗很高，电路板的最高有效频率范围将会在 100 MHz 以上。

作为一个经验法则，在一个引脚长度为 0.05 in，具有 20 nH/in 回路电感的芯片尺寸封装中，每个电源/地引脚对的回路电感约为 1 nH。假设一个典型封装的电源分配网络设计中含有 10 个并联的电源/地引脚对，那么其等效引脚电感约为 0.1 nH。若目标阻抗约低于 0.06 Ω，那么板级阻抗设计的有效范围比 100 MHz 也高不了多少。

虽然很难一概而论，但有时**立即**给出肯定的答案要优于以后给出更好的方案。一般情况下，封装与目标阻抗一起把板级阻抗的有效频率限制在 100 MHz 以下。除非有其他反面的佐证信息，这就是板级电源分配网络设计目标通常设置为不高于 100 MHz 频率的原因。

虽然可以使频率上限设置得更高，然而更高的频率上限往往意味着更高的成本。并且，只有在认为这样做很有必要的情况下才去这样做。

当封装中有去耦电容器时，板级阻抗的最高有效频率往往低于 100 MHz。

封装引脚电感也可以作为一个过滤器，以防止高频噪声从芯片上的电源分配网络跑到电路板上。当内核门开关时，片上电容能够使电源分配网络轨道噪声电压保持很低。毕竟，芯片电源分配网络焊盘上若有过量的噪声，那么对芯片自身也是问题。芯片上任何轨道噪声电压在传到电路板之前，封装引脚电感都将对其做进一步过滤。

如图 13.20 所示，在板级阻抗为 10 mΩ 时，仿真了不同封装引脚电感 L 对从芯片传到电路板的噪声的抑制情况。

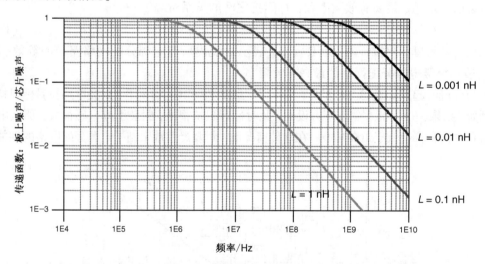

图 13.20 针对不同的封装引脚电感 L，从芯片焊盘注入电路板的相对噪声。这里给出的是板级阻抗等于或小于 10 mΩ 的特殊情况

对于一个目标阻抗为 10 mΩ 和封装引脚电感 L 为 0.1 nH 的示例，在 100 MHz 频率处，其噪声抑制约为 0.1 或 −20 dB。这意味着将有不到 10% 的片上噪声会耦合到电路板上。封装引脚电感越高，板上得到的电压噪声就越少。这就是为什么即使频率超过 100 MHz，从芯片到板级电源分配网络的噪声依然很小。

> **提示** 当无法给出包含电源分配网络路径在内的完整封装模型时，只能粗略地估计封装对电源分配网络路径的影响。

13.11　未加去耦电容器的电源分配网络

假设低频时由稳压模块和体去耦电容器为电源分配网络提供低阻抗，高频时由片上电容和封装电容为电源分配网络提供低阻抗。对这类未加其他去耦电容器的电源分配网络简单示例，这里先选用典型的参数值，然后观察整个阻抗曲线。

图 13.21 是仿真板上电源/地平面阻抗曲线的示例，此时未加其他的去耦电容器，只包括一个带体去耦电容器的简单稳压模块和 50 nF 的片上电容。

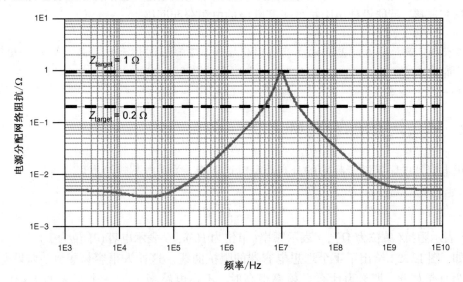

图 13.21　只包括片上电容和稳压模块的典型阻抗曲线

如果目标阻抗是 1 Ω，那么即使未加其他去耦电容器，电路也能很好地工作。此时无论在电路板上添加多少或多大容值的电容器，电源分配网络产生的噪声总是在可接受的范围内。即使目标阻抗值低达 0.2 Ω，只要电流频谱的幅度峰值在 5 ～ 20 MHz 频率范围内的任何最坏情况下没有出现尖峰，电路板依然能够可靠工作。

由于片上电容和稳压模块附带有大容量去耦电容器，无论板级电源分配网络如何设计，电路板都能可靠工作。这也是有时将去耦电容器从板上移走后，电路板仍能正常工作的原因。从而，人们常会产生一种错觉，认为去耦电容器并不那么重要。事实上，无法保证一个特定产品的应用场合都是这种情况。芯片不同，对电流的要求就不同；对于不同的片上电容及不同的封装，即使同样的电路板也会表现出非常不同的性能。

> **提示**　为了更有把握地将电源分配网络设计好，板级设计师需要知道封装模型、片上电容及芯片电流谱的相关信息。

尽管这些信息很重要，但要从大多数半导体供货商那里得到信息却很难。当缺乏这些信息时，就不得不设计板级去耦电路。在这种情况下，做一些合理的假设，并把它们作为板级设计的基础是很重要的。

> **提示**　有两个最常用的板级设计假设:第一,封装引脚电感会把板级阻抗开始有效起作用的频率限制在 100 MHz 以下;第二,消耗电流和目标阻抗可以由芯片最坏情况下的功率消耗加以估计。

当目标阻抗大于或等于 1 Ω 时,板级设计和去耦电容器就起不到太大作用了。然而,如果目标阻抗低于 1 Ω,就需要谨慎地选择电容器及在电路板上的组合方式,这样才能实现优化的性能。

恰当地装连合适个数和容值的去耦电容器,恰当地用电源/地平面对将它们与稳压模块和封装引脚相连接,就能设计出阻抗低于毫欧级的电源分配网络。

> **提示**　了解单个电容器和电容器组合的性能,了解如何让电容器与平面相互配合,将为设计高性价比的电源分配网络奠定基础。

13.12　多层陶瓷电容器(MLCC)

理想电容器的阻抗随着频率的升高而呈反比下降,关系由下式给出:

$$Z = \frac{1}{2\pi f C} \tag{13.21}$$

其中,Z 表示阻抗(单位为 Ω),f 表示频率(单位为 Hz),C 表示电容(单位为 F)。

例如,图 13.22 给出了 4 个理想电容器的阻抗曲线。这让人很容易想到,如果电容器的实际行为真是如此,那么为什么当频率很高时,不在电路板上加一个很大的去耦电容器去实现低阻抗呢?

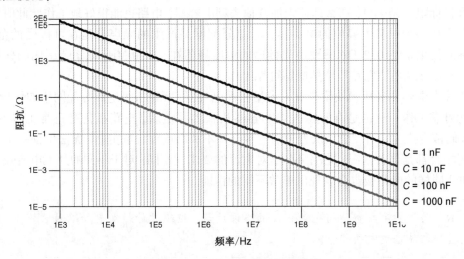

图 13.22　理想电容器的阻抗曲线

上述方案的问题在于,一个实际电容器的行为并不像理想电容器。图 13.23 给出了一个实际 0603 电容器在不同频率下的实测阻抗。虽然起初看似一个理想的电容器,但与理想电容器不同,实际电容器的阻抗会先达到一个最低值,然后阻抗值开始增加。

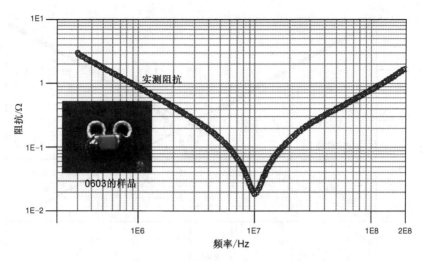

图 13.23　装连在一个测试板上的 0603 电容器实测阻抗曲线

一个实际电容器在甚高频可以用一个简单的 RLC 电路模型加以近似。一个理想 RLC 电路的仿真阻抗可以与实测的性能很好地吻合。图 13.24 给出了对特定阻抗值进行实测和仿真结果的比较，其中 $R = 0.017\ \Omega$，$C = 180\ nF$，$L = 1.3\ nH$。

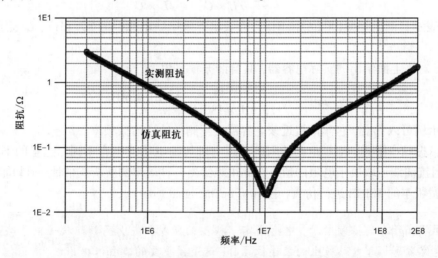

图 13.24　0603 MLCC 电容器的实测阻抗和仿真阻抗对比

在该模型中，电阻、电感和电容都是理想元件，它们的参数值随频率恒定不变。然而，当这几个元件串联连接时，其阻抗曲线则非常接近实际电容器的实测阻抗。

> **提示**　一个理想的 RLC 电路与实际电容器行为相吻合这一事实，使得 RLC 电路模型在对实际电容器建模时极其有用，即使在大于 1 GHz 的高频频带也不例外。

RLC 模型表现出的综合特性不同于任何元件的单独特性。图 13.25 对它们的行为特性进行了比较。

在低频时，RLC 电路的阻抗取决于理想电容，在高频时则取决于理想电感。而理想电阻则决定了 RLC 的最低阻抗。

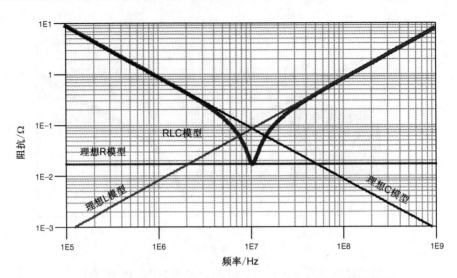

图 13.25　组成 RLC 模型的三个元件(R、L 和 C)各自的阻抗曲线

RLC 电路阻抗最低的频率称为**自谐振频率**(SRF)，并由下式给出：

$$f_{\mathrm{SRF}} = \frac{1}{2\pi} \frac{1}{\sqrt{L \times C}} = \frac{159\ \mathrm{MHz}}{\sqrt{L \times C}} \tag{13.22}$$

其中，f_{SRF} 表示自谐振频率(单位为 MHz)，L 表示等效串联电感(单位为 nH)，C 表示电容(单位为 nF)。

例如，对于上面给出的实际电容器，其自谐振频率约为

$$f_{\mathrm{SRF}} = \frac{159\ \mathrm{MHz}}{\sqrt{1.3\ \mathrm{nH} \times 180\ \mathrm{nF}}} = 10.4\ \mathrm{MHz} \tag{13.23}$$

从上面的示例可以看出，它非常接近该电容器实际测量的自谐振频率。

在自谐振频率附近，RLC 电路的阻抗曲线与理想的电感或电容不同。这里的不同实际上很复杂，阻抗曲线还取决于电阻的值。对此很难给出一种简单的解析式估计，但却能很容易地用任何免费版本的 SPICE 进行仿真(见 www.beTheSignal.com)。

> **提示**　高于自谐振频率时，电感决定了模型的阻抗，减少高频阻抗等同于减小电感。在选择电容器和调整电路板上的装连位置时，这是最重要的工程依据。

> **提示**　改变一下有关电容器的思路。MLCC 电容器不是一个电容器，它是一个隔直流的电感器。为实现电容器所做的一切努力都是有关安装电感的设计，而不是有关电容的设计。

电阻就是构造电容器的金属化平面串联电阻。电容的值则取决于构成电容器的层数、内部平面面积、平面间距及介电常数。

13.13　等效串联电感

电感通常称为**等效串联电感**(ESL)，它的值与电容器如何装连到电路板上的情况有较大关系，或称其值反映了装连结构的情况，而不是电容器本身。

尽管许多电容器供应商也会提供其电容器元件的"固有"电感，但所提供的电感没有太大价值，而且在确定实际电容器性能方面也没有太大价值。相反，我们看到的是等效串联电感如何受到电容器装连结构情况的影响。

在同样的装连条件下，一些电容器由于设计不同而能实现较低的等效串联电感。这并不是因为它的固有等效串联电感很低，而是由于特别的设计使其装连电感得以降低。例如，在典型的装连条件下，与 0603 相比，一种 X2Y 交指电容器就会有很低的等效串联电感。图 13.26 对比了同一块电路板上 0603 电容器和 X2Y 交指电容器的实测阻抗曲线。

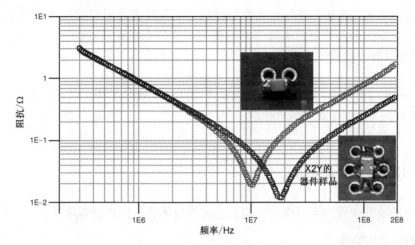

图 13.26 同一块电路板上的一个常用 0603 电容器和一个 X2Y 交指电容器的实测阻抗曲线。它们在低频时有完全一样的电容值，但其等效串联电感却不同

对于这两种不同的电容器，其低频阻抗几乎相同，然而高频阻抗却有很大不同。这主要是由于一个 X2Y 电容器有 4 个接线端，就像是 4 个不同电容器的并联。这 4 个接线端的并联回路电感可以减小整个电容器的等效回路电感。在某些设计中，这将是一个重要的优点。

图 13.27 所示的是一个从球栅阵列封装焊盘流到电容器的完整电源及返回电流路径。在这一路径上，电容器等效串联电感值的大小首要的是与路径的设计情况有关。

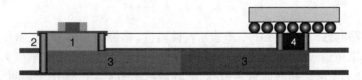

图 13.27 一个电容器的等效串联电感可以划分成 4 个不同的区段

与电容器本身及其到封装路径有关的等效串联电感值，可以划分为以下 4 个区段：

1. 表面走线与平面腔顶层的回路电感；
2. 从电容器焊盘到腔平面几个过孔的回路电感；
3. 从电容器过孔到球栅阵列过孔之间的扩散电感；
4. 从封装下的平面腔到封装引脚或焊球的回路电感。

> **提示** 每个区段都应该应用不同的设计技术，以尽可能实现最低的等效串联电感。

当只有少数几个电容器装连于电路板上，并且从电容器到封装引脚之间的平面上的电流分布没有太多重叠时,每个电容器的等效串联电感就是整个路径的回路电感。在这种情况下,电容器是独立起作用的,使用简单的 SPICE 模型就能准确地仿真电路板上电容器组合的阻抗曲线。

然而,当电流分布相互重叠,如几个电容器在电路板上某个区域聚集或大量电容器环绕在封装周围时,在电源平面和地平面上的扩散电感将是电容器容值、电容器位置、封装引脚位置的复杂函数。

这就是将电容器的等效串联电感划分为装连电感和腔中的扩散电感这两个区段的原因。当电容器彼此独立时,腔扩散电感就可以与装连电感相加,作为等效串联电感。而一旦几个电容器的扩散电感之间存在相互作用,准确估计从封装看过去的阻抗曲线的唯一方法就是使用三维场求解器。该仿真器考虑到了每个电容器的电流分布。在这种情况下,电容器的位置与封装中电源/地引脚的位置将变得很重要。

> **提示**   将装连电感和腔扩散电感分开考虑总是一个好的方法。需要时也可以将它们合并成一个数值,以估计等效串联电感。

13.14 回路电感的解析近似

目前只能对如下少数几何结构的回路电感进行简单的解析式近似求解:

- 任何均匀的传输线;
- 双圆杆的特殊情况;
- 一对较长的中间有薄介质的宽导线;
- 上下平面边缘与边缘连接的特殊情况;
- 从中心过孔到外圆环之间的扩散电感;
- 平面上两个过孔接触之间的扩散电感。

假设信号和返回路径在远端短路,任何均匀传输线的回路电感都可以由下式给出:

$$L_{loop} = Z_0 \times T_D = \frac{Z_0 \times Len}{v} \tag{13.24}$$

其中,L_{loop} 表示回路电感(单位为 nH),Z_0 表示特性阻抗(单位为 Ω),T_D 表示传输线的时延(单位为 ns),Len 表示传输线的长度(单位为 in),v 表示材料光(电磁)速(单位为 in/ns)。

FR4 线中,若表面微带线的线宽为 10 mil,介质厚度为 5 mil,则传输线阻抗为 50 Ω。此时的回路电感约为

$$L_{loop} = Z_0 \times T_D = \frac{Z_0 \times Len}{v} = \frac{50 \times Len}{6} = 8.3 \ nH/in \times Len \tag{13.25}$$

例如,一条 0.2 in 长的表面微带线,其回路电感可能高达 1.7 nH。

这个简单的关系式表明,对于任何类似均匀传输线的结构,为了尽可能将回路电感设计到最低,必须遵循以下两个重要的设计准则:

- 设计尽可能低的特性阻抗;
- 使用尽量短的传输线。

图 13.28 所示的是一种特殊结构:双圆杆,其回路电感与几何结构之间有明确的解析计算公式。

将两圆杆末端短路连接，沿着其中一个圆杆始端向下，经过末端连接后再返回到另一圆杆始端，其回路电感只与图 13.28 中提到的 3 个几何参数有关。如果长度增加，回路电感就会增加。如果将两杆摆放得更近，它们之间的局部互感就会导致减少一些磁力线圈，这样其回路电感将会随之降低。如果圆杆的直径增加，那么回路电感也会减小。

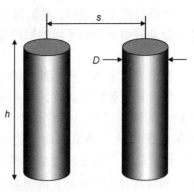

D 为过孔直径
s 为两个过孔的中心距
h 为过孔长度

图 13.28 双圆杆的几何模型，
类比于两个过孔

两根圆杆的回路电感有不少解析近似式，最简单的近似式如下：

$$L_{loop} = 10 \times h \times \ln\left(\frac{2s}{D}\right) \, pH \qquad (13.26)$$

其中，L_{loop} 表示回路电感（单位为 pH），h 表示圆杆的长度（单位为 mil），s 表示双圆杆的中心距（单位为 mil），D 表示每个圆杆的直径（单位为 mil）。

例如，穿过电路板的 2 个过孔的直径为 10 mil，圆心距为 50 mil，长度为 100 mil，其回路电感约为

$$L_{loop} = 10 \times 100 \times \ln\left(\frac{2 \times 50}{10D}\right) \, pH = 2300 \, pH = 2.3 \, nH \qquad (13.27)$$

均匀传输线模型可以用于算出双圆杆的单位长度回路电感值（与杆的长度无关）。对于孔径为 10 mil 且中心距为 50 mil 的两个过孔，单位长度的回路电感约为 23 nH/in 或 23 pH/mil。当中心距为 40 mil（这是典型高密度球栅阵列的中心距）时，其单位长度回路电感约为 21 nH/in 或 21 pH/mil。

> **提示** 作为一个经验法则，如果要求解出一对孔的回路电感值，粗略的估计就是 21 pH/mil。这是对过孔回路电感的一个合理估计。

当构成回路的两个导体很宽且紧密相邻时，如图 13.29 所示，这两个平面之间的回路电感近似为

$$L_{loop} = (32 \, pH/mil \times h) \times \frac{Len}{w} \, pH \qquad (13.28)$$

其中，L_{loop} 表示两个平面之间的回路电感（单位为 pH），Len 表示平面的长度（单位为 in），w 表示平面的宽度（单位为 in），h 表示平面的间距（单位为 mil）。

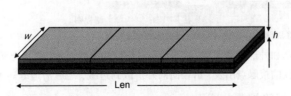

图 13.29 两个平面之间的回路电感的几何结构

例如，若平面长为 2 in，宽为 0.5 in，平面间距为 4 mil，那么其回路电感为

$$L_{loop} = (32 \, pH/mil \times 4) \times \frac{2}{0.5} = 512 \, pH = 0.5 \, nH \qquad (13.29)$$

当线长等于线宽时，其结构就相当于一个正方形，并且 Len/w 的比率总是1。表达式的左半部分就是该正方形平面的回路电感，即所谓每个方块的**回路电感**(或**方块电感**)：

$$L_{\text{square}} = (32 \text{ pH/mil} \times h) \qquad (13.30)$$

任何方形平面片段都具有相同的回路电感。平面之间的介质越薄，方块回路电感就越低。

这种近似假定电流在同质平面上从顶层回到底层的流动过程中沿着整个平面均匀分布。如果两条带状平面沿着两个边缘实现整体对接，这就是一个很好的近似。然而，由于平面常常通过过孔实现连接，使电流不可能均匀流动。相反，由于过孔的限制，电流从源端扩散出去并在漏端再加以收缩。图 13.30 所示的就是一个平面上两过孔之间的电流流动情况。

平面上的扩散电感是平面最重要的特性，前几章已进行了详细论述。当平面通过过孔而不是边缘对接实现相连时，两接触点之间在原有平面电感值的基础上，添加了一些额外的回路电感。

过孔连接的狭窄区域增加了电流密度，也增大了本地回路电感。由于电流很难解析近似

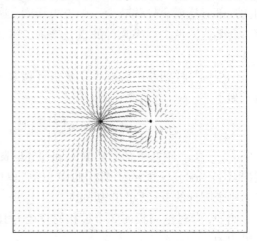

图 13.30　电流在顶层平面的分布，它从一个过孔的源端流出，然后汇聚到另一个过孔端，流入底平面。使用HyperLynx仿真

计算，所以一般扩散电感的计算比较复杂，通常需要三维场求解器。

有一个特例可对扩散电感进行准确的解析近似。这里，电流从上面的中心圆环接触点向对称的外层圆环接触点流动，然后向下流到底部平面，经内环接触点收缩后再返回，如图 13.31 所示。

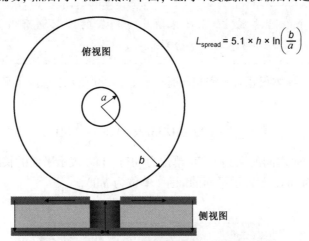

图 13.31　顶平面上的内部和外部导体区域，底平面也有类似的区域划分。扩散电感通过计算回路电感得到，它等于从顶平面的接触点出发，沿径向向外扩散到边缘，之后沿边缘向下，再返回到中心接触点

在该几何结构中，回路扩散电感为

$$L_{\text{spread}} = 5.1 \times h \times \ln\left(\frac{b}{a}\right) \text{ pH} \qquad (13.31)$$

其中，L_{spread} 表示平面之间的回路扩散电感(单位为 pH)，a 表示内接触区域的半径(单位为 in)，b 表示外接触区域的半径(单位为 in)，h 表示两个平面之间的厚度(单位为 mil)。

　　这里假设电流从中心过孔接触点流到底平面，然后再返回到出砂孔的内边缘，出砂孔的直径要比过孔接触点的大。如果过孔的内半径为 5 mil，即直径为 10 mil，封装出砂孔的外半径为 1 in，平面之间的介质厚度为 10 mil，那么回路扩散电感为

$$L_{\text{spread}} = 5.1 \times 10 \times \ln\left(\frac{1}{0.005}\right) = 270 \text{ pH} \tag{13.32}$$

　　如果引入一个以式(13.33)形式表示的方块数，那么上述扩散电感的表达式则与前面的路径平面回路电感的形式相同，即如式(13.34)所示，也就是说，有

$$n = \frac{1}{2\pi}\ln\left(\frac{b}{a}\right) \tag{13.33}$$

则

$$L_{\text{spread}} = (32 \text{ pH/mil} \times h) \times n \text{ pH} \tag{13.34}$$

对一个 b/a 约为 100 的典型情况，其方块个数约为 1。

　　当电流在电路板上电容器和球栅阵列引脚连到埋层平面对的几个过孔接触点之间流动时，这种回路电感计算更复杂。目前，仍没有确切的解析表达式可以描述这个回路扩散电感。然而，只要给出一些假设，就能对含有圆形接触点的平面对的回路电感给出简单的解析近似。

　　图 13.32 绘出了在一个平面对上相距为 B 的两个过孔，以及在它们之间的平面电流扩散和收缩情况。

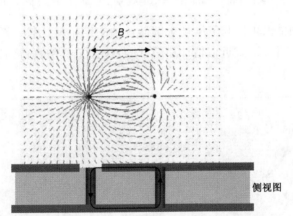

图 13.32　平面对上从一个过孔接触点到另一个过孔接触点
的扩散电流。两个位置之间存在扩散回路电感

　　两个过孔之间的扩散电感由下式得到：

$$L_{\text{via-via}} = 21 \times h \times \ln\left(\frac{B}{D}\right) \text{ pH} \tag{13.35}$$

其中，$L_{\text{via-via}}$ 表示平面中两个过孔之间的扩散回路电感(单位为 pH)，h 表示过孔之间的介质厚度(单位为 mil)，B 表示两个过孔的中心距(单位为 mil)，D 表示过孔的直径(单位为 mil)。

　　例如，如果过孔直径为 10 mil，相距 1 in，平面对之间的介质厚度 $h = 10$ mil，那么平面上过孔之间的扩散电感约为

$$L_{\text{via-via}} = 21 \times 10 \times \ln\left(\frac{1000}{10}\right) = 967 \text{ pH} \approx 1 \text{ nH} \tag{13.36}$$

平面上过孔之间的扩散电感可高达 1 nH。介质厚度越薄，扩散电感就越低。

> **提示**　在电源/地平面之间采用超薄叠层获得较低的扩散电感,是比采用常规 FR4 介质材料时性能改善的真正原因。此时即使平面电容值大了一些,由于片上电容比电源/地平面对的电容大得多,所以大电容所起的作用并不大。

如果能将电容器和封装焊盘之间的连接路径布线所在平面腔的厚度设计为 1 mil 或 0.5 mil,而不是 4 mil,这个路径上的扩散电感就可以由 4 mil 介质厚度下的 0.4 nH 减小到 0.5 mil 介质厚度下的 0.05 nH。图 13.33 绘出了一个电路板的横截面,该电路板的电源/地平面对之间的介质厚度为 0.5 mil。

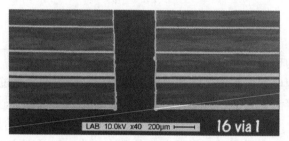

图 13.33　一个电路板的横截面,电路板的电源/地平面之间有 0.5 mil 厚的 DuPont Interra HK04 叠层,它靠近电路板的底表面

这种解析近似的预估值可以与三维场求解器预估的结果相比较。图 13.34 就是对过孔到过孔扩散电感分别用解析表达式近似估计和用 HyperLynx 工具仿真得到的结果对比,其中平面间距为 3 mil。

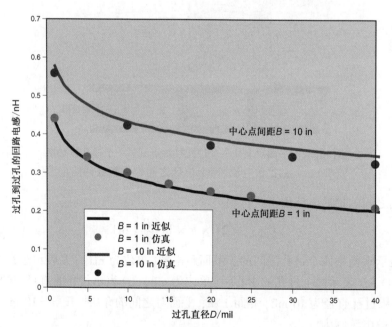

图 13.34　当两个平面之间的间隔厚度为 3 mil 时,比较回路电感的解析近似值(实线)和用 HyperLynx 得到的仿真值(单个点)

这些不同的解析近似可用于分析物理设计参数的影响,并给出对电路板上装连电容器等效串联电感的粗略估计。根据这些解析近似,可以在设计空间中找出需要遵循的一般设计准则。

> **提示**　由于每个设计都是定制的,需要注意的是一种情况下的观察结果不能不加改动地盲目应用到其他设计中。

13.15　电容器装连的优化

图 13.35 总结了 3 个对回路电感最有用的解析近似式。

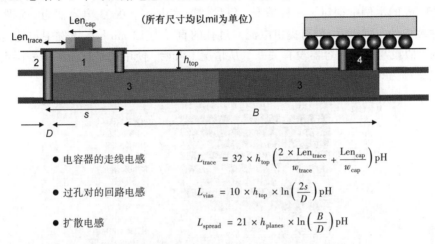

- 电容器的走线电感　　$L_{trace} = 32 \times h_{top} \left(\dfrac{2 \times Len_{trace}}{w_{trace}} + \dfrac{Len_{cap}}{w_{cap}} \right) \mathrm{pH}$

- 过孔对的回路电感　　$L_{vias} = 10 \times h_{top} \times \ln \left(\dfrac{2s}{D} \right) \mathrm{pH}$

- 扩散电感　　　　　　$L_{spread} = 21 \times h_{planes} \times \ln \left(\dfrac{B}{D} \right) \mathrm{pH}$

图 13.35　估计电容器等效串联电感的 3 个解析近似式小结

这些解析近似给出了重要的设计折中依据。如果希望减少从电容器焊盘到过孔之间走线的回路电感,则有以下 3 个重要的设计调节方案:

- 表层到电源/地腔顶平面的高度要短;
- 表层走线要宽;
- 表层走线要短。

要减少几个过孔的电感,有以下 3 个设计调节方案:

- 表层到电源/地腔顶平面的高度要短;
- 使用孔径很大的过孔;
- 过孔之间尽量接近。

为了减少平面的回路扩散电感,也有以下 3 个调节方案:

- 电源/地腔之间的介质厚度要薄;
- 使用孔径很大的过孔,或者与腔有接触的多过孔;
- 将电容器尽量靠近被去耦的封装,其效果有限。

虽然这些重要的设计准则都需要注意,但实际情况下有些准则相对而言更重要。

> **提示**　应该首先优化那些对总回路电感影响最大的参数项。

以下几项对总回路电感的影响最大:

- 表层到电源/地腔顶平面的高度要短；
- 电源/地腔之间的介质厚度要薄；
- 表层走线要宽；
- 表层走线要短。

其他设计特征都是第二位和第三位的，有时会分散人们对首要因素的注意力。一般情况下，知道哪些项更重要的唯一方式就是多研究具体实例。将这些解析参数项总结到电子表格中，便于求解设计空间，确定哪种因素重要与否。

在图 13.36 的示例中探讨了 3 种情况，每种情况都由一个 0603 电容器为一定距离之外的球栅阵列封装中的电源/地引脚对提供电流。过孔的直径为 13 mil。在该例中估计电容器等效串联电感时，假设与其他电容器没有关系。从情况 1 开始，使用的是长而窄的表层走线。总的等效串联电感约为 6.1 nH。

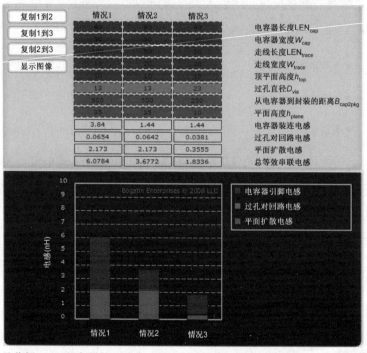

图 13.36　用工具分析 0603 电容器的 3 种典型装连尺寸(在线分析工具的网址为 www.beTheSignal.com)

在情况 2 中，表层走线是短而宽的。其等效串联电感约为 3.7 nH。在最后的情况 3 中，将电容器更靠近封装，腔的厚度更薄。此时的回路电感可以降至 1.8 nH。

> **提示**　这个示例清楚地表明，在典型情况下，过孔的回路电感微不足道。在大多数典型的示例中，尤其是在平面间距较大的情况下，扩散电感与表面走线电感同等重要。只要精心设计层叠，就能实现低于 2 nH 的回路电感。

令人惊讶的是，电路板的层叠情况从两个方面对确定电容器等效串联电感起到了很重要的作用。首先，将腔顶部移得更靠近电容器，这将减少电容器及表层走线的回路电感。此外，通过使电源/地平面之间的介质厚度更薄，扩散电感也将会减少。在某些情况下，通过调整这两个设计特征可以将等效串联电感从 6 nH 减小到 1 nH。

上述这些设计特征是首要的因素，并与厚度呈线性相关。改变过孔直径，或移动电容器使其更靠近球栅阵列，这两个因素是对数相关的，它们是低一级的第二位或者第三位因素。

如果加宽表层走线并减小其长度，那么等效串联电感的值还能低至 0.5 nH。图 13.37 给出了 3 个类似情况的示例。

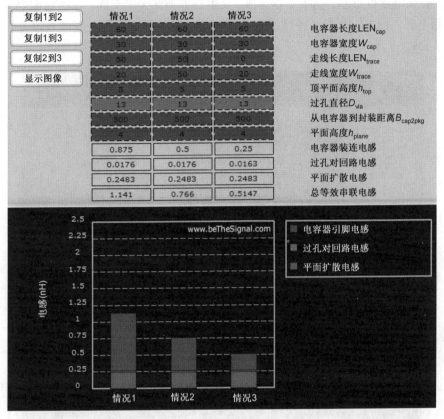

复制1到2	情况1	情况2	情况3	
复制1到3	60	60	60	电容器长度LEN_{cap}
	30	30	30	电容器宽度W_{cap}
复制2到3	50	50	0	走线长度LEN_{trace}
	20	50	20	走线宽度W_{trace}
显示图像	5	5	5	顶平面高度h_{top}
	13	13	13	过孔直径D_{via}
	500	500	500	从电容器到封装距离$B_{cap2pkg}$
	4	4	4	平面高度h_{plane}
	0.875	0.5	0.25	电容器装连电感
	0.0176	0.0176	0.0163	过孔对回路电感
	0.2483	0.2483	0.2483	平面扩散电感
	1.141	0.766	0.5147	总等效串联电感

图 13.37　3 个薄空腔、靠近表面且表面走线不同的示例，使等效串联电感低至0.5 nH（在线分析工具的网址为www. beTheSignal. com）

这个模型也可以用于评估重要的设计问题，例如是在球栅阵列的正下方添加电容器好，还是在球栅阵列的同一表面层添加电容器好？图 13.38 对这两种选择进行了说明。

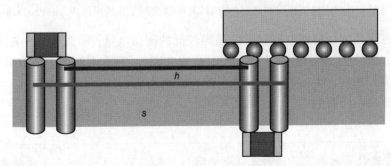

图 13.38　电容器应该放在哪里？与球栅阵列在同一表面层，还是在球栅阵列的正下方？

当然，对所有信号完整性问题最常见的答案就是"看情况"，而给出"看情况"问题答案的唯一途径就是分析具体情况的参数数据。

　　放置电容器的正确位置就是能使回路电感最低的地方。显然,如果电路板总的厚度很薄,那么过孔的回路电感也将很低。如果平面腔很厚,并且离表面层很远,那么顶部表层电容器的回路电感将会很高。有可能出现这样一种情况,顶部表层电容器具有比底部表层电容器高得多的回路电感。

　　然而,如果电路板很厚,而平面腔很薄,又更靠近顶部表层平面,那么底部电容器将会有较高的回路电感。图 13.39 对 3 种情况进行了概括。其结果表明,在底部放置电容器的回路电感约为 2 nH。

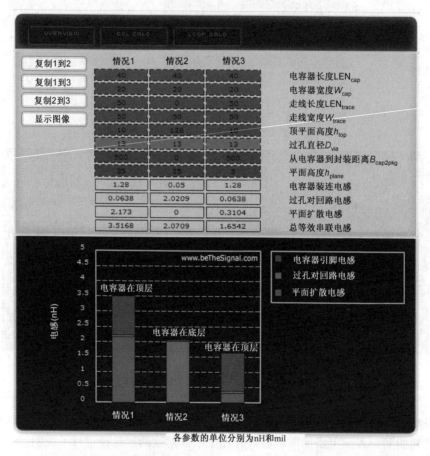

图 13.39　分析装连在电路板顶层和底层的电容器(在线分析工具的网址为 www.beTheSignal.com)

　　如果通过在顶层表面放置电容器可以获得较低的回路电感,那么这将是首选。但作为一个通用的法则,如果可以选择在两个地方同时放置电容器,那么最好两个地方都用上,特别在为了低阻抗而需要用到许多电容器的场合。当许多电容器围绕着封装放置时,其电流可能发生重叠并且腔扩散电感将会增加。在球栅阵列正下方放置一些电容器可以将腔扩散电感的增加量降到最低。

> **提示**　综合使用短而宽的表面走线或焊盘内过孔工艺,让电源/地平面对靠近顶层,减小介质厚度,将会获得 0.5~2 nH 范围内典型的等效串联电感值。通过尽最大努力并采用交指电容器,可以实现低于 0.5 nH 的回路电感。

如果已知电容器的装连电感，那么基于设计约束，使用三维场求解器将有可能预估电容器组合的阻抗曲线。如果由于层叠的改变或表层装连设计的改变而导致装连电感的变化，那么回路电感将发生变化，此时电容器组合的阻抗曲线也将会改变。这就是每个电源分配网络设计都需要定制的原因。

提示　电容器组合的电源分配网络阻抗曲线在很大程度上取决于电路板层叠与电容器装连结构及其在板上位置的具体细节。

13.16　电容器的并联

从稳压模块和体电容器不再提供低阻抗直到频率约为 100 MHz 的范围内，设计电源分配网络阻抗曲线的策略就是选择合适容值和个数的电容器，以保持阻抗峰值低于目标阻抗。

当多个相同的电容器并联时，所产生的阻抗等效于一个 RLC 电路的行为，此时的元件值与单个电容器时是不同的。

n 个电容器并联的等效电容、电阻和电感分别为

$$C_n = nC \tag{13.37}$$

$$\mathrm{ESR}_n = \frac{1}{n}\mathrm{ESR} \tag{13.38}$$

$$\mathrm{ESL}_n = \frac{1}{n}\mathrm{ESL} \tag{13.39}$$

其中，n 表示并联的电容器的个数，C_n 表示 n 个相同实际电容器并联的等效电容，C 表示单个电容器的容值，ESR_n 表示 n 个相同实际电容器并联的等效串联电阻，ESR 表示单个电容器的等效串联电阻，ESL_n 表示 n 个相同实际电容器并联的等效串联电感，ESL 表示单个电容器的等效串联电感。

图 13.40 所示为多个相同电容器并联的阻抗曲线，该图表明总的 RLC 曲线轮廓保持相似，但整个频率范围内总的阻抗是变低的。为了求解，假设电容器是分立的，其电流不重叠。此时自谐振频率保持不变，它的整体阻抗曲线按比例下降。这里得到了降低电容器阻抗的一种方案：让添加的多个电容器并联。

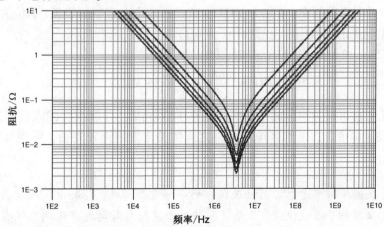

图 13.40　1~5 个相同电容器并联时的阻抗曲线。每添加一个电容器，所有频率处的阻抗都有所降低

　　然而,如果两个电容器的容值或者等效串联电感不同,它们并联时的情况就不那么简单了。图 13.41 所示为两个具有相同等效串联电感和等效串联电阻,容值却不同的电容器的并联阻抗曲线。

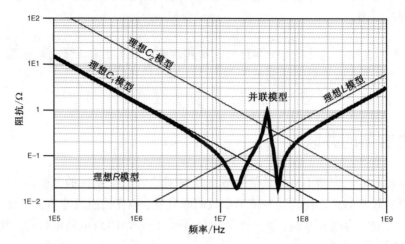

图 13.41　两个 RLC 电路并联的阻抗曲线,它们有相同的 R 值和 L 值,但 C 值却不同。
它是两个电容器C_1和C_2的容抗与它们的理想电感L、理想电阻R的阻抗叠加

　　两个电容器并联的性能与单个的 RLC 模型一样,在自谐振频率处拥有相同的低阻抗下冲。大电容器的自谐振频率较低,小电容器的自谐振频率较高。当各自的理想电容容抗与该电容器的理想电感感抗匹配时,就会发生谐振情况。并联电容器组合的自谐振频率和单个电容器各自的自谐振频率相同。

　　另外,在自谐振频率之间有一个新的特性,即阻抗的峰值,称为**并联谐振峰值**,它发生在**并联谐振频率**(Parallel Resonant Frequency,PRF)处。

　　并联谐振频率值很难准确计算,因为它取决于大电容器 C_1 的 ESL、小电容器 C_2 的容值和它们的 ESR。如果两个电容器的自谐振频率值相差很远,那么并联谐振频率值可以粗略地由下式决定:

$$\text{PRF} \approx \frac{1}{2\pi}\frac{1}{\sqrt{C_2 \times \text{ESL}_1}} = \frac{160 \text{ MHz}}{\sqrt{C_2 \times \text{ESL}_1}} \tag{13.40}$$

其中,PRF 表示并联谐振频率(单位为 MHz),C_2表示较小电容器的容值(单位为 nF),ESL_1表示第一个较大电容器的等效串联电感(单位为 nH)。

　　例如,当 $\text{ESL}_1 = 2$ nH,$C_2 = 10$ nF 时,PRF 为

$$\text{PRF} \approx \frac{160 \text{ MHz}}{\sqrt{10 \times 2}} = 36 \text{ MHz} \tag{13.41}$$

　　然而,当几个自谐振频率值两两之间相差小于 10 倍时,并联组合的阻抗曲线会受非理想感抗的影响而发生畸变。PRF 和各电路元件之间的关系变得比较复杂,从 SPICE 仿真中很容易发现这一点。

> **提示**　并联谐振频率是电容器并联组合的一个重要特性,它给出了阻抗曲线的峰值位置。当使用电容器的个数较少时,正是并联谐振阻抗制约着电源分配网络的性能。此时必须认真设计,以降低阻抗值。

并联谐振频率处的阻抗峰值粗略计算为

$$Z_{\text{peak}} \approx \frac{L_1}{C_2}\left(\frac{1}{R_1 + R_2}\right) \tag{13.42}$$

其中，Z_{peak} 表示并联谐振频率处的阻抗峰值（单位为 Ω），L_1 表示大电容器的等效串联电感，C_2 表示小电容器的容值，R_1 表示大电容器的等效串联电阻，R_2 表示小电容器的等效串联电阻。

这里得到的 Z_{peak} 值只是近似值，并且当几个电容器的自谐振频率接近时会更不准确。然而，上式指出了降低阻抗峰值的重要途径：

- 减小较大电容器的等效串联电感；
- 增大较小电容器的容值；
- 同时增大两个电容器的等效串联电阻。

> **提示**　如果可以在等效串联电阻较高的电容器（称为**电阻受控**电容器）中选择使用，应加以考虑。应选择足够低的等效串联电阻，以使所有并联电容器的等效串联电阻刚好低于目标阻抗。

一个电容器的等效串联电阻与构造电容器的多层平行板金属化平面有关。通常情况下，容值越大，平行板的层数就越多，等效串联电阻就越小。通过考察多种 0402 型号电容器的技术参数，可以推而广之得到电容器串联电阻与电容器容值的简单关系。图 13.42 给出了各种容值下电容器的等效串联电阻，该数据摘引自 AVX 的电容器数据手册。

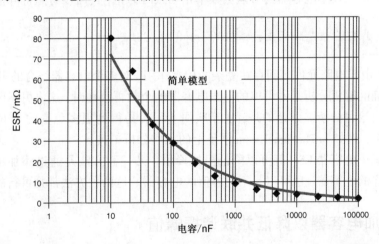

图 13.42　0402 电容器的容值和等效串联电阻关系，取自 AVX 的电容器数据手册

从特殊的等效串联电阻中，可以总结出实验性等效串联电阻与电容器容值之间的简单关系式如下：

$$\text{ESR} \approx \frac{180 \text{ m}\Omega}{2.5^{\log C}} \tag{13.43}$$

其中，ESR 表示电容器的等效串联电阻（单位为 $\text{m}\Omega$），C 表示电容器的容值（单位为 nF）。

将通过上述简单模型计算出的 ESR 值和图 13.42 中几个特定的 ESR 值相比较，表明很吻合。

由此可知，使用小容值电容器可以做到有较高的 ESR 值，从而得到较低的并联谐振峰值。如果其中有一个电容器是电源/地平面腔电容的情况，这一论述就特别正确。

对于工程师而言，降低阻抗峰值的另一种重要设计方案就是减小较大电容器的等效串联电感，或者增大较小电容器的容值。图 13.43 所示为较大电容器的 ESL 值从 10 nH 变到 0.1 nH时对阻抗峰值的影响。

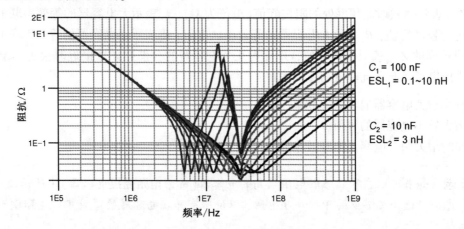

图 13.43　100 nF 电容器和 10 nF 电容器并联时的阻抗曲线，10 nF 电容器的 ESL 值为 3 nH，
100 nF 电容器的ESL值从10 nH降到0.1 nH。当ESL值降低时，阻抗峰值也随着降低

在该例中，较小电容器的容值为 10 nF，ESL 值为 3 nH；较大电容器的容值为 100 nF。较大电容器的 ESL 值从 10 nH 开始减小，并联谐振频率处的阻抗峰值也随着减小，直到较大电容器的自谐振频率和较小电容器的自谐振频率相一致时为止，此时没有阻抗峰值。

> **提示**　减小 ESL 值是降低阻抗峰值的一种重要方法。

遗憾的是，由于电路元件之间存在复杂的相互作用，对多个电容器组合的阻抗曲线特性进行简单而又准确的解析分析是不可能的。当电容器的个数再添加时，这将更不可能。不过，可以用 SPICE 进行这种分析。幸运的是，从互联网上很容易得到很多免费的 SPICE 版本，可以方便地进行分析，例如 beTheSignal. com 网址上的一些分析工具。

除了通过减小电容器 ESL 值可以降低阻抗峰值，另一种方法是通过添加更多的电容器。它们可以是同样的电容器，也可以是不同容值的电容器。这两种方法都是可行的。

13.17　添加电容器以降低并联谐振峰值

当两个具有不同自谐振频率的电容器并联时，在它们的自谐振频率点之间形成了一个并联谐振阻抗峰值。这个阻抗峰值可以通过添加一个其自谐振频率介于它们之间的电容器加以降低。那么该电容器的自谐振频率的最佳取值是多少呢？

第三个电容器的自谐振频率的最佳值和所有三个电容器的容值、ESL 值和 ESR 值都有关系。不采用 SPICE 进行仿真很难求出这个最佳值。这里，有两种算法可供选择：让第三个电容器的自谐振频率和并联谐振频率相一致，或使第三个电容器的自谐振频率值取为处于其他两个电容器自谐振频率值之间的某个值。确定选哪一种算法，取决于电容器的 ESL 值、ESR 值，以及容值之间的差距有多大。考虑两个电容器的简单情况，一个电容值为 10 nF，一个为 100 nF，ESL 值都为 3 nH。当把它们并联时，其并联谐振频率为 21 MHz。

选用第一种算法时，添加一个自谐振频率值为 21 MHz 的电容器。电容值通过下式计算：

$$C_3 = \left(\frac{160}{f_{peak}}\right)^2 \frac{1}{ESL} = \left(\frac{160}{21}\right)^2 \frac{1}{3} = 19.3 \text{ nF} \tag{13.44}$$

其中，C_3 表示添加的第三个电容器的容值(单位为 nF)，ESL 值为 3 nH，假定三个电容器具有相同的 ESL 值。21 表示自谐振频率值，和并联谐振频率值相一致(单位为 MHz)。

选用第二种算法时，第三个电容器的自谐振频率取为其他两个电容器自谐振频率(按对数关系)的中间值。由于它们的 ESL 值相同，所以第三个电容器的容值取为其他两个容值的几何平均，即

$$C_3 = \sqrt{C_1 C_2} = \sqrt{100 \times 10} = 33 \text{ nF} \tag{13.45}$$

图 13.44 给出了原先两个并联电容器的仿真结果，以及三个电容器并联的仿真结果。第三个电容器的容值根据上述两种算法确定。

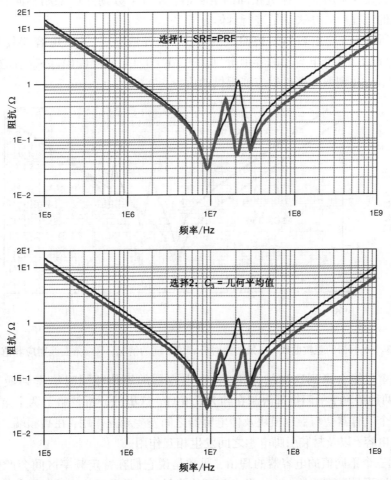

图 13.44 两种算法确定第三个电容器容值的对比。能得到最低阻抗峰值的是第二种算法：求几何平均

该例表明，当每个电容器的 ESL 值都相同时，可以设计添加一个容值为其他两个电容器几何平均的电容器，以得到最低的阻抗峰值。如果容值按对数比例均匀分布，则将能提供最低的阻抗峰值。这就是经常建议按倍频程分布选择容值的原因。

当给定 ESL 值和 ESR 值时，如果想得到能使阻抗峰值最低的最优电容器容值，那么唯一

途径就是 SPICE 仿真。当两个电容器的自谐振频率相差较远时，使第三个电容器的自谐振频率与并联谐振频率接近会是一种比较好的选择。

> **提示** 无论何时，只要两个容值不同的电容器并联在一起，总会出现需要抑制的并联谐振峰值。在低频时体电容器会发生这种现象，高频时平面电容和片上电容也会发生这种现象。

13.18 电容器容值的选取

很多设计手册都建议，设计师需要做的工作就是为每对电源/地的封装引脚加上 3 个电容器。其中有半数建议采用 3 个容值相同的电容器，还有半数则建议采用不同容值的电容器。那么谁是正确的？唯一的办法就是进行具体分析。

图 13.45 所示为 3 个电容器阻抗曲线的对比。一种情况下，3 个电容器具有相同的容值 1 μF；另一种情况下，3 个电容器的容值分别为 1 μF, 0.1 μF 和 0.01 μF。在这两种情况下，ESL 都为 3 nH，ESR 则取为器件供应商提供的值。

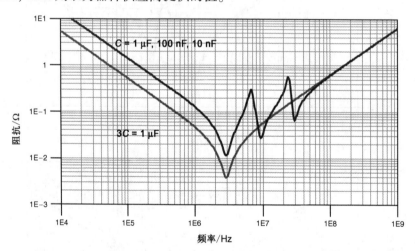

图 13.45 3 个电容器的阻抗曲线，一条曲线对应容值不同的情况，另一条曲线对应容值相同的情况

粗略一看，可能会得到这样的结论：3 个电容器的容值相同时能得到最低阻抗，而在 100 MHz时，两种情况下的阻抗都限制在约为 0.6 Ω。这里的分析忽略了两个重要的效应：在低频端，这三个电容器会与稳压模块及体电容器之间发生相互作用；在高频端，则与电路板平面之间、片上电容，以及封装引脚电感之间发生相互作用。

人们选用三个不同值的电容器的理由，通常是说它们在特定频率区间会产生非常低的阻抗。没错，但这不是最重要的！在电源分配网络设计中，最重要的不是阻抗曲线有多低，而是有多高。阻抗曲线中的高峰值会导致故障，在设计电源分配网络时应着重处理此类问题。

> **提示** 阻抗曲线在电容器自谐振频率处的下沉无关紧要，而阻抗曲线中的峰值会导致故障则非常重要。因此，在设计电源分配网络时应尽量控制峰值。

假设电路板上有一个带有体去耦电容器的稳压模块，板上平面对的边长为 5 in，介质厚为 4 mil。图 13.46 所示为这种情况下含有两组电容器的综合仿真阻抗曲线。

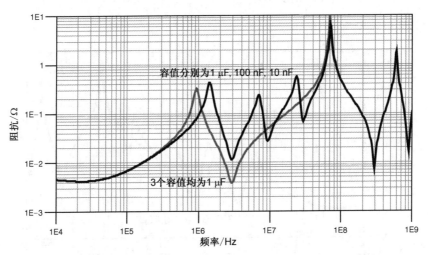

图 13.46　两种电容器组合中，都是在并联谐振边界处引起了阻抗峰值

> **提示**　在低频时，体电容器和小型陶瓷电容器之间的相互作用会造成在 1 MHz 附近产生一个阻抗峰值。这个阻抗峰值主要与体电容器的电感及 MLCC 电容器的电容量有关。

降低这一低频阻抗峰值的主要方法是减小体电容器的电感。在本例中，体电容器的电感假设为 15 nH，这是电解电容器的典型电感值。如果该值在设计中不能减小，那么可以采用另一种方法：将更多的电容器并联。只要这些电容器的自谐振频率比出现阻抗峰值的 1 MHz 频率更低，它们和电解电容器并联的等效串联电感就能使阻抗峰值降低。

所需的最小容值可以通过简单的估计得到。假设使用一个 ESL 约为 5 nH 的钽介质电容器，为使自谐振频率小于 1 MHz，需满足的条件为

$$C_3 = \left(\frac{160}{f_{\mathrm{PRF}}}\right)^2 \frac{1}{\mathrm{ESL}} = \left(\frac{160}{1}\right)^2 \frac{1}{5} \sim 5\ \mu\mathrm{F} \tag{13.46}$$

那么，通过添加一个容值大于 5 μF 且 ESL 值小于 5 nH 的电容器，低频时的阻抗峰值就能降低。这里，电容器的容值不要求很精确，但 ESL 值必须很精确。

图 13.47 所示为添加了一个 10 μF 的钽介质电容器后的阻抗曲线。高频时的阻抗峰值是由平面电容和陶瓷电容器之间的相互作用引起的。一对平面之间的电容为

$$C_{\mathrm{planes}} = 0.225 \times \mathrm{Dk}\ \frac{A}{h} \tag{13.47}$$

其中，C_{planes} 表示平面电容(单位为 nF)，Dk 表示叠层材料的介电常数(FR4 材料的典型值为 4)，A 表示平面的面积(单位为 in^2)，h 表示介质厚度(单位为 mil)。

例如，当 $A = 5\ \mathrm{in} \times 5\ \mathrm{in} = 25\ \mathrm{in}^2$，$h = 4\ \mathrm{mil}$，Dk $= 4$ 时，平面电容值为

$$C_{\mathrm{planes}} = 0.225 \times 4 \times \frac{25}{4} = 5.6\ \mathrm{nF} \tag{13.48}$$

并联谐振频率粗略估计为

$$f_{\mathrm{PRF}} = \frac{160 \text{ MHz}}{\sqrt{\dfrac{1}{n}\mathrm{ESL} \times C_{\mathrm{planes}}}} = \frac{160 \text{ MHz}}{\sqrt{\dfrac{1}{3} \times 3 \times 5.6}} = 67 \text{ MHz} \tag{13.49}$$

仿真所得的并联谐振频率为 70 MHz。

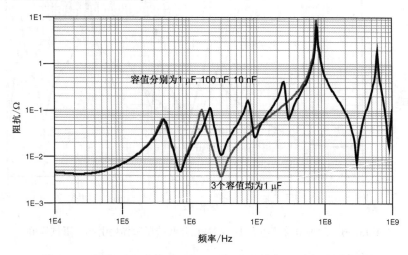

图 13.47　添加一个容值为 10 μF 且 ESL 值为 5 nH 的体去耦电容
器的阻抗曲线,在低频时,阻抗峰值降到了 0.1 Ω 以下

　　并联谐振频率处的阻抗峰值与电容器的电感和平面电容有关。在这种情况下,3 个电容器的电感值是相同的,与它们的电容值无关。这就是无论使用相同容值的电容器还是不同容值的电容器,所得到的并联阻抗峰值总是相同的原因。

　　这个阻抗峰值将板级的电源分配网络阻抗限制在 10 Ω 左右。如果在 70 MHz 附近没有最坏情况的电流,这个阻抗峰值就可能不会引起问题。但是,如果所设计的电源分配网络目标阻抗需要限制在 10 Ω 以下,这个阻抗峰值就需要降低了。

　　对于频率在 100 MHz 以下的情况,减小阻抗峰值的方法有如下 6 种:

- 大幅度地加大接在平面上的电容值,从而将其自谐振频率降到很低;而且其阻抗峰值也要降低;
- 减小平面电容,使并联谐振频率远高于 100 MHz;
- 减小去耦电容器的电感;
- 增大电容器的等效串联电阻;
- 调整某个电容器的容值,使其自谐振频率接近于并联谐振频率;
- 添加一个自谐振频率接近于并联谐振频率的电容器。

　　我们很难调整平面电容,事实上也是如此。其中一个原因是,电源分配网络都是定制的,平面电容是由电路板的面积和层叠情况决定的。这将使并联谐振频率在一个很宽的频率范围内变化。

> **提示**　减小体电容器的 ESL 值应该是首选措施。我们应尽一切可能减小等效串联电感。选择小容值的电容器可以得到较高的等效串联电阻和更大的阻尼。

　　如果只允许用 3 个电容器,就可能要找到一个自谐振频率接近于平面并联谐振频率的电容器,以降低阻抗峰值。该电容器必须具有较高的等效串联电阻,以给出较大的阻尼。

这里，我们调节第三个电容器 C_3，使其 SRF 和 PRF 接近，条件为

$$\text{SRF} = \text{PRF} = \frac{160 \text{ MHz}}{\sqrt{\text{ESL} \times C_3}} = \frac{160 \text{ MHz}}{\sqrt{\frac{1}{3}\text{ESL} \times C_{\text{planes}}}} \tag{13.50}$$

可得

$$C_3 = \frac{1}{3}C_{\text{planes}} = \frac{1}{3}5.6 \text{ nF} = 1.9 \text{ nF} \tag{13.51}$$

图 13.48 所示为电容器、稳压模块和平面对的阻抗曲线，其中将第三个电容器的值从 10 nF 改变为 2 nF。

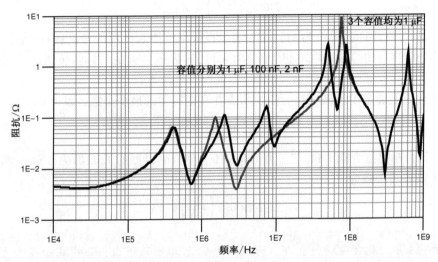

图 13.48　将电容器值从 10 nF 变到 2 nF 的阻抗曲线时，阻抗峰值有所降低

> **提示**　减小其中一个电容器的容值就可以改善阻抗曲线，这是违反直觉的。通过优化电容值，我们将阻抗峰值从 10 Ω 降到了 2.5 Ω。在 50~100 MHz 的范围内，这将使电源分配网络的噪声减小为原来的 1/4。

哪一种更好？是 3 个电容器的容值相同，还是 3 个电容器的容值不同？如果随机地选择 3 个电容器，或者盲目地选用容值为 1 µF，0.1 µF 和 0.01 µF 的电容器，这些不同的选择之间就可能没有差别。因为它们都有可能成功或失败。然而，如果能够优化电容器的容值，使它与平面对电容在并联谐振频率处的阻抗峰值达到最小，此时选用不同容值的电容器就能得到更低的阻抗曲线。

本例中，频率在 100 MHz 以下时，使用了 3 个电容器。即使它们的值是最优的，得到的阻抗最低也只能降到约 2 Ω。如果能使用更多的电容器，这一状况就会得到显著改善。

13.19　电容器个数的估算

在缺少更详细资料的情况下，板级电源分配网络设计的目标是在 100 MHz 以下使阻抗低于目标阻抗，或者说大致就是受封装限制芯片所看到的低频段阻抗。

在低频端，可以通过调整体电容器的容值和个数来保持阻抗峰值低于目标阻抗。

在高频端,从理论上讲,电容器组合可以获得的绝对最低阻抗由其等效串联电感的并联值决定。最佳情况是所有电感都是并联的,但还没有和平面电容发生并联谐振。满足设计的条件是:

$$在 F_{max} 处有 Z_{capacitors} < Z_{target} \tag{13.52}$$

其中,$Z_{capacitors}$ 表示并联电容器的阻抗(单位为 Ω),Z_{target} 表示目标阻抗(单位为 Ω),F_{max} 表示板级阻抗能发挥作用的最高频率。

如果在高频时电容器的阻抗完全取决于电感的并联值,并且假设它们的 ESL 值都相同,该条件就变为

$$2\pi F_{max} \left(\frac{ESL}{n}\right) < Z_{target} \tag{13.53}$$

其中,Z_{target} 表示目标阻抗(单位为 Ω),F_{max} 表示板级阻抗能起作用的最高频率(单位为 GHz),ESL 表示单个电容器的等效串联电感(单位为 nH),n 表示为满足目标阻抗所需并联电容器的个数。

该式从理论上确定了为满足目标阻抗所需并联电容器的最少个数,即

$$n > 2\pi F_{max} \left(\frac{ESL}{Z_{target}}\right) \tag{13.54}$$

例如,若目标阻抗为 $0.1\ \Omega$,F_{max} 为 100 MHz,单个电容器的 ESL 值为 2 nH,那么理论上所需的最少电容器个数为

$$n > 2\pi \times 0.1 \left(\frac{2}{0.1}\right) = 13 \tag{13.55}$$

> **提示** 在不考虑容值的情况下,为减小所需电容器的个数,必须减小单个电容器的 ESL 值。这就是 ESL 非常关键的原因。

图 13.49 显示了理论上所需电容器的最少个数如何随 ESL 和目标阻抗而变化。

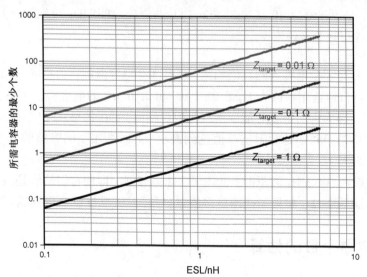

图 13.49 在 100 MHz 时,为满足目标阻抗所需电容器的最少个数

满足目标阻抗所需电容器的最少个数,是评估设计优化程度的一个优质度指标参数。需

要考虑的是，电源分配网络不仅要向芯片内核的 V_{DD} 供电，还要为返回电流提供低阻抗。应并联更多的电容器，将电感器短路，以降低直流模块中电源平面与地平面之间的阻抗。

　　在上一节的例子中使用 3 个电容器达到了 2 Ω 的目标阻抗，其等效串联电感值都为 3 nH。从图 13.49 所示的数据可以看出，理论上需用电容器的最少个数为 1。而实际用了 3 个电容器不能算很有效，这是由于平面对的并联谐振频率使问题复杂化了。

13.20　每 nH 电感的成本

　　小型陶瓷去耦电容器的成本基本上可忽略不计。最大的直接成本在于电容器的装连，还有一系列的间接成本，如需要钻更多的过孔，占用电路板空间，布线通道可能会拥塞，以及对电路板层数造成的影响等。

　　每个电容器的直接材料成本和装连成本总计约为 \$ 0.01，这样就可以估计出每 nH 可折算为多少钱。只要 ESL 能降低零点几 nH，所需电容器的个数就会少一些，这是一种直接的节约。

　　每 nH 的成本代价可以从上面计算所需电容器最少个数的表达式推导出来，即

$$\text{TotalCost} = \$ 0.01 \times n = \$ 0.01 \times 2\pi F_{\max} \left(\frac{\text{ESL}}{Z_{\text{target}}} \right) \tag{13.56}$$

　　图 13.50 所示为 100 MHz（板级阻抗起作用的最高频率）情况下，不同 ESL 和目标阻抗时的总成本。

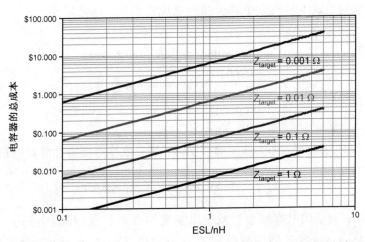

图 13.50　假设每个电容器的成本为 \$ 0.01，当 ESL 减小时，所有电容器的总成本

　　每 nH 的成本代价可由下式估算：

$$\frac{\text{TotalCost}}{\text{ESL}} = \frac{\$ 0.01 \times 2\pi F_{\max}}{Z_{\text{target}}} = \frac{0.006}{Z_{\text{target}}} \; \$/\text{nH} \tag{13.57}$$

其中，TotalCost/ESL 表示每 nH 的成本代价（单位为 \$/nH），$F_{\max}$ 表示板级阻抗能够起作用的最高频率（单位为 GHz，这里假设约为 0.1 GHz），Z_{target} 表示目标阻抗（单位为 Ω）。

> **提示**　这只是一个简单的估算结果。它表明目标阻抗越低，每 nH 的成本代价就越高，那么减小 ESL 值就变得更有价值了。

例如，目标阻抗为 0.01 Ω 时，每 nH 的成本代价为\$0.6/nH。如果电容器的装连电感为 2 nH，则电路板上所有电容器的总成本约为\$1.20。若能通过改变表面走线或把电源/地平面腔更靠近电路板表面，将 ESL 值从 2 nH 降到 1 nH，则从所用电容器个数减少这一方面计算，成本就节省了\$0.6，而性能并没有下降。如果这一品种电路板的批产量很高，如每月生产 100 万块，则每个月就可以节省成本 \$60 万，每年可节约成本 \$720 万。

平面的扩散电感约为

$$L_{\text{via-via}} = 21 \times h \times \ln\left(\frac{B}{D}\right) \text{ pH} \tag{13.58}$$

其中，$L_{\text{via-via}}$ 表示平面中两过孔之间的回路扩散电感(单位为 pH)，h 表示过孔间的介质厚度(单位为 mil)，B 表示过孔中心的距离(单位为 mil)，D 表示过孔的直径(单位为 mil)。

对于 $B = 1$ in 且 $D = 10$ mil 的典型情况，平面的扩散电感约为

$$L_{\text{via-via}} = 21 \times h \times \ln\left(\frac{1}{0.01}\right) \text{ pH} \sim 0.1 \times h \text{ nH} \tag{13.59}$$

当厚度为常规的 4 mil 时，每个电容器引入的扩散电感约为 0.4 nH。如果使用超薄叠层材料，如 DuPont Interra HK04，则介质厚度只有 0.5 mil，其扩散电感约为 0.05 nH，比常规情况减小了约 0.35 nH。从成本角度看，它引起的成本节约为

$$\text{CostReduction} = \frac{0.006 \ \frac{\$}{\text{nH}}}{Z_{\text{target}}} \times 0.35 \text{ nH} = \frac{\$0.002}{Z_{\text{target}}} \tag{13.60}$$

单位成本添加(Premium)定义为高档电路板每 ft^2(平方英尺)单位面积中要多付出的费用。若采用薄介质引起的总成本节约大于它引起的总成本添加，则使用高档超薄叠层将会使总成本降低，即

$$\text{CostReduction} > \text{Premium} \times \text{area} \tag{13.61}$$

$$\frac{\$0.002}{Z_{\text{target}}} > \text{Premium} \times \text{area} \tag{13.62}$$

$$\frac{\$0.002}{\text{Premium}} > Z_{\text{target}} \times \text{area} \tag{13.63}$$

若单位成本添加为\$3/ft^2，那么使用薄叠层时，使总成本降低需要满足的条件为

$$\frac{\$0.002}{\$3} = \$0.0007 > Z_{\text{target}} \times \text{area} \tag{13.64}$$

其中，CostReduction 表示因电容器个数减少而实现的成本节省(单位为\$)，Z_{target} 表示目标阻抗(单位为 Ω)，Premium 表示使用薄叠层时比起常规叠层的每 ft^2(平方英尺)单位成本添加(单位为 \$/ft^2)，area 表示使用薄介质的板面积(单位为 ft^2)。

如果面积单位为 in^2，则该关系式变为

$$\$0.1 > Z_{\text{target}} \times \text{area} \tag{13.65}$$

该式表明，当电路板面积为 10 in^2 时，目标阻抗若低于 0.01 Ω，则使用较薄叠层就能降低总成本。

13.21　靠个数多还是选合适值

一组电容器在高频时的阻抗与它们并联后的电感有关。然而，如果由平面电容决定的并联谐振出现在板级阻抗起作用的最高频率附近，这组电容器的阻抗曲线就会被抬高。在这种

情况下,通过仔细挑选电容器的容值可以补偿并联谐振,并将阻抗曲线修整得好一些,从而降低这组电容器组合的阻抗。

图 13.51 给出了一组电容器并联谐振对阻抗曲线的影响,其中 $Z_{target}=0.1\ \Omega$; $F_{max}=0.1\ GHz$; $ESL=2\ nH$; $n=13$; A 分别为 65 in^2 和 6.5 in^2。

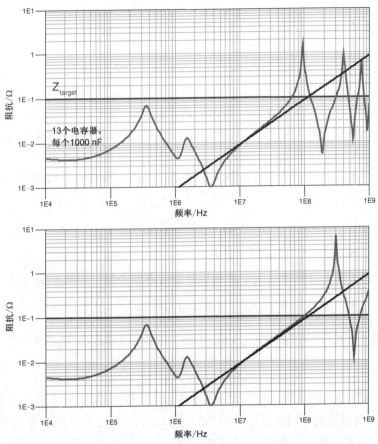

图 13.51　高频时,13 个电容器分别与 65 in^2 和 6.5 in^2 的板级平面电容相互作用时的阻抗曲线,与 13 个电容器的理想电感阻抗对比。上图:PRF = 100 MHz;下图:PRF = 3 × 100 MHz

该例中,在 0.1 GHz 处达到 0.1 Ω 的目标阻抗,理论上所需最少的电容器个数为

$$n > 2\pi F_{max}\left(\frac{ESL}{Z_{target}}\right) = 2\pi \times 0.1\left(\frac{2}{0.1}\right) = 13 \tag{13.66}$$

当 PRF 值和 F_{max} 比较接近时,电容器和平面电容的阻抗曲线有所升高,升高的幅度可达到 2 ~ 3 倍。

然而,若能把 PRF 设计在一个较高的频率,如通过减小平面的面积,那么它与电容器阻抗的并联谐振就不会在 F_{max} 附近发生,该频率处的阻抗理论上和 n 个电容器的并联感性阻抗相接近。这种情况下,在 F_{max} 处用最少个数的电容器可以达到目标阻抗要求,而和电容器的具体容值无关,只与电容器个数及其 ESL 值有关。

电容器的电感与平面电容相互作用的 PRF 计算式如下:

$$PRF = \frac{160\ MHz}{\sqrt{\frac{1}{n}(ESL \cdot C_{planes})}} = \sqrt{\frac{h}{\frac{1}{n}ESL \times A}}\ 160\ MHz \tag{13.67}$$

其中，PRF 表示并联谐振频率(单位为 MHz)，n 表示并联电容器的个数，ESL 表示单个电容器的等效串联电感(单位为 nH)，C_{planes} 表示平面电容(单位为 nF)，h 表示平面之间的介质厚度(单位为 mil，这里假设 Dk = 4)，A 表示平面的面积(单位为 in^2)。

我们的目标是改变条件以使 PRF 高于 F_{max}，那么就需要：

- 增大 n 值；
- 增加 h；
- 减小 ESL 值；
- 减小 A 值。

然而，介质厚度也影响 ESL 的值，增加 h 值会使 ESL 增大。如果降低 ESL 值更重要，那么还是采用较小的 h 值会更好一些。为了将 PRF 推到高得让电容器的阻抗在 F_{max} 处不再超标，通常需要比 F_{max} 高出至少 3 倍。

这样，可以给出使电容器的具体参数值显得不重要的一种粗略近似条件：

$$\text{PRF} > 3 \times F_{max}$$

$$\sqrt{\frac{h}{\frac{1}{n}\text{ESL} \times A}}\ 160\ \text{MHz} > 3 \times F_{max} \tag{13.68}$$

在 F_{max} 处，为了满足目标阻抗的要求而调整电容器的个数，还需要满足另一个条件：

$$Z_{target} = \frac{1}{n}\text{ESL} \times 2\pi F_{max} \tag{13.69}$$

根据这两个关系式，就可以推导出 F_{max} 处阻抗使电容器的具体参数值显得不重要的条件：

$$\frac{h}{Z_{target}A} > 56 \times F_{max} \tag{13.70}$$

其中，n 表示并联电容器的个数，Z_{target} 表示目标阻抗(单位为 Ω)，A 表示平面的面积(单位为 in^2)，F_{max} 表示板级阻抗起作用的最高频率(单位为 GHz)，ESL 表示单个电容器的等效串联电感(单位为 nH)，h 表示平面之间的介质厚度(单位为 mil，这里假设 Dk = 4)。

对于常规的最佳情况，即 $h = 4$ mil，F_{max} 典型值为 0.1 GHz 时，该条件简化为

$$Z_{target}A < 0.7 \tag{13.71}$$

其中，Z_{target} 表示目标阻抗(单位为 Ω)，A 表示平面的面积(单位为 in^2)。

> **提示** 上式表明，为使电容器的容值显得不需要，并且仍可能使用理论上最少个数的电容器，应该使电源平面的面积最小化，并且目标阻抗也比较低。

通常，平面的面积总是小于电路板的面积。当采用平面分割时，实际电路板的面积可能比电源平面的面积大 3 倍以上。如果设计得当，就能使放置电容器并实现元器件与稳压模块连接的电源平面面积最小化。当电源平面以铜填充区域方式混在信号层时，这些小的电源平面有时被称为**铜坑**(copper puddle)。

> **提示** 如果采用了平面分割，那么重要的是保证信号层不要在它们之间穿越，否则就有可能在电源平面中产生噪声，并且在相邻的信号线之间可能产生很大的耦合。

在很多实际应用中都有专用的电源(/地)平面,平面的面积与电路板的面积可能会很接近。它们的设计空间如图 13.52 所示。

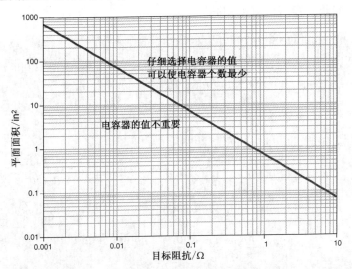

图 13.52　介质厚度为典型值 4 mil 的情况下,电容器容值的选择何时重要,何时不重要的设计空间

对于介质厚度为 4 mil 的特殊情况,若目标阻抗为 0.1 Ω,那么只要平面的面积小于 7 in²,电容器容值的选择就无所谓了。它们的容值也可以相同。

然而,如果平面的面积大于 7 in²,平面的平行板电容就会将 PRF 推至 0.1 GHz 附近,并且使电容器组合的阻抗升高。在这种情况下,为了最少化电容器的个数,需要仔细选择它们的容值,以将阻抗曲线修整得比较好。

很多电路板都属于设计空间中目标阻抗高于 0.1 Ω 并且平面面积大于 7 in² 的情况。这时,为使用最少个数的电容器并使成本最低,就需要仔细选择电容器的精确容值。选择的电容器的容值和个数能够使阻抗峰值在最高频率时仍保持在目标阻抗以下。

这就是在很多通常的板级应用中,使用较少个数的不同容值的电容器(而不是使用相同容值的电容器)往往能使阻抗最低的原因。当然,为了使电容器的个数最少,需要设计合适的容值分布。

如果平面的面积能够保持在 2 in² 以内,那么所有目标阻抗在 0.3 Ω 以下的设计都能使用最少个数的相同容值电容器。这种平面面积相当小的情况并不很普遍。然而,封装的场合却大约就是这个尺寸。

> **提示**　封装可以看成一个小型的电路板。如果在封装中能够添加足够多的电容器,那么封装阻抗的降低将使板级阻抗不再重要。

由于封装内很少有足够的去耦电容能够弥补板级的不足,所以要在封装之外设计一个小尺寸的内插件(interposer),以便可以装上所有必要的电容器。Teraspeed Consulting Group 公司就提供了这种替代技术。

图 13.53 给出内插件 PowerPoser 的一个小型低阻抗电源/地岛示例。这个小电路板装连在封装下面,并且包含多个薄叠层,装连的全是低电感去耦电容器,以保证从低频到高频阻抗都低于目标阻抗。

　　通过使用内插件可使具有非常薄介质的平面层靠近表面层,而且平面的面积又很小,这样就能在靠近封装的地方装连低电感电容器。平面面积小,可以使并联谐振频率远高于封装的限制,并且所有电容器的容值也可以相同。

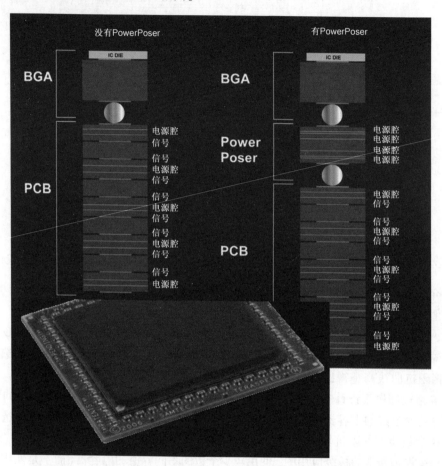

图 13.53　内插件 PowerPoser 在层叠板中的作用,以及装连在 PowerPoser 上的 FPGA 芯片放大图

13.22　修整阻抗曲线的频域目标阻抗法

　　电源分配网络中的并联谐振导致出现阻抗峰值,这些峰值就是电源分配网络出故障的源头。这些并联谐振是由电容器和某处的电感器并联所引起的。

　　以电源 V_{DD} 为例。从芯片的焊盘看,电容器指的是片上电容,电感器指的是封装引脚电感。正是这一并联谐振会导致过多的 V_{DD} 噪声。在电路板级,能做到的最佳效果就是给出平坦的阻抗响应,以抑制这类并联谐振。

　　从电路板上就能看出,电源和接地平面腔之间的阻抗严重影响着信号–返回路径之间的噪声,以及从平面耦合到其他元件的噪声。电源分配网络平面腔的峰值也直接影响着噪声,其峰值主要是由腔电容和与之并联的所有 MLCC 电容器总的等效串联电感(ESL)之间的并联谐振值。

　　电源分配网络的解决方案就是尽量降低总的并联电感,并降低各个阻抗峰值。针对这两个问题,可以努力设计平坦且没有显著峰值的电源分配网络阻抗曲线,从而使之最小化。

通过优选电容器容值，就能用最少的电容器设计出平坦的阻抗曲线。只要精选电容器的容值，就能做到使满足目标阻抗所需的电容器个数最少。这一过程就是在**修整**阻抗曲线。

> **提示** 无论如何，使所有去耦电容器的等效串联电感最小总是很重要的，这样做可以使系统所用的电容器个数最少，成本最低。

所需电容器的确切个数和最优值将取决于：

- 稳压模块附带的体去耦电容器；
- 板上的电容量；
- 目标阻抗；
- 最高频率；
- 每个电容器的等效串联电感。

这些参数的组合会因产品的不同而差别很大，所以不可能给出一个通用的电容器容值分布的设计准则。然而，这里给出的求解方法学却可以用于许多设计中。

这一方法学由 Larry Smith 在 Sun Microsystems 公司工作期间创立，称为**频域目标阻抗法**（Frequency-Domain Target Impedance Method，FDTIM）。在求解过程中，充分对一组电容器的阻抗曲线进行仿真，其中包括它们的等效串联电感和等效串联电阻，也包括高频时的平面间的电容和低频端稳压模块附带的体去耦电容器。

电容器的容值可以从供应商提供的容值中挑选。并不是所有容值的电容器都存在，常见的容值是 1.0,1.5,2.2,3.3,4.7 和 6.8 及其 10 的整数倍。如果一组电容器中每个电容器的等效串联电感都相同，当每个电容器的容值是它两旁电容器容值的几何平均时，可以得到最小的并联谐振阻抗峰值。

例如，最佳分布是 1,2.2,4.7 及其 10 的整数倍。常用的 0402 电容器的最大容值是 1 μF，如果需要更高的容值，则可以使用 1206 电容器，其提供的容值可高达 100 μF。

所需最小电容器的容值约为平面电容值的 1/3。例如，一个面积为 40 in² 的板，其平板电容约为 10 nF，那么所用最小电容器的容值约为 2.2 nF。

全部可供选择的容值范围可能在 1 μF ~ 2.2 nF 之间，共有 9 种不同的值可供选择：

1000 nF, 470 nF, 220 nF, 100 nF, 47 nF, 22 nF, 10 nF, 4.7 nF, 2.2 nF

一组典型的参数如下：

- 板面积为 50 in²，平面电容约为 20 nF；
- 目标阻抗为 0.1 Ω；
- 每个电容器的等效串联电感为 2 nH；
- 最高频率为 0.1 GHz。

在这个示例中，印制电路板的面积为 50 in²，目标阻抗为 0.1 Ω，这使设计处于设计空间的上半部分，电容器的容值起重要作用。当然，如果目标阻抗足够低或者板级电容足够小，则采用多大容值的电容器都可以，甚至可以全部是 1 μF 的。在这种情况下，并联谐振将不起作用。

上述情况中，从理论上满足目标阻抗所需的电容器的最少个数为

$$n > 2\pi F_{max}\left(\frac{ESL}{Z_{target}}\right) = 2\pi \times 0.1\left(\frac{2}{0.1}\right) = 13 \tag{13.72}$$

其中，n 表示所需电容器的最少个数，F_{max} 表示板级阻抗的最高频率(单位为 GHz)，ESL 表示电容器的串联等效电感，包括装连电感和腔扩散电感(单位为 nH)，Z_{target} 表示目标阻抗(单位为 Ω)。

从低频开始，选择最大值的电容器并进行仿真。这里，对每一种容值都加上足够个数的电容器，使阻抗峰值低于目标阻抗。然后，再添加足够个数的下一种容值的电容器，直到满足目标阻抗。某种值的电容器也可以跳过去，尤其是在低频端，不用它们也能实现低目标阻抗。在仿真时需要用到每个电容器的等效串联电阻。

图 13.54 给出了一个阻抗曲线，其中列出了所有 14 个电容器。

c	n
470	1
100	1
47	1
22	1
10	3
4.7	3
2.2	4
合计	14

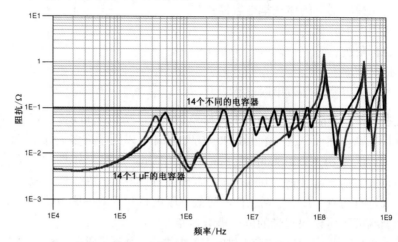

图 13.54　14 个电容器在两种容值分布方式下的阻抗曲线图。第一种分布方式采用 14 个容值都为 1 μF 的电容器，第二种分布方式是为了修整阻抗曲线而加以选择的。可以看出在 100 MHz 处，修整后的阻抗曲线满足了目标阻抗要求，但是第一种分布方式却不能满足

在图 13.54 的示例中，使用 14 个电容器可以在频率高达 100 MHz 时依然使阻抗曲线满足目标阻抗。这与理论上电容器的最少个数 13 接近。但是，采用 14 个相同容值的电容器就不能达到同样低的阻抗。如果采用容值相同的电容器，所需电容器的个数就不止 14 个。其成本就不像采用频域目标阻抗法那么低。

> **提示**　当然，如果特定情况下的任何一个初始条件改变，例如等效串联电感不是 2 nH 而是 3 nH，那么这种组合将不再有效。

图 13.55 给出了当这些电容器的等效串联电感为 3 nH 时的阻抗曲线，可以看出，在多个频率点处都超出了目标阻抗。这个示例也再次说明了减小等效串联电感对电容器的重要性，同时也说明了当许多系统参数都影响阻抗曲线时，应该如何选择电容器。

> **提示**　当然，还有许多其他的正确分布方案。但是，总电容器个数接近理论最少值是最经济有效的方法。

图 13.56 给出了另一个修整阻抗曲线的示例，其目标阻抗为 0.05 Ω。在这种情况下，等效串联电感为 2 nH 电容器的最少个数在理论上应为 26 个。这里用了 33 个电容器，略微超过理论上的最少个数。选用的电容值如图 13.56 所示。

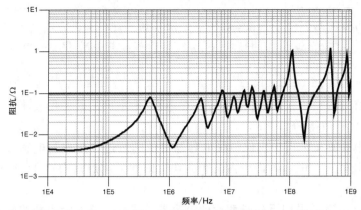

图 13.55　电容器容值的分布与上面相同，但其等效串联电感为 3 nH 而不是 2 nH 时的阻抗曲线

C	n
1000 nF	1
470 nF	1
220 nF	1
100 nF	1
47 nF	2
22 nF	3
10 nF	5
4.7 nF	6
2.2 nF	13
合计	33

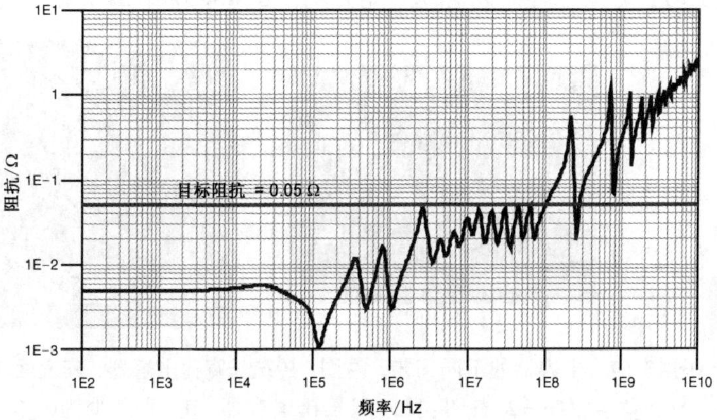

图 13.56　目标阻抗为 0.05 Ω 的阻抗曲线，使用了 33 个电容器

13.23　何时要考虑每 pH 的电感

需要培养的 4 个最重要的设计习惯如下。

1. 依照组装的设计规则，采用尽量短而宽的表层布线。或者说，使电容器和过孔之间的表层互连方块数尽量少。

2. 电容器要放在靠近封装的位置，有一些可以放在位于封装下面的电路板底层，还有一些可以放在封装的同一顶层，要避免这些外围电容器使扩散电感饱和。

3. 当电源/地平面是相邻层时，在不增加成本的情况下应尽量使用最薄的介质。根据生产厂商的不同，这一厚度通常为 2.7 ~ 4 mil。

4. 如果可能，则应使电源/地腔尽可能靠近印制电路板的表面层。

这样做能得到较低的等效串联电感，所以没有理由不这样做。ESL 每减少 1 nH，对成本的影响为

$$\frac{\text{TotalCost}}{\text{ESL}} = \frac{0.006}{Z_{\text{target}}} \ \$/\text{nH} \qquad (13.73)$$

如果目标阻抗不小于 0.1 Ω，那么电路板的每个电压轨道上的该值将小于 0.06 \$/nH。这时，用过多的投入去降低电感，没有太大余地降低成本。但是，当目标阻抗为 0.001 Ω 时，电路板上每个电压轨道可节约 6 \$/nH。这时，每 pH 成本代价的减小约为 1/2 ¢。

> **提示**　在高频状态下，每个电容器的装连回路电感越低，获得低目标阻抗所需的电容器个数就越少。在不增加成本的情况下，应尽可能地减小所有去耦电容器的等效串联电感。

如上所述，有时为获得较低的扩散电感，在电源/地平面之间使用较薄的介质而付出额外的开销(成本增加)是值得的。

另外，其他电容器工艺可提供比传统电容器更低的装连等效串联电感。大多数电容器的两个引出端在其长轴上。电容器最少占两个方块。即便采用焊盘内过孔，也仍然有两个方块的表面布线。

一种替代设计方案是采用**反向长宽比**的电容器，其引出端沿电容器的长边设计。当装连在电路板上时，这些电容器只有 0.5 个方块。图 13.57 给出了这种电容器的示例。

图 13.57　电容器的不同工艺。左图：传统长宽比电容器，其表面布线最少的方块数
为 $n=2$。右图：反向宽长比电容器，其 n 值最少为 0.5。由 AVX 公司提供

如果从电路板表面层到电源/地腔的层叠厚度为 5 mil，那么表面布线的方块电感约为 32 pH/mil × 5 mil = 160 pH/sq。对标准电容器最好情况的焊盘内过孔而言，其走线回路电感是 320 pH，但是对反向宽长比电容器而言，其最好情况可低达 160 × 0.5 = 80 pH，减小了 240 pH。

交指电容器(IDC)工艺可提供更低的电感，它采用多层陶瓷电容器的制造工艺，在电容器的每一边有多个正负相间的引出端。图 13.58 给出了示例予以说明。

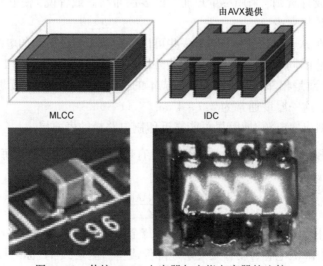

图 13.58　传统 MLCC 电容器与交指电容器的比较

　　一个交指电容器事实上是由多个电容器并联的，每个电流路径的 ESL 也是并联的。交指电容器中的 4 个电容器合在一起的等效串联电感是单个电容器的等效串联电感的 1/4。另外，由于一个交指电容器内部相邻电容器中的电流流动方向相反，并且靠得很近，所以实际的等效串联电感被进一步减小。一个交指电容器的等效串联电感不到常规电容器的等效串联电感的 20%。

　　另一种类型的交指电容器由 X2Y Attenuators 公司提供，这种电容器也是一种多层陶瓷电容器，其内部交叠放置的板子分别连到 4 个不同的电极引出端。图 13.59 给出了这种四端电容器的示例及其内部结构图。

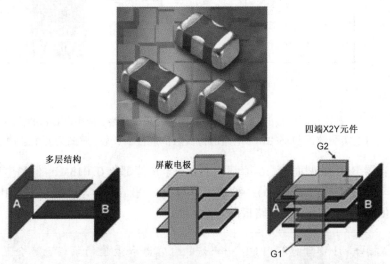

图 13.59　X2Y 电容器及其内部结构示例。由 X2Y Attenuators 公司提供

　　A 板和 B 板并在一起连到电源平面，中间的 G1 板和 G2 板并在一起连到地平面。采用这种连接结构，电容器相当于 4 个电容器并联，其电流流动如图 13.60 所示。

　　尽管两种交指电容器工艺有相似的性能优势，但是 X2Y 电容器具有易于和传统电路板通孔工艺进行整合的优势。

　　0805 交指电容器有四个引出端，焊盘的引出线中心距仅为 20 mil。难以直接用传统通孔工艺将其连接到电路板上，需要采用焊盘内过孔。这样，0805 X2Y 电容器就能有大小为 40 mil 的过孔洞。如前所述，这时可以采用传统通孔工艺，并能在孔洞之间留有多个宽为 5 mil 的布线通道。

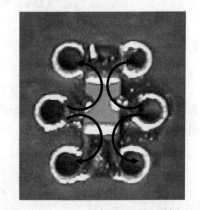

图 13.60　X2Y 电容器的上下两端与电源相连，中间两端与地相连，相当于 4 个电容器并联

> **提示**　对于交指电容器电容器组合，使表面布线尺寸最短，使腔靠近表面，则可以使电容器到封装引脚的总的等效串联电感小于 250 pH。

　　但是，如果表面走线过长并且腔不靠近表面，那么仅因为这微小的设计改变，同样的 X2Y 电容器也会产生大于 1 nH 的等效串联电感，比应有的值大了 3 倍。图 13.61 是两个 X2Y 电容器的实测阻抗曲线与 RLC 模型阻抗曲线的对比。

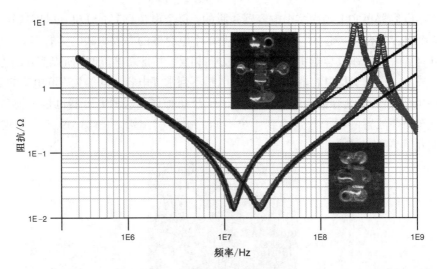

图 13.61　两个装连在测试板上的 X2Y 电容器的实测阻抗曲线, 两个电容器的情况稍有不同。实测数据与理想RLC电路的仿真阻抗进行了比较。插图为两个被测电容器

　　对每个电容器 RLC 模型而言, C 值都为 180 nF, R 值都为 0.013 Ω, 但是电感值不同。一种情况下与 $L = 260$ pH 最为接近, 另一种情况下与 $L = 900$ pH 最为接近。200 MHz 和 300 MHz 附近的两个峰值点是电容器所在电路板的并联谐振点。

> **提示**　当把每 pH 都考虑在内时, 一个好的电容器和最佳的装连电感会呈现出全然不同的结果。

13.24　位置的重要性

　　在低于电容器等效串联电感与平面电容并联谐振频率的低频段范围, 平面作为一个集总元件与电容器相互作用。但是, 当平面的一个边沿长度等于波长的几分之一时, 电路板的谐振特性将会体现在阻抗曲线中。

　　当探测点位于电路板的边沿时, 第一个谐振频率为

$$\text{Len} = \frac{1}{2}\lambda = \frac{1}{2}\frac{1}{\sqrt{\text{Dk}}}\frac{c}{f_\text{res}} = \frac{1}{2}\frac{v}{f_\text{res}} = \frac{3}{f_\text{res}} \tag{13.74}$$

$$f_\text{res} = \frac{3}{\text{Len}} \tag{13.75}$$

其中, Len 表示电路板一个边沿的长度(单位为 in), λ 表示第一个谐振出现处的光(电磁)波长(单位为 in), Dk 表示平面之间叠层的介电常数, c 表示空气中的光(电磁)速(即 12 in/ns), f_res 表示谐振频率(单位为 GHz), v 表示材料中的光(电磁)速, FR4 材料中的光速为 6 in/ns。

　　例如, 如果电路板一边的长为 10 in, 那么第一个谐振频率点约为 300 MHz。如果将探测点放在电路板的中间, 那么第一个谐振频率点将会是这个值的两倍, 即 600 MHz。

　　图 13.62 是探测点在板中央时, 一个 10 in × 10 in 裸板的阻抗曲线仿真图, 从图中可以知道电路板在低频时呈容性, 图中还可看出电路板的自(串联)谐振频率, 以及在 600 MHz 处发生的电路板并联谐振。

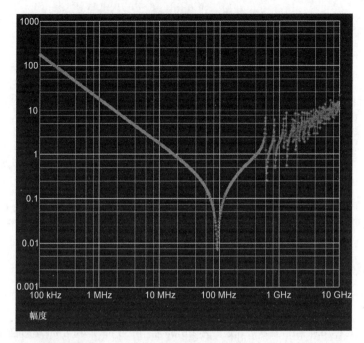

图 13.62　裸板的阻抗曲线图示：电路板谐振发生在 600 MHz 处。使用 HyperLynx 8.0 仿真

当频率低于串联谐振频率时，电路板相当于一个集总电容器，简单的 SPICE 仿真就可以准确地反映电路板上电容器的阻抗曲线。电容器的扩散电感(从电容器到它所去耦的器件之间)取决于电容器在电路板上的位置。

电容器离它所去耦的封装越远，由于扩散电感的原因，总的等效串联电感就越大。当扩散电感比电容器的装连电感小时，电容器的位置就不太重要了。这时，改变电容器的位置也会改变扩散电感，但是对电容器总的等效串联电感影响甚微。

> **提示**　然而，当扩散电感是电容器总的等效串联电感的重要组成部分时，位置对电容器的等效串联电感有很大影响。尽量将电容器移至离器件近的位置就变得很重要了。

电容器所在位置重要与否，取决于扩散电感与电容器装连电感的量级比例关系：当扩散电感远小于装连电感时，位置不重要；当扩散电感约等于装连电感时，位置就很重要。

如果一个过孔的直径是 10 mil，电容器与它相距 1 in，那么扩散电感约为

$$L_{\text{via-via}} = 21 \times h \times \ln\left(\frac{B}{D}\right) \text{ pH} = 21 \times h \times \ln\left(\frac{1}{0.01}\right) \text{ pH} = 100 \times h \text{ pH} \qquad (13.76)$$

当 h(介质厚度)较小时，扩散电感小，只有当电容器装连电感值非常小时位置才重要。

当 h 较大时，扩散电感大，当电容器的装连电感较小时位置就很重要。由于对扩散电感的近似估计非常粗略，当扩散电感和装连电感处于同一量级时，可以用三维场求解器仿真电容器位置对阻抗曲线的影响。

图 13.63 是两个不同配置电路板状况的阻抗曲线图，这两种状况的电路板上都装连有 4 个紧邻的相同电容器，每个电容器的装连电感都是 5 nH，因此 4 个电容器的等效电感为 1.25 nH。

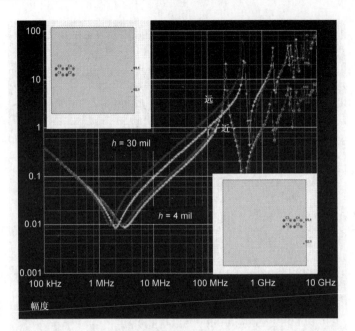

图 13.63　当位置靠近或远离封装引脚时，在 30 mil 厚和 4 mil 厚的腔
上装连 4 个电容器的仿真阻抗。使用 HyperLynx 8.0 仿真

第一种状况的腔厚度为 30 mil。它的扩散电感约为 3 nH，比 4 个电容器的装连电感要大。在 4 个电容器远离和靠近封装引脚的情况下分别进行仿真，得到其阻抗曲线图，两种安放位置情况下的阻抗差异较大，反映了位置对总的等效串联电感的影响。

第二种状况的腔厚度为 4 mil，扩散电感约为 0.4 nH，与电容器 1.25 nH 的电感相比，扩散电感很小。当电容器的位置由近到远变化时，仿真阻抗的变化很小。扩散电感不是电容器电感的主要成分，因此位置就不重要了。

在低阻抗设计中，每个优化过的电容器的等效串联电感均小于 0.25 nH，扩散电感将是电容器总电感的重要成分，应该考虑在内，可以采用三维场求解器进行分析。根据电容器装连位置及封装引脚位置的不同，扩散电感将以一种复杂的方式加大每个电容器的总电感值。我们只能采用三维场求解器去进行分析。

13.25　扩散电感的制约

在给定目标阻抗和最高频率的情况下，整个路径中最大可容许串联电感(包括电容器电感和平面扩散电感)需满足：

$$L_{\max} < \frac{Z_{\text{target}}}{2\pi F_{\max}} \tag{13.77}$$

其中，$L_{\max}$ 表示最大可容许串联电感(单位为 nH)，$F_{\max}$ 表示板级电感起重要作用时的最高频率(单位为 GHz)。

例如，假设目标阻抗为 0.01 Ω，最高频率为 100 MHz，为避免串联电感成为所有电容器阻抗的主导因素，最大可容许串联电感为

$$L_{\max} < \frac{Z_{\text{target}}}{2\pi F_{\max}} = \frac{0.01}{2\pi \times 0.1} = 0.016 \text{ nH} = 16 \text{ pH} \tag{13.78}$$

　　在板级阻抗起作用的最高频率处，如果电容器的总串联电感超过 16 pH，则电源分配网络的阻抗将会超过目标阻抗。电路板上有从封装到平面的过孔，如果平面中从封装引脚到电容器的扩散电感是电容器总电感的主要成分，那么扩散电感就是电路板阻抗的制约因素。

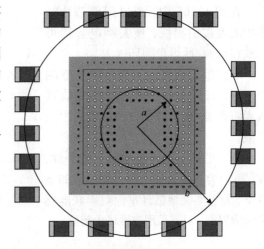

　　如图 13.64 所示，如果电容器均匀分布在封装周围，同时电源/地引脚也分布在封装周围，就可以估算出平面扩散电感。

　　平面扩散电感约为

$$L_{\text{spread}} = 5.1 \times h \times \ln\left(\frac{b}{a}\right) \text{pH} \quad (13.79)$$

其中，L_{spread} 表示平面扩散电感（单位为 pH），h 表示平面之间的介质厚度（单位为 mil），b 表示

图 13.64　当电流从分布的电容器流向封装引脚时，最好情况下的平面扩散电感估计

封装中心到电容器的距离（单位为 in），a 表示封装中心到电源/地引脚的距离（单位为 in）。

　　例如，如果 $h = 4$ mil，$b = 1$ in，$a = 0.25$ in，那么扩散电感为

$$L_{\text{spread}} = 5.1 \times h \times \ln\left(\frac{b}{a}\right) = 5.1 \times h \times \ln\left(\frac{1}{0.25}\right) = 28 \text{ pH} \quad (13.80)$$

　　电路板上封装引脚过孔的等效电感可能还与这一制约性电感相叠加。假设电源/地腔在顶层表面以下 10 mil，那么每个电源/地过孔的电感值将约为 210 pH。对于 10 对电源/地引脚而言，等效过孔电感是 21 pH，与扩散电感相当。它们合在一起将使从封装向电路板看过去的电容器制约性电感值几乎加倍。

> **提示**　当目标阻抗低于 0.05 Ω 时，电路板中连接到腔的过孔电感，以及腔到电容器的扩散电感很容易主导电容器组合的阻抗。

　　基于扩散电感产生的根源，有为数不多的几种板级设计方法可以将其减少，如下所示。

1. 在平面层间采用薄的介质。
2. 采用多层平面并联。
3. 使电源/地腔靠近板的顶层。
4. 使电容器沿着封装的圆周长走向分布得尽量开一些。最好的状态是电容器沿着周长走向均匀分布。
5. 在封装下面的电路板底层上装连一些电容器。

　　如果允许事先加以规划，在封装设计时就可以采用以下一些设计措施。

1. 在封装电源/地引脚圈环之内装连一部分电容器。
2. 把封装的电源/地引脚分散到封装的外边界周边。
3. 在封装中加入去耦电容器。
4. 使用更多的并联电源/地引脚对。

在图 13.65 中,通过调整芯片封装中的连接引出线,使去耦电容器可以放在电源/地焊盘圆环以内。

当扩散电感成为制约串联电感的因素时,最好不要把电容器聚集放置或者将电源/地引脚聚集在封装的中心区域。

由于平面上电流流动的三维特性,在已知电容器位置和电源引脚位置的条件下,要想准确地估计平面对串联电感的影响程度,只有采用三维场求解器。

图 13.65　Altera Stratix II GX FPGA 器件封装装接引脚。图中给出了球栅阵列周围及内部引脚的电容器连接焊盘

13.26　从芯片看过去

本章的绝大部分内容讨论的是站在电路板上看到的阻抗曲线。一旦设计好了板级阻抗,它对芯片-封装组合将会产生什么样的影响呢?

下例的条件是:目标阻抗为 0.01 Ω, F_{max} 为 100 MHz,电路板面积为 25 in^2, h 为 4 mil,每个电容器的等效串联电感为 1 nH,片上电容为 250 nF。

上述条件所对应的设计空间的区域中,电容器的精确容值无关紧要,它们也可以相同。但是,如有可能,应该使用最小容值的电容器,这样电容器才可能有最大的等效串联电阻,以阻尼并联谐振。从理论上讲,所需电容器的最少个数为

$$n > 2\pi F_{max}\left(\frac{ESL}{Z_{target}}\right) = 2\pi \times 0.1\left(\frac{1}{0.01}\right) = 63 \qquad (13.81)$$

所容许到封装的最大扩散电感为

$$L_{max} < \frac{Z_{target}}{2\pi F_{max}} = \frac{0.01}{2\pi \times 0.1} = 0.016 \text{ nH} = 16 \text{ pH} \qquad (13.82)$$

如前所述,当采用常规的球栅阵列封装,介质厚度为 4 mil,并且电容器装在球栅阵列上方的表面层时,这是不可能达到的。要想满足要求,电容器需要装连在球栅阵列的下方,同时减小叠层厚度,或者添加多个平面。只有采用三维场求解器才能验证出这些修改能够提供足够低的扩散电感。

在上面的修改情况下,板级去耦需要使用 63 个 1 μF 的 0402 电容器,其中每个电容器的等效串联电感低于 1 nH。

对于芯片而言,它看到的又如何呢?图 13.66 给出了这一条件下的从 PCB 电路板上封装引脚看到的阻抗曲线和从芯片焊盘看到的阻抗曲线。

通过设计稳压模块和体去耦电容器可以优化低频阻抗。在 100 MHz 频率以下,通过添加 63 个 MLCC 电容器,可使板级阻抗达到 0.01 Ω。这符合最优板级 PDN 设计的要求。

但是,站在芯片焊盘位置,经由封装向电路板看过去,片上电容、串联封装引脚电感和电容器等效电感产生了并联谐振,从而在 80 MHz 附近产生了一个大的阻抗峰值。任何并联阻抗峰值都是由电容引起的下降斜坡和电感引起的上升斜坡组成的。并联谐振电路的等效串联电阻是影响阻抗峰值的一个重要条件。

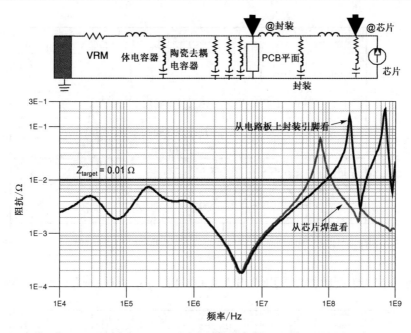

图 13.66 从电路板上封装引脚看过去和从芯片焊盘看过去的阻抗曲线

在与封装及片上电容相连的电路板上，使用平坦阻抗曲线的一个主要动机就是作为阻尼电阻，它可以降低阻抗峰值的高度。在设计阻抗曲线时，可以用频域目标阻抗法来选择电容值。如果这个平坦区域延伸到芯片与封装的并联谐振区间，它就会将片上 V_{DD} 焊盘处感受到的峰值加以阻尼。这是一种提供阻尼电阻的有效方案，但并不是唯一的方法。

如果不采用频域目标阻抗法，而是将所有电容器都选择成相同的电容值，电容器的等效串联电阻与封装加芯片引脚串联电阻的组合，仍会呈现出较高的串联阻尼电阻。

当等效串联电阻较低时，阻抗峰值就会很高。容值为 1 μF 的电容器，其 ESR 约为 10 mΩ。当有 63 个这样的电容器并联时，等效电阻大约削减至 0.0002 Ω，未满足目标阻抗的要求。如果采用 10 nF 的电容器，每个电容器的 ESR 约为 70 mΩ，那么总的串联电阻约为 0.001 Ω。这比全部采用大容值的电容器要好些，但仍然不足以将并联谐振阻尼下去。一般来说，封装引线的串联电阻会低于 0.001 Ω。这样，串联电阻将很可能主要取决于芯片自身的片上金属连线电阻值。

> **提示** 片上互连电阻是设计低阻抗峰值的一个重要因素。

图 13.67 给出了不同片上电阻可能产生的影响。电阻分别取 1 mΩ，3 mΩ 和 10 mΩ。片上电阻需要大于 10 mΩ 才能满足目标阻抗的要求，可见有时片上电阻也会起好的作用。

即便片上电阻经过了优化，并联谐振时的阻抗峰值依然有可能超出目标阻抗。这时就需要用封装中的去耦电容器去抑制阻抗峰值。

图 13.68 给出了当封装中的去耦电容器的个数从 0 增加到 10 时，从芯片向电源分配网络看过去的阻抗曲线变化。这里采用交指电容器，每个去耦电容器的等效串联电感为 0.1 nH。

在这个示例中，当将 10 个交指电容器添加到封装中，每个电容器的等效串联电感为 0.1 nH 时，从芯片焊盘看过去的阻抗曲线如图 13.69 所示。从直流到很高的带宽内都满足 0.01 Ω 的目标阻抗要求。

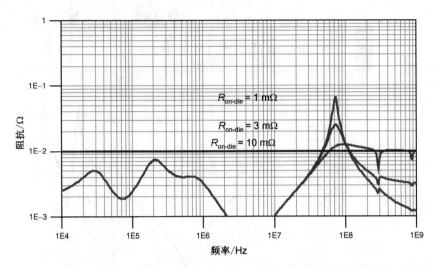

图 13.67 电源分配网络中不同的片上串联电阻对从芯片看过去时阻抗曲线的影响

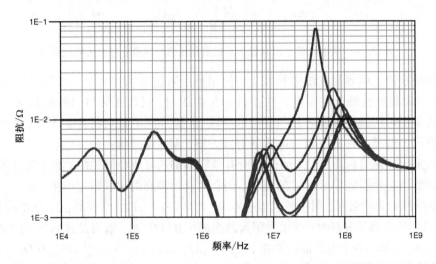

图 13.68 去耦电容器的个数为 0, 3, 6, 8, 10 时, 从芯片向电源分配网络看过去的阻抗曲线

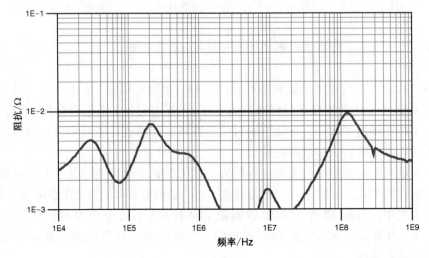

图 13.69 从芯片焊盘看过去的阻抗曲线, 满足 0.01 Ω 的目标阻抗要求

13.27　综合效果

电源分配网络最重要的性能指标就是它能在芯片焊盘上把电压噪声保持在多低的电平上。从根本上讲,这取决于芯片的消耗电流大小,以及从芯片焊盘向稳压模块看过去的阻抗曲线。遗憾的是,这在很大程度上取决于板级设计师无法控制的因素,例如:

- 芯片运行时的消耗电流频谱;
- 片上电容;
- 片上电阻;
- 芯片装接电感;
- 封装装接电感;
- 封装中的去耦电容器。

针对目标阻抗为毫欧级水平的高性能系统,例如高端处理器、服务器和图形芯片等,采用系统协同设计技术,即同时优化芯片性能、封装性能和电路板性能,是高可靠、高性价比设计中最重要的因素。

> **提示**　实现系统级电源分配网络设计的公司最终将会是最成功的。

但是,对于大多数设计而言,板级设计师对芯片或者封装是无能为力的。其性能受制于半导体厂商。虽然不断地竭力寻找芯片和封装的模型并将其纳入板级电源分配网络设计中非常重要,但要获得需要的所有重要信息是不太可能的。

板级设计师不得不遵循这样的原则,即"**现在**一个可行的方案,比以后一个更好的方案要好",人们只能在一些合理假设的前提下去进行板级电源分配网络的设计。

如果封装中的去耦电容足够大,对板级去耦的需求就会大大降低。例如,在上面的示例中,10 个封装中的去耦电容器给出 $1/10 \times 100$ pH = 10 pH 的等效电感。它和片上电容相互作用,可以使阻抗峰值在 100 MHz 和更高的频段低于目标阻抗。

这个电感位于封装和电路板之间的互连上靠近芯片的一边。连到电路板的等效封装装接电感比这个要大,但不会影响从芯片看过去的高频阻抗。事实上,这一等效电感可能高达 0.1 nH。相关情况在图 13.70 中进行了说明。

如果封装装接电感为 0.1 nH,那么电路板能够影响从芯片看过去的阻抗的最高频率为

$$F_{\max} = \frac{Z_{\text{target}}}{2\pi L_{\text{pkg}}} = \frac{0.01}{2\pi \times 0.1} = 0.016 \text{ GHz} = 16 \text{ MHz} \qquad (13.83)$$

其中,Z_{target} 表示目标阻抗(单位为 Ω),L_{pkg} 表示连到电路板的封装装接电感(单位为 nH),$F_{\max}$ 表示板级阻抗可以影响芯片焊盘阻抗的最高频率(单位为 GHz)。

采用封装中的去耦电容器及较大的封装装接电感,意味着对板级去耦需求的降低。如果目标阻抗峰值出现在 16 MHz 而不是 100 MHz,满足同样的目标阻抗所需的电容器个数就减小了。当然,同样需要考虑交界处的并联谐振阻抗峰值。图 13.71 表明,在封装中采用较低等效串联电感的电容器可将所需的板级电容器个数从 63 减少到 15,同样能满足目标阻抗的要求。

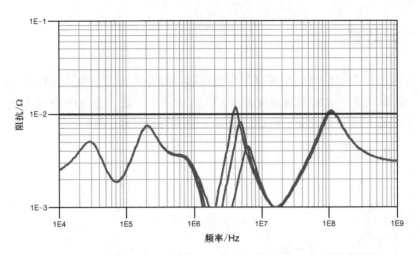

图 13.70　高频时从芯片看过去, 由封装中的电容器提供的低阻抗阻
抗曲线。封装装接电感分别取0.05 nH、0.1 nH和0.15 nH

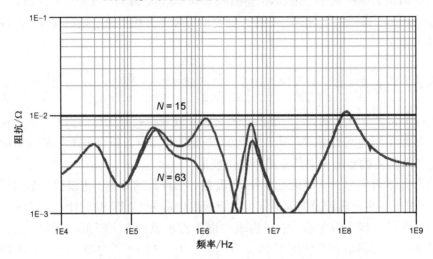

图 13.71　采用封装中的电容器时, 从芯片看过去的阻抗曲线。板
级电容器个数从63减少到15, 仍能满足目标阻抗的要求

> **提示**　当采用封装中的电容器时, 对板级去耦的需求可以减小。即使如此, 选择电容
> 器时需要关心的不是电容器的容值, 而是它们提供的等效串联电阻和等效串联电感。

当半导体芯片的供应商已经在封装中加入去耦电容器时, 他们会建议为电路板添加多少
个、多大容值的电容器等对板级的去耦需求。这些信息基本没有什么作用, 因为添加电容器的
个数不是由其容值决定的, 而是由它们的等效串联电感决定的。

13.28　小结

1. 电源分配网络的设计是错综复杂而且充满矛盾的。这从根本上是由于众多性能之间的
复杂相互作用超出电路板设计师的控制范围, 并且往往找不到相关的技术资料。
2. 设计电源分配网络的目标是从芯片焊盘到稳压模块之间有一个较低的阻抗。

3. 稳压模块和体去耦电容器在低频时能够提供低阻抗。

4. 应尽一切可能使体电容器拥有较低的回路电感。

5. 芯片与封装的设计主要对 100 MHz 及其以上频率范围内的阻抗产生影响。最主要的设计准则就是增加更多的片上去耦电容,使芯片的装接电感较低,并且在封装中加装低电感的去耦电容器。

6. 电源分配网络设计中首先要确定的是目标阻抗。可以通过器件功耗的最坏情况近似得到。

7. 封装引脚电感和从电路板到电源/地腔体的过孔从根本上限制了板级阻抗的高频设计。

8. 在板级,应该尽一切可能减小从电容器到封装的回路电感。

9. 一些比较重要的设计准则:在相邻电源/地平面层之间使用薄介质,将电源/地平面层靠近电路板表面层放置;在电容器与连到电源/地腔的过孔之间使用短而宽的表面走线;在顶层的封装附近放置电容器,当扩散电感饱和时,在电路板底层、封装的正下方放置一定数量的电容器。

10. 影响所用电容器个数的最主要因素是电容器的等效串联电感值及板级去耦的最高频率。

11. 当电路板平面电容和去耦电容器在低频产生并联谐振时,可以通过 SPICE 仿真阻抗曲线去仔细选择电容器的容值,以使所用电容器的个数最少。

12. 对于超低阻抗的设计,电容器容值大小就不如电容器个数及其等效串联电感值重要了。所有电容器的容值都相同也可以达到很好的效果。

13. 当涉及并联谐振峰值时,具有最低容值的电容器将会拥有最大的等效串联电阻,从而能提供一定的阻尼以降低阻抗峰值。

14. 为得到超低阻抗,封装中的电容器极为重要。它们的使用将会减少对板上电容器的需求。

15. 对于超低阻抗电源分配网络的设计,通过对芯片、封装和板级电源分配网络的协同设计,将会给出最佳性价比的解决方案。

13.29　复习题

13.1　电源分配网络(PDN)的 5 个要素是什么?

13.2　列出两个不属于电源分配网络的互连结构实例。

13.3　由于电源分配网络设计欠佳,可能会引出哪 3 类潜在的问题?

13.4　电源分配网络最重要的设计原则是什么?

13.5　在确定目标阻抗时,需要考虑哪些性能指标?

13.6　在设计电源分配网络时,哪 3 个是最重要的设计指南?

13.7　如果 2 V 电源轨道的纹波指标为 5%,且最大瞬变电流为 10 A,那么估计的目标阻抗是多大?

13.8　实现远低于目标阻抗的电源分配网络阻抗,有一个什么缺点?

13.9　为什么在频域能更容易地设计电源分配网络?

13.10　试给出频域中划分电源分配网络阻抗的 5 个频段。影响它们的物理特性是什么?

13.11　电源分配网络中的哪个角色可在最高频率下提供低阻抗?

13.12　什么是降低最高频率阻抗的唯一设计途径？为什么它难以实现？

13.13　描述稳压模块(VRM)的3个最重要的指标是什么？

13.14　能够仿真阻抗分析仪的关键SPICE元件是什么？

13.15　为什么减小封装引脚电感如此重要？

13.16　双层球栅阵列(BGA)的引脚从一侧延伸到另一侧。如果相邻的电源和接地引脚长度均为0.5 in，并且有20对，那么电源分配网络的等效封装引脚电感是多大？

13.17　什么样的封装具有最低的回路电感？哪3种封装设计特点能减小封装引脚电感？

13.18　为什么有时会发现，假如取下电路板上的所有去耦电容器，系统有时仍能工作？为什么这样的测试没有意义？

13.19　MLCC电容器的3个最重要的参数是什么？每一项又受到哪些物理特性的影响？

13.20　为什么减少电路板上的电源分配网络中元件的电感非常重要？

13.21　降低MLCC电容器的安装电感的3个最重要的设计准则是什么？

13.22　用以减少电源-地腔中的扩散电感的3种设计要素是什么？其中哪一个是最重要的？

13.23　什么样的设计要素组合使得去耦电容器的位置不再重要？在什么情况下，这个位置是重要的？

13.24　当电路板上的频率较高时，在其上的电容器实际上不再表征为理想电容器。这时，对电容器建模的更有效模式是什么？

13.25　在电路板表面层，从电容器到腔体过孔的表面线条宽度为10 mil，长度为30 mil。腔体的顶部距表面10 mil。0603电容器的安装电感是多大？一对过孔的直径为10 mil，这对过孔的回路电感是多大？

13.26　将10个相同的电容器添加到电路板时，电容器的自谐振频率会发生什么变化？其中改变的是哪些特性？

13.27　当两个不同电容值的电容器并联时，会产生什么新的阻抗特性？为什么这是电源分配网络设计的一个非常重要的特性？

13.28　降低两个电容器之间并联阻抗峰值的3条设计指南是什么？

13.29　随着电容器的电容值增加，它的等效串联电阻会如何变化？

13.30　为了减少实现目标阻抗所需的电容器数目，最值得调整的设计特性是什么？

13.31　设计一个平坦的电源分配网络阻抗曲线有什么好处？

13.32　什么是FDTIM过程？为什么它是一项有效的技术？

附录 A 102 条使信号完整性问题 最小化的通用设计规则

对规则不要盲目遵循。要先了解该规则的应用对象，然后用数值方法估计在一个具体设计中采用它的收益和代价。

0. 通常采用所能容许的最长上升边。

A.1 单线网信号失真最小化

策略：保持信号在整个路径中感受到的瞬时阻抗不变。

设计规则

1. 使用可控阻抗走线。
2. 理想情况下，所有的信号应使用低电压平面作为返回平面。
3. 如果使用不同的电压平面作为信号的返回平面，则这些平面之间必须是紧耦合的。为此，用最薄的介质材料将不同的电压平面隔开，并使用多个电感量小的去耦电容器。
4. 使用二维场求解器计算给定特性阻抗的层叠设计规则，其中要考虑阻焊层和线条厚度的影响。
5. 在点到点拓扑结构中，无论单向的还是双向的，都要使用串联端接策略。
6. 在多点总线中要端接总线上的所有节点。
7. 保持桩线的时延小于最快信号的上升边的20%。
8. 端接电阻器应尽可能接近封装焊盘。
9. 如果 10 fF 电容的影响不要紧，就不用担心拐角的影响。
10. 每个信号都必须有返回路径，它位于信号路径的下方，其宽度至少是信号线宽的 3 倍。
11. 即使让信号路径走线绕道前行，也不要跨越返回路径上的突变处。
12. 避免在信号路径中使用电气性能变化的走线。
13. 保持非均匀区域尽量短。
14. 在上升边小于 1 ns 的系统中，不要使用轴向引脚电阻器，应使用 SMT 电阻器并使其回路电感最小。
15. 当上升边小于 150 ps 时，尽可能减小端接 SMT 电阻器的回路电感，或者采用集成电阻器和嵌入式电阻器。
16. 过孔通常呈容性，减小捕获焊盘和增加反焊盘出砂孔的直径，则可以减小过孔的影响。
17. 可以考虑给低成本连接器的焊盘添加一个小电容器，以补偿它的高电感。
18. 在走线时，使所有差分对的差分阻抗为一个常量。
19. 在差分对中，尽量避免不对称性，所有走线都应该如此。
20. 如果差分对中的线间距发生改变，则应调整线宽以保持差分阻抗不变。
21. 如果在差分对的一条线上添加一段时延线，则应添加到走线的起始端附近，并且让这一区域内的走线之间保持去耦。

22. 只要能保持差分阻抗不变,也可以改变差分对中的耦合。

23. 一般而言,在实际中应尽量使差分对紧耦合。

24. 在决定到底采用边缘耦合差分还是宽边耦合差分对时,应考虑布线的密度、电路板的厚度等制约因素,以及加工厂家对叠层厚度的控制能力。如果做得比较好,那么它们是等效的。

25. 对于所有的板级差分对,平面上存在很大的返回电流,所以要尽量避免返回路径中的所有突变。如果有突变,对差分对中的每条线就要做同样的处理。

26. 如果接收器的共模抑制比很低,就要考虑端接共模信号。端接共模信号并不能消除共模信号,只是减小它的振铃。

27. 如果损耗很重要,则应使用尽可能宽的信号线,不要使用小于 5 mil 的走线。

28. 如果损耗很重要,则应使用弱耦合差分对。因为当介质厚度相等时,其信号线可以更宽一些。

29. 如果损耗很重要,则应使走线尽量短。

30. 如果损耗很重要,则应尽量做到使容性突变最小化。

31. 如果损耗很重要,则应设计信号过孔使其具有 50 Ω 的阻抗,这样做意味着可以尽可能地减小桶壁尺寸,减小捕获焊盘尺寸,增加反焊盘出砂孔的尺寸。

32. 如果损耗很重要,则应尽可能使用低耗散因子的叠层。

33. 如果损耗很重要,则应考虑采用预加重和均衡化措施。

A.2　串扰最小化

策略: 减少多个信号路径和返回路径之间的互容和互感。

设计规则

34. 对于微带线或带状线而言,保持相邻信号路径的线间距至少为线宽的 2 倍。尽管是介质厚度决定着边缘场的状况,但 50 Ω 阻抗线确定了介质厚度与线宽之比。因此,用线宽去界定线间距也是可行的。

35. 使返回路径中的信号可能经过的突变最小化。

36. 如果在返回路径中必须跨越间隙,则只能使用差分对。决不能让离得很近的单端信号线去跨越间隙。

37. 对于表面层走线而言,使耦合长度尽可能短,并使用厚的阻焊层以减小远端串扰。

38. 如果远端串扰很严重,则应在表面走线上添加一层厚的叠层,使其成为嵌入式微带线。

39. 对于远端串扰很严重且耦合长度很长的传输线,应采用带状线走线。

40. 如果不能让耦合长度短于饱和长度,则不必考虑减小耦合长度,因为减小耦合长度对于近端串扰没有任何改善。

41. 尽可能使用介电常数最低的叠层介质材料,这样做可以在给定特性阻抗的情况下,使信号路径与返回路径之间的介质厚度保持最小。

42. 在紧耦合微带线总线中,使线间距至少在线宽的 2 倍以上,或者把对时序敏感的信号线布成带状线,这样可以减小确定性抖动。

43. 如果要求隔离度超过 – 60 dB,则应使用带有防护布线的带状线。

44. 通常使用二维场求解器估计是否需要使用防护布线。

45. 如果使用防护布线,则应尽量使其达到满足要求的宽度,并用过孔使防护线与返回路径短接。如果方便,则可以沿着防护线增加一些短接过孔,这些过孔并不像两端的过孔那样重要，但有一定的改善作用。

46. 使封装或连接器的返回路径尽量宽，尽量短，就能减小地弹。

47. 尽量使用 CSP 封装而不使用更大的封装。

48. 使电源平面和返回平面尽量接近，可以减小电源返回路径的地弹噪声。

49. 在可接受的范围内使信号路径与返回路径尽量接近，并保持与系统阻抗的匹配，可以减小信号返回路径中的地弹。

50. 避免在连接器和封装中使用共用返回路径。

51. 当在封装或连接器中分配引线时，应把最短的引线作为地路径，并使电源引线和地引线均匀分布在信号线的周围，或者使其尽量接近载有大量开关电流的信号线。

52. 所有的空引线或引脚都应接返回的地。

53. 如果每个电阻器都没有独立的返回路径，则应避免使用单列直插封装的电阻器排。

54. 检查版图以确认过孔区的反焊盘不存在交叠，在电源和地平面对应的出砂孔之间都有充足的网格空间。

55. 如果信号改变返回平面，则返回平面应尽量靠近信号平面。如果使用去耦电容器减少返回路径的阻抗，那么它的电容值并不是最重要的，关键是选取并设计具有最低回路电感的电容器。

56. 如果有大量信号线切换返回平面，就要使这些信号线的过孔彼此之间尽量远离，而不是使其集中在同一个地方。

57. 如果有信号切换返回平面，并且这些平面之间具有相同的电压，则在返回平面之间打上过孔，并将过孔与信号线过孔尽量靠近。

A.3　轨道塌陷最小化

策略： 减小电源分配网络的目标阻抗。

设计规则

58. 减小电源和地路径之间的回路电感。

59. 使电源平面和地平面相邻并尽量靠近。

60. 在平面之间使用介电常数尽量高的介质材料，使平面之间的阻抗最低。

61. 尽量使用多个成对的电源平面和地平面。

62. 使同向电流相隔尽量远，而反向电流相隔尽量近。

63. 在实际中，使电源过孔与地平面过孔尽量靠近。如果过孔间隔无法小于过孔长度，之间的耦合很弱，这时的靠近就失去了价值。

64. 应将电源平面与地平面尽可能靠近去耦电容器所在的表面层。

65. 对相同的电源或地焊盘分别使用多个过孔，但要使过孔间距尽量远。

66. 连往电源平面或地平面的过孔直径应尽量大。

67. 在电源焊盘和地焊盘上使用双键合线，能够减小键合线的回路电感。

68. 从芯片内引出尽可能多的电源和地引线。

69. 在芯片封装时引出尽可能多的电源和地引脚。

70. 使用尽可能短的芯片互连技术，例如采用倒装芯片而不是用键合线。

71. 封装的引线应尽量短，例如应使用 CSP 封装而不是 QFP 封装。

72. 使去耦电容器焊盘和过孔之间的走线尽可能短和宽。

73. 在低频时使用一定量的体去耦电容器去弥补稳压器。

74. 在高频时使用一定量的去耦电容器降低等效电感。

75. 使用尽可能小的去耦电容器,并尽量减小电容器焊盘与电源和地平面之间互连的长度。

76. 在片内提供尽量大的去耦电容。

77. 在封装中应使用尽可能多的低电感去耦电容器。

78. 采用频域目标阻抗法(FDTIM)选择电容器的容值,以抑制由片上电容和封装引脚电感所构成的 V_{DD} 平面上的并联阻抗峰值,以确保平坦的阻抗曲线。

79. 在 I/O 接口设计中使用差分对,以减小开关电流 dI/dt。

A.4　电磁干扰最小化

策略:减小驱动共模电流的电压,增大共模电流路径的阻抗,屏蔽和滤波是解决问题的快速方案。

设计规则

80. 减小地弹。

81. 使所有走线与电路板边缘的距离应至少为线宽的 5 倍。

82. 采用带状线走线。

83. 应将高速或大电流器件放在离 I/O 接口尽量远的地方。

84. 在芯片附近放置去耦电容器,以减小平面中电流高频分量的扩散效应。

85. 使电源平面和地平面相邻并尽可能接近。

86. 尽可能使用更多的电源平面与地平面对。

87. 当使用多个电源平面与地平面对时,将电源平面缩进并在各地平面的边沿处打上缝合短接过孔。

88. 如有可能,尽量将地平面作为表面层。

89. 了解所有封装的谐振频率,当它与时钟频率的谐波发生重叠时,就要改变封装的几何结构。

90. 在封装中避免信号在不同电压平面之间的切换,因为这会产生封装谐振。

91. 如果封装中可能出现谐振,就在它的外部加上铁氧体滤波薄片。

92. 在差分对中,减少走线的不对称性。

93. 在所有差分对的连接处使用共模信号扼流滤波器。

94. 在所有外部电缆外部使用共模信号扼流滤波器。

95. 找出有可能的 I/O 线,在时序预算要求内使用上升边最长的信号。

96. 使用扩频时钟发生器在较宽的频率范围内将基波扩散开,以在 FFC 测试认证的带宽范围内减少辐射能量。

97. 当连接屏蔽电缆时,要确保屏蔽层就是机箱外壳的延伸。

98. 减小屏蔽电缆到外壳之间的连接电感。在电缆头和外壳之间使用同轴连接器。

99. 设备支架不能破坏机箱外壳的完整性。

100. 只有互连需要时才能破坏机箱外壳的完整性。

101. 设备开孔的直径要远小于可能泄漏的最低辐射频率的波长。使用数量多而直径小的开孔比使用数量少而直径大的开孔更好。

102. 导致产品交货推迟就是最昂贵的规则。

附录 B 100 条估计信号完整性效应的经验法则

当快速地得到粗略结果比以后得到优良结果更重要，就应该使用经验法则。

经验法则是一种大概的近似估算，它的目的是以最小的工作量，以直觉为基础找到一个快速的答案。经验法则是估算的出发点，它可以帮助我们区分 5 或 50，而且它能帮助我们在设计的早期阶段就对设计有较好的整体规划。在速度和准确度的权衡之间，经验法则倾向于快速，但并不是很准确。

当然，不能盲目地使用经验法则，它必须基于对基本原理的深刻了解和良好的工程判断能力。

当准确度很重要，例如设计签发时，某个数值偏离百分之几就要付出百万美元的代价，则必须使用验证过的数值仿真工具。

以下是许多积累的经验法则，分章节加以介绍。

B.1 第 2 章

1. 信号的上升边约为时钟周期的 10%，即 $1/10 \times 1/F_{\text{clock}}$。例如 100 MHz 时钟的上升边约为 1 ns。

2. 理想方波 n 次谐波的幅度约为时钟电压的 $2/(n\pi)$。例如，1 V 时钟信号的 1 次谐波幅度约为 0.6 V，3 次谐波的幅度约为 0.2 V。

3. 信号的带宽和上升边的关系为 $BW = 0.35/RT$。例如，如果上升边为 1 ns，那么带宽为 350 MHz。如果互连的带宽为 3 GHz，则它可传输的最短上升边约为 0.1 ns。

4. 如果不知道上升边，则可认为信号带宽约为时钟频率的 5 倍。例如，时钟频率是 1 GHz，则信号带宽约为 5 GHz。

B.2 第 3 章

5. LC 电路的谐振频率是 $5\ \text{GHz}/\sqrt{LC}$，L 的单位为 nH，C 的单位为 pF。例如，封装引线和它的返回路径之间的回路自感是 7 nH，它的电容约为 1 pF，其振铃的频率约为 2 GHz。

B.3 第 4 章

6. 在 400 MHz 内，轴向引脚电阻器可以看成理想电阻器；在 2 GHz 内，SMT 0603 电阻器可看成理想电阻器。

7. 轴向引脚电阻器的 ESL(引线电感)约为 8 nH，SMT 电阻器的 ESL 约为 2 nH。

8. 直径为 1 mil 的金键合线的单位长度电阻约为 1 Ω/in。例如，50 mil 长的金键合线的电阻约为 50 mΩ。

9. 24AWG 导线的直径约为 20 mil，电阻率约为 25 mΩ/ft。

10. 1 盎司铜线条的方块电阻率约为 0.5 mΩ/sq(方块)。例如,5 mil 宽且 1 in 长的线条,约有 200 个方块,其串联电阻是 $200 \times 0.5 = 100$ mΩ $= 0.1$ Ω。

11. 在 10 MHz 时,1 盎司铜线条就开始具有趋肤效应。

B.4　第 5 章

12. 直径为 1 in 球面的电容约为 2 pF。例如,吊在电路板外几英寸长的电缆与地板之间的电容约为 2 pF。

13. 硬币般大小的一对平行板,当板间填充空气时,它们之间的电容约为 1 pF。

14. 当电容器两板之间的距离与板的宽度相当时,边缘场产生的电容与平行板场产生的电容相等。例如,在估算线宽为 10 mil 且介质厚度为 10 mil 的微带线平行板电容时,其估算值为 1 pF/in,但实际的电容约为上述的两倍,即 2 pF/in。

15. 如果我们对材料特性一无所知,只知道它是有机绝缘体,则认为它的介电常数约为 4。

16. 一个功耗为 1 W 的芯片,由去耦电容(单位为 F)提供电荷,使电压下沉小于 5% 的时间(单位为 s)是电容容值的一半。例如,如果去耦电容为 10 nF,则它只能提供 5 ns 的去耦时间。如果需要 10 μs 的去耦时间,就要使用 20 μF 的电容。

17. 在典型电路板中,当介质厚度为 1 mil 时,电源和地平面之间的可用电容为 1 nF/in^2,并且它与介质厚度成反比。例如,介质厚度为 10 mil 的电路板,可以为 ASIC 去耦的面积可能只有 4 in^2。电容将为 4 in$^2 \times 1$ nF/in^2/10 $= 0.4$ nF,提供的去耦时间可达 0.2 ns。

18. 如果 50 Ω 微带线的体介电常数为 4,则它的有效介电常数为 3。

B.5　第 6 章

19. 直径为 1 mil 的圆导线的局部自感约为 25 nH/in 或 1 nH/mm。例如,1.5 mm 长的过孔的局部自感约为 1.5 nH。

20. 由 10 mil 厚的线条制成直径为 1 in 的一个圆环线圈,它的大小相当于拇指和食指围在一起,其回路自感约为 85 nH。

21. 直径为 1 in 的圆环的单位长度电感约为 25 nH/in 或 1 nH/mm。例如,如果封装引线是环形线的一部分且长为 0.5 in,则它的电感约为 12 nH。

22. 当一对圆杆的中心距离小于它们各自长度的 10% 时,局部互感约为各自的局部自感的 50%。例如,如果有两条键合线,长为 1 mm,中心距为 0.1 mm,则各自的局部自感约为 1 nH,而它们的局部互感约为 0.5 nH。

23. 当一对圆杆的中心距与它们的自身长度相当时,它们之间的局部互感比各自局部自感的 10% 还要少。例如,如果长为 25 mil 的平行过孔的中心距大于 25 mil,则它们之间几乎没有感性耦合。

24. SMT 电容器(包括表层走线、过孔及电容器本身)的回路电感约为 2 nH,要将此数值降至 1 nH 以下,还需要做许多工作。

25. 平面对上每方块的回路电感为 33 pH × 介质厚度(mil)。例如,如果介质厚 2 mil,则平面之间的每方块回路电感是 66 pH。

26. 如果平面对上出砂孔区域的空闲面积占到 50%，就会使平面对之间的回路电感增加 50%。

27. 铜的集肤深度与频率的平方根成反比，当频率为 1 GHz 时，其为 2 μm，所以 10 MHz 时铜的集肤深度是 20 μm。

28. 在 50 Ω 的 1 盎司铜传输线中，当频率约高于 50 MHz 时，单位长度回路电感为一个常量。这说明在频率高于 50 MHz 时，特性阻抗是一个常量。

B.6　第 7 章

29. 铜中电子的速度极慢，相当于蚂蚁的速度，即 1 cm/s。

30. 信号在空气中的速度约为 12 in/ns。大多数聚合材料中的信号速度约为 6 in/ns。

31. 大多数叠层材料中，线延迟 $1/v$ 约为 170 ps/in。

32. 信号的空间延伸等于上升边×速度，即 RT×6 in/ns。例如，假设上升边为 0.5 ns，当信号在电路板上传播时，其前沿的空间延伸是 3 in。

33. 传输线的特性阻抗与单位长度电容成反比。

34. FR4 中，所有 50 Ω 传输线的单位长度电容约为 3.3 pF/in。例如，BGA 引线设计成 50 Ω，当长为 0.5 in 时，它的电容约为 1.7 pF。

35. FR4 中，所有 50 Ω 传输线的单位长度电感约为 8.3 nH/in。例如，如果连接器的阻抗为 50 Ω 且长度为 0.5 in，则信号–返回路径对之间的回路电感约为 4 nH。

36. 对于 FR4 中的 50 Ω 微带线，其介质厚度约为线宽的一半。例如，如果线宽为 10 mil，则介质厚度约为 5 mil。

37. 对于 FR4 中的 50 Ω 带状线，其平面之间的间隔是信号线宽的两倍。例如，如果线宽为 10 mil，则两个平面之间的间隔为 20 mil。

38. 在远小于信号的往返时间之内，传输线的阻抗就是特性阻抗。例如，当驱动一段 3 in 长的 50 Ω 传输线时，所有上升边短于 1 ns 的驱动器在沿线传输并发生上升跳变的时间内，所感受到的就是 50 Ω 恒定负载。

39. 一段传输线的总电容和时延的关系为 $C = T_D/Z_0$。例如，如果传输线的 T_D 为 1 ns，特性阻抗为 50 Ω，则信号路径和返回路径之间的电容为 20 pF。

40. 一段传输线的总回路电感和时延的关系为 $L = T_D \times Z_0$。例如，如果传输线的 T_D 为 1 ns，特性阻抗是 50 Ω，则信号路径和返回路径之间的回路电感为 50 nH。

41. 如果 50 Ω 微带线中的返回路径宽度与信号线宽相等，则其特性阻抗比返回路径无限宽时的特性阻抗高 20%。

42. 如果 50 Ω 微带线中返回路径的宽度至少为信号线宽的 3 倍，则其特性阻抗与返回路径无限宽时的特性阻抗的偏差小于 1%。

43. 线条的厚度可以影响特性阻抗，厚度每增加 1 mil，阻抗就减少 2 Ω。例如，0.5 盎司铜线与 1 盎司铜线相比，厚度增加了 0.7 mil，线条阻抗约减少了 1 Ω。

44. 微带线顶层的阻焊层厚度会使特性阻抗减小，厚度每增加 1 mil，阻抗就会减少 2 Ω。例如，0.5 mil 阻焊层会使特性阻抗约减小 1 Ω。

45. 为了得到准确的集总电路近似，在每个上升边的空间延伸里至少需要有 3.5 个 LC 节。例如，如果上升边为 1 ns，在 FR4 中的空间延伸为 6 in，那么为了达到准确的近似，在每 6 in 内至少需要 3.5 个 LC 节,即每隔 2 in 就有 1 节。

46. 单节 LC 模型的带宽是 $0.1/T_D$。例如,假设传输线的时延为 1 ns,如果用单节 LC 电路模拟,则带宽可达 100 MHz。

B.7 第 8 章

47. 如果传输线时延比信号上升边的 20% 还短,就不需要对传输线进行端接。

48. 在 50 Ω 系统中,5 Ω 的阻抗变化引起的反射系数是 5%。

49. 保持所有突变的量值(单位为 in)尽量短于上升边的量值(单位为 ns)。例如,如果上升边为 0.5 ns,则应保持所有阻抗突变长度小于 0.5 in。这样设计过孔区域的颈状长度,就是可接受的。

50. 远端的容性负载会增加信号的上升边。10%~90% 上升边约为 $(100C)$ ps,其中 C 的单位为 pF。例如,如果接收器的输入门电容的典型值是 2 pF,则 RC 制约的上升边约为 200 ps。

51. 如果突变的电容小于 $0.004 \times RT$,则可能不会产生问题。例如,如果上升边为 1 ns,则突变电容应少于 0.004 nF,即 4 pF。

52. 50 Ω 传输线中拐角的电容(单位为 fF)是线宽(单位为 mil)的 2 倍。例如,50 Ω 线条的线宽为 10 mil,则 90° 拐角处的电容是 20 fF。当上升边为 0.02/0.004 = 5 ps 时,它可能会引起反射问题。

53. 容性突变会使 50% 点的时延累加 $0.5Z_0C$。例如,如果 50 Ω 传输线的电容是 1 pF,则累加的时延将是 25 ps。

54. 如果突变的电感(单位为 nH)小于上升边(单位为 ns)的 10 倍,则不会产生问题。例如,如果上升边为 1 ns,则可接受的最大感性突变约为 10 nH。

55. 对上升边小于 1 ns 的信号,回路电感约为 10 nH 的轴向引脚电阻器可能会产生较多的反射噪声,这时可换成表面贴片式电阻器。

56. 在 50 Ω 系统中,需要用 4 pF 电容去补偿 10 nH 电感。

B.8 第 9 章

57. 1 GHz 时,1 盎司铜线的电阻约为其在直流状态下电阻的 15 倍。

58. 1 GHz 时,8 mil 宽线条的电阻产生的衰减与介质材料产生的衰减相当,并且介质材料产生的衰减随着频率变化得更快。

59. 对于 3 mil 或更宽的线条而言,低损耗区全发生在 10 MHz 频率以上。在低损耗区,特性阻抗及信号速度与损耗和频率无关。在常见的板级互连中不存在由损耗引起的色散现象。

60. -3 dB 衰减相当于初始功率减小到 50%,初始电压幅度减小到 70%。

61. -20 dB 衰减相当于初始功率减小到 1%,初始电压幅度减小到 10%。

62. 当处于趋肤效应状态时,信号路径与返回路径的单位长度串联电阻约为 $(8/w) \times \sqrt{f}$,其中线宽 w 的单位为 mil,频率 f 的单位为 GHz。例如,10 mil 宽的线条,其串联电阻约为 0.8 Ω/in,并且与频率的平方根成正比。

63. 50 Ω 的传输线中，由导线产生的单位长度衰减约为 $36/(wZ_0)$，其单位为 dB/in。例如，如果 50 Ω 传输线的线宽为 10 mil，则衰减为 $36/(10 \times 50) = 0.07$ dB/in。

64. FR4 的耗散因子约为 0.02。

65. 1 GHz 时，FR4 中由介质材料产生的衰减约为 0.1 dB/in，并随频率线性增加。

66. 对于 FR4 中的 8 mil 宽的 50 Ω 传输线，在 1 GHz 时，其导线损耗与介质材料损耗相等。

67. 受耗散因子的制约，FR4 互连（其长度 Len 的单位为 in）的带宽约为 30 GHz/Len。例如，50 Ω 的 10 in 长的传输线的带宽为 3 GHz。

68. FR4 互连可以传播的最短上升边为 (10 ps/in) × Len。例如，50 Ω 的 FR4 线长为 10 in 时，它可以传播的信号的上升边最小为 100 ps。

69. 如果互连长度（单位为 in）大于上升边（单位为 ns）的 50 倍，则 FR4 介质板中由损耗引起的上升边退化是不容忽视的。例如，如果上升边是 200 ps，则当线长大于 10 in 时，必须考虑损耗。

B.9 第 10 章

70. 一对 50 Ω 微带传输线中，线间距与线宽相等时，信号线之间的耦合电容约占 5%。

71. 一对 50 Ω 微带传输线中，线间距与线宽相等时，信号线之间的耦合电感约占 15%。

72. 对于 1 ns 的上升边，FR4 中近端噪声的饱和长度是 3 in，它与上升边成比例。例如，如果上升边为 0.5 ns，则饱和长度为 1.5 in。

73. 一条线的负载电容是一个常量，与附近其他线条的接近程度无关。

74. 对于 50 Ω 微带线，线间距与线宽相等时，近端串扰为 5%。

75. 对于 50 Ω 微带线，线间距是线宽的 2 倍时，近端串扰约为 2%。

76. 对于 50 Ω 微带线，线间距是线宽的 3 倍时，近端串扰约为 1%。

77. 对于 50 Ω 带状线，线间距与线宽相等时，近端串扰约为 6%。

78. 对于 50 Ω 带状线，线间距是线宽的 2 倍时，近端串扰约为 2%。

79. 对于 50 Ω 带状线，线间距是线宽的 3 倍时，近端串扰约为 0.5%。

80. 一对 50 Ω 微带传输线中，间距与线宽相等时，远端噪声为 $4\% \times T_D/RT$。如果线延迟为 1 ns，上升边为 0.5 ns，则远端噪声为 8%。

81. 一对 50 Ω 微带传输线中，间距是线宽的 2 倍时，远端噪声为 $2\% \times T_D/RT$。如果线延迟为 1 ns，上升边为 0.5 ns，则远端噪声为 4%。

82. 一对 50 Ω 的微带传输线中，间距是线宽的 3 倍时，远端噪声为 $1.5\% \times T_D/RT$。如果线延迟为 1 ns，上升边为 0.5 ns，则远端噪声为 3%。

83. 带状线或完全嵌入式微带线上没有远端噪声。

84. 在 50 Ω 总线中，无论是带状线还是微带线，要使最坏情况下的近端噪声低于 5%，就必须保持线间距大于线宽的 2 倍。

85. 在 50 Ω 总线中，线间距离等于线宽时，受害线上 75% 的串扰来源于受害线两边相邻的两条线。

86. 在 50 Ω 总线中，线间距离等于线宽时，受害线上 95% 的串扰来源于受害线两边距离最近的每边各两条线。

87. 在 50 Ω 总线中，线间距离是线宽的 2 倍时，受害线上 100% 的串扰来源于受害线两边相邻的两条线。这时可忽略它与总线中其他所有线之间的耦合。

88. 对于表层走线, 加大相邻信号线之间的距离, 使之足以添加一个防护布线, 常常可将串扰减小到一个可接受的水平, 这时并不一定要增加这条防护布线。如果添加短接的防护布线, 则可将串扰减小约 50%。

89. 对于带状线, 使用防护布线可以使串扰减小到不用防护布线时的 10%。

90. 为了保持开关噪声在可接受的水平, 必须使互感小于 2.5 nH × 上升边(单位为 ns)。例如, 如果上升边为 0.5 ns, 那么由于两对信号-返回路径对之间的耦合产生了开关噪声串扰, 为使此值保持在一个可接受的水平, 互感应该小于 1.3 nH。

91. 对于受开关噪声限制的连接器或封装而言, 可用的最大时钟频率为 $250\ \text{MHz}/(n\,L_m)$, 其中 L_m 是信号-返回路径对之间的互感(单位为 nH), n 是同时开关线的数量。例如, 如果 4 个引脚共用一个返回路径, 每对引脚之间的互感约为 1 nH, 则连接器的最大可用时钟频率为 $250\ \text{MHz}/4 \approx 60\ \text{MHz}$。

B.10　第 11 章

92. 在 LVDS 信号中, 共模信号分量比差分信号分量大 2 倍以上。

93. 如果两条单端线之间没有耦合, 则差分对的差分阻抗是其中任意一个单端线阻抗的 2 倍。

94. 一对 50 Ω 微带线, 只要其中一条线的电压维持在高或低不变, 则另一条线的单端特性阻抗就与相邻线的邻近程度完全无关。

95. 紧耦合差分微带线中的线宽等于线间距。与线条离得很远而没有耦合相比, 差分特性阻抗仅会降低 10% 左右。

96. 对于宽边耦合差分对, 线间距应至少比线宽大, 这么做的目的是为了获得可高达 100 Ω 的差分阻抗。

97. FCC 的 B 级要求是, 在 100 MHz 时, 3 m 远处的远场强度要小于 150 μV/m。

98. 在无屏蔽的双绞线电缆上, 只要有大约 3 μA 的共模电流, 就无法通过联邦通信委员会(FCC)的 B 级电磁兼容测试认证。

99. 邻近的单端攻击线在紧耦合差分对上产生的差分信号串扰比弱耦合差分对上的少 30%。

100. 邻近的单端攻击线在紧耦合差分对上产生的共模信号串扰比弱耦合差分对上的多 30%。

附录 C 参考文献

1. Anderson, E. M. *Electric Transmission Line Fundamentals*. Reston, VA: Reston Publishing Company, Inc., 1985.
2. Archambeault, B. *PCB Design for Real World EMI Control*. The Netherlands: Kluwer Academic Publishers, 2002.
3. Bakoglu, H. B. *Circuits, Interconnects, and Packaging for VLSI*. Reading, MA: Addison-Wesley, 1990.
4. Bennett, W. S. *Control and Measurement of Unintentional Electromagnetic Radiation*. Hoboken, NJ: John Wiley and Sons, 1997.
5. Buchanan, J. E. *Signal and Power Integrity in Digital Systems*. Columbus, OH: McGraw-Hill Book Company, 1995.
6. Chipman, R. A. *Transmission Lines*. Schaum's Outline Series. Columbus, OH: McGraw-Hill Book Company, 1968.
7. Dally, W. J., and Poulton, J. W. *Digital Systems Engineering*. Cambridge, England: Cambridge University Press, 1998.
8. Derickson, Dennis, Muller, Marcus. *Digital Communications Test and Measurement: High-Speed Physical Layer Characterization*. Upper Saddle River, NJ: Prentice-Hall, 2008.
9. Gardial, F. *Lossy Transmission Lines*. Norwood, MA: Artech House, 1987.
10. Grover, F. W. *Inductance Calculations*. Mineola, NY: Dover Publications, 1973.
11. Hall, S. H., Hall, G. W., and McCall, J. A. *High Speed Digital System Design*. Hoboken, NJ: John Wiley and Sons, 2000.
12. Itoh, T. *Planar Transmission Line Structures*. Piscataway, NJ: IEEE Press, 1987.
13. Johnson, Howard, and Graham, Martin. *High Speed Digital Design*. Upper Saddle River, NJ: Prentice-Hall, 1993.
14. Konsowski and Helland et al. *Electronic Packaging of High Speed Circuitry*. Columbus, OH: McGraw-Hill, 1997.
15. Li, Mike Peng. *Jitter, Noise, and Signal Integrity at High-Speed*, Upper Saddle River, NJ: Prentice-Hall, 2007.
16. Mardiguian, Michel. *Controlling Radiated Emissions by Design*. The Netherlands: Chapman and Hall, 1992.
17. Martens, L. *High Frequency Characterization of Electronic Packaging*. The Netherlands: Kluwer Academic Publishers, 1998.
18. Oh, K. S., and Yuan, X. *High-Speed Signaling: Jitter Modeling, Analysis and Budgeting*. Upper Saddle River, NJ: Prentice-Hall, 2012.
19. Ott, Henry. *Noise Reduction Techniques in Electronic Systems*. Hoboken, NJ: Wiley-Interscience, 1988.
20. Paul, Clayton. *Introduction to Electromagnetic Compatibility*. Hoboken, NJ: Wiley-Interscience, 1992.
21. Pandit, V. S., Ryu, W. H., and Choi, M. J. *Power Integrity for I/O Interfaces: With Signal Integrity/Power Integrity Co-Design*. Upper Saddle River, NJ: Prentice-Hall, 2010.
22. Poon, Ron. *Computer Circuits Electrical Design*. Upper Saddle River, NJ: Prentice-Hall, 1995.
23. Rosenstark, Sol. *Transmission Lines in Computer Engineering*. Columbus, OH: McGraw-Hill, 1994.
24. Skilling, H. H. *Electric Transmission Lines*. Melbourne, FL: Krieger Publishing Company, 1979.
25. Smith, D. *High Frequency Measurements and Noise in Electronic Circuits*. New York: Van Nostrand Reinhold, 1993.
26. Smith, Larry and Bogatin, Eric. *Principles of Power Integrity for PDN Design-Simplified*. Upper Saddle River, NJ: Prentice-Hall, 2017.
27. Tsaliovich, A. *Cable Shielding for Electromagnetic Compatibility*. The Netherlands: Chapman and Hall, 1995.
28. Wadell, Brian. *Transmission Line Design Handbook*. Norwood, MA: Artech House, 1991.
29. Walker, C. *Capacitance, Inductance and Crosstalk Analysis*. Norwood, MA: Artech House, 1990.
30. Walsh, J. B. *Electromagnetic Theory and Engineering Applications*. New York: The Ronald Press Company, 1960.
31. Williams, Tim. *EMC for Product Designers*. Burlington, MA: Newnes Press, 1992.
32. Young, B. *Digital Signal Integrity*. Upper Saddle River, NJ: Prentice-Hall, 2000.

附录 D 复习题答案

附录 D 给出了各章复习题的全部参考答案，旨在帮助读者巩固对本书技术内容的理解和掌握。读者在查阅各章答案之前，最好先自己尝试回答各章列出的所有复习题。

第 1 章

1.1 列举一个纯属于信号完整性类型的问题。

传输线上的反射就是一个单纯的信号完整性问题，有时被人们称为传输线上信号的"自我-攻击"噪声。

1.2 列举一个纯属于电源完整性类型的问题。

芯片中 V_{DD} 电源上的轨道噪声就是一个单纯的电源完整性问题，因为 V_{DD} 轨道上的这一噪声源于 V_{DD} 轨道上的电流变化。这也是 V_{DD} 轨道上"自我-攻击"噪声的一个例子。

1.3 列举一个纯属于电磁兼容类型的问题。

所有电磁辐射的发射源都源于作为系统中一部分的广义导体中电流的变化。当然，这类电流一定源于上述信号-返回路径电流，或者源于上述电源-地回路电流。所以，这里讨论的 3 类问题之间总是存在着相互影响。然而，对信号本身没有影响的许多信号特征却可能对电磁干扰产生巨大的影响。一个典型的示例就是差分对，例如一个 CAT 5 型双绞线中的轻微模式转换。双绞线上的微量共模信号对差分信号没有影响，但可能导致一次真正的电磁兼容故障。

1.4 列举一个同时属于信号完整性和电源完整性类型的问题。

同时引起信号完整性和电源完整性问题的最常见现象就是"地弹"。如果几个信号共享一个返回路径，而这个返回路径不是一个宽广均匀的平面，而是有时滞错位，就会出现这类问题。当返回路径中出现封装引脚一类的狭窄路径时，其拥有的电感值就比宽平面的更大。

由于信号通常与电源共用返回路径，所以具有时滞错位的返回路径既是信号互连回路的一部分，又是电源分配网络（PDN）的一部分。当电流流过这个共享的公共返回路径时，会产生所谓的"地弹"电压。它可能是信号之间的串扰，也可能是电源与信号之间的串扰。

1.5 是什么造成了阻抗的不连续？

在导体横截面几何结构发生变化处，信号会有瞬时阻抗的变化，即阻抗出现了不连续性。可能是信号导线的形状发生了改变，或者其返回路径的几何结构发生了改变，或者两者兼而有之。这类不连续性通常发生在结构的接合部——从管芯到封装，或到布线层走线，或经由过孔和连接器等。

1.6 当互连线具有频率相关损耗时，传输信号会发生什么变化？

通常，随着频率的升高，导体和电介质的损耗会增加。当具有快速边沿的信号经过具有随频率升高而损耗加大的互连时，信号高频率分量的衰减将比低频率分量的衰减更多。这将明显地减小信号的带宽。

高带宽信号的上升边较短。当其带宽降低时，其上升边将变长。这种上升边的增加是有损互连的主要问题。当上升边与数据模式的单位间隔相当时，损耗就会影响信号的质量。

1.7　引起串扰的两种机制是什么？

串扰的基本机制是边缘电场和边缘磁场的耦合。如果在信号路径和返回路径之间的所有电场和磁场都被限制在信号路径附近，就不会发生串扰。

我们可以用耦合电容和耦合电感这类电路元件去近似电场耦合和磁场耦合，称为互容和互感。

1.8　为了将串扰最低化，应该如何设置两个相邻信号路径的返回路径？

相比于任何其他结构，一个宽而坚实的平面将会最大化地抑制杂散电场和磁场。为了使串扰最小化，一定要采用宽返回平面。任何其他结构都会使串扰增大。

1.9　低阻抗电源分配网络降低了电源完整性问题。列出低阻抗电源分配网络的 3 个设计特征。

电源分配网络包括从稳压模块（VRM）焊盘到芯片电源轨道焊盘之间的所有互连。降低阻抗的一种方法就是减小路径中的回路电感。这需要采取如下措施：

1. 将电源路径尽量靠近地路径；
2. 使互连尽可能短；
3. 使用宽平面导体等。

为了减少平面和器件之间的互连线长度，还需要采取如下措施：

4. 电源层和地层应为相邻层；
5. 在它们之间采用薄的电介质；
6. 尽可能将它们靠近叠层顶部的元件层。

1.10　列出有助于降低电磁干扰的两个设计特征。

电磁干扰的最大源头之一是外部双绞线（如 CAT 5 电缆）上的共模电流。这可以通过使用类似于 CAT6 的屏蔽电缆加以减少，并将其屏蔽层连接到机壳。这并不是说"屏蔽层"总能成功屏蔽其内部的场辐射，而是将屏蔽层作为双绞线上共模电流的返回路径，减少了共模电流的外部场。

第二个问题是关于屏蔽层的连接。如果它做不到 360°全方位、理想的同轴连接，则返回路径会具有一些总电感。当返回电流流过这个总电感时，就会产生地弹电压，并驱动电缆屏蔽层外面的新的共模电流。

1.11　使用经验法则在什么时候是一个好主意？在什么时候不是一个好主意？

刚开始处理任何问题时，都可以采用经验法则预估各种可能的情况。这个起点有助于启动我们的工程判断。但是，如果准备签署一个设计，当强调对其指标值的准确度为 10% 或更高时，就不要采用经验法则，而是应该采用数值仿真并加上验证工序了。

1.12　信号的哪种最重要的特征影响到信号是否会存在信号完整性问题？

所有信号完整性问题随着信号上升边的缩短而加重。通常，当信号上升边为 10 ns 或更长时，互连显得非常通透，很少有信号完整性问题。但是，随着上升边变短，信号的完整性会变差。一般而言，如果上升边是 1 ns 或更短，互连就不再通透；如果不操心信号的完整性问题，则产品很可能在第一时间就无法正常运行。

1.13　为了解决问题，哪一点信息是最需要了解的？

问题的根源！如果不知道问题的真正根源，那么解决问题的机会纯粹基于运气。我们不仅要判断问题的真正根源，而且要能确信我们的判断是正确的。为此，通常需要尽可能多地对我们的判断进行一致性测试验证。

1.14　最好的设计实例就是值得遵循的惯例。试给出几个最佳电路板互连设计的实例。

1. 将所有信号线排布为均匀的传输线。
2. 在排布信号线时避免使用分支。
3. 在每条信号线下总是使用连续的返回路径。
4. 如果连线足够长或上升边足够短，则要考虑启用匹配端接。
5. 对于电容器，始终使用尽可能短的表面走线，以使安装的电容器尽可能靠近实用时的焊盘过孔。
6. 避免让不同信号路径的返回路径相混淆，或将其返回电流相重叠。

1.15　模型和仿真有什么区别？

模型是对物理结构、元件或器件的电气描述。这是用仿真器能理解的语言编写的输入信息。例如，对于 SPICE 一类的电路仿真器，建模用的语言就是电路元件，如电容器、电阻器、电感器和传输线等。

仿真器就是用以计算电场/磁场、S 参数、时域/频域中的电压或电流的引擎。有时，可将一节互连的 S 参数描述作为互连的行为模型，输入仿真工具中。

1.16　最重要的分析工具是哪 3 类？

最简单的分析工具是经验法则。它很容易使用，但不是很准确。它只是整个分析过程的初始点，有助于给出坚实的工程判断。

更准确一些的工具是解析近似。虽然有时看似复杂，但不一定准确。可将解析近似结果集成为电子表格，用以对假设情景进行推测，但其准确度有待进一步确认。

最准确的分析工具是数值仿真。这类分析的价值通常很高，但也要付出较高的代价，包括高成本的工具、具有相关的经验知识，以及不断学习的过程等。

1.17　伯格丁第 9 条规则是什么？

伯格丁第 9 条规则是"不要在对预测结果无知的情况下进行测量或仿真"。进行测量或仿真之前，应始终先预测我们期望看到的内容。

如果结果错了，我们看到的东西与预期的不相符，那么这一定有原因。除非我们能理解为什么结果与预期不相符，否则就不要使用这个结果。也许我们做错了什么，或者工具是错的。

如果结果是对的，看到了预期的内容，我们就会有一种温暖的感觉，也许就明白了我们在做什么。这是树立自信心的一个重要步骤。

第 9 条规则有一种必然结果：很多情况都可能破坏了仿真或测量，我们无法进行足够的一致性测试以验证结果的正确性。

1.18　在设计流程中加入测量环节的 3 个重要原因是什么？

1. 有许多仿真器的输入信息是材料属性。这些信息通常只能从测量中获得。
2. 元件模型的准确性只能通过测量加以验证。
3. 许多仿真工具本质上是准确的。但是，很难保证设置仿真对象及运用仿真工具的过程全是正确的。验证这一仿真过程的正确性的最好办法是，将仿真结果与性能优良的测试设备的测量结果加以对比。

1.19 一个 2 GHz 时钟信号的周期是多大？对其上升边的合理估计是多大？

一个 2 GHz 时钟信号的周期是 $1/F = 0.5$ ns。如果其上升边约为周期的 10%，则上升边将是 0.05 ns 或 50 ps。这只是粗略地估计上升边占周期的可能比例，它最长可能达到周期的 50%。

1.20 SPICE 模型和 IBIS 模型有什么区别？

SPICE 模型将有源器件描述为电压源、电流源，以及一些电容器、电感器和电阻器的组合。这类电路元件模型就是用于体现器件微观特定物理特征的模型。

一个驱动器的 IBIS 模型通常称为器件的行为模型。它由驱动器在不同负载条件下的电压-电流曲线的行为构成。在 $I\text{-}V$ 曲线表征的行为特征与实际设计的物理特征之间没有直接的关联。

1.21 麦克斯韦方程组描述什么？

麦克斯韦方程组涉及电场和磁场如何与电流、电荷发生相互作用。最重要的是，麦克斯韦在他的方程中引入了两个重要的新特征。第一个是变化的电场就像电流一样起作用，但并不是物理电荷的运动。他将其称为位移电流。这是信号完整性中的一个非常重要的概念。

在他的方程中引入的第二个重要创新是变化的电场产生变化的磁场，二者之间存在耦合，其后又要产生变化的电场。正是这种多元互动成为了电磁场传播的源动力。

将 E 场和 B 场之间的线性微分方程组合在一起，就可以获得单独 E 场和单独 B 场中的二阶线性微分方程。这些方程的解就是以光速传播中的电场和磁场。

1.22 如果底层时钟的频率为 2 GHz，而数据以双倍速率计，那么信号的数据率是多少？

当每个时钟周期内有 2 比特时，其比特率就是 4 Gbps。当每个周期内有 2 比特时，这一信号数据率所对应的时钟频率称为奈奎斯特频率。

第 2 章

2.1 时域和频域的区别是什么？

时间域是现实世界。频域是构建出的一个数学世界。

在现实世界中，事件按时间印记和事件之间的间隔依次发生。现实世界中，时间域的一个重要属性是因果性。这意味着在激励之前不会出现响应。

在时域中，我们将信号描述为离散时刻的电压，波形显示的就是电压与时间的关系。

频域是一个数学架构。在这个精确定义的域中，唯一实际存在的波形就是正弦波。信号中所含各种正弦波分量的汇集就是频谱。信号被分解为各离散频率点的不同幅值和相位的电压。

2.2 频域的特性是什么？为什么它对于互连信号分析如此重要？

在频域中，唯一真实存在的波形就是正弦波。所谓的物理效应就是指对正弦波形的自然响应。

当物理效应由二阶线性微分方程描述时就是这种情况。这些方程的解就是正弦波。这意味着在这样的系统中正弦波是自然产生的。

具有电阻器、电容器、电感器和传输线的电路可以由二阶线性微分方程描述。这意味着正弦波在电路中是自然产生的。

电路中的许多电压-时间关系都被看成正弦波的组合。通常，在频域中用有限几项正弦波描述这些波形，比在时域中用电压-时间关系来表达更简单。在这种情况下，我们通常可以在频域中获得比在时域中更简单的解决方案。这意味着通过频域而不是停留在时域中去寻找答案所花的时间会更短。

2.3 是什么理由让我们情愿离开真实的时域世界而进入频域？

由于现实的世界处于时域中，因此我们的首选总是在时域中解决问题。让我们离开现实世界而变到由数学构造出的频域世界的唯一理由是：更快地得到答案。

并非所有问题都可以在频域中更快地解决。但是，在频域中进行处理可能是一个重要的捷径。因此，我们应该成为一位双语人才，学会同时在时域和频域中思考并付诸行动。

2.4 具有什么特性的信号，其偶次谐波几乎为零？

在时域中重复的波形，其频域中的每次谐波频率都将是波形重复频率的整倍数。例如，一种在时域中对称的波形，其前半周期发生的情况都会在后半周期出现，只是加上一个负号而已。这样的时域波形在其频域中将不会出现偶次谐波，所有偶次谐波的幅度都将为零。

如果波形的前半周期和后半周期之间有任何不对称，则会出现一些偶次谐波。例如，当信号是占空比为50%的方波时没有偶次谐波。但是，如果占空比不是50%，则会出现偶次谐波。

如果波形在后半周期发生的特征与在前半周期的并非完全相同，例如上升边不同于下降边，则会出现偶次谐波。

2.5 什么是带宽？为什么说它只是一个近似的术语？

信号的带宽是指在信号的频谱中具备有效价值的最高正弦波频率分量值。这意味着，可以直接去除信号带宽以上的所有频率分量。并且，在重建波形时它们不会对信号产生任何重要影响。

这就好比采用一个带宽在某高频处陡峭截止的低通滤波器去传送某个原始信号。最终，当我们对比这一原始信号和经过低通滤波器之后的信号时，在所关心的重要功能方面它们都是相同的。

但是，上述的"有效"和"关心"这两个术语都是比较模糊的。如果将原始波形和低通滤波后波形的相似度定义为：沿时间轴的电压误差在10%之内，甚至在1%之内，就会得到不同的带宽值。

这使得"带宽"一词成为一个近似的术语。如果关心1%之内的差异，就不要再用带宽这一术语了，而应该关注整个信号波形或整个频谱。

2.6 为了运行离散傅里叶变换，信号必须具有的最重要属性是什么？

为了使离散傅里叶变换展现出用频域描述信号是最有效的，必须确认信号是周期重复性的，并且在用于计算离散傅里叶变换的时间窗口内给出信号的一个完整周期。

在这种情况下，各次谐波均为信号重复频率的整倍数，频谱将与时间间隔内的周期数无关。

如果所选择的时间间隔未包含信号的一个完整周期，则结果频谱将取决于具体选择的时间间隔，它并不是信号所固有的周期。

2.7 为什么设计用于高速数字应用的互连比为射频应用设计互连更困难？

高速数字应用中的信号具有较宽的带宽。这意味着互连必须在很宽的频带范围内表现良好。射频世界中的信号以载波频率为中心，具有较窄的带宽。它意味着互连在一个频率(载波频率)下表现良好即可。

我认为，在一个频率点设计具有特定阻抗的互连，比在很宽的频带范围内设计互连更容易。

当然，"更容易"是一个主观的术语。在射频世界工作的朋友可能认为他们的设计比高速数字设计更难，因为他们需要更严格的阻抗控制，并且不能容忍设计数字电路时那么高的串扰。

2.8 如果信号的带宽减少，那么信号中的哪些功能会改变？

带宽就是低通滤波器中的截止频率值。当选定为信号带宽时，它是能让原始信号和滤波后信号看似相同的频率下限。

假如经由一个低通滤波器传送信号，当我们降低滤波器的截止频率时，作为输出信号主要特性的信号上升边将发生变化。带宽越低，上升边就越长。

2.9 如果互连中有 −10 dB 的衰减，但在频域中的衰减是平坦的，那么当信号通过互连传输时，上升边会如何表现？

如果 −10 dB 衰减的频率响应是平坦的，就意味着信号频谱中的每个频率分量都会受到同样的影响。频谱的形状将保持不变。如果在任何频率都出现 −10 dB 的降幅，则信号幅度将降至原始幅度的 30% 左右。

由于上升边与频谱中各频率成分之间的相对值相关，所以上升边的形状将保持不变，但信号的幅度将被降幅。

衰减本身不会引起上升边的退化，但要求各个频率的衰减都要相等。

2.10 当把带宽描述为最高有效频率分量时，"有效"一词意味着什么？

术语"有效"是一个模糊的术语，指的是需要包含在任何分析中的最高正弦波频率分量。如果将带宽以上的所有频率分量设置为零，然后再将信号转换回时域，那么所关心信号的所有有效属性(如上升边)都将保留，并足够地接近原始信号。

对一个信号带宽的描述也是如此！即：如果信号经过一个峭壁式下降低通滤波器之后仍与发送信号一样，保留了该信号的有效特征，就能用这一滤波器的最低峭壁频率作为该信号的带宽。

不同的应用中的"有效"可能具有不同的含义。如果我们想重建经过峭壁滤波器后信号的上升边，且该上升边要保有 10%~90% 是相同的，则需要将峭壁值设定在大约 0.35/上升边 (RT)处。

2.11 某些已发表的经验法则建议将信号带宽设置为0.5/RT，到底应该是 0.35/RT 还是 0.5/RT？

如果担心关系式中 0.35 和 0.5 之间的差异，那么请勿使用术语"带宽"。我们在分析中应该考虑的是整个频谱。当关注点是保有完整上升边时，带宽这一术语就显得太模糊了，以至于区分不出 0.35 和 0.5。

例如，如果信号的上升边是方波周期 T 的 10%，则谐波将处于 $1/T$ 的整倍数处。这意味着观测频谱时的分辨率是 $1/T$。

由 0.35/RT 定义的带宽与经计算 $0.35/(0.1 \times T) = 3.5/T$ 得到的频率值是相同的。同理，$0.5/RT = 5/T$，定义的带宽与计算所得的频率值也是相同的。频谱的分辨率仅为 $1/T$，上述讨论等于在试图区分 3.5/T 和 5/T 值之间的区别。这两个值相差 1.5/T 之内，接近于频谱的分辨率下限。

2.12　测量的带宽是什么含义？

测量的带宽是指对包括器件、探头和装置在内的系统进行正确测量，得到的最高正弦波频率分量。为了量化这一带宽值，通常将其定义为被检测信号的幅度降低到 −3 dB 的那个频率。

在许多数字存储示波器(DSO)应用中，由于广义信号处理的缘故，设备频率响应曲线的形状在高频端有非常明显的退化。通常的做法是将示波器单独的带宽定义在 −2 dB 的那个频率点。

一个 1 GHz 的示波器在频率为 1 GHz 时的衰减为 −2 dB。所指的就是将正弦波信号发送到示波器后，其信号幅度下降为 −2 dB 的最高频率。

像频谱分析仪或网络分析仪这样的频域仪器，在校准后通常是直到最高测量频率前都具有很平坦的响应。在此频率以上，测量的响应则应该为零。仪器的带宽是指能测量的最高频率分量。

2.13　模型的带宽是什么含义？

模型的带宽是指定义了一个最高正弦波频率，在该频率下，根据模型做出的仿真预测与对任一实际器件进行任何测量的响应相比，其相匹配的准确度均在"可接受"的水平之内。

当然，"可接受"这一术语也是模糊的。取决于应用，通常它意味着在测量的响应和对实际元件进行仿真的响应之间相差 10% 之内。

如果将模型带宽外的情况与带宽内的情况相比照，其测量和仿真响应准确度之间的一致性将会迅速退化。

2.14　互连的带宽是什么含义？

互连的带宽是指信号经由互连传输后仍具有所需性能规范的最高频率。

显然，根据应用程序的不同，需求也会发生变化。如果想让信号经由互连传输后其上升边仍不受影响，通常就意味着在某一频率的信号衰减为 −3 dB。

如果衰减是平坦的 −3 dB，那么上升边根本不会退化。在讨论带宽时，一般假设衰减是频率线性相关的。但是，若频率响应是峭壁式的低通滤波器，则维持输出 10% ~ 90% 上升边与输入上升边相同的频率点将会更接近 −2 dB 的那一频率点。

然而，若应用只要求输出端载频的幅值与输入端的信号载频的幅度相比可以是 −20 dB，则我们可能会容忍更差一些的互连。

这就是为什么人们经常为"互连带宽"的说法加上限定符，例如 −3 dB 带宽、−10 dB 带宽或 −20 dB 带宽等。它将取决于不同应用所能接受的衰减。

2.15　在测量互连带宽时，为什么源阻抗与接收阻抗都应与互连线的特性阻抗相匹配？

如果将互连带宽定义为在输出端信号幅值为输入信号幅值 −3 dB 时的最高频率，那么与互连的特性阻抗相比，源端阻抗和接收端阻抗很重要，其原因有如下两方面。

发送到传输线中的信号的幅值取决于与互连阻抗相比的源阻抗。增加源阻抗会减少传入传输线的信号。同理，改变接收阻抗时，接收端的输出电压也会有所变化。增加接收阻抗时，可以在接收端测得更多的电压。

如果源阻抗和接收阻抗与互连的特性阻抗不匹配，那么互连线两端之间的反射会引起与互连长度相关的频率涟漪。这些涟漪不是互连线的固有响应。我们可以通过改变源端阻抗和接收端阻抗等外部设置来改变调制深度。

如果端接与互连的特性阻抗相匹配，则可以最大限度地减小端接的影响，便于检测出互连线的固有特性。

如果互连阻抗是不可控的，且其瞬时阻抗随其长度而变化，则在互连内部必然存在反射，这也是互连线自身固有特性的一种。对我们而言，最好的办法就是将源阻抗和接收阻抗与互连的平均阻抗或互连的低频特性阻抗相匹配。

这就是我们必须在特定端接阻抗下定义互连带宽的原因。幸运的是，如果知道某一端接值下的互连响应，就可以用数学方法计算出任何其他端接条件下的响应。这样就没有必要测量所有的组合了。

2.16　如果较高带宽的示波器引起的信号失真低于较低带宽的示波器引起的信号失真，那么为什么不应该只购买带宽为信号带宽 20 倍的示波器？

为什么更高的带宽不一定更好？这里有两个原因。首先是成本，示波器带宽越高，其价格也就越高。在购买仪器时，我们总会首先考虑预算、今后的使用场合，以及仪器的更大使用空间。

与硬盘的内存空间类似，可承受成本的前提下，始终应该购买具有最大空间的硬盘。

高带宽测量存在一个根本性的问题。每个接收端都有一些与之相关的噪声，也许它只是模数转换器的数字化噪声。一般而言，噪声强度在频域是平坦的。这就意味着，与低测量带宽相比，高测量带宽会造成更多的放大器噪声。如果在更高带宽内没有更多的信号信息，所做的就只能是增加噪声。

信噪比从字面上看是信号能量与噪声能量之比。采用较高的带宽测量并不会增加信号能量，而只会增加噪声能量，因此在带宽较高的情况下，信噪比只会降低。

这就是大多数示波器设有允许用户在放大器前选择测量带宽的功能的原因。如果有足够的信噪比，这一点可能就无关紧要。但有时可能很重要，例如正在提升信噪比的上限，或想用足够的测量带宽以使所有信号进入，但在没有信号的频带范围内无须进入更多的噪声。

如果想成为测量的主人，则应始终关注信号的带宽，并将测量的带宽确定为信号带宽的至少两倍，这样就不会丢失任何信号分量。但也不要高过该值太多，这样就不会添加太多的噪声。

2.17　在高速串行链路中，−10 dB 互连带宽是指 1 次谐波衰减为 −10 dB 的频率点。在其 3 次谐波处有多大衰减？其幅值是多大？

在以介质损耗为主的互连中，互连的衰减(以 dB 为单位)随着频率线性下降。例如，如果在 1 次谐波频率 1 GHz 处的衰减是 −10 dB，那么在其 3 次谐波(即 3 GHz 处)的衰减将是 −10 dB ×3 = −30 dB。

接收端信号的 1 次谐波幅值将下降至输入信号的 30%，即衰减值为 −10 dB。当衰减为 −30 dB 时，幅值将下降到：

$$幅值 = 10^{\frac{-30}{20}} = 10^{-1.5} = 3\%$$

或者说，在 3 次谐波上留存的信号并不多了。

2.18　使用带宽低于信号带宽的模型有什么潜在危险？

模型的全部功能就是真实表征实际元件的电气行为。它的价值在于如何忠实或准确地预测实际元件的实际性能。

模型的带宽是指模型能预测与实际元件行为相一致的最高频率。如果信号具有高于模型带宽的频率分量，则模型的预测将不再准确。或者说，我们得到的可能是一个错误的答案。

如果信号带宽超过模型的带宽,结果就可能是错误的,但是要弄清楚答案中的具体错误值也很难。可能的结果如下:

1.造成比实际更糟糕的误引导,使人们过度设计产品;
2.造成比实际更良好的误引导,但最终的产品却无法正常工作。

2.19 如果采用矢量网络分析仪(VNA)测量互连模型的带宽,那么该仪器的带宽应该是多大?

显然,互连模型的带宽至少应与信号的带宽一样宽,仪器的带宽也至少应与所测互连模型的带宽一样宽。

如果负担得起,该模型和测量仪器的带宽就都应该2倍于信号的带宽,这里的术语带宽的模糊性取决于我们能否负担得起。

VNA带宽的定义非常清晰,是指VNA正常工作能达到的最高频率。通常,VNA测量的成本随着测量带宽的升高而增加。在代价成本中,还包括电缆、连接器、校准系统、夹具设计,以及测量必须遵守的注意事项等。

所用VNA的带宽至少应该与所测互连模型的带宽一样宽,并可延伸到负担得起的更高频率。但是,超过2倍模型带宽并不会增加任何额外的好处,除非有些应用场合想知晓其极限值。如果不存在超过2倍互连模型带宽的成分,则无须对高于2倍互连模型带宽频率的情况加以测量,除非是不计成本时才会去做。

2.20 若时钟频率为2.5 GHz,则其周期是多大?它的10%~90%上升边估计为多大?

周期是1/时钟频率。如果时钟频率为2.5 GHz,则周期为$1/(2.5 \text{ GHz}) = 0.4 \text{ ns}$。

知道了周期,并不意味着就知道了上升边的情况。我们必须先做出一些假设。一般而言,许多钟控数字系统的上升边约为其周期的10%。使用这一经验法则,若其周期为0.4 ns,则其上升边约为$0.1 \times 0.4 \text{ ns} = 0.04 \text{ ns} = 40 \text{ ps}$。

但是,这一假设在极端情况下是错误的。在高速串行链路中,上升边通常是单位间隔的1/2。在一个单位间隔内发生了信号的上升及下降。如果单位间隔是基本时钟周期的一半,则上升边就是$0.25 \times$时钟周期。

在简单的微控制器电路,如Arduino中,其时钟频率为16 MHz。因此,其周期是60 ns。采用10%的经验法则可以预估其上升边约为6 ns。但是,在测量时我们会发现从I/O口输出的信号上升边却是3 ns,是预估上升边的一半。

但是,多数情况下,先给出OK的回答比之后给出良好的回答更好。如果所知道的只是一段时间,只需一个粗略的估计,无须知道系统或信号的其他信息,使用10%级别的经验法则就是一个很好的起点。

2.21 如果重复信号的周期为500 MHz,那么前三次谐波的频率是多少?

1次谐波的频率就是500 MHz,2次谐波的频率是$2 \times 500 \text{ MHz}$(即1 GHz),3次谐波的频率是$3 \times 500 \text{ MHz}$(即1.5 GHz)。

当然,我们给出的这些只是其频率值。这里没有足够的信息能够明确地论及前三次谐波的幅值。

2.22 如果一个占空比为50%的理想方波的峰-峰值为1 V,那么它的1次谐波的峰-峰值是多少?这个结果为什么令人吃惊?

这个方波的1次谐波的幅值为$2/\pi \approx 0.637 \text{ V}$。但是,这是其1次谐波正弦波的幅值,该正弦波的峰-峰值则为$2 \times 0.637 \text{ V} \approx 1.27 \text{ V}$。

令人吃惊的是方波的峰-峰值为 1 V。然而，包含在该信号中的 1 次谐波的峰-峰值为 1.27 V，它的峰-峰值比原始信号大 27%。

随着更多谐波的添加，与其他谐波相结合后，其峰-峰值将会逐渐降至接近 1 的值。

2.23　在理想方波的频谱中，1 次谐波的幅值是方波峰-峰值的 0.63 倍。什么谐波的幅值比 1 次谐波的低 3 dB？

在理想方波频谱中，每个频率分量的幅值按 $1/n$ 的规律减小。这意味着 2 次谐波的幅值下降到 1 次谐波的 50%，3 次谐波的幅值下降到 1 次谐波的幅值的 1/3 或 33%。

降低 -3 dB 后的幅值将是原幅值的 71%，该值介于 1 次谐波和 2 次谐波之间。事实上，2 次谐波已经下降到 -3 dB 以下，其幅值从 1 次谐波下降了 -6 dB。

注意，有人说带宽是指当其某谐波的幅值下降为 1 次谐波幅值 -3 dB 时的位置，这显然是错误的。

2.24　理想方波的上升边是多少？与 1 次谐波相比，1001 次谐波的幅值是多大？如果它很小，在频谱中是否有必要包含它？

理想方波的定义是其上升边为 0 ps。理想方波的带宽是无限大。当我们解析计算理想方波任一谐波的幅值时，可以采用下述公式：

$$A_n = \frac{2}{\pi n}$$

当方波对称且占空比为 50% 时，其偶次谐波的幅值为零，因此这种关系仅适用于 n 为奇数值。

我们可以用此式计算任一谐波的幅值。即使 $n = 1001$，其值也是如此，即

$$A_{1001} = \frac{2}{\pi 1001} = 0.000636$$

与 1 次谐波相比，这是一个很小的值。实际上，它小于 1 次谐波幅值的 0.1%。当然它已经小到会被忽略。但是，如果丢弃了 $n = 1001$ 或更高次的谐波，那么即使其幅值很小，最终合成方波的上升边也不会是 0 ps。方波的上升边会更长。

如果我们关心 0 ps 的上升边，则必须将每个谐波(尽管很小)都包含在频谱中，它们都很有用。

2.25　如果信号的 10%~90% 上升边是 1 ns，那么它的带宽是多大？如果其 20%~80% 上升边是 1 ns，那么这会增大还是减少信号的带宽？还是对带宽没有影响？

1 ns 上升边信号的带宽为 0.35/1 ns = 350 MHz。如果在定义时不使用 10%~90% 上升边，而是选用 20%~80% 上升边来定义，则其信号的带宽不会改变，因为这是信号的内在特性。

但是，如果其 20%~80% 上升边为 1 ns，则其 10%~90% 上升边将会长于 1 ns。这时，较长的上升边意味着较低的带宽。所以，当我们估计信号的带宽时，应该关注所采用的上升边定义。

2.26　信号的时钟频率为 3 GHz。在不知道信号的上升边的情况下，它的带宽估计为多少？在估算时的基本假设是什么？

当然，信号的上升边而不是其时钟频率，决定了它的带宽。但是，如果除了信号的时钟频率不了解其他信息，则其带宽大约是时钟频率的 5 倍。

对于 3 GHz 的时钟频率，带宽约为 5 × 3 GHz = 15 GHz。

在建立这种关联时,人们假设信号的上升边大约是其周期的7%。按7%计算比假设上升边为周期10%所求得的宽带更宽,这是对带宽的保守估计。这意味着,如果实际的上升边大于7%,那么其带宽将小于15 GHz。

2.27 如果信号的上升边为100 ps,那么应该用多大的最低带宽示波器去测量它?

示波器的带宽应该至少是信号带宽的2倍。如果信号的上升边为0.1 ns,则其带宽为0.35/0.1 ns=3.5 GHz。所用示波器的带宽(含探头在内)应至少为其2倍,即7 GHz。

如果示波器带宽小于7 GHz,那么示波器测量出的上升边将比信号的实际上升边更长一些。

2.28 如果互连的带宽是5 GHz,那么从这一互连的输出处期望看到的最短上升边是多长?

5 GHz的互连带宽意味着,虽然发送的信号上升边为1 ps,但其输出的上升边将对应有5 GHz的带宽。或者说,其输出上升边变成了0.35/5 GHz=70 ps。

显然,从互连线输出的信号的最短上升边约为70 ps。

2.29 如果时钟信号是2.5 GHz,那么测量用的示波器的最低带宽是多大?传输用的互连的最低带宽是多大?用于仿真的互连模型的最低带宽是多大?

如果不知道信号的上升边,就无法准确知晓信号的带宽,以及其他一些有用的带宽指标,只能进行粗略的预估。为了避免因为一些不必要的性能而去花费额外的成本,或者为了避免由于带宽设置不当而引起的风险,应该在事先获取一些必要的信息。

如果只知道时钟频率为2.5 GHz,则可将其带宽估算为5×2.5 GHz=12.5 GHz。以此为起点,我们应该拥有一个带宽至少为2×12.5 GHz或25 GHz的示波器。这里,仪器的带宽应为时钟频率的10倍。

一般而言,在2.5 GHz的时钟频率下,上升边大于其周期的7%。但在缺乏准确信息的情况下,我们可能会支付较大的成本。

为了维持信号上升边不出现明显的退化,所用互连传输线的带宽应为信号带宽的2倍,即25 GHz。同理,互连线模型的带宽也应为25 GHz。

上述这些都是在不知道上升边情况下的框定指标值,与事先知道信号的实际带宽值相比,可能付出多了一点。这就是为什么在提供25 GHz示波器、互连线和互连建模之前,值得花些时间和精力去求解信号真实带宽的理由。

第3章

3.1 互连的最重要的电气特性是什么?

虽然表征互连的电气特性很多,但最重要的是其阻抗。这其中有很多种形式,最著名的就是以频域函数表征的输入阻抗。

3.2 能否用阻抗描述反射噪声的起源?

当信号沿着互连传输并遇到瞬时阻抗发生变化时,就会产生反射,传输的信号就会失真。信号沿途所看到的互连阻抗环境的变化,决定了由反射噪声引起的信号失真的程度。

3.3 如何从阻抗的角度阐述串扰的起源?

从攻击线到受害线的串扰最终归因于边缘电场和边缘磁场。我们也可以用电容器和互感器这些小型集总电路元件去近似刻画这些场。

两个相邻信号–返回路径之间的串扰就是由耦合电容或互容、耦合电感或互感引起的。耦合信号的大小取决于攻击线上的源电压和这些耦合元件阻抗的大小。

3.4　建模和仿真有什么区别？

建模就是将由导体和电介质构成的物理互连转换为等效电路模型的过程。我们首先必须给出电路的拓扑结构描述。电路拓扑中的每个电路元件都只用很少的几个参数加以定义。

第二步是计算每个电路元件中的参数值。可以采用经验法则、解析近似或数值仿真工具来完成。

仿真就是使用这些模型预测时域或频域中实际信号的电流或电压波形。

仿真器就是求解由关键的元件参数所构成的电路模型微分方程的过程，再基于输入信号预测输出的波形。

3.5　什么是阻抗？

从本质上讲，阻抗就是元件两端的电压与流过元件的电流之比。这个比率定义了电流、电压与元件之间的相互关系。尽管阻抗在时域中也有定义，但由于阻抗总是与频率更相关，人们在频域中描述阻抗更方便。

至少有 5 种不同类型的阻抗，人们为每一种都给出了不同的限定符以加以区分：瞬时阻抗、特性阻抗、时域输入阻抗、频域输入阻抗，以及拥有两个以上端子元件的阻抗矩阵。

3.6　实际电容器和理想电容器有什么区别？

真实的电容器就是一种实际的物理元件，称为电容器。这种物理元件常安装在电路板上的滤波器中，以隔断直流电压，或提供本地电荷存储等。

理想电容器则是真实电容器的电气模型。这是一个理想化的描述，采用仿真器所能理解的语言编写。这里的理想并不意味着它未能描述实际电容器的一些更复杂的行为。

该模型可以拥有多个复杂度，以考虑实际电容器的低频和高频属性。

理想电容器的一个重要指标就是模型的带宽，或者说，在多高的频率上模型的参数值（例如阻抗）能与实际电容器的实测特性相一致。

3.7　用于描述实际元件的理想电路模型的带宽有什么含义？

理想电路模型的带宽是指：在多高的频率上，对模型行为的预测仍与实际电容器的实测特性之间相匹配。

这是衡量我们可以使用这个理想模型去逼近实际电容器的频率上限。例如，在低频时，理想电容器可以用单个理想电容元件建模。随着频率的升高，更准确的模型是一个串联 RLC 电路。该模型还可以进一步改进，以考虑阻抗实部的频率特性。

3.8　用于构建互连模型的 4 个理想无源电路元件是什么？

描述互连的 4 种最常用的电路元件是电阻器 R，电容器 C，电感器 L，均匀传输线 T，其特性阻抗 Z_0，以及时延 T_D。

3.9　你希望由纯电感元件描述的理想电感与真实电感器的两大不同之处是什么？

在低频时，真实电感器应该表现得非常像理想电感。当我们选择了正确的电感值时，如果测量属性和建模属性存在很大差异，就会让人感到非常惊讶。

但是，由于存在与频率相关的串联电阻，真正的电感器还会呈现出阻抗中的实部。此外，当频率为 100 MHz 以上的非常高的频率时，由于电感器两端之间存在寄生杂散电容，真实电感器的阻抗还将开始变平缓，甚至可能随着频率的升高而降低。

如果知道真实电感器的实际性能，那么也可用基本模块元件为电感器建造电路模型，使其与真实电感器的实际行为更匹配。

3.10 举出两个可将其建模为理想电感的互连结构实例。

在电路板的两个引脚之间，若添加连接新路线用的工程变更线，则通常可建模为简单电感。在集成电路封装的内部，将芯片焊盘与封装引脚连接在一起的键合连接线，通常也可以建模为理想电感。

3.11 什么是位移电流，在哪里可以找到它？

位移电流是麦克斯韦的发明！当他观察了磁场和传导电流的特性之后，又发现只有将 dE/dt 当成电流，才能保持电流经由绝缘介质的连续性。

这是他在汇总 4 个方程时引入的一个重要的统一准则。他意识到存在两种类型的电流：传导电流和位移电流。位移电流沿着不断变化的电力线流动，并与该 E 场电力线的变化速度成正比。

这就指出了电流如何穿过绝缘的电容器电介质。当板间的电压发生变化时，电流随着电容器内部 E 场的变化而流动。

当两个导体之间的电压变化时，意味着两个导体之间的电场在改变，位移电流就在两个导体之间流动。在信号沿传输线传输的过程中，这正是返回电流在信号-返回路径之间的流动方式。

3.12 随着频率的增大，理想电容器的电容会发生什么变化？

在理想电容器模型中，电容值不随频率而改变。电容元件的电容值随频率变化保持恒定。当然，理想电容器的阻抗会发生变化，但其电容值仍保持不变。

在很多高端电路激励器中，对此稍微进行了修改。由于实际电容器通常填充了随频率变化的介电常数，因此电容值会随频率稍微改变。在一些更复杂的理想电容器模型中，就包括了这种轻微的频率相关效应。

3.13 如果将一个开路连接到 SPICE 中的阻抗分析仪的输出端，则会仿真得到什么阻抗？

许多 SPICE 仿真器要求有一条直流接地路径，以计算初始条件。如果到地之间是开路，则 SPICE 将输出一条错误消息。

毕竟，这类情况属于不可移动物体遇到了不可抗拒的力量。恒流源将输出它所需的任何电压，以保持电流源不变。如果阻抗开路，就需要产生无限大的电压才能维持开路两端之间的恒定电流，因此会报出一条错误信息。

这就是为什么说在 SPICE 恒流源的两端添加并联电阻是一个好方案的道理。它将始终提供一个对地的有限高阻抗，这样就可以通过非常高但仍为有限值的电压去实现恒定电流。

3.14 互连可启用的最简单模型是什么？

用于互连的最简单的初始模型是 RLC 电路。所有仿真器都能理解元件 R，L 和 C。但是，随着仿真器变得更加高精尖，现在的所有仿真器都包含元件传输线。这才是一个可启用的高效互连模型。

互连的传输线模型可以在低频和很高频率时都与互连的真实特性相匹配。它是具有优质、合理带宽的最简单模型。

3.15　为实际电容器建模的最简单电路拓扑结构是什么？这个模型如何在更高频率时得到改善？

一个真实电容器的最简单电路拓扑结构就是一个理想电容元件 C。在不少情况下，只要选择正确的电容参数值，这一模型就可以直到 1 MHz，甚至在更高的带宽范围内都能与实际电容器的测量阻抗相匹配。

如果我们想获得更高的带宽模型，那么二阶模型将是一个 RLC 电路拓扑结构。C 值将与一阶模型值相同，而电感值反映了电容器在电路板上的安装情况。

3.16　为实际电阻器建模的最简单电路拓扑结构是什么？这个模型如何在更高频率时得到改善？

实际电阻器最简单的模型就是一个单一的电阻元件 R。这个模型通常在 10 MHz 范围内都与真实的电阻器相匹配。当频率改变时，实电阻阻抗非常平坦。

对于更高带宽的模型，可以将理想 R 和 L 元件串联。该模型考虑了电阻器的安装电感。这个理想模型通常可以与实际电阻器的阻抗测量值匹配到 GHz 范围。

3.17　一个实际的轴向引脚电阻器与一个简单理想电阻元件的特性相匹配的带宽可能是多大？

轴向引脚电阻器的引脚通常会增添 10 nH 以上的串联电感。我们可以计算单个理想 R 元件模型值与加上串联 L 之后的阻抗值之间的差值。频率越高，串联电感的阻抗就越大，实际电阻器的阻抗也就越大。

作为一个足够好的粗略标志，可以选择当感抗值开始大于串联电阻值 10% 的那个频率点。在该频率以下，在理想模型中由于忽略串联电感所引起与实际电阻值之间的误差小于 10%。

这一条件就是

$$\omega L > 10\% R$$

或者是

$$f > \frac{0.1 \times R}{2\pi L} = \frac{0.1 \times 50}{2\pi \times 10 \text{ nH}} = 80 \text{ MHz}$$

这就是对应 50 Ω 电阻和 10 nH 安装电感的情况。在 80 MHz 以下，只要选择了正确的电阻值，采用简单的理想 R 元件与实际电阻器的阻抗之间的匹配误差可以在 10% 以内。

3.18　在哪个域评估模型的带宽最容易？

术语"带宽"本质上就是一个频域指标，这意味着它在频域中更容易被评估。例如，在评估模型的带宽时，很容易比较在不同频率点上的预测阻抗和测量阻抗。二者开始不一致的频率下限就是该模型的带宽。

3.19　电阻值为 253 Ω 的理想电阻器在 1 kHz 和 1 MHz 时的阻抗是多大？

这很容易——理想电阻器的阻抗与频率无关，完全等于它的电阻值。理想 253 Ω 电阻器的电阻值在 1 kHz 和 1 MHz 时相同，都是 253 Ω。

3.20　理想的 100 nF 电容器在 1 MHz 和 1 GHz 时的阻抗是多大？为什么真正的电容器在 1 GHz 时的阻抗不可能这么低？

理想电容器阻抗的幅值是

$$|Z| = \frac{1}{2\pi f C}$$

在 1 MHz 和 1 GHz 时，100 nF 电容器的阻抗幅值分别为

$$|Z| = \frac{1}{2\pi \times 10^6 \times 10^{-7}} = 1.6\ \Omega$$

以及

$$|Z| = \frac{1}{2\pi \times 10^9 \times 10^{-7}} = 0.0016\ \Omega$$

哇! 使用一个 100 nF 的电容器, 其 1 GHz 的阻抗只有 1 mΩ。这看似非常低!

遗憾的是, 在一个真实的电容器中, 还有引脚电感在发挥作用。当频率高于 10 MHz 时, 串联电感的阻抗开始主导实际电容器的阻抗, 实际电容器的阻抗将会增加, 掩藏了实际电容器的理想电容低阻抗特性。

3.21　芯片上电源轨道的电压可能会非常迅速地下降 50 mV, 经由 1 nH 封装引脚导出的 dI/dt 应该是多少?

电感两端的电压降与瞬变电流之间的关系为

$$\Delta V = L\frac{dI}{dt}$$

对于 50 mV 压降和 1 nH 封装引脚, 通过封装驱动的瞬变电流应为

$$\frac{dI}{dt} = \frac{\Delta V}{L} = \frac{0.05\ \text{V}}{1\ \text{nH}} = 50\ \text{mA/ns}$$

3.22　为了让经由封装引脚的 dI/dt 能拥有最大的值, 应该用一个大引脚电感还是小引脚电感?

从前面的例子可以清楚地看出, 当引脚电感最小时, 进入芯片内电容中的用以补偿电荷损耗的瞬变电流会最高。这就是我们希望在封装引脚电感中实现低电感的原因。它使得快速电流能瞬态流入片上电容, 这意味着芯片上的电压下降会比较小。

3.23　在一个串联 RLC 电路中, 若 $R = 0.12\ \Omega$, $C = 10\ \text{nF}$, $L = 2\ \text{nH}$, 那么其最小阻抗是多大?

最小阻抗总是等于电路中的 R。

当电抗变为零时就是这种情况。在这个例子中, 最小阻抗为 0.12 Ω。

3.24　在复习题 3.23 的电路中, 频率为 1 Hz 时的阻抗是多大? 频率为 1 GHz 时呢?

我们可以通过几种方式计算出这个串联 RLC 电路的阻抗。首先, 可以将其代入类似 SPICE 的仿真器, 并以任何频率去仿真阻抗。其次, 可以写出在任何频率下阻抗值的解析表达式。再者, 还可以采用计算器轻松地计算出任何频率下的阻抗。

最后, 我们也可以基于哪部分电路主要支配阻抗去粗略估计阻抗。例如, 在低频下, 在最简单的 1 Hz 范围内, 电路阻抗将由电容器支配, 其阻抗将会是

$$|Z| = \frac{1}{2\pi fC} = \frac{1}{2\pi \times 10^{-8}} = 16\ \text{M}\Omega$$

在 1 GHz 时, 阻抗将由电感主控, 其阻抗则是

$$Z = 2\pi fL = 2\pi \times 10^9 \times 2\ \text{nH} = 12\ \Omega$$

3.25　如果一条理想传输线真的与实际互连的行为很匹配, 那么理想传输线在低频下的阻抗是多大? 是高还是低?

如果传输线远端的接收端开路, 那么查看一下传输线源端的情况。在低频时, 它会呈现出

非常高的阻抗。若继续走向高频，则阻抗将会下降，直到看似短路。即使传输线终端开路，当我们观察线源端时，传输线却像短路一样。

当频率进一步升高时，传输线又呈现出像一个电感器，阻抗升高直至看似开路；之后阻抗将会再次下跌，并延续这种开路和短路之间的摆动行为。远端开路的传输线对于高频信号而言不是一个性能良好的互连。

3.26　在 SPICE 中，阻抗分析仪的电路是什么？

在 SPICE 中创建的阻抗分析仪电路非常简单。我们所需的只是一个交流恒流电源，为此要能调控电压的幅值，以真正维持正弦波电流幅值的恒定。

其所需调控的电压是

$$V(f) = Z(f) \times I(f)$$

首先，要将电流幅值设置为 1 A 固定值。这时，阻抗分析仪上的仿真电压在数值上就会等于连接到分析仪的阻抗值。特别要注意，这是一个复杂的关系，电压的相位也就是阻抗的相位。

第 4 章

4.1　哪 3 个参数会影响互连的电阻值？

影响互连电阻的 3 个最重要的参数是：导体材料的体电阻率、互连线长度，以及电流流经的导体横截面积。

4.2　虽然几乎所有的电阻问题都可以使用三维场求解器求解，但使用三维场求解器作为解决所有问题的第一步有什么缺点？

要使用三维场求解器，需要拥有求解器并知道如何使用它。大多数这样的工具将输出一个数字。但是，这个数字可能是在各种情况下的一个缺乏明确含义的结果。由于对因果源头缺乏了解，我们很难判断场求解器所给出的结果是否"合理"。

如果一切都依赖于三维场求解器给出的结果，就会错过采用解析近似或经验法则去认识所获得数据的宝贵机会。使用经验法则估计电阻的速度要快得多——在场求解器中加载一个问题并获得结果所花的时间段内，我们能够采用经验法则做出 50 个不同的估计。

这就是采用简单的解析近似或经验法则所呈现出的价值。经验法则始终应作为估算互连电阻的第一步。

4.3　伯格丁第 9 条规则是什么？为什么总是要遵循这条规则？

伯格丁第 9 条规则："不要在对预测结果无知的情况下进行测量或仿真"。

这意味着在开始之前先要知道问题的答案应该是什么。这就体现出了经验法则能快速提供估算答案的价值。它可以调整我们的工程判断，并使我们对具体数值更有感受。

解决问题的方式有很多，我们不可能做太多的一致性测试。摆在首位的一致性测试就是检验所得结果是否与基于经验法则的工程判断相吻合。

4.4　体电阻率的单位是什么？为什么会有这么奇怪的单位？

体电阻率的单位是 $\Omega \cdot cm$。它既不是指每单位体积的电阻，也不是每单位面积的电阻，甚至它也不是每单位长度的电阻。

在计算沿长度方向结构均匀的线电阻时，电阻的公式是

$$R = \rho \frac{1}{A}$$

线电阻将与互连的线性长度成正比，并与横截面积成反比。其比例系数就是该材料的体电阻率 ρ。它是衡量材料电阻特性的一个指标。

体电阻率 ρ 的单位设置是要让电阻的单位为 Ω。长度/面积的单位应为 1/长度。体电阻率 ρ 位于分式的分子中，必须呈现为长度单位。

如果有一个每边长都是 Len 的立方体材料，其长度 L/面积 A 将呈现为 1/Len。这表明，立方体的每边长度越大，其总电阻就会越低。这里，两端截面之间的距离随边长的增加而增加，从而会增大电阻；但由于两端横截面积随边长的增加呈平方关系增大，从而使其导致电阻降低的速度超过边长引起电阻增加的速度。

电阻的公式是 $R = \rho/\text{Len}$。ρ 的单位必须是欧姆-长度(例如 $\Omega \cdot m$)，以使电阻最终以 Ω 为单位。

4.5 电阻率和电导率有什么区别？

电阻率和电导率都用于描述某种材料的导电特性，是衡量材料同一属性的不同术语。电阻率用于衡量材料的电阻特性，电导率用于衡量材料的电导特性。它们互为倒数：

$$\rho = \frac{1}{\sigma}$$

由于电阻率的单位是 $\Omega \cdot m$，所以电导率的单位是 $1/(\Omega \cdot m)$。人们将单位 $1/\Omega$ 称为西门子(Siemens，S)，所以电导率的单位是 S/m。使用这一单位的时候不多。除了特殊情况，一般最终都将单位换算成电阻的单位 Ω。

4.6 体电阻率和方块电阻率有什么区别？

体电阻率是材料的一种内在性质，用于度量材料中的电阻能有多大，它与材料的尺寸、形状和数量均无关。相同的材料都具有相同的体电阻率。

方块电阻率是指宽、薄且厚度均匀的一段型材(如铜箔)材料的电阻特性。

方块电阻率简称方块电阻，是指在薄层材料上切出一块正方形片材，从一个边缘到另一边缘之间的电阻值。假如我们尝试将正方形边长加倍，则用以测量电阻的两个边缘之间的距离增大，电阻会随之增大；但由于电流流过的线宽度也会增大，从而电阻会随之减小。这两个特征相互抵消，导致从边缘到边缘的电阻将维持不变。

这表明无论正方形边沿的长度多大，从边缘到边缘的电阻是相同的，称为方块电阻、薄层电阻、方块电阻率，或每方块的电阻等。从同样薄层上切割出的每一正方形都具有相同的电阻。

4.7 如果互连长度增加，那么导体的体电阻率会发生什么变化？导体的方块电阻会发生什么变化？

这是一个很难回答的问题。材料的体电阻率是材料的固有属性，与几何结构无关。当互连线的长度增加时，材料的体电阻率将保持不变。

同理，如果互连线是指电路板上某一层的导体走线，则方块电阻对厚度一定的铜箔材料而言也是一种固有的属性。即使互连线的长度发生变化，其铜箔的方块电阻也不会改变。

4.8 什么金属具有最低的体电阻率？

在除超导之外的所有同质材料中，银的体电阻率最低，约为 $1.59 \times 10^{-8} \, \Omega \cdot m$。铜紧随其

后，电阻率为 $1.68 \times 10^{-8}\ \Omega \cdot m$。注意，铜的电阻率仅比银高出 6%。这只是一个小小的差异。为了这一点微小的优越性，很多场合都不值得采用银，因为需要为此付出更高的材料成本和制造成本。

人们经常认为黄金是电阻率最低的材料。实际上远非如此，金的电阻率是 $2.44 \times 10^{-8}\ \Omega \cdot m$，比铜高出 45%，这是相当大的差异。那么，为什么黄金经常被用作互连材料？

它通常不用作基体材料，而只用作涂覆层。这是因为黄金不易被氧化或腐蚀。它是一种很好的材料，其表面具有较低的接触电阻和良好的焊接性。

4.9 导体的体电阻率如何随频率而变化？

通常，材料的体电阻率直到 100 GHz 都不随频率而变。互连线的电阻值与频率相关，但这不是由于电阻率的变化引起的，而是由于电流流过的横截面积发生变化所致。

对于所有应用，均假设铜和所有其他导体的体电阻率都不随频率而改变。

4.10 一般情况下，互连走线的电阻会随频率的升高而增大还是减小？这是什么原因？

互连走线的电阻会随频率的升高而增大，但这是由于所谓的趋肤效应所致。随着电流频率的升高，电流流经导体的路径发生改变，以降低导体正反向闭环的回路电感。

在每个导体内，当电流流向导体的外表面时就能实现较低的电感。频率越高，电流越集中到外表面。当电流通过的横截面积变薄时，电阻则会增大，通常它与频率的平方根成正比。

4.11 如果金的电阻率比铜的更高，那么金为什么出现在如此多的互连应用中？

黄金的主要优点是它不易被氧化或腐蚀。这意味着，如果它位于导体的外表面，则当另一个金表面与其接触时将具有较低的接触电阻。而且，由于焊剂润湿时金不易被氧化，所以即使长时间暴露在空气中也能很好地进行焊接。

通常，互连上的金非常薄。涂覆连接器引脚的金的典型规格为 30 μin，略小于 1 μm。这足以保护位于底层的金属免受氧化和腐蚀。

4.12 1/2 盎司铜的方块电阻是多大？

这是需要记住的有用数字之一。1/2 盎司铜箔的方块电阻是每方块 1 $m\Omega$，或 1 $m\Omega/sq$。下面给出计算方块电阻的步骤：

$$R_{sq} = \frac{\rho}{t} = \frac{1.68 \times 10^{-8}\ \Omega \cdot m}{17 \times 10^{-6}\ m} = 0.99\ m\Omega/sq$$

其中，t 是铜箔导线的厚度，1 $m\Omega/sq$ 是一个很容易记住的数字。

4.13 1/2 盎司铜导线的线宽为 5 mil，当线长为 10 in 时，其总的直流电阻是多大？

1/2 盎司铜箔的方块电阻为每方块 1 $m\Omega$，或 1 $m\Omega/sq$。为了计算走线的电阻，需要知道它的线长中有多少个正方形，因为每个正方形都具有 1 $m\Omega$ 的电阻值。

线条中正方形的个数为 10 in/0.005 in = 2000 sq。其串联电阻值为 2000 sq × 1 $m\Omega/sq$ = 2 Ω。这个跨越 10 in 长的窄线条具有 2 Ω 的电阻值。这在数字电路中可能并不多，但在电源回路中却比较多。

4.14 为什么从同一导体薄层片材中切出的每个方块都具有相同的边缘到边缘电阻？

在测量正方形薄层片材的边缘到边缘电阻时，如果只把边缘之间的距离加倍，电阻就会加倍。但如果只增加线条的宽度，电阻就会减半。

如果两者兼而有之，将长度加倍并将宽度加倍，结果仍是一个正方形，那么电阻将维持不变。

基于几何结构查看电阻时,可以看到这一点:

$$R = \frac{\rho}{t} \times \frac{Len}{w}$$

在互连中,如果互连长度 Len 与互连宽度 w 之比保持不变,则电阻不会改变。如果其比率是 1,就是一个正方形,从方块边缘到边缘的阻抗就是一个常数,它只取决于体电阻率 ρ 和铜箔导线厚度 t,这就是所谓的方块电阻值。

4.15　当计算一个金属方块从边缘到边缘的电阻时,对方块中电流分布的基本假设是什么?

计算从边缘到边缘的电阻时,我们假设电流沿着方块的长度方向均匀流动。如果将电流从一端边缘输入并从另一端边缘输出,那么在导体正方形内的任何位置都有相同的电流密度。但是,假如电流接入处只是边缘中的一个点,所测量的电阻就会比较高。

4.16　1/2 盎司铜的 5 mil 宽信号线的每单位长度(in)电阻是多大?

在 1/2 盎司铜中,方块电阻为 1 mΩ/sq。5 mil 宽的线的 1 in 单位长度将具有(1 mΩ/sq)× (1/0.005) = 0.2 Ω/in 的电阻。

4.17　表面铜线的厚度经常被镀到 2 盎司。分别给出 2 盎司表面铜线和 1/2 盎司铜带状线上的 5 mil 宽线条,其每单位长度(in)电阻各是多大?

当导体厚度增加时,电流传输的横截面积增加,导体的方块电阻和每单位长度的电阻都会减小。

与 1/2 盎司铜带状线相比,2 盎司表面铜线的厚度为其 4 倍,这意味着电阻将降为它的 1/4。1/2 盎司的 5 mil 宽线条,其每单位长度的电阻是 0.2 Ω/in。而 2 盎司表面层的同宽铜线条的电阻则是它的 1/4,即 0.05 Ω/in。

4.18　要让四点探针测量 1/2 盎司铜方块电阻的精确度为 1%,电阻的测量量级必须能达到 1 μΩ。如果采用的电流为 100 mA,那么需要能测量多大的电压才能分清如此小的电阻?

为了能测量 1 μΩ 的电阻,当加入的电流为 0.1 A 时,我们必须能测量量级为 $V = I \times R = 0.1\ \text{A} \times 1\ \mu\Omega = 0.1\ \mu\text{V} = 100\ \text{nV}$ 的电压。这是一个非常细小的电压。

这意味着对于常规方块电阻的测量,仪器需要能够对 100 nV 的信号进行常规性测量。毫无疑问,这种测量是相当困难的。

4.19　对比如下两种情况:一种是直径为 10 mil 且长度为 100 in 的铜线,另一种是直径为 20 mil 且长度仅为 50 in 的铜线,请问哪一种具有较高的电阻?如果第二种导线换成由钨制成的呢?

为了回答这个问题,可以直接计算每条导线的电阻,并比较哪个较大。或者可以采用比例去估算电阻量级的不同。

第一条铜线的直径为 10 mil,长度为 100 in。第二条铜线的直径为 20 mil,长度为 50 in。结论已经很明显。第一条属于较小的横截面导线,其每单位长度将具有较高的电阻,并且它还更长一些。显然,第一条导线的电阻值会较高。

假设人们采用钨制作第二条导线,那么哪条导线具有更高的电阻呢?

现在我们可以应用缩放原理。计算导线电阻的公式是

$$R = \rho \frac{Len}{A}$$

第二条导线的长度 Len 是第一条导线的 1/2;横截面积 A 是第一条导线的 4 倍。仅这两个

因素就会使第二条导线的电阻为第一条导线的 $\frac{1}{2}$ /4 = 1/8。铜的电阻率 $\rho = 1.68 \times 10^{-8}\ \Omega \cdot m$。钨丝的电阻率 $\rho = 5.6 \times 10^{-8}\ \Omega \cdot m$。第二条导线的这个影响因子与第一条导线的相比是 3.3 倍的关系。

它使得第二条钨丝与第一条铜丝的电阻比例因子变为 3.3/8 = 0.42。即使体电阻率 ρ 较高，较短的长度和较大的直径也会充分补偿掉这一较高的体电阻率。

4.20 评判每条引脚键合线的电阻值的经验法则是什么？

通常，由直径为 1 mil 的铝线或金线制成的引脚键合线具有约 1 Ω/in 的电阻。如果引脚键合线的长度为 0.1 in，则其电阻就是 0.1 Ω。

4.21 估算芯片贴装中所用焊球的电阻，其形状为圆柱形，直径为 0.15 mm，长为 0.15 mm，体电阻率为 15 $\mu\Omega$·cm。这与引脚键合线相比如何？

均匀横截面互连线的电阻是

$$R = \rho \frac{Len}{A}$$

那么对于这种直径为 0.15 mm 的圆柱体，每单位长度的电阻值如下：

$$\frac{R}{Len} = \rho \frac{1}{A} = 15\ \mu\Omega \cdot cm \frac{1}{\pi(0.015\ cm)^2} = 0.021\ \Omega/cm = 0.05\ \Omega/in$$

引脚键合线每单位长度的电阻约为焊球每单位长度的电阻的 20 倍。这主要是由于焊球的直径较大。如果球长 0.15 mm，则焊球的电阻将为 0.021 Ω/cm × 0.015 cm = 0.0003 Ω。与路径中的其他电阻值相比，这一电阻相当微不足道。

4.22 铜的体电阻率为 1.6 $\mu\Omega$·cm。边长为 1 cm 的铜立方体相对面之间的电阻是多大？如果它的边长是 10 cm 呢？

若一个铜立方体的边长为 1 cm，则从一面到另一面的电阻值是

$$R = \rho \frac{Len}{A} = \rho \frac{Len}{Len^2} = \rho \frac{1}{Len} = 1.6 \times 10^{-6}\ \Omega \cdot cm \frac{1}{1\ cm} = 1.6\ \mu\Omega$$

如果立方体的边长为 10 cm，是上述值的 10 倍，则其电阻值将降低为其 1/10，为 0.16 $\mu\Omega$。

4.23 一般而言，小于 1 Ω 的电阻在信号路径中并不重要。如果 1/2 盎司铜的线宽为 5 mil，那么线长在什么条件下，走线的直流电阻值才开始大于 1 Ω？

当 1/2 盎司铜的线宽为 5 mil 时，每单位长度(in)的电阻为 1 mΩ/sq/0.005 in = 0.2 Ω/in。这意味着，当线长 Len × 0.2 Ω/in > 1 Ω 时，即线长 Len > 5 in 时，走线的直流电阻才开始大于 1 Ω。这并不意味着互连线长度超过 5 in 时，互连将无法工作。但是，应该评估一下 1 Ω 的直流串联电阻是否值得关注了。

4.24 过孔的钻孔直径通常为 10 mil。电镀完成后，涂上一层相当于约 0.5 盎司铜的铜层。如果过孔长度为 64 mil，那么过孔内铜柱的电阻是多大？

可以用两种方法求解这个问题。一种方法是根据横截面面积和长度，计算出端到端的串联电阻；另一种方法是采用更简单的分析过程。

如果将过孔从顶部切到底部，并打开过孔将其平坦化，则线条的宽度将为圆周长，即 3.14 × 10 mil = 32 mil。其过孔的长度为 64 mil。这意味着它长约 2 个方块，即 2 sq。若 0.5 盎司铜的方块电阻为 1 mΩ/sq，且长度为 2 sq，则过孔的串联电阻约为 2 mΩ。

4.25　有人建议过孔采用银加环氧树脂填充，其体电阻率为 300 μΩ·cm。过孔内，银加环氧树脂填充的电阻是多大？它与铜电阻相比如何？这种填充过孔有什么优势？

可以估算出银加环氧树脂填充的电阻将会是

$$R = \rho \frac{\text{Len}}{A} = 300 \ \mu\Omega\cdot\text{cm} \ \frac{0.15 \ \text{cm}}{(\pi \, 0.025^2 \text{cm}^2)} = 22 \ \text{m}\Omega$$

可以发现，银加环氧树脂填充的电阻比过孔壁上覆铜时的大 10 倍以上。所以，用银加环氧树脂填充过孔并不能有效地降低过孔的串联电阻。采用银加环氧树脂填充的价值在于：其顶面平坦且是可焊接的。

4.26　电路板表面的工程变更线有时采用24AWG导线。如果导线长为 4 in，那么导线的电阻是多大？

24AWG 导线的电阻约为 0.08 Ω/m 或 2 mΩ/in。使用 4 in 长的工程变更线的导线电阻将为 2 mΩ/in ×4 in =8 mΩ。这是个很小的值，但对工程变更线的电特性并没有太大的正面价值。

第 5 章

5.1　什么是电容？

电容通常被定义为在两个导体之间分离的电荷与它们之间的电压之比。虽然这是正确的，但并未讲出有关电容的真正要旨。

电容背后的原理是，当分离的电荷位于两个相邻导体上时，在它们之间存在电压差。平板之间的电容，实质上衡量的是导体以电压为代价的电荷存储能力。

对于少量的电压差，所能存储的电量越多，导体的电容就越大。如果某些导体的效率不高，在电压升高之前它们就无法存储更多的电荷。

两个导体的电容与导体上的电荷量无关，与其上的电压也无关。它是以电压为代价的对其存储电荷效率的一种度量。

5.2　举一个例子，其中电容是一个重要的性能指标。

接收输入端的栅极电容集中体现在裸芯片焊盘及其正下方非常小的区域中。它所接收的信号，一般也出自某一阻抗——要么是驱动端的输出阻抗，要么是传输线的特性阻抗。

当信号到达栅极电容时，随着电流的流入，电压会升高。输入端栅极电容器充电所需的时间就是对接收信号上升边的度量。

输入端栅极电容越大，充电所用的时间就越长，接收端的上升边也就越长。当这一上升边成为单位间隔(UI)的重要组成部分时，就将会产生时序问题。

5.3　关于两个导体之间的电容，对它所测度的物理量有哪 3 类不同的解释？

解释 1：电容是存储电荷与两个导体之间电压之比。这是一个直流效应。

解释 2：电容是衡量在由绝缘介质隔开的两个导体之间，当采用 dV/dt 驱动时所能产生的电流大小的度量。dV/dt 越大，通过电容器的电流就越大。对于固定的 dV/dt，电容 C 值越大，通过导体的电流就越大。

解释 3：电容是两个导体之间以其间电压为代价，衡量其存储不同电荷的能力。在不增加电压的情况下，存储电荷的效率越高，其电容 C 值就越大。

5.4　当一小片金属到最近的金属之间有几英寸时, 可能会拥有 1 pF 的电容。在这些金属片之间没有直流连接。在 1 GHz 时, 这些导体之间的阻抗是多大?

电容器在某一频率 $f = 1$ GHz 处的阻抗为

$$Z = \frac{1}{2\pi fC} = \frac{1}{2\pi \times 10^9 \times 10^{-12}} = 160 \ \Omega$$

非常值得注意的是, 放在空气中的一块金属片与其他片并无任何连接, 但在 1 GHz 时它与相邻导体之间的阻抗可低至 160 Ω。这是两个不接触导体之间非常低的阻抗。

5.5　传导电流如何流过电容器中的绝缘介质?

传导电流不会流过电容器的绝缘性电介质。尽管其中也存在离子运动或泄漏电流, 但流过电容器的泄漏电流非常小。这个微小的电流处于 1 nA 以下量级, 对信号质量没有任何影响。

5.6　位移电流的起源是什么, 它在哪里流动?

位移电流是麦克斯韦引入的术语, 用于说明电流通过绝缘介质的连续性。他指出, 只要电场 E 改变, 位移电流就会沿电力线流动。位移电流量正好就是 dE/dt。

在任何两个有电压差的导体之间都会有一个电场。如果电压改变, 电场就会发生改变, 位移电流沿着导体之间的电力线流动。

在麦克斯韦的世界观中, 他甚至认为空荡荡的空间充满了以太。真空中电容器的两块板之间, 实际上充满的是以太。对麦克斯韦而言, 以太是极化的。

当极板之间的电场发生变化时, E 场使以太粒子极化, 并让以太中的正电荷和负电荷发生位移, 将其拉开得更远。当 E 场改变时, 这种发生在以太粒子中的电荷位移就称为位移电流。

位移电流是束缚电荷的运动。它与传导电流不同, 传导电流是自由电荷在导体中的移动。

直到今天, 人们仍称随 E 场改变而流动的电流为位移电流。但是, 人们将其归因于时-空属性, 而不是归于以太粒子的极化。

5.7　假如要在电路板的电源和地平面之间设计电容值更高的电容, 应该着重改变哪 3 种设计特性?

为了增加两个导体之间的电容值, 可以将导体靠得更近, 增加两个平面之间重叠的宽度和长度。

5.8　物质的哪一种主要电介质化学特性最强烈地影响着物质的介电常数?

材料的介电常数是指将该材料插入两个导体之间时, 对由其引起的两个导体之间电容值增加程度的量度。它的行为方式是: 通过极化材料内部的束缚电荷, 以庇护两个导体之间的一小部分电场。

高介电常数材料通常是一种很容易极化的材料, 或者说它有很多可分开的束缚电荷。最常见的就是材料在电场中出现一些可旋转的大偶极子。

高介电常数(Dk)材料所拥有的大偶极子, 可以在电场中移动、旋转和自对准。水是一种完美材料, 它的大偶极子可在电场中旋转。这就是水的介电常数 Dk = 80 的原因。

具有高介电常数的聚合物材料具有偶极子群, 它们要么与主干的一个节点绑定, 要么集成在主干链中, 它们可以在外部电场中旋转和自对准。

环氧聚合物在聚合物骨架节点上引入 C-O-C 基团。该基团有一个大的偶极子, 可在外部电场 E 中旋转。

具有低介电常数的材料没有太多可旋转的偶极子。特氟纶或聚四氟乙烯(PTFE)只是拥有沿主干链的氟原子的一些碳节点。它们没有可旋转的偶极子,其可极化的结构也非常少。

5.9   当两个导体之间的电压增加时,两个导体之间的电容会发生什么变化?

这是一个诡异的问题。答案是:没有变化。电容是所存储电荷与两个导体之间电压差的比率。该比率与存储的电荷量或导体之间的电压值无关。

当电压增加时,与电容大小相关的几何结构保持不变,所改变的只是分别位于两个导体上的电荷量。

5.10   对于同轴电缆这类几何结构,如果其外半径增加,那么它的电容会发生什么变化?

如果两个导体离得更远,那么它们之间的电容将会减小。在同轴电缆中,如果外导体半径增加会让外导体更远离内导体,那么同轴电缆的电容将会减小。

5.11   如果信号路径远离返回路径,那么微带线上每单位长度的电容会发生什么变化?

对于导体的任何拓扑结构,只要让信号–返回路径拉开得更远,其电容都会减小。

5.12   当导体移开得更远时,电容是否有增大的可能?

没有。

5.13   为什么有效介电常数会随着微带线介质涂层厚度的增加而增加?

随着微带线上电介质厚度的增加,微带线的电容将增加。在电介质涂覆之前,一些边缘场位于空气中,涂层之后这些边缘场面对的是一个高介电常数 Dk,这就意味着整体电容将会增加。

几何结构没有改变,改变的是电介质材料的分布。或者说电容的增加是因为有效介电常数的增加。

5.14   固体同质材料的最低介电常数是多大? 这是什么材料?

固体同质材料的最低介电常数是2,这种材料的案例就是特氟纶。它没有可移动的净偶极子。在其分子内,只有电子才能在电场中发生位移和极化。

如果一种材料没有偶极子,只有其分子中的电子才能在外电场的作用下发生极化,那么它的介电常数将是最低的,其值约为2.0。

5.15   人们应如何处置材料才能有效地降低其介电常数?

为了降低互连介质中的介电常数,经常使用的一个技巧就是将其泡沫化。通过使材料发泡,可将空气加入其中以降低其密度。人们常将特氟纶或聚乙烯泡沫化,尽可能将其介电常数降至与空气差不多的1附近。泡沫化的特氟纶常被用于高性能的电缆中。

5.16   如果在微带线的顶层表面添加阻焊层,那么微带线每单位长度的电容会发生什么变化?

当将阻焊层添加到微带线的顶部时,原先空气中的一些边缘电力线现在可以触及介电常数 Dk 更高的材料,这就增大了在微带线的信号–返回路径之间的电容。

5.17   如果导体的厚度增加,那么微带线每单位长度的电容会发生什么变化?

如果导体的厚度增加,那么从较厚信号线的边缘到返回平面之间将会出现更多的边缘电力线。这将会略微加大信号–返回路径之间的电容。

5.18   如果带状线的线宽增加,那么带状线每单位长度的电容会发生什么变化?

如果线宽增加,则信号–返回路径之间的重叠面积将会增加,进而每单位长度的电容将会增加。

5.19　如果带状线的线条厚度增加，那么带状线每单位长度的电容会发生什么变化？

如果带状线的线条厚度增加，且其两个平面之间的间隔维持不变，则信号线的顶表面与某一平面之间的距离将减小。信号线和返回路径之间的距离将更近，这必将增大两个导体之间的电容。

5.20　对于微带线和带状线，如果其每层的电介质厚度和线宽都相同，那么谁的每单位长度电容更大一些？

微带线中的信号线将只有面对一个平面的电容，而带状线的线条将与两个平面分别同时形成两个相同的电容。如果线宽相同并且每层的介电厚度也相同，则带状线将比微带线具有更大的每单位长度电容。

5.21　理论上讲，任何材料的最低介电常数是多大？

没有材料可以具有低于 1 的介电常数，1 是空气的介电常数。在电缆中应用一些由泡沫构成的材料，就可以达到这个数值。如果材料是固体且同质的，则它可以具有的最低介电常数约为 2。这受限于材料分子中电子的极化率。如果在物质中添加一些可旋转偶极子，则介电常数通常会增大。

5.22　为什么均匀横截面互连的每单位长度电容是恒定的？

两个导体之间的电容取决于其间距和重叠面积。在均匀传输线中，信号路径和返回路径之间的间距沿着长度方向是恒定的，并且导体的宽度也是恒定的。这意味着给定长度的电容将维持恒定。

5.23　假设芯片中电源轨道和地轨道之间的电介质厚度可以薄到 0.1 μm，而印制板上电源平面和地平面之间的间距为 10 mil。如果二氧化硅（SiO_2）的介电常数也是 4，那么每平方英寸的片上电容与板上电容相比情况如何？

具有相同面积和介电常数的两板之间的电容值与两板之间电介质的厚度成反比。10 mil 厚的板间距就是 250 μm，它是芯片上电介质厚度的 2500 倍。这意味着芯片上电源-地轨道之间每个区域的电容将是典型电路板上的电容的 2500 倍。

5.24　假如能采用空气加以分隔，那么在 1 便士硬币两面之间的电容是多大？

1 便士硬币的单面的面积约为 0.5 in^2，硬币厚度约为 0.1 in。在两个导体之间的电容可以用公式计算如下：

$$C = 0.225 \text{ pF/in} \frac{A}{h} = 0.225 \text{ pF/in} \frac{0.5 \text{ in}^2}{0.1 \text{ in}} = 1.1 \text{ pF}$$

如果 1 便士的两个面是相互孤立的，那么其平面之间的电容将约为 1 pF。当然，1 便士的两个面没有被空气介质隔开，两部分被其余的铜连接在一起，因此实际上在它们之间没有电容。但是如果两块铜板的形状如同 1 便士，平面之间的厚度又与其相同，则其电容约为 1 pF。

以 1 便士的大小和形状作为参照，可以形象地构想 1 pF 电容的场景。

5.25　若直径为 2 cm 的球体悬挂在地面上方 1 m 处，则其最小电容是多大？当球体移得更高时，这个电容将如何变化？

当其他导体与某球体的距离为其半径的 100 倍时，球体的电容则为

$$C = 4\pi\varepsilon_0 r = 4 \times 3.14 \times 0.225 \times \frac{2}{2.54} = 2.2 \text{ pF}$$

如果将直径为 2 cm 的球体保持在地板表面 1 m 以上,那么其电容将略高于此值。但是如果将球体移动得更远,它将大致接近这个值。这里电容的单位为 pF,大约相当于球体的直径值。这是对悬浮于地板之上的某一片金属电容值的粗略校准。人们永远无法摆脱任何一块金属和某处接地表面之间伴随的杂散电容。

5.26 如果电路板上的电源层和接地层平面的边长均为 10 in,其间距为 10 mil,且填充材料为 FR4,那么它们之间的电容是多大?

要计算两个平面之间的电容,人们始终可以从平行板近似开始。先用 1 min 选定公式,再输入有关数据就可以计算电容。

下述简单的近似式,可用于估算两个由 FR4 介质隔开的平板之间的单位面积的电容值

$$C\left[\frac{nF}{in^2}\right] = \frac{1}{h\left[mils\right]}$$

如果电介质厚度为 10 mil,则其单位面积的电容仅为 0.1 nF/in²。如果电路板的面积为 10 in × 10 in = 100 in²,则两个平面之间的电容为 0.1 nF/in² × 100 in² = 10 nF。

5.27 根据空气中双杆几何结构的电容,给出单杆与平面之间每单位长度的电容。

如果双平行杆的杆半径为 r,其中心之间的间距为 s,则其空气中单位长度的电容为

$$C_{L\text{-rod-rod}} = \frac{\pi \varepsilon_0}{\ln\left(\frac{s}{r}\right)}$$

如果没有先体验伯格丁第 9 条规则,就永远不要应用上述关系式。我们要先看看这一关系式合理吗?它符合我们的预期吗?注意,当将双杆远离拉开时,电容应该是减小的。在上式中,当 s 增大时分母就增大,每单位长度的电容将减小。这符合我们的预期。但这并不意味着它是一个很好的近似,它只是与我们的一个简单的试探相一致。

如果将导电平面放在两根圆杆之间某位置,则电场分布不会改变。两根杆之间的电容也不会改变,但可将其描述为一根杆与平面之间间距为 h 的电容再与另一根杆与平面之间间距为 h 的电容相互串联的连接。

将这两个串联电容相叠加就是两根圆杆的电容。这意味着在该配置中,单圆杆和平面之间的电容是两个圆杆之间电容的 2 倍:

$$C_{L\text{-rod-plane}} = 2 \times C_{L\text{-rod-rod}}$$

如果用 $2 \times h$ 取代两杆间的分离间距 s,则平面到圆杆的电容为

$$C_{L\text{-rod-plane}} = 2 \times C_{L\text{-rod-rod}} = \frac{2\pi \varepsilon_0}{\ln\left(\frac{2h}{r}\right)}$$

这就是教材中给出的单圆杆和平面之间电容的计算公式。

第 6 章

6.1 什么是电感?

电感是对导体中有电流通过时所能产生磁力线匝数的度量。如果导体电流很小时就能产生很多磁力线圈,则它具有很大的电感。如果每通过 1 A 的电流只能产生少数几圈磁力线圈,则它的电感就很小。

6.2 用于磁力线计数的单位是什么？

我们以韦伯(Wb)为单位计算磁力线匝数。1 Wb 的磁力线圈就表示一定的匝数。

6.3 列出电流周围磁力线的 3 种性质。

围绕在导线中的电流周围的磁力线呈现出完整的圆圈或闭环形状。

这些线圈有一种环绕的流动方向，其方向基于右手法则。将右手拇指指向正电流的方向，其他手指则沿磁力线圈的环行方向卷曲。

如果计算导线周围磁力线的匝数，就会发现其数值(所测磁力线的韦伯数)与导线中的电流直接相关。当电流的数值加倍时，其磁力线匝数也加倍。

当我们远离导线时，磁力线圈的线密度会逐步下降。当离开导体越远时，线圈之间的间距就越远，所看到的磁力线匝数也就越少。

6.4 当导体中没有电流时，导体周围有多少磁力线圈？

这是一个诡异的问题。在导体中没有电流的情况下，导体周围将没有磁力线圈。

6.5 如果导线中的电流增加，那么磁力线匝数将会发生什么变化？

如果导线中的电流加倍，则磁力线匝数也一定会加倍。导体周围的磁力线匝数直接与导线中的电流大小成正比。

6.6 如果导线中的电流增加，那么导线的电感会发生什么变化？

这又是一个诡异的问题。如果导线中的电流加倍，则磁力线匝数就会加倍，但磁力线匝数与电流值之比将保持不变。所以，电感与导线中的电流无关。即使导线中没有电流，导体也会有电感。它是对磁力线圈产生的效能的一种度量，而不是对出现磁力线匝数的计量。

6.7 自感和互感之间有什么区别？

自感是对流过导体的每安培电流能在该导体周围产生的磁力线匝数的度量，是测量不同导体在其周围产生磁力线圈的效能的度量。

互感是假设第一导体中流过 1 A 的电流，它在另一导体周围所产生磁力线匝数的度量。它以第一导体的电流为参照，考察它在另一导体周围形成磁力线圈的效能。

6.8 当两个导体之间的间距增加时，两个导体之间的互感会发生什么变化？为什么？

当拉开两个导体时，它们之间的互感将减小。这里，当一个导体中有电流时，在其周围会有磁力线圈。但是，其线匝的密度将随着离开导体的距离变远而变小。

当存在相邻导体时，源于第一个导体的一些磁力线匝也会环绕着第二个导体，这些就是互磁力线。第二个导体越远离，绕在第二个导体上的磁力线匝数就会越少。

两个导体之间的距离越远，它们之间的互感就越小。

6.9 哪两种几何特征影响着导体的自感？

影响导体自感的两个最重要的设计指标就是其长度和导体内部的电流分布。

导体的长度越长，对于导体中同样的电流，统计磁力线圈的长度就越远，其导体的自感也就越高。

当导体中的电流分布更紧密，例如采用了较窄的导体时，就会在导体周围出现更多的磁力线圈，从而导体的自感也就越高。

6.10　为什么当导体长度增加时自感会增加?

自感是对流过导体的每安培电流能在该导体周围产生的磁力线匝数的度量。导体越长, 导体周围磁力线需要被度量的长度就越长。

6.11　什么影响着导体上的感应电压?

导体上两点之间的感应电压取决于导体周围磁力线总匝数的变化速度有多快。如果导体两点周围的磁力线匝数维持不变, 则不会有感应电压。

但是, 如果导体周围磁力线匝数发生了变化, 那么无论出于何种原因, 都会有感应电压。

6.12　局部电感和回路电感的区别是什么?

一般而言, 电感是当导体上有电流流过时, 导体在其周围创建磁力线圈的效能。为了让电流流过一个真实的导体, 人们必须让电流循环流过一个完整的导体回路。

我们必须面对的问题是, 到底要计算导体回路中哪一部分周围的磁力线圈? 进一步讲, 当沿着导体回路长度行走时, 是否计算回路每个局部位置周围的磁力线匝总数?

毕竟, 我们只是处在回路的某一节局部位置计算磁力线的匝数, 将会看到一部分线圈源于流过回路中该节的电流。但是, 还有一些磁力线却源于回路中另一节流动方向完全相反的返回电流, 该电流在这一局部位置产生的磁力线圈是朝相反方向环绕的。对于回路某一节局部位置而言, 这两组不同源头的磁力线匝数将相减。

当沿着回路从一端走到另一端时, 考虑到每个局部的电流方向, 最后要累计计算全部的磁力线匝数, 这样得到的电感就是整个回路的总电感。这是毫无疑问的, 回路总电感只有一个值。

但是, 如果只考虑回路的某一局部, 并且只计算源于回路中该节的局部电流的特定磁力线, 却忽略了回路中其他节中电流所形成环绕此节导体的另一类磁力线, 就称此电感为局部电感, 明确地说, 就是局部自感。

6.13　为什么当另一节导体是返回路径时, 用自感减去互感才能求得总电感?

一匝磁力线具有环绕一周的方向。局部导体周围的磁力线总数取决于有多少匝磁力线环绕某一方向, 又有多少匝环绕相反方向。它们相互抵消, 在一个方向上的磁力线将抵消环绕另一个方向的磁力线。

当计算环绕导体周围的总匝数时, 源于其自身电流的所有自磁力线匝相加, 因为它们处于同一方向。但是, 由于返回电流沿相反方向流动, 源于返回电流的互磁力线将以相反的方向环绕本导体。

因为相对于自磁力线而言, 互磁力线环绕着相反的电流方向, 它将被减去。这意味着相邻返回电流的存在会造成导体周围磁力线匝数的减少, 或者说导体中每安培电流形成的磁力线净匝数减少了。

6.14　在什么情况下, 互感会增加自感以提高总电感?

只要是两个电流以相同的方向流动, 它们之间的互磁力线匝数必将与它们的自磁力线匝数相加, 以产生更多的磁力线总匝数。

并非所有相邻的电流都是返回电流。如果另一个相邻导体中的源头不同的电流与第一个电流的方向相同, 则它的自磁力线将与第一个电流的磁力线环绕的方向相同。

这时, 由相邻导体电流产生的那些互磁力线则与第一个电流的自磁力线的绕行方向相同。

围绕第一电流的磁力线匝总数将是其自磁力线匝数与源于相邻导体电流的互磁力线匝数之和。

6.15　哪 3 种设计特性会降低电流回路的回路电感？

回路周围的磁力线总匝数取决于回路的长度、电流流过的导体宽度，以及回路的返回部分与回路前半部分的接近程度。

回路越长，回路电感就越大；线的直径越小，回路电感就越大；回路后半部分距回路前半部分越远，回路的总电感就越大。

6.16　在估算地弹的大小时，应计算什么类型的电感？

此时，由于返回导体周围磁力线总匝数的变化率，促使在返回路径上生成了从一端到另一端所谓的地弹电压。

6.17　假如想减少封装引脚的地弹，应该选择什么样的引脚作为返回路径引脚？

只有 3 个因素影响着到返回路径的总电感：返回路径的长度、返回路径的宽度，以及返回路径与信号路径的接近程度。

长度对总电感的影响最大。应选择封装中最短的引脚线作为返回引脚。这通常对应于方形封装中的中心引脚情况。

6.18　假如想降低连接器的电源路径和接地路径中的回路电感，在选择电源和接地引脚时，两个重要的设计特性是什么？

使用较短的引脚，并选择与接地引脚最相邻的电源引脚。

6.19　电流为 2 A 的导体周围的磁力线匝数为 24 Wb。当电流增加到 6 A 时，磁力线匝数会发生什么变化？

导体周围的磁力线匝数与通过导体的电流直接相关。若电流增加到 6 A/2 A = 3 倍，则其磁力线匝数也会增加到相同的倍数，即从 24 Wb 变成 $24 \times 3 = 72$ Wb。

6.20　若导体有 0.1 A 的电流，产生的磁力线匝数为 1 μWb，那么导体的电感是多大？

电感的定义是指磁力线匝数与电流安培值的比率。若 0.1 A 时的磁力线匝数为 1 微（micro，表示为 μ，即 10^{-6}）Wb，则其电感就是 $10^{-6}/0.1 = 10^{-5}$ H 或 10 μH。

6.21　导体中的电流产生的磁力线匝数为 100 μWb。若电流在 1 ns 内关断，那么导体两端感应的电压是多少？

导线上的感应电压为 dN/dt。如果韦伯数在 1 ns 内从 100 μWb 线性变为零，那么在这段时间内产生的感应电压为 $V = 100$ μWb/1 ns = 100 μWb/0.001 μs = 10^5 V，此数值巨大！这表明，当电流快速关断时，有时可能会产生大电压。

这种现象就发生在继电器中。假设当继电器有电流流过时将其断开，电流被突然关断就可能会在继电器的开路隙缝处产生大的弧状电压，这是继电器退化的主要原因。为了避免这类问题，可将继电器设计为在有少量电流流过时再断开，或者在隙缝处添加一个电容器或二极管，从而提供一个替补的电流路径以降低 dI/dt。

6.22　若封装中返回引脚的总电感为 5 nH，当流过引脚的 20 mA 电流在 1 ns 内关断时，引脚上感应的电压噪声是多大？

电感器两端的电压为 $V = L dI/dt$。在这种情况下，$L = 5$ nH，$dI = 20$ mA，$dt = 1$ ns。很容易计算出电压 $V = 5$ nH × 20 mA/1 ns = 100 mV。

最重要的是注意式中的单位。在上述情况下，nH 中的纳（n）会与关断时间 ns 中的纳（n）相消，意味着剩下的单位就是 mV 了。

6.23 如果 4 个信号使用复习题 6.22 中的引脚作为其返回路径,那么应该怎么办?所产生的总地弹噪声是多大?

如果这 4 个信号都具有相同的 20 mA 信号电流并且在相同的 1 ns 内关断,那么它们的返回电流全部流经相同的总电感,在这种情况下,dI 将是仅一次信号切换的 4 倍。

这意味着地弹噪声将是前种情况地弹噪声的 4 倍,即 400 mV。

6.24 1 GHz 时,铜的集肤深度是多大?

作为一个很好记的经验法则,1 GHz 时,铜的集肤深度约为 2 μm。

6.25 如果在电路板信号走线的顶层表面和底层表面都流过电流,那么 1 GHz 时的电阻与直流时的相比增加了多少?

导线是 1 盎司铜结构,通常在 PCB 表面层看到的走线就是这样的结构。在直流的情况下,其方块电阻为 0.5 mΩ/sq。这属于当电流均匀流过 34 μm 导体厚度时的情况。

如果在 PCB 表面层布版的一个线条是某微带线的一部分,则其电流将在顶层表面与底层表面中具有大约相等的电流分布,其电流分布的厚度均为集肤深度。在 1 GHz 时,其顶层和底层的厚度分别为 2 μm。在 1 GHz 处,微带线中电流流过的横截面总厚度则为 4 μm。它与在直流时约34 μm厚的电流横截面是不同的。

若所有其他项相同,则导体在 1 GHz 时的每单位长度的电阻与直流时的比值将随有效横截面厚度的变化而变化。厚度越小,电阻就越高。

1 盎司铜在 1 GHz 时的电阻将是直流时的电阻的 34/4 = 8.5 倍。

如果铜导线厚度为 1/2 盎司,则其几何厚度为 17 μm,1 GHz 的电阻将为直流时的电阻的 17/4 = 4.2 倍。

6.26 根据图 6.26 中的仿真结果,从直流到 1 GHz 时的电感下降百分比是多少?

直流时的微带线中每英寸的回路电感约为 10 nH/in。在 1 GHz 时,对于这一给定特性阻抗的情况约为 8 nH/in。与直流时相比,其电感的下降则为 2 nH/10 nH = 20%。

在 100 MHz 频率以上,所有的电流都尽可能地重新分配,100 MHz 时的回路电感与1 GHz 或更高时的回路电感大致相同。

6.27 当两个回路之间的间距加倍时,回路互感量是增加了还是减少了?

如果把两个回路拉开得远一些,那么在其回路之间的互感必然减小。显然,当将它们远离拉开时,环绕一个回路的磁力线圈又能环绕到另一个回路的互磁力线匝数必将减少。

6.28 导线的直径 D 为 10 mil,由其构成了一个直径为 2 in 的圆环回路,求回路的电感是多大?

参见式(6.13),圆环的回路电感近似为

$$L_{\text{loop}} = 32 \times R \times \ln\left(\frac{4R}{D}\right) \text{nH} = 32 \times 1 \times \ln\left(\frac{4 \times 1}{0.01}\right) \text{nH} = 192 \text{ nH}$$

其中,导线的直径 $D = 0.01$ in,圆环的半径 $R = 1$ in。

6.29 直径为 100 mil,间距为 1 in 的两条导线,其单位长度的回路电感是多大?每条导线的单位长度的总电感是多大?

参见式(6.15),这对双杆回路的单位长度(in)的回路总电感大致为

$$L_{\text{loop-Len}} = 10 \times \ln\left(\frac{s}{r}\right) \text{nH/in} = 10 \times \ln\left(\frac{1}{0.05}\right) \text{nH/in} = 30 \text{ nH/in}$$

这里假设电流先在一条线杆上向下走,再在另一条线杆上向上走,所求的是双圆杆回路单

位长度的总电感。要注意式中的单位，其半径 r 为 50 mil（或 0.05 in）；s 为两圆杆的中心距，将其设为具有与 r 相同的单位量纲。

这里，也可以将其分解为每条杆支路的总电感。由于是两条支路的总电感再串联构成了回路的总电感，所以每条支路单位长度的总电感约为 15 nH/in。

6.30　在 4 层印制板中的电源层和接地层之间，典型的电介质厚度为 40 mil，在电源平面和地平面之间的薄层方块电感是多大？1 方块的薄层方块电感与去耦电容器典型的 2 nH 装配电感相比如何？

参见式（6.23），两个平面之间的薄层方块电感约为 h [mil] × 32 pH/mil。当平面间距 h 为 40 mil 时，其薄层电感为 40 × 32 = 1280 pH = 1.3 nH。这是平面薄层之间每方块的电感值。

电容器的装配电感与上面给出的薄层方块电感值属于同一量级，电容器的装配电感约为 2 nH，这个值还显得稍微大了一点。这就意味着将电容器安装到腔体中的扩散电感相对而言也并不小。人们会尽量减小在安装电容器时的空间尺度，以降低电容器的扩散电感值。这时的腔体不太透明，去耦电容器的安装位置就比较重要。

如果将平面之间的电介质厚度减小到 3 mil，则薄层方块电感将变为 0.1 nH，与电容器的装配电感相比就显得比较小。这时的腔体比较透明，去耦电容器的安装位置就变得不太重要了。

第 7 章

7.1　什么是真正的传输线？

真正的传输线由任何两根长度相同的导体组成。一个导体标记为信号路径，另一个导体标记为返回路径。

7.2　理想传输线模型与理想 R, L 或 C 模型有哪些不同之处？

在低频时，取决于传输线远端是开路还是短路，理想传输线的输入阻抗与简单的 L 元件或 C 元件的阻抗相似。但是，在超过一定频率的情况下，L 模型或 C 模型的行为会大幅度偏离理想传输线。

这意味着 L 元件或 C 元件在低频时与理想传输线模型的逼近性很好。但在较高频率时，用它们去近似理想传输线却相差甚远。理想传输线模型是一种全新的电路元件，其性能完全不同于单个的 L 元件或 C 元件，尤其在非常高的频率下变得很明显。

7.3　什么是地？为什么它在信号完整性应用中是一个混淆词？

术语"地"应该是指被所有其他电压用作参照的电路中的某单个参考点。接地点不应有任何电流。

如果在被标记为地的平面上有电流流过，那么并非平面上的所有点都具有相同的电压。这使得很难将地平面用作参考平面。

"地"这个术语经常在业内被滥用，人们还经常将它与返回路径相混淆。返回路径是承载返回电流的导体，它可以处于任何直流电压。从返回路径导体的一个区域到另一个区域，可能会有不同的电压值。

7.4　机壳机架和"大地"之间有什么区别?

"大地"从字面上看真的要与地相连,通常大地又称为安全地。事实上,在所有标记为接地的空间点与一根铜管之间确实有一条低阻通路相连,此铜管则被插入附近的大地中。此铜管定义了一个与地球大地相连的公共参考点,其他点则可以此点为参考。只要所有点都被连接到同一接地点,它们就将处于相同的电压,之间不太可能出现电压冲突。

机壳接地是指与仪器或设备的金属外壳相连接。如果是塑料外壳,则没有所谓的机壳地。出于安全的考虑,美国保险商实验室(UL)规定要将机壳地真的连接到大地,从而降低由于几个机壳地之间的差异而引起电压冲突的风险。

7.5　导线上的电压和导线上的信号有什么区别?

如果示波器的探头被连接到信号路径上的某点与其返回路径上的相邻点之间,则示波器测量的就是传输线上的电压。从某种意义上讲,这是一个标量电压,并未能测量出该电压的传输特性。所测的只是信号路径和返回路径之间的总电压。

信号是指沿导线传播的电压波,它有既定的传输方向。在测量一个信号的电压时,其电压的幅值就是信号的幅值,但是其中缺乏有关信号传输方向的信息。

当传输线上有多个信号传播时,会出现真正的差异。两个信号可能在传输线上以相反的方向传播。当在一个点测量时,测量的电压是两个电压的叠加。取决于信号特性的不同,其值可能小于、大于或等于这两个信号的电压。

7.6　什么是均匀传输线? 为什么这是首选的互连设计?

均匀传输线意味着传输线的横截面沿线长的前后方向考察相同。这意味着导线的瞬时阻抗是相同的。如果信号看到的瞬时阻抗被设计为沿前后方向是相同的,则信号在传输时没有反射和失真,信号的质量得以改善。

如果传输线不均匀,则会出现阻抗的变化,进而又引起反射和信号失真。

7.7　电子在导线中的传播速度有多快?

令人惊讶的是,即使在一根细导线中有多达 1 A 的电流,电子的运动速度也非常小,其量级约为 1 cm/s。这就意味着信号并不直接对应于电子的运动,而是对应于变化电场和磁场的传播。

这就像一个充满弹珠的管子。如果在近端这一边推动一个弹珠,在弹珠之间的压力波会接续流动,经过一定的时间,会有另一个弹珠在另一边的远端被推出。弹珠沿着管子移动的速度很慢,但导致弹珠运动的冲击波速度非常快。

7.8　传导电流、极化电流和位移电流有什么区别?

传导电流是导体中自由电荷的流动。如果施加直流电压,就会有直流电流。

极化电流是当束缚电荷的极化发生改变时在绝缘体中流动的电流。这实际上是一种电荷的运动,但它们仍受限于所依附的电介质分子中。它们只在材料的极化发生变化,即外部 E 场改变时,才会流动。这些电流是瞬态的,并与 dE/dt 成正比。

位移电流是电场变化时在空中流动的电流。麦克斯韦将位移电流称为由于以太电荷极化的变化而流动的电流。今天,我们不必借用以太这一环节,直接将位移电流描述为电场改变时流动的电流,以其作为在时空架构中对电场特征的一种表征。

7.9　一个能较好表征互连线上的信号速度的经验法则是什么?

在空气中,信号的速度或光速均为 12 in/ns。当通过具有介电常数 Dk 的电介质传播时,电场变化的速度,即所谓的光速,将随着 Dk 的平方根而减慢。

大多数互连材料的典型介电常数 Dk 约为 4。这意味着典型叠层基板互连上的信号速度约为 $12/\sqrt{4}=6$ in/ns。

对于互连上的信号速度，这是一个很好的经验法则，约为 6 in/ns。

7.10 按经验法则，50 Ω 微带线的宽厚比是多大？

对于 FR4 衬底，50 Ω 传输线的线宽与电介质厚度之比为 2/1。

7.11 按经验法则，50 Ω 带状线的宽厚比是多大？

在 FR4 基板的带状线几何结构中，线宽和平面之间的电介质总厚度的宽厚比为 1/2。由于上下有两个平面，所以带状线中的电介质厚度一定会大于微带线中的电介质厚度。

7.12 如果介电常数及信号速度与频率相关，那么称其为什么效应？

当介电常数随频率而改变，或者信号的速度随频率而变化时，人们称这种效应为色散。它是一种与频率相关的信号速度。

7.13 导致传输线的特性阻抗与频率相关的因素有哪两种？

传输线的特性阻抗取决于该导线每单位长度的电感值和每单位长度的电容值。这些值多少都具有某些与频率的相关性。

例如，导线每单位长度的电感在低频时较高，在高频时会降低约 10%～20%。这使得特性阻抗在低频率时较高，在高频时则较低，其变化幅度约为 10%～20% 的平方根。

由于介电常数的频率相关性，传输线每单位长度的电容也与频率有关。在低频时，介电常数 Dk 通常比高频时大一些。这使得特性阻抗在低频处稍低，在高频处增大。

虽然这两种效应在相反方向上改动特性阻抗，但它们的频率相关度和量级则不尽相同，意味着它们并不能相互抵消干净。特性阻抗仍然存在一定的净频率相关性，从低频到高频的变化通常是小于 10% 的量级。

7.14 传输线的瞬时阻抗、特性阻抗和输入阻抗之间有什么区别？

尽管这 3 个术语都是阻抗，但它们指的是不同特征。瞬时阻抗是信号沿传输线向下传输时在每个位置所能看到的阻抗。该阻抗是传输信号在每一步收到的响应。

特性阻抗仅适用于均匀传输线，它是传输信号看到的一个瞬时阻抗值。如果瞬时阻抗在不断变化，就不存在这个表征传输线特征的瞬时阻抗值。

传输线的输入阻抗通常是一个频域项，它是在特定频率下从前端观察到的传输线阻抗值。输入阻抗随频率的变化范围很大。

7.15 如果将导线长度增加到 3 倍，那么传输线的时间延迟会怎样？

传输线的时间延迟与导线的长度成正比。如果将导线长度增加到 3 倍，则导线的时间延迟也会增加到 3 倍时间延迟。

7.16 FR4 传输线的线延迟是多大？

人们常用信号速度的倒数来表示线延迟，这就是指每单位长度的延迟量。如果信号的速度是 6 in/ns，其线延迟则为 $1/(6\ \text{in/ns})=170$ ps/in。

这意味着沿着传输线每行进 1 in 的延迟时间就是 170 ps。

7.17 如果传输线的线宽增加，那么瞬时阻抗会发生什么变化？

若传输线的线宽增加，则导线每单位长度的电容会增加，进而导致其瞬时阻抗会降低。导线变得越宽，瞬时阻抗就会降得越低。对于均匀的导线，若导线变宽，则其特性阻抗会降低。

7.18　如果传输线的长度增加,那么导线中间部分的瞬时阻抗会发生什么变化?

这又是一个很难回答的问题。如果导线的长度增加,那么其瞬时阻抗将保持不变。导线的时延将会增加,但瞬时阻抗仍保持不变。

7.19　为什么传输线的特性阻抗与每单位长度的电容成反比?

如果每单位长度的电容增加,则需要更多的电流为传输线中的每一小节充电。如果需要更多的电流才能将导线充电至相同的电压值,其阻抗就是低了。这意味着每单位长度的电容与瞬时阻抗成反比。

7.20　50 Ω 的 FR4 传输线的每单位长度的电容是多大?如果阻抗加倍,那么每单位长度的电容会怎样变化?

所有 50 Ω 的 FR4 导线的每单位长度的电容相同,约为 3.3 pF/in。如果线宽增加,电介质厚度也增加,那么这样较宽的传输线仍将保有相同的每单位长度电容,从而就能保持特性阻抗不变。

如果导线的特性阻抗增加,则其电容会下降;如果导线的阻抗加倍,则每单位长度的电容会减半。它们之间是负相关的。

7.21　50 Ω 的 FR4 传输线的每单位长度的电感是多大?如果阻抗加倍,那么电感会怎样变化?

所有 50 Ω 的 FR4 传输线的单位长度的电感约为 8.3 nH/in。当然,如果在其结构中有一个维度发生改变,则其他维度也需要改变,以维持 50 Ω。

导线阻抗与每单位长度的电感成正比。为了使导线的阻抗加倍,应将导线每单位长度的电感加倍。

7.22　将 RG59 电缆与 RG58 电缆相比较,它们的每单位长度的电容有何不同?

这两个同轴电缆使用相同的电介质,它们也具有相同的中心导体半径。但是,它们具有不同的特性阻抗。RG58 电缆的特性阻抗约为 50 Ω,RG59 电缆的特性阻抗为 75 Ω。

较高阻抗 RG59 电缆的每单位长度电容值较低。这里,RG59 电缆的外径比 RG58 电缆的更大,其外部导体更远离中轴,使得 RG59 电缆中每单位长度的电容值变低。

7.23　当提及传输线的"阻抗"时,其中的内涵是指什么?

只提到一路导线的"阻抗"是不明确的。它可以指瞬时阻抗、特性阻抗、频域中的输入阻抗或时域中的输入阻抗。在没有给出特定条件时,不能确知指的是哪一种。

遗憾的是,人们常常比较随便,经常会丢掉限定符。多数情况下,当我们只提到导线的阻抗时,往往是指传输线的特性阻抗。尽管你可能指的是特性阻抗,但这并不意味着它与驱动端所看到的阻抗是同一个东西,除非上升边很短,导线又很长,而且我们又只观察很短的时间。

7.24　时域反射计可以在 1 ns 内测量出传输线的输入阻抗。对于一个终端开路、时长为 2 ns 的 50 Ω 传输线,它测量的是什么?5 s 后测量的是什么?

时域反射计向传输线发送一个上升边很短的阶跃边沿,然后测量反射信号。它通常是从内阻为 50 Ω 的驱动源端发送的。如果连接的是 50 Ω 传输线,则不会有反射,所以当信号进入传输线时不会有反射信号。

阶跃边沿将沿传输线传输,到达开路的终端就形成了反射。从阶跃边沿发送到导线算起,到反射边沿返回仪器的源端,其反射边沿将滞后大约 4 ns。

一旦它进入仪器,就没有了更多的反射,也没有另外的信号再进入传输线。

TDR 起初先测的是 50 Ω 的导线，4 ns 之后则测得为开路。在此之后它测出的将总是开路情况。例如，5 s 之后 TDR 测得的就是一个开路。

7.25 驱动端具有 10 Ω 的输出电阻。如果其开路输出电压为 1 V，那么在 65 Ω 传输线上的输入电压是多大？

驱动端和传输线创建了一个分压器。传输线作为一个接收端的 65 Ω 阻抗与驱动端 10 Ω 的阻抗相串联。在其 65 Ω 电阻上所分压的电压降为 1 V × 65 Ω／（10 Ω + 65 Ω）= 0.87 V。

7.26 当信号改变返回路径平面时，可以调控哪 3 种设计特性以降低返回路径的阻抗？

当一个信号在两个平面之间切换其返回路径时，返回电流会看到两个平面之间的阻抗与传输线阻抗是串联的。为了最小化不连续性和耦合到平面之间腔体中的噪声，人们希望能减小腔体的阻抗。

最重要的方法是添加短路过孔。这意味着两个平面必须采用相同的电压。

无论两个平面的电压如何，可采用的第二个措施就是在两个平面之间使用薄的电介质。如果它们的电压不同，则将大大降低平面之间的阻抗。如果两个平面的电压相同，则将使短路过孔更有效。

最后，如果两个平面具有不同的电压，则不能使用短路过孔。这时可以在短路过孔中放置一个直流阻断帽。虽然不再会像短路过孔那样具有低阻抗，但这是一种折中方案。

7.27 为了更好地描述高达 100 MHz 的互连，初始化模型应如何选取？是选用理想传输线作为模型，还是选用 2 节的 LC 网络？

在描述互连的模型中，理想传输线模型总是比 n 节 LC 模型更好一些。在低频时，理想传输线模型看似与 L 元件或 C 元件模型差不多，但在更高频率时，它与实际传输线特性的吻合度比任何 LC 模型都好得多。

传输线模型又是一个非常简单的模型。所有的 SPICE 仿真器都能理解理想传输线模型，许多仿真器甚至还拥有有损传输线模型和耦合传输线模型等。

7.28 如果电路板上的互连线长度为 18 in，那么这条传输线的时延估计是多少？

FR4 中的信号速度约为 6 in/ns。这一节传输线的时延约为：线长 Len[in]/v[in/ns] = 18 in/（6 in/ns）= 3 ns。

7.29 如果 50 Ω 微带线的线宽为 5 mil，那么其电介质厚度近似为何值？

在 FR4 的 50 Ω 传输线中，线宽 w 与电介质厚度 h 之比约为 2∶1。如果线宽 w 为 5 mil，则电介质厚度 h 约为 2.5 mil。常见叠层板的厚度 h 约为 2.8 mil。

7.30 如果 50 Ω 带状线的线宽为 5 mil，那么传输线的线长是多少？

这也是一个很难回答的问题。如果只知道导线的特性阻抗和线宽，则无法获知导线的总线长。它可能是 1 in，也可能是 30 in。只知道导线的特性阻抗和线宽是不够的，还必须知道导线的总时延或总电感，或总电容等。

第 8 章

8.1 引起反射的唯一原因是什么？

反射是由信号遇到瞬时阻抗的改变所引起的。如果存在反射，就表明其瞬时阻抗发生了改变。这可能是由于线宽的变化、电介质厚度的变化，或某些其他几何特征的变化所引起的。

8.2　哪两个特征影响反射系数的大小？

两个导线阻抗之间的反射系数，等于两个阻抗之差与两个阻抗之和的比值。

在界面处的两个瞬时阻抗 Z 的值，是影响反射系数仅有的两个参数。

8.3　什么因素影响了反射系数的符号？

反射系数 $\rho = (Z_2 - Z_1)/(Z_2 + Z_1)$。在这两个阻抗中，如果 $Z_2 > Z_1$，则 ρ 的符号为正。如果阻抗 $Z_2 < Z_1$，则 ρ 的符号为负。这是影响反射系数 ρ 符号的唯一因素。

8.4　在任一界面的两侧必须满足哪两个边界条件？

当观察接口界面时，需要注意在信号-返回路径之间电压的连续性。左侧和右侧的信号电压之间不能有阶跃变化，否则界面上可能会有无限大的电场，宇宙会随之爆炸。

另外，在接口左侧流动的电流必须等于在接口右侧流动的电流。这意味着在接口处没有额外的净电流流动。假如真有一个净电流流入界面，界面就会被充电。如果观察足够长的时间，那么宇宙也将会爆炸。

我们称这两个条件为边界条件：电压连续性和电荷守恒性。

8.5　如果在发送端观察，那么由不连续点引起的反射会持续多久？

当信号在整体均匀的传输线中遇到一个较短的阻抗不连续段时，将会出现不连续段前端的反射和不连续段后端的反射。

从不连续段的界面起点开始有反射算起，信号还要继续往前走，直至阻抗不连续段的终点，并将再次反射穿越该不连续段，继续往后走，这样就又到达了发送端。

这意味着到达发送端的反射信号也包括导线不连续段的往返时间。

如果不连续段长为 1 in，则其时间延迟约为 170 ps。反射信号将是一个脉冲，其脉宽约为 170 ps × 2 = 340 ps。

8.6　当 50 Ω 导线发出的信号传输到 75 Ω 传输线或 75 Ω 电阻器而引起反射时，其反射系数有什么不同？

这是一个很难回答的问题。当信号从特性阻抗为 50 Ω 的传输线传输到 75 Ω 导线或 75 Ω 电阻器时，两种情况下的反射系数完全没有区别，其瞬时阻抗也完全相同。

8.7　假设信号传输到 50 Ω 线的末端，看到一个与高阻抗接收端相串联的 30 Ω 电阻器。在接收端串联 30 Ω 电阻器的情况会有什么影响？

这是一个很难回答的问题。由于接收端的输入阻抗非常高，添加一个 30 Ω 的串联电阻器完全没有影响。当信号遇到 30 Ω 电阻器时，它立即看到的还是开路，所以真正的响应也是开路。

8.8　如何使用源端串联电阻器去端接双向总线？应在哪里放置源端电阻器？

端接匹配双向总线的最简单方法是在总线的两端使用源端串联电阻器。当从一个发送端发送信号时，信号在其源端输出时会看到一个串联电阻器。接收信号在接收端看到的则是开路端，再次反射回发送端，又遇到串联电阻器后就不再反射。当由导线另一端驱动时，会发生完全相同的情况。

如果没有其他问题出现，那么在导线两端串联电阻器通常是最好的方法。

8.9　时域反射计屏幕上实际显示的原始测量值是什么含义？

时域反射计实际测量的是位于源端串联 50 Ω 电阻之后的点的电压，即信号进入精准 50 Ω 传输线的位置。该电压由固定不变的入射信号和反向传输的反射信号构成。

通常情况下，入射信号的电平为 250 mV。这就是最初显示的值。如果任何连接到时域反射计的器件都没有反射，换句话说，如果所连接的器件被完全匹配，那么在时域反射计屏幕上将永远只看到 250 mV。

任何除 250 mV 以外的额外测量电压都必然源于反射。测量值与 250 mV 之间的差值就是反射电压。根据反射电压和入射电压值，就可以测量出在任何位置的反射系数。

8.10 如何将此原始测量转换为信号所遇到的瞬时阻抗值？

如果知道入射电压为 250 mV，则反射电压就是在屏幕上看到的与 250 mV 入射电压之间的差值。从反射电压和入射电压就能计算出反射系数。

如果信号在源端感受到的是 50 Ω 阻抗，在接口处的反射系数也已求出，就可以计算出该接口处的阻抗。第一次反射之后，就很难再从时域反射计屏幕上直接测得以后每一个接口处的阻抗。

8.11 有一个驱动器，空载时的输出电压为 1 V。当驱动器端接 50 Ω 的电阻器时，测得的输出电压为 0.8 V，那么驱动器的输出源内阻是多大？

当人们在输出引脚处直接加载时，输出电压就会下降，这是一种直流效应。输出源内阻两端的电压降为 0.2 V，而在 50 Ω 电阻器上的压降则为 0.8 V。

在分压器电路中，50 Ω 电阻器上的电压如下：

$$0.8 \text{ V} = 1 \text{ V} \frac{50 \text{ }\Omega}{50 \text{ }\Omega + R_{\text{source}}}$$

可以求解如下：

$$R_{\text{source}} = \frac{50(1 - 0.8)}{0.8} = 12.5 \text{ }\Omega$$

其源内阻为 $R_{\text{source}} = 12.5 \text{ }\Omega$。

8.12 由于电容性不连续引起的时域反射响应是什么样的？为什么是这样的？

当时域反射信号的阶跃边沿电压遇到一个电容器时，两侧非常大的 dV/dt 导致电容器呈现为低阻抗，所以反射是负的。电容器经由 50 Ω 源内阻充电，电容器两端的电压不断升高，其容抗在增大，因此反射就变小了。由此产生的反射信号是一个锐利的负向衰减，之后则衰减到无反射为止。

8.13 时域反射计对感性突变的响应波形是什么样的？为什么是这样的？

当时域反射信号很大的阶跃边沿电流 dI/dt 流过一个电感器时，它会看到一个很大的阻抗并形成正电压反射。当流过电感器的电流逐渐达到稳态时，阻抗就变得很小，由电感引起的反射电压也就变得很小。

由电感器引起的反射信号将是一个尖锐的正脉冲，再慢慢衰减到零。

8.14 如果驱动器的输出源内阻为 35 Ω，当连接到 50 Ω 导线时，在驱动器中加入的源串联内阻值应为多大？如果连到 65 Ω 导线，那么该值为多大？

当源串联端接传输线时，我们需要设计串接电阻值，以便当反射信号返回到信号源端时，传输线中的阻抗值与源内阻加上串接电阻的组合值相同。对于 50 Ω 导线和 35 Ω 输出源内阻而言，需要添加的源端串接电阻值应为 50 Ω - 35 Ω = 15 Ω。

当驱动 65 Ω 导线时，源端的串接电阻值应为 65 Ω - 35 Ω = 30 Ω。

8.15　在应用时域反射计时,怎样才能区分在均匀传输线中间是遇到了一小段低阻抗传输线还是一个小电容器?

有时候这很难做到。一小段低阻抗传输线看起来很像电容性不连续。除非导线足够长,时域反射计响应的底部将会逐渐变得平坦一些,否则很难将二者加以区分。

8.16　通过查看时域反射响应,如何区分真正的 75 Ω 电缆长线与串接 75 Ω 电阻器的 75 Ω 电缆短线?

很难区分真正的 75 Ω 电缆长线与串接 75 Ω 电阻器的 75 Ω 电缆短线区别。从时域反射计边沿看到的瞬时阻抗看起来是相同的。唯一可以区分的方法是,将时域反射计运行足够长的时间,这样有可能看到传输线末端的反射。

8.17　信号源于 40 Ω 环境,若遇到 80 Ω 环境,则反射系数和传输系数各是多大?

反射系数 $\rho = (Z_2 - Z_1)/(Z_2 + Z_1)$,即 $(80 - 40)/(80 + 40) = 1/3$。

传输系数 $t = 2Z_2/(Z_2 + Z_1)$,即 $2 \times 80/(40 + 80) = 1.33$。

8.18　信号源于 80 Ω 环境,若遇到 40 Ω 环境,则反射系数和传输系数各是多大?

反射系数与前例相同,只是这里为负值。其反射系数 $\rho = (40 - 80)/(40 + 80) = -1/3$。

传输系数 $t = 2 \times 40/(40 + 80) = 2/3$。

8.19　考虑输出源内阻为 10 Ω 的驱动器,其空载输出电压为 1 V。若所连接的传输线是 50 Ω 的,导线在远端端接,则应该用多大阻值的电阻端接此传输线?如果将远端电阻端接到 V_{SS},则接收端的高电压和低电压各是多大?

远端端接电阻应为 50 Ω,以防止远端的反射。在这种情况下,如果驱动端输出电阻为 10 Ω,则当输出信号为 0 V 时,在远端电阻两端的信号将为 0 V。

当驱动端发送 1 V 信号时,由于电阻分压,在 50 Ω 端接电阻上的电压将为 $50/(10 + 50) = 5/6$ V $= 0.83$ V。

8.20　重做复习题 8.19,远端电阻连接到 V_{CC}。

无论电阻器所连接的电压如何,这里还是采用了同样 50 Ω 的端接电阻。当驱动端输出 1 V 信号时,50 Ω 电阻上的电压相对于 V_{SS} 仍为 1 V。

但是,当驱动端输出 0 V 信号时,50 Ω 电阻上的电压则为 1 V × (10 Ω/(10 + 50)) = 0.17 V。当电阻连接到 V_{CC} 时,低电平信号为 0.17 V。

8.21　重做复习题 8.19,若远端电阻连接到 V_{CC} 的 1/2 处,则有时将其称为端接电压或 V_{TT}。

当远端电阻端接到 0.5 V 时,低电平电压为 0.5 V × (10/(10 + 50)) = 0.08 V,高电平信号为 0.5 V + 0.5(50/(10 + 50) = 0.92 V。

这三个例子说明了端接于 V_{TT} 电压的特点。它平衡了高低电平值,使其能与中心电压相对称。这使得在高端和低端都能保持相同的噪声容限。

8.22　如果一个信号的上升边是 3 ns,那么期望有多长的导线反射就能自行消解而不必端接?

如果上升边是 3 ns,则它将具有约 3 ns × 6 in/ns = 18 in 的空间延伸。如果传输线的长度短于上升边空间延伸的 1/3 左右,那么反射仍会发生,但在上升沿期间它们将会部分抵消。短于 6 in 的线可能无须端接。

8.23 对于传输线中较短的不连续，当不连续长度变短时其反射电压的值如何变化？当线为多长时，可以称其为"透明的"？

当这段结构的往返时间短于信号的上升边时，源于此结构前端和后端的反射开始重叠，且反射的幅值变小。

这就意味着，如果可以维持结构的长度足够短，小于上升边的1/2，那么这段结构的不连续就看起来越发透明。它越短，看起来就越透明。

8.24 由于过孔在每层上的非功能性捕获焊盘的容性负载，从电气性能的角度看，这时的过孔是相当于变得更长了还是更短了？

传输线的总时延等于导线总电感与其总电容乘积的平方根。假设能保持路径的总电感相同，但由于加入了一些非功能焊盘，致使多了一些额外的杂散电容，导致过孔总电容值会增加，总时间延迟也将增加。从电气性能的角度再看过孔，就相当于变长了。

8.25 假设在一个 12 in 长的 50 Ω 传输线上，由一个输出阻抗为 1 Ω 的源端发送一个 1 V 信号，其上升边为 0.1 ns，占空比为 50%。将单个 50 Ω 端接电阻器连接到返回路径的平均功耗是多少？

信号是导通时间为 50% 的方波。驱动器的源内阻非常低，因此几乎所有的 1 V 信号都会发送到传输线中。该传输线的终端用一个 50 Ω 的电阻器连接到路径 V_{ss} 上。

我们可以估算每个时钟周期的平均功耗。

当信号为高电平时，电阻上的电压为 1 V，则其功耗为

$$P = \frac{V^2}{R} = \frac{1}{50} = 20 \ \mathrm{mW}$$

信号为低电平或 0 V 时的功耗为 0 mW。当占空比为 50% 时，一个周期内的平均功耗就是功率的平均值，即平均功耗为 10 mW。

8.26 假设远端电阻器不是接地的，而是接在 V_{cc} 的 1/2 处，那么其平均功耗是多少？

同理，对于低电平信号和高电平信号，50 Ω 电阻上的电压将为 $\frac{1}{2}V_{\mathrm{cc}}$。电压的极性翻转了，这就是接收端所看到信号的不同之处。对于高电平和低电平，其功耗都是

$$P = \frac{V^2}{R} = \frac{(0.5V)^2}{50} = 5 \ \mathrm{mW}$$

这是每半个周期的功耗。但因为它发生在两个半周期中，所以也就是平均功耗。

采用 V_{ss} 或 V_{cc} 作为端接的功耗是采用 $\frac{1}{2}V_{\mathrm{cc}}$ 电压作为端接时的 2 倍。

8.27 在复习题 8.26 中，假设 49 Ω 的源端串联电阻器也可能被用作导线的端接匹配。在源端电阻器上的功耗与用作远端端接匹配时相比，是更大一些？更小一些？还是相同的？

如果增大源端的串联电阻器，那么整个系统的电流将会减少，所以总功耗将会降低。

如果使用 49 Ω 的源端串联电阻器加上 50 Ω 的远端端接电阻器，这就约为 100 Ω 了。对于相同电压、两倍电阻值的情况，其功耗只有前者的一半。

这一半的平均功耗，又会在源电阻器和端接电阻器之间分配。其各自的平均功耗则是 10 mW 的 $\frac{1}{4}$，即 10 mW $\times \frac{1}{4} = 2.5$ mW。

第9章

9.1　若信号各频率分量沿传输线的衰减恒为 −20 dB，则会出现什么现象？

如果在所有频率处的衰减均为 −20 dB，那么整个信号的幅值会降低到 −20 dB，其幅值为入射时的 10%。每个频率分量都降低到这一电平，但波形的形状则被保留。

这意味着输出的上升边与输入时的相同。信号带宽并没有改变，只是整个信号幅值有所改变。

9.2　ISI 代表什么？两种可能的根本原因是什么？

ISI 指的是符号间干扰(Inter-Symbol Interference)。当源于一比特的信息与另一比特重叠并干扰到另一比特时，就出现了符号间干扰。引起符号间干扰的原因有几个，最常见的两种是上升边退化和反射。

如果与频率相关的损耗非常高，以至于使信号的上升边被拉长，导致其与单位间隔(Unit Interval, UI)相比显得较长，则源于一比特或多比特的信息将会渗入其他比特中。

如果系统中有多次反射会导致初始数据比特的往返反射，则当有一比特到达接收端时，会有某一比特的反射部分经过一段时延也同时到达。某比特的反射部分就会干扰到正常到达的那一比特。

9.3　如果接收器输出的上升边与单位间隔相比依然很短，那么此通道中受损耗影响的程度如何？

如果通道中的损耗只引起少量的上升边退化，则上升边与单位间隔相比依然很短，其上升边的加长对信号质量的影响将非常小。

在这种情况下，损耗在影响信号质量方面不起重要作用。

9.4　与频率相关的损耗对接收端信号的主要影响是什么？

与频率相关的损耗总是随着频率的升高而增加。这意味着所传输信号的带宽会低于入射信号，在接收端的信号的上升边会比发送端发出信号的上升边更长。

当这个上升边与单位间隔相比显得较长时，上升边退化会以眼图塌陷的形式严重影响信号的质量。

9.5　给出一个损耗比 FR4 背板通道低得多的互连实例。

FR4 背板通道的损耗主要源于介质损耗，小部源于导线损耗。如果用美创(Megtron)6 层叠层板或罗杰斯 RO1200 叠层板代替其叠层材料，那么其损耗将远小于 FR4 背板通道的损耗。

9.6　什么是水平方向的眼图塌陷？

观察眼图的水平方向是时间轴，其中信号从 0 到 1 切换或从 1 到 0 切换时跳变时间的波动，称为"抖动"。

9.7　为什么不包括带状线衰减项中的辐射损耗？

任何互连总会有一些辐射损耗。但是，带状线中的辐射损耗与导线损耗加介质损耗相比非常小，可以将其忽略。包括了辐射损耗会使问题的分析变得很复杂，相应的回报却不多。

9.8　为了有效解决问题，需要分析哪些最重要的因素？

重点的是分析问题的根本原因。虽然可以提出一些随机的设想尝试去解决问题，但要快速地解决问题，最重要的是找出其根本原因并据此再设法解决问题。当然，有信心正确地找到其根本原因也很重要。

9.9 反射如何引起符号间干扰？

传输线上要有两个引起反射的源，使得信号改变方向形成反射，包括回到发送端。但是如果在一个电路中有两个大的反射源，那么 1 比特的一部分信号会在最终到达接收端前往返游荡。如果延迟时间大于一个单位间隔，那么 1 比特被往返反射的一部分将会干扰接收端出现的新比特。这就符合符号间干扰的定义了。

9.10 不连续性是如何拉长信号的上升边的？

如果认为不连续性可由电容元件或电感元件近似表征，反射的大小就与 dV/dt 或 dI/dt 成比例。其中，入射信号的快速边沿部分将比低频分量被反射得更多。

如果信号的较高频率分量在反射中丢失了，则发送信号的带宽将减小，这也意味着上升边会变长。

另一种考虑问题的方法是，如果信号遇到了并联的电容元件或串联的电感元件，那么根据不同的时间常数 RC 或 L/R，信号将发生退化。经由 50 Ω 阻抗传输线所传输的信号馈送到容性或感性等不连续处，从而造成了上升边的退化。例如，1 pF 容性负载会使信号的上升边拉长 $50 \times 1 \text{ pF} = 50 \text{ ps}$。

9.11 形成趋肤效应的源头是什么？

集肤深度是由信号–返回路径中的电流再分配引起的，以降低信号–返回路径的阻抗。在 10 MHz 频率以上时，阻抗以回路电感为主导。电流将重新分布以减小回路电感。这体现为两种影响：信号电流和返回电流会彼此尽可能地接近；在其每一条导线中，电流则会尽可能远离其内核心。

9.12 是什么引起了介质损耗？

介质损耗是由介质中束缚偶极子的快速运动所引起的。它们在信号电压的电场中旋转，吸收电场能量，转化为介质内偶极子运动及摩擦的能量。

具有较少或较小偶极子的材料所吸收的源于电场的能量较少，因此具有较低的损耗。

9.13 为什么介质中的漏电流随频率增加？

介质损耗是由在信号–返回路径之间的交流漏电流所引起的。在正弦波频率分量的每个半周期中，偶极子会旋转一定的量。这就表示内部有一些电荷在流动。

在一个周期内旋转的总电荷取决于偶极子的数量及其分布。这是一个固定的量值。所流动的电流值等于每个半周期内流动的电荷数除以半周期的时间量。

信号频率越高，每个周期的时间就越短。对于固定数量的流动电荷，如果时间间隔减少，电流值就会增加。由于所有电流流动的时间间隔随频率的升高而线性下降，造成了介质损耗与频率成正比。

9.14 介电常数、耗散因子和损耗角之间的区别是什么？

介电常数是描述信号速度受电介质材料的影响而减慢程度的材料特性。它也是复介电常数的实数部分。

耗散因子通常缩写为 Df，与复介电常数的虚部有关，描述了介质中偶极子密度的大小，以及在外电场下偶极子能移动多远。介质损耗与耗散因子 Df 直接相关。

损耗角实际上是复介电常数矢量与实轴之间的夹角。它是衡量介质损耗与介电常数实部相比有多大的标志。

耗散因子 Df 又称为损耗角 δ 的正切 tan δ，tan 函数求得复介电常数的虚部与实部之比。

9.15　在理想无损耗的电容器中，当在其上施加正弦波电压时，电压和通过它的电流之间的相位差是多大？功耗是多大？

与电流的零相位相比，电压的初相位是 −90°，它们是正交的。

由于它们彼此成直角，所以电压×电流点积的功耗为零。通过理想的电容器没有功耗。

9.16　在一个理想电阻器中，当施加一个正弦波电压时，电压和流过它的电流之间的相位差是多大？功耗是多大？

在理想电阻器中，电压和电流之间的相位差为 0°，它们的相位完全相同。电压×电流点积的功耗可以表示为 V^2/R 或 I^2R。

9.17　在充满 FR4 的电容器中，当耗散因子 Df =0.02 时，通过电容器的实电流与虚电流之比是多大？存储在电容器中的能量与每个周期的能量损耗之比是多大？

耗散因子 Df 实际上是复介电常数的虚部与实部之比。

流过材料的电流与介电常数的不同分量成比例。与电压同相从而形成功耗的电流实部，实际与介电常数的虚部直接相关。

与电压不同相的电流虚部，对应于无损耗的能量存储能力，它与介电常数的实部成正比。

电流实部与电流虚部之比只是复介电常数虚部与实部之比，即 Df。

介电常数的实部是对每个周期所存储能量的直接量度。介电常数的虚部是对每个周期能量损耗的直接量度。

每个周期的能量存储与能量损耗之比，称为系统的品质因子，或 Q 因子，即 1/Df。

在 FR4 中，当 Df = 0.02 时，互连的 Q 因子为 50；当 Df 非常小时(如 0.002)，Q 因子可高达 500！

9.18　对于时延为 2 ns 的传输线，如果采用 n 节有损传输线模型，要求具有精确到 10 GHz 的带宽，那么需要采用多少节？

为确保模型的合理精确度，对应于 T_D 的最窄频带所需的 LC 元件节数为 10。再用传输线时延 T_D×模型最高频率 BW，就可以求得在整个互连线长度内其最高频带信号占有的周期数。这样，根据式(7.44)，模型中所需 LC 的准确节数 n = 10×10 GHz(模型带宽 BW)×2 ns(传输线时延 T_D) = 200。在这个例子中，200 是一个庞大的数字，往往不切实际。

9.19　在 1 GHz 和 5 GHz 处，对于特性阻抗为 50 Ω、线宽分别为 5 mil 和 10 mil 的导线，仅仅由于导线损耗，其每英寸的衰减是多大？

参见式(9.65)，记线宽为 w，频率为 f，导线损耗分贝数与这两个变量的关系因子为 $-\sqrt{f}/w$，其单位为 dB/in。它包含源于信号路径的铜损(包括信号走线的两面)，也有一小部分源于返回路径，以及由于铜表面纹理而引起的电阻值加倍的系数 2 等。

对于 1 GHz 的信号，对应 5 mil 线宽的衰减为 −0.2 dB/in；对应 10 mil 线宽的衰减情况恰好是它的一半，即 −0.1 dB/in。

导线损耗随频率的平方根而增加。5 GHz 时的损耗将比 1 GHz 时的升高 $\sqrt{5}$ = 2.2 倍。对于 5 GHz 的信号，对应 5 mil 线宽的衰减约为 −0.44 dB/in，对应 10 mil 线宽的衰减则约为 −0.22 dB/in。

9.20　一个 FR4 通道中, 对于奈奎斯特速率为 5 Gbps 的信号, 在 5 mil 宽的导线的每英寸总衰减量中, 其导线损耗和介质损耗的占比有什么不同? 哪个更大一些?

参见式(9.64)和式(9.70), 将导线损耗与介质损耗相加, 可得传输系数为

$$S_{21} = -1/w \times \sqrt{f} - 2.3 \times Df \times f \times \sqrt{Dk}$$

此时, 由奈奎斯特法则对应的正弦波频率 f 是 2.5 GHz。如下式所示, 将两个损耗项相加可得

$$S_{21} = -1/5 \times \sqrt{2.5} - 2.3 \times 0.02 \times 2.5 \times \sqrt{4} = -0.32 \text{ dB/in} - 0.23 \text{ dB/in}$$

可以看出, 2.5 GHz 时导线损耗还略高于介质损耗, 这对应于 USB 3.0 等传输带宽为 5 Gbps 的信号。

9.21　1 GHz 时, 铜的集肤深度是多大? 在 10 GHz 时呢?

作为一个简单的经验法则, 参见式(9.2), 铜在 1 GHz 处的集肤深度为 2 μm, 并随着频率的平方根而减小。如果频率上升 10 倍, 则集肤深度降低 $1/\sqrt{10} = 0.32$ 倍, 降到 $2 \text{ μm} \times 0.32 = 0.64$ μm。

9.22　若信号的数据率是 5 Gbps, 那么其单位间隔是多大? 若信号的上升边是 25 ps, 那么是否会看到某些符号间干扰?

单位间隔的值等于 1/数据速率。若数据速率为 5 Gbps, 则单位间隔 UI = 1/5 Gbps = 0.2 ns = 200 ps。若信道输出的信号上升边为 25 ps, 与单位间隔相比, 这个值就显得非常小。这意味着没有出现由上升边退化引起的符号间干扰。不会由于上升边退化导致前一比特的信息拖累到下一比特。

9.23　1/2 盎司铜信号线的线宽为 5 mil, 在直流和 1 GHz 时每单位长度的电阻是多大? 假设电流位于信号走线的顶层和底层。

1/2 盎司铜的方块电阻为 1 mΩ/sq。对于 5 mil 宽的线条, 每英寸长的导线拥有 200 个方块(sq), 或者说, 其直流电阻为 200 mΩ/in。

该铜箔的厚度为 17 μm。在 1 GHz 时, 铜的集肤深度为 2 μm。如果电流在走线的顶层 2 μm 和底部 2 μm 处均有流动, 则在 1 GHz 时流过电流的横截面厚度为 4 μm。

在直流电流时, 电流流过 17 μm 厚度; 而在 1 GHz 时, 电流只流过 4 μm 厚度, 缩小了 17/4 = 4.25 倍。我们预计 1 GHz 的电阻会从直流电阻上升 4.25 倍。

9.24　对于 FR4 中 3 mil 线宽有损互连的最坏情况, 传输线在多高的频率以上相对于有损线而言呈现为低损耗?

称有损线为低损耗的条件, 取决于其中 R 项与 $2\pi fL$ 项值之间的相对大小。当互连线每单位长度的串联电阻大于无功的电抗项时, 称其为有损的。这确实是令人震惊的。随着频率的降低, 电阻将保持恒定, 但电抗值会随着频率的降低而降低。总会有一个频率点的电阻开始大于电抗值, 其导线的损耗成为主导项。

在发生趋肤效应的频率以下, 3 mil 线宽导线每单位长度(in)的电阻是恒定的, 大致为 330 sq/in × 1 mΩ/sq = 330 mΩ/in。

50 Ω 导线每单位长度的电感约为 8 nH/in。

这里, $R > 2\pi fL$ 的条件是 0.3 Ω/in > 6 × f × 8 nH/in 或 $f < (0.3/50)$ GHz = 6 MHz。这是令人吃惊的。它表示, 这条非常窄的传输导线在低于 6 MHz 的频率下, 损耗占主导地位, 阻抗中的 R 项比 L 项更占据主导地位。当高于 6 MHz 时, 它就表现为实际上的低损耗导线。

9.25　在高损耗和低损耗的情况下，损耗对特性阻抗有什么影响？

当我们想到特性阻抗时，它实际上是我们所处理特性阻抗的实部。在低损耗情况下，虚部只是一小部分，小于 2%，与耗散因子的值处于同一量级。

当采用电阻性元件去端接导线时，特性阻抗虚部的影响是会形成反射。虚部将从一个作为实阻抗的电阻器加以反射。我们无法合成出一个宽带的复阻抗去匹配这一复数特性阻抗。

幸运的是，只有在 5 MHz 以下的低频情况下，虚部才变得相对而言较大一些。但在这些低频率下，我们不必担心端接匹配问题。由于这时的波长很长，任何互连在这样的频率下都可以看成集总电路元件。

9.26　在高损耗和低损耗的情况下，损耗对信号的速度有什么影响？

除了使特性阻抗变为复数形式，损耗的另一个影响就是速度的色散，或者说速度将与频率相关。影响最大的是低频段，这种情况出现在 5 MHz 以下。此时在导线阻抗中占主导地位的仍是电阻。

在低损耗的情况下，由损耗引起的色散占据的比例非常小，而介电常数对色散的影响却是较大的制约因素。

9.27　损耗对传输导线性能的最大影响是什么？

在传输线中，由损耗引起的最大问题不是色散，也不是特性阻抗为复数的问题。其最大的影响源于与频率相关的衰减，这种衰减导致了上升边的退化拖长，并造成眼图的塌陷。

9.28　在两个信号的比值分别为 –20 dB，–30 dB 和 –40 dB 的情况下，它们的幅值之比分别是多大？

dB 值总是等于 10 × 两个信号功率之比的常用对数。如果该值是 –20 dB，则其功率之比是 10^{-2}。其电压幅值之比则为上述数值的平方根，即电压之比 = 10^{-1} = 0.1 = 10%。

如下所示，还可以更自动地做到这一点：

$$\text{电压之比} = 10^{\frac{\text{dB数}}{20}}$$

在 dB 值为 –30 dB 的情况下，其电压之比 = $10^{-1.5}$ = 0.031 = 3.1%。

在 dB 值为 –40 dB 的情况下，其电压之比 = 10^{-2} = 0.01 = 1%。

9.29　如果两个(电压)振幅的幅值之比分别为 50%，5% 和 1%，那么两个幅值之比的分贝值是多少 dB？

换一个方向，从电压幅值之比换算为分贝值的方法如下：

$$\text{dB 值} = 20 \times \log(\text{幅值之比})$$

当电压幅值之比为 50% 时，其 dB 值为 $20 \times \log(0.5)$ = –6 dB。

当电压幅值之比为 5% 时，其 dB 值为 $20 \times \log(0.05)$ = –26 dB。

当电压幅值之比为 1% 时，其 dB 值为 40 dB。

9.30　假设传输线的线宽保持不变，但将其特性阻抗降低，导线的损耗将会如何变化？如何在保持线宽不变的前提条件下降低阻抗？这种情况所对应的互连结构可能是什么情况？

如果线宽固定但其阻抗降低，则导线损耗一类的衰减会增加。衰减量值 α_{dB} 与(每单位长度电阻 R_L)/(特性阻抗 Z_0)成正比。阻抗越低，衰减量就越大。

降低阻抗而无须改变线宽的一种方法是使返回路径更接近信号路径。电介质越薄，其特性阻抗就越低，由导线损耗引起的衰减也就越大。

电源和地平面就是这种情况。电源和地平面越靠近，阻抗越低，电阻性损耗就越高。这是对电源-地平面腔谐振加大阻尼的有效途径。

9.31 仅仅由介质损耗引起的每 GHz、每单位长度的衰减只取决于材料固有的特性。这是材料的一种有用的品质因数（Figure of Merit，FoM）。FR4 和美创 6 的品质因数是多大？选择另一种叠层材料，并从数据手册中查出这一品质因数。

参见式(9.69)，由介质损耗引起的每英寸的衰减是 $S_{21} = -2.3 \times Df \times f \times \sqrt{Dk}$。因此，每 GHz 每英寸衰减 dB 值（又称为品质因数，FoM）为

$$FoM = 2.3 \times Df \times \sqrt{Dk}$$

对于 FR4，$FoM = 2.3 \times 0.02 \times \sqrt{4} = 0.092$。

对于美创 6，$FoM = 2.3 \times 0.004 \times \sqrt{3.6} = 0.017$。

9.32 一些有损线仿真器使用理想串联电阻器和理想并联电阻器。采用这种模型有什么问题？

有损线的全部问题是与频率相关的损耗特性。如果串联电阻为恒定电阻，并联电阻为恒定电阻，则该模型所预测的损耗将不随频率而改变。这意味着采用该模型无法仿真出有损线最重要的特征。所以说，这是毫无实用价值的。

9.33 粗略地说，对于奈奎斯特频率，多大的衰减量就可能过多并导致接收端的眼图太闭合？对于 5 Gbps 的信号和 FR4 介质，其互连所能容许的最长不均衡长度是多长？对于 10 Gbps 的互连呢？

当奈奎斯特频率的衰减约为 -10 dB 时，通常眼图会过于闭合，误码率也就太高了。如果现在采用此值作为衰减的极限值，并采用品质因数 FoM 约为 0.2 dB/in/GHz 的高损耗互连，则可以估计出 5 Gbps 的信号在到达损耗 -10 dB 的极限之前还能走多长：

$$-10 \text{ dB} = 0.2 \text{ dB/in/GHz} \times \text{Len} \times 2.5 \text{ GHz}$$

其长度 Len = 20 in。

如果互连以 10 Gbps 运行，则奈奎斯特为 5 GHz。在衰减为 -10 dB 之前，信号可以行进的长度只有上述长度的一半，即 10 in。

第 10 章

10.1 在大多数典型的数字系统中，受害线上多大的串扰噪声就算太多了？

分配给串扰的预算通常约占总噪声预算的 30%，而总噪声预算又为信号摆幅的 15%。所以，可接受的串扰量约为信号摆幅的 5%。

10.2 如果信号摆幅为 5 V，那么多少毫伏的串扰是可接受的？

典型可容许的串扰噪声为信号摆幅的 5%，所以可接受的噪声就是 5% × 5 V = 250 mV。

10.3 如果信号摆幅为 1.2 V，那么多少毫伏的串扰是可接受的？

当信号摆幅低至 1.2 V 时，噪声则为 5% × 1.2 V = 60 mV。

10.4 串扰的根本原因是什么？

串扰源于一个信号-返回路径与另一个信号-返回路径之间的边缘电场和边缘磁场。也可以用 E 场和 B 场两个术语描述，或者用容性耦合和感性耦合近似逼近。

10.5 什么是叠加,如何将这一理念用于串扰分析?

叠加意味着本信号形成的 E 场或 B 场与相邻信号形成的 E 场或 B 场之间没有相互影响。或者说,假设没有其他信号出现,在静态线上有一个边缘场,那么当其他信号出现时这一噪声电平仍将维持不变。总电压将是没有其他信号时存在的自身噪声再加上其他信号影响的总和。

10.6 在混合信号系统中,可能需要加多大的隔离?

许多射频接收端的灵敏度低于传输信号的 – 100 dB,这就意味着它们对噪声非常敏感。为了最大限度地减少串扰的影响,多数射频接收端都被调谐到非常窄的频带。这样,我们只需担心在接收端滤波器窄带宽内所接收到的数字噪声。但是,它与发送端的隔离也必须降至 – 100 dB。

10.7 串扰的两个根源是什么?

串扰就是相关边缘电场和边缘磁场之间的耦合。如果没有边缘电场和边缘磁场,就不会有串扰。了解其根源非常重要,为了设法控制和减少串扰,首先必须弄清楚它的根源。

减少串扰的一项重要技术就是设计好路径之间的几何关系,从而将从一个信号-返回路径到另一个信号-返回路径之间的边缘场外延伸部分最小化。两个最重要的设计要点是:使返回线更靠近信号线,并将两条信号线离得更远些。

10.8 在关于耦合的等效电路模型中有哪些元件?

虽然耦合的性质是电场和磁场之间的耦合,但我们可以采用互容器和互感器等电路元件去近似这种行为。运用这些电路元件,就可以构建包含信号路径和耦合在内的等效电路模型,并使用 SPICE 等电路仿真器仿真串扰噪声。

10.9 如果信号的上升边是 0.5 ns,耦合长度是 12 in,那么为了建造一个 LC 模型,要求 n 为多少节?

如果使用传输线的 n 节集总电路模型仿真串扰,参见式(7.44),则需 $n = 10 \times T_D \times BW = 10 \times 12/6 \times 0.35/0.5 = 14$ 节。因此,每条传输线需要 14 节,从而要有 14 节的互容器和互感器。

10.10 为了减弱边缘电场和边缘磁场幅值,有哪两种方法?

如果知道问题的根源在于边缘电场和边缘磁场,就可以将其重新排布以减少其影响。两种最重要的排布方式就是将信号线之间的间距拉得更远,并使各自的返回路径靠近其所对应的信号线。

10.11 为什么在动态导线和静态导线之间耦合的总电流与信号的上升边无关?

只要上升边的空间延伸短于耦合长度,从动态线耦合到静态线上的电流量值就应该独立于上升边。

容性耦合电流与耦合电容及 dV/dt 有关。耦合电容局限于信号边沿的空间延伸部分。同时,也只有在边沿的空间延伸之内才有 dV/dt。

从动态线向静态线流动的总容性耦合电流与 $RT \times v \times dV/RT = vdV$ 成正比(v 代表速度,V 代表电压)。上升边 RT 越短,耦合区域 RT×v 就越短,其总耦合电容也就越低。但是上升边 RT 越短,dV/dt 就越大。这两种效应相配合,使得耦合电流对上升边不敏感。

相同的分析也适用于感性耦合电流。

10.12 近端串扰噪声的特征是什么?

一旦信号进入攻击线,在受害线的近端就会出现近端串扰。它向静态线的后方,即近端传送。近端串扰将跟随信号的上升边而逐步提升,当信号边沿的前沿行进了 RT/2 时延的距离时,近端串扰就会达到饱和或恒定值。

近端串扰的电压噪声将保持在该饱和值，直到全程往返时间走完了两者之间的耦合才结束，然后近端串扰再逐渐降幅。

如果信号处于上升边沿，则近端串扰噪声将为正值。如果信号处于下降边沿，则近端串扰噪声将为负值。

10.13　微带线中的远端串扰噪声的特征是什么？

因为微带线几何结构中的介质是非对称分布的，所以能看到在其远端出现了远端串扰噪声。在信号走完动态线全程之前，静态线上不会出现远端串扰噪声。它是从动态线上的信号出发算起经过一个时延 T_D 之后才出现的。

对应于信号上升边的串扰脉冲振幅一般为负向的，对应于下降边的脉冲振幅为正向的。串扰电压的脉冲宽度大约是上升边的持续时间宽度。串扰电压峰值的大小则与耦合长度相关，它与上升边反向，并且随着两走线之间靠近度的加大而增加。

10.14　带状线中的远端串扰噪声的特征是什么？

这是一个很难回答的问题。如果电介质是均匀同质的，则在带状线中不应该有任何远端串扰。当预浸层介质和核心层介质的介电常数 Dk 之间存在细微差别时，会导致有一些远端串扰。但是，它通常会低于微带线中的远端串扰的 5%。

10.15　紧耦合带状线对的典型近端串扰系数是多大？

在 50 Ω 的带状线对中，若其间距等于线宽，则其近端串扰的值约为 6%。了解这一点的唯一方法是运行二维场求解器仿真，在该仿真中考虑了边缘场的形状。

10.16　有两条耦合的微带线，当静态线的远端开路时，静态线近端的串扰噪声的特征是什么？

当静态线的远端开路时，静态线上的远端串扰也将从开路端反射回去并返回近端。

注意观察静态线的近端，首先会看到近端串扰噪声的特征。经过一段往返路径的时延之后，在最后生成的近端串扰噪声都回到近端后，将看到从远端开路端反射回的远端串扰噪声也返回到近端。我们会发现，它是在静态线近端的串扰噪声特征中一个很大的负向下沉。

10.17　当动态线上为正边沿信号时，其近端串扰的标志是正信号。当动态线上为负边沿信号时，其噪声的标志特征是什么？如果动态线上的信号是方波脉冲，那么其近端串扰噪声的标志特征是什么？

当动态线上的信号是下降边沿信号时，即从 1 V 至 0 V，甚至从 0 V 至 −1 V 的信号时，其静态线上的饱和近端串扰噪声将为负电压。

当在攻击线上发送一个方波信号时，我们会在受害线的近端先看到一个正向饱和电压信号打开，然后经往返时间的时延之后关断。然后，再出现一个负向饱和电压信号，并再持续一个往返时延的时间。

时钟周期越长，这些正信号、负信号之间的时间就越长。

10.18　为什么麦克斯韦电容矩阵的非对角线元素是负的？

麦克斯韦电容矩阵的非对角线元素的符号源于矩阵元素的定义。每个电容矩阵元素总是电荷与电压的比值。

对于电容矩阵的非对角线元素的情况，是将所有其他导体都接到地，并将第一个导体置于 1 V。这样就能测量第二条导线上的感应电荷。其电容矩阵中的元素就是第二条线上的电荷与第一条线上的电压之比。

488

信号完整性与电源完整性分析(第三版)

当对第一个导体施加 1 V 正电压时,它会排斥其他所有导体的其他正电荷,使它们呈现为负极。这样,在所有其他导体上看到的感应电荷将是净负电荷。正是这种负电荷导致了矩阵的非对角线元素值全部是负值。

10.19　如果信号的上升边为 0.2 ns,那么对于近端串扰而言,对应在 FR4 互连中的饱和长度是多大?

饱和长度是指其时延为 1/2 上升边时所对应的耦合长度。在这种情况下,若上升边为 0.2 ns,则其饱和时延为 1/2 ×0.2 ns =0.1 ns,对应的饱和长度为 6 in/ns ×0.1 ns =0.6 in。若线间耦合长度超过了 0.6 in 这一饱和长度,则其近端串扰将能达到其最大饱和值。

10.20　在带状线中,考查容性感应电流与感性感应电流,哪一个对近端串扰的贡献更大?

相对而言,在带状线中由容性和感性引发的感应电流完全相同,它们同等重要。这就是为什么没有远端串扰的原因,因为远端串扰是感性耦合电流和容性耦合电流之差。在带状线中没有远端串扰,这一事实表明了这两个电流的幅度是相等的。

10.21　近端串扰噪声怎样随着长度和上升边而变化?

只要耦合长度长于信号上升边空间延伸的 1/2,近端串扰噪声的电压就会保持幅度不变。同理,攻击线上的信号上升边的长短对近端串扰噪声电压的幅度没有影响。

10.22　微带线中的远端串扰怎样随着长度和上升边而变化?

远端串扰噪声将随耦合长度线性增加。跟随着信号边沿持续向信号线的远端传输,其远端串扰噪声像滚雪球一样不断变大。

远端串扰噪声的幅度随着上升边沿时间的拉长而减小。上升边越短,远端串扰噪声的脉冲宽度也越短,但其峰值却变得越大了。

10.23　为什么在带状线中没有远端串扰噪声?

我们可以通过两种方式分析远端串扰噪声的源头。当使用容性耦合和感性耦合模型时,远端串扰是感性耦合电流减去容性耦合电流的结果。在带状线中,感性耦合电流和容性耦合电流相等,在远端相互抵消。

设想由两条导线构成了差分对。如果其中差分信号和共模信号之间的速度有差异,就能分析远端串扰的成因。如果电介质处处均匀同质,那么差分信号与共模信号的速度将是相同的。如果这两个信号以相同的速度在静态 n 线上传输,出现在静态 n 线上的奇模分量和偶模分量将完全相互抵消,在静态 n 线的远端就不会有信号。

10.24　为了降低近端串扰,有哪 3 种设计特征可以调整?

用以调减近端串扰的最重要设计特征就是将信号线尽可能地拉开。这将减少从攻击线到受害线的边缘场线的数量。

第二个需要调整的设计特征是使返回平面尽可能靠近信号线。它将限制边缘场线更紧靠攻击线,这也意味着传输线的特性阻抗被设计得较低。

值得调整的最后一招就是尽量使耦合长度短于饱和长度。如果导线长度不能短于饱和长度,那么短耦合长度就无优势可言。

10.25　为了降低远端串扰,有哪 3 种设计特征可以调整?

与近端串扰相比,减少远端串扰也有两个相同的因素:将走线拉开得更远些,让返回平面更靠近信号路径。

此外，远端串扰的幅值与耦合长度成正比，与上升边时间成反比。为了减少远端串扰，可以减少耦合长度，并尽可能拉长上升边时间。

最后，如果对远端串扰特别关注，则应该在带状线中排布信号路径。

10.26 为什么采用较低的介电常数也能减少串扰？

这里并不是较低的介电常数本身能够减少串扰。事实上，对于一个带状线的几何结构，改用较低介电常数的电介质本身，并不会改变其近端串扰。

但是，如果选择改变为较低的介电常数，则其特性阻抗会增加。为了使其阻抗回到原目标值，需要让返回平面更靠近信号路径。正是为了保持阻抗不变而将返回平面更拉近，才产生了降低串扰的效果。通过使平面更靠近，可以将边缘场线配置得更接近攻击信号线。

10.27 如果在两条信号线之间添加防护布线，那么信号线必须分开多远？如果将走线分开但没有添加防护布线，那么近端串扰又会怎样？什么样的应用场合需要比这更低的串扰？

为了在信号线之间添加防护布线，则需将信号线拉开至等于 3 倍线宽的间距。只要将信号线拉得有这么远，串扰就会降到 1% 以下。这对大多数数字应用而言完全足够。

此时，无须在信号线之间添加防护布线。即使在攻击线上采用 5 V 信号，在受害线上采用 1 V 信号的情况下，1 V 导线上可接受的噪声电平也应为 50 mV。这一电平大约只是 5 V 线上的 1%。

只有那些在模数转换器或数模转换器等电路中比较敏感的模拟信号线，才要求其串扰必须少于 1%。

10.28 如果真的需要非常高的隔离度，则需将防护布线设计成什么结构才能给出最高的隔离度？防护布线应如何端接？

如果需要非常高的隔离度，则线条应该在带状线中布线，且不能经过噪声腔体。如果防护布线的长度与耦合长度相同，并且防护布线的两端被短路至返回平面，则防护布线可以戏剧性地减少带状线中的耦合。这将导致防护布线上的近端串扰噪声反射为一个负信号，并沿着与攻击信号相同的方向传输。这将有助于减少受害线上的近端串扰。

10.29 地弹的根本原因是什么？

地弹是返回电流 dI/dt 流经总电感为 L 的公共返回路径所引起的。返回路径的总电感越高，地弹就越大。经由这个公共返回路径的信号返回路径越多，地弹跳变电压就越高。

所有那些共享同一返回路径的信号都会将此地弹作为其噪声的一部分。

10.30 为了减少地弹，请列出 3 种设计特征。

由于地弹与穿过返回路径总电感的 dI/dt 有关，可以采用如下措施以减小地弹：

1. 采用宽又短的路径，以减小返回路径的电感；
2. 减少使用同一公共返回路径的信号数，以降低 dI/dt；
3. 添加多条返回路径，以减少公共引线电感；减少流经任何一条返回路径的信号返回电流值。

第 11 章

11.1 什么是差分对？

任何两条传输线都可以看成一个差分对，这就是全部含义。差分对所拥有的一些特点可用于改善差分信号的信号质量。

11.2 什么是差分信令?

差分信令传输是指采用两条不同的信号线,即 p 线和 n 线,以互补信号的形式发送 1 比特信息。当一条信号线开启时,另一条信号线则关断。信息按照两条信号线上的电压之差值加以传送。

11.3 与单端信令传输相比,差分信令传输有哪 3 个优势?

源于驱动端 V_{CC} 和 V_{SS} 的净电流在驱动差分信号时大多是恒定不变的。当一路关断时,另一路则打开。通过差分驱动端的净电流是恒定的,这大大降低了地弹和轨道塌陷噪声。

差分接收端通常比单端接收端更灵敏。这意味着它们可以承受更小的信号,或者更大的噪声容限。当通道中的衰减较大时,这一点很重要。

差分信号对返回路径的不连续性更稳健一些。当差分信号穿过返回路径中的间隙时,返回电流中的净 dI/dt 几乎为零,因此没有地弹。当差分信号通过腔洞或过孔时尤其如此,其电流的净变化为零,在差分过孔中产生的腔体噪声就很小。

11.4 差分信令为什么能减少地弹?

在一个共享的交叠返回路径中,如果有多个信号返回电流 I 共享这一路径,就会引起地弹。返回电流 I 的 dI/dt 流经返回路径中的大电感 L,就产生了地弹电压 LdI/dt。

当差分信号流经交叠返回路径时,由于 p 信号线和 n 信号线在返回路径上的净电流 dI/dt 重叠并相互抵消,导致净 dI/dt 为零,所以就不会再有地弹了。

11.5 在学习差分对之前,列举人们对差分对的两种误解。

一种常见的误解是:差分对中一条导线的返回电流由另一条导线承担。只有当差分对没有与之毗邻的返回平面时,才是这种情况。双绞线电缆或者接插连接器中的引脚就属于这种情况。但是,印制板级的情况就不是这样。

通常,人们还认为差分对中的共模电流会引起辐射。尽管共模电流确实会导致辐射发射,但在印制板级的共模电流却像单端信号,很容易在微带线及带状线差分对中进行传输,而不会产生任何辐射发射。

11.6 LVDS 信号中的电压摆幅是多大? 什么是差分信号?

在一个 LVDS 信号中,每条信号线上的电压从 1.4 V 摆动到 1.15 V,这意味着 p 线为 1.4 V,n 线为 1.15 V。之后它们再切换,p 线为 1.15 V,n 线为 1.4 V。差分信号从 0.25 V 切换至 -0.25 V。这是峰-峰值为 0.5 V 的差分摆幅。

11.7 两个单端信号被发送到一个差分对上,一次是 0 V 到 1 V,一次是 1 V 到 0 V。这是差分信号吗? 什么是差分信号分量? 什么是共模信号分量?

这不是一个纯粹的差分信号。这里有一个差分信号分量,但也有一个共模信号分量。这实际上是组合信号。差分信号分量是其差值,而共模信号分量是其均值。

差分信号的摆幅是从 +1 V 到 -1 V,或者说其峰-峰值为 2 V 的差分信号摆幅。共模信号分量则是其平均值 0.5 V,在这一例子中它相对恒定不变。

11.8 列出确保差分对稳健性的 4 个关键特征。

虽然任何两条传输线都能组成差分对,但有许多固有的特征可用以改善差分信号质量,例如:

- 阻抗受控。沿导线向下的横截面应是均匀一致的,要避免沿线的反射。

- 对称。差分对中的 p 线和 n 线应对等且等长，以避免模式的切换。
- 紧耦合。虽然差分对的耦合可以随意，且不太影响差分对的品质，但差分对的紧耦合有利于实现最高的互连密度，从而使电路板的成本降到最低。
- 在一个坚实的返回平面上布线。尽管差分信号对于返回路径中的不连续是鲁棒的，但其中的共模信号分量对地弹是比较敏感的。在设计差分对时，总要考虑到还有一些共模信号分量也在传输。

11.9 差分阻抗是指什么？这与每条导线的特性阻抗有什么不同？

差分阻抗是差分信号所感受到的阻抗。差分信号是 p 信号线和 n 信号线上的电压差。任一导线的特性阻抗都是指每条导线的单端阻抗。

当两条信号线的间距足够远时，它们之间是无耦合状态，差分阻抗是每条线单端阻抗的两倍。随着导线靠得更近，它们之间的耦合会使差分阻抗降低。

11.10 假设两条无耦合传输线的单端特性阻抗为 45 Ω，差分信号在这一对线上传输时感受到多大阻抗？信号在这一对线上看到的共模阻抗是多大？

当组成差分对的两条导线之间无耦合时，差分阻抗为单端特性阻抗的两倍。其差分阻抗值将是 90 Ω。

共模阻抗则是两个单端阻抗的并联结果。在这种情况下，两条 45 Ω 导线的并联形成 22.5 Ω 的共模阻抗。

11.11 差分对中的两条信号线可否在一个电路板相对的两侧传送？这样做可能有哪 3 个缺点？

简短的答案是：可以。任何两条传输线都能构成差分对。即使它们之间相距 5 in，仍是差分对。但这不是一个好主意。

当它们之间相距很远时，其他信号线或信号源很容易对其中的 p 线或 n 线进行耦合。这将产生差分和共模信号串扰。

差分对中的两条分离的导线，其信号在传输时的返回电流直接位于该信号线的下方。如果其中任一条导线的返回路径出现了不连续，则两条导线的返回电流不具有相互抵消的可能性，而且该差分对对地弹会比较敏感。

构成差分对的两条导线之间的任何不对称都将有助于模式转换。在电路板上，若两条导线贴近布置，它们看到相同的环境且具有相同特征和长度的可能性就更大。当导线在电路板上被布得很远时，一条导线与另一条导线在制造时的不一致都可能增加这两条导线的不对称。

11.12 当差分对中的两条导线彼此靠近时差分阻抗会减小，为什么？

当两条导线更接近时，从一条导线到另一条导线的边缘场会加大。这意味着，如果两条导线之间有较高的 dV/dt，两条导线之间的容性耦合电流就会更大。随着更大的电流进入每条导线，对于相同的信号电压，其阻抗必将下降。

另外，另一条导线回路电流形成的互感会降低这一条导线回路的有效电感。每条导线中每单位长度的回路电感变低，意味着该导线的奇模阻抗在减小，从而使对应的差分阻抗也变小。

11.13 当差分对中的两条导线彼此靠近时共模阻抗会增大，为什么？

当在两条导线上驱动一个共模信号时，每条导线上都有相同的电压。这意味着两条导线之间不存在边缘场线。与单端信号不同,那里的信号线与返回路径之间存在一些边缘场线,会提升单位长度的电容值并影响特性阻抗。

然而,当加上共模信号时,在两条导线之间的边缘场线会减小,导致每单位长度的电容会变小。由于每单位长度的电容变小,又导致了偶模阻抗的增大。

另外,由于通过两条导线中的电流相同,另一条导线的电流会加大本信号线的磁力线,导致本导线每单位长度的有效回路电感增加,进而也增大了其偶模阻抗。

11.14 计算差分对差分阻抗的最有效的方法是什么? 说明求解的途径。

差分对的差分阻抗在很大程度上与边缘电场和边缘磁场有关。顾及这一点的最好方法是采用二维场求解器。这将会求解出差分阻抗的最准确值。

只要沿着差分对的全程走下去,其横截面都会保持不变,无须使用三维场求解器。这将需要更长的时间,并且在其答案中不是直接给出差分阻抗值,而是给出 S 参数值。

11.15 为什么不建议采用差分模阻抗和共同模阻抗这样的术语?

由于以下一些原因,不建议使用"差分模"或"共同模"这种说法。模式还真的应该称为奇模和偶模。这样引用术语有助于形成人们对模式概念的良好工程范本。

需要指出的是,偶模和奇模也都有其定义明确的阻抗。虽然在奇模阻抗和差分阻抗之间存在链接关系,但它们并不相同。如果使用差分模阻抗的说法,到底指的是奇模阻抗还是差分阻抗,就有点含糊不清了。

同理,共模阻抗和偶模阻抗也是相关联的,但它们并不相同。使用共同模阻抗的说法,就混淆了偶模和共模信号这两个概念。它们是不同的。你指的是哪一个?

最好的做法是:要么直接提及差分阻抗或共模阻抗,要么提及奇模和偶模。使用这些术语永远是毫不含糊的。还有许多其他术语也很容易被混淆。注意不要混用术语。

11.16 什么是奇模阻抗? 它与差分阻抗有什么不同?

奇模阻抗是当用差分信号驱动一对差分对传输线时,差分对传输线中的一条导线的阻抗。差分阻抗是一对导线的阻抗,它是两条导线的串联阻抗;奇模阻抗就是其中一条导线的阻抗。这使得差分阻抗成为两条导线的两个奇模阻抗的串联组合。差分阻抗是奇模阻抗的两倍。

11.17 什么是偶模阻抗? 它与共模阻抗有什么不同?

偶模阻抗是当用共模信号驱动一对差分对传输线时,差分对传输线中的一条线的阻抗。共模阻抗是两条线并联的阻抗。这使得双导线的共模阻抗是其单线偶模阻抗的1/2。

11.18 如果差分对中的两条导线之间完全去耦且其各自的单端阻抗均为 50 Ω,那么它们的差分阻抗和共模阻抗各是多大? 当导线靠得更近时,每种阻抗会如何变化?

当两条导线完全去耦时,差分阻抗为任一导线单端阻抗的两倍,而共模阻抗则为任一导线单端阻抗的1/2。当两条单端导线的阻抗为 50 Ω 时,差分阻抗为 $2 \times 50 = 100$ Ω,共模阻抗为 $\frac{1}{2} \times 50$ Ω $= 25$ Ω。

随着导线靠得更近,差分阻抗将减小,而共模阻抗将增大。

11.19 如果差分对中的两条导线解除耦合且其单端阻抗为 37.5 Ω,那么它们的差分阻抗和共模阻抗是多大?

只要确知差分对中的两条导线是非耦合的,就可以确知其差分阻抗是 2 倍单端阻抗,共模阻抗则是单端阻抗的 1/2。在该例中，差分阻抗是 $37.5 \times 2 = 75\ \Omega$，而共模阻抗则是 $37.5 \times \frac{1}{2} = 18.75\ \Omega$。

11.20　已知紧耦合差分对中的差分阻抗为 100 Ω，那么其共模阻抗是高于、低于还是等于 25 Ω？

如果差分阻抗为 100 Ω，则可知其奇模阻抗应为 50 Ω。如果将两条线拉得更远以使它们解除耦合，那么奇模阻抗会增加到大于 50 Ω。解除耦合时的奇模阻抗和偶模阻抗是相同的。这意味着解除耦合时的偶模阻抗大于 50 Ω。当它们靠近以至于处在紧耦合状态时，其共模阻抗将比 25 Ω 更大一些。

11.21　在紧耦合差分微带线中，大部分返回电流在哪里？

当电路板中的返回平面位于相邻层上时，大部分返回电流位于电路板的平面中。只有一小部分返回电流由另一条导线承载。

11.22　列出 3 种不同的互连结构，其中差分对的一条导线的返回电流由另一条导线承载。

缺少相邻返回平面的差分对就属于这种结构。下列的 3 类差分对结构就缺少了相邻的返回平面：

- 封装引脚
- 连接器
- 双绞线

11.23　如果带状线中的两条导线彼此靠近，那么差分信号的速度与共模信号的速度相比较如何？如果是在微带线上，那么会有什么不同？

在带状线中，差分信号和共模信号的电场分布非常不同。然而，在同质电介质材料均匀分布的情况下，凡有电场处均具有相同的介电常数。这意味着差分信号和共模信号感受到相同的有效介电常数，所以就按相同的速度传播。

在微带线中，走线上方空气的存在意味着差分信号在线条上空拥有较大的电场，看到不成比例的空气有助于改善其有效介电常数。对于共模信号，其信号线和返回路径之间的大部分电场中的有效介电常数更接近板主体的值。这意味着差分信号将比共模信号传播得更快。

11.24　在宽边耦合带状线中，为什么很难设计完美对称的差分对？

在宽边耦合带状线中，一个信号线与其相邻返回平面之间的电介质，另一信号线与其相邻返回平面之间的电介质，这两者分别处于不同的叠层中。很难确保两个不同的层具有相同的厚度和介电常数。

另外，两条信号线也在不同的信号层上。当在不同层上刻蚀这两条线时，很难确保它们的线宽相同。

11.25　当微带线差分对中的两条导线彼此拉近时，其中一条导线每单位长度的奇模回路电感会怎样变化？如果是偶模回路电感，则会是什么情况？如果是带状线，则会有什么不同之处？

以差分信号驱动一对导线时，奇模回路电感就是指其中一条线的电感。这时，n 线中的电流以与 p 线中的电流相反的方向流动。

这样，一条线的磁场有助于减少另一条线的磁场。这就使得奇模回路电感比单端回路电感更小。差分对中的两条线越接近，奇模回路电感的减少就越多。与此相反，当两条线彼此拉近时偶模回路电感会增大。

带状线或微带线的效果是完全相同的。

11.26　如果只在100 Ω差分对末端使用100 Ω差分电阻器,那么共模信号在导线末端会感受到什么?

反射! 差分信号将在远端看到100 Ω的端接,不会有反射。但是,共模信号看到的是一个开路,会有反射。

11.27　为什么说,在片上将差分对的每条导线分别端接到 V_{TT} 上,是一种有效的端接策略?如果每个电阻器为50 Ω,差分阻抗为100 Ω,且两条导线紧耦合,那么最坏情况下的共模信号反射系数可能是多大?

通过使用50 Ω的电阻器将每条导线端接到 V_{TT} 上,可以有效地将每条导线作为单端导线加以端接。这样做的好处是可以在芯片上进行端接处理,从而降低了终端的不连续性。

这种端接方案也可以维持眼图的均衡。

当差分对中的线处于紧耦合且差分阻抗为100 Ω,奇模阻抗为50 Ω时,采用50 Ω的片上端接就是端接差分信号的理想方案。

共模阻抗则高于25 Ω,可能会达到30 Ω。在它的远端有两个50 Ω的电阻器并联,所以共模信号感受到的端接电阻约为25 Ω。这意味着会有(25 − 30)/(25 + 30) = −9%的反射。对于共模信号而言,这是一个相对较小的反射系数。

在芯片上,将每条线端接到 V_{TT},是提升差分信号质量并兼顾共模信号的最佳片上端接方案。

第 12 章

12.1　从本质上看,S 参数实际测量的是什么?

S 参数测量的是被测元器件的复数输出电压与其复数输入电压之比。为了对其加以解读,需要说清楚输入的实数值是多大。

12.2　互连结构 S 参数模型的另一个名称是什么?

S 参数有时称为互连的行为模型或黑盒模型,因为其中包含我们想了解的有关互连电气特性的所有信息。

一些仿真器可以将 S 参数模型直接集成到它们的仿真环境中。

之所以称为黑盒模型,是因为有关被测元器件的结构被隐藏在模型内部。我们可以使用 S 参数作为其电气模型,但有关行为的结构及其内因则蕴含在这些数字中。

12.3　在频域中,S 参数对互连的性质有什么描述?

S 参数描述了互连对信号的响应,或者说互连是如何将输入信号"散射"出去的。每个 S 参数元素给出了在频域范围内互连对输入信号的响应。

12.4　在时域中展示互连的 S 参数模型时,有什么不同?

当在频域或时域中显示时,S 参数数据是同质的。频域 S 参数与时域 S 参数的行为模型之间没有本质差别,只是显示的形式不同而已。

人们可以在时域中采用任意波形作为激励。由于历史的原因,人们多采用阶跃响应作为信号源。在少数情况下,也可以采用冲激函数作为源函数。

不同之处在于数据的外在形式。在时域，我们看到当一个端口加上阶跃边沿时，互连所表现出的时间序列响应。许多情况下，这些信息很容易理解为被测元器件的阻抗、耦合或模式转换等空间属性的映射关系。

12.5　在 S 参数模型的数据中，可以找到哪几种互连的属性？

互连结构的所有属性都包含在互连的 S 参数行为模型中，例如：

- 瞬时阻抗曲线
- 相邻结构的串扰
- 时间延迟
- 频域中的输入阻抗

- 互连的特性阻抗
- 衰减
- 色散

12.6　使用 50 Ω 端口阻抗有什么意义？

使用 50 Ω 端口没有任何本质上的原因。原则上，人们可以采用任何想要的端口阻抗。如果已知一个端口阻抗的 S 参数，那么也可以将其更改为任何其他端口阻抗。

端口阻抗不会改变包含在 S 参数中的信息。但是，为了阐释 S 参数文件中的实际数值，需要知晓其端口阻抗的数值。如果猜想其端口阻抗是 50 Ω，而实际上却是 75 Ω，对 S 参数的阐释就将是错误的。

这就是必须首先知晓端口阻抗的重要原因。如果打开 S 参数文本文件时未查看所列的端口阻抗值，则在查阅 S 参数时什么都看不明白。

为了避免混淆，除非有令人信服的理由，否则应始终采用 50 Ω 作为端口阻抗。

12.7　在将 S 参数的分数值转换为 dB 值时，为什么采用的是 20 而不是 10？

dB 值通常指的是功率之比的对数值。但是，S 参数通常指的是两个电压振幅的比值。将电压振幅值转换为功率时，可以将振幅值求平方。当求解其功率的对数时，在电压指数位置上的 2 就变成了对数式前的因子 2 了。

将 S 参数转换为对数 log 时，前面就要有一个因子 2。

12.8　哪个 S 参数项对互连的阻抗最敏感？

尽管互连的阻抗以某种方式影响着所有的 S 参数项，但是反射信号对应 S 参数矩阵的对角元素，对互连线的阻抗曲线情况最敏感。

毕竟，产生反射信号的唯一原因就是互连线沿线变动的阻抗。而在 S 参数的返回损耗项中，包含了所观测端口阻抗结构的所有信息。

12.9　哪个 S 参数项对互连的衰减最敏感？

互连的衰减是指信号经由互连传输时的优劣情况。受衰减影响最明显的是传输系数，即插入损耗 S_{21}。

12.10　理想的透明互连的 S 参数是什么样的？

透明的互连应该是没有反射的，并且一切都应该能被传输。S_{11} 应该是一个非常大的负 dB 值，S_{21} 应该是 0 dB。

12.11　一对传输线的推荐端口标记方案是什么？

这里推荐的标记方案是：左侧标记为奇数端口，右侧标记为偶数端口。这样，直通路径就是从端口 1 到端口 2，从端口 3 到端口 4。

如果使用这种标记方案,单端线一条线的插入损耗就为 S_{21};差分对中的差分响应则为 S_{DD21}。在使用下标"2　1"描述直通路径的响应方面是一致的。

12.12　在哪个 S 参数项中,包含关于两条传输线之间近端串扰的信息?

如果采用了推荐的标记方案,则 S_{31} 项和 S_{42} 项描述的正是这种近端串扰。

12.13　在哪个 S 参数项中,包含关于两条传输线之间远端串扰的信息?

如果采用了推荐的标记方案,则 S_{41} 项和 S_{32} 项描述的就是这种远端串扰。

12.14　若从 10 MHz 到 40 GHz 的测量过程中选其步长为 10 MHz,那么在 4 端口互连的 S 参数模型中包含多少个单独的数据?

在一个 4 端口 S 参数文件中,有 16 种不同的进出组合。并非所有这些都是唯一的,但它们都包含在 S 参数文件中。其中每一个都是复数值,所以每个矩阵元素中会关联两个数字。并且,在共计 4000 个频率点上都提供了不同的数值。

在 S 参数文件中,其独立数据的总量为 $16 \times 2 \times 4000 = 128\,000$ 个不同的数值。这是一个很大的信息量!

12.15　采用历史上公认的返回损耗定义,如果返回损耗增加,反射系数就会发生什么变化?这时互连会朝着更透明还是更不透明的方向变化吗?

历史上沿用的返回损耗值是一个正的 dB 值,而反射系数是一个负的 dB 值。当返回损耗增加至一个大的 dB 值时,其真实的返回损耗应是一个更大的负 dB 值,实质上是一个更小的量值。

采用历史上公认的传统说法:返回损耗越大,反射系数就越小,互连就越透明。

12.16　采用历史上公认的插入损耗定义,如果插入损耗的 dB 值变大,那么传输系数会如何?这时互连会朝向更透明的方向变化吗?

采用常见和公认的对插入损耗的定义,如果插入损耗的 dB 值变大,则传输系数增加并且有更多的信号通过。这意味着 S_{21} 的值更接近 0 dB,这时互连会变得更透明。

12.17　假设具有 50 Ω 端口阻抗的电缆的反射系数的峰值为 −35 dB,它的特性阻抗估计是多大?假设端口阻抗改为 75 Ω,其峰值反射系数会增大还是减小?

反射系数的峰值为 −35 dB,意味着源于互连的反射约为 3%。由于这里指的是峰值,意味着从互连的前端反射约为 1.5%,从另一端反射也约为 1.5%。

从一端的反射系数为 $1.5\% = (Z_2 - Z_1)/(Z_2 + Z_1)$。如果源端口阻抗为 50 Ω,则互连的阻抗 Z_2 将为 $Z_2 = 50 \times (1 - 1.5\%)/(1 + 1.5\%) = 49.2$ Ω。这就非常接近 50 Ω。

但是,如果端口阻抗改变为 75 Ω,则反射系数将急剧增大。虽然互连没有改变,但是其 S_{11} 项和其他项都会由于端口阻抗的改变而改变。这就是必须首先知道其端口阻抗,才能再求解 S 参数的原因。

12.18　作为直通互连 S 参数的两个最重要的一致性测试,低频时的返回损耗和插入损耗应该是多大?如果互连的阻抗增加,那么它将如何改变?

在低频时,返回损耗 S_{11} 应始终为较大的负 dB 值,插入损耗 S_{21} 应接近 0 dB。换句话说,低频时的互连应是透明的。

在低频时,如果互连的阻抗增加,那么这两个值仍应保持大致不变。当频率足够低时,无论互连的阻抗如何改变,互连都会显得很透明。

12.19 是什么引起了反射系数的波动?

反射系数中的波纹是由源于互连前端及后端的两个反射返回到同一端口时的相互干扰所引起的。当其相位同相时,互相叠加形成反射系数的一个高峰;当其相位反相时,相减而使反射系数有一个下沉降幅。

12.20 当以上反射系数的幅值为多大时会导致返回损耗的波纹又在传输系数中呈现?

如果反射系数在 -13 dB 以下,则反射信号引起的能量损耗非常小,使得它对发送信号的幅度几乎没有影响。但是,如果反射系数在 -13 dB 以上,就将通过降低传输系数体现这种能量的损耗,从而影响发送信号的质量。

12.21 为什么 S_{21} 的相位在负方向上增加?

S_{21} 的相位被定义为输出信号的相位减去输入信号的当前(NOW)相位。

当看到一个信号从互连中传出时,就已经过去了一段时间,此时进入互连的信号相位已经又超前走了。这意味着,当信号从互连输出的这一瞬间,输入互连的信号相位大于互连输出信号的相位。

S_{21} 的相位的定义明确为:输出相位减去输入相位。由于输入相位总是大于输出相位,所以 S_{21} 的相位总是负的。随着频率的升高,在时延相同的情况下,其相移会随之变大,使得 S_{21} 的相位随频率升高而沿负方向递增。

12.22 为什么 S_{21} 的极坐标图随着频率的升高而呈螺旋状向内旋转?

随着频率的升高,几乎所有互连的衰减都会加大。这意味着随着频率的升高,传送过去的信号会变得更小。

当绘制在极坐标图上时,S_{21} 矢量的幅值随着相位的增大而变小,所以在极坐标图中的 S_{21} 矢量将随着频率的升高而向内旋转。

12.23 作为一致性测试,对于 FR4 的长为 20 in 的互连线,在 10 GHz 时会有多大的插入损耗?

对于有损 FR4 通道,包括导线损耗在内的损耗品质因数约为 -0.2 dB/in/GHz。对于20 in 长的通道,10 GHz 时的损耗约为 -0.2 dB/in/GHz $\times$ 20 in $\times$ 10 GHz = -40 dB。

12.24 为什么微带差分对中的一条导线的 S_{21} 在某个频率处会出现深度下陷? 用以阐释其内涵的重要测试将是一个什么样的一致性测试?

微带线插入损耗出现下陷的可能性有好几种。其中一种可能是:它是差分对中的一条线。随着能量从一条导线转移到另一条导线上,正常发送信号的一些能量也就丢掉了。对此效果的一致性测试是,应该能看到这条线的有些能量出现在另一条导线的最远端。或者说,当 S_{21} 减少时,可以看到 S_{41} 增加了。

另一种可替代的解释是看到了一类短桩线的谐振。如果出现了这种情况,在 S_{21} 项上丢掉的能量就会出现在 S_{11} 项上。这也算是一种重要的一致性测试。

12.25 在直通连接的插入损耗中,有些窄窄的尖锐下陷,其最常见的源头是什么?

当插入损耗下陷得又窄又尖锐时,表明存在高 Q 值的谐振而导致了能量损耗。在靠近信号线的某处,与另一个高 Q 值的谐振结构之间有耦合。最常见的这种结构源就是由两个平面构成的腔体,信号可能正好从中穿过,其返回电流与腔体之间有耦合。

在印制板的表面上也可能有一些浮动的导体,它也会起到一个谐振结构的作用。

12.26 差分对上可能出现的两种信号类型是什么?

在差分对上,只能有差分信号或共模信号。

12.27　在差分对中,导致模式转换的唯一特征是什么?哪两个 S 参数项是模式转换的显著标志?

模式转换是由于构成差分对的两条线的特征之间不对称而引起的。所以,如果两条导线以同样的方式发生拧揉形变,这对导线就不会出现模式转换的情况。

模式转换的最强指标是混合模式 S 参数:S_{CD21} 项和 S_{CD11} 项。这些项是对互连内模式转换的直接度量。

12.28　如果差分对的线间无耦合,那么总的差分插入损耗与其任一导线的单端插入损耗相比是什么情况?

如果差分对中的两条线间无耦合,则任何对差分响应的 S 参数项都与对单端响应的 S 参数项完全相同。

总之,在没有耦合的情况下,差分响应就是两条线中每条线的平均响应。如果它们是对称的,则具有相同的响应,当然其平均响应也相同。

12.29　当显示互连的时域反射(TDR)响应时,所显示的是哪个 S 参数,应该如何解释这类显示?

时域反射响应所显示的实际是时域中互连的 S_{11} 响应。我们选择阶跃边沿作为时域的激励输入,其上升边沿就对应着 S 参数的带宽。沿时间轴让该阶跃边沿前行,其反射信号显示的就是互连的时域响应。

阶跃边沿的反射与互连阻抗曲线直接相关。如果已知源阻抗,就可以根据反射系数的不同直接折算显示出互连的瞬时阻抗曲线。

12.30　在直通互连的时域传输(TDT)响应中会有哪些信息?

在互连的时域传输响应中,有互连的时间延迟和传输中的上升边退化这两个重要的信息。与频率相关的损耗越多,上升边就退化得越严重。

通常,如果边沿不是简单的高斯边沿,就很难给出表征上升边的品质因数。这时,需要先在频域找出衰减最大的频率点,给出其造成上升边失真的比较精确的度量,进而在时域为上升边定性地估计出一个值。

第 13 章

13.1　电源分配网络(PDN)的 5 个要素是什么?

如果沿着电源分配网络的路径,从稳压模块追溯到裸芯片焊盘,就会看到如下一些结构:

- 稳压模块(VRM)
- MLCC(Multi-Layer Ceramic Capacitor)多层陶瓷电容器
- 封装过孔
- 片上电容
- 体电解电容器
- 电源-地平面腔体
- 封装引脚电感

13.2　列出两个不属于电源分配网络的互连结构实例。

位于电路板顶层和底层的微带线信号线走线不属于电源分配网络的一部分。在传输线远端作为端接用的电阻器也不是电源分配网络的一部分。

13.3　由于电源分配网络设计欠佳,可能会引出哪 3 类潜在的问题?

由于电源分配网络的设计欠佳可能会导致:

- 在接收器读取所接收信号的电平转换时,会出现误码噪声;

- 导致时钟分配网络电路部分或时序电路的抖动过大;
- 各个信号跨过腔体时从腔体中获取噪声,导致串扰太大。

13.4　电源分配网络最重要的设计原则是什么?

为了降低腔体内的电压噪声,应尽可能地降低腔体的阻抗。

13.5　在确定目标阻抗时,需要考虑哪些性能指标?

根据系统可承受的电压噪声容限,以及在电源分配网络中流经的最大电流,确定目标阻抗值。这个比值就是目标阻抗。

13.6　在设计电源分配网络时,哪 3 个是最重要的设计指南?

为了保持电源分配网络的阻抗低于目标阻抗,相应地就要:

- 降低所有互连元件的电感;
- 使用尽可能大的片上电容;
- 使用封装内电容器;
- 在挑选电容器时,要选用其等效串联电阻足够高的电容器,以便为任何高 Q 值谐振点提供大的阻尼;
- 在靠近叠层顶层的位置设计排布电介质薄的腔体。

13.7　如果 2 V 电源轨道的纹波指标为 5%,且最大瞬变电流为 10 A,那么估计的目标阻抗是多大?

目标阻抗是用电压噪声容限除以最大瞬变电流来计算的。在这个例子中,$Z_{target} = (2\ V \times 0.05)/10\ A = 0.1\ V/10\ A = 0.01\ \Omega$。

13.8　实现远低于目标阻抗的电源分配网络阻抗,有一个什么缺点?

如果所设计的电源分配网络阻抗远低于目标阻抗,毫无疑问,系统能够正常工作,但它的成本可能有些大。往往能找到一个成本不太高的替代设计,仍能确保满意的性能。

13.9　为什么在频域能更容易地设计电源分配网络?

电源分配网络的大部分性能都是关于电路元件和电感元件之间的并联谐振的。在频域中,很容易确认、理解并设计这一类的问题。

13.10　试给出频域中划分电源分配网络阻抗的 5 个频段。影响它们的物理特性是什么?

- 最高频段是芯片上电容的阻抗。
- 下一个稍低的频段是源于片上电容和封装引脚电感并联谐振的班迪尼小山[①]。
- 下一个较低的频段是由多层陶瓷电容器主导的频段。
- 下一个更低的频段由体电容器和稳压模块的并联谐振确定。
- 最低频段由稳压模块输出电阻及其有效电感确定。

13.11　电源分配网络中的哪个角色可在最高频率下提供低阻抗?

在最高频率下,阻抗由片上电容所主导。

13.12　什么是降低最高频率阻抗的唯一设计途径?为什么它难以实现?

由于最高频段处的阻抗是由片上电容主导的,所以为降低该阻抗,能调整的唯一设计手段就是增添更多的片上电容。这通常很昂贵并且也不容易实现。

[①]　班迪尼小山——Bandini Mountain,是对电源分配网络并联阻抗高峰值的形象化比拟,它以美国班迪尼化肥公司形象为代名词,于近几年出现,获得了电源完整性分析界的认可。——译者注

13.13 描述稳压模块(VRM)的 3 个最重要的指标是什么?

稳压模块通常建模为串联电阻和串联电感,这是稳压模块最重要的两个特质。在采用开关电源模式的情况下,开关频率也是一个重要的指标。

13.14 能够仿真阻抗分析仪的关键 SPICE 元件是什么?

为了仿真阻抗分析仪,要采用一个恒流交流电流源。

13.15 为什么减小封装引脚电感如此重要?

封装引脚电感是影响班迪尼小山阻抗峰值的两个要素之一。封装引脚电感越低,班迪尼小山阻抗峰值就越低。

13.16 双层球栅阵列(BGA)的引脚从一侧延伸到另一侧。如果相邻的电源和接地引脚长度均为 0.5 in,并且有 20 对,那么电源分配网络的等效封装引脚电感是多大?

一对引脚每单位长度的回路电感约为 20 nH/in。如果引脚的长度为 0.5 in,那么这是一个约为 $0.5 \times 20 = 10$ nH 的回路电感。如果有 20 对并联,那么电源/地路径的等效回路电感为 $1/20 \times 10$ nH $= 0.5$ nH。

13.17 什么样的封装具有最低的回路电感?哪 3 种封装设计特点能减小封装引脚电感?

电源分配网络中具有最低回路电感的封装类型是多层球栅阵列,电源平面和地平面作为相邻层而被紧密地耦合在一起。

此外,具有非常短引脚的芯片级封装也会有非常小的回路电感。

13.18 为什么有时会发现,假如取下电路板上的所有去耦电容器,系统有时仍能工作?为什么这样的测试没有意义?

是否会因为电源分配网络问题而导致系统出故障,通常取决于在电源分配网络阻抗曲线图的阻抗峰值频率点处是否出现了大的瞬变电流。如果在启动后的开机状态下运行某些特定代码时没有大的瞬变电流,则系统会照常工作,电源分配网络也没有出错。这时,即使将所有的去耦电容器都去掉,产品仍然会照常工作。

但是,一旦启动运行正确的微码,又在阻抗峰值的频率处出现了较大的瞬变电流,这时的噪声就可能超出噪声容限而出现故障。所以,即使产品有时能"工作",也无法确保它能在所有可能的微码时都能工作!

13.19 MLCC 电容器的 3 个最重要的参数是什么?每一项又受到哪些物理特性的影响?

MLCC 电容器的 3 个电气参数是:电容、安装电感和等效串联电阻。

与电容有关的是其层数和层间距。

与安装电感有关的是从埋腔到电容器引脚之间的互连回路电感。

与等效串联电阻有关的是平行板的数量。通常,具有较大电容值的电容器拥有很多平行板,并且其等效串联电阻值很低。

13.20 为什么减少电路板上的电源分配网络中元件的电感非常重要?

电源分配网络中的主要问题是并联谐振处的高阻抗。影响阻抗峰值的一个因素就是与谐振相关的电感值。减小电感值会降低阻抗峰值。

13.21 降低 MLCC 电容器的安装电感的 3 个最重要的设计准则是什么?

为了减少任何回路电感,就要设法改变 3 个设计要素:

- 尽量缩短回路的总周长。这意味着所有路径都要保持尽可能最短，就像焊盘上的过孔一样。
- 使用宽导体。让表面线条尽可能宽，可以将电流扩散开。
- 将电源和地尽量靠在一起。尽可能使腔体顶部靠近电路板表面，以加大电源路径与接地路径之间的局部互感。

13.22 用以减少电源-地腔中的扩散电感的 3 种设计要素是什么？其中哪一个是最重要的？

从安装电容器的位置到球栅阵列之间的腔体扩散电感涉及以下几个要素：

- 构成腔体的两个平面之间的介质要薄。这是排序为第一的最重要要素。
- 加大与腔体接触孔域的直径。这里涉及进入腔体的过孔数和过孔的尺寸。使用多过孔会增加进入腔体的接触孔面积，从而降低接触区域的扩散电感值。
- 让电容器与球栅阵列尽量靠近一些。虽然涉及的是一个二阶项并且它随距离的对数而改变，但只要允许随便改变，那就越靠近越好。

13.23 什么样的设计要素组合使得去耦电容器的位置不再重要？在什么情况下，这个位置是重要的？

电容器的位置显得很重要的情况是，腔体的扩散电感占据总安装电感中的很大一部分。

如果腔体的扩散电感与安装电感相比显得小了，这时再移动电容器，总的有效电感就不会改变太大。当电源和地平面之间的腔体电介质非常薄，或者电容器的安装电感很大时，电容器的位置就不再重要了。

13.24 当电路板上的频率较高时，在其上的电容器实际上不再表征为理想电容器。这时，对电容器建模的更有效模式是什么？

真正电容器的简单模型是一个简单的理想电容元件。通常，它在低频率下工作得还算好，但当大于 10 MHz 时，模型与实际电容器的匹配度就不高了。

在更高频率时，采用 RLC 串联电路模型可与之更好地匹配。在该模型中，电容元件匹配于低频阻抗，电感元件匹配于实际电容器的高频阻抗。实际电容器的最低阻抗值则与电阻值匹配得很好。

13.25 在电路板表面层，从电容器到腔体过孔的表面线条宽度为 10 mil，长度为 30 mil。腔体的顶部距表面层 10 mil。0603 电容器的安装电感是多大？一对过孔的直径为 10 mil，这对过孔的回路电感是多大？

首先估算线宽为 10 mil 的表面线条的回路电感。由于每边长 30 mil，故总长为 60 mil，其总的方块数为 6。而 0603 电容器本身的方块数为 2，所以顶层路径的总方块数为 8。

腔体顶部与走线底部之间的介质间距为 10 mil。对于这样一块腔体，其薄层电感为 32 pH/mil × 10 mil = 320 pH/方块。使用这个粗略的近似值，则电容器表面线条的回路电感为

$$8 \text{ 方块} \times 0.32 \text{ nH/方块} = 2.5 \text{ nH}$$

一对直径为 10 mil 的过孔的单位长度回路电感约为 20 nH/in。这对过孔的长度为 10 mil，这对过孔的回路电感值约为 20 nH/in × 0.01 in = 0.2 nH。此值小于电容器表面走线电感值的 10%。

13.26 将 10 个相同的电容器添加到电路板时，电容器的自谐振频率会发生什么变化？其中改变的是哪些特性？

一个电容器的自谐振频率等于其等效串联电感与 C 的乘积。如果在电路板上有 n 个相同的电容器并联，则其电容 C 值增加为 n 倍，其电感 L 减小为 $1/n$ 倍。此时 L 与 C 的乘积则维持不变，所以 n 个电容器的自谐振频率与单个电容器的自谐振频率相同。

13.27　当两个不同电容值的电容器并联时，会产生什么新的阻抗特性？为什么这是电源分配网络设计的一个非常重要的特性？

当两个具有不同电容值的实际电容器被安装到电路板上时，通常它们将具有相同的安装电感值。由于较大电容器呈现的电感与较小电容器的电容并联，它们在某一频率并联谐振的阻抗将呈现出阻抗峰值。

该并联谐振使得电源分配网络的阻抗峰值高于任一电容器所呈现的阻抗值。它们就成了电源分配网络中出现问题的根源。

13.28　降低两个电容器之间并联阻抗峰值的3条设计指南是什么？

分析任何问题的首要一步都是先找出其根本原因。如果可以用等效电路模型描述这个问题，电路模型通常就会给出重要的启示。

在一个并联谐振中，有3项决定了阻抗峰值，其中电感和电容具有同等的贡献。这当中就隐喻着为了降低阻抗，应该着力于加大这些元件的电容值并降低其电感值。

影响阻抗峰值的第三项是损耗项，即各元件的等效串联电阻值。理应加大元件的这些值以抑制峰值。但如果值过大则可能增加阻抗的平坦部分，所以需要有一个最佳值，通常选取等效串联电阻值等于目标阻抗值。

13.29　随着电容器的电容值增加，它的等效串联电阻会如何变化？

MLCC 电容器的电容值随着内部所构建平板数的增加而成比例地变化。更高的电容值意味着其中有更多的平行板。

电容器的等效串联电阻源于导体板薄层中的扩展电阻。通常，所并联的板片越多，其等效串联电阻就越低。这意味着具有大电容值的 MLCC 电容器会有更多的板层，因此其等效串联电阻就会较低。

13.30　为了减少实现目标阻抗所需的电容器数目，最值得调整的设计特性是什么？

所需电容器的数量所基于的前提是电容器封装引脚到腔体的回路电感不变。这意味着如果每个电容器的等效串联电感更小了，则所需并联的电容器数目也就更少了。

13.31　设计一个平坦的电源分配网络阻抗曲线有什么好处？

平坦的阻抗曲线意味着没有出现阻抗峰值，并且没有会导致电源分配网络产生大电压噪声的特别敏感的频率点。

在电路板层面，看起来像电阻器的平坦阻抗曲线将有助于抑制班迪尼小山峰值的出现。

13.32　什么是 FDTIM 过程？为什么它是一项有效的技术？

频域目标阻抗法(FDTIM)是一个电容器电容值的选择过程，以使其多阻抗峰值呈现出看起来平坦的响应。基本上，可以从最低频率开始，先选择能采用的最大电容器，然后保持接续递增一个较小值(将每10倍的间距分开，插成3个值)的电容器，这样选出每个值之后就能产生相对平坦的总阻抗曲线。

用这种方式选出电容器的值，就会使板级电源分配网络阻抗看起来像电阻器，抑制了班迪尼小山峰值的出现。

反侵权盗版声明

　　电子工业出版社依法对本作品享有专有出版权。任何未经权利人书面许可，复制、销售或通过信息网络传播本作品的行为；歪曲、篡改、剽窃本作品的行为，均违反《中华人民共和国著作权法》，其行为人应承担相应的民事责任和行政责任，构成犯罪的，将被依法追究刑事责任。

　　为了维护市场秩序，保护权利人的合法权益，我社将依法查处和打击侵权盗版的单位和个人。欢迎社会各界人士积极举报侵权盗版行为，本社将奖励举报有功人员，并保证举报人的信息不被泄露。

举报电话：（010）88254396；（010）88258888

传　　真：（010）88254397

E-mail：　dbqq@phei.com.cn

通信地址：北京市海淀区万寿路 173 信箱

　　　　　电子工业出版社总编办公室

邮　　编：100036